工业和信息化部“十四五”规划专著

液体射流稳定性

杨立军　富庆飞　著

科学出版社

北　京

内 容 简 介

本书以液体射流稳定性领域的新问题和新进展为依托，向读者阐述相关的理论、方法及应用。介绍数学模型的建立、求解和必要的数学推导，同时强调问题物理过程的分析与简化。全书共 8 章，以稳定性分析的基本理论为主线，分别介绍圆柱射流稳定性、平面射流稳定性、非牛顿流体射流稳定性、多物理场作用下的射流稳定性、参数振荡下的射流稳定性分析、特殊截面射流的稳定性，以及其他特殊条件下的射流稳定性分析。本书附录介绍了谱方法及其在射流稳定性方面的应用。

本书可供流体力学专业研究生和高年级本科生学习，也可以作为流体力学相关专业的教师和研究人员的参考书。

图书在版编目（CIP）数据

液体射流稳定性/杨立军，富庆飞著. —北京：科学出版社，2023.6

工业和信息化部“十四五”规划专著

ISBN 978-7-03-074904-8

Ⅰ. ①液… Ⅱ. ①杨… ②富… Ⅲ. ①液体射流-稳定性 Ⅳ. ①O358

中国国家版本馆 CIP 数据核字（2023）第 029253 号

责任编辑：孙伯元 赵微微 / 责任校对：崔向琳

责任印制：吴兆东 / 封面设计：蓝正设计

科学出版社 出版

北京东黄城根北街 16 号

邮政编码：100717

http://www.sciencep.com

北京建宏印刷有限公司 印刷

科学出版社发行 各地新华书店经销

*

2023 年 6 月第 一 版 开本：720×1000 1/16

2024 年 1 月第二次印刷 印张：22 1/2

字数：440 000

定价：198.00 元

（如有印装质量问题，我社负责调换）

前　　言

液体射流这一物理现象广泛存在于人类的生产、生活当中，液体射流稳定性既是流体力学领域一个经典的基本科学问题，又在燃烧动力装置、喷雾冷却、喷雾干燥、消防灭火、喷墨打印等很多工程领域具有十分广泛的应用。液体射流稳定性系统性的研究最早始于 1879 年 Rayleigh 的开创性工作，现已经历了近 150 年的发展，形成了比较完整的理论体系。近年来，随着多学科交叉融合的日益兴起，电、磁、光、热等多种物理效应作用于液体射流时对射流稳定性造成的影响及其规律目前还没有形成统一的认识。水凝胶等软物质、超临界流体及超流体等一些新物态与液体射流结合时会在射流稳定性方面呈现出怎样的新现象和新规律，对传统的理论带来怎样的新挑战，这都是需要科研工作者回答的全新问题。因此，出版一本这方面的专著，对液体射流稳定性近些年来的发展进行全面系统的介绍是很有必要的。

作者杨立军自 1998 年留校任教以来，长期从事液体雾化相关研究工作，在解决火箭发动机液体推进剂雾化及海军舰艇水雾灭火等工程问题的过程中，注意提炼工程中的科学问题，开展了一系列关于非牛顿流体射流稳定性、多物理场作用下的射流稳定性等较为系统的基础研究，并应用基础研究成果指导工程设计。在这些研究成果的基础上，杨立军和富庆飞开始着手整理资料，撰写本书。本书适用于以“流体力学”“黏性流体力学”等课程为基础的流体力学提高课程，亦可作为液体雾化领域专业研究人员的参考书。

在内容的编排上，本书主要介绍液体自由射流稳定性研究的基本理论、方法和结果讨论，其中第 1 章简要介绍液体射流稳定性的研究意义、基本原理、分析方法及研究简史；第 2 章和第 3 章分别针对圆柱射流和平面射流两种基本的射流形式介绍稳定性研究基本概念、理论和方法；第 4 章讨论非牛顿流体射流稳定性；第 5 章分析外部物理场对射流稳定性的影响机制和规律；第 6 章对主流周期振荡的液体射流参数稳定性进行分析；第 7 章讨论特殊截面的液体射流稳定性；第 8 章补充一些特殊条件下的射流稳定性分析方法。本书在稳定性分析及微分方程数值求解中大量运用了谱方法。为便于读者理解，在附录中给出了谱方法在射流稳定性求解中的实例。

参加本书撰写的有杨立军(第 1、2、3、4、8 章)和富庆飞(第 5、6、7 章)，全书由杨立军统稿。在本书的撰写过程中，作者的学生王辰、叶汉玉、刘路佳、谢络、贾伯琦、崔孝、胡涛、李鹏辉、方子玄、刘陆昊、孙虎、刘奇优等进行了书稿的校对工作，并绘制了部分插图，在此一并向他们表示诚挚的感谢。本书在撰写过程中得到了北京航空航天大学宇航学院领导及有关同事的全力支持和帮助，航天工程大学的庄逢辰院士对本书提出了宝贵的意见和建议，在此深表谢意。

本书虽几经校核，但仍可能有不当之处，恳请读者给予批评指正。

作　者

目　　录

前言

第 1 章　绪论 …… 1

1.1　液体射流稳定性的研究意义 …… 1

1.2　液体射流稳定性的基本原理 …… 2

1.3　液体射流稳定性的分析方法 …… 7

1.4　液体射流稳定性研究简史 …… 8

1.5　本书内容和结构 …… 12

参考文献 …… 13

第 2 章　圆柱射流稳定性 …… 15

2.1　圆柱射流的线性稳定性 …… 17

2.2　圆柱射流线性稳定性扰动能量分析 …… 25

2.3　圆柱射流的对流/绝对不稳定 …… 27

2.3.1　绝对不稳定和对流不稳定的概念 …… 27

2.3.2　Briggs-Bers 准则和鞍点法 …… 29

2.3.3　圆柱射流的绝对不稳定和对流不稳定计算 …… 32

2.4　圆柱射流非线性稳定性的摄动方法 …… 34

2.5　圆柱射流稳定性的一维近似方法 …… 43

2.5.1　Eggers 一维近似方程 …… 44

2.5.2　黏性细长流的非线性空间不稳定性 …… 46

2.6　全局不稳定性分析 …… 58

2.7　圆柱射流稳定性的完全数值计算方法 …… 67

2.7.1　界面追踪 …… 67

2.7.2　表面张力 …… 69

2.7.3　射流稳定性仿真 …… 70

2.8　圆柱射流稳定性的实验研究 …… 73

2.8.1　实验系统和装置 …… 73

2.8.2　实验结果处理 …… 75

参考文献 …… 77

第 3 章　平面射流稳定性 ········ 80
3.1　平面射流的线性稳定性 ········ 81
3.2　非均匀厚度平面射流稳定性 ········ 94
3.2.1　沿径向铺展平面射流 ········ 94
3.2.2　重力影响的变细平面射流 ········ 103
3.3　复合平面射流稳定性 ········ 108
3.3.1　复合平面射流的物理模型 ········ 108
3.3.2　复合平面射流的控制方程和边界条件 ········ 110
3.3.3　复合平面射流的线性稳定性分析 ········ 113
3.3.4　复合液膜稳定性的影响因素分析 ········ 118
3.4　平面射流非线性稳定性的摄动方法 ········ 122
3.4.1　一阶扰动的解 ········ 125
3.4.2　空间不稳定的二阶扰动的解 ········ 129
3.4.3　时间不稳定的二阶扰动的解 ········ 134
3.5　平面射流的润滑近似方法 ········ 138
3.6　平面射流稳定性的实验研究 ········ 141
3.6.1　实验装置和系统 ········ 141
3.6.2　数据处理方法 ········ 143
3.6.3　对结果的讨论 ········ 145
参考文献 ········ 146
第 4 章　非牛顿流体射流稳定性 ········ 149
4.1　非牛顿流体简介 ········ 149
4.1.1　广义牛顿流体 ········ 150
4.1.2　有时效的非牛顿流体 ········ 151
4.1.3　黏弹性流体 ········ 151
4.2　幂律流体射流稳定性分析 ········ 152
4.2.1　动量积分法 ········ 152
4.2.2　加权残差法 ········ 158
4.2.3　弱非线性分析法 ········ 165
4.3　黏弹性流体射流的稳定性 ········ 175
参考文献 ········ 187
第 5 章　多物理场作用下的射流稳定性 ········ 188
5.1　轴向电场对带电黏弹性射流稳定性的影响 ········ 190
5.1.1　物理描述与理论分析 ········ 190
5.1.2　电场影响规律的讨论 ········ 196

5.2 轴向磁场对带电黏弹性射流稳定性的影响 …… 202
5.2.1 物理描述与理论分析 …… 202
5.2.2 电磁场的作用机制 …… 207
5.3 温度场对平面射流稳定性的影响 …… 210
5.3.1 物理描述与理论分析 …… 210
5.3.2 传热效应的作用规律 …… 214
5.4 传质效应对射流稳定性的影响 …… 220
5.4.1 物理描述与理论分析 …… 220
5.4.2 传质效应的作用机制 …… 228
参考文献 …… 231
第 6 章 参数振荡下的射流稳定性分析 …… 233
6.1 参数振荡简介 …… 233
6.2 声场中射流的稳定性分析 …… 235
6.2.1 黏势流理论 …… 235
6.2.2 弗洛凯理论 …… 242
6.3 交流电场中射流的稳定性分析 …… 254
6.3.1 交变电场的完整解答 …… 254
6.3.2 黏势流 …… 257
6.3.3 黏性力修正的黏势流 …… 258
6.3.4 电场力和黏性力共同修正的黏势流 …… 259
6.3.5 弗洛凯解及实现 …… 261
6.3.6 交变电场的影响 …… 261
参考文献 …… 265
第 7 章 特殊截面射流的稳定性 …… 267
7.1 圆环射流的线性稳定性 …… 269
7.1.1 圆环射流的理论模型 …… 270
7.1.2 圆环射流稳定性的影响因素 …… 273
7.2 复合圆柱射流的稳定性 …… 276
7.2.1 复合圆柱射流的理论模型 …… 276
7.2.2 结果分析与讨论 …… 280
7.3 偏心复合射流的稳定性 …… 285
7.3.1 偏心复合射流的理论模型 …… 285
7.3.2 偏心程度对稳定性的影响 …… 288
7.4 椭圆截面射流稳定性分析 …… 290
7.4.1 时间和空间线性稳定性分析 …… 291

7.4.2　实验分析 …… 301
参考文献 …… 302
第 8 章　其他特殊条件下的射流稳定性分析 …… 304
8.1　表面活性剂对射流稳定性的影响 …… 304
8.2　多相流射流的稳定性 …… 309
8.2.1　含微米气泡圆柱射流稳定性分析 …… 309
8.2.2　含固体颗粒圆柱射流稳定性分析 …… 321
参考文献 …… 329
附录　流动稳定性分析通用程序 …… 330
附录 A　流动线性稳定性分析的案例 …… 330
A.1　Rayleigh-Taylor 不稳定 …… 330
A.2　平面泊肃叶流的稳定性 …… 332
A.3　通用数学模型 …… 333
附录 B　谱方法的介绍 …… 337
B.1　配置点的计算 …… 337
B.2　求导矩阵的计算 …… 338
B.3　广义特征值问题的构造 …… 340
附录 C　程序的实现 …… 340
C.1　程序实现的思路 …… 341
C.2　程序的结构 …… 342
C.3　复合平面射流线性稳定性分析的程序源码 …… 344

第1章 绪　　论

1.1　液体射流稳定性的研究意义

射流是指从管口、孔口、狭缝射出，无固定壁面约束的具有某一确定形状的液体或气体流动(本书的研究内容仅限于液体射流)。广义上的射流可以包括圆柱射流、平面液膜流动、环形液膜流动等；而狭义的射流仅指圆柱射流。

液体射流这一物理现象在很多工程实践中都有着重要的应用。例如，在燃油锅炉、内燃机、燃气轮机、火箭发动机等燃烧动力装置中，液体燃料进行燃烧之前都要以射流喷射的方式进行雾化。此外，在喷雾冷却、喷雾干燥、喷墨打印、医疗设备、环保等很多方面都会涉及液体射流这一现象。实际应用中的液体射流如图 1-1 所示(Lin，2003)。

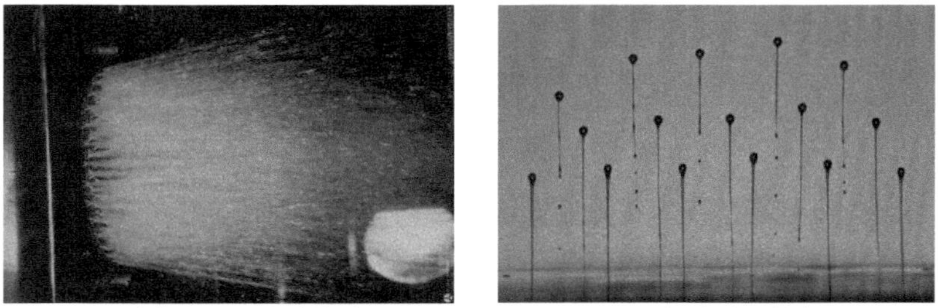

(a) 火箭发动机的射流喷雾　　(b) 喷墨打印的射流

图 1-1　实际应用中的液体射流

同时，在自然界中也存在着多样的射流。大到宇宙中的星系团，小到亚原子尺度下的微粒，均具有多种形式的射流。自然界和日常生活中见到的射流如图 1-2

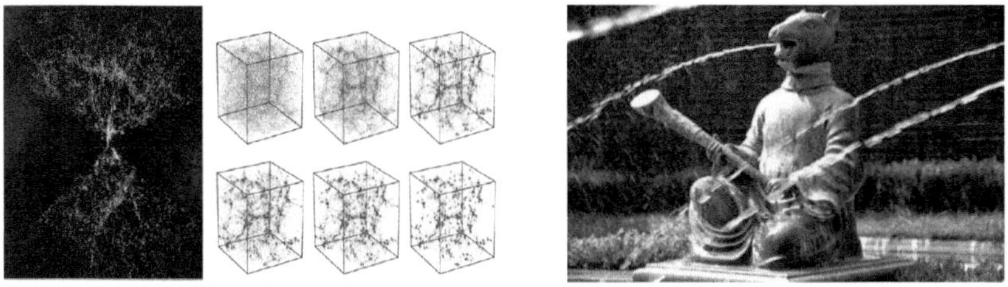

(a) 呈射流状的星系团　　(b) 十二生肖兽首喷泉

图 1-2　自然界和日常生活中见到的射流

所示(王洪伟，2017)。以实际应用中的射流破碎现象为驱动，人们对工业生产中的射流稳定性和破裂现象进行研究。例如，液体燃料射流的雾化是通过射流失稳破碎而发生的；而在静电纺丝中需要抑制射流的失稳断裂。电雾化过程中的射流如图 1-3 所示。深刻理解射流流动这一现象对于工业生产和日常生活都具有重要的意义。因此，射流的稳定性及其破裂机理是本书的主要研究内容。

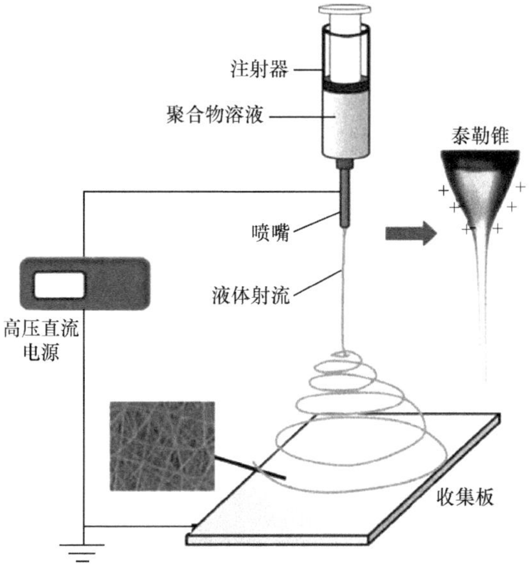

图 1-3　电雾化过程中的射流

在有关射流破裂过程的实际应用或机理研究中，目前的研究主要侧重于以下问题。射流失稳的根源是什么？某特定工况下的射流会发生失稳破裂吗？如何计算射流的破裂时间和距离？影响失稳破裂的因素有哪些？是否可以通过调节参数来改变射流失稳破碎的进程？黏性环境介质及背景湍流对射流失稳有多大影响？如何对射流破裂后产生的液丝及液滴的尺寸进行预测和控制？

以上这些问题都是射流稳定性研究中所涉及的。这一系列问题既具有重要的科学意义，又在工业生产中具有重要的应用价值。本书将针对以上所提出的问题进行论述。

1.2　液体射流稳定性的基本原理

射流稳定性问题属于流体力学中“流动稳定性”这一分支的内容。首先，阐述稳定流动和不稳定流动的概念。当定常流动(定义为基本流)受到了某种扰动(如环境中存在的初始气液剪切扰动等)时，若随着时间的推移，存在的所有扰动都将衰减，整个流场恢复到初始的基本流状态，那么定义该基本流是稳定的；若流场内的初始扰动最终被放大，流场不能恢复到原来的基本流状态，那么定义该基本流是不稳定的。在历史上，最著名的流动稳定性问题是雷诺对圆管层流的稳定性问题的研究，即雷诺实验。雷诺所进行的流动实验如图 1-4 所示。实验发现，圆管中的稳定层流流动受到扰动后，若流动雷诺数较低(通常认为低于 2300)，产生的扰动将发生衰减，整个流场将恢复到初始层流流动的状态；若流动雷诺数较高，产生的扰动将不断增长，最终导致整个流场中的流动转捩为湍流。

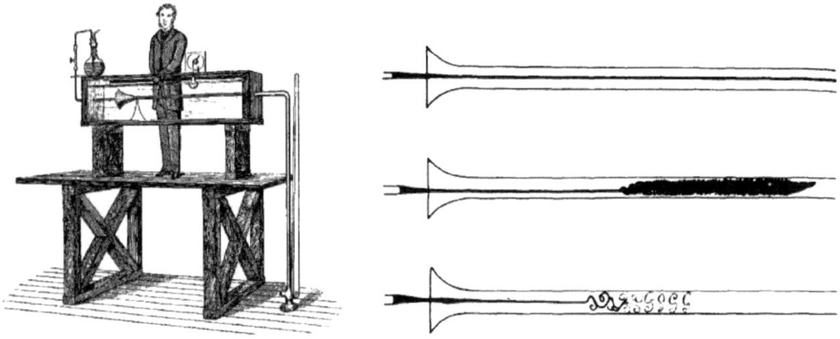

图 1-4 雷诺所进行的流动实验

根据现有的研究，流动过程中扰动的发生主要由以下两种不稳定性产生，这两种不稳定性分别被称为开尔文-亥姆霍兹(Kelvin-Helmholtz，K-H)不稳定性和瑞利-泰勒(Rayleigh-Taylor，R-T)不稳定性。接下来对这两种不稳定性进行简要的介绍。

对于 K-H 不稳定性的产生，考虑如下模型。两种密度不同的流体初始时均保持静止状态，低密度流体在上部，高密度流体在下部。当两种流体之间存在速度差时就会形成剪切层。此时，两种流体之间的黏性力充当了动力。上层流速高的流体，通过黏性作用，把下层的低速流体的速度拉高。进一步，剪切作用最终导致界面发生扭曲，使得部分重流体进入上部的轻流体中；部分轻流体进入下部的重流体中，流体因此发生了混合，这导致不稳定性的产生。对于 R-T 不稳定性的产生，考虑如下模型。当低密度流体在下部，高密度流体在上部时，若两种流体的界面上不存在任何扰动，那么整个系统将保持该临界稳定状态。然而，在实际中扰动和差异总是存在的，微小的扰动会使得整个系统的重力势能降低。因此，一旦产生微小扰动，扰动就会自动放大，最终彻底破坏原来的平衡状态。在重力场中，当重流体位于轻流体的上方时，不稳定就可能发生。综上所述，如果说 K-H 不稳定性是密度不同的物质在界面上存在切向速度梯度下所发生的不稳定性，那么 R-T 不稳定性就是这种密度界面在法向加速度作用下产生的不稳定性。

有关流动不稳定的发生机理，Rayleigh(1878)首先对液体射流破碎这一物理现象提出了直观的解释。他认为处于静止或运动状态的流体，当在其初始界面位置发生一个位移扰动时，其稳定性取决于发生该位移扰动所需做的功。如果需要做正功，那么流体的初始状态对于该扰动是稳定的；反之则为不稳定的。因此，要确定液体圆柱射流对于特定的表面位移扰动的稳定性，首先需要确定产生该位移扰动所做的功。可以发现，射流表面的变形功与射流表面积的变化量成正比，该比例系数即为表面张力。液体的表面势能随着表面积的增加而增大，需要外界做功才能使该位移扰动发生。因此，液体圆柱射流对于该扰动是稳定的。

需要说明的是，圆柱射流比平面射流的稳定性问题更加复杂。根据 Rayleigh 提出的破裂机理，平面液膜对该扰动是稳定的，可以将其称为“直接效应”，对于水平的界面，长波对面积增加的影响没有短波那么显著；对于圆柱表面，其变形过程同样也存在“直接效应”，周期性的界面位移扰动增加了圆柱体的表面积，并使得其趋于稳定；同时，圆柱体表面也存在着与纵向扰动有关的“间接效应”。具体而言，纵向扰动使得波峰处射流直径增加，波谷处的射流直径减小。经过简单计算可以发现，波峰处增加的体积(图 1-5 中的浅色阴影区)大于波谷处减小的体积(图 1-5 中的深色阴影区)。但对于平面液膜，波峰区域增加的体积则等于波谷区域减小的体积，这正是平面液膜破裂和圆柱射流破裂之间的重要区别。若要保持射流整体体积不变，此时前面所说的间接效应将发挥作用，即只有稳态射流的直径变小，才可以抵消波峰处体积增加量大于波谷处体积减小量引起的体积增量。由于射流直径变小，射流的表面积和表面能减小，导致射流变得不稳定。

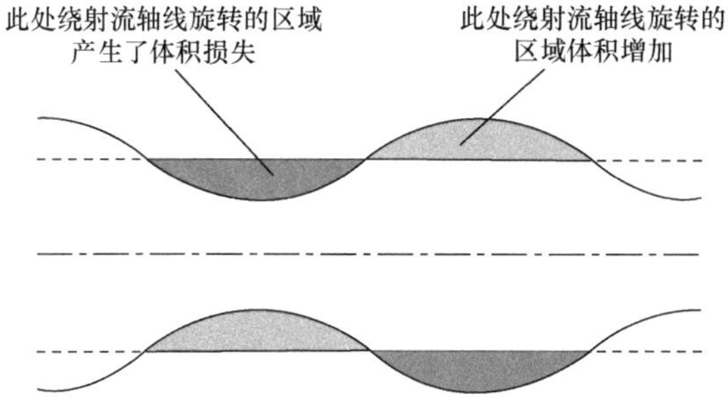

图 1-5　周期性位移对圆柱射流稳定性的影响

此外，相较于长波扰动，短波长的表面位移扰动使射流表面积的增加更加显著，因此短波长扰动更加稳定。需要再次强调的是，在平面液膜的水平界面上不会发生这种情况。由于界面水平，所有周期位移都满足恒定体积条件，此时只有“直接效应”起作用，即扰动使得液膜表面积增大，而且短波长扰动增加的表面积大于长波长扰动增加的表面积。但这两种波长的扰动均使得液膜的表面积增加，因此不稳定作用得到抑制。

根据 Rayleigh 建立的射流稳定性分析方法，可以在圆柱坐标系内对圆柱射流的稳定性问题进行分析。设 Oz 轴为沿着液柱轴线的方向。液柱表面用 $r = R_0$ 表示，其中 r 为射流轴线到其表面某一点的径向距离。

只考虑不稳定的纵向扰动，假设射流表面位移扰动具有如下形式：

$$r = R + \varepsilon\cos(kz) \tag{1-1}$$

其中，ε 为位移扰动的微小振幅；$k = 2\pi / \lambda$ 为纵向波数，λ 为对应的波长；R 为射流半径，为使射流体积守恒，R 的值取决于 ε 的值。

表面位移扰动的增大会使得势能增加，势能的增加与表面积的增大成正比。为计算发生扰动后液柱的表面积。假设 A 为圆柱射流的表面积，V 为圆柱射流的体积，则它们可以表示为

$$A = \int_0^\lambda 2\pi r \frac{\mathrm{d}s}{\mathrm{d}z}\mathrm{d}z \tag{1-2}$$

$$V = \int_0^\lambda \pi r^2 \mathrm{d}z \tag{1-3}$$

其中，s 为穿过轴线的平面与液柱曲面相交的曲线弧长，表达式为

$$\mathrm{d}s = \left[1 + \left(\frac{\mathrm{d}r}{\mathrm{d}z}\right)^2\right]^{\frac{1}{2}} \mathrm{d}z \tag{1-4}$$

当表面位移扰动 ε 较小时，对式(1-4)进行 Taylor 展开得

$$\mathrm{d}s = \left[1 + \frac{1}{2}\left(\frac{\mathrm{d}r}{\mathrm{d}z}\right)^2\right]\mathrm{d}z \tag{1-5}$$

将式(1-1)代入式(1-2)，得

$$A = \int_0^\lambda 2\pi\left[R + \varepsilon\cos(kz)\right]\left[1 + \frac{1}{2}\varepsilon^2 k^2 \sin^2(kz)\right]\mathrm{d}z \tag{1-6}$$

然后进行积分，ε 的一阶项被消去，保留二阶项，即

$$A = 2\pi R\lambda + \frac{1}{2}\pi R\varepsilon^2 k^2 \lambda \tag{1-7}$$

因此，单位长度的液柱面积为

$$\frac{A}{\lambda} = 2\pi R + \frac{1}{2}\pi R\varepsilon^2 k^2 \tag{1-8}$$

可以发现，式(1-8)等号右侧第二项是正的，也就是说圆柱体单位长度的面积随着扰动振幅的增加而增大。因此，若面积表达式中只有第二项，那么圆柱射流

对于任一微小扰动来说都是稳定的。事实上，为判断液体射流对某一波长的扰动是否稳定，还需要确定液柱的半径 R 。因为液体射流需要满足体积恒定的条件，且液柱半径一定小于其初始半径 R_0 。因此，第一项的变化可能导致整个面积减小。

为计算液柱的半径 R ，将式(1-1)代入式(1-3)，得

$$V=\int_0^{\lambda}\pi\left[R+\varepsilon\cos(kz)\right]^2\mathrm{d}z \tag{1-9}$$

积分可得

$$V=\pi R^2+\frac{1}{2}\pi\varepsilon^2 \tag{1-10}$$

其中，$\frac{V}{\lambda}$ 的值为 πR_0^2 ，可得到

$$R=R_0\left(1-\frac{\varepsilon^2}{2R_0^2}\right)^{\frac{1}{2}} \tag{1-11}$$

同样对式(1-11)进行 Taylor 级数展开，最后得到

$$R=R_0-\frac{\varepsilon^2}{4R_0} \tag{1-12}$$

将式(1-12)代入式(1-8)，即可得到单位长度液柱的表面积，忽略 ε 的高阶小量，并减去未发生扰动的单位长度液柱面积 $2\pi R_0$ ，可得单位长度液柱增加的表面积 Δs 为

$$\Delta s=\frac{\pi\varepsilon^2}{2R_0\lambda^2}\left(R_0^2k^2-1\right) \tag{1-13}$$

表示为扰动波长的形式为

$$\Delta s=\frac{\pi\varepsilon^2}{2R_0\lambda^2}\left[\left(2\pi R_0\right)^2-\lambda^2\right] \tag{1-14}$$

由式(1-14)可见，小波长扰动增加的表面积为正值，因此射流是稳定的。对于大波长扰动则相反。因此，无限长的射流总会破裂，其初始周长 $2\pi R_0$ 决定了稳定表面变形和不稳定表面变形的波长范围，这一临界波长为初始射流的周长。

Rayleigh 通过计算确定了表面扰动位移开始增大时的临界波长，发现对于射流来说，所有较长波长的位移扰动都是不稳定的。他认为在这些不稳定的扰动位移中，某些波长可能增长得最快。这一具有最大增长率的扰动波长决定了射流破裂时的形态(即决定了形成的液滴直径和液滴之间的距离)。射流在失稳发展过程中的不同模态如图 1-6 所示。

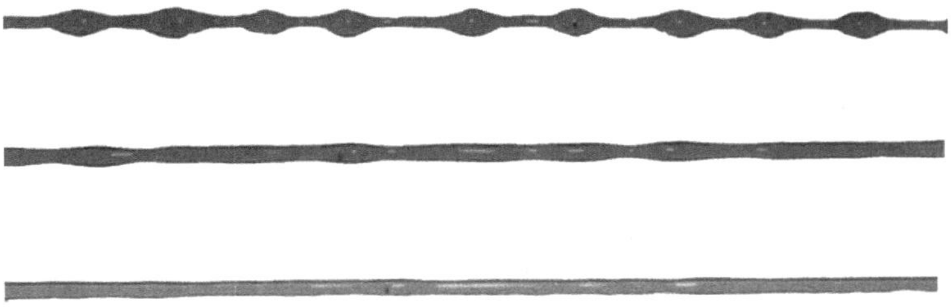

图 1-6 射流在失稳发展过程中的不同模态

1.3 液体射流稳定性的分析方法

射流稳定性描述了基本流受到扰动之后，界面扰动衰减或者增长的问题。下面以平面液膜失稳的机制为例进行说明。平面液膜的失稳过程如图 1-7 所示。若假设液体的流动方向为 x 轴，那么对于 y、z 两个方向，平面液膜在 z 方向上的尺寸远远大于在 y 方向上的尺寸。射流的形状就像一个平面，称为平面液膜。对于在气体里运动的液体平面射流，假设由于某种原因射流表面有一个微小的正弦扰动波，那么凸起的地方气体流速增加，压力下降(用 $p-$ 表示)，凹陷的地方气体流速降低，压力增加(用 $p+$ 表示)。这种压力的变化又促使平面液膜上的扰动幅度增大，形成正反馈，于是平面液膜在 K-H 不稳定的作用下，气液界面上的扰动幅度就会越来越大，最终导致液膜破裂，这种破裂机制称为空气动力效应驱动的射流失稳。

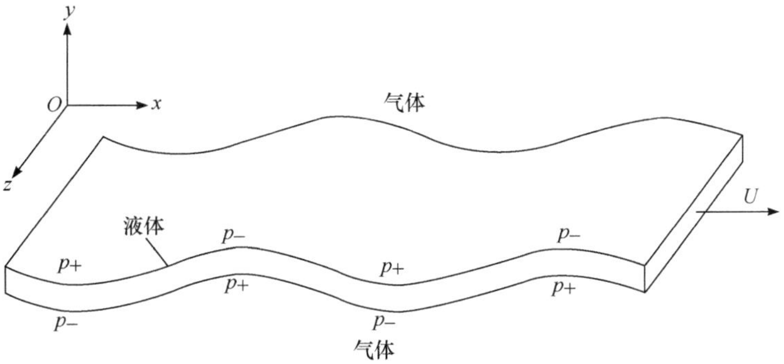

图 1-7 平面液膜的失稳过程

对于平面液膜的初始失稳过程，目前经典的分析方法为线性稳定性理论。线性稳定性分析方法(庄礼贤等，2015)认为射流或液膜在邻近喷口的空间内，由于外界的扰动会在气液交界面上产生扰动波。但是，受到的扰动量极其微小，导致在此刻气液交界面上产生的振幅并不是很大。因此，可以利用数学上的摄动法来解决该问题。具体而言，表征气相和液相的，如速度场、应力场和压力场等物理量可以表示为一个稳态量叠加上一个扰动量的形式。将这些变量通过形式的变换代入气相及液相的连续方程、动量方程、本构关系及相关边界条件中进行化简，仅保留其中的一阶量(由于小扰动假设，此处忽略二阶及以上的小量)，从而得到线性化后的控制方程组和边界条件，再对其进一步进行相应的数学处理，最终可以推导出表征射流失稳程度的色散关系为

$$f(k,\omega)=0 \tag{1-15}$$

其中，k 为不稳定扰动波波数；ω 为增长率。

线性不稳定性理论认为，在时间模式中，放大因子是一个复数，其实部或虚部(根据不同扰动正则模态的数学表达形式加以区分)为不稳定波的增长率，其表征了液膜或射流失稳的发展速度。可以发现，不同的扰动波波数均会对应一个不稳定波增长率,液膜或射流则会在最大不稳定波增长率所对应的波数处发生破碎，这是因为具有最大增长率的工况不稳定波是最不稳定的。通过这种处理方法，研究者便可以将实际复杂的问题简单化，通过求解色散关系来预测相关流动参数和结构参数对射流和液膜稳定性的影响。值得一提的是，随着圆柱及平面射流向下游的发展和传播，其气液交界面上的扰动会被逐渐放大，控制方程中的相关非线性项也会被同时增大。此时，流动不稳定发生了向非线性状态的过渡，此时利用线性稳定性分析的方法已经无法获得精确的结果，则需要借助相关非线性方法去分析。

1.4 液体射流稳定性研究简史

在射流稳定性领域内,一般把射流稳定性问题按照射流的几何形状进行分类。这里简要介绍圆柱射流、平面射流和圆环射流这三种形式的射流稳定性的相关研究进展。

1. 圆柱射流

圆柱射流的稳定性研究最早是由 Rayleigh(1878)进行的，他研究了无气体作用下，无黏圆柱射流的稳定性问题。在这个开创性的工作中，Rayleigh 首次将线性稳定性分析的方法引入射流的稳定性分析中。线性稳定性分析是流动稳定性分析的常用手段。如前文所述，进行线性稳定性分析时，假定流动可以表达为基本流上叠加一个微小扰动的形式，将有关表达式代入描述流体运动的 Navier-Stokes 方程组。需要注意的是，描述流体运动的 Navier-Stokes 方程组是非线性的，但是，如果假定扰动的幅度趋于零，那么可以只保留控制方程中与扰动量为同阶无穷小

的项，忽略扰动量的高阶无穷小的项，就可以得到关于微小扰动量的线性化控制方程，即描述系统对于无限小扰动的性态的方程。最终可以得到描述扰动波增长率和波数之间的关系式，这一关系式称为色散方程。这样的分析方法称为线性稳定性分析。理论与实验的对比结果表明，线性稳定性分析能很好地描述射流失稳的初始阶段的行为。Rayleigh 得到的无黏圆柱射流的色散曲线如图 1-8 所示，横坐标是扰动波的波数 k 和射流半径 R_0 的乘积，纵坐标是扰动随时间的增长率 ω，增长率大于零意味着扰动会被放大。

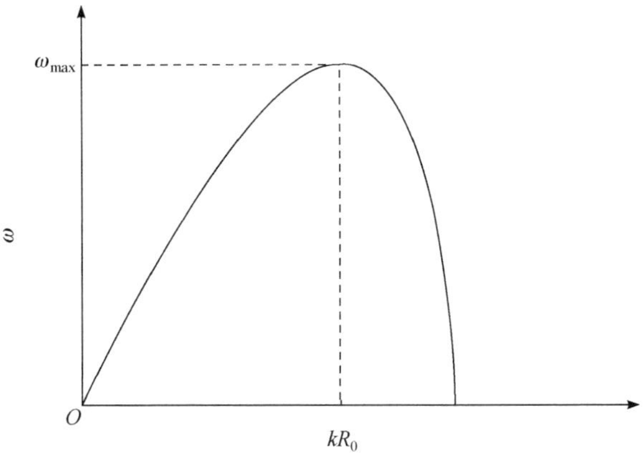

图 1-8　无黏圆柱射流的色散曲线

可以发现，并不是任意波数的扰动波都能被放大，只有 kR_0 小于 1 的扰动波才能放大。也就是说，射流上的长波扰动可以被放大，但是如果波长小于某个特定的临界值，扰动波就不会被放大。这是因为，表面张力的大小除了取决于周向的曲率半径之外，还取决于圆柱射流上的轴向曲率半径，如图 1-9 所示。

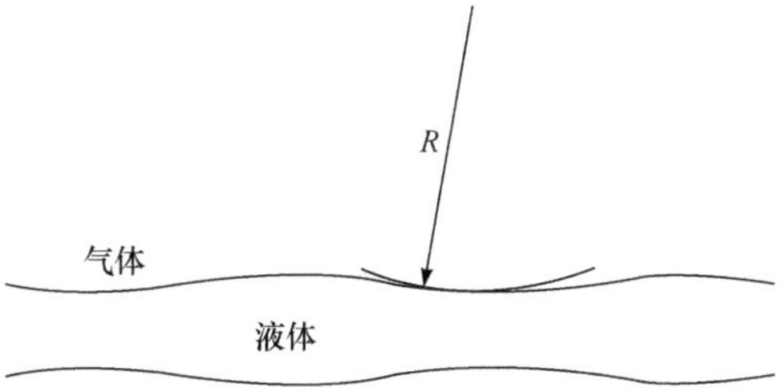

图 1-9　圆柱射流上的轴向曲率半径

轴向曲率半径诱发的表面张力的变化可抑制扰动波的影响。当扰动波的波长较大时，周向曲率半径的效应比轴向曲率半径的效应强，因此扰动波会被放大；反之，当扰动波的波长较小时，周向曲率半径的效应比轴向曲率半径的效应弱，扰动波就不会被放大。扰动是否会被放大的临界点所对应的波数称为截止波数。

从 Rayleigh 得到的无黏圆柱射流色散曲线(图 1-8)还可以看出，在不同波数下扰动随时间的增长率是不同的；存在一个波数使得增长率达到最大值 ω_{max} ，这个波数称为主导波数。由于不平静的环境而在射流表面产生的初始扰动通常是宽频的，即初始扰动是各种波数扰动的叠加。这些不同波数的扰动会以不同的增长率放大，对应于主导波数的扰动放大得最快，所以最终导致射流破碎的往往是对应于主导波数的扰动。Rayleigh 根据这个结论预测圆柱射流破碎时产生的液滴的直径等于 1.89 倍的射流直径，这与实验结果吻合得很好。由于圆柱射流在表面张力驱动下的失稳最早是由 Plateau 系统地观察到的，而最早的理论分析是由 Rayleigh 完成的，所以这种不稳定性就称为 Plateau-Rayleigh 不稳定。

后人在此基础上考虑了更多的物理因素，对 Rayleigh 的理论进行了发展。Weber(1931)研究了黏性圆柱射流的稳定性，并且考虑了周围存在无黏气体的效应。Tomotika(1935)进一步考虑了周围的介质也是黏性流体的情形，不过相关研究是在假定黏性很大的条件下进行的，使用了 Stokes 方程而非 Navier-Stokes 方程，这实际上就是忽略了惯性力的效应。Chandrasekhar(1961)在著作中研究了同时考虑流体的黏性和惯性时圆柱射流的稳定性及破裂问题。

早期的流动稳定性研究都是以时间模式(temporal mode)进行的。时间模式认为射流向两端延伸至无限远。对于时间模式下的稳定性分析，考虑某一时刻在射流表面施加一个正弦波状的微小扰动，然后研究这些扰动随着时间推移的发展。这种研究方法在数学处理上比较简单，但是与自然界和实验室中存在的圆柱射流有一定的差别。因为实际存在的圆柱射流往往是从喷嘴出口喷射出去的半无限射流，扰动波随着离开喷孔距离的增加而逐渐放大，也就是说随着空间位置的移动而放大。这样的扰动增长模式称为空间模式(spatial mode)。Keller 等(1973)研究了射流的空间模式不稳定性。后来，人们又认识到，扰动的幅值有可能同时随时间和空间变化，即既不同于时间模式，也不同于空间模式，这种情况下应进行时空模式(spatial-temporal mode)的稳定性分析；时空演化的扰动存在两种性质不同的不稳定性，一种是所有增长的扰动只向下游传播，称为对流不稳定性；另一种是扰动在增长的同时既向下游传播也向上游传播，称为绝对不稳定性。对于圆柱射流的时空模式不稳定性分析是 Leib 和 Goldstein(1986)首先研究的。

2. 平面射流

平面射流稳定性研究最早是由 Squire(1953)进行的。他利用时间模式的线性稳定性分析研究了无黏液体平面射流在无黏气体介质中运动时的稳定性。他的研究发现增大周围气体介质的密度会使得扰动的增长率增大，而增大表面张力系数则使得扰动的增长率减小。这一点通过平面射流的两种失稳模式(正弦模式和曲张模式)可以得到，两种失稳模式如图 1-10 所示。平面射流的失稳是周围介质的空气动力效应驱动的，增大周围介质的密度会使得空气动力效应增强，从而使得扰动的增长率增大；而表面张力趋于将平面射流表面上的波动消去，具有抑制失稳的作用，因此增大表面张力系数会使得扰动的增长率减小。

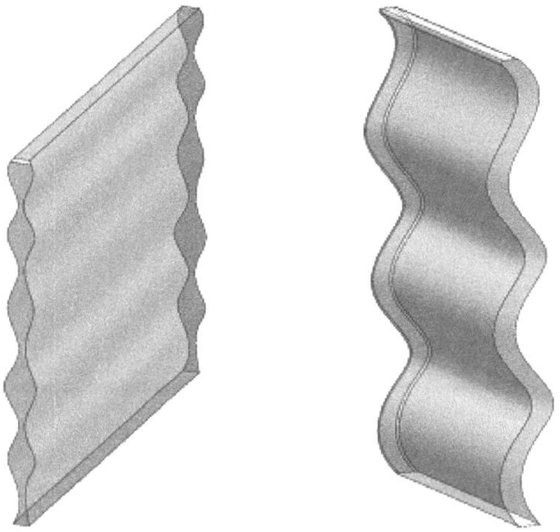

(a) 正弦模式　　(b) 曲张模式

图 1-10 平面射流的两种失稳模式

Hagerty 和 Shea(1955)也对无黏平面射流进行了线性稳定性分析，他们发现平面射流存在两种失稳模式。在第一种模式中，平面射流上、下表面的位移相位相同，称为正弦模式；在第二种模式中，平面射流上、下表面的位移相位相反，称为曲张模式。通常情况下，正弦模式的扰动增长率大于曲张模式的扰动增长率。

Dombrowski 和 Johns(1963)首先研究了无黏不可压气体环境中，黏性平面射流的稳定性；他们推导得到了一个预测液滴尺寸的方程并和实验值进行了比较。Li 和 Tankin(1991)研究了黏性平面射流的时间模式不稳定性；他们发现，对于正弦模式的扰动，在韦伯数较大的情形下黏性会抑制平面射流的不稳定，但是在韦伯数较小时，黏性反而促进了平面射流的不稳定。Li 和 Tankin(1991)研究了无黏平面射流在无黏但可压缩气体中运动时的稳定性问题；Cao 和 Li(2000)又将 Li(1993)的研究扩展到平面射流有黏的情形。Li(1993)与 Cao 和 Li(2000)的研究都表明，周围气体的可压缩性会显著增强平面射流的不稳定性。

与圆柱射流一样，对于平面射流的研究早期也是以时间模式进行，后来扩展到空间模式和时空模式。Li 和 Kelly(1992)研究了平面射流的空间模式不稳定性。对于平面射流时空模式不稳定最早的研究是由 Lin 等(Lin，1981；Lin et al.，1990)进行的。相关研究发现，对于正弦模式，当韦伯数大于 1 时，射流是对流不稳定的；当韦伯数小于 1 时，射流是绝对不稳定的；而对于曲张模式，射流总是对流不稳定的。

3. 圆环射流

Crapper 等(1975)首先分析了静止气体环境中无黏环形液膜的不稳定性。然而，他们的研究只是提出圆环液膜存在两种类似于平面液膜情况的扰动模式，并没有对这两种模式进行详尽的分析。实际上，圆环液膜也具有两种不稳定模式，即类正弦模式(para-sinuous mode)和类曲张模式(para-varicose mode)(Dumbleton and Hermans，1970)。对于圆环液膜，其内外表面分别与两个彼此独立的气相相接触，它们的物理性质和运动条件可以看成同时具有同一性和差异性，因而内外气液界面两种扰动之间的相位差也就不再总是恒等于 0 或 π 。

类似于无黏圆环液膜情况的研究思路，Shen 和 Li(1996)在考察黏性圆环液膜的稳定性时，正式提出了“类正弦模式”和“类曲张模式”的概念，并得到了表征失稳程度的色散方程和内外表面初始扰动振幅的比值。结果表明，同向流动的高速气流有助于促进圆环液膜的最终雾化。实际上，控制液膜或射流不稳定的是气液轴向速度差值：当气液绝对轴向速度差值为 0 时，气相和液相速度一致，此时流动是稳定的；当气液绝对轴向速度差值远大于 0 时，气相和液相速度相差较大，此时流动会随着气液速度差的增加而变得更加不稳定。此外，对黏性圆环液膜不稳定性进行研究的还有 Mayer(1961)、Dumbleton 和 Hermans(1970)、Radev 和 Gospodinov(1986)、Chauhan 等(1996)。

1.5 本书内容和结构

本书主要工作包括液体自由射流稳定性研究的基本理论、方法和结果讨论，具体的内容和结构如下所示。

第 1 章为绪论，简要介绍液体射流稳定性的研究意义、基本原理、分析方法及研究简史。

第 2 章和第 3 章分别针对两种基本的射流形式(圆柱射流和平面射流)的基本概念、理论和方法进行介绍。对射流稳定性所涉及的基本物理概念进行阐述，详细介绍射流稳定性分析所用的线性和非线性理论(包括简化理论)、数值模拟和实验方法。

第 4 章讨论非牛顿流体射流稳定性，具体包括幂律流体和黏弹性流体射流稳定性分析方法和相关结果的讨论。

第 5 章分析外部物理场对射流稳定性的影响机制和规律，主要包括电场、磁场、温度场作用下的液体射流稳定性，以及传质效应对射流稳定性的影响。

第 6 章对参数振荡下的射流稳定性进行分析，具体包括环境气体速度、密度振荡及液体主流速度振荡下的液体射流参数振荡，以及交流电场作用下的射流参数振荡。

第 7 章研究特殊截面下的射流稳定性，主要有圆环射流稳定性、复合圆柱射流稳定性、偏心复合射流稳定性、椭圆截面射流稳定性。

第 8 章讲述其他特殊条件下的射流稳定性分析方法，具体包括表面活性剂对射流稳定性的影响，气液、固液多相流射流的稳定性分析。

参 考 文 献

王洪伟. 2017. 我所理解的流体力学[M]. 北京: 国防工业出版社.

庄礼贤, 尹协远, 马晖扬. 2015. 流体力学[M]. 2 版. 合肥: 中国科学技术大学出版社.

Cao J, Li X. 2000. Stability of plane liquid sheets in compressible gas streams [J]. AIAA Journal of Propulsion and Power, 16: 623-627.

Chandrasekhar S. 1961. Hydrodynamics and Hydromagnetic Stability [M]. Oxford: Oxford University Press.

Chauhan A, Maldarelli C, Rumschitzki D S, et al. 1996. Temporal and spatial instability of an inviscid compound jet[J]. Rheologica Acta, 35(6): 567-583.

Crapper G D, Dombrowski N, Pyott G A D, et al. 1975. Kelvin-Helmholtz wave growth on cylindrical sheets[J]. Journal of Fluid Mechanics, 68(3): 497-502.

Dombrowski N, Johns W R. 1963. The aerodynamic instability and disintegration of viscous liquid sheets [J]. Chemical Engineering Science, 18: 203-214.

Dumbleton J H, Hermans J J. 1970. Capillary stability of a hollow inviscid cylinder[J]. Physics of Fluids, 13(1): 12-17.

Hagerty W W, Shea J F. 1955. A study of the stability of plane fluid sheets [J]. Journal of Applied Mechanics, 22: 509-514.

Keller J B, Rubinow S I, Tu Y O. 1973. Spatial instability of a jet [J]. Physics of Fluids, 16: 2052-2055.

Leib S J, Goldstein M E. 1986. Convective and absolute instability of a viscous liquid jet [J]. Physics of Fluids, 29(4): 952.

Li H S, Kelly R E. 1992. The instability of a liquid jet in a compressible airstream [J]. Physics of Fluids A, 4: 2162-2168.

Li X. 1993. Spatial instability of plane liquid sheets [J]. Chemical Engineering Science, 48: 2973-2981.

Li X, Tankin R S. 1991. On the temporal instability of a two-dimensional viscous liquid sheet [J]. Journal of Fluid Mechanics, 226: 425-443.

Lin S P. 1981. Stability of a viscous liquid curtain [J]. Journal of Fluid Mechanics, 104: 111.

Lin S P. 2003. Breakup of Liquid Sheets and Jets [M]. Cambridge: Cambridge University Press.

Lin S P, Lian Z W, Creighton B J. 1990. Absolute and convective instability of a liquid sheet [J].

Journal of Fluid Mechanics, 220: 673-689.

Mayer E. 1961. Theory of liquid atomization in high velocity gas streams[J]. ARS Journal, 31(12): 1783-1785.

Radev S, Gospodinov P. 1986. Numerical treatment of the steady flow of a liquid compound jet[J]. International Journal of Multiphase Flow, 12(6): 997-1007.

Rayleigh L. 1878. On the instability of jets [J]. Proceedings of the Royal Society of London Series A—Mathematical and Physical Sciences, s1-10: 4-13.

Shen J, Li X. 1996. Instability of an annular viscous liquid jet[J]. Acta Mechanica, 114: 167-183.

Squire H B. 1953. Investigation of the instability of a moving liquid film [J]. British Journal of Applied Physics, 4: 167-169.

Tomotika S. 1935. On the instability of a cylindrical thread of a viscous liquid surrounded by another viscous liquid [J]. Proceedings of the Royal Society of London A, 150: 322.

Weber C. 1931. Zum zerfall eines flüssigkeitsstrahles [J]. ZAMM Journal of Applied Mathematics and Mechanics, 11: 136-154.

第 2 章　圆柱射流稳定性

圆柱射流和平面射流示意图如图 2-1 所示，圆柱射流和平面射流的失稳分别代表了液体自由射流失稳的两种基本机制，即表面张力驱动失稳(Plateau-Rayleigh)机制和空气动力驱动失稳(Kelvin-Helmholtz)机制，因此圆柱射流和平面射流的失稳是液体自由射流稳定性中最基本的两个问题。第 2 章和第 3 章将分别对这两个问题进行详细分析。

(a) 圆柱射流

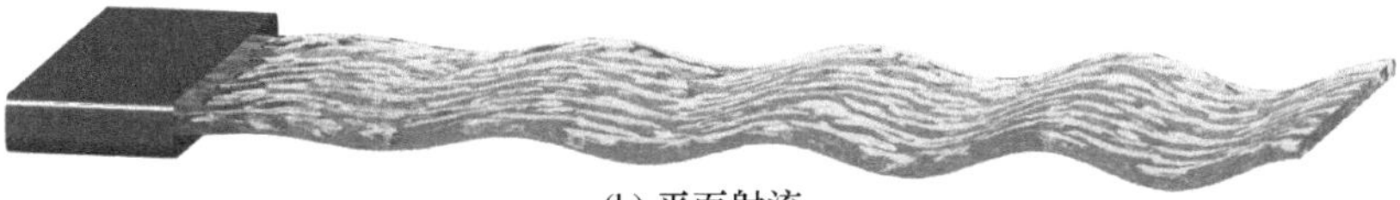

(b) 平面射流

图 2-1　圆柱射流和平面射流示意图

圆柱射流的稳定性问题在生产和生活中是很常见的。第 1 章讲述了相关的背景，这里举一个圆柱射流失稳的例子。图 2-2 为射流失稳破碎现象，会发现从喷口流出的水流先是有一个光滑段，而距离喷口一定距离之后的水流却变得很粗糙。

其实，水流表面变粗糙是一个错觉。如果用高速摄像机来拍摄一个粗糙的水流，可以发现高速摄像机下的射流如图 2-3 所示，在粗糙段水流已经破碎成液滴了。

现在探讨圆柱射流破碎的物理机制。图 2-4 为圆柱射流的失稳机制示意图，图 2-4(a)是一个液柱，如果由于某种原因，其表面产生了正弦波状的微小扰动(图 2-4(b))，那么胀大的地方半径就会增大，缩小的地方半径就会减小(图 2-4(c))。因为表面张力诱发的附加压强是与曲率半径成反比的，又由于周围气体的压强 p_a 是常数，所以胀大的地方，其液体内部的压强就会减小，而缩小的地方，其液体内部的压强会增大(图 2-4(d))。这种不均匀的压强又会驱使液体从缩小的地方流向胀大的地方(图 2-4(e)中的箭头所示)，使得原来的微小扰动得以放大(图 2-4(f)中的虚线)。可以看出，如果液体圆柱上一旦有微小扰动，通过上述的正反馈机制，扰动就会不断放大，最终使得液体圆柱破碎成液滴。

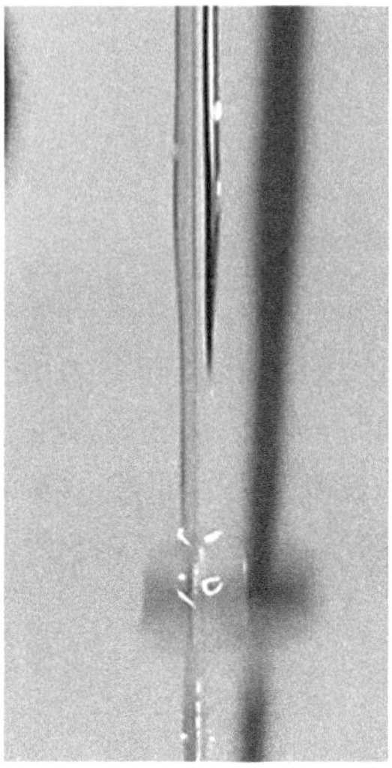

图 2-2　射流失稳破碎现象

图 2-3　高速摄像机下的射流

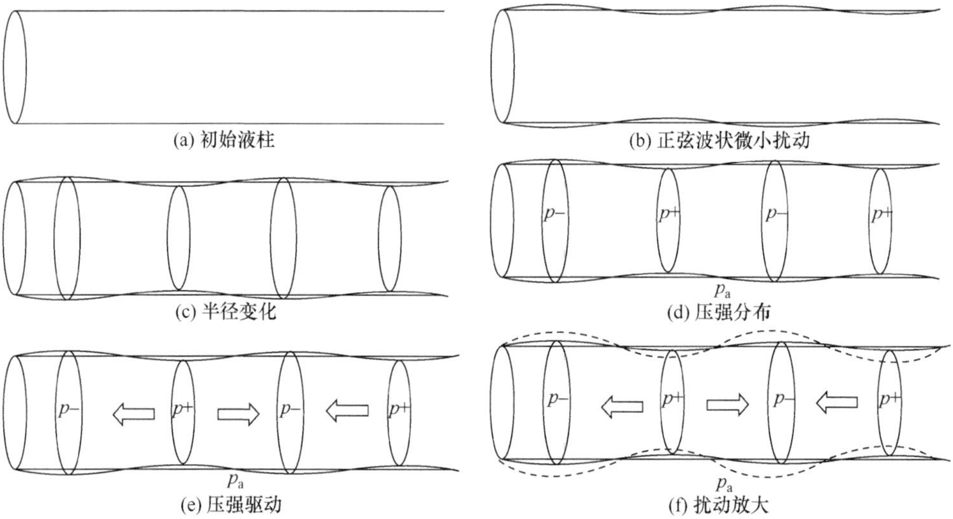

图 2-4　圆柱射流的失稳机制示意图

当然，上面的分析只是考虑了周向的曲率半径，其实轴向的曲率半径也是会起作用的。图 2-5 为轴向的曲率半径效应示意图，如果从轴向曲率半径来分析，胀大的地方，其液体内部压强会增大，而缩小的地方，其液体内部压强会减小。所以，轴向曲率半径的效应和周向曲率半径的效应是相反的，轴向曲率半径的效应是抑制液体圆柱的失稳的。

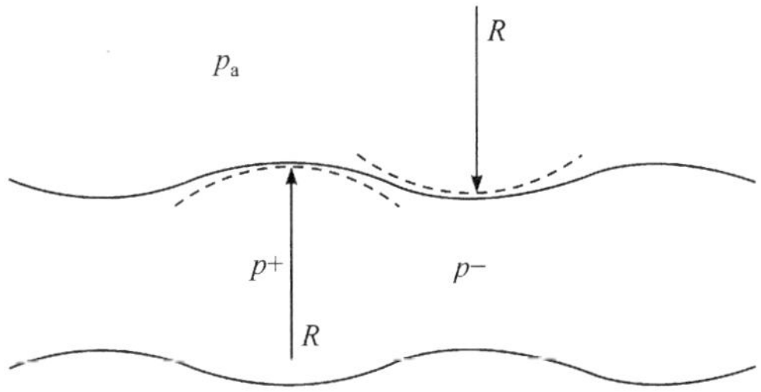

图 2-5　轴向的曲率半径的效应示意图

由于存在上述周向曲率和轴向曲率这两种相反的效应，不是所有微小扰动都可以放大。初始的微小扰动最终是否会被放大，取决于微小扰动的波长。对于长波扰动，周向曲率半径的效应超过轴向曲率半径的效应，扰动是会放大的；而对于短波扰动，轴向曲率半径的效应超过周向曲率半径的效应，扰动不会放大。

圆柱射流的这种失稳现象最早是由 Plateau(1873)发现的。后来，Rayleigh (1878)对它进行了理论分析，因此，这种现象现在被称为 Plateau-Rayleigh 不稳定。上面只是对它进行了定性分析。下面对它进行定量分析。

2.1　圆柱射流的线性稳定性

描述流体运动的 Navier-Stokes 方程组是非线性的，但是在射流失稳的初始阶段，由于扰动幅度很小，可以在扰动量所满足的方程中将扰动量的二次项及高次项忽略，只保留线性项，从而使得分析大为简化。下面我们来进行这种分析。

图 2-6 为圆柱射流 Plateau-Rayleigh 不稳定示意图，图 2-6(a)中，假定一股半径为 a_0^*、压强为 p^*的圆柱射流以速度 U^* 运动。为了不使问题过于复杂，暂且只讨论低速圆柱射流的情形。对于低速圆柱射流，失稳主要由表面张力驱动，周围气体的影响不大，所以忽略气体的动力学效应，而认为周围气体的压强是 p_a^* (低速时此假设其实就是默认射流失稳处于 Rayleigh 模式；高速时应当考虑周围气体的效应，射流失稳往往为 Taylor 模式)。此外，由于液体的黏性通常远大于气体，射流内部的速度是很接近均匀的，这里认为射流内部的速度是均匀的。建立圆柱坐标系 $\left(r^*,z^*\right)$，设时间为 t^*，让射流轴线与 z^* 轴重合。流体的密度为 ρ^*，这里忽略流体的黏性，因为圆柱射流失稳中主要过程是表面能转换为动能，黏性耗散的影响比较小。

射流受到微小扰动后如图 2-6(b)所示，一般情况下，射流上只有轴对称形式的扰动才是不稳定的。所以，本章只讨论轴对称扰动。假定射流受到轴对称扰动后半径变为 a^*，射流内部轴向速度、径向速度分别为 u^*、v^*。

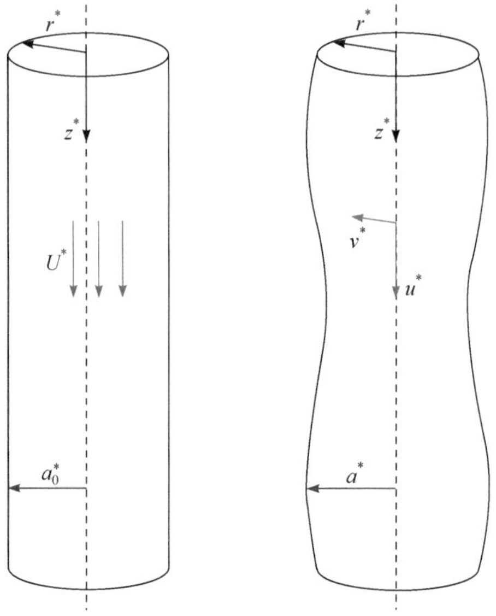

图 2-6　圆柱射流 Plateau-Rayleigh 不稳定示意图

对受扰动后的射流列出控制方程，即 Navier-Stokes 方程组及相应的边界条件。

连续方程为

$$\frac{\partial v^*}{\partial r^*}+\frac{v^*}{r^*}+\frac{\partial u^*}{\partial z^*}=0 \tag{2-1}$$

径向动量方程为

$$\rho^*\left(\frac{\partial v^*}{\partial t^*}+v^*\frac{\partial v^*}{\partial r^*}+u^*\frac{\partial v^*}{\partial z^*}\right)=-\frac{\partial p^*}{\partial r^*} \tag{2-2}$$

轴向动量方程为

$$\rho^*\left(\frac{\partial u^*}{\partial t^*}+v^*\frac{\partial u^*}{\partial r^*}+u^*\frac{\partial u^*}{\partial z^*}\right)=-\frac{\partial p^*}{\partial z^*} \tag{2-3}$$

在边界处，表面曲率所对应的表面张力应当与压力差相适应，动力边界条件为

$$p^*-p_{\mathrm{a}}^*=\sigma^*\left[\frac{1}{a^*\left(1+a_z^{*2}\right)^{1/2}}-\frac{a_{zz}^*}{\left(1+a_z^{*2}\right)^{3/2}}\right],\quad r^*=a^* \tag{2-4}$$

其中，a_z^* 和 a_{zz}^* 分别为射流半径 a^* 对 z^* 的一阶和二阶偏导数。

另外，边界处还应满足运动边界条件，即界面位移与径向速度之间的联系，表达式为

$$v^* = \frac{\partial a^*}{\partial t^*} + u^* \frac{\partial a^*}{\partial z^*}, \quad r^* = a^* \tag{2-5}$$

将速度和压强分解为稳态量(带上划线)和扰动量(带撇号)之和，即

$$v^* = \overline{v}^* + v^{*\prime} \tag{2-6}$$

$$u^* = \overline{u}^* + u^{*\prime} \tag{2-7}$$

$$p^* = \overline{p}^* + p^{*\prime} \tag{2-8}$$

射流半径也分解为稳态量 a_0^* 及扰动量 η^* 之和，即

$$a^* = a_0^* + \eta^* \tag{2-9}$$

由于未受扰动时，射流是以速度 U^* 平行于 z^* 轴流动，所以 $\overline{v}^* = 0$ ，$\overline{u}^* = U^*$ 。式(2-6)和式(2-7)简化为

$$v^* = v^{*\prime} \tag{2-10}$$

$$u^* = U^* + u^{*\prime} \tag{2-11}$$

将式(2-8)～式(2-11)代入式(2-1)～式(2-5)，可以得到

$$\frac{\partial v^{*\prime}}{\partial r^*} + \frac{v^{*\prime}}{r^*} + \frac{\partial U^*}{\partial z^*} + \frac{\partial u^{*\prime}}{\partial z^*} = 0 \tag{2-12}$$

$$\rho^* \left[\frac{\partial v^{*\prime}}{\partial t^*} + v^{*\prime} \frac{\partial u^{*\prime}}{\partial r^*} + \left(U^* + u^{*\prime} \right) \frac{\partial v^{*\prime}}{\partial z^*} \right] = -\frac{\partial \overline{p}^*}{\partial r^*} - \frac{\partial p^{*\prime}}{\partial r^*} \tag{2-13}$$

$$\rho^* \left[\frac{\partial U^*}{\partial t^*} + \frac{\partial u^{*\prime}}{\partial t^*} + v^{*\prime} \left(\frac{\partial U^*}{\partial r^*} + \frac{\partial u^{*\prime}}{\partial r^*} \right) + \left(U^* + u^{*\prime} \right) \left(\frac{\partial U^*}{\partial z^*} + \frac{\partial u^{*\prime}}{\partial z^*} \right) \right] = -\frac{\partial \overline{p}^*}{\partial z^*} - \frac{\partial p^{*\prime}}{\partial z^*} \tag{2-14}$$

$$\overline{p}^* + p^{*\prime} - p_{\mathrm{a}}^* = \sigma^* \left\{ \frac{1}{\left(a_0^* + \eta^* \right) \left[1 + \left(a_{0,z}^* + \eta_z^* \right)^2 \right]^{1/2}} - \frac{a_{0,zz}^* + \eta_{zz}^*}{\left[1 + \left(a_{0,z}^* + \eta_z^* \right)^2 \right]^{3/2}} \right\},$$

$$r^* = a_0^* + \eta^* \tag{2-15}$$

$$v^{*\prime} = \frac{\partial a_0^*}{\partial t^*} + \frac{\partial \eta^*}{\partial t^*} + \left(U^* + u^{*\prime} \right) \left(a_{0,z}^* + \eta_z^* \right), \quad r^* = a_0^* + \eta^* \tag{2-16}$$

其中，$a_{0,z}^*$ 、$a_{0,zz}^*$ 、η_z^* 和 η_{zz}^* 分别为半径的稳态量 a_0^* 与扰动量 η^* 对 z^* 的一阶和二阶偏导数。

如前所述，在射流失稳的初始阶段，由于扰动幅度很小，可以在扰动量所满足的方程中将扰动量的二次项及高次项忽略。另外，扰动量的零次项(即不含扰动

量的项)代表的是稳态流动所满足的方程，所以只要将方程与稳态流动方程相减，这些项也就消失了,最终只剩下扰动量的一次项。由于未受扰动时的射流速度 U^*、射流内部的压强 $\bar{p}^*$ 及半径 a_0^* 都是常量，它们对径向坐标、轴向坐标及时间的偏导数都是零。这样，式(2-12)～式(2-16)就简化为

$$\frac{\partial v^{*\prime}}{\partial r^*}+\frac{v^{*\prime}}{r^*}+\frac{\partial u^{*\prime}}{\partial z^*}=0 \tag{2-17}$$

$$\rho^*\left(\frac{\partial v^{*\prime}}{\partial t^*}+U^*\frac{\partial v^{*\prime}}{\partial z^*}\right)=-\frac{\partial p^{*\prime}}{\partial r^*} \tag{2-18}$$

$$\rho^*\left(\frac{\partial u^{*\prime}}{\partial t^*}+U^*\frac{\partial u^{*\prime}}{\partial z^*}\right)=-\frac{\partial p^{*\prime}}{\partial z^*} \tag{2-19}$$

$$p^{*\prime}=-\sigma^*\left(\frac{\partial^2\eta^*}{\partial z^{*2}}+\frac{\eta^*}{\left(a_0^*\right)^2}\right),\quad r^*=a_0^* \tag{2-20}$$

$$v^{*\prime}=\frac{\partial \eta^*}{\partial t^*}+U^*\frac{\partial \eta^*}{\partial z^*},\quad r^*=a_0^* \tag{2-21}$$

式(2-17)～式(2-21)就是扰动量所满足的线性化的控制方程组与边界条件，因为是线性方程，所以与原始的 Navier-Stokes 方程组相比简化了很多。

如前面所分析，初始的微小扰动最终是否会放大，取决于微小扰动的波长。在现实中，由于环境噪声等在射流上形成的随机初始微小扰动，其中往往包含了各种波长的分量。由于线性方程控制的系统是满足叠加原理的，即几种不同的初始扰动共同作用的结果等于这几种扰动单独作用的结果的总和，只需要分析单一波长扰动下线性控制方程的演化。基于这样的理解，假定扰动量满足正则模(normal mode)的形式，即

$$\left(\eta^*,v^{*\prime},u^{*\prime},p^{*\prime}\right)=\left(\hat{\eta}^*,\hat{v}^{*\prime},\hat{u}^{*\prime},\hat{p}^{*\prime}\right)\exp\left(\mathrm{i}k^*z^*+\omega^*t^*\right)+\text{c.c.} \tag{2-22}$$

其中，k^* 是实数，为扰动波数；ω^* 是复数(复频率)，其实部 ω_{r}^* 为扰动随时间的增长率(简称为时间增长率)，虚部 ω_{i}^* 为扰动随时间的振荡频率；c.c. 是共轭复数。

注意，在式(2-22)中，扰动量都是复数。在现实中，位移、速度、压强这些物理量都是实数，它们可以看成式(2-22)中的扰动量实部。使用复数扰动量仅仅是为了计算上的方便(在思想上类似于正弦稳态电路中的相量分析法)。对于线性方程，如果一个复数变量满足这个方程，那么这个变量的实部和虚部也分别满足这个方程。所以，如果式(2-22)中的复数扰动量满足式(2-17)～式(2-21)，那么它们的实部，即与它们对应的现实中的扰动量也满足这些方程。

将式(2-22)代入式(2-17)～式(2-21)，由于式(2-22)中的扰动量都带有因子 $\exp\left(\mathrm{i}k^* z^* + \omega^* t^*\right)$，式(2-17)～式(2-21)中扰动量对 z^*、t^* 的微分运算都转化成了代数运算，这样就从偏微分方程组转变为常微分方程组，即

$$\frac{\mathrm{d}\hat{v}^{*\prime}}{\mathrm{d}r^*} + \frac{\hat{v}^{*\prime}}{r^*} + \mathrm{i}k\hat{u}^{*\prime} = 0 \tag{2-23}$$

$$\rho^*\left(\omega^*\hat{v}^{*\prime} + \mathrm{i}k^* U^* \hat{v}^{*\prime}\right) = -\frac{\mathrm{d}\hat{p}^{*\prime}}{\mathrm{d}r^*} \tag{2-24}$$

$$\rho^*\left(\omega^*\hat{u}^{*\prime} + \mathrm{i}k^* U^* \hat{u}^{*\prime}\right) = -\mathrm{i}k^*\hat{p}^{*\prime} \tag{2-25}$$

$$\hat{p}^{*\prime} = -\sigma^*\left(-k^{*2}\hat{\eta}^* + \frac{\hat{\eta}^*}{\left(a_0^*\right)^2}\right), \quad r^* = a_0^* \tag{2-26}$$

$$\hat{v}^{*\prime} = \omega^*\hat{\eta}^* + \mathrm{i}k^* U^*\hat{\eta}^*, \quad r^* = a_0^* \tag{2-27}$$

由式(2-24)和式(2-25)可得

$$\hat{v}^{*\prime} = -\frac{1}{\rho^*\left(\omega^* + \mathrm{i}k^* U^*\right)}\frac{\mathrm{d}\hat{p}^{*\prime}}{\mathrm{d}r^*} \tag{2-28}$$

$$\frac{\mathrm{d}\hat{v}^{*\prime}}{\mathrm{d}r^*} = -\frac{1}{\rho^*\left(\omega^* + \mathrm{i}k^* U^*\right)}\frac{\mathrm{d}^2\hat{p}^{*\prime}}{\mathrm{d}r^{*2}} \tag{2-29}$$

$$\hat{u}^{*\prime} = -\frac{1}{\rho^*\left(\omega^* + \mathrm{i}k^* U^*\right)}\mathrm{i}k^*\hat{p}^{*\prime} \tag{2-30}$$

将式(2-28)～式(2-30)代入式(2-23)，便可消去径向扰动速度和轴向扰动速度，得到只含有扰动压力的常微分方程，即

$$r^{*2}\frac{\mathrm{d}^2\hat{p}^{*\prime}}{\mathrm{d}r^{*2}} + r^*\frac{\mathrm{d}\hat{p}^{*\prime}}{\mathrm{d}r^*} - r^{*2}k^{*2}\hat{p}^{*\prime} = 0 \tag{2-31}$$

设 $\zeta = k^* r^*$，则式(2-31)变换为

$$\zeta^2\frac{\mathrm{d}^2\hat{p}^{*\prime}}{\mathrm{d}\zeta^2} + \zeta\frac{\mathrm{d}\hat{p}^{*\prime}}{d\zeta} - \zeta^2\hat{p}^{*\prime} = 0 \tag{2-32}$$

这是零阶修正贝塞尔方程，其通解可以表示为

$$\hat{p}^{*\prime} = C_1\mathrm{I}_0(\zeta) + C_2\mathrm{K}_0(\zeta) = C_1\mathrm{I}_0\left(k^* r^*\right) + C_2\mathrm{K}_0\left(k^* r^*\right) \tag{2-33}$$

其中，I_n、K_n 分别为 n 阶第一类和第二类修正贝塞尔函数；C_1 和 C_2 为待定系数。

由于第二类修正贝塞尔函数在 $r^* \to 0$ 时趋于无限大，不符合圆柱射流问题的解(圆柱射流中的扰动在 $r^* \to 0$ 时是有界的)，所以 $C_2 = 0$，即扰动压强实际上应该为

$$\hat{p}^{*\prime} = C_1 \mathrm{I}_0\left(k^* r^*\right) \tag{2-34}$$

将式(2-34)代入式(2-28)和式(2-30)，便得到速度扰动的表达式，即

$$\hat{v}^{*\prime} = -\frac{1}{\rho^*\left(\omega^* + \mathrm{i}k^* U^*\right)} C_1 k^* \mathrm{I}_1\left(k^* r^*\right) \tag{2-35}$$

$$\hat{u}^{*\prime} = -\frac{1}{\rho^*\left(\omega^* + \mathrm{i}k^* U^*\right)} \mathrm{i}k^* C_1 \mathrm{I}_0\left(k^* r^*\right) \tag{2-36}$$

将压力、速度的扰动式(2-34)～式(2-36)代入边界条件式(2-26)和式(2-27)中，得到

$$-C_1 \mathrm{I}_0\left(k^* a_0^*\right) = \sigma^*\left(-k^{*2} + \frac{1}{a_0^{*2}}\right)\hat{\eta}^* \tag{2-37}$$

$$-\frac{1}{\rho^*\left(\omega^* + \mathrm{i}k^* U^*\right)} C_1 k^* \mathrm{I}_1\left(k^* a_0^*\right) = \left(\omega^* + \mathrm{i}k^* U^*\right)\hat{\eta}^* \tag{2-38}$$

将式(2-38)代入式(2-37)，消去 $\hat{\eta}^*$，得到

$$\left[\mathrm{I}_0\left(k^* a_0^*\right) - \sigma^*\left(-k^{*2} + \frac{1}{a_0^{*2}}\right)\frac{k^* \mathrm{I}_1\left(k^* a_0^*\right)}{\rho^*\left(\omega^* + \mathrm{i}k^* U^*\right)^2}\right] C_1 = 0 \tag{2-39}$$

由于 $C_1 \neq 0$，有

$$\mathrm{I}_0\left(k^* a_0^*\right) - \sigma^*\left(-k^{*2} + \frac{1}{a_0^{*2}}\right)\frac{k^* \mathrm{I}_1\left(k^* a_0^*\right)}{\rho^*\left(\omega^* + \mathrm{i}k^* U^*\right)^2} = 0 \tag{2-40}$$

即

$$\left(\omega^* + \mathrm{i}k^* U^*\right)^2 = \left(1 - k^{*2} a_0^{*2}\right)\frac{\sigma^* k^* \mathrm{I}_1\left(k^* a_0^*\right)}{\rho^* a_0^{*2} \mathrm{I}_0\left(k^* a_0^*\right)} \tag{2-41}$$

式(2-41)就是扰动波数和扰动复频率之间的关系，称为色散关系(dispersion relation)。其中的波数和复频率是有量纲的，为了使结果更具有普适性，将结果无量纲化。定义无量纲波数 $k = k^* a_0^*$ 及无量纲复频率 $\omega = \omega^* a_0^* / U^*$，并引入无量纲参数韦伯数 $We = \rho^* U^{*2} a_0^* / \sigma^*$，可以将式(2-41)转化为无量纲的色散方程，即

$$(\omega+\mathrm{i}k)^2=(1-k^2)\frac{k\mathrm{I}_1(k)}{We\mathrm{I}_0(k)} \tag{2-42}$$

以 k 为横坐标，ω 的实部(时间增长率 ω_r)为纵坐标，画出的曲线图，称为色散曲线(dispersion curve)。图 2-7 是 $We=10$ 时的圆柱射流色散曲线。

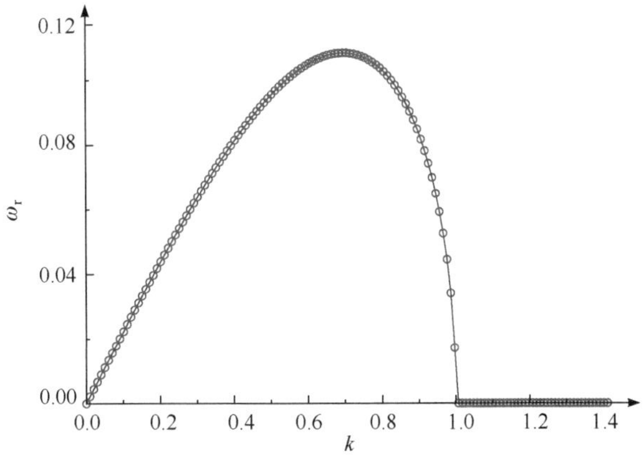

图 2-7　圆柱射流色散曲线

从图 2-7 可以看出，射流上扰动的增长是有条件的，那就是其波数必须在一定的范围之内。当无量纲波数 k 满足 $0<k<1$ 时，时间增长率 ω_r 大于零，这意味着扰动会增长；当无量纲波数 k 大于 1 时，时间增长率 ω_r 就变成零，即扰动不再增长。其中的物理机制正是周向曲率半径的效应与轴向曲率半径的效应之间竞争的结果。对于 $0<k<1$，即扰动波长比较长的情形(注意波长与波数成反比)，周向曲率半径的效应超过轴向曲率半径的效应，扰动是会放大的；当 $k>1$ 时，波长较短，轴向曲率半径的效应超过周向曲率半径的效应，扰动不会放大。

因此，$k_c=1$ 是一个临界波数，当 $k<k_c$ 时，扰动会增长；当 $k>k_c$ 时，扰动不增长。这个临界波数 k_c 称为截止波数(cutoff wavenumber)。当波数 k 等于截止波数时，波长恰好等于圆柱射流的周长。

从图 2-7 还可以看出，当 $0<k<1$ 时，随着波数的增加，时间增长率先增加后减小，因此存在一个最大时间增长率。从图 2-7 可以知道，当 $We=10$ 时，最大的无量纲时间增长率大约为 $\omega_r=0.11$，对应的无量纲波数大约为 $k=0.69$。这个波数称为主导波数(dominant wavenumber)。如前面所述，现实中射流上形成的随机初始微小扰动往往包含了各种波长的分量，这些不同波长的分量中，只有在 $0<k<1$ 范围内才会增长，而对于 $0<k<1$ 范围内不同波长的分量来说，它们的增长速度又是各不相同的。由于射流上的扰动是指数增长的，不同的时间增长率导致增长速度的差别是很大的。最终显现出来并导致射流破裂的扰动往往就对应于波数为主导波数的扰动。

图 2-8 是不同韦伯数下的圆柱射流色散曲线，从中可以看出，时间增长率随着韦伯数的增加而减小。这是容易理解的，因为韦伯数代表了惯性力与表面张力之比，韦伯数增大意味着表面张力减小。圆柱射流失稳破碎的驱动力是表面张力，驱动力的减小导致时间增长率的减小。从图 2-8 还可以看出，韦伯数的改变对主导波数并没有影响，无论韦伯数是多少，主导波数 k 始终等于 0.69 。这个无量纲波数所对应的波长大约为 9.1 倍的射流半径。这个波长决定了射流破碎后生成的液滴半径大约为射流半径的 1.9 倍。

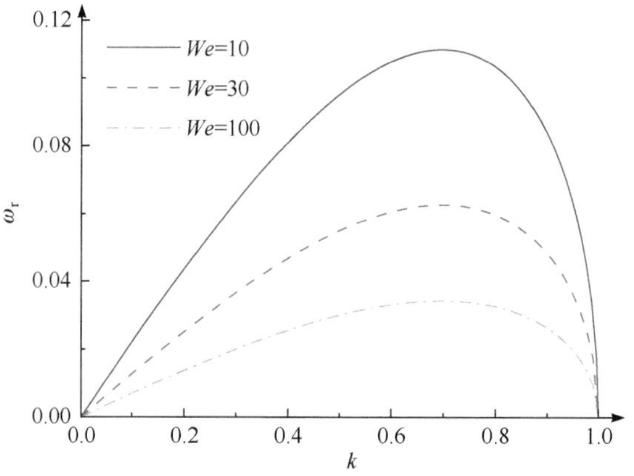

图 2-8　不同韦伯数下的圆柱射流色散曲线

上面讨论的时候忽略了液体的黏性和周围气体的效应，在进行更精确的分析时，应当考虑这些效应。由现有的相关文献可知，液体的黏性是抑制射流失稳的，即黏度系数越大，时间增长率越小；周围气体的空气动力效应则促进射流的失稳，即周围气体的密度越大，时间增长率越大。还要说明一下，当考虑周围气体时，时间增长率并不一定是随着韦伯数的增大而减小，当韦伯数增大到一定程度时(即表面张力减小到一定程度时)，射流的失稳机制就不再由表面张力驱动，而是受周围气体与射流表面的剪切效应影响(类似于平面射流失稳的空气动力效应)，这时，射流表面扰动波的波长很短，表面张力反而有阻碍失稳的作用，因此增长率随着韦伯数的增大而增大。由表面张力驱动的圆柱射流失稳称为 Rayleigh 模式，而气体与射流表面剪切效应驱动的射流失稳称为 Taylor 模式，图 2-9 为取雷诺数 $Re = 1000$ ，气液密度比 $\rho = 0.001$ 时周围气体效应下圆柱射流破碎的 Rayleigh 模式和 Taylor 模式，这里的雷诺数定义为 $Re = \rho^* U^* a_0^* / \mu^*$ ，其中 ρ^* 为液体密度，U^* 为射流速度，a_0^* 为射流半径，μ^* 为液体动力黏度系数。从图 2-9 中可以看出 Taylor 模式的最不稳定波数远远大于 Rayleigh 模式。

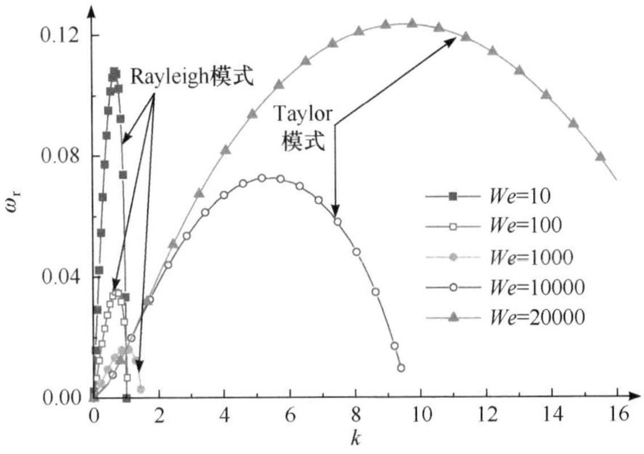

图 2-9　周围气体效应下圆柱射流破碎的 Rayleigh 模式和 Taylor 模式

2.2　圆柱射流线性稳定性扰动能量分析

本节从能量平衡角度分析黏性圆柱射流初始扰动的失稳机制。能量分析是流动稳定性分析中经常采用的方法。基本流失稳的过程，其实就是扰动动能不断增加的过程，因此可以通过研究扰动动能如何增加来分析射流失稳的物理机制。根据能量守恒定律，扰动动能的增加必定是另外的一些能量转化为扰动动能的结果。分析出扰动动能由哪几种能量转化而来，便可以比较深刻地理解失稳的机制；通过分析每一种能量的份额，便可以进一步定量分析每一个物理因素的效应。

这里考虑周围空气的扰动。首先，线性化的无量纲动量守恒方程的向量形式为

$$\left(\frac{\partial}{\partial t}+\bar{\boldsymbol{v}}\cdot\nabla\right)\boldsymbol{v}'=-\nabla p'+\frac{1}{Re}\nabla\cdot\boldsymbol{T}' \tag{2-43}$$

其中，基本流为均一速度型，即 $\bar{\boldsymbol{v}}=(1,0)$；扰动速度场为 $\boldsymbol{v}'=(u',v')$；扰动应力场为 $\boldsymbol{T}'=(\nabla\boldsymbol{v}')+(\nabla\boldsymbol{v}')^{\mathrm{T}}$ 。将式(2-43)乘以速度矢量 $\boldsymbol{v}'$，并取长度为一个波长 λ 的射流段作为控制体 V，在控制体积内积分并作长度平均，得到如下能量平衡方程，即

$$\frac{1}{\lambda}\int_V \boldsymbol{v}'\cdot\left(\frac{\partial}{\partial t}+\bar{\boldsymbol{v}}\cdot\nabla\right)\boldsymbol{v}'\mathrm{d}V=-\frac{1}{\lambda}\int_V \varPhi\mathrm{d}V+\frac{1}{\lambda}\int_V\left\{-\nabla\cdot(p'\boldsymbol{v}')+\frac{1}{Re}\nabla\cdot\left[\boldsymbol{v}'\cdot(\nabla\boldsymbol{v}')\right]\right\}\mathrm{d}V \tag{2-44}$$

其中，$\varPhi=(\nabla\boldsymbol{v}':\nabla\boldsymbol{v}')/Re$ 为黏性耗散函数。

式(2-44)左侧代表动能的变化率，用 KE 表示，即

$$\mathrm{KE}=\frac{1}{\lambda}\int_V \boldsymbol{v}'\cdot\left(\frac{\partial}{\partial t}+\overline{\boldsymbol{v}}\cdot\nabla\right)\boldsymbol{v}'\mathrm{d}V=\frac{1}{\lambda}\int_0^1\int_0^\lambda \boldsymbol{v}'\cdot\left(\frac{\partial}{\partial t}+\overline{\boldsymbol{v}}\cdot\nabla\right)\boldsymbol{v}'r\mathrm{d}r\mathrm{d}z \tag{2-45}$$

式(2-44)右侧的第一项代表黏性耗散功率，即

$$\mathrm{DIS}=-\frac{1}{\lambda}\int_V \varPhi\mathrm{d}V=-\frac{1}{\lambda}\frac{1}{Re}\int_0^1\int_0^\lambda\left(\nabla\boldsymbol{v}':\nabla\boldsymbol{v}'\right)r\mathrm{d}r\mathrm{d}z \tag{2-46}$$

式(2-44)右侧剩余两项分别表示液相压力做的体积功和黏性应力的改变产生的功率。根据奥-高公式，可以由体积分转化为面积分；运用线性动力边界条件，同时考虑到扰动的轴向周期性条件，可以将式(2-44)右侧剩余两项转化为如下形式(A 表示控制体的表面积)，即

$$\begin{aligned}\mathrm{SUT}+\mathrm{PRG}&=\frac{1}{\lambda}\int_V\left\{-\nabla\cdot\left(p'\boldsymbol{v}'\right)+\frac{1}{Re}\nabla\cdot\left[\boldsymbol{v}'\cdot\left(\nabla\boldsymbol{v}'\right)\right]\right\}\mathrm{d}V\\&=\frac{1}{\lambda}\int_A\left\{-p'\boldsymbol{v}'+\frac{1}{Re}\left[\boldsymbol{v}'\cdot\left(\nabla\boldsymbol{v}'\right)\right]\right\}\cdot\boldsymbol{n}\mathrm{d}A\end{aligned} \tag{2-47}$$

其中，SUT 为表面张力做功功率，即

$$\mathrm{SUT}=\frac{1}{\lambda}\int_0^1\int_0^\lambda v_r'\left[\left(a'+\frac{\partial^2 a'}{\partial z^2}\right)\right]_{r=1}\mathrm{d}z \tag{2-48}$$

PRG 代表周围气体做功功率，即

$$\mathrm{PRG}=-\frac{1}{\lambda}\int_0^\lambda\left(p_{\mathrm{g}}'v_r'\right)_{r=1}\mathrm{d}\theta\mathrm{d}z \tag{2-49}$$

其中，p_{g}' 为气体扰动压强。

由此得到最终的能量平衡方程，即

$$\mathrm{KE}=\mathrm{DIS}+\mathrm{SUT}+\mathrm{PRG} \tag{2-50}$$

图 2-10 为圆柱射流失稳的能量平衡分析，图中绘制了能量平衡方程中各项随波数的变化情况，其中所取参数为 $Re=100$、$We=200$、$\rho=0.001$ 和 $\eta_0=0.1$。

计算可以发现，DIS 一直是负数，说明黏性耗散是抑制射流失稳的因素。而在波数区域 $k<1$ 时，SUT 为正数，说明此时表面张力做正功，是射流失稳的驱动因素；当波数 $k>1$ 时，SUT 为负数，此时扰动波长小于射流周长，表面张力做功为负。此外，计算表明 PRG 值始终是正的，但幅值较前两者均较小，说明气动力作用会小幅促进射流的不稳定，而当 $k>1$ 时，气动力做功正是射流失稳的能量来源。这里只分析了最基本的情形，能量平衡式(2-50)相对简单，若基本流存在一定的速度型，式(2-50)还将包括其他项，具体情形可参见 Lin(2003)的著作。

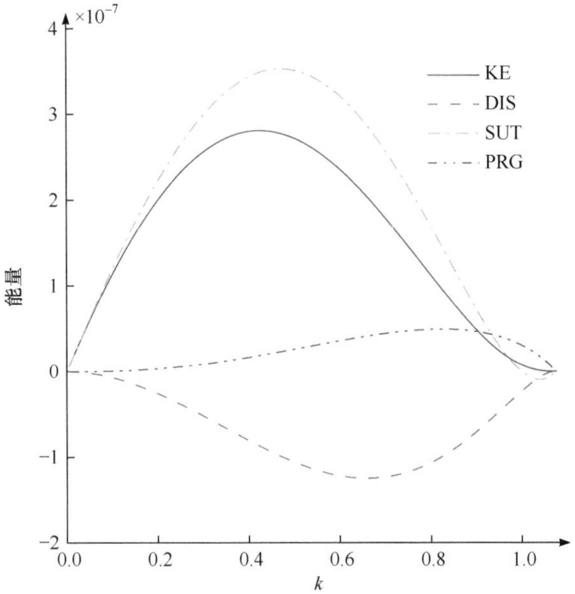

图 2-10　圆柱射流失稳的能量平衡分析

2.3　圆柱射流的对流/绝对不稳定

相比时间模式(只研究扰动随时间的增长或衰减)和空间模式(扰动随着空间位置的移动而增长或衰减)，更有实际物理意义的是扰动的时空演变，本节将介绍对流不稳定和绝对不稳定的概念与判据。

对流不稳定和绝对不稳定的区别最早是由 Twiss(1951)及 Landau 和 Lifshitz (1959)提出的，这个概念最早源于对等离子体的研究；Briggs(1964)提出了一套判别理论；Bers(1983)清晰地总结了有关时空等离子体不稳定性的理论成果。等离子体物理学家对这些概念的理论基础做出了开创性的贡献，并将其应用于众多等离子体不稳定性的研究中。随后绝对不稳定和对流不稳定被引入流体稳定性的研究中，受到广泛关注。关于对流不稳定和绝对不稳定的具体内容可以参考 Huerre 和 Monkewitz(1990)的综述，以及 Lin(2003)、Schmid 和 Henningson(2001)、尹协远和孙德军(2003)的著作。

2.3.1　绝对不稳定和对流不稳定的概念

首先介绍绝对不稳定和对流不稳定的相关概念。假设在流场中某局部位置施加一个脉冲扰动，研究流体系统在不同位置的脉冲响应。如果由脉冲产生的局部扰动在扰动源的上游和下游均扩散，在充分长时间后，扰动放大且遍布整个流场，系统无法恢复到初始的未扰动状态，则认为流动是绝对不稳定的。如果扰动虽然随时间增长，但仅向扰动源的下游或上游传播，在充分长时间后，扰动最终远离了研究区域，研究区域内的流场恢复到初始的未扰动状态，则认为流动是对流不稳定的。

图 2-11 为稳定、对流不稳定和绝对不稳定示意图(尹协远和孙德军，2003)。

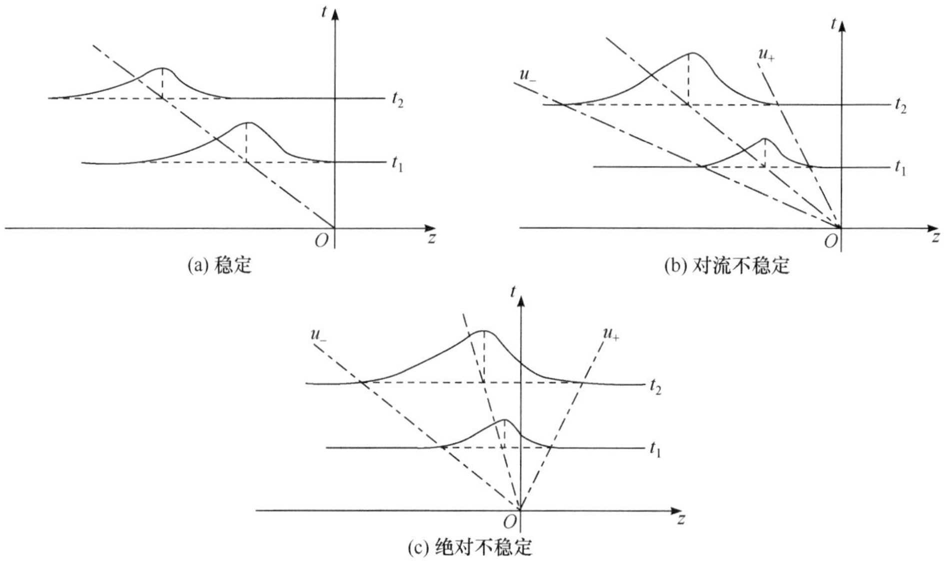

图 2-11　稳定、对流不稳定和绝对不稳定示意图

考虑无量纲的情况，图 2-11 以 z-t 图的形式演示了绝对不稳定和对流不稳定的概念，脉冲扰动初始创建在原点处。在图 2-11(a)中，扰动的振幅随时间而衰减，即流动是稳定的。图 2-11(b)表示的是对流不稳定的情况，扰动沿 t 的方向增强，所以是不稳定的，但扰动仅向下游传播，对于下游任意位置，当扰动波传到该点后，这一点处的扰动随时间先增长后衰减，之后流场恢复到未扰动状态。图 2-11(c)描述了绝对不稳定的情况，扰动向上游和下游同时传播，并且在足够长的时间后扰动将遍布整个空间。

色散关系将空间中的动态行为(由无量纲波数 k 表示)和时间行为(由无量纲频率 ω 表示)相关联，即

$$D(k,\omega)=0 \tag{2-51}$$

其中，k 和 ω 通常都是复数。

给出 k 并根据色散关系确定复频率 ω 的解，称为色散关系的时间分支，而给出 ω 并根据色散关系计算出复波数 k 的解称为色散关系的空间分支。与色散关系相关的微分方程为

$$D\left(-\mathrm{i}\frac{\partial}{\partial z},-\frac{\partial}{\partial t}\right)u(z,t)=0 \tag{2-52}$$

本问题主要研究的是由式(2-52)或色散关系式(2-51)控制的线性系统对 z-t 图原点处脉冲的响应，这个脉冲的响应由格林函数 $G(z,t)$ 给出，它满足

$$D\left(-\mathrm{i}\frac{\partial}{\partial z},-\frac{\partial}{\partial t}\right)G(z,t)=\delta(z)\delta(t) \tag{2-53}$$

利用格林函数可以更为精确地区分对流不稳定和绝对不稳定。线性稳定、线性不稳定，以及对流不稳定和绝对不稳定的定义可以用脉冲响应表示如下。

满足式(2-54)的流动是线性稳定的，即

$$\lim_{t\to\infty}G(z,t)=0,\quad \frac{z}{t}=\text{常数} \tag{2-54}$$

在所有 $z/t=$ 常数的参考系中观察，流动扰动都将衰减直至消失。而沿着射线 $z/t=$ 常数，如果流动扰动都将放大，则它是线性不稳定的，即

$$\lim_{t\to\infty}G(z,t)\to\infty,\quad \frac{z}{t}=\text{常数} \tag{2-55}$$

在线性不稳定流中，还需要进一步区分对流不稳定流动和绝对不稳定流动。如果流动满足

$$\lim_{t\to\infty}G(z,t)=0,\quad \frac{z}{t}=0 \tag{2-56}$$

则流动对流不稳定。相反，如果流动满足

$$\lim_{t\to\infty}G(z,t)\to\infty,\quad \frac{z}{t}=0 \tag{2-57}$$

则流动绝对不稳定。也就是若对于任意固定位置，扰动最终衰减为零，则流动是对流不稳定的；若在固定位置上的扰动幅值不断增大，则流动是绝对不稳定的。

2.3.2 Briggs-Bers 准则和鞍点法

为了求解式(2-53)，对方程两边进行傅里叶(Fourier)变换和拉普拉斯(Laplace)变换，于是式(2-53)可以转换为谱空间中的形式，即

$$D(k,\omega)\hat{G}(k,\omega)=1 \tag{2-58}$$

为了求出物理解，在 Briggs 的方法中首先选择波数积分，即

$$\tilde{G}(z,\omega)=\frac{1}{2\pi}\int_F\frac{1}{D(k,\omega)}\mathrm{e}^{\mathrm{i}kz}\mathrm{d}k \tag{2-59}$$

然后进行 ω 反演，即

$$G(z,t)=\frac{1}{2\pi}\int_L \tilde{G}(z,\omega)\mathrm{e}^{-\omega t}\mathrm{d}\omega \tag{2-60}$$

其中，L 和 F 分别表示在Laplace-ω 平面和Fourier-k 平面中的反演轮廓。

格林函数积分表达式的时间渐近评估涉及在 k 和 ω 复平面中积分轮廓的变形，通过使积分路径经过平面中的鞍点变形，可以使用最速下降法来评估时间渐近行为，关于最速下降法的具体内容可以参考尹协远和孙德军(2003)著作中的描述。如果该评估将导致积分发散，则根据定义，流动为绝对不稳定。如果渐近极限导致积分收敛，则流动为对流不稳定。

在式(2-59)和式(2-60)中，积分路径的选择是十分重要的，偏移原始轮廓 L ，如果可以将其降低到低于 ω 虚轴的位置，则 ω 反演积分式(2-60)中的指数将使被积函数随着 $t\to\infty$ 消失；如果不能，则时间渐近离散响应由 ω 平面中的最高离散奇点控制，若遇到高于 ω 虚轴的奇点，将无法继续降低反演轮廓 L 。ω 平面中的奇点通过色散关系也会在 k 平面中具有相关的奇点。

图 2-12 为积分路径变形过程示意图。首先选择 k 实轴作为空间部分的反演路径，这一积分路径通过色散关系映射到 ω 平面中的一条曲线，在图中用 $\omega(F)$ 表示。在 ω 平面上，当 $t<0$ 时，积分路径由 L 和半径无穷大的上半圆组成；当 $t>0$ 时，积分路径由 L 和半径无穷大的下半圆组成，积分值等于它包围的所有留数之和。因为 $t<0$ 时扰动响应始终为零，所以积分路径不能包围任何奇点，或者说 ω 积分的被积函数在 $\omega_{\mathrm{r}}>\max(\mathrm{Re}(\omega(F)))$ 半空间中必须是解析的，时间反演轮廓必须位于曲线 $\omega(F)$ 的上方。时间轮廓 L 也同样可以映射到 k 平面，当 ω 沿 L 运动时，通过色散关系对应有 k 的两个根，形成图中的空间分支 $k^+(L)$ 和 $k^-(L)$ ，实轴上方的分支与下游的动力学相关，实轴下方的分支控制着上游的扰动行为。然后在 ω 平面上降低 L ，它在 k 平面上的空间分支 $k^+(L)$ 和 $k^-(L)$ 也会变形。原路径 F 将在两个空间分支之间被挤压，这使得 F 也将变形，从而改变 ω 平面上的 $\omega(k)$ 。通过不断调整反演轮廓及其映射，直到空间反演轮廓 F 被夹在两个空间分支之间，它们在夹点 k_0 相接触，此时在 ω 平面上形成尖点 ω_0 ，时间反演轮廓 L 无法继续降低。

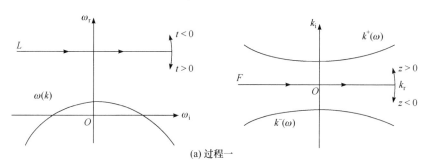

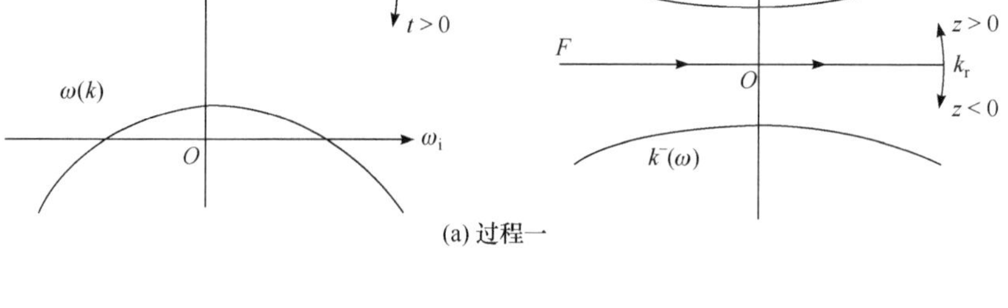

(a) 过程一

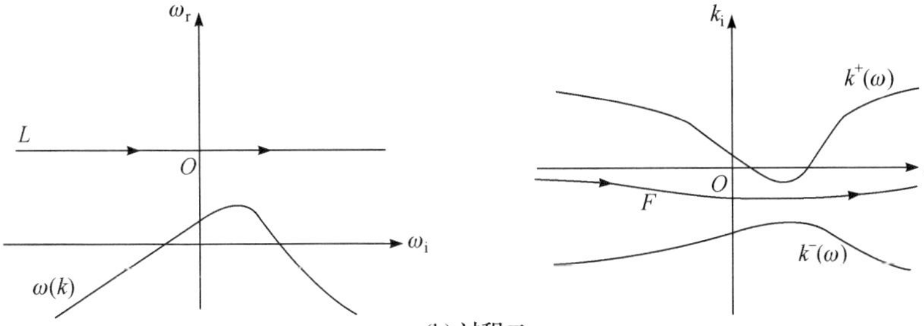

(b) 过程二

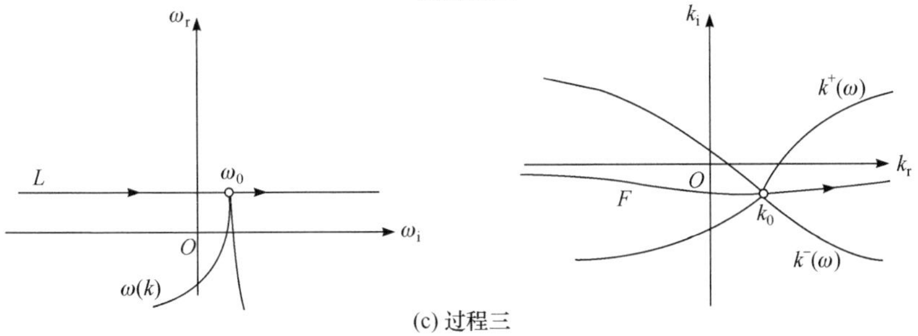

(c) 过程三

图 2-12　积分路径变形过程示意图

ω 平面上的夹点和 k 平面上的尖点同时出现的原因如下。

复平面 k 中的夹点 k_0(一种特殊的鞍点)满足的关系为

$$D\left(k_0,\omega_0\right)=0,\quad \frac{\partial D}{\partial k}\left(k_0,\omega_0\right)=0,\quad \frac{\partial^2 D}{\partial k^2}\left(k_0,\omega_0\right)\neq 0 \tag{2-61}$$

在奇点 $\left(k_0,\omega_0\right)$ 附近对色散关系进行 Taylor 级数展开，得到

$$0=\frac{\partial D}{\partial \omega}\bigg|_0\left(\omega-\omega_0\right)+\frac{1}{2}\frac{\partial^2 D}{\partial k^2}\bigg|_0\left(k-k_0\right)^2+O\Big(\left(\omega-\omega_0\right)^2,\left(k-k_0\right)^3\Big) \tag{2-62}$$

式(2-62)给出了 ω 平面中 ω_0 邻域和 k 平面中 k_0 邻域之间的关系。

从绝对不稳定的定义和图 2-11 来看，很明显，在不稳定的鞍点或尖点处，群速度满足的关系为

$$c_g=\frac{\partial \omega}{\partial k}=\frac{\partial D}{\partial k}\bigg/\frac{\partial D}{\partial \omega}=0 \tag{2-63}$$

如果反演轮廓的变形过程使 k 平面中出现夹点，且 ω 平面中关联的尖点 ω_0 位于 ω 虚轴上方，零群速度的不稳定波存在，流动为绝对不稳定；反之，当 ω_0 位于虚轴下方时，流动为对流不稳定。

综上得到线性稳定和绝对不稳定、对流不稳定的判据为

$$\begin{cases}\omega_{\mathrm{r,max}} < 0, & \text{线性稳定} \\ \omega_{\mathrm{r,max}} > 0,\ \omega_{0,\mathrm{r}} < 0, & \text{对流不稳定} \\ \omega_{\mathrm{r,max}} > 0,\ \omega_{0,\mathrm{r}} > 0, & \text{绝对不稳定}\end{cases} \tag{2-64}$$

其中，$\omega_{\mathrm{r,max}}$ 为时间增长率的最大值。不过，并非所有的 $\partial\omega/\partial k = 0$ 鞍点都是 k^+ 和 k^- 相碰的点，也可能是 k_1^+ 和 k_2^+ 或 k_1^- 和 k_2^- 相碰的点。所以 Briggs 和 Bers 强调，符合要求的鞍点必须由起源于复平面上实轴两侧不同半空间的空间分支组成，即 Briggs-Bers 准则(Briggs-Bers criterion)。

为了进行判断，首先要找出满足 $\mathrm{d}\omega/\mathrm{d}k = 0$ 的鞍点 (k_0,ω_0)。在复 k 平面上寻找鞍点可以采用鞍点图法，取复 k 平面上的网格点求出相应的 ω 值，绘制出 ω 的等值线，即可从图上找到鞍点。也可以通过复 ω 平面上的尖点图寻找，对不同复波数的虚部 k_i 变化不同的实部 k_r，求出分别对应的复频率 ω，从而在复 ω 上绘制出一组等 k_i 线，由于在 $\mathrm{d}\omega/\mathrm{d}k = 0$ 附近 ω 随 k 的变化很慢，能够找出 $\omega(k)$ 的尖点，根据它在 ω 虚轴的上方还是下方来判断它是绝对不稳定还是对流不稳定。

2.3.3　圆柱射流的绝对不稳定和对流不稳定计算

在前面的理论基础上，采用鞍点法对圆柱射流进行对流不稳定和绝对不稳定分析。在复 k 平面上求出增长率曲线的鞍点(即 $\mathrm{d}\omega/\mathrm{d}k = 0$ 的点)，然后根据鞍点处 $\omega_{0,\mathrm{r}}$ 值的正负来判断。若鞍点处的 $\omega_{0,\mathrm{r}}$ 值为负，则为对流不稳定；若鞍点处的 $\omega_{0,\mathrm{r}}$ 值为正，则为绝对不稳定。

如图 2-13 所示为复 k 平面上的 ω_r 等值线，计算时选取了几种不同的韦伯数。可以看出，当韦伯数较小时($We = 0.1$ 、$We = 1$)，图中符合 Briggs-Bers 准则的鞍

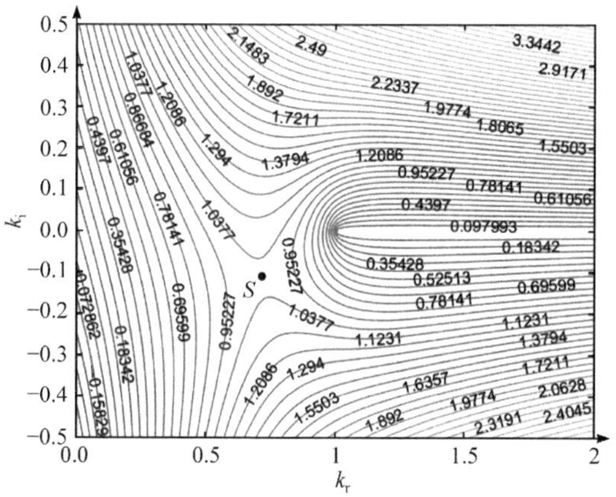

(a) We=0.1

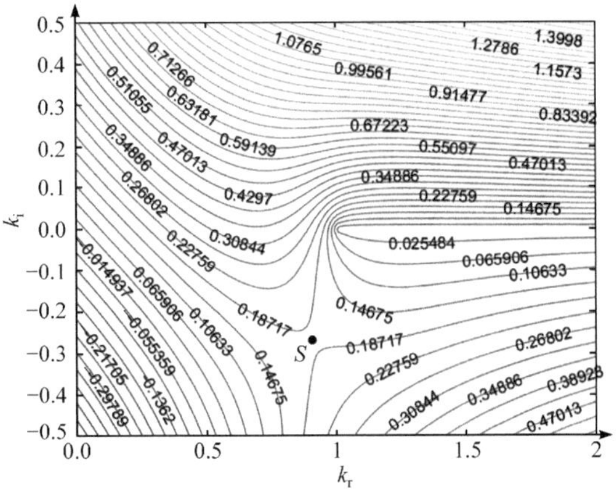

(b) We=1

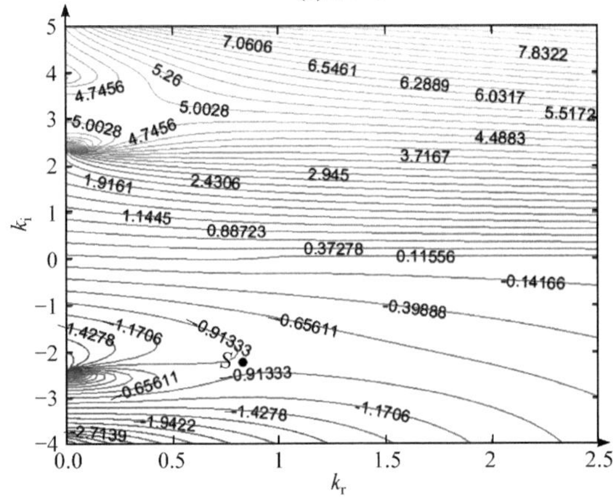

(c) We=10

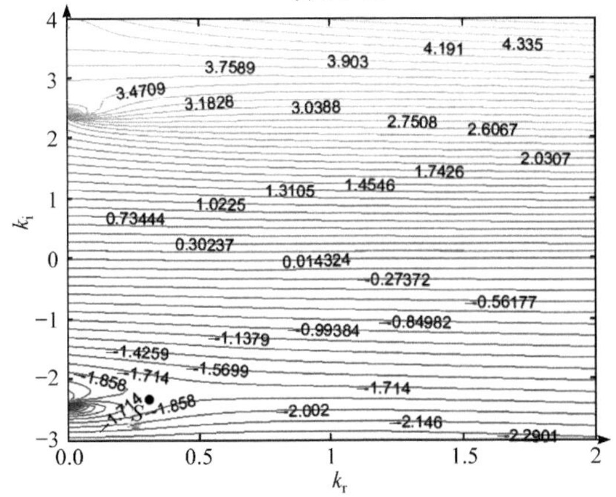

(d) We=100

图 2-13　复 k 平面上的 ω_r 等值线

点 S 处的 $\omega_{0,r}$ 值为正，因此流动为绝对不稳定；当韦伯数较大时($We=10$ 、

$We = 100$)，符合 Briggs-Bers 准则的鞍点 S 处的 $\omega_{0,r}$ 值为负，因此流动为对流不稳定。根据 Le(1997)的计算，从绝对不稳定转变为对流不稳定的临界韦伯数大约为 3.125。

圆柱射流处于对流不稳定还是绝对不稳定，对于射流失稳的现象有很大的影响。Monkewitz(1990)指出，绝对不稳定的射流将产生全局振荡，也就是使得射流进入滴落(dripping)模式。相反，对流不稳定的射流不会产生全局振荡，处于喷射(jetting)模式，即喷口下游可以形成连续的射流，射流上扰动波的振幅随着空间位置的移动逐渐增大，到某个空间位置射流破碎成液滴。而滴落模式则是流速更低(此时韦伯数也更小)的时候观察到的现象，例如，如果把水龙头的阀门再关小一些，则喷口下游就不能形成连续的射流了，水是从喷口一滴一滴地滴下来的。

射流的对流不稳定和绝对不稳定与喷射模式和滴落模式的关系可以这样理解：假定一开始有一股连续的、稳定的射流。如果射流是对流不稳定的，那么由于某种原因(如噪声)在射流上产生的扰动会被放大，不过扰动波只向扰动源位置的下游传播，使得在充分长时间后，扰动最后“逸出”了所研究的流动区域，这样射流还是能保持连续，只是在下游某处才因为扰动放大到一定程度导致破碎成液滴。反之，如果射流是绝对不稳定的，那么由于某种原因在射流上产生的扰动不仅会放大，而且既向上游传播又向下游传播，“污染”了整个流场，当放大后的扰动向上游传播到喷口时，就会造成流动中断，所以连续的射流就没法继续维持了，而变成一滴一滴滴落的模式。

射流的对流不稳定和绝对不稳定特性对于射流的控制有重要的指导意义。如果射流是对流不稳定的，那么可以通过在上游施加人为扰动来控制下游射流的破碎过程。射流会把人工施加的扰动在下游放大。如果射流是绝对不稳定的，那么射流一滴一滴滴落的频率是很稳定的，只取决于结构参数(如喷口直径)，而对外界的扰动不敏感，这时施加人工的微弱扰动对于射流是没有作用的。

2.4　圆柱射流非线性稳定性的摄动方法

2.1 节和 2.2 节的分析都是基于线性稳定性分析的，这在扰动幅度很小的时候是适用的。但是，当扰动幅度增长到一定程度时，非线性效应变得显著起来，这时线性稳定性分析就不适用了。图 2-14 为圆柱射流 Plateau-Rayleigh 不稳定实验图(Goedde and Yuen，1970)，从中可以看出，当扰动幅度较大时，气液界面的轮廓显然已经不是正弦波了，这与线性稳定性分析中所做的扰动波是正弦波的假设是矛盾的。

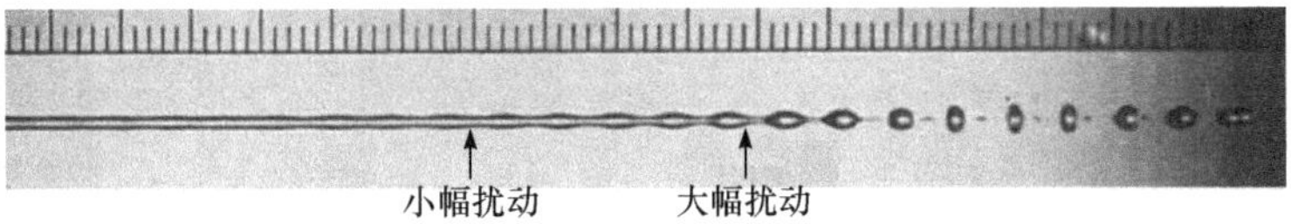

(a) 射流上的扰动

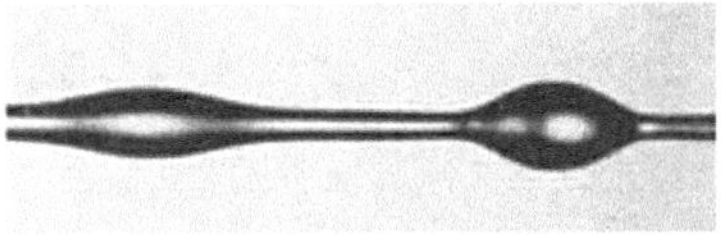

(b) 大幅扰动的放大图

图 2-14　圆柱射流 Plateau-Rayleigh 不稳定实验图

为了扩大理论解的适用范围，使理论解存在一定非线性效应时仍然适用，一些学者提出采用摄动的方法来求解圆柱射流失稳的问题。

在摄动方法中，将圆柱射流的速度场、压力场、表面位置等分解为幂级数的形式为

$$v^* = \bar{v}^* + \varepsilon v_1^* + \varepsilon^2 v_2^* \tag{2-65}$$

$$u^* = \bar{u}^* + \varepsilon u_1^* + \varepsilon^2 u_2^* \tag{2-66}$$

$$p^* = \bar{p}^* + \varepsilon p_1^* + \varepsilon^2 p_2^* \tag{2-67}$$

$$a^* = a_0^* + \varepsilon \eta_1^* + \varepsilon^2 \eta_2^* \tag{2-68}$$

其中，ε 为摄动小参数。

将式(2-65)～式(2-68)代入圆柱射流运动的控制方程和边界条件式(2-1)～式(2-5)，分别提取 ε 的一次幂项和二次幂项，就得到了一阶和二阶摄动方程。其中 ε 的一次幂项组成了一阶摄动方程，ε 的二次幂项组成了二阶摄动方程。一阶摄动方程实质上就是线性化控制方程式(2-17)～式(2-21)，可以用 2.1 节的方法求解。通过求解一阶摄动方程求解出一阶解答 $\left(v_1^*, u_1^*, p_1^*, \eta_1^*\right)$ 后，将一阶解答代入二阶摄动方程中，便可以求出二阶解答 $\left(v_2^*, u_2^*, p_2^*, \eta_2^*\right)$。由于一阶摄动方程实质上就是线性化控制方程，一阶解答其实就是线性稳定性分析的结果。因此，摄动法其实就是在线性稳定性分析的基础上加上一个二阶解答作为修正，使理论解在存在一定非线性效应时仍然适用。如果对二阶解答的修正还不满意，可以再加上三阶甚至更高阶的摄动解答来修正，即在式(2-65)～式(2-68)中加入 ε^3 、ε^4 等。

这里以二阶为例对摄动法的一般推导过程进行简要叙述。如图 2-15 所示为圆柱射流扰动的物理模型，图中为在气体中运动的射流，射流为牛顿流体，动力黏度系数为 μ^*，且不可压缩，表面张力系数为 σ^*，密度为 ρ_1^*。建立坐标系 $\left(r^*, z^*\right)$，对于基本流动，射流具有一个不变的半径 a_0^* 和均匀的流速 U^*，射流速度足够大，

惯性力远大于重力，忽略重力因素的影响，气体静止、无黏且不可压，密度为 ρ_g^*。

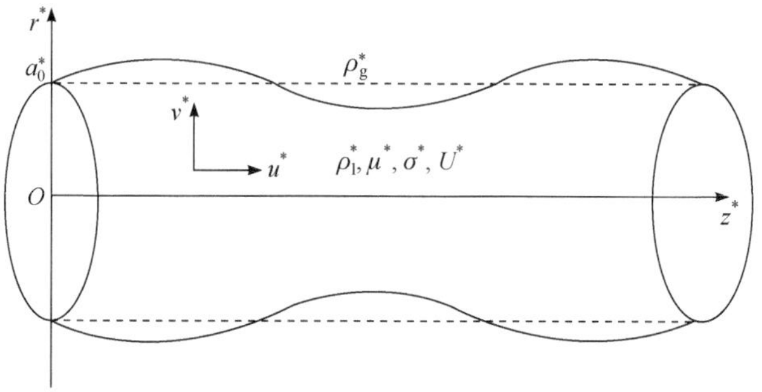

图 2-15　圆柱射流扰动的物理模型

为了简化推导过程且使结果具有一般性，用 a_0^*、U^*、a_0^*/U^*、$\rho_l^* U^{*2}$ 为尺度分别对长度、速度、时间和压强(应力)进行无量纲化，同时定义雷诺数 $Re = \rho_l^* U^* a_0^* / \mu^*$、韦伯数 $We = \rho_l^* U^{*2} a_0^* / \sigma^*$ 和气液密度比 $\rho = \rho_g^* / \rho_l^*$ 分别表征液体的黏性、表面张力及周围气体的作用。无量纲量均表示为不加星号上标的形式，建立无量纲的柱坐标系 (r,z)。

当微小扰动在喷嘴出口处加入射流中时，射流表面位移和射流速度都会产生一个微小扰动量。射流的无量纲控制方程为

$$\nabla \cdot \boldsymbol{v} = 0 \tag{2-69}$$

$$\left(\frac{\partial}{\partial t} + \boldsymbol{v} \cdot \nabla\right)\boldsymbol{v} = -\nabla p_l + \frac{1}{Re} \nabla \cdot \boldsymbol{T} \tag{2-70}$$

其中，$\boldsymbol{v} = (u,v)$ 为无量纲的射流速度矢量；p_l 为无量纲的液体压强；$\boldsymbol{T} = (\nabla \boldsymbol{v}) + (\nabla \boldsymbol{v})^{\mathrm{T}}$ 为无量纲的额外应力。

周围气体满足的无量纲方程为

$$\nabla^2 \phi_g = 0 \tag{2-71}$$

$$p_g = -\rho\left[\frac{\partial \phi_g}{\partial t} + \frac{1}{2}(\nabla \phi_g)^2\right] \tag{2-72}$$

其中，ϕ_g 为无量纲的气体速度势；p_g 为无量纲的气体压强；ρ 为气液密度比。

设 $h = r - a$，在气液界面 $h = 0$ 处给出边界条件。

运动边界条件为

$$\frac{\partial h}{\partial t} + \boldsymbol{v} \cdot \nabla h = 0 \tag{2-73}$$

$$\frac{\partial h}{\partial t} + \nabla \phi_{g} \cdot \nabla h = 0 \tag{2-74}$$

动力边界条件为

$$\boldsymbol{n} \cdot \boldsymbol{T} \times \boldsymbol{n} = 0 \tag{2-75}$$

$$\boldsymbol{n} \cdot \left(-p\boldsymbol{I} + \boldsymbol{T}\right) \cdot \boldsymbol{n} = \boldsymbol{n} \cdot \left(-p_{g}\boldsymbol{I}\right) \cdot \boldsymbol{n} - \frac{1}{We}\left(\frac{1}{R_1} + \frac{1}{R_2}\right) \tag{2-76}$$

其中，$\boldsymbol{n} = \nabla h / \left|\nabla h\right|$ 为气液界面的单位法向量。

径向曲率为

$$\frac{1}{R_1} = \frac{h_r}{r\left(1 + h_z^2\right)^{1/2}} \tag{2-77}$$

轴向曲率为

$$\frac{1}{R_2} = \frac{h_{zz}}{\left(1 + h_z^2\right)^{3/2}} \tag{2-78}$$

其中，h_r 为 h 对 r 的一阶偏导数；h_z 和 h_{zz} 分别为 h 对 z 的一阶和二阶偏导数。

给定界面位置扰动量的边界条件为

$$\eta\Big|_{z=0} = \eta_0 \cos(\omega t) = \frac{1}{2}\eta_0 \exp(\mathrm{i}\omega t) + \mathrm{c.c.} \tag{2-79}$$

其中，c.c. 为共轭复数。

将所有扰动量展开成二阶摄动形式，即

$$(u', v', p_1', \phi_g', p_g', \eta) = \eta_0(u_1, v_1, p_{11}, \phi_{g1}, p_{g1}, \eta_1) + \eta_0^2(u_2, v_2, p_{12}, \phi_{g2}, p_{g2}, \eta_2) \tag{2-80}$$

对于在未知边界上的边界条件，用已知边界值的 Taylor 级数展开代替，即

$$p_1\Big|_{r=1+\eta} = p_1\Big|_{r=1} + \frac{\partial p_1}{\partial r}\bigg|_{r=1}\eta + \frac{1}{2}\frac{\partial^2 p_1}{\partial r^2}\bigg|_{r=1}\eta^2 + \cdots \tag{2-81}$$

将控制方程及边界条件用以上方法进行二阶摄动展开，得到一、二阶控制方程。

先求一阶方程的解，一阶方程是对 z 和 t 的线性偏微分方程，方程的解可以设为正则模的形式，即

$$\left(u_1, v_1, p_{11}, \phi_{g1}, p_{g1}, \eta_1\right) = \left(\hat{u}_1, \hat{v}_1, \hat{p}_{11}, \hat{\phi}_{g1}, \hat{p}_{g1}, \hat{\eta}_1\right)\exp\left(\mathrm{i}k_1 z - \mathrm{i}\omega t\right) + \mathrm{c.c.} \tag{2-82}$$

其中，k_1 和 ω 分别为一阶扰动的波数和频率；符号“ ˆ ”表示扰动的振幅。讨论空间模式，ω 为实数，由式(2-79)给出；k_1 为复数，其虚部的相反数表示一阶扰动的空间增长率。

将式(2-82)代入一阶方程组，用I_n、K_n分别表示n阶的第一类和第二类修正贝塞尔函数，可得

$$\hat{p}_{l1}=\frac{k_1^2-l_1^2}{k_1 Re}A_1\mathrm{I}_0(k_1 r) \tag{2-83}$$

$$\hat{v}_1=A_1\mathrm{I}_1(k_1 r)+A_2\mathrm{I}_1(l_1 r) \tag{2-84}$$

$$\hat{u}_1=\mathrm{i}A_1\mathrm{I}_0(k_1 r)+\mathrm{i}\frac{l_1}{k_1}A_2\mathrm{I}_0(l_1 r) \tag{2-85}$$

$$\hat{p}_{g1}=-\frac{\rho\omega^2\hat{\eta}_1}{k_1}\frac{\mathrm{K}_0(k_1 r)}{\mathrm{K}_1(k_1)} \tag{2-86}$$

$$\hat{\eta}_1=\frac{1}{2} \tag{2-87}$$

其中，

$$l_1^2=k_1^2+\mathrm{Re}(\mathrm{i}k_1-\mathrm{i}\omega) \tag{2-88}$$

$$A_1=\frac{k_1^2+l_1^2}{Re\mathrm{I}_1(k_1)}\hat{\eta}_1 \tag{2-89}$$

$$A_2=-\frac{2k_1^2}{Re\mathrm{I}_1(l_1)}\hat{\eta}_1 \tag{2-90}$$

一阶色散关系为

$$\begin{aligned}D(k_1,\omega)=&-\frac{k_1^4-l_1^4}{Re^2}\frac{\mathrm{I}_0(k_1)}{\mathrm{I}_1(k_1)}+\frac{2k_1^2\left(k_1^2+l_1^2\right)}{Re^2}\frac{\mathrm{I}_1'(k_1)}{\mathrm{I}_1(k_1)}\\&-\frac{4l_1k_1^3}{Re^2}\frac{\mathrm{I}_1'(l_1)}{\mathrm{I}_1(l_1)}-\frac{\rho\omega^2\mathrm{K}_0(k_1)}{\mathrm{K}_1(k_1)}-\frac{k_1(1-k_1^2)}{We}\\=&0\end{aligned} \tag{2-91}$$

根据一阶方程解的形式，二阶方程的解设为

$$\begin{aligned}\left(u_2,v_2,p_{l2},\phi_{g2},p_{g2},\eta_2\right)=&\left(\hat{u}_{21},\hat{v}_{21},\hat{p}_{l21},\hat{\phi}_{g21},\hat{p}_{g21},\hat{\eta}_{21}\right)\exp\left(2\mathrm{i}k_1 z-2\mathrm{i}\omega t\right)\\&+\left(\hat{u}_{22},\hat{v}_{22},\hat{p}_{l22},\hat{\phi}_{g22},\hat{p}_{g22},\hat{\eta}_{22}\right)\exp\left(2\mathrm{i}k_1 z\right)\\&+\left(\hat{u}_{23},\hat{v}_{23},\hat{p}_{l23},\hat{\phi}_{g23},\hat{p}_{g23},\hat{\eta}_{23}\right)\exp\left(\mathrm{i}k_2 z-2\mathrm{i}\omega t\right)\\&+\left(\hat{u}_{24},\hat{v}_{24},\hat{p}_{l24},\hat{\phi}_{g24},\hat{p}_{g24},\hat{\eta}_{24}\right)\exp\left(\mathrm{i}k_2' z\right)+\mathrm{c.c.}\end{aligned} \tag{2-92}$$

其中，带有下标“21”“22”的项为特解，表示能量传递；带有下标“23”“24”的项为通解，表示固有扰动，固有扰动具有波数 k_2 和 k_2'。

将式(2-92)代入二阶方程组，可得

$$\hat{\eta}_{21}=\frac{2k_1\left(M_1+M_2+M_3\right)\big|_{r=1}}{D(2k_1,2\omega)} \tag{2-93}$$

$$\hat{\eta}_{23}=-\hat{\eta}_{21} \tag{2-94}$$

$$\hat{\eta}_{22}=-\hat{\eta}_{24}=0 \tag{2-95}$$

$$D(k_2,2\omega)=0 \tag{2-96}$$

其中，

$$M_1=\frac{1}{Re}\left[-\frac{1}{2k_1}\frac{\mathrm{I}_0(2k_1)}{\mathrm{I}_1(2k_1)}+\frac{4k_1}{4k_1^2-l_{21}^2}\frac{\mathrm{I}_1'(2k_1)}{\mathrm{I}_1(2k_1)}\right]$$
$$\times\left[\frac{\mathrm{d}^2\hat{h}_v}{\mathrm{d}r^2}+\frac{1}{r}\frac{\mathrm{d}\hat{h}_v}{\mathrm{d}r}-l_{21}^2\hat{h}_v-\frac{\hat{h}_v}{r^2}+\left(4k_1^2+l_1^2\right)\hat{f}_\eta-2\mathrm{i}k_1Re\hat{f}_\tau\right] \tag{2-97}$$

$$M_2=\frac{1}{Re}\frac{4\mathrm{i}l_{21}k_1}{4k_1^2-l_{21}^2}\frac{\mathrm{I}_1'(l_{21})}{\mathrm{I}_1(l_{21})}$$
$$\times\left[\frac{\mathrm{i}}{2k_1}\left(\frac{\mathrm{d}^2\hat{h}_v}{\mathrm{d}r^2}+\frac{1}{r}\frac{\mathrm{d}\hat{h}_v}{\mathrm{d}r}-4k_1^2\hat{h}_v-\frac{\hat{h}_v}{r^2}\right)+4\mathrm{i}k_1\hat{f}_\eta+Re\hat{f}_\tau\right] \tag{2-98}$$

$$M_3=-\frac{2}{Re}\frac{\mathrm{d}\hat{h}_v}{\mathrm{d}r}+\hat{h}_p+2\rho\omega^2\hat{\eta}_1^2-\hat{f}_d \tag{2-99}$$

$$l_{21}^2=4k_1^2+2\,\mathrm{Re}(\mathrm{i}k_1-\mathrm{i}\omega) \tag{2-100}$$

$$\hat{f}_\tau=\hat{\eta}_1\frac{\mathrm{d}\hat{T}_{rz1}}{\mathrm{d}r}+\mathrm{i}k_1\hat{\eta}_1(\hat{T}_{rr1}-\hat{T}_{zz1}) \tag{2-101}$$

$$\hat{f}_\eta=\mathrm{i}k_1\hat{u}_{z1}\hat{\eta}_1-\hat{\eta}_1\frac{\mathrm{d}\hat{u}_{r1}}{\mathrm{d}r} \tag{2-102}$$

$$\hat{f}_d=\frac{1}{We}\left(\frac{1}{2}k_1^2+1\right)\hat{\eta}_1^2-2\mathrm{i}k_1\hat{\eta}_1\hat{T}_{rz1}+\hat{\eta}_1\frac{\mathrm{d}}{\mathrm{d}r}\left(-\hat{p}_{l1}+\hat{T}_{rr1}+\hat{p}_{g1}\right) \tag{2-103}$$

$$\hat{h}_p=\mathrm{K}_0\left(2k_1r\right)\int_0^r\frac{q_1(\xi)\mathrm{I}_0\left(2k_1\xi\right)}{W_1(\xi)}\mathrm{d}\xi-\mathrm{I}_0\left(2k_1r\right)\int_0^r\frac{q_1(\xi)\mathrm{K}_0\left(2k_1\xi\right)}{W_1(\xi)}\mathrm{d}\xi \tag{2-104}$$

$$\hat{h}_v=\mathrm{K}_1\left(l_{21}r\right)\int_a^r\frac{q_2(\xi)\mathrm{I}_1\left(l_{21}\xi\right)}{W_2(\xi)}\mathrm{d}\xi-\mathrm{I}_1\left(l_{21}r\right)\int_a^r\frac{q_2(\xi)\mathrm{K}_1\left(l_{21}\xi\right)}{W_2(\xi)}\mathrm{d}\xi \tag{2-105}$$

$$q_1(r) = -\frac{\mathrm{d}\hat{f}_v}{\mathrm{d}r} - \frac{\hat{f}_v}{r} - 4\mathrm{i}k_1\hat{f}_u \tag{2-106}$$

$$q_2(r) = \hat{f}_v + \frac{\mathrm{d}\hat{h}_p}{\mathrm{d}r} \tag{2-107}$$

$$\hat{f}_v = v_1\frac{\partial v_1}{\partial r} + u_1\frac{\partial v_1}{\partial z} \tag{2-108}$$

$$\hat{f}_u = v_1\frac{\partial u_1}{\partial r} + u_1\frac{\partial u_1}{\partial z} \tag{2-109}$$

$$W_1(r) = \begin{vmatrix} \mathrm{I}_0(2k_1r) & \mathrm{K}_0(2k_1r) \\ 2k_1\mathrm{I}_1(2k_1r) & -2k_1\mathrm{K}_1(2k_1r) \end{vmatrix} \tag{2-110}$$

$$W_2(r) = \begin{vmatrix} \mathrm{I}_1(l_{21}r) & \mathrm{K}_1(l_{21}r) \\ l_{21}\mathrm{I}_0(l_{21}r) - \dfrac{\mathrm{I}_1(l_{21}r)}{r} & -l_{21}\mathrm{K}_0(l_{21}r) - \dfrac{\mathrm{K}_1(l_{21}r)}{r} \end{vmatrix} \tag{2-111}$$

其中，Re 表示取实部。

最终得到液膜表面扰动的二阶摄动表达式为

$$\eta = \eta_0\hat{\eta}_1\exp(\mathrm{i}k_1z - \mathrm{i}\omega t) + \eta_0^2\hat{\eta}_{21}\left[\exp(2\mathrm{i}k_1z - 2\mathrm{i}\omega t) - \exp(\mathrm{i}k_2z - 2\mathrm{i}\omega t)\right] + \mathrm{c.c.} \tag{2-112}$$

图 2-16 给出了圆柱射流表面扰动波的发展，所取计算参数为 $Re=100$，$We=100$，$\rho=0.001$，$\eta_0=0.1$，$\omega=0.4$，图中包括一阶扰动波、二阶谐波和总扰动波发展。在扰动发展初期，二阶谐波可以忽略，射流表面波是线性发展的，在这个阶段，可以用线性理论进行分析；随着空间的发展，二阶谐波逐渐增大，尤其是临近破裂时，二阶谐波将已经破裂的线性射流表面拉开，延缓了破裂，并形成细丝状结构，在这个阶段，二阶谐波作用增大，不可忽略，需要用非线性方法进行分析。从图中也可以看出，尽管二阶谐波很小，但是在研究射流破裂时并不能忽略，特别是关注细丝状或者伴随液滴形成的过程，进一步说明了开展非线性研究的必要性。

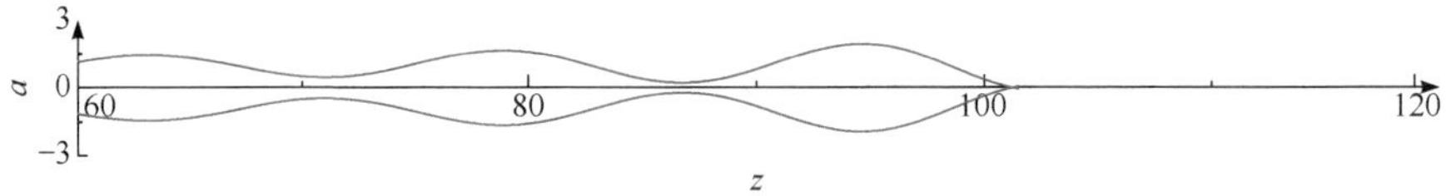

(a) 一阶扰动波的发展

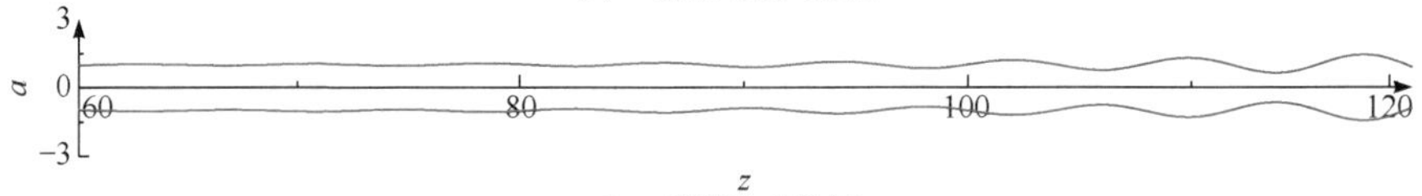

(b) 二阶谐波的发展

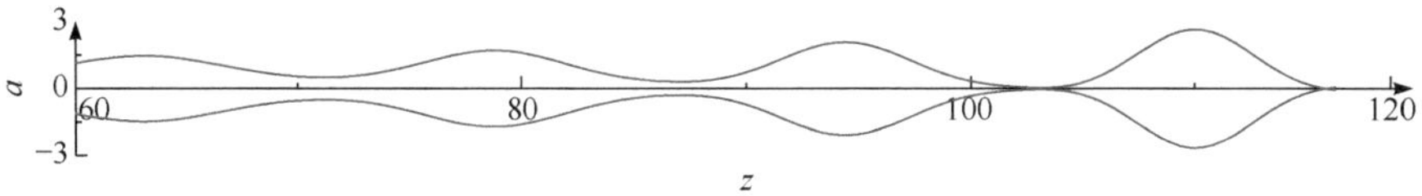

(c) 总扰动波的发展

图 2-16　圆柱射流表面扰动波的发展

图 2-17 是圆柱射流中液体黏性对一阶增长率、二阶振幅和破裂长度的影响，计算所取参数为 $We = 100$ ，$\rho = 0.001$ ，$\eta_0 = 0.1$ 。随着雷诺数的增大，一阶增长率有较小的增加，而二阶振幅的变化较为复杂。当 $\omega < 0.5$ 时，二阶振幅几乎不随雷诺数变化；当 $\omega > 0.5$ 时，二阶振幅会随雷诺数增大有小幅度增加，即非线性会增强。破裂长度 L_b 表征了射流的不稳定性强弱，雷诺数增大，破裂长度减小，但幅度不大，表明黏性力会小幅度抑制射流表面扰动的发展。

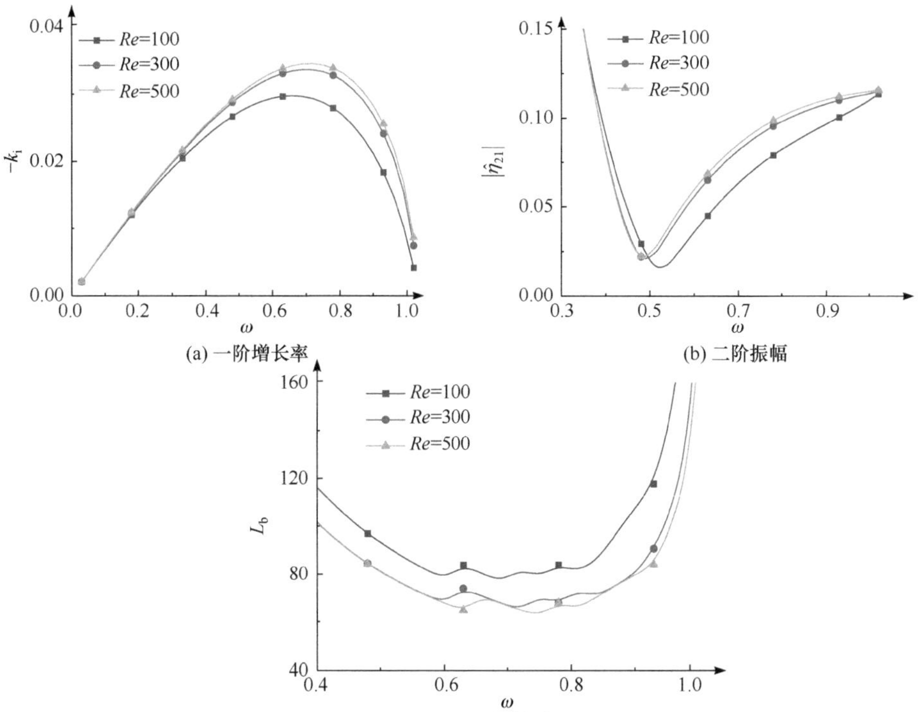

(a) 一阶增长率　(b) 二阶振幅　(c) 破裂长度

图 2-17　圆柱射流中液体黏性对一阶增长率、二阶振幅和破裂长度的影响

图 2-18 是圆柱射流中表面张力对一阶增长率、二阶振幅和破裂长度的影响，计算所取的参数为 $Re = 100$ ，$\rho = 0.001$ ，$\eta_0 = 0.1$ 。随着韦伯数的增大，最大增长率减小，射流的线性发展受到抑制。二阶振幅有一个转折点，当 ω 较小时，二阶振幅会随着韦伯数的增大而增大；当 ω 较大时，则正好相反，韦伯数的增大会使

临界频率 ω_c 增大。在 ω 较小时，破裂长度随着韦伯数的增大而增大，所以总体来看，增大表面张力会使射流变得更加稳定，更难破裂。

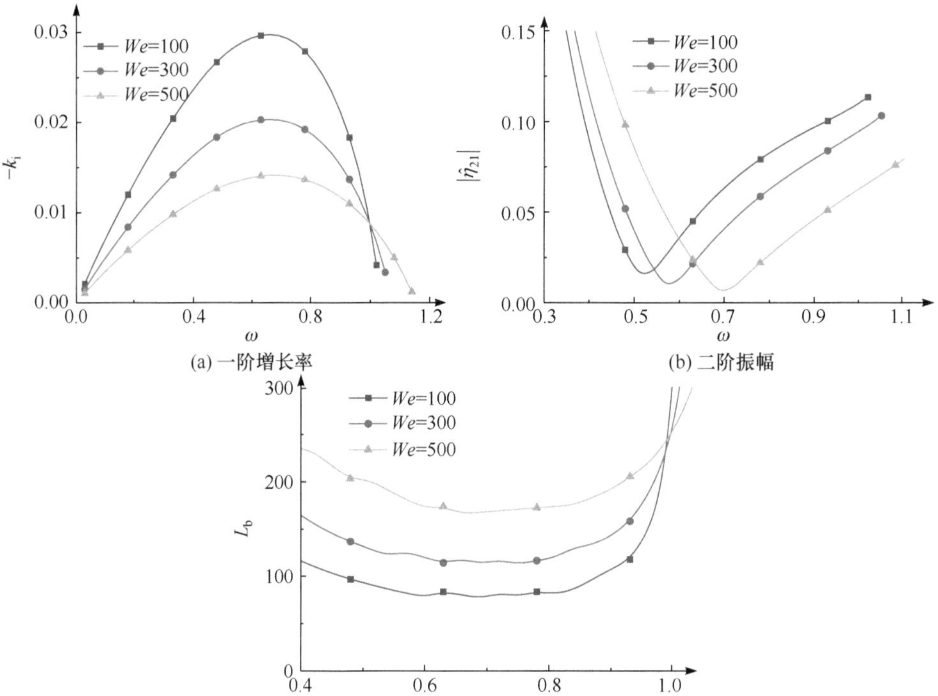

(a) 一阶增长率　　(b) 二阶振幅

(c) 破裂长度

图 2-18　圆柱射流中表面张力对一阶增长率、二阶振幅和破裂长度的影响

图 2-19 是圆柱射流中周围气体对一阶增长率、二阶振幅和破裂长度的影响，计算所取的参数为 $Re = 100$ ， $We = 100$ ， $\eta_0 = 0.1$ 。从图中可以看出，气液密度比能增大射流的空间增长率和不稳定波数范围，截止频率和主导频率都会相应增大，从而增加射流的线性不稳定性。同时，当考虑周围气体的影响时，在频率较小时，

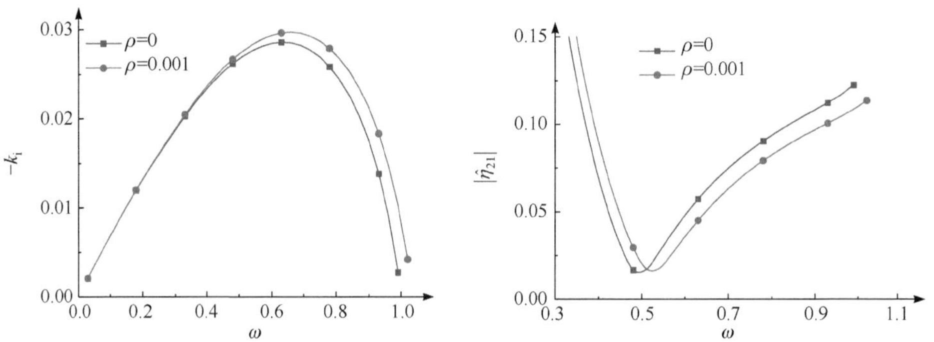

(a) 一阶增长率　　(b) 二阶振幅

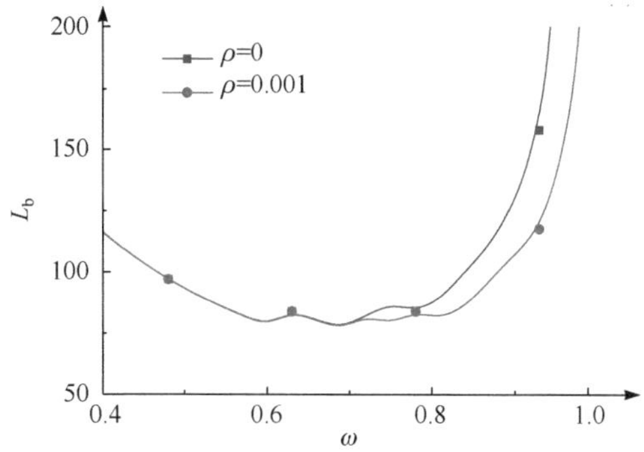

(c) 破裂长度

图 2-19　圆柱射流中周围气体对一阶增长率、二阶振幅和破裂长度的影响

二阶振幅会随气液密度比增大而增大；在大频率范围内，二阶振幅会随气液密度比增大而减小。从破裂长度来看，周围气体几乎不影响小频率的表面波，同时会促进大频率表面波的非线性发展，从而促进射流的发展。

图 2-20 是 Yuen(1968)得到的无黏圆柱射流失稳的三阶摄动解答，图中表示了在几个不同时刻的界面位移。可以看出界面位移已经不再是正弦波，波谷附近产生了新的凸起，这和实验中观察到的现象是一致的，并且这个新的凸起将形成伴随液滴。

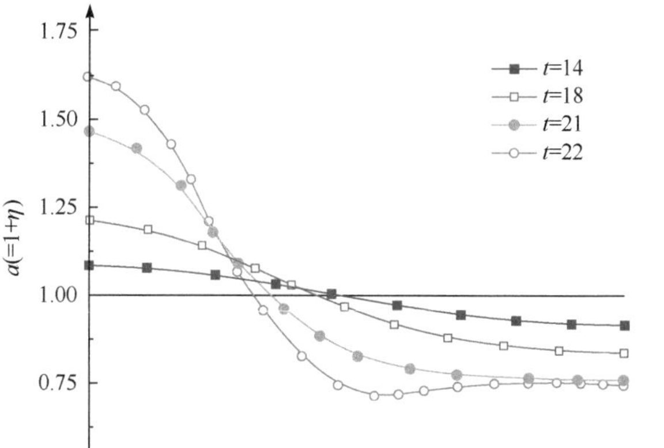

图 2-20　无黏圆柱射流失稳的三阶摄动解答

2.5　圆柱射流稳定性的一维近似方法

2.4 节的摄动方法虽然可以考虑非线性效应，但是一般只应用于无黏圆柱射流。对于黏性圆柱射流，摄动解答的数学表达式过于复杂，使用起来非常不方便。

对于黏性圆柱射流的失稳过程，如果要考虑非线性效应，更常用的方法是使用一维近似的方法。

一维近似有时又称为细长体近似(模型)，其主要思想是考虑在实际喷口喷出空间发展射流这一物理情景下，射流的流向尺寸远大于其径向尺寸，据此可认为在扰动发展一定阶段内，射流的速度沿半径方向变化不大。这样可以将原始的二维轴对称问题简化为空间上的一维问题，便于分析和求解。

2.5.1 Eggers 一维近似方程

参照 Eggers 和 Dupont(1994)的结果，简要地给出一维模型方程的推导过程。考虑流体黏性，忽略重力效应，在圆柱坐标系下建立轴对称形式的控制方程，r^*为径向坐标，z^*为轴向坐标，忽略周向的变化。

连续性方程与式(2-1)相同。径向动量方程为在式(2-2)中加入黏性项，即

$$\frac{\partial v^*}{\partial t^*}+u^*\frac{\partial v^*}{\partial z^*}+v^*\frac{\partial v^*}{\partial r^*}=-\frac{1}{\rho^*}\frac{\partial p^*}{\partial r^*}+\frac{\mu^*}{\rho^*}\left(\frac{\partial^2 v^*}{\partial z^{*2}}+\frac{\partial^2 v^*}{\partial r^{*2}}+\frac{1}{r^*}\frac{\partial v^*}{\partial r^*}-\frac{v^*}{r^{*2}}\right) \tag{2-113}$$

轴向动量方程为在式(2-3)中加入黏性项，即

$$\frac{\partial u^*}{\partial t^*}+u^*\frac{\partial u^*}{\partial z^*}+v^*\frac{\partial u^*}{\partial r^*}=-\frac{1}{\rho^*}\frac{\partial p^*}{\partial z^*}+\frac{\mu^*}{\rho^*}\left(\frac{\partial^2 u^*}{\partial z^{*2}}+\frac{\partial^2 u^*}{\partial r^{*2}}+\frac{1}{r^*}\frac{\partial u^*}{\partial r^*}\right) \tag{2-114}$$

界面上的运动边界条件为式(2-5)，切向应力条件为

$$\frac{\mu^*}{1+a_z^{*2}}\left[2a_z^*\frac{\partial v^*}{\partial r}-2a_z^*\frac{\partial u^*}{\partial z^*}+\left(1-a_z^{*2}\right)\left(\frac{\partial u^*}{\partial r^*}+\frac{\partial v^*}{\partial z^*}\right)\right]=0,\quad r^*=a^* \tag{2-115}$$

法向应力条件为

$$p^*-\frac{2\mu^*}{1+a_z^{*2}}\left[\frac{\partial v^*}{\partial r^*}+a_z^{*2}\frac{\partial u^*}{\partial z^*}-a_z^*\left(\frac{\partial u^*}{\partial r^*}+\frac{\partial v^*}{\partial z^*}\right)\right]=\sigma^*\left(\frac{1}{R_1^*}+\frac{1}{R_2^*}\right),\quad r^*=a^* \tag{2-116}$$

其中，曲率表达式分别为

$$\frac{1}{R_1^*}=\frac{1}{a^*\left(1+a_z^{*2}\right)^{1/2}} \tag{2-117}$$

$$\frac{1}{R_2^*}=-\frac{a_{zz}^*}{\left(1+a_z^{*2}\right)^{3/2}} \tag{2-118}$$

其中，a_z^* 和 a_{zz}^* 分别表示射流半径对 z^* 的一阶和二阶偏导数。

基于前面的描述，半径方向尺度相对于轴向尺度很小，因此可将轴向速度写成 r^* 的幂级数形式，即

$$u^*\left(r^*,z^*\right)=u_0^*+r^{*2}u_2^*+\cdots \tag{2-119}$$

这样根据连续方程式(2-1)，得到径向速度为

$$v^*\left(r^*,z^*\right)=-\frac{r^*}{2}\frac{\partial u_0^*}{\partial z^*}-\frac{r^{*3}}{4}\frac{\partial u_2^*}{\partial z^*}-\cdots \tag{2-120}$$

类似地，压力 p^* 的展开式为

$$p^*\left(r^*,z^*\right)=p_0^*+r^{*2}p_2^*+\cdots \tag{2-121}$$

将式(2-119)～式(2-121)代入轴向动量方程式(2-113)并保留至 $O\left(r^{*0}\right)$ 阶为

$$\frac{\partial u_0^*}{\partial t^*}+u_0^*\frac{\partial u_0^*}{\partial z^*}=-\frac{1}{\rho^*}\frac{\partial p_0^*}{\partial z^*}+\frac{\mu^*}{\rho^*}\left(4u_2^*+\frac{\partial^2 u_0^*}{\partial z^{*2}}\right) \tag{2-122}$$

其中，p_0^* 可通过法向应力条件得到。将式(2-119)～式(2-121)代入式(2-116)，同样保留至 $O\left(r^{*0}\right)$ 阶为

$$p_0^*+\mu\frac{\partial u_0^*}{\partial z^*}=\sigma^*\left(\frac{1}{R_1^*}+\frac{1}{R_2^*}\right) \tag{2-123}$$

类似地，将式(2-119)～式(2-121)代入切向应力边界条件式(2-115)得到

$$-3a_z^*\frac{\partial u_0^*}{\partial z^*}+2a^*u_2^*-\frac{1}{2}a^*\frac{\partial^2 u_0^*}{\partial z^{*2}}=0 \tag{2-124}$$

这样根据式(2-123)和式(2-124)可以消去式(2-122)中的 p_0^* 与 u_2^*，经过一定简化，得到

$$\frac{\partial u_0^*}{\partial t^*}+u_0^*\frac{\partial u_0^*}{\partial z^*}=-\frac{\sigma^*}{\rho^*}\frac{\partial}{\partial z^*}\left(\frac{1}{R_1^*}+\frac{1}{R_2^*}\right)+\frac{3\mu^*}{\rho^*a^{*2}}\frac{\partial}{\partial z^*}\left(a^{*2}\frac{\partial u_0^*}{\partial z^*}\right) \tag{2-125}$$

同时，将式(2-119)～式(2-121)代入运动边界条件式(2-5)，保留至 $O\left(r^{*0}\right)$ 阶为

$$\frac{\partial a^*}{\partial t^*}+u_0^*a_z^*=-\frac{a^*}{2}\frac{\partial u_0^*}{\partial z^*} \tag{2-126}$$

式(2-125)和式(2-126)即为仅包含主导阶速度 u_0^* 与半径 a^* 的控制方程。考虑到射流半径相对很小，可以将主导阶轴向速度 u_0^* 看成射流速度 u^*，即

$$\frac{\partial u^*}{\partial t^*}+u^*\frac{\partial u^*}{\partial z^*}=-\frac{\sigma^*}{\rho^*}\frac{\partial}{\partial z^*}\left(\frac{1}{R_1^*}+\frac{1}{R_2^*}\right)+\frac{3\mu^*}{\rho^*a^{*2}}\frac{\partial}{\partial z^*}\left(a^{*2}\frac{\partial u^*}{\partial z^*}\right) \tag{2-127}$$

$$\frac{\partial a^*}{\partial t^*}+u^*a_z^*=-\frac{a^*}{2}\frac{\partial u^*}{\partial z^*} \tag{2-128}$$

值得强调的是，式(2-127)和式(2-128)中的变量只是z^*、t^*的函数，这样便实现了初始二维轴对称问题到一维问题的近似简化。

图 2-21 为细长体模型与经典 Rayleigh 理论的色散曲线，比较了无量纲化后取参数 $Re=1000$ 和 $We=50$ 时由两者所得到的色散曲线，可见两条曲线基本吻合，尤其是在波数较小(长波范围内)时，近似模型的结果与不做简化的精确解几乎一致。

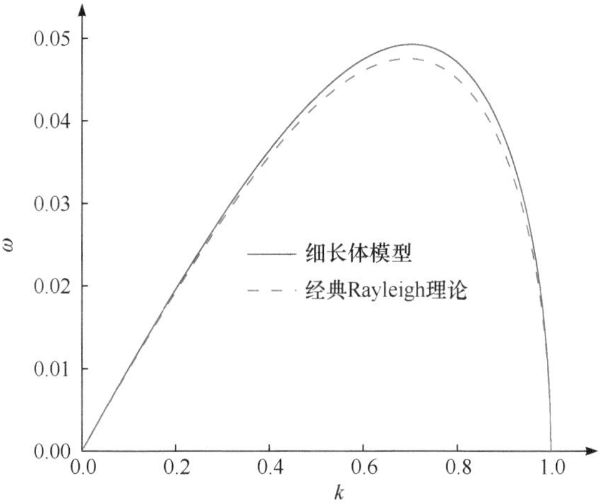

图 2-21　细长体模型与经典 Rayleigh 理论的色散曲线

另外，基于已有的不少文献采用数值算法求解方程的方法，发现结果能较好地复现出相关的实验现象。图 2-22 给出的是 Eggers 和 Dupont(1994)利用一维方程的数值结果模拟的喷口下悬垂液滴的轮廓发展过程，可以看出其数值结果与实验图像吻合很好。

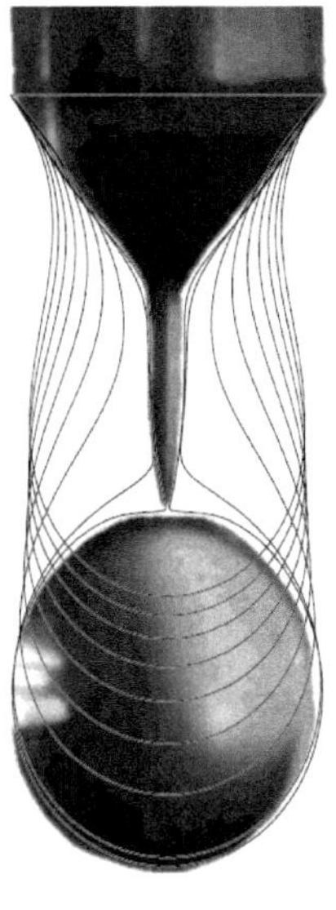

图 2-22　喷口下悬垂液滴的轮廓发展过程

2.5.2　黏性细长流的非线性空间不稳定性

参照 Bechtel 等(1995)与 Chesnokov (2000)的做法，Yang 等(2017)提出了另外一套导出细长体模型的方式，并且研究了其非线性的空间不稳定性。

对细长流轴向和径向采用不同的特征长度进行无量纲化，径向尺度为a_0^*，轴向尺度为z_0^*，无量纲柱坐标系为(r,z)。以

U^* 、z_0^*/U^* 、$\rho^* U^{*2}$ 为特征尺度分别对速度、时间和压强(应力)进行无量纲化，同时定义雷诺数 $Re=\rho^* U^* z_0^*/\mu^*$ 、韦伯数 $We=\rho^* U^{*2} a_0^*/\sigma^*$ ，并引入细长比 $\delta=a_0^*/z_0^*$，考虑实际中射流轴向特征尺度远远大于径向特征尺度，因此 $\delta \ll 1$。将无量纲量均表示为不加星号上标的形式，无量纲化处理之后，对控制方程和边界条件中的变量进行如下双重展开，即

$$a=\sum_{m\geqslant 0}\delta^{2m}a_{2m}(z,t) \tag{2-129}$$

$$u=\sum_{n,m\geqslant 0}\delta^{2n+2m}r^{2n}u_{n,2m}(z,t) \tag{2-130}$$

$$v=\delta r\sum_{n,m\geqslant 0}\delta^{2n+2m}r^{2n}v_{n,2m}(z,t) \tag{2-131}$$

$$p=\sum_{n,m\geqslant 0}\delta^{2n+2m}r^{2n}p_{n,2m}(z,t) \tag{2-132}$$

将上面的展开式代入控制方程中，提取含有 $\delta^0 r^0$ 、$\delta^0 r^2$ 和 $\delta^2 r^2$ 项的系数。然后经过代换和化简，对于细长流，$v \ll u$ ，因此用轴向速度 u 作为射流速度，得到关于无量纲的射流表面位置 a 和无量纲射流速度 u 的主导阶方程与修正阶方程，其中主导阶方程为

$$\frac{\partial u_{0,0}}{\partial t}+u_{0,0}\frac{\partial u_{0,0}}{\partial z}=\frac{3}{Re}\left(\frac{2a_{0,z}}{a_0}\frac{\partial u_{0,0}}{\partial z}+\frac{\partial^2 u_{0,0}}{\partial z^2}\right)+\frac{1}{We}\frac{a_{0,z}}{a_0^2} \tag{2-133}$$

$$\frac{\partial a_0}{\partial t}+u_{0,0}a_{0,z}+\frac{a_0}{2}\frac{\partial u_{0,0}}{\partial z}=0 \tag{2-134}$$

其中，$a_{0,z}$ 表示射流表面位置 a_0 对 z 求偏导。

式(2-133)和式(2-134)与式(2-127)和式(2-128)具有相同的意义。

修正阶方程为

$$\frac{\partial a_2}{\partial t}+u_{0,0}a_{2,z}+u_{0,2}a_{0,z}+\frac{1}{2}\left(\frac{\partial u_{0,0}}{\partial z}a_2+\frac{\partial u_{0,2}}{\partial z}a_0\right)+\frac{1}{16}\frac{\partial^3 u_{0,0}}{\partial z^3}a_0^3$$

$$+\frac{5}{8}\frac{\partial^2 u_{0,0}}{\partial z^2}a_0^2 a_{0,z}+\frac{3}{8}\frac{\partial u_{0,0}}{\partial z}\left(a_0^2 a_{0,zz}+3a_0 a_{0,z}^2\right)=0 \tag{2-135}$$

$$\frac{\partial u_{0,2}}{\partial t}+u_{0,0}\frac{\partial u_{0,2}}{\partial z}+u_{0,2}\frac{\partial u_{0,0}}{\partial z}=\frac{3}{Re}\left(\frac{2a_{0,z}}{a_0}\frac{\partial u_{0,2}}{\partial z}+\frac{2a_{2,z}}{a_0}\frac{\partial u_{0,0}}{\partial z}-\frac{2a_{0,z}a_2}{a_0^2}\frac{\partial u_{0,0}}{\partial z}+\frac{\partial^2 u_{0,2}}{\partial z^2}\right)$$

$$+\frac{1}{We}\left(\frac{a_{2,z}}{a_0^2}-\frac{2a_{0,z}a_2}{a_0^3}\right)+L\left(u_{0,0},a_0\right)$$

(2-136)

其中，函数 L 为

$$L(x,y)=\frac{3}{Re}\left[\frac{1}{8}x_{zzzz}y^2+\frac{3}{2}x_{zzz}yy_z+x_{zz}\left(3y_z^2+2yy_{zz}\right)+x_z\left(3y_zy_{zz}+yy_{zzz}\right)\right]$$
$$+\frac{1}{We}\left(y_{zzz}+\frac{y_zy_{zz}}{y}-\frac{y_z^3}{2y^2}\right)+\frac{3}{4}\left[x_z\left(y_zy_t-yy_{zt}\right)+xx_z\left(y_z^2-yy_{zz}\right)\right]$$
$$-\frac{1}{4}\left[x_{zt}yy_z+yy_z\left(xx_{zz}+x_z^2\right)\right] \tag{2-137}$$

利用修正阶方程对主导阶进行修正，即将式(2-135)和式(2-136)分别乘以 δ^2 再与式(2-133)和式(2-134)相加，引入细长射流的自由界面位置，并且忽略射流速度沿半径方向的变化(只考虑轴心处的轴向速度)，即

$$a=a_0+\delta^2a_2+O\left(\delta^4\right) \tag{2-138}$$

$$u=u_{0,0}+\delta^2u_{0,2}+O\left(\delta^4\right) \tag{2-139}$$

由式(2-138)和式(2-139)，舍去 δ^4 及更高阶，最终得到了关于 a 和 u 的控制方程，即

$$a_t+ua_z+\frac{1}{2}u_za+\delta^2\left[\frac{1}{16}u_{zzz}a^3+\frac{5}{8}u_{zz}a^2a_z+\frac{3}{8}u_z\left(a^2a_{zz}+3aa_z^2\right)\right]=0 \tag{2-140}$$

$$u_t+uu_z=\frac{3}{Re}\left(\frac{2a_zu_z}{a}+u_{zz}\right)+\frac{1}{We}\frac{a_z}{a^2}+\delta^2L(u,a) \tag{2-141}$$

其中，u_t、u_z 表示 u 分别对 t 和 z 求偏导；a_z 表示 a 对 z 求偏导。

接下来采用摄动方法求解方程式(2-140)和式(2-141)，将气液界面位移 a 和轴向速度 u 展开为关于 η_0 的幂级数的形式，即

$$a=\sum_{n=0}^{\infty}\eta_0^na_n=1+\eta_0a_1+\eta_0^2a_2+\cdots \tag{2-142}$$

$$u=\sum_{n=0}^{\infty}\eta_0^nu_n=1+\eta_0u_1+\eta_0^2u_2+\cdots \tag{2-143}$$

然后提取 η_0 和 η_0^2 等各阶项的系数便可得到相应阶数的控制方程。这里先给出一、二阶方程的形式，一阶方程为

$$a_{1,t}+a_{1,z}+\frac{1}{2}u_{1,z}+\frac{\delta^2}{16}u_{1,zzz}=0 \tag{2-144}$$

$$\frac{1}{We}a_{1,z}+\frac{3}{Re}u_{1,zz}-u_{1,t}-u_{1,z}+\delta^2\left(\frac{1}{We}a_{1,zzz}+\frac{3}{8Re}u_{1,zzzz}\right)=0 \tag{2-145}$$

二阶方程为

$$a_{2,t}+a_{2,z}+\frac{1}{2}u_{2,z}+\frac{\delta^2}{16}u_{2,zzz}=g\left(u_1,a_1\right) \tag{2-146}$$

$$\frac{1}{We}a_{2,z}+\frac{3}{Re}u_{2,zz}-u_{2,t}-u_{2,z}+\delta^2\left(\frac{1}{We}a_{2,zzz}+\frac{3}{8Re}u_{2,zzzz}\right)=h\left(u_1,a_1\right) \tag{2-147}$$

三阶及以上的方程形式比较复杂，这里略去。一阶方程的解用正则模形式表达为

$$\left(u_1,a_1\right)=\left(\hat{u}_1,\hat{a}_1\right)\exp\left(\mathrm{i}k_1z-\mathrm{i}\omega t\right)+\text{c.c.} \tag{2-148}$$

其中，在空间模式下，ω 为实数，表示一阶扰动的频率；波数 $k_1=k_{1\mathrm{r}}+\mathrm{i}k_{1\mathrm{i}}$ 是复数，其中 $-k_{1\mathrm{i}}$ 代表空间增长率；c.c. 表示前面各项的共轭。将式(2-148)代入式(2-144)和式(2-145)，可得

$$\left(k_1-\omega\right)\hat{a}_1+\left(\frac{k_1}{2}-\frac{\delta^2k_1^3}{16}\right)\hat{u}_1=0 \tag{2-149}$$

$$\frac{k_1\left(1-\delta^2k_1^2\right)}{We}\hat{a}_1+\left[\frac{3}{Re}\mathrm{i}k_1^2-\frac{3\delta^2}{8}\mathrm{i}k_1^4-\left(k_1-\omega\right)\right]\hat{u}_1=0 \tag{2-150}$$

引入简便记号如下，即

$$A\left(k\right)=\frac{k}{2}-\frac{\delta^2k^3}{16},\ B\left(k\right)=\frac{k\left(1-\delta^2k^2\right)}{We},\ C\left(k,\omega\right)=\frac{6\mathrm{i}k}{Re}A\left(k\right)-\left(k-\omega\right) \tag{2-151}$$

于是得到线性齐次方程组为

$$\begin{cases}\left(k_1-\omega\right)\hat{a}_1+A\left(k_1\right)\hat{u}_1=0\\ B\left(k_1\right)\hat{a}_1+C\left(k_1,\omega\right)\hat{u}_1=0\end{cases} \tag{2-152}$$

根据 Cramer 法则，方程组存在非零解，则其系数行列式为零，即

$$D\left(k_1,\omega\right)=C\left(k_1,\omega\right)\left(k_1-\omega\right)-A\left(k_1\right)B\left(k_1\right)=0 \tag{2-153}$$

实际上，式(2-153)正是一阶扰动的色散方程。

若给定喷口处射流表面位置的边界条件为

$$a=1+\eta_0\cos\left(\omega t\right),\quad z=0 \tag{2-154}$$

则容易由一阶方程求得

$$
\begin{cases}
\hat{a}_1 = \dfrac{1}{2} \\
\hat{u}_1 = -\dfrac{k_1 - \omega}{A(k_1)} \hat{a}_1
\end{cases}
\tag{2-155}
$$

接下来以二阶方程的求解为例说明高阶方程的解法。根据线性方程解的结构理论，二阶方程的解由其特解和相应的齐次方程的通解构成。二阶方程式(2-146)和式(2-147)右端的非齐次项由一阶解构成，即

$$
g(u_1, a_1) = \hat{g}_{2,1} \exp\left[2\mathrm{i}(k_1 z - \omega t)\right] + \hat{g}_{0,1} \exp\left[\mathrm{i}(k_1 - \bar{k}_1) z\right] + \text{c.c.} \tag{2-156}
$$

$$
h(u_1, a_1) = \hat{h}_{2,1} \exp\left[2\mathrm{i}(k_1 z - \omega t)\right] + \hat{h}_{0,1} \exp\left[\mathrm{i}(k_1 - \bar{k}_1) z\right] + \text{c.c.} \tag{2-157}
$$

其中，$\bar{k}_1$ 为 k_1 的共轭复数；非齐次项系数 $\hat{g}_{2,1}$、$\hat{g}_{0,1}$、$\hat{h}_{2,1}$ 和 $\hat{h}_{0,1}$ 的表达式为

$$
\begin{cases}
\hat{g}_{2,1} = -\mathrm{i}k_1 \left(\dfrac{3}{2} - \dfrac{19\delta^2}{16} k_1^2\right) \hat{u}_1 \hat{a}_1 \\
\hat{g}_{0,1} = -\mathrm{i}\left[-\bar{k}_1 + \dfrac{k_1}{2} + \delta^2 k_1 \left(-\dfrac{3}{16} k_1^2 + \dfrac{5}{8} k_1 \bar{k}_1 - \dfrac{3}{8} \bar{k}_1^2\right)\right] \hat{u}_1 \bar{\hat{a}}_1 \\
\hat{h}_{2,1} = -k_1^2 \left\{-\dfrac{6}{Re} + \delta^2 \left[\dfrac{57 k_1^2}{4 Re} + \mathrm{i}(k_1 - \omega)\right]\right\} \hat{u}_1 \hat{a}_1 + \dfrac{\mathrm{i}k_1}{We}\left(2 + \delta^2 k_1^2\right) \hat{a}_1^2 + \mathrm{i}k_1 \hat{u}_1^2 \\
\hat{h}_{0,1} = k_1 \left\{\dfrac{6}{Re} + \delta^2 \left[\dfrac{3}{Re}\left(\dfrac{k_1^3}{4} - \dfrac{3k_1^2 \bar{k}_1}{2} + 2k_1 \bar{k}_1^2 - \bar{k}_1^3\right) + \dfrac{\mathrm{i}}{4}\left(-k_1 \bar{k}_1 + 3\bar{k}_1^2 - 2\bar{k}_1 \omega\right)\right]\right\} \hat{u}_1 \bar{\hat{a}}_1 \\
\qquad + \dfrac{\mathrm{i}k_1}{We}\left(2 - \delta^2 k_1 \bar{k}_1\right) \hat{a}_1 \bar{\hat{a}}_1 + \mathrm{i}k_1 \hat{u}_1 \bar{\hat{u}}_1
\end{cases}
\tag{2-158}
$$

其中，上划线表示共轭复数。

参考二阶方程右端非齐次项的形式，二阶方程的解可以设为如下形式：

$$
\begin{aligned}
(u_2, a_2) = {} & (\hat{u}_{2,2,1}, \hat{a}_{2,2,1}) \exp\left[2\mathrm{i}(k_1 z - \omega t)\right] + (\hat{u}_{2,0,1}, \hat{a}_{2,0,1}) \exp\left[\mathrm{i}(k_1 - \bar{k}_1) z\right] \\
& + (\hat{u}_{2,2}, \hat{a}_{2,2}) \exp\left[\mathrm{i}(k_2 z - 2\omega t)\right] + (\hat{u}_{2,0}, \hat{a}_{2,0}) \exp(\mathrm{i}k_2' z) + \text{c.c.}
\end{aligned}
\tag{2-159}
$$

其中，带有下标“2,2,1”和“2,0,1”的特解部分是由一阶解生成的谐波项，表示扰动能量从低阶向高阶的传递；带有下标“2,2”和“2,0”的项为通解部分，表示二阶固有扰动，它们分别有固有波数 k_2 和 k_2'。

结合边界条件式(2-154)，发现各模态振幅间存在如下关系，即

$$\begin{cases}\hat{a}_{2,2} = -\hat{a}_{2,2,1} \\ \hat{a}_{2,0} = -\hat{a}_{2,0,1}\end{cases} \tag{2-160}$$

对于特解，以“2,2,1”模态为例，由推导过程可知，方程的线性部分形式一致，将式(2-159)代入二阶方程中化简得

$$\begin{cases}\mathrm{i}(2k_1 - 2\omega)\hat{a}_{2,2,1} + \mathrm{i}A(2k_1)\hat{u}_{2,2,1} = \hat{g}_{2,1} \\ \mathrm{i}B(2k_1)\hat{a}_{2,2,1} + \mathrm{i}C(2k_1, 2\omega)\hat{u}_{2,2,1} = \hat{h}_{2,1}\end{cases} \tag{2-161}$$

由 Cramer 法则，得到

$$\hat{a}_{2,2,1} = -\frac{\mathrm{i}\left[C(2k_1, 2\omega)\hat{g}_{2,1} - A(2k_1)\hat{h}_{2,1}\right]}{D(2k_1, 2\omega)} \tag{2-162}$$

$$\hat{u}_{2,2,1} = -\frac{\mathrm{i}\left[(2k_1 - 2\omega)\hat{h}_{2,1} - B(2k_1)\hat{g}_{2,1}\right]}{D(2k_1, 2\omega)} \tag{2-163}$$

类似可以求得“2,0,1”模态的解。

通解部分，对于“2,2”模态，其非零解存在的条件为 $D(k_2, 2\omega) = 0$ ，并且有

$$\hat{u}_{2,2} = -\frac{k_2 - 2\omega}{A(k_2)}\hat{a}_{2,2} \tag{2-164}$$

对于“2,0”模态，同样有 $D(k_2', 0) = 0$ ，易得 $k_2' = 0$ ，进而有 $\hat{u}_{2,0} = 0$ 。

下面观察细长体模型相关的计算结果。首先，细长比 $\delta = a_0^* / z_0^*$ 是选定的两个特征尺度之比，其大小应当不影响实际结果。当保持射流初始半径 a_0^* 不变时，改变细长比就是改变轴向尺度 z_0^* ，此时，实际的射流空间增长率应该保持不变。另外，扰动振幅无量纲化的尺度为 a_0^* ，因此各无量纲振幅同样应该保持不变。此外注意到，由于雷诺数定义为 $Re = \rho^* U^* z_0^* / \mu^* = \rho^* U^* a_0^* / (\mu^* \delta)$ ，在改变细长比 δ 而保持 a_0^* 不变时应当要求 δRe 不变才能得到正确的结论。图 2-23 为细长体模型中不同细长比对空间增长率的影响，所取计算参数为 $\delta Re = 200$ 、 $\delta We = 100$ ，当细长比取 1、0.1、0.01 和 0.001 不同量级的值时，射流有量纲的空间增长率各条曲线完全重合，不稳定区间的上限频率，即截止频率满足 $\delta\omega_{\mathrm{c}} = 1$ ，说明不同的径向与轴向尺度不影响实际的空间增长率及截止波数。

图 2-24 是细长体模型中不同细长比对二阶扰动振幅的影响，所取计算参数相同，图中， $|\hat{a}_{2,2,1}|$ 和 $|\hat{a}_{2,0,1}|$ 分别代表振幅 $\hat{a}_{2,2,1}$ 和 $\hat{a}_{2,0,1}$ 的绝对值。可以看出细长比取不同量级的数值时，各条振幅曲线均相应地严格重合，说明细长比不会影响有量纲的扰动振幅。

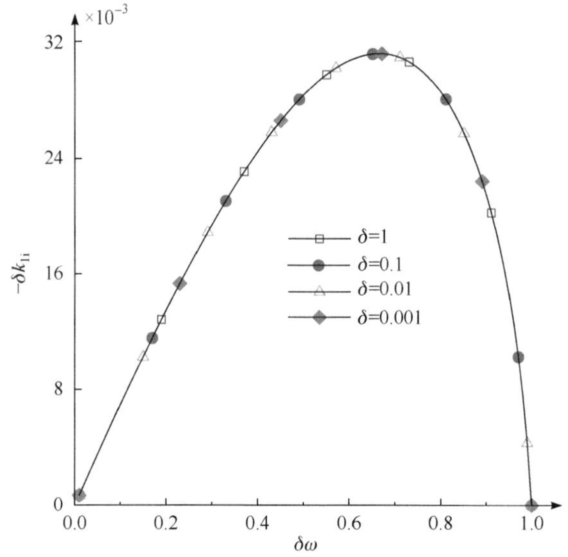

图 2-23 细长体模型中不同细长比对空间增长率的影响

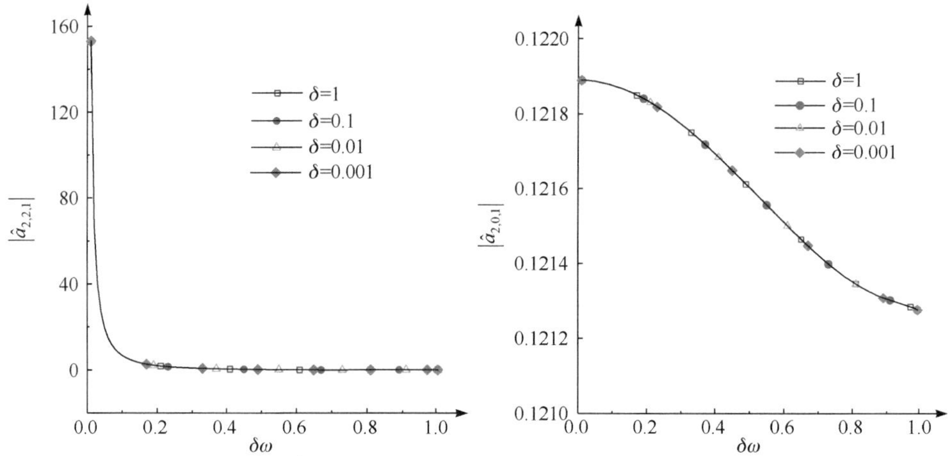

(a) 细长比对$|\hat{a}_{2,2,1}|$的影响 (b) 细长比对$|\hat{a}_{2,0,1}|$的影响

图 2-24 细长体模型中不同细长比对二阶扰动振幅的影响

由上面的结果可以发现，细长比δ不会影响射流实际的空间增长率和扰动振幅，因此也不会对扰动发展的波形和实际的断裂长度造成影响。这就验证了一维细长体基本假设的自洽性。因此，后面将统一按照取细长比$\delta=1$进行计算。

下面将细长体模型方程式(2-140)和式(2-141)与 Rayleigh 经典线性理论进行对比。用ω_r表示 Rayleigh 理论计算的时间增长率，Bechtel 将时间模式下黏性圆柱射流经典的 Rayleigh 线性稳定性分析色散方程表达为

$$\omega_{\mathrm{r}}^2\frac{F(k)}{2}+\omega_{\mathrm{r}}\frac{k^2}{Re}\left[2F(k)-1\right]+\frac{2k^4}{Re^2}\left[F(k)-F(l)\right]-\frac{k^2\left(1-k^2\right)}{2We}=0 \quad (2\text{-}165)$$

其中，$l^2=k^2+\omega_{\mathrm{r}}Re$；$F(x)=x\mathrm{I}_0(x)/\mathrm{I}_1(x)$，$\mathrm{I}_0$ 和 I_1 分别为零阶和一阶的第一类修正贝塞尔函数。

图 2-25 为细长体模型与 Rayleigh 经典理论时间增长率的对比，所取参数为 $We=1000$。图 2-25(a)为时间模式下取不同雷诺数时 Rayleigh 理论和细长体模型两者的色散曲线比较。显然，在整个不稳定波数区间内两者几乎都是重合的。定量计算二者的相对误差为

$$\Delta=\frac{\omega-\omega_{\mathrm{r}}}{\omega_{\mathrm{r}}}\times 100\% \quad (2\text{-}166)$$

图 2-25(b)为两种方法计算出的时间增长率的相对误差 Δ 随波数变化的曲线图，可以看出在整个不稳定的波数范围内两者的相对误差均在1%以内，尤其在波数较小时，即长波区间内两者误差接近于 0，说明此时使用细长体模型的计算结果是准确的，在线性范围内是对 Rayleigh 理论较好的逼近。

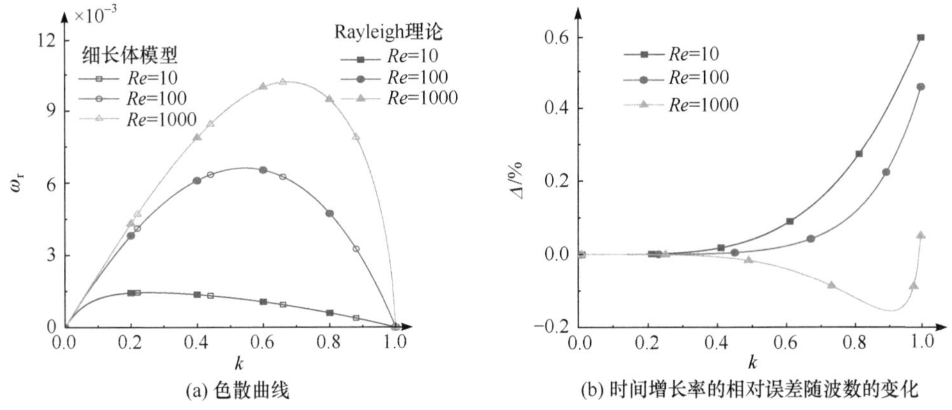

图 2-25　细长体模型与 Rayleigh 经典理论时间增长率的对比

下面研究流动参数对增长率的影响。雷诺数反映了液体黏性的作用，并且黏性越小雷诺数越大，当 $Re\to\infty$ 时流体趋近于无黏。图 2-26 是细长体模型中不同雷诺数对空间增长率的影响，所取参数为 $We=200$，从图中的几条空间增长率随扰动频率变化的曲线中可以看出，随着雷诺数的增大，空间增长率也逐渐增大，并且射流不稳定的主导频率(最大增长率所对应的频率值)也有所增大。早在 1878 年，Rayleigh 通过理论分析得到的无黏圆柱射流的主导频率为 0.697，可见在 $Re\to\infty$ 时，细长体理论得到的无黏射流的主导频率与经典 Rayleigh 理论的结论是十分接近的。

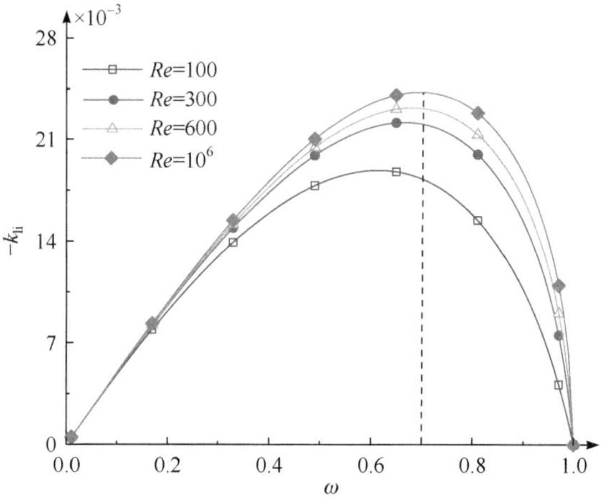

图 2-26　细长体模型中不同雷诺数对空间增长率的影响

图 2-27 表示的是细长体模型中不同雷诺数对二阶扰动振幅的影响，所取参数为 $We = 200$。从图 2-27(a)可以看出，$\left|\hat{a}_{2,2,1}\right|$ 随频率的变化规律可以明显地划分成两个区间，即在频率较小时，频率的增大会显著促使 $\left|\hat{a}_{2,2,1}\right|$ 的减小，并且此时 $\left|\hat{a}_{2,2,1}\right|$ 的值也比较大，而在相对高频时，$\left|\hat{a}_{2,2,1}\right|$ 随着频率的变化幅度相对是比较小的，振幅 $\left|\hat{a}_{2,2,1}\right|$ 的值也相对较小，因此可分别称之为强非线性区间与弱非线性区间。从图中可以看出，在强非线性区间里，增大雷诺数会使得二阶振幅 $\left|\hat{a}_{2,2,1}\right|$ 有所减小，而在弱非线性区间里，各个雷诺数对应的振幅曲线则几乎重合在一起，说明此时雷诺数的变化对 $\left|\hat{a}_{2,2,1}\right|$ 的影响比较微弱。从图 2-27(b)可以看出，雷诺数的变化在低频时对振幅 $\left|\hat{a}_{2,0,1}\right|$ 几乎没有影响，而在高频时，$\left|\hat{a}_{2,0,1}\right|$ 却会随着雷诺数的增

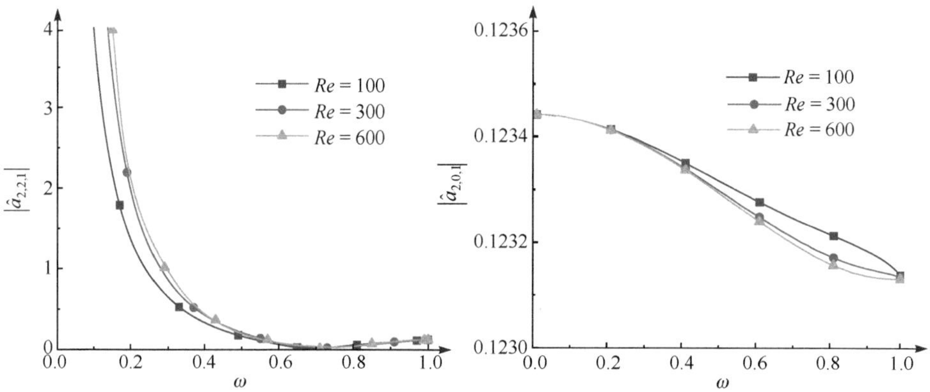

(a) 雷诺数对 $\left|\hat{a}_{2,2,1}\right|$ 的影响　　(b) 雷诺数对 $\left|\hat{a}_{2,0,1}\right|$ 的影响

图 2-27　细长体模型中不同雷诺数对二阶扰动振幅的影响

大而有所减小。然而实际上，$\left|\hat{a}_{2,0,1}\right|$在量级上相对于$\left|\hat{a}_{2,2,1}\right|$是很小的，并且其在整个不稳定的频率区间里变化幅度其实是很小的。这说明，二阶振幅$\left|\hat{a}_{2,2,1}\right|$是占主导地位的。

图 2-28 为细长体模型中不同雷诺数对射流破裂长度的影响，所取参数为$We=200$、$\eta_0=0.1$，图中给出了不同雷诺数下射流的破裂长度L_b随着扰动波频率变化的曲线。从图中可以明显看出，频率的增大使得破裂长度会先减小后增大，这和频率对增长率的影响是相符的，说明了线性不稳定性分析在预测破裂长度的变化趋势上是合适的。另外，增大雷诺数会导致射流破裂长度缩短，即射流更容易破裂，通过前面的分析不难理解这一结果，因为雷诺数的增大会同时增大扰动的空间增长率和高阶振幅。这也进一步说明了流体的黏性对表面扰动波的发展具有抑制效应，即黏性会促进射流的稳定。因此，对于较为黏稠的凝胶推进剂一般较难获得良好的雾化效果。

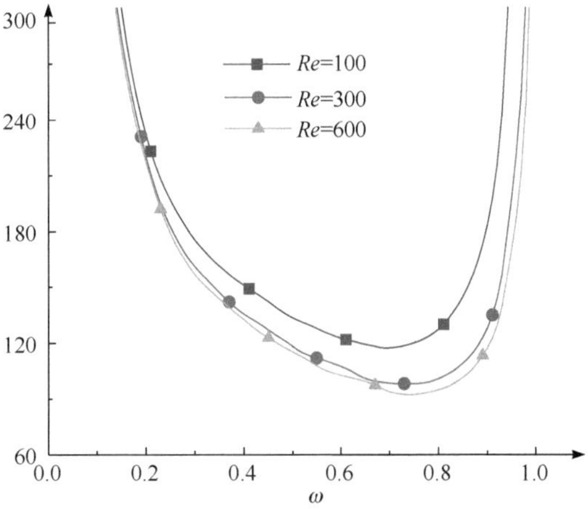

图 2-28　细长体模型中不同雷诺数对射流破裂长度的影响

图 2-29 为细长体模型中不同雷诺数下射流破裂前的表面波波形，所取参数为$We=200$、$\omega=0.2$、$\eta_0=0.01$。首先可以看出，随着雷诺数的增大，破裂长度逐渐减小，这一点与图 2-28 相吻合。此外，当$\omega=0.2$时，处于强非线性区域，破裂前的波形为一根较为细长的液丝连接着两个主滴的形式，而随着雷诺数的增大，连接着两个主滴的液丝形状变得更粗更平滑，这与图 2-27 的结果一致。

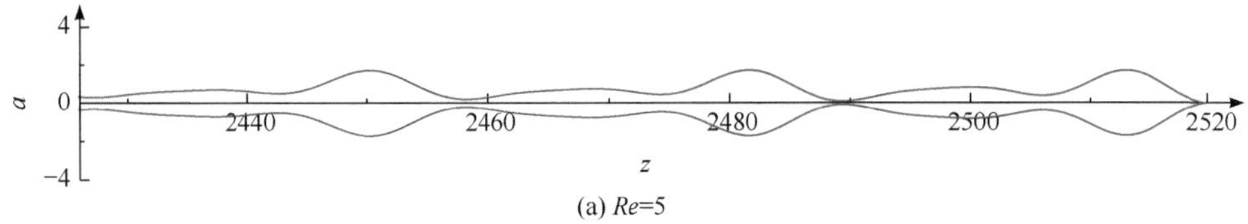

(a) Re=5

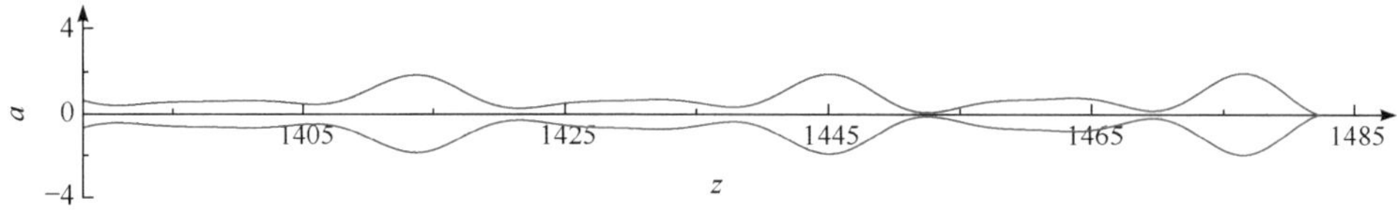

(b) Re=10

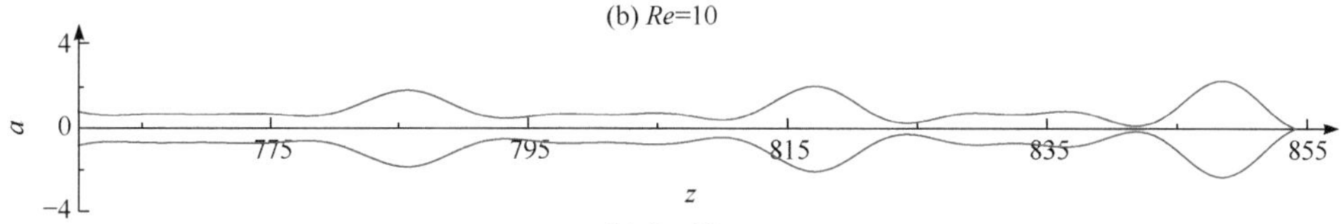

(c) Re=30

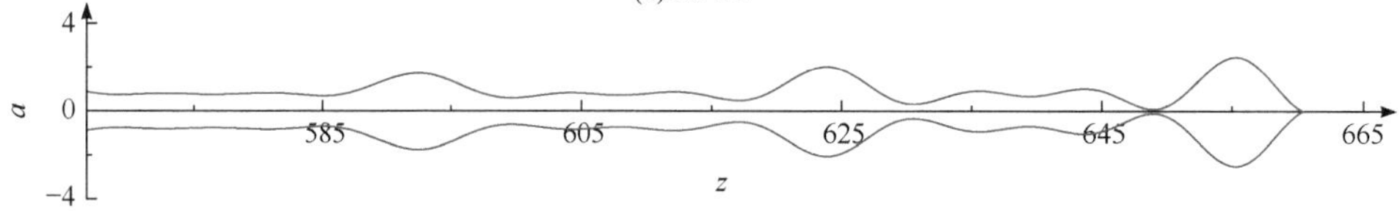

(d) Re=100

图 2-29　细长体模型中不同雷诺数下射流破裂前的表面波波形

韦伯数的定义为$We = \rho^* U^{*2} a_0^* / \sigma^*$，表征了惯性力与表面张力的相对大小。需要注意的是，在前面理论推导的过程中没有考虑气相扰动，韦伯数代表了表面张力的作用，对应于经典的 Rayleigh 毛细不稳定性问题。图 2-30 为细长体模型中不同韦伯数对空间增长率的影响，所取参数为$Re = 300$。图中给出了扰动的空间增长率在不同韦伯数下随频率的变化曲线，可以看出，韦伯数对线性不稳定的主导频率几乎没有影响，并且增大韦伯数会使得空间增长率显著减小，说明了表面张力具有促进射流失稳破裂的作用。这与平面液膜的研究结果恰恰相反。其实，表面张力在这里是通过液体表面变形弯曲形成曲率起作用的。对于圆柱射流，

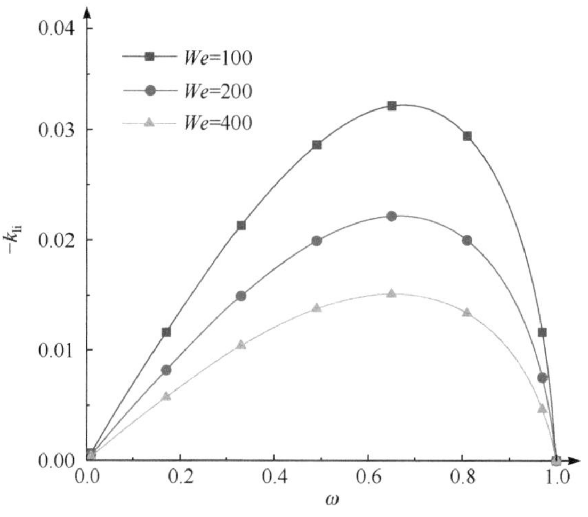

图 2-30　细长体模型中不同韦伯数对空间增长率的影响

同时存在着轴向曲率和周向曲率，并且周向曲率会随着射流半径的减小而增大，从而更使得射流半径有减小的趋势，促进了失稳的发生。而轴向曲率带来的表面张力则会促使各处射流半径区域一致，即对表面扰动波具有抑制作用。而在整个不稳定区间里周向的表面张力作用占优，因此表面张力对圆柱射流的失稳破裂具有主导作用。对于平面液膜，只存在平行于主流方向的曲率，表面张力是促进其稳定的。

由前面的分析可知，$\left|\hat{a}_{2,2,1}\right|$ 在二阶振幅里占主导地位。图 2-31 为细长体模型中不同韦伯数对二阶扰动振幅和射流破裂长度的影响，所取参数为 $Re=300$ 、$\eta_0=0.1$ 。图 2-31(a)表示的是韦伯数对二阶扰动振幅 $\left|\hat{a}_{2,2,1}\right|$ 的影响。可以看出，在频率较小时即在强非线性区间里，韦伯数的增大会促使高阶振幅的减小，而随着频率的增大，韦伯数的影响会逐渐减弱。因此，低频时韦伯数的增大会增强射流的非线性不稳定性，高频时对其非线性不稳定性影响很小。图 2-31(b)表示的是不同韦伯数下的破裂长度随扰动频率的变化趋势，从图中可知，韦伯数的增大会导致破裂长度增大，这和前面得到的韦伯数对增长率和高阶振幅的影响规律是相符的。

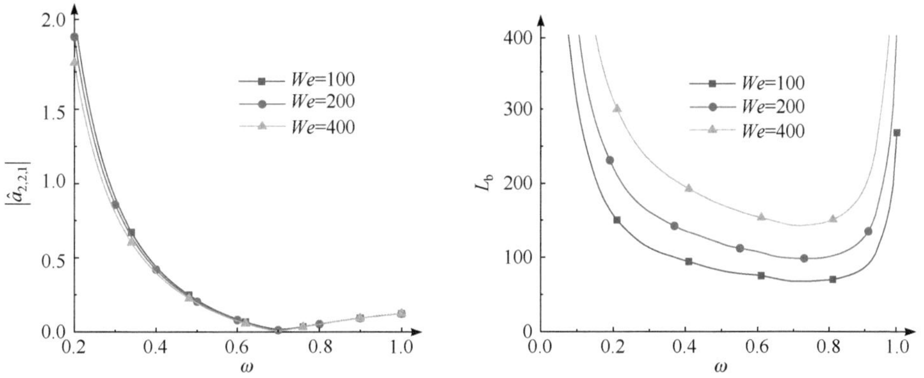

(a) 二阶扰动振幅　　(b) 射流破裂长度

图 2-31　细长体模型中不同韦伯数对二阶扰动振幅和射流破裂长度的影响

图 2-32 为细长体模型中不同韦伯数下射流破裂前的表面波波形，所取参数为 $Re=400$ 、$\omega=0.2$ 、$\eta_0=0.01$ 。从图中可以看出，随着韦伯数的增大，射流的破裂长度逐渐增大，进一步说明表面张力作用是主导射流破裂的因素。此外，破裂前的波形对韦伯数的变化不敏感，这与图 2-31(a)中二阶扰动振幅对韦伯数的变化不敏感相符。

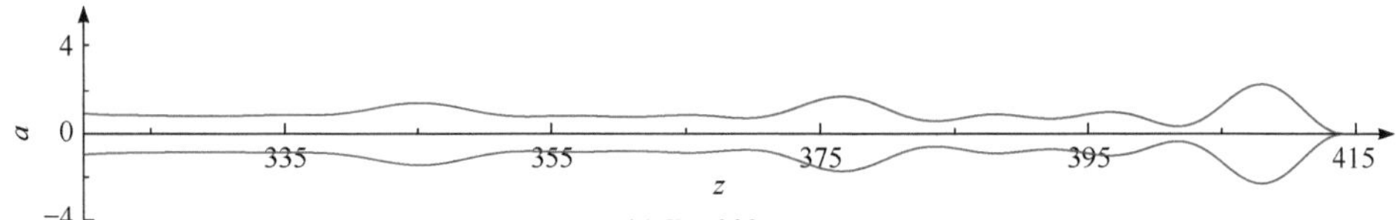

(a) *We*=200

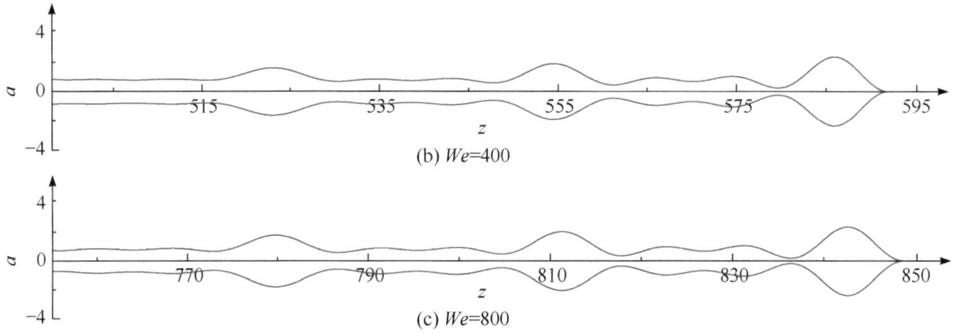

图 2-32　细长体模型中不同韦伯数下射流破裂前的表面波波形

2.6　全局不稳定性分析

在前文的分析中，扰动的特征长度都远小于基本流的流体动力学长度，此时可以将局部的射流近似视为均匀的。在此基础上，可采用圆柱射流假设，并对其进行局部稳定性分析。然而在实际问题中，这一假设并不总是成立。例如，在重力拉伸下的高黏度射流、锥射流等问题上，射流截面迅速变化，其扰动的特征长度较大，与基本流的流体动力学长度相当，此时局部稳定性分析失效。若要对该类问题进行精确的稳定性分析，则需引入全局稳定性的方法。本节将以重力作用下的变直径射流(Rubio-Rubio，2016)为例，运用全局稳定性分析方法，讨论射流截面变化对其稳定性的影响规律及机理。

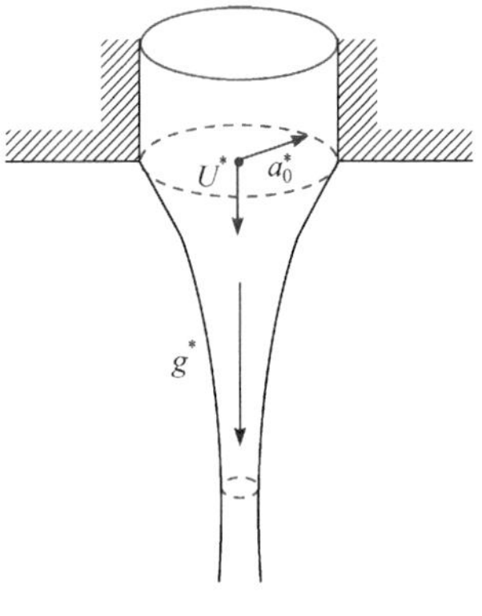

图 2-33　重力作用下的变直径射流示意图

周围环境气体的密度与黏度均远小于液体射流，所以忽略其对射流的影响。假设在未被扰动时周围环境气体处于静止状态；射流与周围气体均不可压缩；液体射流密度为 ρ^*，动力黏度系数为 μ^*，重力加速度为 g^*，界面表面张力系数为 σ^*，周围气体压力视为大气压力 p_a^*，喷嘴出口半径为 a_0^*，射流出口速度为 U^*。重力作用下的变直径射流示意图如图 2-33 所示。

为了便于计算，采用一维细长流假设，并运用 2.4 节中的一维近似方法，控制方程组中式(2-128)保持不变，而式(2-127)需要增加对重力的考虑，即

$$\frac{\partial u^*}{\partial t^*}+u^*\frac{\partial u^*}{\partial z^*}=-\frac{\sigma^*}{\rho^*}\frac{\partial}{\partial z^*}\left(\frac{1}{R_1^*}+\frac{1}{R_2^*}\right)+\frac{3\mu^*}{\rho^* a^{*2}}\frac{\partial}{\partial z^*}\left(a^{*2}\frac{\partial u^*}{\partial z^*}\right)+g^* \tag{2-167}$$

边界条件为

$$a^* = a_0^*,\quad z^* = 0 \tag{2-168}$$

$$u^* = U^*,\quad z^* = 0 \tag{2-169}$$

为了使方程适用范围更广，对控制方程和边界条件进行无量纲化处理。在选取特征尺度时，应尽量平衡动量方程中的各项。同时应注意到，重力的拉伸作用作为液体射流截面面积发生轴向变化的主要影响力，应该在无量纲化时被考虑在内。动量方程式(2-167)中各项的量级为

$$u^* \frac{\partial u^*}{\partial z^*} \sim \frac{u_0^{*2}}{z_0^*} \tag{2-170}$$

$$\frac{\sigma^*}{\rho^*}\frac{\partial}{\partial z^*}\left(\frac{1}{R_1^*}+\frac{1}{R_2^*}\right) \sim \frac{\sigma^*}{\rho^* z_0^* r_0^*} \tag{2-171}$$

其中，z_0^* 为轴向坐标的特征长度；r_0^* 为射流半径的特征长度；u_0^* 为轴向射流速度的特征速度。射流平均曲率的量级为 $1/r_0^*$。为了便于计算，对轴向和径向采用同一特征尺度，即 $z_0^* = r_0^*$。

在喷嘴出口附近，射流速度较低，惯性力和黏性力较小，重力项和表面张力项起到相互平衡的作用；在距离喷嘴出口较远的区域内，由于射流速度的增加，惯性效应逐渐起到主导作用，并与重力项相互平衡。这两种不同区域的存在则说明表面张力、惯性力与重力的大小在同一量级，即

$$\frac{u_0^{*2}}{z_0^*} \sim \frac{\sigma^*}{\rho^* z_0^* r_0^*} \sim g^* \tag{2-172}$$

因此，设置长度、速度和时间的特征尺度分别为

$$z_0^* = r_0^* = \left(\frac{\sigma^*}{\rho^* g^*}\right)^{1/2} \tag{2-173}$$

$$u_0^* = \left(\frac{\sigma^* g^*}{\rho^*}\right)^{1/4} \tag{2-174}$$

$$t_0^* = \frac{z_0^*}{u_0^*} = \left(\frac{\sigma^*}{\rho^* g^{*3}}\right)^{1/4} \tag{2-175}$$

假设雷诺数 $Re = \rho^* U^* a_0^* / \mu^*$，弗劳德数 $Fr = U^{*2}/(g^* a_0^*)$，韦伯数 $We = \rho^* U^{*2} a_0^* / \sigma^*$，则卡皮查数 $\mathit{\Gamma}$、邦德数 Bo 可以分别定义为

$$\mathit{\Gamma} = \frac{3We^{3/4}}{Fr^{1/4}\cdot Re} = 3\mu^*\left(\frac{g^*}{\rho^* \sigma^{*3}}\right)^{1/4} \tag{2-176}$$

$$Bo = \frac{We}{Fr} = \frac{\rho^* g^* a_0^{*2}}{\sigma^*} \tag{2-177}$$

将无量纲变量均表示为上标不加星号的形式，控制方程组使用特征尺度式(2-173)～式(2-175)无量纲化后为

$$\frac{\partial a}{\partial t} + u a_z = -\frac{a}{2}\frac{\partial u}{\partial z} \tag{2-178}$$

$$\frac{\partial u}{\partial t} + u\frac{\partial u}{\partial z} = -\frac{\partial}{\partial z}\left[\frac{1}{a\left(1+a_z^2\right)^{1/2}} - \frac{a_{zz}}{\left(1+a_z^2\right)^{3/2}}\right] + \frac{\Gamma}{a^2}\frac{\partial}{\partial z}\left(a^2\frac{\partial u}{\partial z}\right) + 1 \tag{2-179}$$

无量纲化的边界条件为

$$a = Bo^{1/2}, \quad z = 0 \tag{2-180}$$

$$u = We^{1/2} Bo^{-1/4}, \quad z = 0 \tag{2-181}$$

由此，就得到了重力作用下变直径射流的完整的控制方程组。与均匀圆柱射流不同的是，变直径射流在未受到扰动时射流形状便呈现非均匀状态，因此在分析射流的稳定性之前，必须首先对稳态时的基本流形状进行精准求解。

对于一维轴对称射流，其半径及轴向速度只随轴向改变。因此，设稳态射流半径为$a_0(z)$，稳态射流速度为$u_0(z)$。忽略各项物理量随时间的变化，得到连续方程的稳态形式为

$$a_0^2 u_0 = q \tag{2-182}$$

其中，q为表征流量大小的常数，且由边界条件式(2-180)和式(2-181)可以得到

$$q = Bo^{3/4} We^{1/2} \tag{2-183}$$

同样，动量方程的稳态形式为

$$u_0\frac{\partial u_0}{\partial z} = -\frac{\partial}{\partial z}\left[\frac{1}{a_0\left(1+a_{0,z}^2\right)^{1/2}} - \frac{a_{0,zz}}{\left(1+a_{0,z}^2\right)^{3/2}}\right] + \frac{\Gamma}{a_0^2}\frac{\partial}{\partial z}\left(a_0^2\frac{\partial u_0}{\partial z}\right) + 1 \tag{2-184}$$

将式(2-182)代入式(2-184)中最终得到只关于a_0的方程，即

$$\frac{a_{0,z}}{\left(1+a_{0,z}^2\right)^{1/2}} + \frac{a_0 a_{0,z} a_{0,zz} + a_0^2 a_{0,zzz}}{\left(1+a_{0,z}^2\right)^{3/2}} - \frac{3a_0^2 a_{0,z} a_{0,zz}^2}{\left(1+a_{0,z}^2\right)^{5/2}} + 2q\Gamma\left(\frac{a_{0,z}^2}{a_0^2} - \frac{a_{0,zz}}{a_0}\right) + \frac{2q^2 a_{0,z}}{a_0^3} + a_0^2 = 0 \tag{2-185}$$

由式(2-180)可得稳态射流的边界条件为

$$a_0 = Bo^{1/2}, \quad z = 0 \tag{2-186}$$

在数值计算时，首先采用切比雪夫谱方法将非线性三阶常微分方程式(2-185)离散化，使之成为 N 维非线性代数方程组。在此基础上，运用牛顿迭代法对代数方程组进行求解，最终可得到射流的稳态解。

流体的各性质参数取值如下：流体的运动黏度 $\nu^* = 350\text{mm}^2/\text{s}$，密度 $\rho^* = 970\text{kg}/\text{m}^3$，射流表面张力系数 $\sigma^* = 21.1\times10^{-3}\text{N}/\text{m}$，重力加速度 $g^* = 9.81\text{m}/\text{s}^2$。各无量纲数的值如下：$We = 3\times10^{-3}$，$\Gamma = 5.83$，$Bo = 1.8$。在选取射流的轴向长度 L 时，应尽量做到 L 足够大，以保证此时射流半径变化已经足够缓慢且其斜率无限接近于 0。另外，经计算对比发现，在相同的无量纲控制参数下对于不同配置点个数 N，稳态射流形状的计算结果完全一致，即 N 的取值不会对基本流的计算结果造成影响。

变直径射流稳态基本流解如图 2-34 所示，稳态射流半径及速度沿轴向坐标 z 的变化由图 2-34 给出。一方面，由图 2-34(a)可以看出，射流半径将在喷嘴出口附近发生剧烈变化，此时其外表面具有较大的轴向曲率，圆柱射流假设已经不再适用。另一方面，由图 2-34(b)可知，在重力作用下，射流轴向速度不断增加。由于射流出口速度较小，喷嘴附近的轴向速度趋近于 0。由于射流具有连续性，在喷嘴附近的区域，随着射流半径迅速减小，射流轴向速度将出现快速增加的非线性阶段；若射流继续向下游移动，在距离喷嘴较远处的射流半径变化率趋近于 0，此时射流近似为圆柱射流且轴向加速度趋近于重力加速度 g^*。

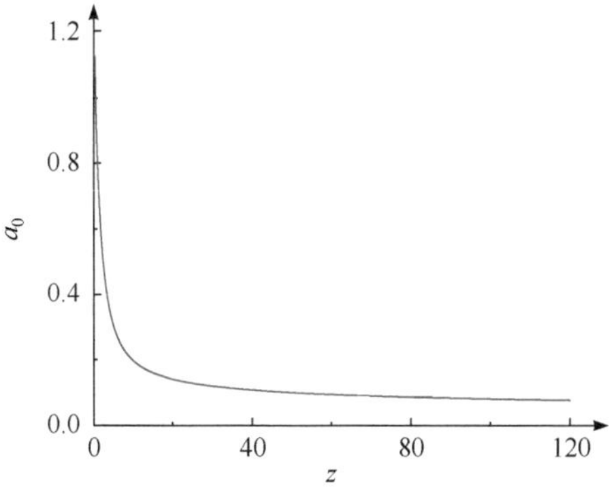

(a) 半径

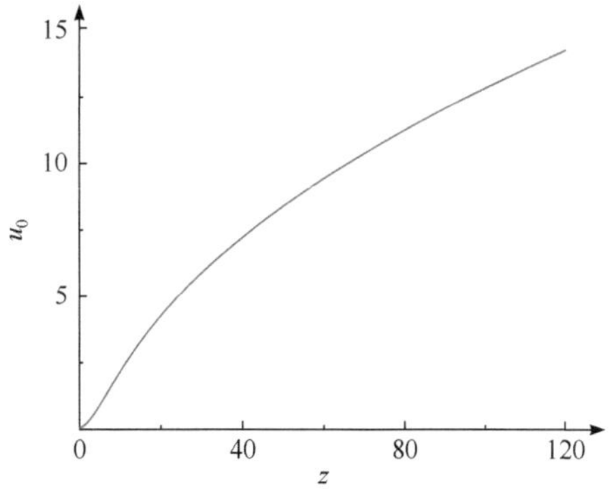

(b) 速度

图 2-34　变直径射流稳态基本流解

通过式(2-184)可以得到稳态射流所受各项作用的相对大小，如图 2-35 所示为变直径射流稳态动量方程中各项作用变化曲线。当射流缓慢流出喷嘴出口时，射流轴向速度很小，惯性力很小。因此，在喷嘴出口附近，表面张力和黏性力的共同作用与射流自身受到的重力相互平衡。随着射流的流动，表面张力及黏性力逐渐趋近于 0，惯性力逐渐增大并在下游处成为主导作用力，与重力项相互平衡。

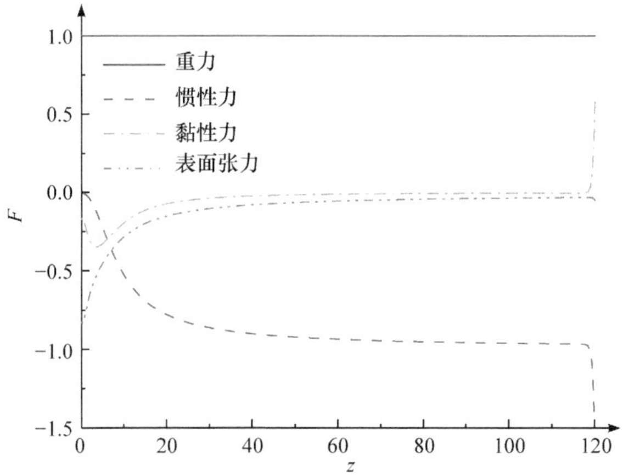

图 2-35　变直径射流稳态动量方程中各项作用变化曲线

选取计算结果中 a_0 为稳态基本流半径，u_0 为基本流速度，并在此基础上对射流进行线性稳定性分析。扰动形式设置为

$$a(z,t)=a_0(z)+\varepsilon\eta(z)\mathrm{e}^{\omega t} \tag{2-187}$$

$$u(z,t)=u_0(z)+\varepsilon u'(z)\mathrm{e}^{\omega t} \tag{2-188}$$

其中，$\varepsilon \ll 1$。ω 为扰动的复频率，实部和虚部分别为 ω_{r} 和 ω_{i}。ω_{r} 为时间增长率，当 $\omega_{\mathrm{r}}>0$ 时，扰动随时间增长，射流呈不稳定状态；当 $\omega_{\mathrm{r}}<0$ 时，扰动随时间衰减，射流呈稳定状态。ω_{i} 为对应特征值模态下的振荡频率。η 与 u' 分别代表扰动半径与扰动速度。应当注意到，η 与 u' 均为未知项，需通过给定适当的边界条件计算得出。

将式(2-187)和式(2-188)代入无量纲控制方程组式(2-178)和式(2-179)中，保留 ε 的一阶项，得到的线性方程组方程为

$$\begin{bmatrix} M_{1a} & M_{1u} \\ M_{2a} & M_{2u} \end{bmatrix}\begin{bmatrix} \eta \\ u' \end{bmatrix}=\omega\begin{bmatrix} \eta \\ u' \end{bmatrix} \tag{2-189}$$

其中，系数矩阵各元素的表达式为

$$M_{1a}=-\frac{q}{a_0^2}D+\frac{qa_{0,z}}{a_0^3} \tag{2-190}$$

$$M_{1u}=-\frac{a_0}{2}D-a_{0,z} \tag{2-191}$$

$$M_{2a}=\sum_{n=1}^{4}s^{2n-1}T_n-4q\varGamma\left(\frac{a_{0,z}}{a_0^4}D-\frac{a_{0,z}^2}{a_0^5}\right) \tag{2-192}$$

$$M_{2u}=\Gamma\left(D^2+\frac{2a_{0,z}}{a_0}D\right)-\frac{q}{a_0^2}D+\frac{2qa_{0,z}}{a_0^3} \tag{2-193}$$

其中，$D^n=\mathrm{d}^n/\mathrm{d}z^n$；$s(z)=\left(1+a_{0,z}^2\right)^{-1/2}$；$T_n$ 的表达式为

$$T_1=\frac{1}{a_0^2}D-\frac{2a_{0,z}}{a_0^3} \tag{2-194}$$

$$T_2=D^3+\frac{a_{0,z}}{a_0}D^2-\left(\frac{a_{0,z}^2}{a_0^2}-\frac{a_{0,zz}}{a_0}\right)D-\frac{a_{0,z}a_{0,zz}}{a_0^2} \tag{2-195}$$

$$T_3=-6a_{0,z}a_{0,zz}D^2-3\left(\frac{a_{0,z}^2a_{0,zz}}{a_0}+a_{0,zz}^2+a_{0,z}a_{0,zzz}\right)D \tag{2-196}$$

$$T_4=15a_{0,z}^2a_{0,zz}^2D \tag{2-197}$$

同时，给定扰动量的边界条件为

$$\eta=0,\quad z=0 \tag{2-198}$$

$$u'=0,\quad z=0 \tag{2-199}$$

由于式(2-189)中最大特征值实部将决定射流扰动是否随时间增长，因此判断变直径射流的稳定性，本质上是对 ω_{r} 进行求解。在数值计算时，同样对式(2-189)进行与稳态射流相同的离散化处理，并代入稳态基本流解。离散后的式(2-189)可通过广义特征值法求解。

变直径射流特征值谱如图 2-36 所示，计算时所取的参数为 $\Gamma=5.83$、$We=3\times10^{-3}$、$Bo=1.8$。首先，当配置点个数 N 发生变化时，实部最大的主导特征值

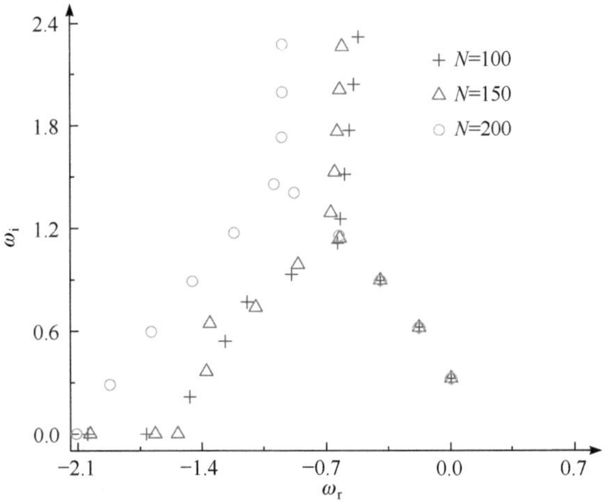

图 2-36　变直径射流特征值谱

始终不变，即射流的稳定性与 N 的取值无关。其次，主导特征值实部虽只是略大于 0，但扰动仍然随时间增长，射流呈不稳定状态。最后，在变直径射流主导特征值处，其虚部 ω_i 不为 0，即扰动的振荡频率不为 0，为不稳定行波扰动。

在对特征值 ω 求解的过程中，同时求解特征向量，变直径射流特征向量的空间分布如图 2-37 所示，图中分别给出了扰动半径 η 及扰动速度 u' 随轴向坐标 z 的空间分布。

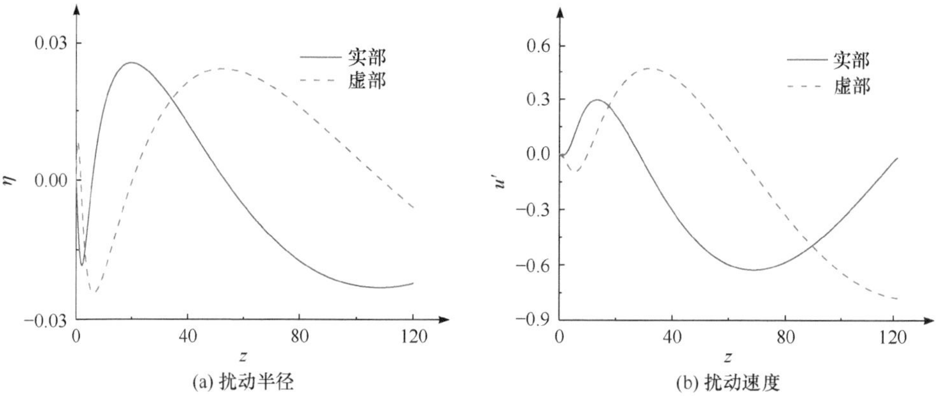

图 2-37　变直径射流特征向量的空间分布

在完成给定工况下的变直径射流稳定性分析后，为了更好地确定射流由稳定状态向不稳定状态过渡的临界条件，对比变直径射流的各项流体性质对其稳定性的影响，展开了射流流体性质发生变化时的分析与讨论。另外，为了直观反映射流的非均匀性对其稳定性的影响，还同时计算了相同条件下忽略直径变化时的时间增长率曲线。

由韦伯数的定义式 $We = \rho^* U^{*2} a_0^* / \sigma^*$ 可知，当喷嘴半径与射流流量固定时，分子项 $\rho^* U^{*2} a_0^*$ 为常数，因此韦伯数表征了射流的表面张力对流动的影响。取韦伯数的变化范围为 $[2\times10^{-3}, 8\times10^{-3}]$，$\Gamma = 5.83$，$Bo = 1.8$，变直径射流在不同韦伯数下基本流半径变化曲线如图 2-38 所示。可以得出，韦伯数越小，基本流半径变化速率越快。因此，表面张力的存在会加剧射流直径的变化，起到促进射流变形的作用。

变直径与等直径射流的时间增长率随韦伯数变化曲线如图 2-39 所示。随着韦伯数增大，变直径射流与忽略截面变化的等直径射流的时间增长率均逐渐降低，即射流表面的表面张力系数越小，射流越稳定。除此之外，当韦伯数约为 3.2×10^{-3} 时，变直径射流扰动的主导特征值实部等于 0，此时射流正处于稳定与不稳定状态之间的过渡阶段，时间增长率变化曲线的零点即为临界韦伯数 We_c。另外，通过对比图 2-39 还可以发现，等直径射流的时间增长率变化范围在 0.049

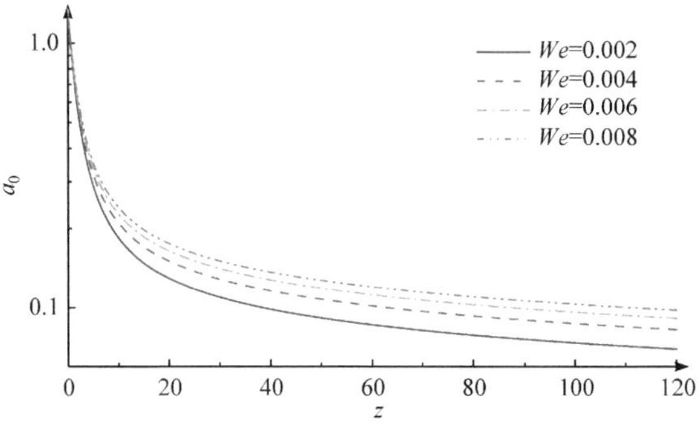

图 2-38　变直径射流在不同韦伯数下基本流半径变化曲线

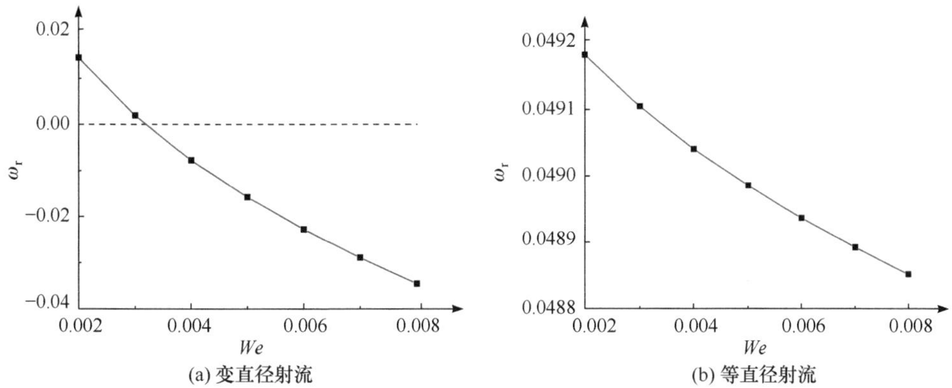

图 2-39　变直径与等直径射流的时间增长率随韦伯数变化曲线

左右，而变直径射流时间增长率变化范围在 0 附近。因此，在计算韦伯数发生变化的射流稳定性时，考虑了射流非均匀性的理论计算结果会显得射流更加“稳定”。

由邦德数的定义式 $Bo = We / Fr = \rho^* g^* a_0^{*2} / \sigma^*$ 可知，当韦伯数与卡皮查数均不变时，邦德数的变化体现了喷嘴出口半径对变直径射流流动的影响。取各无量纲参数数值为 $We = 3\times10^{-3}$，Γ=5.83，Bo 的变化范围为 [0.5,2.0]，通过计算，变直径射流在不同邦德数下基本流半径变化曲线如图 2-40 所示，变直径与等直径射流的时间增长率随邦德数变化曲线如图 2-41 所示。

当邦德数逐渐增大时，稳态射流的初始直径与细化后的最终直径都随之增大，但同时其时间增长率不断减小，射流变得更加稳定。同时还可以观察到，变直径射流的临界邦德数 $Bo_c \approx 1.85$，而等直径射流时间增长率始终大于变直径射流，这也再次说明考虑射流的非均匀性会使射流的分析结果更加稳定。

由卡皮查数 Γ 的定义可知，射流的黏度越大，Γ 越大。取各无量纲参数数值为 $We = 3\times10^{-3}$，$Bo = 1.8$，Γ 为变化的，通过计算，变直径射流在不同卡皮查数

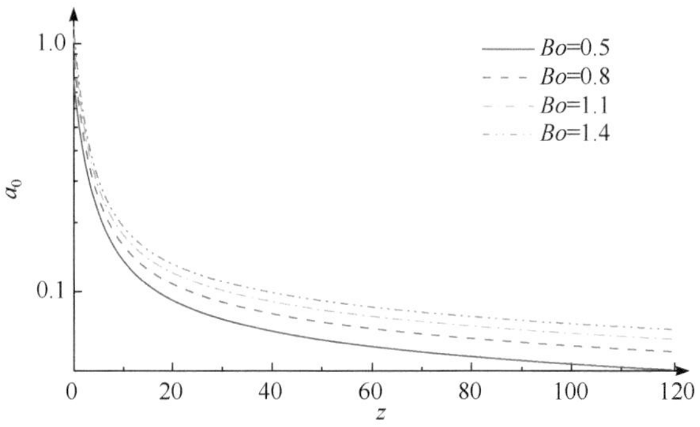

图 2-40　变直径射流在不同邦德数下基本流半径变化曲线

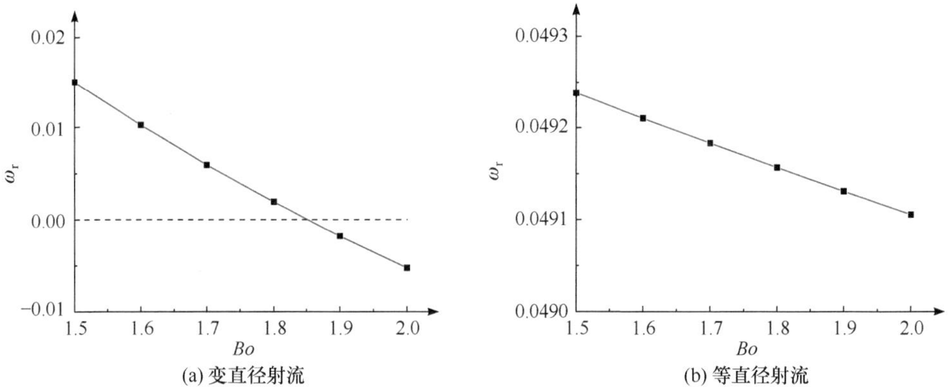

图 2-41　变直径与等直径射流的时间增长率随邦德数变化曲线

下基本流半径变化曲线如图 2-42 所示，变直径与等直径射流的时间增长率随卡皮查数变化曲线图 2-43 所示。

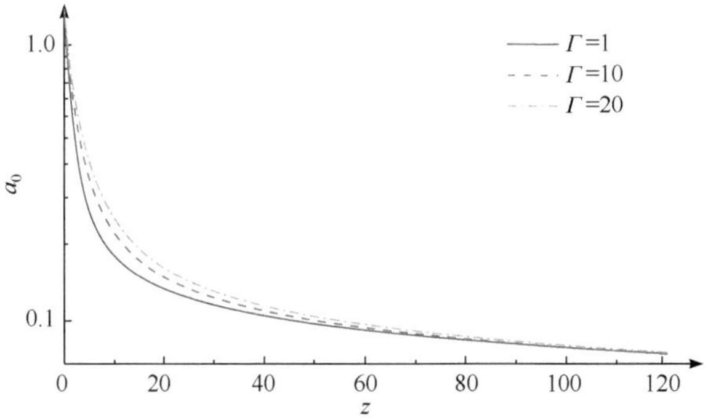

图 2-42　变直径射流在不同卡皮查数下基本流半径变化曲线

可以观察到，当 Γ 越大，射流半径变化越缓慢，即流体黏度具有阻碍射流变形的作用。同时，当 Γ 逐渐增大时，两种射流的时间增长率均逐渐减小，因此

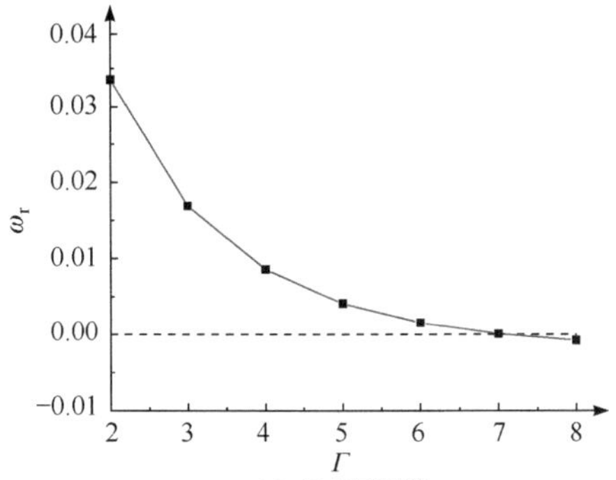

(a) 变直径射流

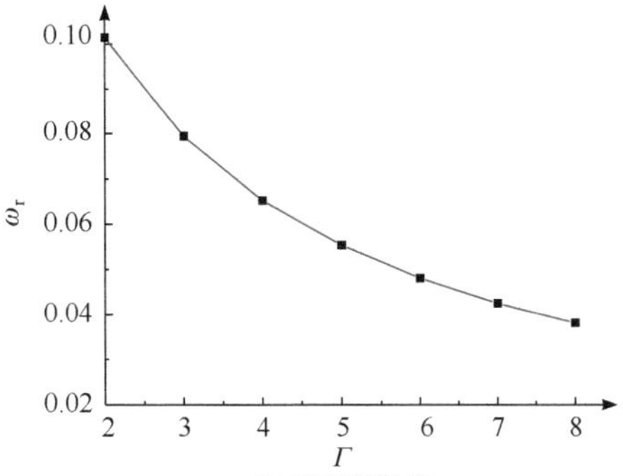

(b) 等直径射流

图 2-43　变直径与等直径射流的时间增长率随卡皮查数变化曲线

流体黏度具有使射流更稳定的作用。对比图 2-43 可以得出，在相同 Γ 变化范围内，等直径射流的时间增长率始终大于变直径射流。综上，对于 We 、Bo 、Γ 任一参数发生变化时，重力作用下的变直径射流不稳定性均弱于同工况下忽略直径变化的等直径射流。

2.7　圆柱射流稳定性的完全数值计算方法

前面介绍的求解圆柱射流失稳过程的各种理论方法都带有一定的简化假设。如果不做任何简化假设，直接通过数值方法求解描述射流运动的完整的 Navier-Stokes 方程组，那么理论上所获得的仿真结果将更为接近实际。这就是圆柱射流稳定性的完全数值计算方法。

从数值模拟角度来看，圆柱射流的运动及破碎过程是典型的不可压缩、两相流动问题。可采用网格及无网格方法进行求解，典型的数值计算方法包括有限体积法(finite volume method，FVM)、有限差分(finite difference，FD)法、有限单元法(finite element method，FEM)、光滑粒子流体动力学(smoothed particle hydrodynamics，SPH)法等，其中，FVM 是目前计算流力学领域应用最为广泛的方法。FVM 是一种基于 Euler 网格的数值求解方法，其计算网格固结于空间，因此，当应用 FVM 开展射流稳定性数值模拟时，其核心问题主要有两个，即精确捕捉或追踪流体间的相界面和准确计算流体间的表面张力作用。本节主要对上述两个问题进行简要介绍，并对射流稳定性数值模拟的研究现状进行分析。

2.7.1　界面追踪

为开展射流稳定性的数值模拟，必须高效而准确地描述射流与周围流体间的相界面的位置和运动。在计算过程中，通常忽略流体的相变，则相界面的位置可

由式(2-200)描述，即

$$\frac{\mathrm{d}\boldsymbol{x}_{\mathrm{f}}}{\mathrm{d}t}=\boldsymbol{v}\left(\boldsymbol{x}_{\mathrm{f}}\right) \tag{2-200}$$

其中，$\boldsymbol{x}_{\mathrm{f}}$表示流体界面上的位置点。

如果直接用一系列在界面上的标记点求解式(2-200)，即为界面追踪方法(interface tracking method)，但是该方法在处理变形较大的复杂流场界面时，需要不断地重新划分计算网格，因此，其应用会受到一定的限制。目前，在射流断裂问题中应用较为广泛的是界面捕捉方法，即通过辅助标题场将流体界面描述为穿过固定网格体系，该类方法主要包括流体体积(volume of fluid，VOF)法(Hirt and Nichols，1981)、等值面法(level set method)(Osher and Fedkiw，2005)等。

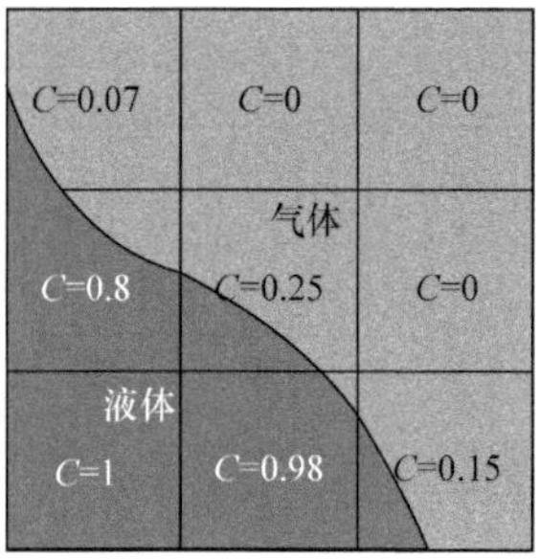

图 2-44　VOF 法的体积分数示意图

VOF 法的基本思想是引入一个体积分数函数的标量，定义为一种流体的指示函数在一个网格单元内的积分 C。VOF 法的体积分数示意图如图 2-44 所示。在每一个网格单元内，要追踪每种流体的体积分数，而所有流体使用同一组动量方程。对于某个网格单元来说，如果它里面不存在所追踪的流体，则 $C=0$；如果该网格单元充满了所追踪的流体，则 $C=1$；如果气液界面位于网格单元内，则 $0<C<1$。C 是不连续的函数，当所研究的位置从气体移进液体时，C 的值从 0 跳跃到 1。

C 的输运方程为

$$\frac{\partial C}{\partial t}+\boldsymbol{v}\cdot\nabla C=0 \tag{2-201}$$

式(2-201)表明，界面的移动速度就是当地的流体流动速度，虽然形式上比较简单，但其计算采用的求解格式必须能有效处理C在界面处的不连续，当采用低阶的格式(如一阶迎风格式、二阶迎风格式)时，随着时间的推移，数值耗散会造成原本锐利界面的模糊；如果采用高阶格式，又容易在界面处产生数值振荡。所以，VOF 法必须依赖一种良好的计算输运方程的格式。在最初提出 VOF 法的文章中，Hirt 提出了一种施主-受主格式(donor-acceptor scheme)，后来的学者又提出了一些其他的格式，如任意网格的压缩界面捕捉格式(compressive interface capturing scheme for arbitrary meshes，CICSAM)(Ubbink and Issa，1999)、高分辨率界面捕捉(high resolution interface capturing，HRIC)格式(Muzaferija et al.，1988)等。

对于等值面法，引入标量ϕ，在两相流体界面上，定义$\phi=\phi_0$，在流体 1 中，$\phi>\phi_0$，在流体 2 中，$\phi<\phi_0$。由式(2-200)可得，等值面法满足的方程为

$$\frac{\partial\phi}{\partial t}+\boldsymbol{v}\cdot\nabla\phi=0 \tag{2-202}$$

上述标量ϕ的定义仅在界面处有效，从数值的角度看，通常希望ϕ是一个光滑函数，如符号距离函数$|\nabla\phi|=1$(Sussman et al.，1994)。等值面法的主要缺点是无法保证流体体积的守恒性。由于体积误差的大小与所采用的网格分辨率成正比，可以采用网格细化策略，来减小等值面法体积不守恒造成的误差，如结构化自适应网格细化(structured adaptive mesh refinement，SAMR)(Nourgaliev and Theofanous，2007)或细化等值面网格(refined level set grid，RLSG)法(Herrmann，2008)。除上述方法以外，通过其他数值方法对标量ϕ进行修正，也可以达到提高守恒性的目的，如耦合等值面和流体体积(coupled level set and volume of fluid，CLSVOF)法(Sussman and Puckett，2000)、质量守恒等值面(mass-conserving level set，MCLS)法(van der Pijl and Segal，2005)、将等值面法与标记粒子相结合等。

Olsson 和 Kreiss(2005)提出了一种守恒等值面法，该方法在界面处定义$\phi_0=0.5$，而在非界面的其他位置，定义ϕ为流体体积分数的函数，即

$$\phi=\frac{1}{2}\left[\tanh\left(\frac{d}{2\epsilon}\right)+1\right] \tag{2-203}$$

其中，d为距离界面的最小距离；ϵ为界面厚度的一半。

通过式(2-203)对ϕ进行重新初始化，并利用式(2-202)的守恒形式求解，可以在流体界面较为复杂的情况下保证体积守恒。

2.7.2　表面张力

表面张力在射流表面变形及断裂过程中发挥重要作用，因此，在射流稳定性的完全数值模拟过程中，必须有效精确地处理表面张力作用，表面张力的计算公式为

$$\boldsymbol{T}_\sigma=\sigma\kappa\boldsymbol{n}_\mathrm{f}\delta(\boldsymbol{x}-\boldsymbol{x}_\mathrm{f})=-\nabla\cdot\big(\sigma(\boldsymbol{I}-\boldsymbol{n}\otimes\boldsymbol{n})\delta(\boldsymbol{x}-\boldsymbol{x}_\mathrm{f})\big) \tag{2-204}$$

其中，κ为界面曲率；$\boldsymbol{n}_\mathrm{f}$为单位法向；$\delta$为界面 delta 函数；$\sigma$为表面张力系数。

式(2-204)的中间表达式为基于连续界面力(continuum surface force，CSF)模型(Brackbill et al.，1992)的表面张力求解式；最右端表达式为基于连续界面张力(continuum surface stress，CSS)模型(Lafaurie et al.，1994)的表面张力求解式。根据所使用界面捕捉方法(如 VOF 法、等值面法等)的不同，式(2-204)中的δ通常采用以下两种离散形式。

对于 VOF 法，将体积分数写成如下色函数(color function)的形式，即

$$\boldsymbol{n}_\mathrm{f}\delta(\boldsymbol{x}-\boldsymbol{x}_\mathrm{f})\approx\nabla C \tag{2-205}$$

对于等值面法，通常采用 delta 函数的正则化展开形式(Engquist et al.，2005)。上述方式均可以有效地将表面张力分散到垂直于相界面的小邻域中。

另一种离散形式称为虚拟流体法(ghost fluid method，GFM)，其中，表面张力通过界面处的压力阶跃产生作用，GFM 在求解过程中无须对 delta 函数进行离散，同时，表面张力是导致界面处存在压力差的原因。因此，在使用 CSF 和 CSS 模型时，必须保证界面处压力差与表面张力精确平衡。通常，在交错网格(staggered grid)上使用 VOF 法，可以满足上述平衡条件，而对于同位网格 VOF 法和使用 delta 函数展开形式的等值面法时，则上述平衡难以准确满足，从而引发界面处的虚假流动。为解决此类问题，Francois 等(2006)提出了一种可以在笛卡儿网格上保证离散化的表面张力与压力差平衡的所谓 VOF“平衡力算法”，Herrmann 也针对等值面法提出了一种类似的、可应用于结构或非结构网格的平衡算法。

在保证界面处压力差与表面张力准确平衡后，另一个重要问题是如何准确求解式(2-204)中的界面曲率 κ 。对于 VOF 法，界面曲率的计算方法包括高度函数法(Sussman，2003)、高阶界面重构算法(Renardy Y and Renardy M，2002)等。对于等值面法，节点位置曲率的离散计算 $\kappa=\nabla\cdot\left(\nabla\phi/|\nabla\phi|\right)$ 最高为一阶精度，因此，需要基于面的曲率求解以获得更高精度。

2.7.3 射流稳定性仿真

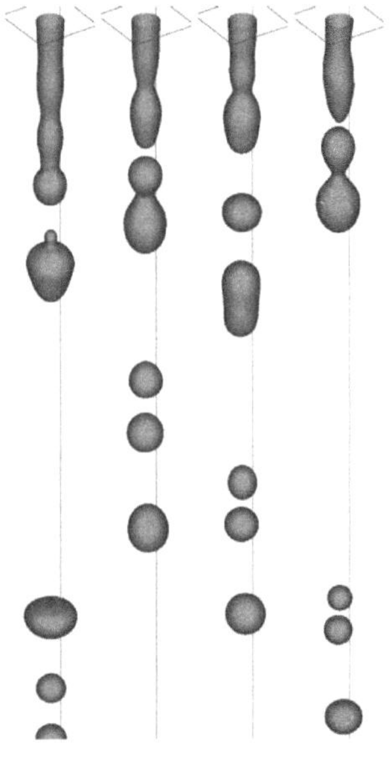

图 2-45 层流射流断裂过程的等值面法数值模拟

研究人员应用不同的数值方法对射流稳定性问题开展了大量的研究，其中，Pan 和 Suga(2006)应用等值面法研究了层流射流的破裂过程，图 2-45 为层流射流断裂过程的等值面法数值模拟。Ménard 等(2007)应用耦合水平集-虚拟流体(level set-ghost fluid)方法研究了 Rayleigh 模式下的射流断裂问题，Zhang 等(2010)应用任意 Lagrangian- Eulerian(arbitrary Lagrangian-Eulerian，ALE)方法耦合直接边界追踪技术研究了毛细射流的不稳定问题，Delteil 等(2011)应用 VOF 模型分析了圆柱射流的瑞利断裂过程，Moallemi 和 Mehravaran(2016)、Xie 等(2017)应用 VOF 与自适应网格研究了圆柱射流的稳定性问题。

射流稳定性的数值模拟必须准确捕捉两相界面和精确求解表面张力，目前的主流 CFD 软件，如 ANSYS Fluent、OpenFOAM、Gerris/Basilisk 等，一般都能满足射流稳定性仿真的计算要求。从学术研究的角度来看，Gerris/Basilisk 代码是开展射流稳定性分析的较好选择。首先，Gerris/Basilisk 代码是一种基于通用公共许可(general public license，GPL)协议的开源代码体系，其底层算法代码完全开源，使用者可以根据需要进行修改，极大提高了使用的灵活性；其次，Gerris/Basilisk 代码具有强大的网格自适应能力，与 VOF 法、CSF 模型相结合，可以有效追踪射流表面的运动变形和精确计算表面张力；最后，Gerris/Basilisk 代码具有活跃的用户群体，可以为使用者提供强大的社区支持。

Gerris/Basilisk 是由法国索邦大学勒让德 · 阿尔伯特研究所(Institut Jean le Rond d'Alembert)的 Popinet 等研发的基于自由软件 GPL 协议的开源 CFD 代码体系。目前，Gerris 的开发工作已经停止，作为 Gerris 的后续改进版本，Basilisk 的开发工作正在持续推进。Gerris/Basilisk 求解的是不可压、变密度、带有表面张力的 Navier-Stokes 方程(Popinet，2003)。Gerris/Basilisk 可采用多种格式，采用体积分数/密度和压力采用时间交错离散格式，使用经典的时间分裂投影法进行简化，可以达到时间二阶精度；使用正交笛卡儿计算网格，并结合四叉树(quadtree)/八叉树(octree)进行空间离散，使得自适应加密算法可简易灵活地实现，在保证计算效率的前提下显著提高了计算精度，图 2-46 为 Gerris/Basilisk 的网格体系(van Hooft et al.，2018)；使用 Godunov 动量差分格式，基于四叉树/八叉树的多尺度求解器可以有效求解压力泊松方程，可以达到空间二阶精度；使用分段线性的 VOF 几何重构方法进行自适应网格界面捕捉，非常适合求解流体表面运动变形问题，如图 2-47 中的单股射流雾化问题的 Gerris 仿真结果及网格体系(王凯等，2018)；使用 CSF 模型将表面张力转化为某一区域连续的体积力，并结合高度函数曲率估计可以实现表面张力的精确求解(Popinet，2009；Popinet，2018)，例如，应用到

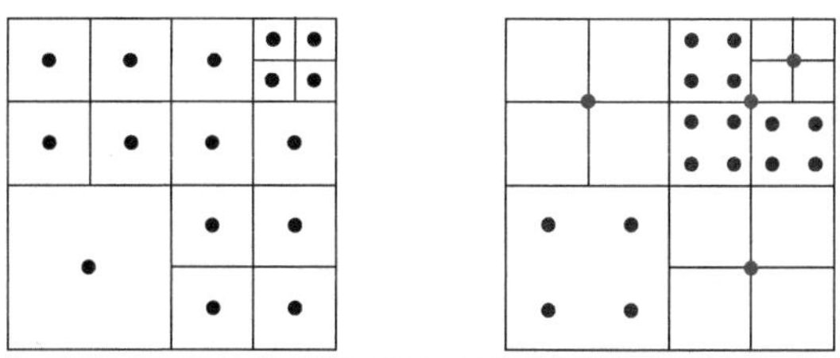

(a) 不同细化级别的网格空间结构

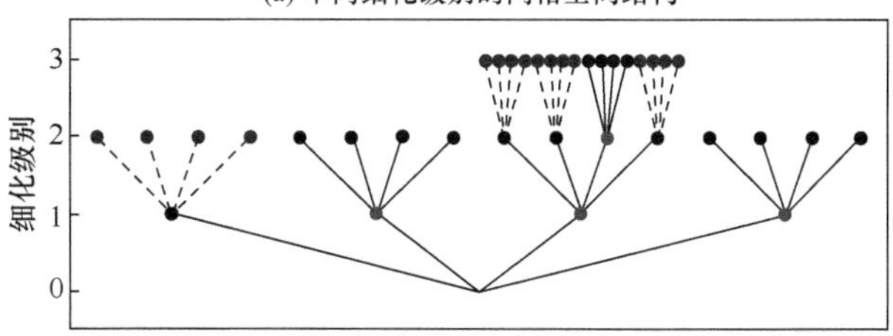

(b) 网格的四叉树表示

图 2-46　Gerris/Basilisk 的网格体系

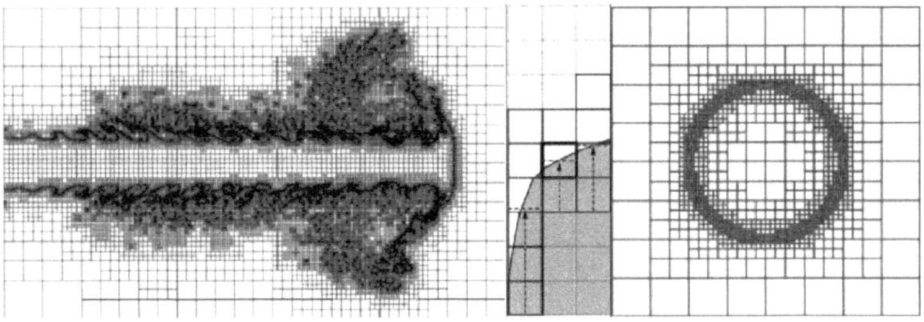

图 2-47　单股射流雾化问题的 Gerris 仿真结果及网格体系

如图 2-48 中的圆柱射流 Plateau-Rayleigh 不稳定的 Gerris 仿真(Poinet，2009)。

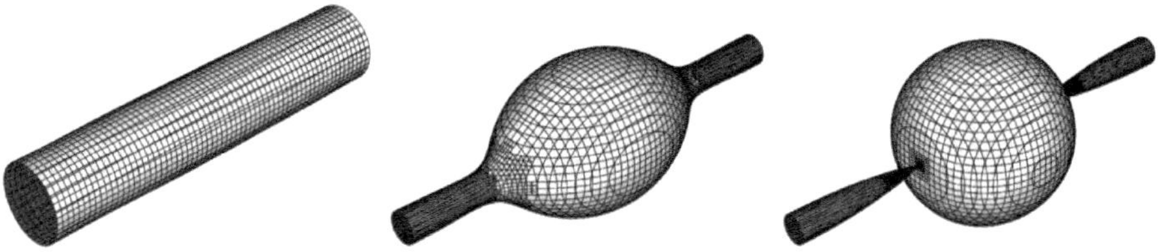

图 2-48　圆柱射流 Plateau-Rayleigh 不稳定的 Gerris 仿真

Moallemi 和 Mehravaran(2016)进行了射流断裂的 Gerris 仿真，仿真结果如图 2-49 所示。

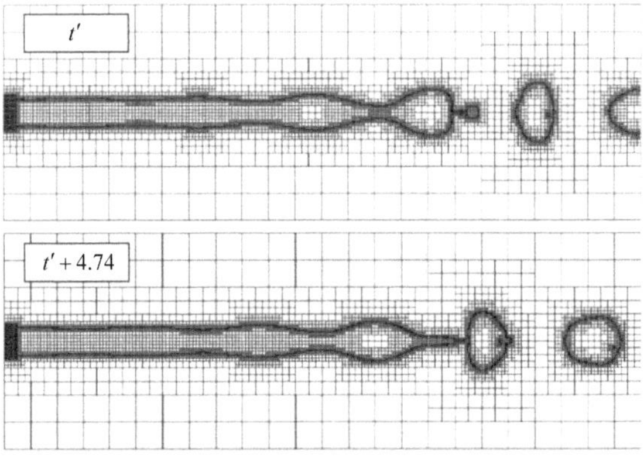

图 2-49　射流断裂的 Gerris 仿真结果

之后，Xie 等(2017)又进行了不同扰动频率下射流断裂的数值模拟与弱非线性理论对比，结果如图 2-50 所示。数值模拟预测在两个主液滴之间可能会产生多个小液滴(称为卫星液滴)，并且最大的卫星液滴被认为是由二阶非线性引起的，但较小的卫星液滴的行为还有待进一步研究。当振荡频率较小($\omega = 0.25$)时，二阶扰动幅度较大，如图 2-50(a)所示，卫星液滴是由基波和一次谐波之间的干扰形成的。理论解只能预测主滴的形成及卫星滴是否出现，它无法描述分离时的强制收缩行为(卫星液滴形成的确切位置)。而且，由于非线性解析解是二阶的，只能预测 0 或 1 个卫星液滴的形成。随着频率的增加，非线性变得很弱，然后卫星液滴消失，或者变成主液滴的大小，并且波形在大部分长度上都保持正弦曲线，如图 2-50(b)～(d)所示。除了由扰动方法本身固有的局限性引起的破裂点外，理论分析和数值曲线吻合较好。

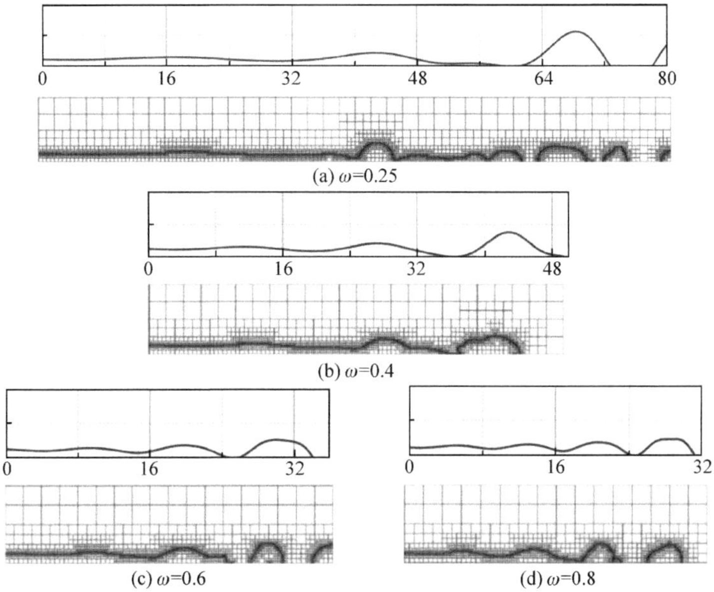

图 2-50　不同扰动频率下射流断裂的数值模拟与弱非线性理论对比

2.8　圆柱射流稳定性的实验研究

2.8.1　实验系统和装置

圆柱射流稳定性实验系统示意图如图 2-51 所示。注射泵流出的溶液经过管路到达针头处喷出形成圆柱射流。利用电压信号发生器产生交流电压，经过升压检波电路放大后，经铜丝电极对圆柱射流施加初始扰动。高速摄像机用于记录射流上扰动的发展过程。

实验时，在电极和针头之间施加高压交流电，在电极和射流表面之间形成电场，射流表面就受到脉动电场力的作用，这就是射流初始扰动的施加原理。为了让初始扰动尽可能强，电极上施加的电压应当尽可能高，但不能超出上限值，否则电极和射流之间的空气间隙会被击穿(空气的击穿强度约为 3kV/mm)。

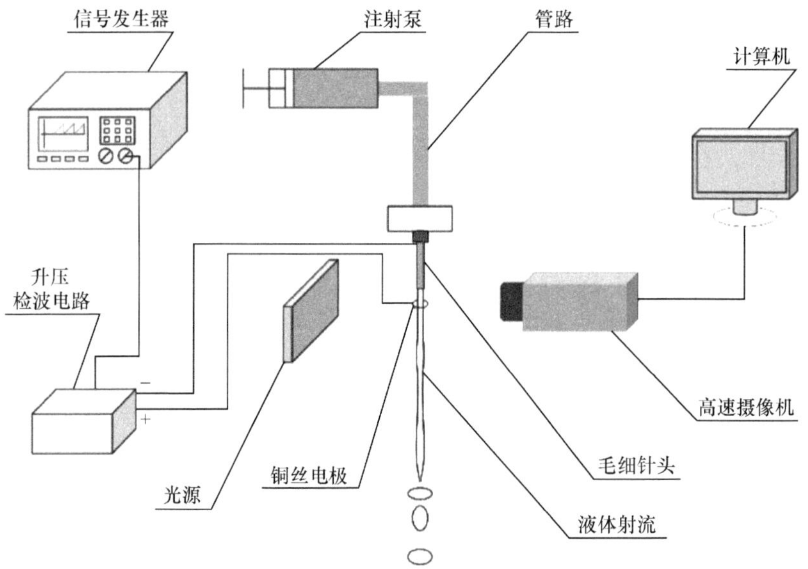

图 2-51　圆柱射流稳定性实验系统示意图

高压脉动直流电的发生装置由信号发生器和升压检波电路组成。其中信号发生器为 UNI-T 公司的 UTG2025A 型可编程信号发生器，而升压检波电路是自制的。高压交流电发生装置的电路原理如图 2-52 所示。信号发生器输出的信号为低压(8.33V)调幅正弦波，载波频率为 28.3kHz，调制频率等于射流初始扰动频率。调幅波施加在由电容 C_1～C_4 及变压器 T 组成的串联谐振电路上，当变压器初级电压升高至大约 30V 时，在变压器次级感应出大约 1000V 的调幅正弦波。变压器次级的信号经过高压整流二极管 VD_1～VD_4 组成的桥式整流电路检波后，在输出端输出高压交流信号。由于未使用滤波电容，该信号的频谱中同时包含了载波的成分和调制波的成分，但是这不会对实验结果造成影响。由于载波的频率非常高，与之对应的射流表面扰动波长极短，远远小于截止波长，因此载波的成分对于射流来说是不起作用的，实际起作用的只有调制波的成分。

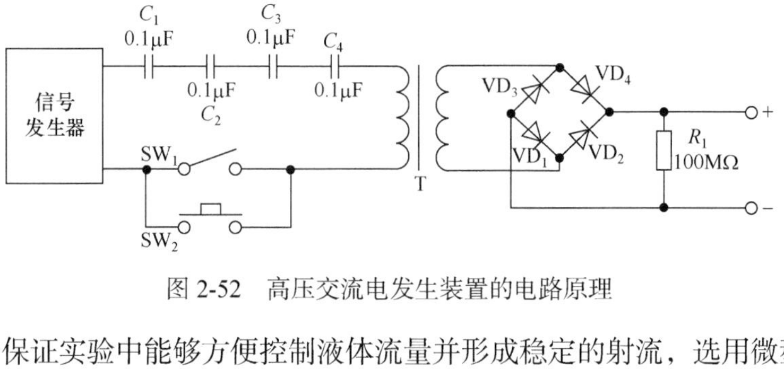

图 2-52　高压交流电发生装置的电路原理

为了保证实验中能够方便控制液体流量并形成稳定的射流，选用微型注射泵供给工质溶液和测量流量，以期达到很高的控制精度。这里，注射泵选用如图 2-53 所示的保定兰格恒流泵有限公司生产的 LSP01-1A 型单通道微量注射泵，它的最大行程为 140mm，行程控制精度为 0.5%，线速度为 5μm/min～65mm/min，重复度误差为 0.2%，注射泵精度为 0.5%。

如图 2-54 所示，实验中采用的摄像装置为 Photron 公司的 FASTCAM SA-Z 高速相机。其分辨率为 1024 像素×1024 像素，帧速率为 21000 帧/s。调低分辨率，帧速率最高可达 2×10^5 帧/s。其优点在于帧速率高，最短曝光时间小(159ns)，像素高、感光好。配合不同的摄像头，十分适合拍摄低照度或微纳米尺度的流动过程。

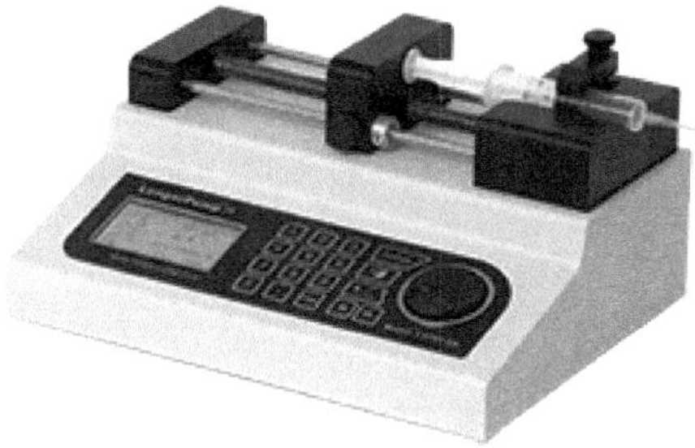

图 2-53　LSP01-1A 型单通道微量注射泵

图 2-54　FASTCAM SA-Z 高速相机

2.8.2　实验结果处理

调节信号发生器的调制频率，从而改变施加在圆柱射流上的扰动频率，得到不同扰动频率下的射流破裂过程。编写程序对高速相机拍摄的射流破裂过程图像进行处理，得到扰动波长和空间增长率便可以与线性稳定分析得出的理论色散曲线进行比较讨论。

射流图像处理程序的流程图如图 2-55 所示。其中 m 为图像的数量，对于每一组实验一般取 50 张图像；n 为轴向位置离散点的数量，取 $n=100$。$z_1,z_2,\cdots,z_n$ 为轴向位置离散点(等距分布)，z_1 对应于上游电极附近扰动较微弱的位置，z_n 对应于下游射流将近破碎的位置。扰动增长率测量的基本原理是，对于每一个轴向位置 $z_j\left(j=1,2,\cdots,n\right)$，求出 m 张图像在该位置的位移值标准差，然后把这个标准差值作为该位置的扰动振幅。最后，以轴向位置为横坐标，以振幅为纵坐标，将前面所得到的数据按照指数函数进行拟合，便可以得到扰动的空间增长率。

按照图 2-55 所示的流程图，将同一频率下高速摄像机拍摄的多张射流图轮廓提取出来，从而计算出射流半径、射流速度等参数值，并用标准差法拟合出射流表面波的增长率。图 2-56 为射流轮廓提取结果。

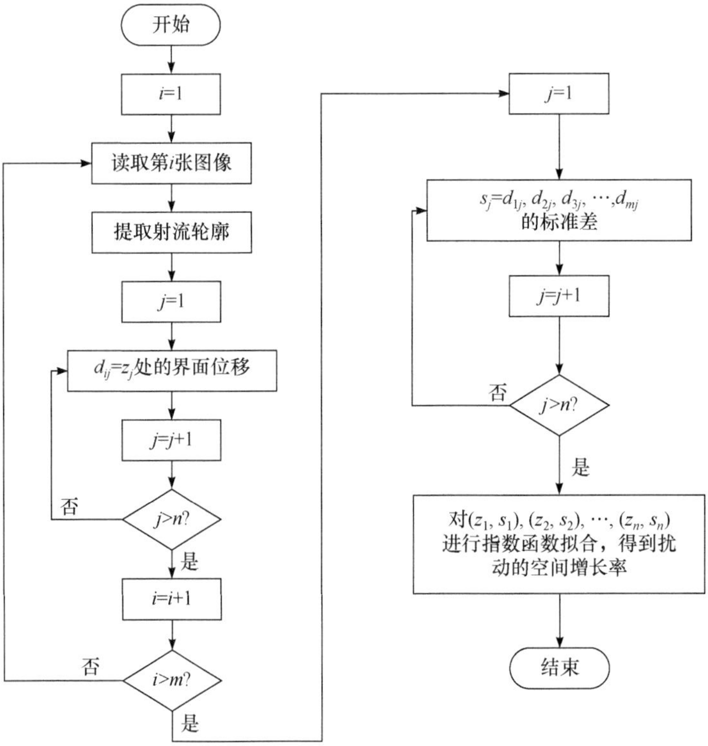

图 2-55　射流图像处理程序的流程图

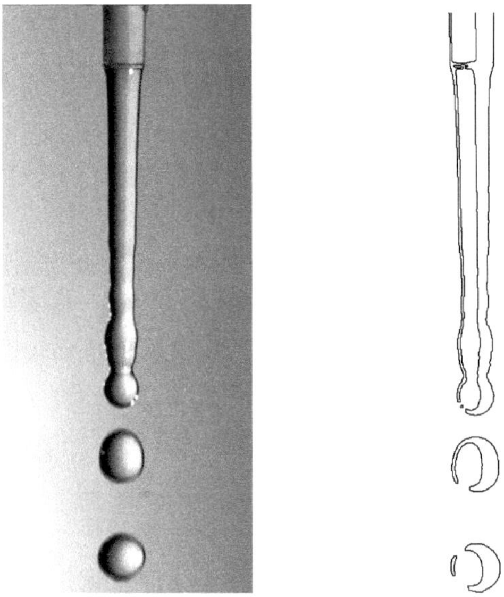

(a) 射流照片　　(b) 轮廓提取

图 2-56　射流轮廓提取结果

以某次电极环干扰下的毛细射流实验为例介绍实验与理论的验证，实验过程中使用毛细针头内径为 0.32mm，带电环内径为 12.85mm，外径为 14.95mm，高度为 5mm，其上表面距离喷嘴末端的高度为 24.7mm；流量为 8.16mL/min，相应的射流半径为 0.189mm，速度为 1.213m/s；实验工质是质量分数为 0.6808%的 NaI 去离子水溶液，密度为 985kg/m^3，表面张力系数为 72.44mN/m(由表面张力仪 SITA Proline t15 测得)，黏度为 0.8599mPa · s(由 Anton Paar 公司生产的 MCR92 型旋转流变仪测得)。图 2-57 为射流线性增长率的实验值与理论值的对比，实验值和解析理论值在主要不稳定波数范围内吻合很好，说明使用本实验系统可以去验证解析理论的合理性。

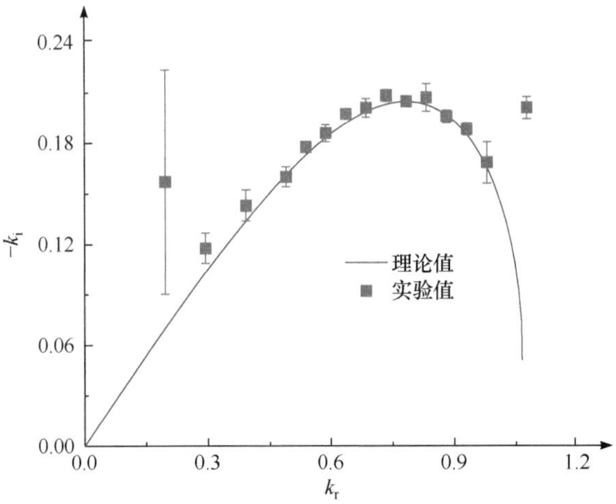

图 2-57 射流线性增长率的实验值与理论值的对比

参 考 文 献

王凯, 杨国华, 李鹏飞, 等. 2018. 基于 Gerris 的离心式喷嘴锥形液膜破碎过程数值模拟[J]. 推进技术, 39(5): 1041-1050.

尹协远, 孙德军. 2003. 旋涡流动的稳定性[M]. 北京: 国防工业出版社.

Bechtel S E, Carlson C D, Forest M G. 1995. Recovery of the Rayleigh capillary instability from slender 1-D inviscid and viscous models[J]. Physics of Fluids, 7(12): 2956-2971.

Bers A. 1983. Space-time evolution of plasma instabilities-absolute and convective[M]//Rosenbluth M N, Sagdeev R Z. Handbook of Plasma Physics. Amsterdam: North-Holland.

Brackbill J U, Kothe D B, Zemach C. 1992. A continuum method for modeling surface tension[J]. Journal of Computational Physics, 100(2): 335-354.

Briggs R J. 1964. Electron-Stream Interaction with Plasmas[M]. Cambridge: MIT Press.

Chesnokov Y G. 2000. Nonlinear development of capillary waves in a viscous liquid jet[J]. Technical Physics, 45(8): 987-994.

Delteil J, Vincent S, Erriguible A, et al. 2011. Numerical investigations in Rayleigh breakup of round liquid jets with VOF methods[J]. Computers & Fluids, 50(1): 10-23.

Eggers J, Dupont T F. 1994. Drop formation in a one-dimensional approximation of the Navier-Stokes equation[J]. Journal of Fluid Mechanics, 262: 205-221.

Engquist B, Tornberg A K, Tsai R. 2005. Discretization of Dirac delta functions in level set methods[J]. Journal of Computational Physics, 207(1): 28-51.

Francois M M, Cummins S J, Dendy E D, et al. 2006. A balanced-force algorithm for continuous and sharp interfacial surface tension models within a volume tracking framework[J]. Journal of Computational Physics, 213(1): 141-173.

Goedde E F, Yuen M C. 1970. Experiments on liquid jet instability[J]. Journal of Fluid Mechanics, 40(3): 495-511.

Herrmann M. 2008. A balanced force refined level set grid method for two-phase flows on unstructured flow solver grids[J]. Journal of Computational Physics, 227(4): 2674-2706.

Hirt C W, Nichols B D. 1981. Volume of fluid (VOF) method for the dynamics of free boundaries[J]. Journal of Computational Physics, 39(1): 201-225.

Huerre P, Monkewitz P A. 1990. Local and global instabilities in spatially developing flows[J]. Annual Review of Fluid Mechanics, 22(1): 473-537.

Lafaurie B, Nardone C, Scardovelli R, et al. 1994. Modelling merging and fragmentation in multiphase flows with SURFER[J]. Journal of Computational Physics, 113(1): 134-147.

Landau L, Lifshitz E M. 1959. Fluid Mechanics[M]. London: Pergamon Press.

Le D S. 1997. Global modes in falling capillary jets[J]. European Journal of Mechanics B-Fluids, 16: 761-778.

Lin S P. 2003. Breakup of Liquid Sheets and Jets[M]. Cambridge: Cambridge University Press.

Ménard T, Tanguy S, Berlemont A. 2007. Coupling level set/VOF/ghost fluid methods: Validation and application to 3D simulation of the primary break-up of a liquid jet[J]. International Journal of Multiphase Flow, 33(5): 510-524.

Moallemi N, Li R, Mehravaran K. 2016. Breakup of capillary jets with different disturbances[J]. Physics of Fluids, 28(1): 012101.

Monkewitz P A. 1990. The role of absolute and convective instability in predicting the behaviour of fluid systems[J]. European Journal of Mechanics B-Fluids, 9: 395-413.

Muzaferija S, Peric M, Sames P C, et al. 1988. A two-fluid Navier-Stokes solver to simulate water entry[C]. Symposium on Naval Hydrodynamics.

Nourgaliev R R, Theofanous T G. 2007. High-fidelity interface tracking in compressible flows: Unlimited anchored adaptive level set[J]. Journal of Computational Physics, 224(2): 836-866.

Olsson E, Kreiss G. 2005. A conservative level set method for two phase flow[J]. Journal of Computational Physics, 210(1): 225-246.

Osher S, Fedkiw R P. 2005. Level Set Methods and Dynamic Implicit Surfaces[M]. New York: Springer.

Pan Y, Suga K. 2006. A numerical study on the breakup process of laminar liquid jets into a gas[J]. Physics of Fluids, 18(5): 052101.

Plateau J. 1873. Statique Expérimentale et Théorique des Liquides Soumis Aux Seules Forces Moléculaires[M]. Paris: Gauthier-Villars.

Popinet S. 2003. Gerris: A tree-based adaptive solver for the incompressible Euler equations in complex geometries[J]. Journal of Computational Physics, 190(2): 572-600.

Popinet S. 2009. An accurate adaptive solver for surface-tension-driven interfacial flows[J]. Journal of Computational Physics, 228(16): 5838-5866.

Popinet S. 2018. Numerical models of surface tension[J]. Annual Review of Fluid Mechanics, 50: 49-75.

Rayleigh L. 1878. On the instability of jets[J]. Proceedings of the London Mathematical Society, s1-10(1): 4-13.

Renardy Y, Renardy M. 2002. PROST: A parabolic reconstruction of surface tension for the volume-of-fluid method[J]. Journal of Computational Physics, 183(2): 400-421.

Rubio-Rubio M. 2016. Stretching liquid flows: Jets, drops and liquid bridges. Experiments and one-dimensional modelling of linear and non-linear phenomena in laminar capillary flows[D]. Madrid: Universidad Carlos Ⅲ de Madrid.

Schmid P J, Henningson D S. 2001. Stability and Transition in Shear Flows[M]. New York: Springer.

Sussman M. 2003. A second order coupled level set and volume-of-fluid method for computing growth and collapse of vapor bubbles[J]. Journal of Computational Physics, 187(1): 110-136.

Sussman M, Puckett E G. 2000. A coupled level set and volume-of-fluid method for computing 3D and axisymmetric incompressible two-phase flows[J]. Journal of Computational Physics, 162(2): 301-337.

Sussman M, Smereka P, Osher S. 1994. A level set approach for computing solutions to incompressible two-phase flow[J]. Journal of Computational Physics, 114(1): 146-159.

Twiss R Q. 1951. On oscillations in electron streams[J]. Proceedings of the Physical Society Section B, 64(8): 654.

Ubbink O, Issa R I. 1999. A method for capturing sharp fluid interfaces on arbitrary meshes[J]. Journal of Computational Physics, 153(1): 26-50.

van der Pijl S P, Segal A, Vuik C. 2005. A mass-conserving level-set(MCLS) method for modelling of multi- phase flows[J]. International Journal for Numerical Methods in Fluids, 47(4): 339-361.

van Hooft J A, Popinet S, van Heerwaarden C C, et al. 2018. Towards adaptive grids for atmospheric boundary-layer simulations[J]. Boundary-Layer Meteorology, 167(3): 421-443.

Xie L, Yang L J, Ye H Y. 2017. Instability of gas-surrounded Rayleigh viscous jets: Weakly nonlinear analysis and numerical simulation[J]. Physics of Fluids, 29(7): 074101.

Yang L J, Hu T, Chen P M, et al. 2017. Nonlinear spatial instability of a slender viscous jet[J]. Atomization and Sprays, 27(12): 1041-1061.

Yuen M C. 1968. Non-linear capillary instability of a liquid jet[J]. Journal of Fluid Mechanics, 33(1): 151-163.

Zhang K K Q, Shotorban B, Minkowycz W J, et al. 2010. A comprehensive approach for simulation of capillary jet breakup[J]. International Journal of Heat and Mass Transfer, 53(15-16): 3057-3066.

第 3 章　平面射流稳定性

平面射流的稳定性是液体自由射流稳定性的另一个基本问题。由于平面射流的厚度与其他两个方向的尺寸相比很小，看起来就像一张膜一样，所以有时也将平面射流称为平面液膜。事实上，平面射流稳定性在生产生活中是经常遇到的。例如，在传统的造纸、表面涂覆等实际生产工作中，常常会遇见细长液膜自由流下的情况。表面涂覆中的平面射流如图 3-1 所示。

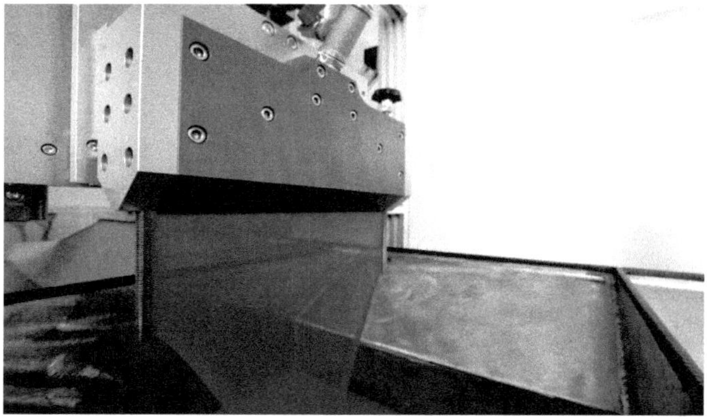

图 3-1　表面涂覆中的平面射流

又如在液体火箭发动机中常采用撞击式喷嘴，撞击式喷嘴中的平面液膜及其破裂如图 3-2 所示。平面射流破裂则是撞击式喷嘴推进剂雾化的关键过程，对液体火箭发动机的喷雾燃烧有重要意义。这是因为只有当液膜破裂成液滴之后推进

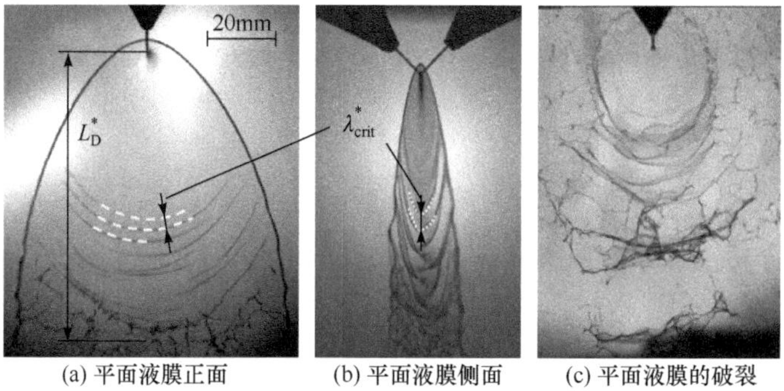

(a) 平面液膜正面　(b) 平面液膜侧面　(c) 平面液膜的破裂

图 3-2　撞击式喷嘴中的平面液膜及其破裂

剂才能具有较大的燃烧面积，从而充分燃烧。一般来说，液滴的尺寸越小，燃烧相对表面积越大，燃烧越充分，效率越高(阿列玛索夫，1993；庄逢辰，1995)。

平面射流失稳的物理机制与圆柱射流不同。平面射流的失稳主要是由周围气体的空气动力效应导致的，即 Kelvin-Helmholtz 机制。平面射流的失稳机理示意图如图 3-3 所示，在空气中运动的液体平面射流，可以看成液体静止而周围气体流动。如果由于某种原因在气液界面产生了正弦波状的微小扰动，那么气体区域的流动就会受到干扰。例如，对于平面射流上方的气体来说，气液界面往上凸的地方，气流速度增大，根据伯努利方程，局部压力降低($p-$)；而气液界面往下凹的地方，气流速度降低，局部压力增大($p+$)。显然，由于气流对平面射流凸起的地方压力减小，对平面射流凹陷的地方压力增大，气流施加在平面射流上的空气动力会促进扰动幅度的增大。这种正反馈机制就是平面射流失稳的主要原因。在下面各节中，将对这种失稳过程进行定量分析。

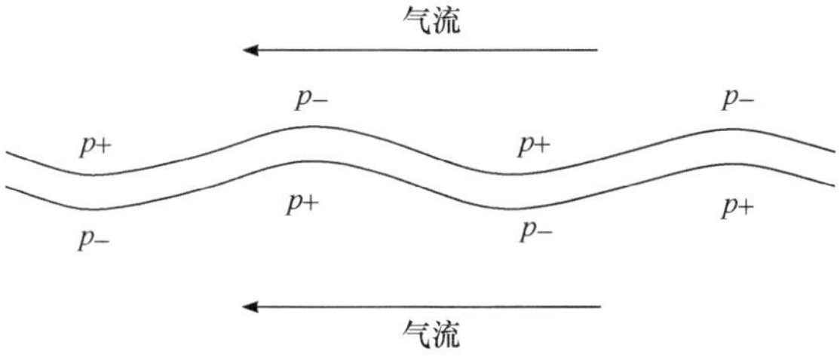

图 3-3　平面射流的失稳机理示意图

3.1　平面射流的线性稳定性

本节考虑的是无黏平面射流在静止的无黏气体中运动的情况，平面射流物理模型如图 3-4 所示。假定气体和液体均为不可压缩流体，扰动为二维扰动，即扰动仅存在于流动方向和垂直于气液界面的方向上。设平面射流的厚度为 $2a^*$，密度为 ρ_1^*，表面张力系数为 σ^*，未受扰动时的基本流动为沿 x^*方向速度为 U^*的匀速定常流动，受扰动后，x^*、y^*方向的速度分别为 u^*、v^*，压力为 p^*。平面射流上方和下方的气体密度都是 ρ_g^*。上方气体受扰动后速度和压强为 u_{g1}^*、v_{g1}^*、p_{g1}^*，下方气体受扰动后速度和压强为 u_{g2}^*、v_{g2}^*、p_{g2}^*。上下表面的扰动位移分别均为 η_1^*、η_2^*。注意这里不能像 2.1 节圆柱射流稳定性分析那样忽略周围气体的动力学效应，因为周围气体的空气动力效应是平面射流失稳的主要驱动力。

下面列出平面射流问题中液相及气相的控制方程和边界条件。液相的控制方程分为连续方程和动量方程。

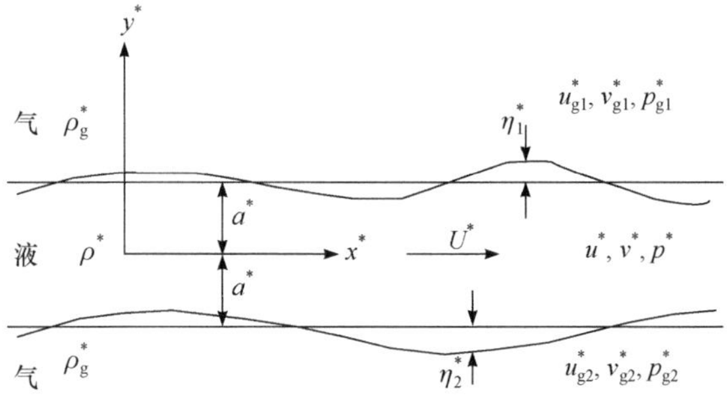

图 3-4　平面射流物理模型

连续方程为

$$\frac{\partial u^*}{\partial x^*}+\frac{\partial v^*}{\partial y^*}=0,\quad -a^*+\eta_2^*<y^*<a^*+\eta_1^* \tag{3-1}$$

动量方程为

$$\rho_1^*\left(\frac{\partial u^*}{\partial t^*}+u^*\frac{\partial u^*}{\partial x^*}+v^*\frac{\partial u^*}{\partial y^*}\right)=-\frac{\partial p^*}{\partial x^*},\quad -a^*+\eta_2^*<y^*<a^*+\eta_1^* \tag{3-2}$$

$$\rho_1^*\left(\frac{\partial v^*}{\partial t^*}+u^*\frac{\partial v^*}{\partial x^*}+v^*\frac{\partial v^*}{\partial y^*}\right)=-\frac{\partial p^*}{\partial y^*},\quad -a^*+\eta_2^*<y^*<a^*+\eta_1^* \tag{3-3}$$

类似地，可以写出气相的控制方程。需要注意的是，气相被分为两个区域 $y^*>a^*+\eta_1^*$ 和 $y^*<-a^*+\eta_2^*$，因此各个区域的控制方程需要分别给出。

连续方程为

$$\frac{\partial u_{g1}^*}{\partial x^*}+\frac{\partial v_{g1}^*}{\partial y^*}=0,\quad y^*>a^*+\eta_1^* \tag{3-4}$$

$$\frac{\partial u_{g2}^*}{\partial x^*}+\frac{\partial v_{g2}^*}{\partial y^*}=0,\quad y^*<-a^*+\eta_2^* \tag{3-5}$$

动量方程为

$$\rho_g^*\left(\frac{\partial u_{g1}^*}{\partial t^*}+u_{g1}^*\frac{\partial u_{g1}^*}{\partial x^*}+v_{g1}^*\frac{\partial u_{g1}^*}{\partial y^*}\right)=-\frac{\partial p_{g1}^*}{\partial x^*},\quad y^*>a^*+\eta_1^* \tag{3-6}$$

$$\rho_g^*\left(\frac{\partial u_{g2}^*}{\partial t^*}+u_{g2}^*\frac{\partial u_{g2}^*}{\partial x^*}+v_{g2}^*\frac{\partial u_{g2}^*}{\partial y^*}\right)=-\frac{\partial p_{g2}^*}{\partial x^*},\quad y^*<-a^*+\eta_2^* \tag{3-7}$$

$$\rho_g^*\left(\frac{\partial v_{g1}^*}{\partial t}+u_{g1}^*\frac{\partial v_{g1}^*}{\partial x}+v_{g1}^*\frac{\partial v_{g1}^*}{\partial y}\right)=-\frac{\partial p_{g1}^*}{\partial y},\quad y^*>a^*+\eta_1^* \tag{3-8}$$

$$\rho_g^*\left(\frac{\partial v_{g2}^*}{\partial t}+u_{g2}^*\frac{\partial v_{g2}^*}{\partial x}+v_{g2}^*\frac{\partial v_{g2}^*}{\partial y}\right)=-\frac{\partial p_{g2}^*}{\partial y},\quad y^*<-a^*+\eta_2^* \tag{3-9}$$

与圆柱射流一样，平面射流的边界条件也分为运动学边界条件和动力学边界条件。其中，运动学边界条件描述的是界面位移与射流速度之间的运动学关系，而动力学边界条件描述了界面张力与界面两侧压强差的力平衡关系。

运动学边界条件为

$$v^*=\frac{\partial \eta_1^*}{\partial t^*}+u^*\frac{\partial \eta_1^*}{\partial x^*},\quad y^*=a^*+\eta_1^* \tag{3-10}$$

$$v^*=\frac{\partial \eta_2^*}{\partial t^*}+u^*\frac{\partial \eta_2^*}{\partial x^*},\quad y^*=-a^*+\eta_2^* \tag{3-11}$$

$$v_{g1}^*=\frac{\partial \eta_1^*}{\partial t^*}+u_{g1}^*\frac{\partial \eta_1^*}{\partial x^*},\quad y^*=a^*+\eta_1^* \tag{3-12}$$

$$v_{g2}^*=\frac{\partial \eta_2^*}{\partial t^*}+u_{g2}^*\frac{\partial \eta_2^*}{\partial x^*},\quad y^*=-a^*+\eta_2^* \tag{3-13}$$

动力学边界条件为

$$p^*+\sigma^*\frac{\dfrac{\partial^2\eta_1^*}{\partial\left(x^*\right)^2}}{\left[1+\left(\dfrac{\partial\eta_1^*}{\partial x^*}\right)^2\right]^{3/2}}-p_{g1}^*=0,\quad y^*=a^*+\eta_1^* \tag{3-14}$$

$$p^*-\sigma^*\frac{\dfrac{\partial^2\eta_2^*}{\partial\left(x^*\right)^2}}{\left[1+\left(\dfrac{\partial\eta_2^*}{\partial x^*}\right)^2\right]^{3/2}}-p_{g2}^*=0,\quad y^*=-a^*+\eta_2^* \tag{3-15}$$

将速度、压力分解为稳态量和扰动量之和，即

$$u^*=\overline{u}^*+u^{*\prime} \tag{3-16}$$

$$v^*=\overline{v}^*+v^{*\prime} \tag{3-17}$$

$$p^*=\overline{p}^*+p^{*\prime} \tag{3-18}$$

$$u_{g1}^*=\overline{u}_{g1}^*+u_{g1}^{*\prime} \tag{3-19}$$

$$v_{g1}^*=\overline{v}_{g1}^*+v_{g1}^{*\prime} \tag{3-20}$$

$$p_{g1}^{*} = \overline{p}_{g1}^{*} + p_{g1}^{*\prime} \tag{3-21}$$

$$u_{g2}^{*} = \overline{u}_{g2}^{*} + u_{g2}^{*\prime} \tag{3-22}$$

$$v_{g2}^{*} = \overline{v}_{g2}^{*} + v_{g2}^{*\prime} \tag{3-23}$$

$$p_{g2}^{*} = \overline{p}_{g2}^{*} + p_{g2}^{*\prime} \tag{3-24}$$

稳态解可写为

$$\left(\overline{u}^{*}, \overline{v}^{*}, \overline{p}^{*}, \overline{u}_{g1}^{*}, \overline{v}_{g1}^{*}, \overline{p}_{g1}^{*}, \overline{u}_{g2}^{*}, \overline{v}_{g1}^{*}, \overline{p}_{g2}^{*}\right) = \left(U^{*}, 0, p_0^{*}, 0, 0, p_0^{*}, 0, 0, p_0^{*}\right) \tag{3-25}$$

将式(3-16)～式(3-24)代入式(3-1)～式(3-15)，忽略扰动量的二阶及更高阶项，并减去稳态流动所满足的方程，就得到了线性化的扰动控制方程和边界条件：

$$\frac{\partial u^{*\prime}}{\partial x^{*}} + \frac{\partial v^{*\prime}}{\partial y^{*}} = 0, \quad -a^{*} < y^{*} < a^{*} \tag{3-26}$$

$$\rho_1^{*}\left(\frac{\partial u^{*\prime}}{\partial t^{*}} + U^{*}\frac{\partial u^{*\prime}}{\partial x^{*}}\right) = -\frac{\partial p^{*\prime}}{\partial x^{*}}, \quad -a^{*} < y^{*} < a^{*} \tag{3-27}$$

$$\rho_1^{*}\left(\frac{\partial v^{*\prime}}{\partial t^{*}} + U^{*}\frac{\partial v^{*\prime}}{\partial x^{*}}\right) = -\frac{\partial p^{*\prime}}{\partial y^{*}}, \quad -a^{*} < y^{*} < a^{*} \tag{3-28}$$

$$\frac{\partial u_{g1}^{*\prime}}{\partial x^{*}} + \frac{\partial v_{g1}^{*\prime}}{\partial y^{*}} = 0, \quad y^{*} > a^{*} \tag{3-29}$$

$$\frac{\partial u_{g2}^{*\prime}}{\partial x^{*}} + \frac{\partial v_{g2}^{*\prime}}{\partial y^{*}} = 0, \quad y^{*} < -a^{*} \tag{3-30}$$

$$\rho_g^{*}\frac{\partial u_{g1}^{*\prime}}{\partial t^{*}} = -\frac{\partial p_{g1}^{*\prime}}{\partial x^{*}}, \quad y^{*} > a^{*} \tag{3-31}$$

$$\rho_g^{*}\frac{\partial u_{g2}^{*\prime}}{\partial t^{*}} = -\frac{\partial p_{g2}^{*\prime}}{\partial x^{*}}, \quad y^{*} < -a^{*} \tag{3-32}$$

$$\rho_g^{*}\frac{\partial v_{g1}^{*\prime}}{\partial t^{*}} = -\frac{\partial p_{g1}^{*\prime}}{\partial y^{*}}, \quad y^{*} > a^{*} \tag{3-33}$$

$$\rho_g^{*}\frac{\partial v_{g2}^{*\prime}}{\partial t^{*}} = -\frac{\partial p_{g2}^{*\prime}}{\partial y^{*}}, \quad y^{*} < -a^{*} \tag{3-34}$$

$$v^{*\prime} = \frac{\partial \eta_1^{*}}{\partial t^{*}} + U^{*}\frac{\partial \eta_1^{*}}{\partial x^{*}}, \quad y^{*} = a^{*} \tag{3-35}$$

$$v^{*\prime} = \frac{\partial \eta_2^*}{\partial t^*} + U^* \frac{\partial \eta_2^*}{\partial x^*}, \quad y^* = -a^* \tag{3-36}$$

$$v_{g1}^{*\prime} = \frac{\partial \eta_1^*}{\partial t^*}, \quad y^* = a^* \tag{3-37}$$

$$v_{g2}^{*\prime} = \frac{\partial \eta_2^*}{\partial t^*}, \quad y^* = -a^* \tag{3-38}$$

$$p^{*\prime} + \sigma^* \frac{\partial^2 \eta_1^*}{\partial \left(x^*\right)^2} - p_{g1}^{*\prime} = 0, \quad y^* = a^* \tag{3-39}$$

$$p^{*\prime} - \sigma^* \frac{\partial^2 \eta_2^*}{\partial \left(x^*\right)^2} - p_{g2}^{*\prime} = 0, \quad y^* = -a^* \tag{3-40}$$

与 2.1 节中圆柱射流的稳定性分析一样，假定扰动量满足正则模形式，即

$$\begin{aligned}&\left(\eta_1^*, \eta_2^*, u^{*\prime}, v^{*\prime}, p^{*\prime}, u_{g1}^{*\prime}, v_{g1}^{*\prime}, p_{g1}^{*\prime}, u_{g2}^{*\prime}, v_{g2}^{*\prime}, p_{g2}^{*\prime}\right)\\&=\left(\hat{\eta}_1^*, \hat{\eta}_2^*, \hat{u}^{*\prime}, \hat{v}^{*\prime}, \hat{p}^{*\prime}, \hat{u}_{g1}^{*\prime}, \hat{v}_{g1}^{*\prime}, \hat{p}_{g1}^{*\prime}, \hat{u}_{g2}^{*\prime}, \hat{v}_{g2}^{*\prime}, \hat{p}_{g2}^{*\prime}\right)\exp\left(\mathrm{i}k^* x^* + \omega^* t^*\right)\end{aligned} \tag{3-41}$$

其中，k^*是实数，为扰动波数；$\omega^*=\omega_r^* + \mathrm{i}\omega_i^*$是复频率，其实部$\omega_r^*$为时间增长率，虚部$\omega_i^*$为扰动的振荡频率。

将式(3-41)代入式(3-26)～式(3-40)，便将它们转化为常微分方程组，即

$$\mathrm{i}k^* \hat{u}^{*\prime} + \frac{\mathrm{d}\hat{v}^{*\prime}}{\mathrm{d}y^*} = 0, \quad -a^* < y^* < a^* \tag{3-42}$$

$$\rho_l^* \left(\omega^* + U^* \mathrm{i}k^*\right) \hat{u}^{*\prime} = -\mathrm{i}k^* \hat{p}^{*\prime}, \quad -a^* < y^* < a^* \tag{3-43}$$

$$\rho_l^* \left(\omega^* + U^* \mathrm{i}k^*\right) \hat{v}^{*\prime} = -\mathrm{i}k^* \frac{\mathrm{d}\hat{p}^{*\prime}}{\mathrm{d}y^*}, \quad -a^* < y^* < a^* \tag{3-44}$$

$$\mathrm{i}k^* \hat{u}_{g1}^{*\prime} + \frac{\mathrm{d}\hat{v}_{g1}^{*\prime}}{\mathrm{d}y^*} = 0, \quad y^* > a^* \tag{3-45}$$

$$\mathrm{i}k^* \hat{u}_{g2}^{*\prime} + \frac{\mathrm{d}\hat{v}_{g2}^{*\prime}}{\mathrm{d}y^*} = 0, \quad y^* < -a^* \tag{3-46}$$

$$\rho_g^* \omega^* \hat{u}_{g1}^{*\prime} = -\mathrm{i}k^* \hat{p}_{g1}^{*\prime}, \quad y^* > a^* \tag{3-47}$$

$$\rho_g^* \omega^* \hat{u}_{g2}^{*\prime} = -\mathrm{i}k^* \hat{p}_{g2}^{*\prime}, \quad y^* < -a^* \tag{3-48}$$

$$\rho_{\mathrm{g}}^{*}\omega^{*}\hat{v}_{\mathrm{g}1}^{*\prime}=-\frac{\mathrm{d}\hat{p}_{\mathrm{g}1}^{*\prime}}{\mathrm{d}y^{*}},\quad y^{*}>a^{*} \tag{3-49}$$

$$\rho_{\mathrm{g}}^{*}\omega^{*}\hat{v}_{\mathrm{g}2}^{*\prime}=-\frac{\mathrm{d}\hat{p}_{\mathrm{g}2}^{*\prime}}{\mathrm{d}y^{*}},\quad y^{*}<-a^{*} \tag{3-50}$$

$$\hat{v}^{*\prime}=\left(\omega^{*}+U^{*}\mathrm{i}k^{*}\right)\hat{\eta}_{1}^{*},\quad y^{*}=a^{*} \tag{3-51}$$

$$\hat{v}^{*\prime}=\left(\omega^{*}+U^{*}\mathrm{i}k^{*}\right)\hat{\eta}_{2}^{*},\quad y^{*}=-a^{*} \tag{3-52}$$

$$\hat{v}_{\mathrm{g}1}^{*\prime}=\omega^{*}\hat{\eta}_{1}^{*},\quad y^{*}=a^{*} \tag{3-53}$$

$$\hat{v}_{\mathrm{g}2}^{*\prime}=\omega^{*}\hat{\eta}_{2}^{*},\quad y^{*}=-a^{*} \tag{3-54}$$

$$\hat{p}^{*\prime}-\sigma^{*}k^{*2}\hat{\eta}_{1}^{*}-\hat{p}_{\mathrm{g}1}^{*\prime}=0,\quad y^{*}=a^{*} \tag{3-55}$$

$$\hat{p}^{*\prime}+\sigma^{*}k^{*2}\hat{\eta}_{2}^{*}-\hat{p}_{\mathrm{g}2}^{*\prime}=0,\quad y^{*}=-a^{*} \tag{3-56}$$

由式(3-43)和式(3-44)得

$$\hat{u}^{*\prime}=-\frac{\mathrm{i}k^{*}}{\rho_{1}^{*}\left(\omega^{*}+U^{*}\mathrm{i}k^{*}\right)}\hat{p}^{*\prime} \tag{3-57}$$

$$\hat{v}^{*\prime}=-\frac{1}{\rho_{1}^{*}\left(\omega^{*}+U^{*}\mathrm{i}k^{*}\right)}\frac{\mathrm{d}\hat{p}^{*\prime}}{\mathrm{d}y^{*}} \tag{3-58}$$

将式(3-57)、式(3-58)代入式(3-42)，得

$$-\mathrm{i}k^{*}\frac{\mathrm{i}k^{*}}{\rho_{1}^{*}\left(\omega^{*}+U^{*}\mathrm{i}k^{*}\right)}\hat{p}^{*\prime}-\frac{1}{\rho_{1}^{*}\left(\omega^{*}+U^{*}\mathrm{i}k^{*}\right)}\frac{\mathrm{d}^{2}\hat{p}^{*\prime}}{\mathrm{d}\left(y^{*}\right)^{2}}=0 \tag{3-59}$$

其通解为

$$\hat{p}^{*\prime}=C_{1}\exp\left(-k^{*}y^{*}\right)+C_{2}\exp\left(k^{*}y^{*}\right) \tag{3-60}$$

其中，C_1 和 C_2 为待定系数。

将式(3-60)代入式(3-57)和式(3-58)，便得到速度扰动的表达式为

$$\hat{u}^{*\prime}=-\frac{\mathrm{i}k^{*}}{\rho_{1}^{*}\left(\omega^{*}+U^{*}\mathrm{i}k^{*}\right)}\left[C_{1}\exp\left(-k^{*}y^{*}\right)+C_{2}\exp\left(k^{*}y^{*}\right)\right] \tag{3-61}$$

$$\hat{v}^{*\prime}=-\frac{\mathrm{i}k^{*}}{\rho_{1}^{*}\left(\omega^{*}+U^{*}\mathrm{i}k^{*}\right)}\left[-k^{*}C_{1}\exp\left(-k^{*}y^{*}\right)+k^{*}C_{2}\exp\left(k^{*}y^{*}\right)\right] \tag{3-62}$$

用同样的方法可以求出气体的扰动压力和扰动速度。不过要注意，对于上方的气体，$y^* \to +\infty$ 时扰动趋于零，对于下方的气体，$y^* \to -\infty$ 时扰动趋于零。因此，上方气体的扰动量不含 $\exp\left(k^* y^*\right)$ 因子，下方气体的扰动量不含 $\exp\left(-k^* y^*\right)$ 因子。其余推导过程与上面液相的推导是类似的，这里不再赘述，直接给出结果。

$$\hat{p}_{\mathrm{g}1}^{*\prime} = C_3 \exp\left(-k^* y^*\right) \tag{3-63}$$

$$\hat{p}_{\mathrm{g}2}^{*\prime} = C_4 \exp\left(k^* y^*\right) \tag{3-64}$$

$$\hat{u}_{\mathrm{g}1}^{*\prime} = -\frac{\mathrm{i}k^* C_3}{\rho_{\mathrm{g}}^* \omega^*} \exp\left(-k^* y^*\right) \tag{3-65}$$

$$\hat{v}_{\mathrm{g}1}^{*\prime} = \frac{k^* C_3}{\rho_{\mathrm{g}}^* \omega^*} \exp\left(-k^* y^*\right) \tag{3-66}$$

$$\hat{u}_{\mathrm{g}2}^{*\prime} = -\frac{\mathrm{i}k^* C_4}{\rho_{\mathrm{g}}^* \omega^*} \exp\left(k^* y^*\right) \tag{3-67}$$

$$\hat{v}_{\mathrm{g}2}^{*\prime} = -\frac{k^* C_4}{\rho_{\mathrm{g}}^* \omega^*} \exp\left(k^* y^*\right) \tag{3-68}$$

为了得到通解中各待定系数的表达式，将式(3-60)～式(3-68)代入边界条件式(3-51)～式(3-56)，得

$$-\frac{1}{\rho_1^*\left(\omega^* + U^* \mathrm{i}k^*\right)}\left[-k^* C_1 \exp\left(-k^* a^*\right) + k^* C_2 \exp\left(k^* a^*\right)\right] = \left(\omega^* + U^* \mathrm{i}k^*\right)\hat{\eta}_1^* \tag{3-69}$$

$$-\frac{1}{\rho_1^*\left(\omega^* + U^* \mathrm{i}k^*\right)}\left[-k^* C_1 \exp\left(k^* a^*\right) + k^* C_2 \exp\left(-k^* a^*\right)\right] = \left(\omega^* + U^* \mathrm{i}k^*\right)\hat{\eta}_2^* \tag{3-70}$$

$$\frac{k^* C_3}{\rho_{\mathrm{g}}^* \omega^*} \exp\left(-k^* a^*\right) = \omega^* \hat{\eta}_1^*, \quad y^* = a^* \tag{3-71}$$

$$\frac{k^* C_4}{\rho_{\mathrm{g}}^* \omega^*} \exp\left(-k^* a^*\right) = \omega^* \hat{\eta}_2^*, \quad y^* = -a^* \tag{3-72}$$

$$C_1 \exp\left(-k^* a^*\right) + C_2 \exp\left(k^* a^*\right) - \sigma^* k^{*2} \hat{\eta}_1^* - C_3 \exp\left(-k^* a^*\right) = 0, \quad y^* = a^* \tag{3-73}$$

$$C_1 \exp\left(k^* a^*\right) + C_2 \exp\left(-k^* a^*\right) + \sigma^* k^{*2} \hat{\eta}_2^* - C_4 \exp\left(-k^* a^*\right) = 0, \quad y^* = -a^* \tag{3-74}$$

式(3-69)～式(3-74)可以写成线性方程组的矩阵形式，即

$$\begin{bmatrix} \frac{k^*Q}{\rho_1^*S} & -\frac{k^*R}{\rho_1^*S} & 0 & 0 & -S & 0 \\ \frac{k^*R}{\rho_1^*S} & -\frac{k^*Q}{\rho_1^*S} & 0 & 0 & 0 & -S \\ 0 & 0 & \frac{k^*Q}{\rho_g^*\omega^*} & 0 & -\omega^* & 0 \\ 0 & 0 & 0 & -\frac{k^*Q}{\rho_g^*\omega^*} & 0 & -\omega^* \\ Q & R & -Q & 0 & -\sigma k^{*2} & 0 \\ R & Q & 0 & -Q & 0 & \sigma^* k^{*2} \end{bmatrix} \begin{bmatrix} C_1 \\ C_2 \\ C_3 \\ C_4 \\ \hat{\eta}_1^* \\ \hat{\eta}_2^* \end{bmatrix} = \begin{bmatrix} 0 \\ 0 \\ 0 \\ 0 \\ 0 \\ 0 \end{bmatrix} \tag{3-75}$$

其中，$Q=\exp\left(-k^*a^*\right)$；$R=\exp\left(k^*a^*\right)$；$S=\omega^*+U^*\mathrm{i}k^*$。这是一个齐次线性方程组，其非零解向量存在的条件(只有非零的扰动才有意义)是方程组的系数矩阵行列式等于零，即

$$\begin{vmatrix} \frac{k^*Q}{\rho_1^*S} & -\frac{k^*R}{\rho_1^*S} & 0 & 0 & -S & 0 \\ \frac{k^*R}{\rho_1^*S} & -\frac{k^*Q}{\rho_1^*S} & 0 & 0 & 0 & -S \\ 0 & 0 & \frac{k^*Q}{\rho_g^*\omega^*} & 0 & -\omega^* & 0 \\ 0 & 0 & 0 & -\frac{k^*Q}{\rho_g^*\omega^*} & 0 & -\omega^* \\ Q & R & -Q & 0 & -\sigma k^{*2} & 0 \\ R & Q & 0 & -Q & 0 & \sigma^* k^{*2} \end{vmatrix} = 0 \tag{3-76}$$

化简后得

$$-\frac{k^{*2}}{S^2\omega^{*2}\rho_1^*\rho_g^{*2}}E_1E_2=0 \tag{3-77}$$

其中，

$$E_1=\rho_1^*Q^2S^2-\sigma^*Q^2k^{*3}-\rho_g^*Q^2\omega^{*2}+\rho_1^*S^2+\sigma^*k^{*3}+\rho_g^*\omega^{*2} \tag{3-78}$$

$$E_2=\rho_1^*Q^2S^2-\sigma^*Q^2k^{*3}-\rho_g^*Q^2\omega^{*2}-\rho_1^*S^2-\sigma^*k^{*3}-\rho_g^*\omega^{*2} \tag{3-79}$$

式(3-77)就是平面射流的色散方程，并且它可以因式分解为 E_1=0 和 E_2=0 两

个方程，即

$$\rho_l^* Q^2 S^2 - \sigma^* Q^2 k^{*3} - \rho_g^* Q^2 \omega^{*2} + \rho_l^* S^2 + \sigma^* k^{*3} + \rho_g^* \omega^{*2} = 0 \tag{3-80}$$

$$\rho_l^* Q^2 S^2 - \sigma^* Q^2 k^{*3} - \rho_g^* Q^2 \omega^{*2} - \rho_l^* S^2 - \sigma^* k^{*3} - \rho_g^* \omega^{*2} = 0 \tag{3-81}$$

将 Q 和 S 的表达式代入并化简，约去非零的因子，可以得到

$$k^{*3}\sigma^* + \rho_g^* \omega^{*2} + \rho_l^* \left(\omega^* + \mathrm{i}k^* U^*\right)^2 \tanh\left(k^* a^*\right) = 0 \tag{3-82}$$

$$k^{*3}\sigma^* + \rho_g^* \omega^{*2} + \rho_l^* \left(\omega^* + \mathrm{i}k^* U^*\right)^2 \coth\left(k^* a^*\right) = 0 \tag{3-83}$$

和圆柱射流一样，为使得问题更具普遍性，需要把色散方程无量纲化。定义无量纲波数 $k = k^* a^*$ 及无量纲复频率 $\omega = \omega^* a^* / U^*$，并引入无量纲参数——韦伯数 $We = \rho_l^* U^{*2} a^* / \sigma^*$ 及气液密度比 $\rho = \rho_g^* / \rho_l^*$，将式(3-82)和式(3-83)转化为无量纲的色散方程，即

$$\frac{k^3}{We} + \rho\omega^2 + \left(\omega + \mathrm{i}k\right)^2 \tanh\left(k\right) = 0 \tag{3-84}$$

$$\frac{k^3}{We} + \rho\omega^2 + \left(\omega + \mathrm{i}k\right)^2 \coth\left(k\right) = 0 \tag{3-85}$$

平面射流的色散方程可以因式分解为两个方程，这意味着其失稳有两种不同的模式，两种模式的增长率是不一样的。平面射流的色散曲线如图 3-5 所示，其中韦伯数 We=200，气液密度比 ρ=0.001；模式 1 为式(3-84)的解，模式 2 为式(3-85)的解。

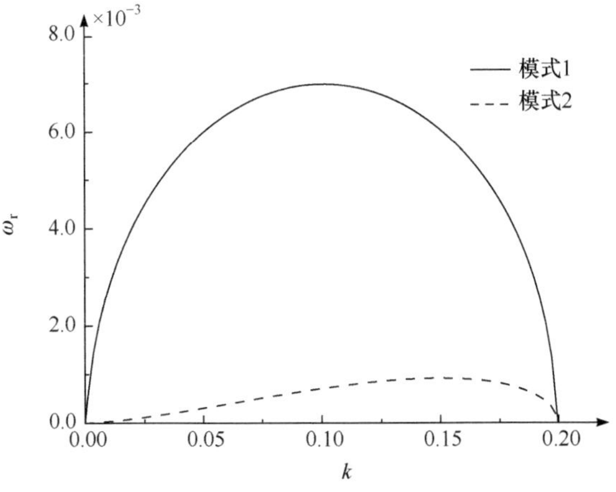

图 3-5　平面射流的色散曲线

对两种模式进行进一步的分析可知，对于模式 1，$\hat{\eta}_1 = \hat{\eta}_2$，而对于模式 2，$\hat{\eta}_1 = -\hat{\eta}_2$。这说明，对于模式 1，平面射流上下表面的扰动波是同相的，而对于模式 2，平面射流上下表面的扰动波是反相的。因此，将模式 1 称为正弦模式，而将模式 2 称为曲张模式。平面射流的两种失稳模式如图 3-6 所示。

(a) 正弦模式

(b) 曲张模式

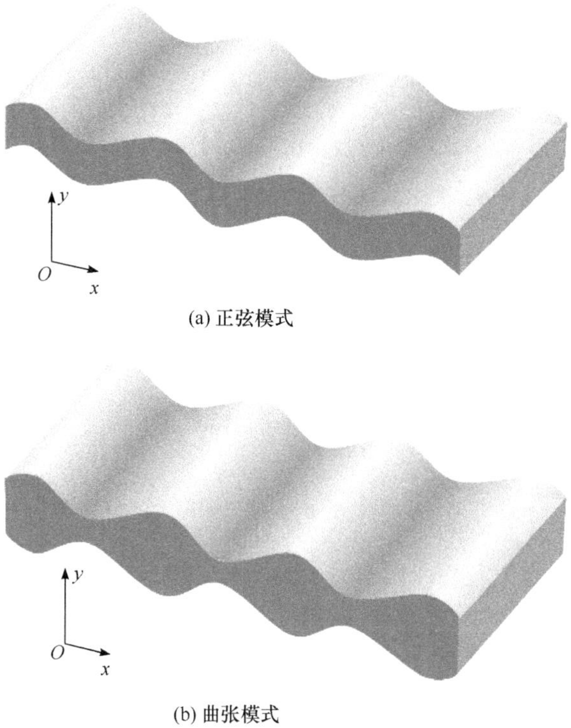

图 3-6　平面射流的两种失稳模式

从图 3-5 的色散曲线可以看出，无论是正弦模式还是曲张模式，都存在截止波数，这一点与圆柱射流色散曲线一样。也就是说，对于平面射流，当波数位于特定区间时，其表面的扰动才能随时间增长，而当波数超过某个值后，时间增长率为负，扰动就不再增长。这是由于平面射流的失稳除了气动力的作用外，表面张力的作用也至关重要。平面射流并不存在像圆柱射流那样的周向曲率半径，所以对于平面射流来说，表面张力的效应总是趋于将表面扰动抹平。因此，表面张力总是抑制平面射流失稳的。当扰动波的波数较小，即波长较大时，气动力的作用比表面张力的作用强，平面射流上的表面扰动会被放大；而当扰动波的波数较大，即波长较短时，表面张力的作用较强，因此平面射流上的扰动并不会被放大。

韦伯数对平面射流色散曲线的影响如图 3-7 所示。可以看出，时间增长率随着韦伯数的增大而增大。这与圆柱射流的结果(2.1 节)是相反的。其原因在于，在圆柱射流失稳过程中表面张力是驱动因素，而在平面射流失稳过程中表面张力是阻碍因素。韦伯数增大意味着表面张力与惯性力相比变得不重要，因此对于平面射流来说，韦伯数增大会导致时间增长率增大。

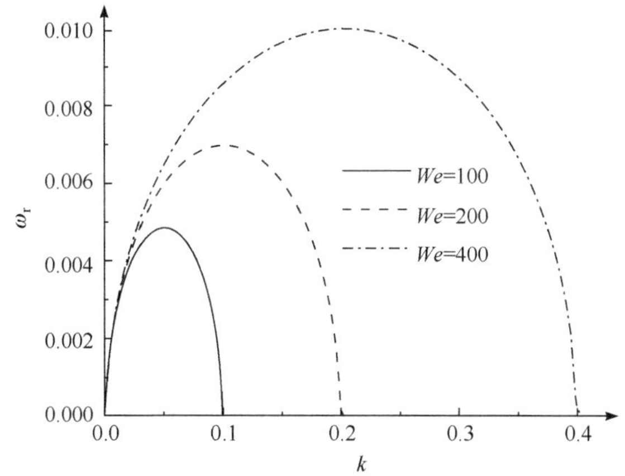

(a) 正弦模式

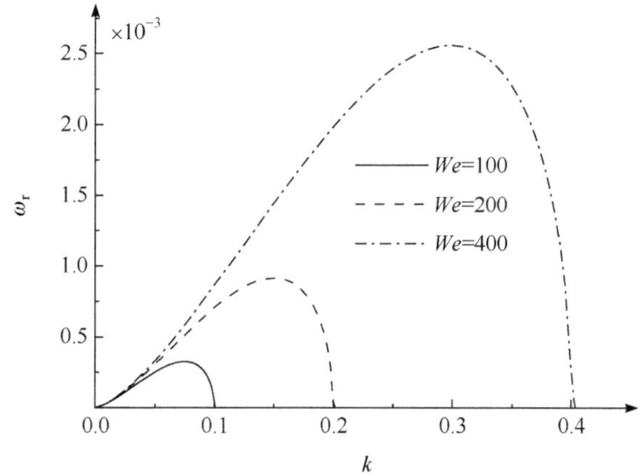

(b) 曲张模式

图 3-7　韦伯数对平面射流色散曲线的影响(ρ=0.001)

气液密度比对平面射流色散曲线的影响如图 3-8 所示。可以看出，时间增长率随着气液密度比的增大而增大。这是容易理解的，因为平面射流失稳的驱动力是周围气体的空气动力效应；气液密度比增大意味着周围气体的空气动力效应增强，这会导致平面射流上的时间增长率增加。

从图 3-7 和图 3-8 可以看出，随着韦伯数的增大或者气液密度比的增大，截止波数和不稳定区间都会增大，同时扰动的主导波数(最大时间增长率对应的波数)也随之增大。这意味着，增大韦伯数或者气液密度比能让平面射流破碎成更小的液丝。通过将这两个无量纲数组合起来，可以定义一个新的无量纲数，即气体

韦伯数，其表达式为

$$We_g = \rho_g^* U^{*2} a^* / \sigma^* = \rho We \tag{3-86}$$

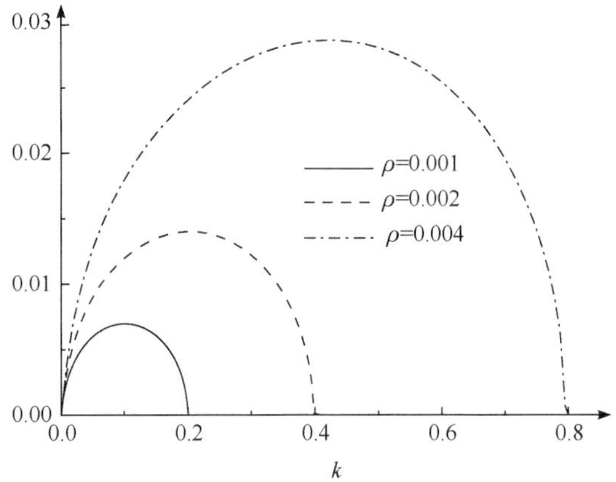

(a) 正弦模式

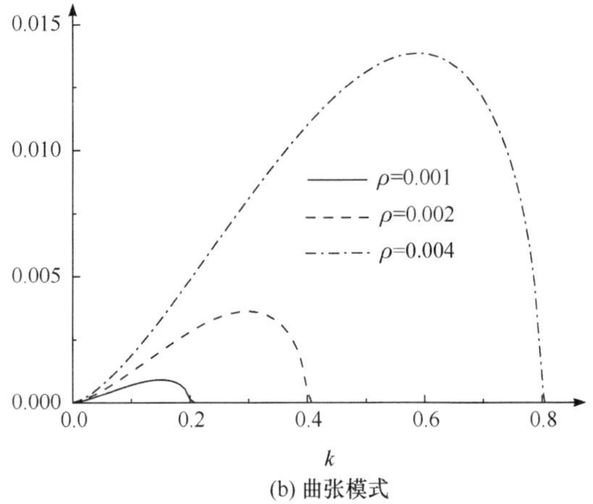

(b) 曲张模式

图 3-8　气液密度比对平面射流色散曲线的影响(We=200)

由图 3-7 和图 3-8 分析可知，气体韦伯数近似等于无量纲截止波数。对于正弦模式来说，无量纲主导波数近似等于无量纲截止波数的一半。所以，气体韦伯数实际上就和无量纲主导波数直接关联起来。气体韦伯数越大，无量纲主导波数就越大，相应的无量纲主导波长($\lambda = 2\pi/k$)就越短。由于无量纲主导波长等于主导波长 λ^*除以平面射流的半厚度 a^*，所以无量纲主导波长反映平面射流上最不稳定扰动波的尺度(主导波长)与平面射流厚度之间的关系。对于较小的气体韦伯数，平面射流上最不稳定的扰动波的波长比平面射流厚度大很多，属于长波扰动；而对于较大的气体韦伯数，平面射流上最不稳定的扰动波的波长比平面射流厚度小，属于短波扰动。Senecal 等(1999)引入临界气体韦伯数的概念将这两种不同的工况分开，即认为 $We_{gc}=27/16$ 是一个临界值。当 $We_g>We_{gc}$ 时，平面射流上以短波扰动为主导；而当 $We_g<We_{gc}$ 时，平面射流上以长波扰动为主导。

图 3-7 和图 3-8 的工况所对应的气体韦伯数都比较小，属于长波扰动主导的范围。在这个范围内，正弦模式的时间增长率往往显著大于曲张模式的时间增长率，所以实际看到的失稳模式往往是正弦模式。图 3-9 是长波扰动主导情形下平面射流破碎的图像(Tammisola et al.，2011)。平面射流的厚度约为 1mm，速度约为 7.3m/s，工质为水，周围的气体为空气，因此气体韦伯数约为 0.45。

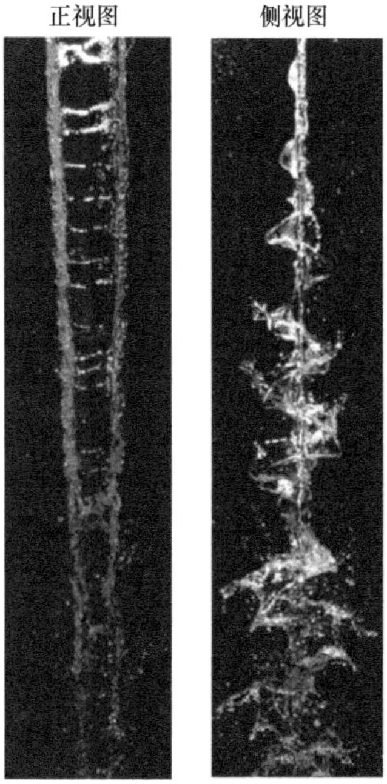

图 3-9　长波扰动主导情形下平面射流破碎的图像

对于燃烧装置中的喷嘴，其平面射流的工况却并不在上述讨论的长波扰动的范围内。相反，这时候的平面射流一般都处于短波扰动主导的范围。以杨立军和富庆飞(2013)所介绍的煤油离心喷嘴为例，其喷出的锥形液膜的速度大约为 32m/s，在喷孔附近，液膜的厚度大约为 $1.8\times10^{-4}\,\mathrm{m}$，再根据煤油的相关物性参数，并假定燃烧室压力为 4MPa(这决定了气液密度比约为 0.06)，可以估算出气体韦伯数大约为 160。在这种条件下，短波扰动主导下的色散曲线如图 3-10 所示。可以看出，正弦模式和曲张模式的时间增长率基本是相等的(从增长率的数值上看会有轻微的差别，但是在曲线图中已经看不出来了)。

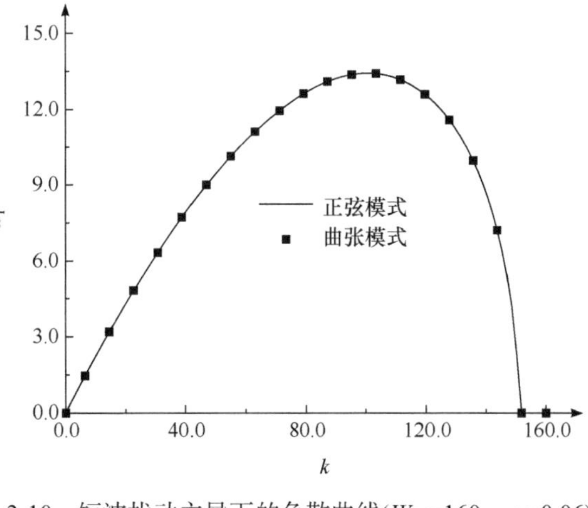

图 3-10　短波扰动主导下的色散曲线(We_g=160，ρ=0.06)

造成这种现象的原因可以解释如下：在这种工况下，其主导波长已经远小于平面射流的厚度。从图 3-10 可以看出，无量纲主导波数大约为 $k=100$，对应的无量纲主导波长为 $2\pi/k=0.0628$，这意味着平面射流上最不稳定扰动波的波长只有平面射流半厚度的 6%左右(即平面射流厚度的 3%左右)。显然，在这种情形下，上、下表面的扰动波的耦合很弱，几乎可以看成相互独立的，这时再谈论正弦模式和曲张模式的区别已经没有意义了。

3.2 非均匀厚度平面射流稳定性

上述稳定性分析采用了平面射流厚度均一分布的假设，即认为平面射流的厚度在流动方向并不发生变化。然而在空间辐射冷却、造纸等一些实际工业应用中，常常会遇到非均匀平面射流的情况，即平面射流厚度在流动方向由于质量守恒关系呈现一定的空间分布。因此，平面射流的局部韦伯数会随着空间位置的变化而变化，相应地，局部的绝对/对流不稳定性质也会因此发生改变。Lin 和 Jiang(2003)将非均匀平面射流的研究分为三部分：沿径向铺展平面射流、重力影响下的变细平面射流及弯曲平面射流。本节主要以沿径向铺展平面射流和重力影响下的变细平面射流研究为例，简单地说明一下非均匀平面射流的稳定性分析。

3.2.1 沿径向铺展平面射流

针对非均匀平面射流的稳定性分析，也有部分学者进行了相应的研究。Dombrowski 和 Johns(1963)的研究中考虑了液体黏性及平面射流厚度变化的影响。然而 Crapper 等(1973)后来的实验表明，上述理论模型中预测的表面扰动随空间位置呈指数形式发展的规律并不容易被观察到。而后，Clark 和 Dombrowski(1972)及 Crapper 等(1975)分别采用二阶理论及大变形理论对该问题进行了更深入的研究，以获得更好的理论预测。然而他们的研究仍采用平面射流两侧的平行性假设。Weihs(1978)进行了沿径向铺展平面射流正弦模态下的稳定性分析，他通过平面射流角微元体的受力平衡分析，得到

$$2\rho_{\mathrm{g}}^{*}k^{*}U^{*2}\eta^{*}r^{*}+\mu^{*}K_{0}^{*}\frac{\partial^{3}\eta^{*}}{\partial^{2}r^{*}\partial t^{*}}+2\sigma^{*}\left(\frac{\partial\eta^{*}}{\partial r^{*}}+r^{*}\frac{\partial^{2}\eta^{*}}{\partial r^{*2}}\right)-\rho_{1}^{*}K_{0}^{*}\frac{\partial^{2}\eta^{*}}{\partial t^{*2}}=0 \tag{3-87}$$

其中，k^{*} 为扰动波数；U^{*} 为平面射流的速度；K_{0}^{*} 为与平面射流厚度 h^{*} 有关的常数，$K_{0}^{*}=h^{*}(r^{*})\cdot r^{*}$；$\eta^{*}$ 为平面射流中心轴线在法向方向上的移动距离；μ^{*} 为液体黏度；σ^{*} 为液体表面张力系数。

上述方程具有如下形式的解：

$$\eta^*=F_1\left(r^*\right)F_2\left(t^*\right)$$

$$F_2(t^*)=C_3^*\exp\left[\frac{\omega_r^* t^*}{\left(\rho_1^* K_0^*\right)^{1/2}}\right]+C_4^*\left[\frac{-\omega_r^* t^*}{\left(\rho_1^* K_0^*\right)^{1/2}}\right]$$

$$F_1(r^*)=C_5^*\exp\left[\mathrm{i}\left(\alpha^*\right)^{1/2}r^*\right]M\left[\frac{1}{2}+\mathrm{i}\frac{\Omega^*\alpha^*+\left(\omega_1^*\right)^2}{2\left(\alpha^*\right)^{1/2}},1,-2\mathrm{i}\left(\alpha^*\right)^{1/2}(r^*+\Omega^*)\right]$$

(3-88)

其中，M 为第一类 Kummer 函数；$\alpha^*=\rho_g^* U^{*2}k^*/\sigma^*$；$\Omega^*=\left(\mu^*/2\sigma^*\right)\left(K_0^*/\rho_1^*\right)^{1/2}$；$\left(\omega_1^*\right)^2=\left(\omega_r^*\right)^2/2\sigma^*$。

时间增长率 ω_r^* 和波数 k^* 都在合流超几何函数 M 的第一个参数中，因此表面波形式及增长都会随着流动的空间发展而发生变化。然而，上述受力平衡分析中并没有考虑离心力，当考虑离心力的影响时，最终的分析结果可能会不一样(Tirumkudulu and Paramati，2013)。

Lin 和 Jiang(2003)通过摄动展开的方式分析了沿径向铺展平面射流的空间不稳定性。他们的研究表明，当气相消失时，沿径向铺展平面射流对正弦模式和曲张模式的扰动都是稳定的；同时，他们提出，不存在气相时，沿径向铺展平面射流是无法出现绝对不稳定的。Bremond 等(2007)通过实验手段研究了圆形平面射流(非均匀平面射流)的稳定性，他们通过层流圆柱射流撞击振荡平板产生波动(正弦模式)的径向平面射流，实验观察到的径向铺展平面射流如图 3-11 所示。研究

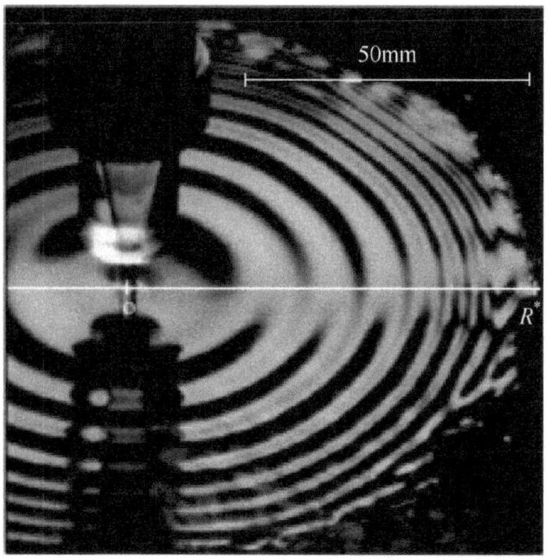

图 3-11　实验观察到的径向铺展平面射流

表明，在较大韦伯数下，Squire(1953)的经典稳定性分析结果和实验数据能够较好地吻合，同时也表明平面射流与周围气体的气动作用是不稳定性产生的诱因。

随后，Tirumkudulu 和 Paramati(2013)、Paramati 等(2015)、Majumdar 和 Tirumkudulu (2016)及 Majumdar 和 Tirumkudulu(2018)先后通过理论和实验等手段对沿径向铺展平面射流进行了较为全面的研究。基于 Tirumkudulu 等(2013)的研究，本节将简要介绍沿径向铺展平面液膜的稳定性分析。

1. 稳态场求解

径向铺展平面射流的物理模型如图 3-12 所示，考虑两股无黏圆柱射流对撞，撞击产生轴对称的圆形平面射流。由于平面射流无黏，引入速度势函数 ϕ^*，那么有

$$\overline{u}^* = \frac{\partial \overline{\phi}^*}{\partial r^*},\quad \overline{v}^* = \frac{\partial \overline{\phi}^*}{\partial z^*} \tag{3-89}$$

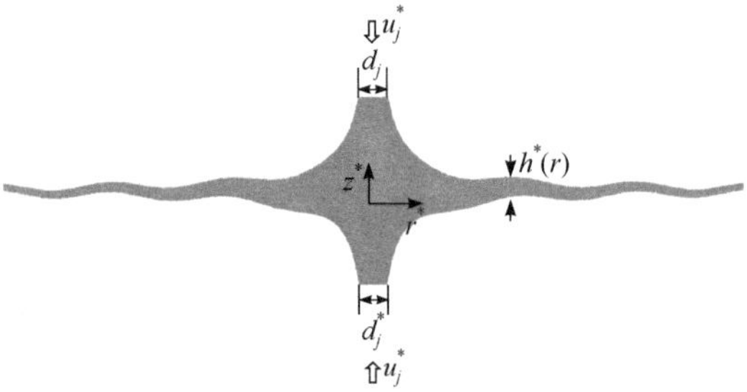

图 3-12　径向铺展平面射流的物理模型

量纲选择为

$$r^* \sim R^*, z^* \sim H^*, \overline{\phi}^* \sim U^* R^*, \overline{P}^* \sim \rho_1^* \left(U^*\right)^2 \tag{3-90}$$

其中，ρ_1^* 为液相的密度；U^* 为平面射流速度；$\overline{P}^*$ 为压强；R^*和 H^*分别为径向和平面射流厚度方向上的特征长度。

控制方程组为

$$\frac{\partial^2 \overline{\phi}}{\partial z^2} + \varepsilon^2 \frac{1}{r}\frac{\partial}{\partial r}\left(r\frac{\partial \overline{\phi}}{\partial r}\right) = 0 \tag{3-91}$$

其中，$\varepsilon = H^*/R^*$ 为平面射流细长比。由几何形状可知，圆形平面射流的厚度相比于半径是个小量，因此细长比 $\varepsilon \ll 1$。

无黏流体的伯努利方程为

$$P_1 + \frac{1}{2}\left(u^2 + v^2\right) = C \tag{3-92}$$

即

$$\left(\frac{\partial\overline{\phi}}{\partial z}\right)^2+\varepsilon^2\left[\left(\frac{\partial\overline{\phi}}{\partial r}\right)^2+2P_1-2C\right]=0 \tag{3-93}$$

边界条件分为轴对称条件、运动学边界条件、动力学边界条件、径向流量守恒条件和初始条件。

(1) 轴对称条件：

$$\overline{v}=\frac{\partial\overline{\phi}}{\partial z}=0,\quad \frac{\partial\overline{P}_1}{\partial z}=0,\quad z=0 \tag{3-94}$$

(2) 运动学边界条件：

$$\frac{\partial\overline{\phi}}{\partial z}=\varepsilon^2\frac{1}{2}\frac{\partial\overline{\phi}}{\partial r}\frac{\partial\overline{h}}{\partial r},\quad z=\frac{\overline{h}}{2} \tag{3-95}$$

(3) 动力学边界条件(法向应力平衡)：

$$\overline{P}_1-\overline{P}_{\rm g}=-\varepsilon^2\frac{1}{2}\frac{1}{We_{\rm H}}\left\{\frac{\dfrac{\partial^2\overline{h}}{\partial r^2}}{\left[1+\varepsilon^2\dfrac{1}{4}\left(\dfrac{\partial\overline{h}}{\partial r}\right)^2\right]^{3/2}}+\frac{\dfrac{\partial\overline{h}}{\partial r}}{r\left[1+\varepsilon^2\dfrac{1}{4}\left(\dfrac{\partial\overline{h}}{\partial r}\right)^2\right]^{1/2}}\right\},\quad z=\frac{\overline{h}}{2} \tag{3-96}$$

其中，$We_{\rm H}=\rho_1^*U^{*2}h_0^*/\sigma^*$。

(4) 径向流量守恒条件：

$$2\int_0^{\overline{h}/2}\left(\frac{\partial\overline{\phi}}{\partial r}\right)r{\rm d}z=1 \tag{3-97}$$

(5) 初始条件：

$$\overline{h}=1,\quad r=1 \tag{3-98}$$

采用渐近法处理该问题，即将问题中的物理量写成小量展开的形式：

$$\begin{cases}\overline{\phi}=\overline{\phi}_0(r,z)+\varepsilon^2\overline{\phi}_2(r,z)+O(\varepsilon^4)\\ \overline{P}_1=\overline{P}_{10}(r,z)+\varepsilon^2\overline{P}_{12}(r,z)+O(\varepsilon^4)\\ \overline{h}=\overline{h}_0(r)+\varepsilon^2\overline{h}_2(r)+O(\varepsilon^4)\end{cases} \tag{3-99}$$

其中，没有一阶项的原因是无量纲方程都是ε的偶数阶，因此奇数阶的系数都是0。将上述形式代入方程组，可以得到各阶控制方程组。

$O\left(\varepsilon^0\right)$阶控制方程组为

$$\frac{\partial^2 \overline{\phi}_0}{\partial z^2} = 0 \tag{3-100}$$

$$\left(\frac{\partial \overline{\phi}_0}{\partial z}\right)^2 = 0 \tag{3-101}$$

$$\frac{\partial \overline{\phi}_0}{\partial z} = 0, \quad z = \frac{\overline{h}_0}{2} \tag{3-102}$$

$$\overline{P}_{10} = \overline{P}_{\mathrm{g}}, \quad z = \frac{\overline{h}_0}{2} \tag{3-103}$$

$$\frac{\partial \overline{\phi}_0}{\partial z} = 0, \quad \frac{\partial \overline{P}_{10}}{\partial z} = 0, \quad z = 0 \tag{3-104}$$

$$\int_{z=0}^{\overline{h}/2} \left(\frac{\partial \overline{\phi}_0}{\partial r}\right) r \mathrm{d}z = \frac{1}{2}, \quad \overline{h}_0 = 1, \quad \overline{r} = 1 \tag{3-105}$$

联立式(3-100)、式(3-101)、式(3-102)及式(3-104)，可得

$$\overline{\phi}_0 = A(r) \tag{3-106}$$

将式(3-106)代入式(3-105)，可得

$$\overline{h}_0 r A'(r) = 1, \quad \overline{h}_0 = 1, \quad r = 1 \tag{3-107}$$

为了进一步求解，将伯努利方程(3-93)展开至$O\left(\varepsilon^2\right)$阶，即

$$2\frac{\partial \overline{\phi}_0}{\partial z}\frac{\partial \overline{\phi}_2}{\partial z} + \left(\frac{\partial \overline{\phi}_0}{\partial r}\right)^2 + 2P_{10} - 2C_0 = 0 \tag{3-108}$$

由初值条件可得

$$\frac{\partial \overline{\phi}_0}{\partial r} = \frac{\mathrm{d}}{\mathrm{d}r} A(r) = \sqrt{2C_0 - 2P_{10}} = 1 \tag{3-109}$$

最终解得方程组为

$$\begin{aligned} &\overline{\phi}_0 = r + D \\ &\overline{P}_{10} = \frac{2C_0 - 1}{2} = \overline{P}_{\mathrm{g}} \\ &\overline{h}_0 = \frac{1}{r} \end{aligned} \tag{3-110}$$

$O\left(\varepsilon^2\right)$阶控制方程组为

$$\frac{\partial^2 \overline{\phi}_2}{\partial z^2} + \frac{1}{r}\frac{\partial}{\partial r}\left(r\frac{\partial \overline{\phi}_0}{\partial r} \right) = 0 \tag{3-111}$$

$$\left(\frac{\partial \overline{\phi}_2}{\partial z} \right)^2 + 2\frac{\partial \overline{\phi}_0}{\partial r}\frac{\partial \overline{\phi}_2}{\partial r} + 2\overline{P}_{12} - 2C_2 = 0 \tag{3-112}$$

$$\frac{\partial \overline{\phi}_2}{\partial z} - \frac{1}{2}\frac{\partial \overline{\phi}_0}{\partial r}\frac{\partial \overline{h}_0}{\partial r} = 0, \quad z = \frac{\overline{h}_0}{2} \tag{3-113}$$

$$\overline{P}_{12} + \frac{1}{2}\frac{1}{We_{\mathrm{H}}}\left(\frac{\partial^2 \overline{h}_0}{\partial r^2} + \frac{1}{r}\frac{\partial \overline{h}_0}{\partial r} \right) = 0, \quad z = \frac{\overline{h}_0}{2} \tag{3-114}$$

$$\overline{h}_2 + \frac{2}{r}\int_{z=0}^{\overline{h}_0/2} \left(\frac{\partial \overline{\phi}_2}{\partial r} \right) r\mathrm{d}z = 0 \tag{3-115}$$

$$\frac{\partial \overline{\phi}_2}{\partial z} = 0, \quad \frac{\partial \overline{P}_{12}}{\partial z} = 0, \quad z = 0 \tag{3-116}$$

$$\overline{h}_2 = 0, \quad r = 1 \tag{3-117}$$

其中，伯努利方程是展开到$O\left(\varepsilon^4\right)$阶的。由式(3-111)解得

$$\overline{\phi}_2 = -\frac{1}{2r}z^2 + B_1(r)z + B_2(r) \tag{3-118}$$

将式(3-118)代入式(3-116)，得$B_1(r) = 0$。又由式(3-114)可得

$$\overline{P}_{12} = -\frac{1}{2}\frac{1}{We_{\mathrm{H}}}\frac{1}{r^3} \tag{3-119}$$

将式(3-119)代入式(3-112)，得

$$\left(-\frac{z}{r} \right)^2 + 2\left(\frac{z^2}{2r^2} + B_2'(r) \right) - \frac{1}{We_{\mathrm{H}}}\frac{1}{r^3} - 2C_2 = 0 \tag{3-120}$$

整理得

$$B_2'(r) = \frac{1}{2We_{\mathrm{H}}}\frac{1}{r^3} + C_2 - \frac{1}{4r^4} \tag{3-121}$$

积分可得

$$B_2(r) = -\frac{1}{4We_{\mathrm{H}}}\frac{1}{r^2} + C_2 r + \frac{1}{12r^3} \tag{3-122}$$

同时，由式(3-112)可得

$$\overline{P}_{12} = -\frac{z^2}{r^2} - \frac{1}{2We_{\mathrm{H}}}\frac{1}{r^3} + \frac{1}{4r^4} \tag{3-123}$$

由式(3-115)可得

$$\overline{h}_2 + \frac{2}{\overline{r}}\int_{z=0}^{\hbar_0/2}\left(\frac{z^2}{2r^2} + \frac{1}{2We_{\mathrm{H}}}\frac{1}{r^3} + C_2 - \frac{1}{4r^4}\right)r\mathrm{d}z = 0 \tag{3-124}$$

又由边界条件式(3-117)可得

$$\begin{cases} \overline{h}_2 = -\left(\dfrac{5}{24} - \dfrac{1}{2We_{\mathrm{H}}}\right)\dfrac{1}{r} - \dfrac{1}{2We_{\mathrm{H}}}\dfrac{1}{r^4} + \dfrac{5}{24}\dfrac{1}{r^5} \\ \overline{\phi}_2 = -\dfrac{1}{2r}z^2 + -\dfrac{1}{4We_{\mathrm{H}}}\dfrac{1}{r^2} + \left(\dfrac{5}{24} - \dfrac{1}{2We_{\mathrm{H}}}\right)r + \dfrac{1}{12r^3} \\ C_2 = \dfrac{5}{24} - \dfrac{1}{2We_{\mathrm{H}}} \end{cases} \tag{3-125}$$

最终，基本流可写为

$$\begin{cases} \overline{\phi} = r + \varepsilon^2\left[-\dfrac{z^2}{2r} + \left(\dfrac{5}{24} - \dfrac{1}{2We_{\mathrm{H}}}\right)r - \dfrac{1}{4We_{\mathrm{H}}}\dfrac{1}{r^2} + \dfrac{1}{12}\dfrac{1}{r^3}\right] + O\left(\varepsilon^4\right) \\ \overline{h} = \dfrac{1}{r} + \varepsilon^2\left[-\left(\dfrac{5}{24} - \dfrac{1}{2We_{\mathrm{H}}}\right)\dfrac{1}{r} - \dfrac{1}{2We_{\mathrm{H}}}\dfrac{1}{r^4} + \dfrac{5}{24}\dfrac{1}{r^5}\right] + O\left(\varepsilon^4\right) \\ \overline{P}_1 = \overline{P}_{\mathrm{g}} + \varepsilon^2\left(-\dfrac{z^2}{r^2} - \dfrac{1}{2We_{\mathrm{H}}}\dfrac{1}{r^3} + \dfrac{1}{4r^4}\right) + O\left(\varepsilon^4\right) \end{cases} \tag{3-126}$$

2. 时变方程

将问题中的物理量写成基本流和时变量的结合，即

$$\begin{cases} \phi \sim \overline{\phi}_{\mathrm{BF}}(r,z) + \varepsilon^2\phi'(r,z,t) \\ P_1 \sim \overline{P}_{1,\mathrm{BF}}(r,z) + \varepsilon^2 P_1'(r,z,t) \\ F_i \sim (-1)^{i+1}\dfrac{\overline{h}(r)}{2} + F_i'(r,t) \end{cases} \tag{3-127}$$

其中，$i=1$ 和 $i=2$ 分别代表平面射流的上下界面。

将式(3-127)代入 Laplace 方程和动力学边界条件，将方程展开到 $O\left(\varepsilon^2\right)$ 阶，并提出扰动项可得

$$\frac{\partial\phi'}{\partial z^2} = 0 \tag{3-128}$$

$$\frac{\partial\phi'}{\partial z}=\frac{\partial F'}{\partial t}+\frac{\partial\overline{\phi}_0}{\partial r}\frac{\partial F'}{\partial r} \tag{3-129}$$

将式(3-128)积分可得

$$\phi'=A_1(r)z+A_2(r) \tag{3-130}$$

将式(3-130)代入式(3-129)，得

$$A_1(r)=\frac{\partial F'}{\partial t}+\frac{\partial F'}{\partial r} \tag{3-131}$$

非定常流动的伯努利方程为

$$\left(\frac{\partial\phi}{\partial z}\right)^2+\varepsilon^2\left[\left(\frac{\partial\phi}{\partial r}\right)^2+2\frac{\partial\phi}{\partial t}+2P_1-2C\right]=0 \tag{3-132}$$

将式(3-127)代入式(3-132)，可得

$$\begin{aligned}&\left[\frac{\partial}{\partial z}\left(\overline{\phi}_0+\varepsilon^2\overline{\phi}_2+\varepsilon^2\phi'\right)\right]^2+\varepsilon^2\left\{\left[\frac{\partial}{\partial r}\left(\overline{\phi}_0+\varepsilon^2\overline{\phi}_2+\varepsilon^2\phi'\right)\right]^2\right.\\&\left.+2\left(\varepsilon^2\frac{\partial\phi'}{\partial t}\right)+2\left(\overline{P}_{10}+\varepsilon^2\overline{P}_{12}+\varepsilon^2P'\right)-2\left(C_0+\varepsilon^2C_2\right)\right\}=0\end{aligned} \tag{3-133}$$

展开并提出$O\left(\varepsilon^4\right)$阶，可得

$$\begin{aligned}&2\frac{\partial\overline{\phi}_2}{\partial z}\frac{\partial\phi'}{\partial z}+\left(\frac{\partial\overline{\phi}_2}{\partial z}\right)^2+\left(\frac{\partial\phi'}{\partial z}\right)^2+2\frac{\partial\overline{\phi}_0}{\partial r}\frac{\partial\overline{\phi}_2}{\partial r}+2\frac{\partial\overline{\phi}_0}{\partial r}\frac{\partial\phi'}{\partial r}\\&+2\frac{\partial\phi'}{\partial t}+2\overline{P}_{12}+2P_1'-2C_2=0\end{aligned} \tag{3-134}$$

从式(3-134)中减去式(3-112)并整理得

$$P_1'=-\frac{\partial\phi'}{\partial t}-\frac{\partial\phi'}{\partial r}+\frac{z}{r}\frac{\partial\phi'}{\partial z}-\frac{1}{2}\left(\frac{\partial\phi'}{\partial z}\right)^2 \tag{3-135}$$

将法向方向的应力平衡展开至$O\left(\varepsilon^2\right)$阶，得

$$-\frac{\partial\phi'}{\partial t}-\frac{\partial\phi'}{\partial r}+\frac{z}{r}\frac{\partial\phi'}{\partial z}-\frac{1}{2}\left(\frac{\partial\phi'}{\partial z}\right)^2=\frac{(-1)^i}{We_{\mathrm{H}}}\left\{\frac{\partial^2F'}{\partial r^2}+\frac{\partial F'}{r\partial r}\right\},\quad z=(-1)^{i+1}\frac{h(r)}{2} \tag{3-136}$$

将式(3-130)代入式(3-136)，可得

$$\begin{aligned}&-\left[(-1)^{i+1}\frac{\hbar}{2}\frac{\partial A_1}{\partial t}+\frac{\partial A_2}{\partial t}\right]-\left[(-1)^{i+1}\frac{\hbar}{2}\frac{\partial A_1}{\partial r}+\frac{\partial A_2}{\partial r}\right]+\frac{A_1}{r}\frac{\hbar}{2}(-1)^{i+1}-\frac{\left(A_1\right)^2}{2}\\&=\frac{(-1)^i}{We_{\mathrm{H}}}\left[\frac{1}{r}\frac{\partial}{\partial r}\left(r\frac{\partial F_i}{\partial r}\right)\right]\end{aligned} \tag{3-137}$$

上述方程共有四个未知数，四个方程，联立可解出全部变量。为了研究正弦模式和曲张模式，定义 $F'_+ = F'_1 + F'_2$ 为正弦模式， $F'_- = F'_1 - F'_2$ 为曲张模式。求解得到

$$\frac{\partial F'_-}{\partial t} + \frac{\partial F'}{\partial r} = 0 \tag{3-138}$$

$$\frac{1}{We_{\mathrm{H}}}\left[\frac{1}{r}\frac{\partial}{\partial r}\left(r\frac{\partial F'_+}{\partial r}\right)\right] = \frac{1}{2r}\left(\frac{\partial^2 F'_+}{\partial t^2} + 2\frac{\partial^2 F'_+}{\partial r \partial t} + \frac{\partial^2 F'_+}{\partial r^2}\right) - \frac{1}{2r^2}\left(\frac{\partial F'_+}{\partial r} + \frac{\partial F'_+}{\partial t}\right) \tag{3-139}$$

$$\frac{1}{We_{\mathrm{H}}}\left[\frac{1}{r}\frac{\partial}{\partial r}\left(r\frac{\partial F'_-}{\partial r}\right)\right] = 2\left(\frac{\partial A_2}{\partial t} + \frac{\partial A_2}{\partial r}\right) + \frac{1}{4}\left(\frac{\partial F'_+}{\partial t} + \frac{\partial F'_+}{\partial r}\right)^2 \tag{3-140}$$

其中，式(3-138)和式(3-139)为正弦模式和曲张模式的时变方程。

3. 稳定性分析

设式(3-138)和式(3-139)具有如下形式的解：

$$\begin{cases} F'_+ = S(r)\mathrm{e}^{\mathrm{i}\omega t} \\ F'_- = Q(r)\mathrm{e}^{\mathrm{i}\omega t} \end{cases} \tag{3-141}$$

将式(3-141)代入式(3-138)和式(3-139)可得

$$\mathrm{i}\omega Q(r) + \frac{\mathrm{d}}{\mathrm{d}r}Q(r) = 0 \tag{3-142}$$

$$\frac{1}{We_{\mathrm{H}}}\left[\frac{\mathrm{d}^2}{\mathrm{d}r^2}S(r) + \frac{1}{r}\frac{\mathrm{d}}{\mathrm{d}r}S(r)\right] = \frac{1}{2r}\left[-\omega^2 S(r) + 2\mathrm{i}\omega\frac{\mathrm{d}}{\mathrm{d}r}S(r) + \frac{\mathrm{d}^2}{\mathrm{d}r^2}S(r)\right] - \frac{1}{2r^2}\left[\frac{\mathrm{d}}{\mathrm{d}r}S(r) + \mathrm{i}\omega S(r)\right] \tag{3-143}$$

由式(3-142)可得

$$Q(r) = Q_0\mathrm{e}^{-\mathrm{i}\omega r}, \quad F'_- = Q_0\mathrm{e}^{\mathrm{i}\omega(t-r)} \tag{3-144}$$

由式(3-143)整理可得

$$\left(\frac{1}{2} - \frac{r}{We_{\mathrm{H}}}\right)\frac{\mathrm{d}^2 S(r)}{\mathrm{d}r^2} = \left(-\mathrm{i}\omega + \frac{1}{2r} + \frac{1}{We_{\mathrm{H}}}\right)\frac{\mathrm{d}S(r)}{\mathrm{d}r} + \left(\frac{\omega^2}{2} + \mathrm{i}\frac{\omega}{2r}\right)S(r) \tag{3-145}$$

通过数值方法进行求解，其边界条件为

$$\begin{cases} S(r=1) = S_0 \\ \dfrac{\mathrm{d}S}{\mathrm{d}r}(r=1) = 0 \end{cases} \tag{3-146}$$

平面射流表面波的空间发展如图 3-13 所示，其中初始位移扰动为 S_0，韦伯数为 $We_{\mathrm{H}} = 21.34$，无量纲频率分别为 ω=1.28 和 ω=25.65。从图 3-13 中可以看出，平面射流表面扰动在往下游发展过程中幅值逐渐增加，同时其波长及相速都会随着空间坐标的变化而变化。然而在不同的频率下，扰动幅值都在 $r = We_{\mathrm{H}}/2$ 处发散，Tirumkudulu 和 Paramati(2013)将 $r = We_{\mathrm{H}}/2$ 设置为平面射流的边缘，并认为当周围气体不存在时，径向铺展平面射流对任意频率的正弦扰动都是不稳定的。

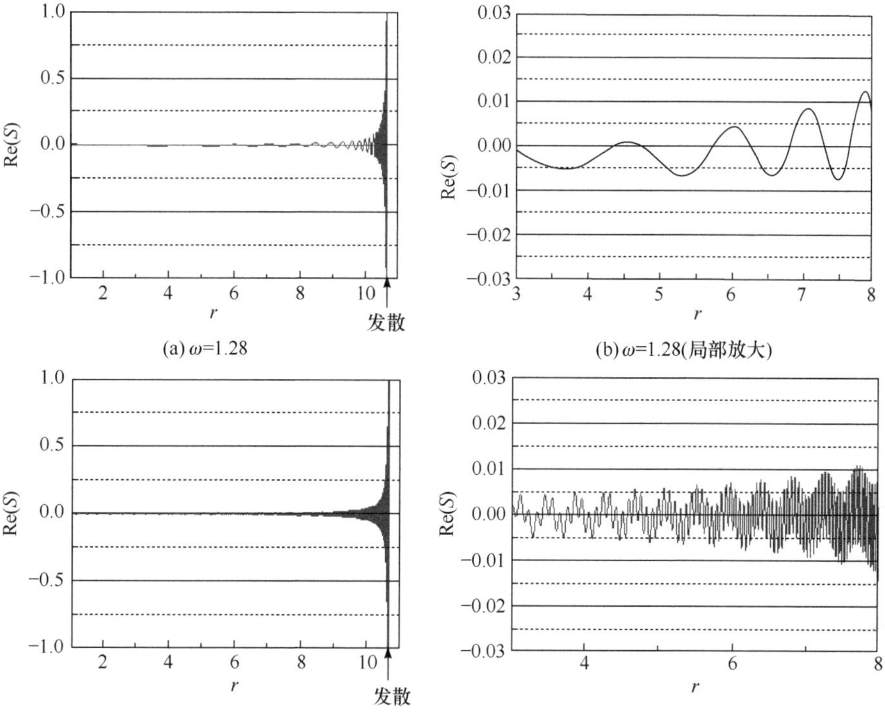

(a) ω=1.28　　(b) ω=1.28(局部放大)

(c) ω=25.65　　(d) ω=25.65(局部放大)

图 3-13　平面射流表面波的空间发展

随后，Paramati 等(2015)通过实验手段对该理论模型进行了验证。结果表明，在远离撞击点的区域理论预测的波形包络线与实验测量结果能够较好吻合，然而在撞击点附近两者则会出现较大偏差，这是撞击点附近平面射流的细长特性 $(h/r \ll 1)$ 不再满足导致的。

3.2.2　重力影响的变细平面射流

传统的平面射流稳定性分析一般是不考虑重力影响的：一方面是因为典型工况中的弗洛德数远大于 1，即认为重力的影响相比于惯性力来讲是可以忽略的；另一方面重力的引入会使得平面射流的基本流场发生变化，即其速度和厚度会随着空间位置的变化而变化。Brown(1961)的研究给出了重力影响下平面射流(降膜)的速度分布公式：

$$\left(\frac{1}{u}u_x\right)_x+\frac{1}{u}-u_x=0,\quad u_x+v_y=0 \tag{3-147}$$

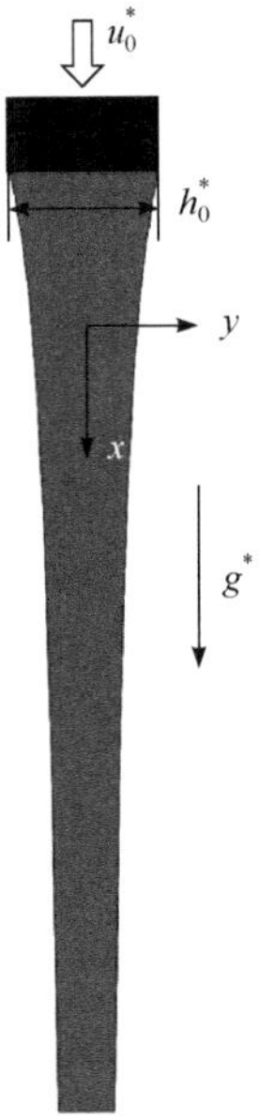

图 3-14　重力影响下的变细平面射流示意图

在重力的作用下，平面射流的速度会逐渐增加；由质量守恒关系可知，平面射流的厚度也会随之减小。然而与沿径向铺展平面射流不同的是，平面射流的当地韦伯数在向下游的过程中会逐渐增加，这就会使得两者的稳定性分析结果出现较大差异。

本节针对 Lin(1981)关于重力影响下黏性平面射流的工作进行复现，以讨论变细平面射流的稳定性变化。重力影响下的变细平面射流示意图如图 3-14 所示。考虑气体无黏且扰动为二维，并选取长度、速度和时间尺度分别为 h_0^*、$\overline{u}_0^*$ 和 $h_0^*/\overline{u}_0^*$，可得无量纲扰动控制方程如下：

$$\begin{aligned}&u_t'+(\overline{u}+u')u_x'+u'\overline{u}_x+(\overline{v}+v')u_y'+v'\overline{u}_y=-p_x'+\left(u_{xx}'+u_{yy}'\right)/Re\\&v_t'+(\overline{u}+u')v_x'+u'\overline{v}_x+(\overline{v}+v')v_y'+v'\overline{v}_y=-p_y'+\left(v_{xx}'+v_{yy}'\right)/Re\\&u_x'+v_y'=0\end{aligned} \tag{3-148}$$

其中，下角标代表对其相应的偏导数。例如，u_t' 表示 u' 对 t 的偏导，u_{xx}' 表示 u' 对 x 的二阶偏导；u 和 v 分别是 x 和 y 方向的速度；Re 是平面射流的初始 $(x=0)$ 雷诺数，$Re=\overline{u}_0^*h_0^*/\nu^*$，$\nu^*$ 为运动黏度。

在本书中，仅考虑平面射流厚度缓慢变化的情况，即

$$\left(Re/4Fr^2\right)^{1/3}\ll 1 \tag{3-149}$$

其中，$Fr=\left(\overline{u}_0^*\right)^2/\left(g^*h_0^*\right)$ 为平面射流的弗洛德数。

通过引入慢变坐标 ξ，采用多尺度分析的方法，即

$$\xi=\delta x,\quad \partial_x\to\partial_x+\delta\partial_\xi \tag{3-150}$$

此时，基本流的变化仅与慢变坐标 ξ 有关，而扰动量是慢变坐标 ξ、快变坐标 x 和时间 t 的函数。将式(3-150)代入式(3-148)，并略去 $O(\delta)$ 及更高阶小量，可以得到

$$\begin{cases}u_t'+\overline{u}(\xi)u_x'=-p_x'+\left(u_{xx}'+u_{yy}'\right)/Re\\v_t'+\overline{u}(\xi)v_{tx}'=-p_y'+\left(v_{txx}'+v_{tyy}'\right)/Re\end{cases} \tag{3-151}$$

$$u'_x + v'_y = 0 \tag{3-152}$$

引入流函数，即

$$u' = \psi'_y, \quad v' = -\psi'_x \tag{3-153}$$

将式(3-153)代入式(3-151)，并消去压力项可得

$$\left[\partial_t + \bar{u}\partial_x - \frac{1}{Re}\left(\partial_{xx} + \partial_{yy}\right)\right]\left(\partial_{xx} + \partial_{yy}\right)\psi' = 0 \tag{3-154}$$

基本流和扰动流的自由界面分别是

$$y = \pm\frac{h}{2}(\xi), \quad y = \pm\frac{h}{2}(\xi) + \eta(x) = \zeta \tag{3-155}$$

运动学边界条件为

$$v' = \zeta_t + (\bar{u} + u')\zeta_x \tag{3-156}$$

动力学边界条件(切向和法向)为

$$\begin{cases} \left[-p + \dfrac{2}{Re}(\bar{u} + u')_x\right]\zeta_x - \left[(\bar{u} + uu')_y + (\bar{v} + v')_x\right]\Big/Re \mp WeK\zeta_x = 0 \\ \left[-p + \dfrac{2}{Re}(\bar{v} + v')_y\right] - \left[(\bar{u} + uu')_y + (\bar{v} + v')_x\right]\zeta_x\Big/Re \mp WeK = 0 \\ K = \left(\pm\dfrac{1}{2}h + \eta\right)_{xx}\Bigg/\left[1 + \left(\pm\dfrac{1}{2}h + \eta\right)_x^2\right]^{3/2} \end{cases} \tag{3-157}$$

其中，$We = \rho_1^*\left(\bar{u}_0^*\right)^2 h_0^*\big/\sigma^*$ 。

注意到 $h_x = O(\delta)$，将上述边界条件线性化可得

$$\begin{cases} \eta_t + \bar{u}\eta_x + \psi'_x = 0 \\ \psi'_{yy} - \psi'_{xx} = 0 \\ \pm We\eta_{xx} + p' + 2\psi'_{xy}\big/Re = 0 \end{cases} \tag{3-158}$$

考虑问题中的扰动仍是正则模形式，有

$$\psi' = \hat{\phi}'(y)\exp\left[\mathrm{i}k(x - ct)\right] \tag{3-159}$$

其中，$c = \omega/k$ 是扰动波的传播速度。

将式(3-159)代入上述线性控制方程组(3-154)，可得

$$\left[\mathrm{i}\alpha Re(c - \bar{u}) + \left(\frac{\mathrm{d}^2}{\mathrm{d}x^2} - k^2\right)\right]\left(\frac{\mathrm{d}^2}{\mathrm{d}x^2} - k^2\right)\hat{\phi}' = 0 \tag{3-160}$$

方程的通解可以写成

$$\hat{\phi}' = A\sinh(ky) + B\cosh(ky) + C\sinh(My) + D\cosh(My) \tag{3-161}$$

其中，系数 A 、B 、C 和 D 是和慢变坐标 ξ 有关的积分常数；

$$M^2 = k^2 - \mathrm{i}kRec_1, \quad c_1 = c - \bar{u}(\xi) \tag{3-162}$$

根据解的奇偶性，将平面射流的扰动形式分为正弦模式和曲张模式。

曲张模式下有

$$\hat{\phi}' = A\sinh(ky) + C\sinh(My) \tag{3-163}$$

将式(3-163)代入式(3-151)中求解得到压力项的表达式，即

$$p' = kc_1A\cosh(ky)\exp\left[\mathrm{i}k(x-ct)\right] \tag{3-164}$$

将式(3-163)代入运动学边界条件，可得

$$\eta = \pm c_1^{-1}\left[A\sinh\left(\frac{1}{2}kh\right) + C\sinh\left(\frac{1}{2}Mh\right)\right]\exp\left[\mathrm{i}k(x-ct)\right] \tag{3-165}$$

将上述表达式代入动力学边界条件，即

$$\begin{cases} A\left[2k^2\sinh\left(\dfrac{1}{2}kh\right)\right] + C\left[\left(M^2+k^2\right)\sinh\left(\dfrac{1}{2}Mh\right)\right] = 0 \\ A\left[c_1\cosh\left(\dfrac{1}{2}kh\right) - Wec_1^{-1}k\sinh\left(\dfrac{1}{2}kh\right) + 2Re^{-1}\mathrm{i}k\cosh\left(\dfrac{1}{2}kh\right)\right] \\ +C\left[2Re^{-1}\mathrm{i}M\cosh\left(\dfrac{1}{2}Mh\right) - Wekc_1^{-1}\sinh\left(\dfrac{1}{2}Mh\right)\right] = 0 \end{cases} \tag{3-166}$$

为了使方程组有解，需满足

$$c_1^2 + c_1(2\mathrm{i}k/Re)\left[1 - 2kM\left(M^2+k^2\right)^{-1}\coth\left(\frac{1}{2}Mh(\xi)\right)\tanh\left(\frac{1}{2}kh(\xi)\right)\right]$$
$$+Wek\tanh\left(\frac{1}{2}kh(\xi)\right)\left[2k^2\big/\left(M^2+k^2\right) - 1\right] = 0 \tag{3-167}$$

式(3-167)即为曲张模式下变细平面射流的色散方程。

同理可得，正弦模式下的色散方程为

$$c_1^2 + c_2(2\mathrm{i}k/Re)\left[1 - 2kM\left(M^2+k^2\right)^{-1}\tanh\left(\frac{1}{2}Mh(\xi)\right)\coth\left(\frac{1}{2}kh(\xi)\right)\right]$$
$$+Wek\coth\left(\frac{1}{2}kh(\xi)\right)\left[2k^2\big/\left(M^2+k^2\right) - 1\right] = 0 \tag{3-168}$$

接下来，以正弦模式为例，分析平面射流的时间稳定性和空间稳定性。曲张

模式的分析与之类似，为节省篇幅，就不再赘述。

先进行时间稳定性分析。考虑波长较长的情况，即 $k \to 0$，式(3-168)可整理为

$$(c-\bar{u}(\xi))^2\left[1+\frac{1}{3}k^2h(\xi)^2+O\left(k^4\right)\right]+\mathrm{i}(c-\bar{u}(\xi))\left[h(\xi)^2k^3/3Re+O\left(k^5\right)\right]$$
$$-We\left[2/h(\xi)+\frac{1}{6}h(\xi)k^2+O\left(k^4\right)\right]=0 \tag{3-169}$$

方程的解可近似写成

$$\begin{cases} c_{\mathrm{r}}=\bar{u}(\xi)\pm(2We/h(\xi))^{\frac{1}{2}}\left[1-\frac{1}{8}(kh(\xi))^2+O\left(k^4\right)\right] \\ c_{\mathrm{i}}=-\dfrac{h(\xi)^2}{6R}k^3\left[1+\dfrac{k^2h(\xi)^2}{3}+O\left(k^4\right)\right]^{-1} \end{cases} \tag{3-170}$$

由相速度的虚部为负可知，变细平面射流对于长波而言是时间稳定的，即初始扰动的振幅会逐渐减小。时间衰减速率为

$$\frac{h(\xi)^2}{6Re}k^4\frac{\bar{u}_0^*}{h_0^*}=\frac{\nu^*\left(h_0^*\right)^2}{6}\left(\frac{2\pi}{\lambda^*}\right)^4h^*(\xi)^2 \tag{3-171}$$

然后进行空间稳定性分析。由 Gaster 定律(Gaster，1962)可知，平面射流的空间增长率$-k_{\mathrm{i}}$和时间增长率是相关的，考虑到相速度 $c=\omega/k$，则有如下关系：

$$k_{\mathrm{r}}c_{\mathrm{i}}=-k_{\mathrm{i}}\frac{\partial}{\partial k_{\mathrm{r}}}\left(k_{\mathrm{r}}c_{\mathrm{r}}\right) \tag{3-172}$$

因此，变细平面射流的空间增长率为

$$\begin{aligned}-k_{\mathrm{i}}&=\frac{-1}{6}k_{\mathrm{r}}^4Re^{-1}h^2\left\{\bar{u}\pm(2We/h)^{\frac{1}{2}}\left[1-\frac{3}{8}\left(k_{\mathrm{r}}h\right)^2\right]\right\}^{-1}\\&=-\frac{1}{6}k_{\mathrm{r}}^4Re^{-1}h^2/c_{\mathrm{g}}\end{aligned} \tag{3-173}$$

其中，c_{g}为扰动传播的群速度。

注意到，增长率的正负号取决于扰动群速度的正负，即空间上向下游传播的扰动波(群速度为正)是稳定的，而向上游传播的波是不稳定的。可以看到，流体黏性在平面射流的稳定区域起到维稳的作用，而在不稳定区域起到了促进失稳的作用。平面射流的中性稳定曲线，也就对应着扰动的零群速度线，可以写成

$$1-(2Weh)^{\frac{1}{2}}\left[1-\frac{3}{8}\left(k_{\mathrm{r}}h\right)^2\right]=0 \tag{3-174}$$

当波数 $k = 0$ 时，对应着临界韦伯数：

$$We_c = \left[(2h)^{-1}\right]_{\min} = \frac{1}{2} \tag{3-175}$$

即当韦伯数大于临界韦伯数时，平面射流是不稳定的，因为时间增长率为负。这也与 Brown(1961)的实验观察是一致的。同时，平面射流的临界韦伯数为常数，与流体黏度无关。

3.3 复合平面射流稳定性

在平面射流的稳定性分析中，液体的黏性远远大于气体的黏性，所以一般认为液体的基本流速度型是均一的(Tammisola et al.，2011)。而对于气体，当忽略气体的黏性时，基本流中气液界面不存在切应力，所以气体速度型均一，可以求出扰动波色散关系的解析解；而当气体黏度较大时，就要考虑气体的真实速度型，此时将很难求出解析解，需要采用数值方法(如谱方法)求解。根据 Tammisola 等的研究结果，气体基本流速度型均一所得到的稳定性分析结果与实验不符，而考虑真实速度型所得到的理论结果则能和实验数据符合得很好。因此，本节将考虑气体有黏且存在平均流速度型时复合平面射流的稳定性分析，其中采用的方法是切比雪夫谱配置法①。

3.3.1 复合平面射流的物理模型

复合平面射流稳定性分析的物理模型如图 3-15 所示，在静止气体介质中存在运动的双层平面射流，下层为液体 1，上层为液体 2。对于该问题，进行以下假设：

(1) 射流的上、下层流体及周围的气体都是不可压缩的牛顿流体；

(2) 忽略重力的影响；

(3) 两种液体不混溶，它们的界面上存在界面张力。

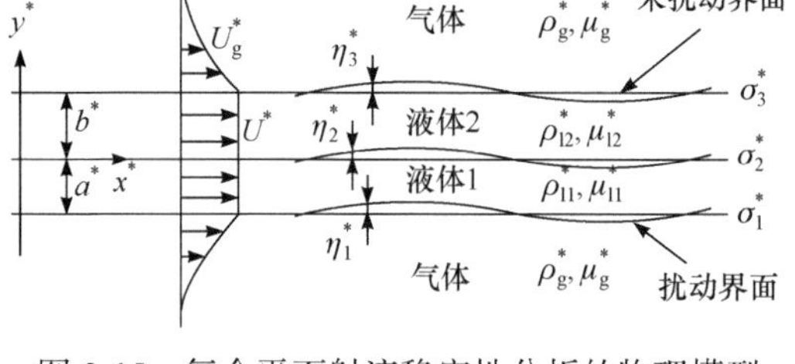

图 3-15　复合平面射流稳定性分析的物理模型

---

① 读者可以从 https://ww2.mathworks.cn/matlabcentral/fileexchange/59455-hydrostab-a-universal-code-for-solving-hydrodynamic-stability-problems 下载相关程序。

坐标系的 x^* 轴与液液界面重合，第一层和第二层液体的厚度分别是 a_1^* 和 a_2^*，密度分别是 ρ_{l1}^* 和 ρ_{l2}^*，黏性系数分别是 μ_{l1}^* 和 μ_{l2}^*。第一层和第二层液体的表面张力分别是 σ_1^* 和 σ_2^*，因此两层液体之间的界面张力大约是 $\sigma_{12}^* = \left|\sigma_1^* - \sigma_2^*\right|$(后面会解释其合理性)。假设两层液体的速度相等，且都是均一速度型。这是因为液体的黏度系数远远大于气体的黏度系数，从气液界面处的切应力平衡可以导出液相的速度梯度远远小于气相的速度梯度，Tammisola 等(2011)对液体速度型的实验测量结果也证实了这一点。周围气体介质的密度和黏度系数分别是 ρ_g^* 和 μ_g^*。由气液界面处的无滑移条件可知，平面射流的附近存在气体边界层。为了描述边界层内的运动气体及边界层外的静止气体，使用 Tammisola 等(2011)的修正 Stokes 层模型，因为结果表明用修正 Stokes 层模型所得到的线性稳定性分析结果与实验数据吻合得比较好。

对于修正的 Stokes 层模型，气体速度表达式为

$$U_g^* = U^* - U^* \mathrm{erf}\left(\lambda^*/2\right) \tag{3-176}$$

其中，erf 为误差函数；λ^* 在射流上方和下方的气体中有不同的表达式。

对于射流上方的气体，有

$$\lambda^* = \left(y^* - a_2^*\right) \Big/ \sqrt{\nu_g^* \tau^*} \tag{3-177}$$

对于射流下方的气体，有

$$\lambda^* = \left(-y^* - a_2^*\right) \Big/ \sqrt{\nu_g^* \tau^*} \tag{3-178}$$

其中，$\nu_g^* = \mu_g^* / \rho_g^*$ 为气体的运动黏度；τ^* 为一个关于 x^* 的函数，用来描述气体边界层厚度在流向的增长，即

$$\tau^* = \frac{x^*}{U^*} \tag{3-179}$$

$x^* = 0$ 对应于平面射流刚刚被喷入气体的位置。τ^* 随着 x^* 的增大而增大，所以气体边界层厚度随着流向位置是逐渐增长的(复合平面射流的气体边界层厚度分布如图 3-16 所示)。在进行稳定性分析时，需要使用“局部平行流假设”(尹协远和孙德军，2003)，即把整个流场分成一系列沿流向的局部速度剖面，在每个剖面上速度取当地值，且认为其不随 x^* 变化。

对于液液界面张力 σ_{12}^* 的计算，这里要补充说明一下。上面认为该界面张力近似等于两种液体的表面张力之差 $\sigma_{12}^* = \left|\sigma_2^* - \sigma_1^*\right|$。这种近似处理 Hertz 和 Hermanrud (1983)曾经用过，其合理性可以追溯到 Landau 和 Lifshitz(1958)关于三相平衡的分

析中。复合界面的表面张力示意图如图 3-17 所示，考虑一滴液体(液体 1)位于另一种不混溶的液体(液体 2)上。A 点力平衡图如图 3-18 所示。由于角度α^*和β^*通常都很小，两种液体的界面张力可以近似为

$$\sigma_{12}^* \approx \sigma_2^* - \sigma_1^* \tag{3-180}$$

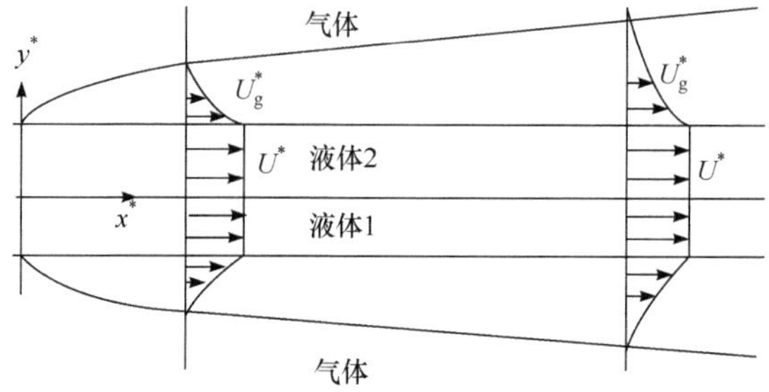

图 3-16　复合平面射流的气体边界层厚度分布

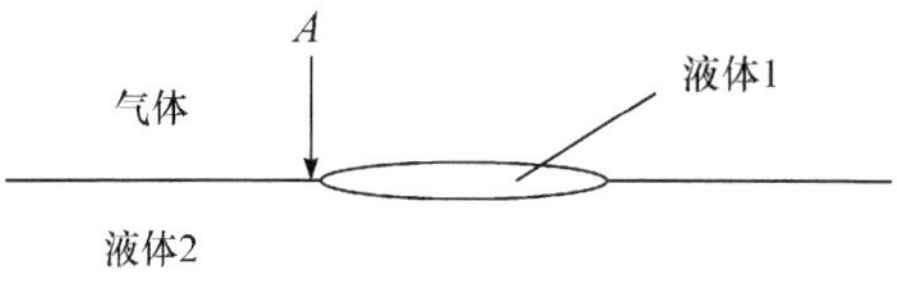

图 3-17　复合界面的表面张力示意图

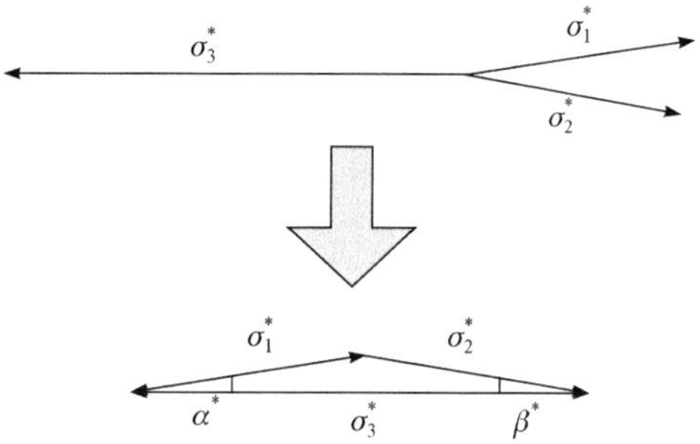

图 3-18　A 点力平衡图

σ_1^*-液体 1 对气体的表面张力；σ_2^*-液体 2 对气体的表面张力；σ_3^*-两种液体表面张力

3.3.2　复合平面射流的控制方程和边界条件

流体运动的控制方程是不可压缩流体形式的 Navier-Stokes 方程组。第一层液体的控制方程为

$$\frac{\partial u_{11}^*}{\partial x^*} + \frac{\partial v_{11}^*}{\partial y^*} = 0, \quad -a_1^* < y^* < 0 \tag{3-181}$$

$$\rho_{11}^*\left(\frac{\partial u_{11}^*}{\partial t^*} + u_{11}^*\frac{\partial u_{11}^*}{\partial x^*} + v_{11}^*\frac{\partial u_{11}^*}{\partial y^*}\right) = -\frac{\partial p_{11}^*}{\partial x^*} + \mu_{11}^*\left(\frac{\partial^2 u_{11}^*}{\partial\left(x^*\right)^2} + \frac{\partial^2 u_{11}^*}{\partial\left(y^*\right)^2}\right), \quad -a_1^* < y^* < 0 \tag{3-182}$$

$$\rho_{11}^*\left(\frac{\partial v_{11}^*}{\partial t^*}+u_{11}^*\frac{\partial v_{11}^*}{\partial x^*}+v_{11}^*\frac{\partial v_{11}^*}{\partial y^*}\right)=-\frac{\partial p_{11}^*}{\partial y^*}+\mu_{11}^*\left(\frac{\partial^2 v_{11}^*}{\partial\left(x^*\right)^2}+\frac{\partial^2 v_{11}^*}{\partial\left(y^*\right)^2}\right),\quad -a_1^*<y^*<0 \tag{3-183}$$

其中，u_{11}^*、v_{11}^* 分别为水平方向和垂直方向的速度分量；p_{11}^* 为压力。

类似地，第二层液体的控制方程为

$$\frac{\partial u_{12}^*}{\partial x^*}+\frac{\partial v_{12}^*}{\partial y^*}=0,\quad 0<y^*<a_2^* \tag{3-184}$$

$$\rho_{12}^*\left(\frac{\partial u_{12}^*}{\partial t^*}+u_{12}^*\frac{\partial u_{12}^*}{\partial x^*}+v_{12}^*\frac{\partial u_{12}^*}{\partial y^*}\right)=-\frac{\partial p_{12}^*}{\partial x^*}+\mu_{12}^*\left(\frac{\partial^2 u_{12}^*}{\partial\left(x^*\right)^2}+\frac{\partial^2 u_{12}^*}{\partial\left(y^*\right)^2}\right),\quad 0<y^*<a_2^* \tag{3-185}$$

$$\rho_{12}^*\left(\frac{\partial v_{12}^*}{\partial t^*}+u_{12}^*\frac{\partial v_{12}^*}{\partial x^*}+v_{12}^*\frac{\partial v_{12}^*}{\partial y^*}\right)=-\frac{\partial p_{12}^*}{\partial y^*}+\mu_{12}^*\left(\frac{\partial^2 v_{12}^*}{\partial\left(x^*\right)^2}+\frac{\partial^2 v_{12}^*}{\partial\left(y^*\right)^2}\right),\quad 0<y^*<a_2^* \tag{3-186}$$

平面射流下方气体的控制方程为

$$\frac{\partial u_{g1}^*}{\partial x^*}+\frac{\partial v_{g1}^*}{\partial y^*}=0,\quad y^*<-a_1^* \tag{3-187}$$

$$\rho_g^*\left(\frac{\partial u_{g1}^*}{\partial t^*}+u_{g1}^*\frac{\partial u_{g1}^*}{\partial x^*}+v_{g1}^*\frac{\partial u_{g1}^*}{\partial y^*}\right)=-\frac{\partial p_{g1}^*}{\partial x^*}+\mu_g^*\left(\frac{\partial^2 u_{g1}^*}{\partial\left(x^*\right)^2}+\frac{\partial^2 u_{g1}^*}{\partial\left(y^*\right)^2}\right),\quad y^*<-a_1^* \tag{3-188}$$

$$\rho_g^*\left(\frac{\partial v_{g1}^*}{\partial t^*}+u_{g1}^*\frac{\partial v_{g1}^*}{\partial x^*}+v_{g1}^*\frac{\partial v_{g1}^*}{\partial y^*}\right)=-\frac{\partial p_{g1}^*}{\partial y^*}+\mu_g^*\left(\frac{\partial^2 v_{g1}^*}{\partial\left(x^*\right)^2}+\frac{\partial^2 v_{g1}^*}{\partial\left(y^*\right)^2}\right),\quad y^*<-a_1^* \tag{3-189}$$

平面射流上方气体的控制方程为

$$\frac{\partial u_{g2}^*}{\partial x^*}+\frac{\partial v_{g2}^*}{\partial y^*}=0,\quad y^*>a_2^* \tag{3-190}$$

$$\rho_g^*\left(\frac{\partial u_{g2}^*}{\partial t^*}+u_{g2}^*\frac{\partial u_{g2}^*}{\partial x^*}+v_{g2}^*\frac{\partial u_{g2}^*}{\partial y^*}\right)=-\frac{\partial p_{g2}^*}{\partial x^*}+\mu_g^*\left(\frac{\partial^2 u_{g2}^*}{\partial\left(x^*\right)^2}+\frac{\partial^2 u_{g2}^*}{\partial\left(y^*\right)^2}\right),\quad y^*>a_2^* \tag{3-191}$$

$$\rho_g^*\left(\frac{\partial v_{g2}^*}{\partial t^*}+u_{g2}^*\frac{\partial v_{g2}^*}{\partial x^*}+v_{g2}^*\frac{\partial v_{g2}^*}{\partial y^*}\right)=-\frac{\partial p_{g2}^*}{\partial y^*}+\mu_g^*\left(\frac{\partial^2 v_{g2}^*}{\partial\left(x^*\right)^2}+\frac{\partial^2 v_{g2}^*}{\partial\left(y^*\right)^2}\right),\quad y^*>a_2^* \tag{3-192}$$

平面射流受到扰动之后三个界面的位移分别用η_1^*、η_2^*和η_3^*表示(图 3-15)，则三个界面的位置分别为$-a_1^*+\eta_1^*$、η_2^*及$a_2^*+\eta_3^*$。不同界面位置上的运动边界条件为

$$v_{l1}^*=\frac{\partial\eta_1^*}{\partial t^*}+u_{l1}^*\frac{\partial\eta_1^*}{\partial x^*},\quad y^*=-a_1^*+\eta_1^* \tag{3-193}$$

$$v_{g1}^*=\frac{\partial\eta_1^*}{\partial t^*}+u_{g1}^*\frac{\partial\eta_1^*}{\partial x^*},\quad y^*=-a_1^*+\eta_1^* \tag{3-194}$$

$$u_{l1}^*=u_{g1}^*,\quad y^*=-a_1^*+\eta_1^* \tag{3-195}$$

$$v_{l1}^*=\frac{\partial\eta_2^*}{\partial t^*}+u_{l1}^*\frac{\partial\eta_2^*}{\partial x^*},\quad y^*=\eta_2^* \tag{3-196}$$

$$v_{l2}^*=\frac{\partial\eta_2^*}{\partial t^*}+u_{l2}^*\frac{\partial\eta_2^*}{\partial x^*},\quad y^*=\eta_2^* \tag{3-197}$$

$$u_{l1}^*=u_{l2}^*,\quad y^*=\eta_2^* \tag{3-198}$$

$$v_{l2}^*=\frac{\partial\eta_3^*}{\partial t^*}+u_{l2}^*\frac{\partial\eta_3^*}{\partial x^*},\quad y^*=a_2^*+\eta_3^* \tag{3-199}$$

$$v_{g2}^*=\frac{\partial\eta_3^*}{\partial t^*}+u_{g2}^*\frac{\partial\eta_3^*}{\partial x^*},\quad y^*=a_2^*+\eta_3^* \tag{3-200}$$

$$u_{l2}^*=u_{g2}^*,\quad y^*=a_2^*+\eta_3^* \tag{3-201}$$

其中，还包含了气液、液液界面的相对无滑移的条件(式(3-195)、式(3-198)、式 (3-201))。

该问题中的动力边界条件为

$$\boldsymbol{f}_1^*=\frac{\nabla F_1^*}{\left|\nabla F_1^*\right|},\quad \boldsymbol{f}_2^*=\frac{\nabla F_2^*}{\left|\nabla F_2^*\right|},\quad \boldsymbol{f}_3^*=\frac{\nabla F_3^*}{\left|\nabla F_3^*\right|} \tag{3-202}$$

其中，

$$F_1^* = \eta_1^* - y^*, \quad F_2^* = \eta_2^* - y^*, \quad F_3^* = \eta_3^* - y^* \tag{3-203}$$

然后界面的应力平衡可以写成

$$\boldsymbol{\tau}_{g1}^* \boldsymbol{f}_1^* - \boldsymbol{\tau}_{l1}^* \boldsymbol{f}_1^* - p_{g1}^* \boldsymbol{f}_1^* + p_{l1}^* \boldsymbol{f}_1^* = \sigma_1^* \boldsymbol{f}_1^* \left(\nabla \cdot \boldsymbol{f}_1^*\right), \quad y^* = -a_1^* + \eta_1^* \tag{3-204}$$

$$\boldsymbol{\tau}_{l1}^* \boldsymbol{f}_2^* - \boldsymbol{\tau}_{l2}^* \boldsymbol{f}_2^* - p_{l1}^* \boldsymbol{f}_2^* + p_{l2}^* \boldsymbol{f}_2^* = \sigma_{12}^* \boldsymbol{f}_2^* \left(\nabla \cdot \boldsymbol{f}_2^*\right), \quad y^* = \eta_2^* \tag{3-205}$$

$$\boldsymbol{\tau}_{l2}^* \boldsymbol{f}_3^* - \boldsymbol{\tau}_{g2}^* \boldsymbol{f}_3^* - p_{l2}^* \boldsymbol{f}_3^* + p_{g2}^* \boldsymbol{f}_3^* = \sigma_2^* \boldsymbol{f}_3^* \left(\nabla \cdot \boldsymbol{f}_3^*\right), \quad y^* = a_2^* + \eta_3^* \tag{3-206}$$

其中，式(3-204)～式(3-206)中等号右边的项表示表面张力引发的界面两侧正应力的差，与界面曲率成正比。$\boldsymbol{\tau}_{g1}^*$、$\boldsymbol{\tau}_{l1}^*$、$\boldsymbol{\tau}_{l2}^*$ 和 $\boldsymbol{\tau}_{g2}^*$ 是各个流体区域的偏应力张量。

$$\boldsymbol{\tau}_{g1}^* = \mu_g^* \begin{bmatrix} 2\dfrac{\partial u_{g1}^*}{\partial x^*} & \dfrac{\partial u_{g1}^*}{\partial y^*} + \dfrac{\partial v_{g1}^*}{\partial x^*} \\ \dfrac{\partial u_{g1}^*}{\partial y^*} + \dfrac{\partial v_{g1}^*}{\partial x^*} & 2\dfrac{\partial v_{g1}^*}{\partial y^*} \end{bmatrix} \tag{3-207}$$

$$\boldsymbol{\tau}_{l1}^* = \mu_{l1}^* \begin{bmatrix} 2\dfrac{\partial u_{l1}^*}{\partial x^*} & \dfrac{\partial u_{l1}^*}{\partial y^*} + \dfrac{\partial v_{l1}^*}{\partial x^*} \\ \dfrac{\partial u_{l1}^*}{\partial y^*} + \dfrac{\partial v_{l1}^*}{\partial x^*} & 2\dfrac{\partial v_{l1}^*}{\partial y^*} \end{bmatrix} \tag{3-208}$$

$$\boldsymbol{\tau}_{l2}^* = \mu_{l2}^* \begin{bmatrix} 2\dfrac{\partial u_{l2}^*}{\partial x^*} & \dfrac{\partial u_{l2}^*}{\partial y^*} + \dfrac{\partial v_{l2}^*}{\partial x^*} \\ \dfrac{\partial u_{l2}^*}{\partial y^*} + \dfrac{\partial v_{l2}^*}{\partial x^*} & 2\dfrac{\partial v_{l2}^*}{\partial y^*} \end{bmatrix} \tag{3-209}$$

$$\boldsymbol{\tau}_{g2}^* = \mu_g^* \begin{bmatrix} 2\dfrac{\partial u_{g2}^*}{\partial x^*} & \dfrac{\partial u_{g2}^*}{\partial y^*} + \dfrac{\partial v_{g2}^*}{\partial x^*} \\ \dfrac{\partial u_{g2}^*}{\partial y^*} + \dfrac{\partial v_{g2}^*}{\partial x^*} & 2\dfrac{\partial v_{g2}^*}{\partial y^*} \end{bmatrix} \tag{3-210}$$

注意，式(3-204)～式(3-206)都是矢量方程，它们是法向应力平衡方程和切向应力平衡方程的组合。将这些方程沿着法向和切向分解，便可以得到法向的应力条件和切向的应力条件。

3.3.3　复合平面射流的线性稳定性分析

将速度、压强分解为稳态量和扰动量之和，即

$$u_{l1}^{*} = \overline{u}_{l1}^{*} + u_{l1}^{*\prime} \tag{3-211}$$

$$v_{l1}^{*} = \overline{v}_{l1}^{*} + v_{l1}^{*\prime} \tag{3-212}$$

$$p_{l1}^{*} = \overline{p}_{l1}^{*} + p_{l1}^{*\prime} \tag{3-213}$$

$$u_{l2}^{*} = \overline{u}_{l2}^{*} + u_{l2}^{*\prime} \tag{3-214}$$

$$v_{l2}^{*} = \overline{v}_{l2}^{*} + v_{l2}^{*\prime} \tag{3-215}$$

$$p_{l2}^{*} = \overline{p}_{l2}^{*} + p_{l2}^{*\prime} \tag{3-216}$$

$$u_{g1}^{*} = \overline{u}_{g1}^{*} + u_{g1}^{*\prime} \tag{3-217}$$

$$v_{g1}^{*} = \overline{v}_{g1}^{*} + v_{g1}^{*\prime} \tag{3-218}$$

$$p_{g1}^{*} = \overline{p}_{g1}^{*} + p_{g1}^{*\prime} \tag{3-219}$$

$$u_{g2}^{*} = \overline{u}_{g2}^{*} + u_{g2}^{*\prime} \tag{3-220}$$

$$v_{g2}^{*} = \overline{v}_{g2}^{*} + v_{g2}^{*\prime} \tag{3-221}$$

$$p_{g2}^{*} = \overline{p}_{g2}^{*} + p_{g2}^{*\prime} \tag{3-222}$$

界面位移η_1^*、η_2^*和η_3^*本身就是扰动量，不再需要分解。将式(3-211)～式(3-222)代入控制方程和边界条件式(3-181)～式(3-206)，就可以得到扰动量满足的方程。将扰动量的二次项及高次项忽略，并减去稳态流动满足的方程，就可以得到线性化的控制方程组。线性化的控制方程和边界条件如下所示。

线性化控制方程为

$$\frac{\partial u_{l1}^{*\prime}}{\partial x^{*}} + \frac{\partial v_{l1}^{*\prime}}{\partial y^{*}} = 0, \quad -a_1^{*} < y^{*} < 0 \tag{3-223}$$

$$\rho_{l1}^{*}\left(\frac{\partial u_{l1}^{*\prime}}{\partial t^{*}} + U_1^{*}\frac{\partial u_{l1}^{*\prime}}{\partial x^{*}}\right) = -\frac{\partial p_{l1}^{*\prime}}{\partial x^{*}} + \mu_{l1}^{*}\left(\frac{\partial^2 u_{l1}^{*\prime}}{\partial\left(x^{*}\right)^2} + \frac{\partial^2 u_{l1}^{*\prime}}{\partial\left(y^{*}\right)^2}\right), \quad -a_1^{*} < y^{*} < 0 \tag{3-224}$$

$$\rho_{l1}^{*}\left(\frac{\partial v_{l1}^{*\prime}}{\partial t^{*}} + U_1^{*}\frac{\partial v_{l1}^{*\prime}}{\partial x^{*}}\right) = -\frac{\partial p_{l1}^{*\prime}}{\partial y^{*}} + \mu_{l1}^{*}\left(\frac{\partial^2 v_{l1}^{*\prime}}{\partial\left(x^{*}\right)^2} + \frac{\partial^2 v_{l1}^{*\prime}}{\partial\left(y^{*}\right)^2}\right), \quad -a_1^{*} < y^{*} < 0 \tag{3-225}$$

$$\frac{\partial u_{l2}^{*\prime}}{\partial x^{*}} + \frac{\partial v_{l2}^{*\prime}}{\partial y^{*}} = 0, \quad 0 < y^{*} < a_2^{*} \tag{3-226}$$

$$\rho_{l2}^*\left(\frac{\partial u_{l2}^{*\prime}}{\partial t^*}+U_1^*\frac{\partial u_{l2}^{*\prime}}{\partial x^*}\right)=-\frac{\partial p_{l2}^{*\prime}}{\partial x^*}+\mu_{l2}^*\left(\frac{\partial^2 u_{l2}^{*\prime}}{\partial\left(x^*\right)^2}+\frac{\partial^2 u_{l2}^{*\prime}}{\partial\left(y^*\right)^2}\right),\quad 0<y^*<a_2^* \tag{3-227}$$

$$\rho_{l2}^*\left(\frac{\partial v_{l2}^{*\prime}}{\partial t^*}+U_1^*\frac{\partial v_{l2}^{*\prime}}{\partial x^*}\right)=-\frac{\partial p_{l2}^{*\prime}}{\partial y^*}+\mu_{l2}^*\left(\frac{\partial^2 v_{l2}^{*\prime}}{\partial\left(x^*\right)^2}+\frac{\partial^2 v_{l2}^{*\prime}}{\partial\left(y^*\right)^2}\right),\quad 0<y^*<a_2^* \tag{3-228}$$

$$\frac{\partial u_{g1}^{*\prime}}{\partial x^*}+\frac{\partial v_{g1}^{*\prime}}{\partial y^*}=0,\quad y^*<-a_1^* \tag{3-229}$$

$$\rho_g^*\left(\frac{\partial u_{g1}^{*\prime}}{\partial t^*}+U_g^*\frac{\partial u_{g1}^{*\prime}}{\partial x^*}+v_{g1}^{*\prime}\frac{\partial U_g^*}{\partial y^*}\right)=-\frac{\partial p_{g1}^{*\prime}}{\partial x^*}+\mu_g^*\left(\frac{\partial^2 u_{g1}^{*\prime}}{\partial\left(x^*\right)^2}+\frac{\partial^2 u_{g1}^{*\prime}}{\partial\left(y^*\right)^2}\right),\quad y^*<-a_1^* \tag{3-230}$$

$$\rho_g^*\left(\frac{\partial v_{g1}^{*\prime}}{\partial t^*}+U_g^*\frac{\partial v_{g1}^{*\prime}}{\partial x^*}\right)=-\frac{\partial p_{g1}^{*\prime}}{\partial y^*}+\mu_g^*\left(\frac{\partial^2 v_{g1}^{*\prime}}{\partial\left(x^*\right)^2}+\frac{\partial^2 v_{g1}^{*\prime}}{\partial\left(y^*\right)^2}\right),\quad y^*<-a_1^* \tag{3-231}$$

$$\frac{\partial u_{g2}^{*\prime}}{\partial x^*}+\frac{\partial v_{g2}^{*\prime}}{\partial y^*}=0,\quad y^*>a_2^* \tag{3-232}$$

$$\rho_g^*\left(\frac{\partial u_{g2}^{*\prime}}{\partial t^*}+U_g^*\frac{\partial u_{g2}^{*\prime}}{\partial x^*}+v_{g2}^{*\prime}\frac{\partial U_g^*}{\partial y^*}\right)=-\frac{\partial p_{g2}^{*\prime}}{\partial x^*}+\mu_g^*\left(\frac{\partial^2 u_{g2}^{*\prime}}{\partial\left(x^*\right)^2}+\frac{\partial^2 u_{g2}^{*\prime}}{\partial\left(y^*\right)^2}\right),\quad y^*>a_2^* \tag{3-233}$$

$$\rho_g^*\left(\frac{\partial v_{g2}^{*\prime}}{\partial t^*}+U_g^*\frac{\partial v_{g2}^{*\prime}}{\partial x^*}\right)=-\frac{\partial p_{g2}^{*\prime}}{\partial y^*}+\mu_g^*\left(\frac{\partial^2 v_{g2}^{*\prime}}{\partial\left(x^*\right)^2}+\frac{\partial^2 v_{g2}^{*\prime}}{\partial\left(y^*\right)^2}\right),\quad y^*>a_2^* \tag{3-234}$$

线性化边界条件为

$$v_{l1}^{*\prime}=\frac{\partial\eta_1^*}{\partial t^*}+U_1^*\frac{\partial\eta_1^*}{\partial x^*},\quad y^*=-a_1^* \tag{3-235}$$

$$v_{g1}^{*\prime}=\frac{\partial\eta_1^*}{\partial t^*}+U_g^*\frac{\partial\eta_1^*}{\partial x^*},\quad y^*=-a_1^* \tag{3-236}$$

$$u_{l1}^{*\prime}=u_{g1}^{*\prime}+\eta_1^*\frac{\partial U_g^*}{\partial y^*},\quad y^*=-a_1^* \tag{3-237}$$

$$v_{l1}^{*\prime} = \frac{\partial \eta_2^*}{\partial t^*} + U_1^* \frac{\partial \eta_2^*}{\partial x^*}, \quad y^* = 0 \tag{3-238}$$

$$v_{l2}^{*\prime} = \frac{\partial \eta_2^*}{\partial t^*} + U_1^* \frac{\partial \eta_2^*}{\partial x^*}, \quad y^* = 0 \tag{3-239}$$

$$u_{l1}^{*\prime} = u_{l2}^{*\prime}, \quad y^* = 0 \tag{3-240}$$

$$v_{l2}^{*\prime} = \frac{\partial \eta_3^*}{\partial t^*} + U_1^* \frac{\partial \eta_3^*}{\partial x^*}, \quad y^* = a_2^* \tag{3-241}$$

$$v_{g2}^{*\prime} = \frac{\partial \eta_3^*}{\partial t^*} + U_g^* \frac{\partial \eta_3^*}{\partial x^*}, \quad y^* = a_2^* \tag{3-242}$$

$$u_{l2}^{*\prime} = u_{g2}^{*\prime} + \eta_3^* \frac{\partial U_g^*}{\partial y^*}, \quad y^* = a_2^* \tag{3-243}$$

$$\mu_{l1}^*\left(\frac{\partial u_{l1}^{*\prime}}{\partial y^*} + \frac{\partial v_{l1}^{*\prime}}{\partial x^*} + \frac{\partial^2 U_1^*}{\partial\left(y^*\right)^2}\eta_1^*\right) = \mu_g^*\left(\frac{\partial u_{g1}^{*\prime}}{\partial y^*} + \frac{\partial v_{g1}^{*\prime}}{\partial x^*} + \frac{\partial^2 U_g^*}{\partial\left(y^*\right)^2}\eta_1^*\right), \quad y^* = -a_1^* \tag{3-244}$$

$$p_{l1}^{*\prime} - 2\mu_{l1}^* \frac{\partial v_{l1}^{*\prime}}{\partial y^*} - p_{g1}^{*\prime} + 2\mu_g^* \frac{\partial v_{g1}^{*\prime}}{\partial y^*} - \sigma_1^* \frac{\partial^2 \eta_1^*}{\partial\left(x^*\right)^2} = 0, \quad y^* = -a_1^* \tag{3-245}$$

$$\mu_{l1}^*\left(\frac{\partial u_{l1}^{*\prime}}{\partial y^*} + \frac{\partial v_{l1}^{*\prime}}{\partial x^*} + \frac{\partial^2 U_1^*}{\partial\left(y^*\right)^2}\eta_2^*\right) = \mu_{l2}^*\left(\frac{\partial u_{l2}^{*\prime}}{\partial y^*} + \frac{\partial v_{l2}^{*\prime}}{\partial x^*} + \frac{\partial^2 U_1^*}{\partial\left(y^*\right)^2}\eta_2^*\right), \quad y^* = 0 \tag{3-246}$$

$$p_{l2}^{*\prime} - 2\mu_{l2}^* \frac{\partial v_{l2}^{*\prime}}{\partial y^*} - p_{l1}^{*\prime} + 2\mu_{l1}^* \frac{\partial v_{l1}^{*\prime}}{\partial y^*} - \sigma_{12}^* \frac{\partial^2 \eta_2^*}{\partial\left(x^*\right)^2} = 0, \quad y^* = 0 \tag{3-247}$$

$$\mu_g^*\left(\frac{\partial u_{g2}^{*\prime}}{\partial y^*} + \frac{\partial v_{g2}^{*\prime}}{\partial x^*} + \frac{\partial^2 U_g^*}{\partial\left(y^*\right)^2}\eta_3^*\right) = \mu_{l2}^*\left(\frac{\partial u_{l2}^{*\prime}}{\partial y^*} + \frac{\partial v_{l2}^{*\prime}}{\partial x^*} + \frac{\partial^2 U_1^*}{\partial\left(y^*\right)^2}\eta_3^*\right), \quad y^* = a_2^* \tag{3-248}$$

$$p_{g2}^{*\prime} - 2\mu_g^* \frac{\partial v_{g2}^{*\prime}}{\partial y^*} - p_{l2}^{*\prime} + 2\mu_{l2}^* \frac{\partial v_{l2}^{*\prime}}{\partial y^*} - \sigma_2^* \frac{\partial^2 \eta_3^*}{\partial\left(x^*\right)^2} = 0, \quad y^* = a_2^* \tag{3-249}$$

注意，式(3-244)、式(3-246)、式(3-248)中的$\partial^2 U_1^* \big/ \partial\left(y^*\right)^2$和$\partial^2 U_g^* \big/ \partial\left(y^*\right)^2$项实际上都等于零，这是因为这里考虑的液体基本流是均匀的，而气体基本流是用修正的 Stokes 模型描述的(式(3-176)～式(3-179))。然而，对于一般的基本流速度型，

这些项是不能忽略的。

正如 2.1 节所述，假设扰动具有如下正则模形式：

$$\left(\eta_1^*,\eta_2^*,\eta_3^*,u_{11}^{*\prime},v_{11}^{*\prime},p_{11}^{*\prime},u_{12}^{*\prime},v_{12}^{*\prime},p_{12}^{*\prime},u_{g1}^{*\prime},v_{g1}^{*\prime},p_{g1}^{*\prime},u_{g2}^{*\prime},v_{g2}^{*\prime},p_{g2}^{*\prime}\right)$$
$$=\left(\hat{\eta}_1^*,\hat{\eta}_2^*,\hat{\eta}_3^*,\hat{u}_{11}^{*\prime},\hat{v}_{11}^{*\prime},\hat{p}_{11}^{*\prime},\hat{u}_{12}^{*\prime},\hat{v}_{12}^{*\prime},\hat{p}_{12}^{*\prime},\hat{u}_{g1}^{*\prime},\hat{v}_{g1}^{*\prime},\hat{p}_{g1}^{*\prime},\hat{u}_{g2}^{*\prime},\hat{v}_{g2}^{*\prime},\hat{p}_{g2}^{*\prime}\right)\exp\left(\mathrm{i}k^*x^*+\omega^*t^*\right)+\mathrm{c.c.}$$

(3-250)

其中，$\hat{\eta}_1^*$、$\hat{\eta}_2^*$、$\hat{\eta}_3^*$是复扰动位移；$\hat{u}_{11}^{*\prime}$、$\hat{v}_{11}^{*\prime}$、$\hat{p}_{11}^{*\prime}$、$\hat{u}_{12}^{*\prime}$、$\hat{v}_{12}^{*\prime}$、$\hat{p}_{12}^{*\prime}$、$\hat{u}_{g1}^{*\prime}$、$\hat{v}_{g1}^{*\prime}$、$\hat{p}_{g1}^{*\prime}$、$\hat{u}_{g2}^{*\prime}$、$\hat{v}_{g2}^{*\prime}$、$\hat{p}_{g2}^{*\prime}$是以y^*为自变量的复扰动函数；c.c.代表复共轭。

本节考虑复合平面射流的空间不稳定性，因此ω^*是纯虚数，表示时间振荡频率。而波数$k^*=k_\mathrm{r}^*+\mathrm{i}k_\mathrm{i}^*$是复数，$k^*$的实部$k_\mathrm{r}^*$表示空间波数，而$-k_\mathrm{i}^*$表示空间增长率。正如 2.1 节所述，实际问题中，射流表面的扰动波一般都是随着空间位置的移动而放大，因此用空间模式来描述实际问题中的射流稳定性比用时间模式更为合理。

把式(3-250)代入线性化的控制方程和边界条件式(3-223)～式(3-249)，将它们转化为常微分方程组的特征值问题，便可以在已知ω^*的条件下求出k^*的值，即得到空间模式的色散曲线。

为了使得结果更具有通用性，需要对问题中的物理量进行无量纲化处理。取下层流体的厚度a_1^*为长度尺度，液体速度U_1^*为速度尺度，因此时间尺度可表示为a_1^*/U_1^*，并得到该问题中的无量纲数，如表 3-1 所示。

表 3-1　复合平面射流中的无量纲参数

参数	定义	参数	定义
厚度比	$a=a_2^*/a_1^*$	气液黏性比	$\mu=\mu_\mathrm{g}^*/\mu_{11}^*$
液体密度比	$\rho_1=\rho_{12}^*/\rho_{11}^*$	雷诺数	$Re=\rho_{11}^*U_1^*a_1^*/\mu_{11}^*$
液体黏性比	$\mu_1=\mu_{12}^*/\mu_{11}^*$	韦伯数	$We=\rho_{11}^*\left(U_1^*\right)^2a_1^*/\sigma_1^*$
表面张力比	$\sigma=\sigma_2^*/\sigma_1^*$	无量纲距离	$x=x^*/a_1^*$
气液密度比	$\rho=\rho_\mathrm{g}^*/\rho_{11}^*$	—	—

另外，为了验证理论的正确性，使用谱方法计算了 Tammisola 等(2011)中单层平面射流的稳定性问题。选取无量纲参数的数值是$a=1$，$\rho_1=1$，$\mu_1=1$，$\sigma=1$，$\rho=0.001226$，$Re=2910$，$We=350$，$\mu=0.01649$及$x=600$。理论结果与

Tammisola 等(2011)结果对比如图 3-19 所示，可以看出两者吻合得很好。

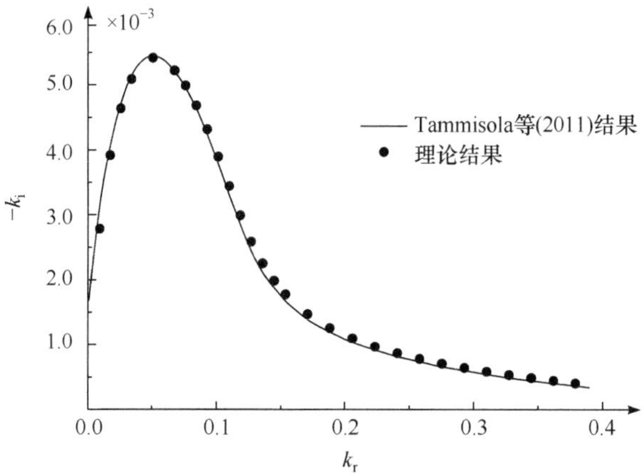

图 3-19 理论结果与 Tammisola 等(2011)结果的对比

3.3.4 复合液膜稳定性的影响因素分析

复合平面射流问题中的参数太多，所以要讨论各个参数的所有组合情形不现实。因此，本节采用如下方法：先计算一个参考工况的结果，然后在这个参考工况的基础上，逐次研究每一个参数的影响。当某个参数发生变化时，其余参数保持不变。参考工况下，假定复合平面射流由水层和甲基环已烷层组成，两种流体的密度分别是 $\rho_{l1}^*=998.9\text{kg/m}^3$ 和 $\rho_{l2}^*=770.0\text{kg/m}^3$，黏度系数分别是 $\mu_{l1}^*=1.085\text{mPa}\cdot\text{s}$ 和 $\mu_{l2}^*=0.72\text{mPa}\cdot\text{s}$，表面张力系数分别是 $\sigma_1^*=7.321\times10^{-2}\text{N/m}$ 、$\sigma_2^*=2.385\times10^{-2}\text{N/m}$。假设射流速度是 $U_1^*=4.5\text{m/s}$，射流厚度是 $a_1^*=3.2\times10^{-4}\text{m}$ 、$a_2^*=3.7\times10^{-4}\text{m}$。周围的气体是空气，其密度为 $\rho_g^*=1.225\text{kg/m}^3$，黏度系数是 $\mu_g^*=1.7894\times10^{-5}\text{Pa}\cdot\text{s}$。因此，无量纲参数的数值是 $a=1.156$，$\rho_1=0.7708$，$\mu_1=0.6636$，$\sigma=0.3258$，$\rho=0.001226$，$Re=1326$，$We=88.42$，$\mu=0.01649$。本节的计算射流截面位于 $x=560$ 处，这个位置处的边界层厚度大约是第一个液体层厚度的 8.7 倍(边界层厚度的定义是，边界层边缘处的气体速度等于液体射流速度的 1%)。

参考工况下的空间模式色散曲线如图 3-20 所示，其中 $a=1.156$，$\rho_1=0.7708$，$\mu_1=0.6636$，$\sigma=0.3258$，$\rho=0.001226$，$Re=1326$，$We=88.42$，$\mu=0.01649$ 及 $x=560$。空间模式的求解过程是已知频率 ω 求波数 k，虽然把 ω 作为横轴，把 $-k_i$ 作为纵轴更直接一些，但是以空间波数 k_r 作为横轴的物理意义更明显一些，毕竟空间波数是直接与扰动波长关联的。从图 3-20 中可以看出，复合平面射流的失稳也存在两种不稳定模式，这与单层平面射流是相似的。比较液体圆柱射流、单层平面射流和复合平面射流，会发现一个有趣的结论；液体圆柱射流有一个界面，存在一种不稳定模式，即 Plateau-Rayleigh 不稳定(见 2.1 节)；单层平面射流有上、下两个界面，存在两种不稳定模式，即正弦模式和曲张模式(见 3.1 节)；对于复合平面射流来说，虽然存在三个界面，但是却与单层平面射流一样只有正弦模式和曲张模式两种失稳模式。

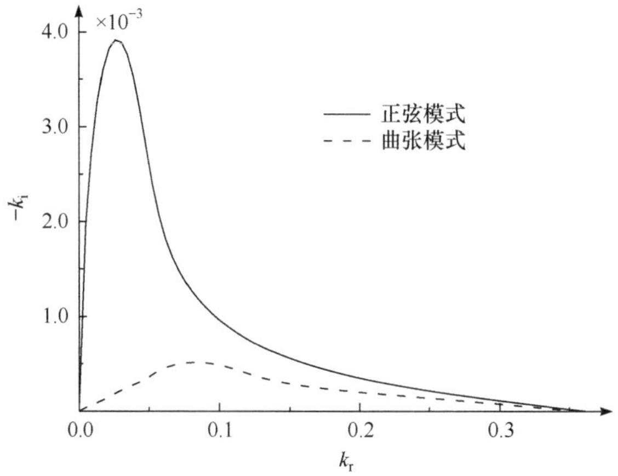

图 3-20　参考工况下的空间模式色散曲线

从图 3-20 可以看出，正弦模式的扰动空间增长率远大于曲张模式，因此，后面主要针对正弦模式进行分析讨论。同时，正弦模式的无量纲最不稳定波数大约为 0.03，这对应的无量纲波长是 $2\pi/k_r = 209$，这意味着扰动波长是第一个液体层厚度的 209 倍，仍属于长波的范围。

下面讨论各无量纲参数对正弦模式色散曲线的影响。表面张力比对复合液膜稳定性的影响如图 3-21 所示，其中，$a = 1.156$，$\rho_1 = 0.7708$，$\mu_1 = 0.6636$，$\rho = 0.001226$，$Re = 1326$，$We = 88.42$，$\mu = 0.01649$ 及 $x = 560$。对于单层平面射流来说，表面张力的作用总是趋于将扰动波抹平，也就是说表面张力总是抑制失稳。但是，复合平面射流的情形复杂一些。可以看出 $\sigma = 1$、$\sigma = 0.5$、$\sigma = 0.3258$ 及 $\sigma = 0.1$ 所对应的曲线几乎是重合的，但是 $\sigma = 2$ 对应的曲线不同于它们。也就是说，当 $\sigma > 1$ 时，增加 σ 使得扰动最大空间增长率和主导波数减小，但是当 $\sigma < 1$ 时，改变 σ 对色散曲线没有影响。这表明表面张力系数较大的液层对复合平面射流的稳定性影响更大。

液体密度比对复合液膜稳定性的影响如图 3-22 所示，其中，$a = 1.156$，$\mu_1 = 0.6636$，$\sigma = 0.3258$，$\rho = 0.001226$，$Re = 1326$，$We = 88.42$，$\mu = 0.01649$ 及 $x = 560$。可以看出液体密度比的增加导致空间增长率减小，但是主导波数没有明显的变化。这是因为液体密度比的增加导致射流的整体惯性增大，从而更难失稳。

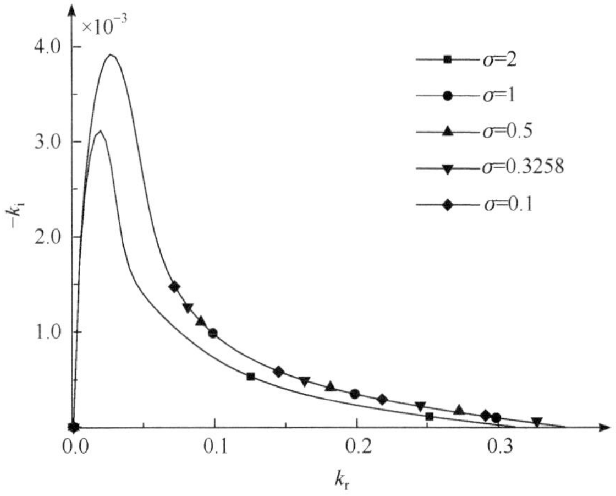

图 3-21　表面张力比对复合液膜稳定性的影响

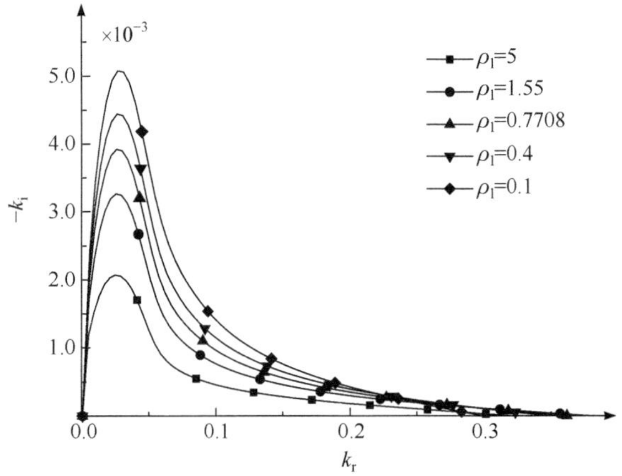

图 3-22　液体密度比对复合液膜稳定性的影响

液层厚度比对复合液膜稳定性的影响如图 3-23 所示，其中，$\rho_1 = 0.7708$，$\mu_1 = 0.6636$，$\sigma = 0.3258$，$\rho = 0.001226$，$Re = 1326$，$We = 88.42$，$\mu = 0.01649$ 及 $x = 560$。可以看出液层厚度比的增加导致空间增长率减小。其原因与液体密度比的影响是类似的，即厚度比的增加导致复合平面射流的整体惯性增大，从而更难失稳。

液体黏性比对复合液膜稳定性的影响如图 3-24 所示，其中，$a = 1.156$，$\rho_1 = 0.7708$，$\sigma = 0.3258$，$\rho = 0.001226$，$Re = 1326$，$We = 88.42$，$\mu = 0.01649$ 及 $x = 560$。可以看出在靠近截止波数的区域，黏性比的增大导致空间增长率减小，但是在其余大部分区域，黏性比对增长率的影响不大。

无量纲距离对复合液膜稳定性的影响如图 3-25 所示，其中，$a = 1.156$，$\rho_1 =$

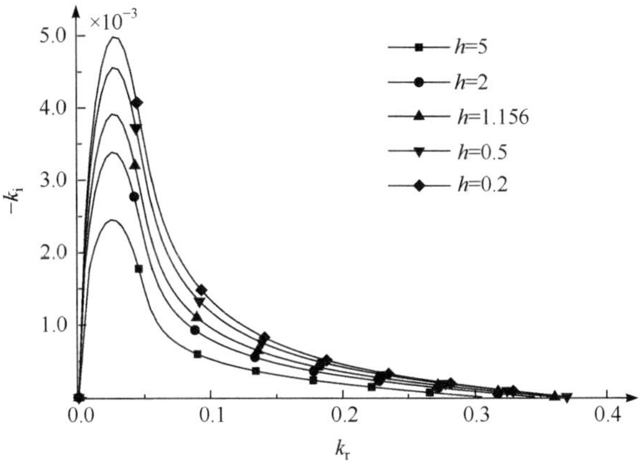

图 3-23　液层厚度比对复合液膜稳定性的影响

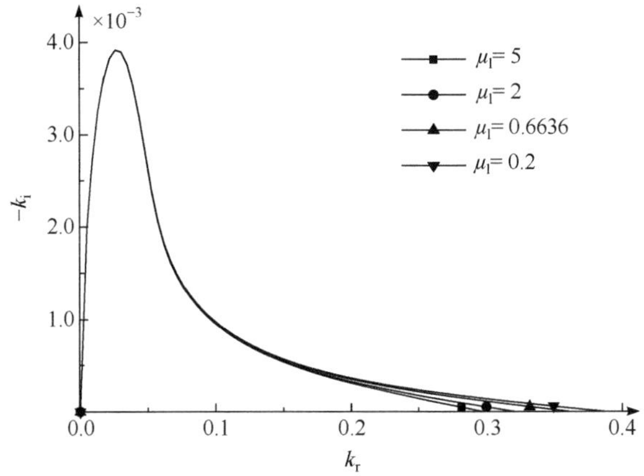

图 3-24　液体黏性比对复合液膜稳定性的影响

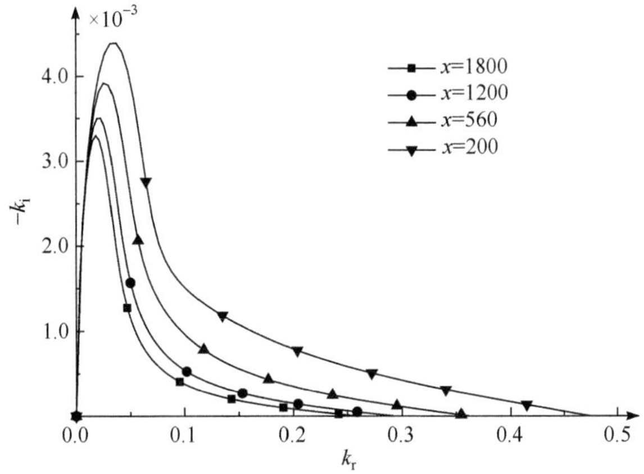

图 3-25　无量纲距离对复合液膜稳定性的影响

0.7708， $\mu_1 = 0.6636$， $\sigma = 0.3258$， $\rho = 0.001226$， $Re = 1326$， $We = 88.42$ 及 $\mu = 0.01649$，可以看出无量纲距离的减小导致空间增长率增加。减小无量纲距离会导致气体速度型的边界层厚度减小。关于单层平面射流的研究(Lozano et al., 2001；Altimira et al., 2010；Tammisola et al., 2011)表明，边界层厚度的减小会导致扰动空间增长率增加。因此，无量纲距离的减小会促进复合平面射流失稳。

3.4　平面射流非线性稳定性的摄动方法

3.1 节的线性分析只适用于扰动幅度很小的情形，当扰动幅度增长较大时，线性分析将不再适用。与圆柱射流的摄动分析(见 2.4 节)类似，对平面射流也可以进行非线性摄动分析。

平面射流扰动示意图如图 3-26 所示，气体和液体都假设为无黏且不可压缩。液体的表面张力系数为 σ^*，气体和液体的密度分别为 ρ_g^* 和 ρ_l^*。对于基本流动，平面射流具有一个不变的厚度 $2a^*$和均匀的流速 U_l^*，而周围的气体静止。为了使结果更具普遍意义，将所有参数无量纲化。韦伯数定义为 $We = \rho_l^*\left(U_l^*\right)^2 a^* \big/ \sigma^*$，气液密度比定义为 $\rho = \rho_g^* \big/ \rho_l^*$。时间、长度、速度和速度势的尺度分别为 $a^* \big/ U_l^*$、a^*、U_l^* 和 $U_l^* a^*$。

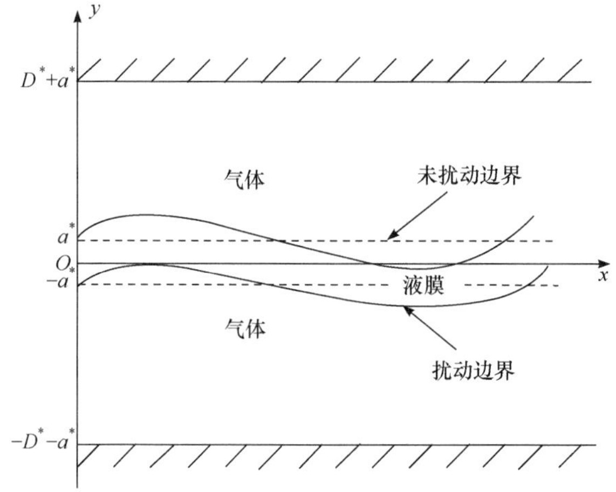

图 3-26　平面射流扰动示意图

在直角坐标系中，基本流动沿 x 方向，y 方向垂直于未扰动的气液分界面。x 轴与未扰动的平面射流中心线重合，因此未扰动的平面射流表面的无量纲位置为 $y = \pm 1$。气体与两侧壁面边界的距离为 D^*，并令 $D^* = a^* d$，d 为无量纲距离。当平面射流受到扰动时，上下表面在 y 方向的位移定义为 $\eta_j(x,t)$，其中 $j=1$ 代表上表面，$j=2$ 代表下表面，因此扰动表面的位置为 $y=(-1)^{j+1}+\eta_j$。假设流场初始无旋，液体和气体的速度势分别为 ϕ_l 和 ϕ_{gj}，其中 $j=1$ 代表平面射流上方的气体，$j=2$ 代表平面射流下方的气体。韦伯数定义为 $We=\rho_l^*\left(U_1^*\right)^2 a^*\big/\sigma^*$，气液密度比定义为 $\rho=\rho_g^*\big/\rho_l^*$。

液相的连续方程和运动边界条件分别为

$$\nabla^2\phi_l'=0,\quad -1+\eta_2<y<1+\eta_1 \tag{3-251}$$

$$\left(\phi_{gj}'\right)_y=\eta_{j,t}+\left(\phi_l'\right)_x\eta_{j,x},\quad y=(-1)^{j+1}+\eta_j \tag{3-252}$$

气相的连续方程和运动边界条件分别为

$$\nabla^2\phi_{gj}'=0,\quad j=1,2,\quad y>1+\eta_1\ \text{或}\ y<-1+\eta_2 \tag{3-253}$$

$$\left(\phi_{gj}'\right)_y=\eta_{j,t}+\left(\phi_{gj}'\right)_x\eta_{j,x},\quad y=(-1)^{j+1}+\eta_j \tag{3-254}$$

$$\left(\phi_{gj}'\right)_y=0,\quad y=(-1)^{j+1}(d+1) \tag{3-255}$$

气液边界面上动力边界条件为

$$\frac{1}{2}+\rho\left(\phi_{gj}'\right)_t-\left(\phi_l'\right)_t+\frac{1}{2}\rho\left[\left(\phi_{gj}'\right)_x^2+\left(\phi_{gj}'\right)_y^2\right]-\frac{1}{2}\left[\left(\phi_l'\right)_x^2+\left(\phi_l'\right)_y^2\right]$$

$$-\frac{(-1)^j\eta_{j,xx}}{We\left(1+\eta_{j,x}^2\right)^{1.5}}=0,\quad y=(-1)^{j+1}+\eta_j \tag{3-256}$$

本节将分别考虑时间稳定性和空间稳定性。对于空间不稳定性，在 $x=0$ 处施加的扰动给定一个边界条件，即

$$\eta_j\big|_{x=0}=\eta_0\hat{\eta}_j\exp(-\mathrm{i}\omega t)+\text{c.c.} \tag{3-257}$$

对于时间不稳定性，在 $t=0$ 时刻的初始扰动给定一个初始条件，即

$$\eta_j\big|_{t=0}=\eta_0\hat{\eta}_j\exp(\mathrm{i}kx)+\text{c.c.} \tag{3-258}$$

其中，η_0 是一个小量(实数)，它代表初始振幅的大小；$\hat{\eta}_j(j=1,2)$ 是复数，代表上下表面扰动的区别；ω 是一个实数，代表扰动的振动频率；c.c.代表共轭复数。

采用摄动方法求解上面的非线性方程组。假设所有的扰动都可以展开成初始

扰动振幅η_0的幂级数，其中η_0为摄动小参数。

$$\left(\phi_1',\phi_{gj}',\eta_j\right)=(x,0,0)+\left({}^1\phi_1',{}^1\phi_{gj}',{}^1\eta_j\right)\eta_0+\left({}^2\phi_1',{}^2\phi_{gj}',{}^2\eta_j\right)\eta_0^2+\cdots \tag{3-259}$$

其中，变量左上角的1，2…表示摄动的阶数。

对于扰动边界上的变量，用Taylor公式展开并用未扰动边界上变量表示，如

$$\phi_t'\Big|_{y=\eta_j+(-1)^{j+1}}=\phi_t'\Big|_{y=(-1)^{j+1}}+\phi_{t,y}'\Big|_{y=(-1)^{j+1}}\times\eta_j+\cdots \tag{3-260}$$

将式(3-260)和式(3-259)代入式(3-251)～式(3-258)，并提取η_0和η_0^2的系数，最终可以得到一阶和二阶的控制方程。本书只将摄动进行二阶展开。

一阶控制方程为

$$\left({}^1\phi_1'\right)_{xx}+\left({}^1\phi_1'\right)_{yy}=0,\quad -1<y<1 \tag{3-261}$$

$$\left({}^1\phi_{gj}'\right)_{xx}+\left({}^1\phi_{gj}'\right)_{yy}=0,\quad y>1\text{或}y<-1 \tag{3-262}$$

$$\left({}^1\phi_1'\right)_y-{}^1\eta_{j,t}-{}^1\eta_{j,x}=0,\quad y=(-1)^{j+1} \tag{3-263}$$

$$\left({}^1\phi_{gj}'\right)_y-{}^1\eta_{j,t}=0,\quad y=(-1)^{j+1} \tag{3-264}$$

$$\left({}^1\phi_{gj}'\right)_y=0,\quad y=(-1)^{j+1} \tag{3-265}$$

$$\rho\left({}^1\phi_{gj}'\right)_t-\left({}^1\phi_1'\right)_t-\left({}^1\phi_1'\right)_x=\frac{(-1)^j}{We}{}^1\eta_{j,xx},\quad y=(-1)^{j+1}(d+1) \tag{3-266}$$

$${}^1\eta_j\Big|_{x=0}=\hat{\eta}_j\exp(-\mathrm{i}\omega t)+\mathrm{c.c.},\quad \text{空间不稳定性} \tag{3-267}$$

$${}^1\eta_j\Big|_{t=0}=\hat{\eta}_j\exp(\mathrm{i}kx)+\mathrm{c.c.},\quad \text{时间不稳定性} \tag{3-268}$$

二阶控制方程为

$$\left({}^2\phi_1'\right)_{xx}+\left({}^2\phi_1'\right)_{yy}=0,\quad -1<y<1 \tag{3-269}$$

$$\left({}^2\phi_{gj}'\right)_{xx}+\left({}^2\phi_{gj}'\right)_{yy}=0,\quad y>1\text{或}y<-1 \tag{3-270}$$

$$\left({}^2\phi_1'\right)_y-{}^2\eta_{j,t}-{}^2\eta_{j,x}=\left({}^1\phi_1'\right)_x{}^1\eta_{j,x}-{}^1\eta_j\left({}^1\phi_1'\right)_{yy},\quad y=(-1)^{j+1} \tag{3-271}$$

$$\left({}^2\phi_{gj}'\right)_y-{}^2\eta_{j,t}=\left({}^1\phi_{gj}'\right)_x{}^1\eta_{j,x}-{}^1\eta_j\left({}^1\phi_{gj}'\right)_{yy},\quad y=(-1)^{j+1} \tag{3-272}$$

$$\left({}^2\phi_{gj}'\right)_y=0,\quad y=(-1)^{j+1} \tag{3-273}$$

$$\rho\left({}^{2}\phi_{gj}'\right)_{t}-\left({}^{2}\phi_{l}'\right)_{t}-\left({}^{2}\phi_{l}'\right)_{x}-\frac{(-1)^{j}}{We}{}^{2}\eta_{j,xx}={}^{1}\eta_{j}\left[-\rho\left({}^{1}\phi_{gj}'\right)_{yt}+\left({}^{1}\phi_{l}'\right)_{yt}+\left({}^{1}\phi_{l}'\right)_{yx}\right]$$
$$-\frac{1}{2}\rho\left[\left({}^{1}\phi_{gj}'\right)_{x}^{2}+\left({}^{1}\phi_{gj}'\right)_{y}^{2}\right]+\frac{1}{2}\left[\left({}^{1}\phi_{l}'\right)_{x}^{2}+\left({}^{1}\phi_{l}'\right)_{y}^{2}\right],\quad y=(-1)^{j+1}(d+1) \tag{3-274}$$

$$\left.{}^{2}\eta_{j}\right|_{x=0}=0,\quad \text{空间不稳定性} \tag{3-275}$$

$$\left.{}^{2}\eta_{j}\right|_{t=0}=0,\quad \text{时间不稳定性} \tag{3-276}$$

3.4.1　一阶扰动的解

一阶方程是线性的，故可采用线性稳定性分析方法进行求解。线性流体力学方程组具有简正模态形式的解，即

$$\left({}^{1}\phi_{l}',{}^{1}\phi_{gj}',{}^{1}\eta_{j}\right)=\left({}^{1}\hat{\phi}_{l}',{}^{1}\hat{\phi}_{gj}',{}^{1}\hat{\eta}_{j}\right)\exp(\mathrm{i}kx-\mathrm{i}\omega t) \tag{3-277}$$

其中，k 为波数；ω 为频率；带有符号“ ˆ ”的变量代表扰动的振幅，它们只是 y 的函数。

将式(3-277)代入液相和气相的连续方程式(3-261)和式(3-262)，得

$$\left({}^{1}\hat{\phi}_{l}'\right)_{yy}-k^{2}\,{}^{1}\hat{\phi}_{l}'=0 \tag{3-278}$$

$$\left({}^{1}\hat{\phi}_{gj}'\right)_{yy}-k^{2}\,{}^{1}\hat{\phi}_{gj}'=0 \tag{3-279}$$

求解式(3-278)和式(3-279)，得

$${}^{1}\hat{\phi}_{l}'={}^{1}A_{l}\sinh(ky)+{}^{1}B_{l}\cosh(ky) \tag{3-280}$$

$${}^{1}\hat{\phi}_{gj}'={}^{1}C_{gj}\sinh(ky)+{}^{1}D_{gj}\cosh(ky) \tag{3-281}$$

其中，${}^{1}A_{l}$、${}^{1}B_{l}$、${}^{1}C_{gj}$ 和 ${}^{1}D_{gj}$ $(j=1,2)$ 为待定系数，由边界条件决定。

将简正模态(3-277)代入边界条件式(3-263)～式(3-266)，得

$${}^{1}\hat{\phi}_{l}'+\mathrm{i}(\omega-k)\,{}^{1}\hat{\eta}_{j}=0,\quad y=(-1)^{j+1} \tag{3-282}$$

$${}^{1}\hat{\phi}_{gj}'+\mathrm{i}\omega\,{}^{1}\hat{\eta}_{j}=0,\quad y=(-1)^{j+1} \tag{3-283}$$

$${}^{1}\hat{\phi}_{gj}'=0,\quad y=(-1)^{j+1}(d+1) \tag{3-284}$$

$$\mathrm{i}\left(-\omega\rho\,{}^{1}\hat{\phi}_{gj}'+\omega\,{}^{1}\hat{\phi}_{l}'-k\,{}^{1}\hat{\phi}_{l}'\right)+(-1)^{j}\frac{k^{2}}{We}{}^{1}\hat{\eta}_{j}=0,\quad y=(-1)^{j+1} \tag{3-285}$$

将式(3-280)和式(3-281)代入式(3-282)～式(3-285)，得到关于 ${}^{1}A_{l}$、${}^{1}B_{l}$、${}^{1}C_{gj}$、

${}^1D_{gj}$ 和 ${}^1\hat{\eta}_j\left(j=1,2\right)$ 8 个未知数的 8 个方程，这 8 个方程都是线性齐次方程，因此问题的实质是求解方程具有非零解的条件特征值问题。令 ${}^1A_1$、${}^1B_1$、${}^1C_{gj}$、${}^1D_{gj}$ 和 ${}^1\hat{\eta}_j\left(j=1,2\right)$ 的系数矩阵奇异，即可得到波数与频率之间的关系，即色散关系 $D(\omega,k)=0$。通过下面的奇偶性分析，求解过程可以进一步简化，并可对不稳定性机理有更进一步的认识。

通过观察可以发现，若 ${}^1A_1$、${}^1B_1$、${}^1C_{gj}$、${}^1D_{gj}$ 和 ${}^1\hat{\eta}_j\left(j=1,2\right)$ 满足

$$
{}^1\hat{\eta}_1={}^1\hat{\eta}_2,\quad {}^1B_1=0,\quad {}^1C_{g1}={}^1C_{g2},\quad {}^1D_{g1}=-{}^1D_{g2} \tag{3-286}
$$

或满足

$$
{}^1\hat{\eta}_1=-{}^1\hat{\eta}_2,\quad {}^1A_1=0,\quad {}^1C_{g1}=-{}^1C_{g2},\quad {}^1D_{g1}={}^1D_{g2} \tag{3-287}
$$

则边界条件式(3-282)～式(3-285)在平面射流上方和下方边界上完全等价，这样方程和未知数的数量都由 8 个减小到 4 个。因此，该问题变得只需求解位于 $y=1$ 处和 $y=d+1$ 处的边界条件即可。更进一步地，式(3-286)与式(3-287)代表了平面射流线性波动的两种模态：式(3-286)所示的模态 ${}^1\hat{\eta}_1={}^1\hat{\eta}_2$，平面射流上下表面扰动相同，为弯曲模式(正弦模式)；式(3-287)所示的模态 ${}^1\hat{\eta}_1=-{}^1\hat{\eta}_2$，平面射流上下表面扰动相反，为曲张模式。下面分别对两种模式求解。

对于弯曲模式(正弦模式)，将式(3-280)、式(3-286)代入液相运动边界条件式(3-282)，解得

$$
{}^1A_1=\frac{\mathrm{i}\left(k-\omega\right)}{k\cosh k}{}^1\hat{\eta}_1 \tag{3-288}
$$

由此可得液相势函数振幅的解为

$$
{}^1\hat{\phi}_1'=\mathrm{i}\left(1-\frac{\omega}{k}\right)\frac{\sinh\left(ky\right)}{\cosh k}{}^1\hat{\eta}_1 \tag{3-289}
$$

将式(3-281)、式(3-286)代入气相运动边界条件式(3-283)、式(3-284)，解得

$$
{}^1C_{g1}=\frac{-\mathrm{i}\omega\sinh\left[k\left(d+1\right)\right]}{k\sinh(kd)}{}^1\hat{\eta}_1 \tag{3-290}
$$

$$
{}^1D_{g1}=\frac{\mathrm{i}\omega\cosh\left[k\left(d+1\right)\right]}{k\sinh(kd)}{}^1\hat{\eta}_1 \tag{3-291}
$$

由此可得气相势函数振幅的解为

$$
{}^1\hat{\phi}_{gj}'=\left(-1\right)^{j+1}\frac{\mathrm{i}\omega}{k}\frac{\cosh\left[k\left(d+1\right)+\left(-1\right)^jky\right]}{\sinh\left(kd\right)}{}^1\hat{\eta}_1 \tag{3-292}
$$

将式(3-289)、式(3-292)代入动力边界条件(3-285)，求解得到弯曲模式中波数与频率之间的关系，即色散方程

$$D(\omega,k)=-\rho\omega^2\coth\left(kd\right)+\frac{k^3}{We}-\left(\omega-k\right)^2\tanh k=0 \tag{3-293}$$

用类似的方法，可以得到曲张模式的势函数解答及色散方程，即

$${}^{1}\hat{\phi}_1'=\mathrm{i}\left(1-\frac{\omega}{k}\right)\frac{\cosh\left(ky\right)}{\sinh k}{}^{1}\hat{\eta}_1 \tag{3-294}$$

$${}^{1}\hat{\phi}_{gj}'=\frac{\mathrm{i}\omega}{k}\frac{\cosh\left[k\left(d+1\right)+\left(-1\right)^j ky\right]}{\sinh\left(kd\right)}{}^{1}\hat{\eta}_1 \tag{3-295}$$

$$D(\omega,k)=-\rho\omega^2\coth\left(kd\right)+\frac{k^3}{We}-\left(\omega-k\right)^2\coth k=0 \tag{3-296}$$

考虑在线性部分两种模式同时存在的情况，以前面的解为基础，线性部分的解设为

$$\begin{aligned}\left({}^{1}\phi_1',{}^{1}\phi_{gj}',{}^{1}\eta_j\right)&=\left({}^{1,\mathrm{s}}\hat{\phi}_1',{}^{1,\mathrm{s}}\hat{\phi}_{gj}',{}^{1,\mathrm{s}}\hat{\eta}_j\right)\exp\left(\mathrm{i}k_{1\mathrm{s}}x-\mathrm{i}\omega_{1\mathrm{s}}t\right)\\&\quad+\left({}^{1,\mathrm{v}}\hat{\phi}_1',{}^{1,\mathrm{v}}\hat{\phi}_{gj}{}',{}^{1,\mathrm{v}}\hat{\eta}_j\right)\exp\left(\mathrm{i}k_{1\mathrm{v}}x-\mathrm{i}\omega_{1\mathrm{v}}t\right)+\mathrm{c.c.}\end{aligned} \tag{3-297}$$

其中，上标“1,s”代表弯曲模式的扰动；上标“1,v”代表曲张模式的扰动，两种模式的扰动可以直接相加，这是由于线性方程系统满足叠加原理，即两组方程解的和是两组方程之和的解，两种模式的扰动独立传播，不相互影响；$k_{1\mathrm{s}}$ 和 $k_{1\mathrm{v}}$ 分别为弯曲和曲张两种波动模式的波数；$\omega_{1\mathrm{s}}$ 和 $\omega_{1\mathrm{v}}$ 分别为弯曲和曲张两种波动模式的复频率。

与式(3-277)不同，式(3-297)除了有两种模式的扰动之外还加了它们的共轭复数 c.c.，这是因为尽管对于线性部分，复数解的实部即为方程的实数解，但一阶线性解在二阶方程式(3-269)～式(3-276)中却以乘积的形式出现，这样要求一阶的解必须是实数而不能是复数，否则二阶方程就变为了复数方程，其解的实部不满足方程，而带有虚部的复数解又无实际意义。另外需要指出的是，由于一阶控制方程式(3-261)～式(3-268)为实数方程组，式(3-297)中的两种模式波动和的共轭复数 c.c.仍然满足方程组式(3-261)～式(3-268)。

下面进一步对两种模式的波动解进行总结。

弯曲模式：

$${}^{1,\mathrm{s}}\hat{\eta}_1={}^{1,\mathrm{s}}\hat{\eta}_2 \tag{3-298}$$

$$^{1,\mathrm{s}}\hat{\phi}_1' = \mathrm{i}\left(1-\frac{\omega_{1\mathrm{s}}}{k_{1\mathrm{s}}}\right)\frac{\sinh\left(k_{1\mathrm{s}}y\right)}{\cosh k_{1\mathrm{s}}}\,{}^{1,\mathrm{s}}\hat{\eta}_1 \tag{3-299}$$

$$^{1,\mathrm{s}}\hat{\phi}_{\mathrm{g}j}' = \left(-1\right)^{j+1}\frac{\mathrm{i}\omega_{1\mathrm{s}}}{k_{1\mathrm{s}}}\frac{\cosh\left[k_{1\mathrm{s}}\left(d+1\right)+\left(-1\right)^j k_{1\mathrm{s}}y\right]}{\sinh\left(k_{1\mathrm{s}}d\right)}\,{}^{1,\mathrm{s}}\hat{\eta}_1 \tag{3-300}$$

$$D_{\mathrm{s}}(\omega,k) = -\rho\omega^2\coth\left(kd\right)+\frac{k^3}{We}-\left(\omega-k\right)^2\tanh k \tag{3-301}$$

曲张模式：

$$^{1,\mathrm{v}}\hat{\eta}_1 = -\,{}^{1,\mathrm{v}}\hat{\eta}_2 \tag{3-302}$$

$$^{1,\mathrm{v}}\hat{\phi}_1' = \mathrm{i}\left(1-\frac{\omega_{1\mathrm{v}}}{k_{1\mathrm{v}}}\right)\frac{\cosh\left(k_{1\mathrm{v}}y\right)}{\sinh\left(k_{1\mathrm{v}}\right)}\,{}^{1,\mathrm{v}}\hat{\eta}_1 \tag{3-303}$$

$$^{1,\mathrm{v}}\hat{\phi}_{\mathrm{g}j}' = \frac{\mathrm{i}\omega_{1\mathrm{v}}}{k_{1\mathrm{v}}}\frac{\cosh\left[k_{1\mathrm{v}}\left(d+1\right)+\left(-1\right)^j k_{1\mathrm{v}}y\right]}{\sinh\left(k_{1\mathrm{v}}d\right)}\,{}^{1,\mathrm{v}}\hat{\eta}_1 \tag{3-304}$$

$$D_{\mathrm{v}}(\omega,k) = -\rho\omega^2\coth\left(kd\right)+\frac{k^3}{We}-\left(\omega-k\right)^2\coth k \tag{3-305}$$

当$d\to\infty$时，式(3-298)～式(3-305)与 Hagerty(1955)得到的无气体壁面边界的经典线性稳定性分析结果相同。由上可知，势函数的解答与表面扰动振幅${}^{1,\mathrm{s}}\hat{\eta}_1$和${}^{1,\mathrm{v}}\hat{\eta}_1$成正比，然而${}^{1,\mathrm{s}}\hat{\eta}_1$和${}^{1,\mathrm{v}}\hat{\eta}_1$的值不能由前面的解答给出，这是因为关于${}^1A_1$、${}^1B_1$、${}^1C_{\mathrm{g}j}$、${}^1D_{\mathrm{g}j}$和${}^1\hat{\eta}_j\ (j=1,2)$的齐次线性方程式(3-282)～式(3-285)在具有非0解，即波数与频率满足色散关系时，${}^1A_1$、${}^1B_1$、${}^1C_{\mathrm{g}j}$、${}^1D_{\mathrm{g}j}$和${}^1\hat{\eta}_j\ (j=1,2)$的系数矩阵奇异，式(3-282)～式(3-285)不相互独立，此时的非零解是不确定的。为了确定具体的解，必须用到其他的定解条件。在此问题中，空间不稳定性用到的是边界条件式(3-267)，而时间不稳定性用到的是初始条件式(3-268)。对于空间不稳定性，将式(3-297)、式(3-298)和式(3-302)代入边界条件(3-267)，可确定两种模式波动的频率及表面扰动振幅为

$$\omega_{1\mathrm{s}} = \omega_{1\mathrm{v}} = \omega \tag{3-306}$$

$$^{1,\mathrm{s}}\hat{\eta}_j = \frac{1}{2}\left(\hat{\eta}_1+\hat{\eta}_2\right)\quad {}^{1,\mathrm{v}}\hat{\eta}_j = \left(-1\right)^{j+1}\frac{1}{2}\left(\hat{\eta}_1-\hat{\eta}_2\right) \tag{3-307}$$

由式(3-306)及色散关系式(3-301)、式(3-305)可确定两种模式的复波数$k_{1\mathrm{s}}$和$k_{1\mathrm{v}}$。同理，对于时间不稳定性，也可确定两种模式的波数、表面扰动振幅及复频率$\omega_{1\mathrm{s}}$和$\omega_{1\mathrm{v}}$的关系，即

$$k_{1s}=k_{1v}=k \tag{3-308}$$

$$^{1,s}\hat{\eta}_j=\frac{1}{2}(\hat{\eta}_1+\hat{\eta}_2)\ ^{1,v}\hat{\eta}_j=(-1)^{j+1}\frac{1}{2}(\hat{\eta}_1-\hat{\eta}_2) \tag{3-309}$$

最后，为了衡量一阶线性扰动中弯曲模式的初始比重，定义

$$r_s=\frac{\left|{}^{1,s}\hat{\eta}_j\right|}{\left(\left|{}^{1,s}\hat{\eta}_j\right|+\left|{}^{1,v}\hat{\eta}_j\right|\right)} \tag{3-310}$$

显然，r_s 的取值范围是 $0\leqslant r_s\leqslant 1$，当 $r_s=0$ 时，线性扰动中仅有曲张模式，当 $r_s=1$ 时，线性扰动中仅有弯曲模式。

3.4.2　空间不稳定的二阶扰动的解

二阶方程式(3-269)～式(3-276)中所有的非线性项(乘积项)都为一阶扰动，由于一阶扰动的解已经在 3.4.1 节中求出，故对于未知的二阶扰动，二阶方程实际上是非齐次的线性方程。根据对二阶方程的观察，并考虑到一阶频率已由式(3-306)确定，二阶方程的解假设为

$$\begin{aligned}
&\left({}^{2}\phi_1',{}^{2}\phi_{gj}',{}^{2}\eta_j\right)\\
&=\left({}^{21,ss}\hat{\phi}_1',{}^{21,ss}\hat{\phi}_{gj}',{}^{21,ss}\hat{\eta}_j\right)\exp(2\mathrm{i}k_{1s}x-2\mathrm{i}\omega t)+\left({}^{21,s\bar{s}}\hat{\phi}_1',{}^{21,s\bar{s}}\hat{\phi}_{gj}',{}^{21,s\bar{s}}\hat{\eta}_j\right)\exp\left(\mathrm{i}k_{1s}x-\mathrm{i}\bar{k}_{1s}x\right)\\
&\quad+\left({}^{21,vv}\hat{\phi}_1',{}^{21,vv}\hat{\phi}_{gj}',{}^{21,vv}\hat{\eta}_j\right)\exp(2\mathrm{i}k_{1v}x-2\mathrm{i}\omega t)+\left({}^{21,v\bar{v}}\hat{\phi}_1',{}^{21,v\bar{v}}\hat{\phi}_{gj}',{}^{21,v\bar{v}}\hat{\eta}_j\right)\exp\left(\mathrm{i}k_{1v}x-\mathrm{i}\bar{k}_{1v}x\right)\\
&\quad+\left({}^{21,sv}\hat{\phi}_1',{}^{21,sv}\hat{\phi}_{gj},{}^{21,sv}\hat{\eta}_j\right)\exp\left(\mathrm{i}k_{1s}x+\mathrm{i}k_{1v}x-2\mathrm{i}\omega t\right)\\
&\quad+\left({}^{21,s\bar{v}}\hat{\phi}_1',{}^{21,s\bar{v}}\hat{\phi}_{gj}',{}^{21,s\bar{v}}\hat{\eta}_j\right)\exp\left(\mathrm{i}k_{1s}x-\mathrm{i}\bar{k}_{1v}x\right)\\
&\quad+\left({}^{22,s}\hat{\phi}_1',{}^{22,s}\hat{\phi}_{gj}',{}^{22,s}\hat{\eta}_j\right)\exp\left(\mathrm{i}k_{2s1}x-2\mathrm{i}\omega t\right)+\left({}^{22,v}\hat{\phi}_1',{}^{22,v}\hat{\phi}_{gj}',{}^{22,v}\hat{\eta}_j\right)\exp\left(\mathrm{i}k_{2v1}x-2\mathrm{i}\omega t\right)\\
&\quad+\left({}^{22,\bar{s}}\hat{\phi}_1',{}^{22,\bar{s}}\hat{\phi}_{gj}',{}^{22,\bar{s}}\hat{\eta}_j\right)\exp\left(\mathrm{i}k_{2s2}x\right)+\left({}^{22,\bar{v}}\hat{\phi}_1',{}^{22,\bar{v}}\hat{\phi}_{gj}',{}^{22,\bar{v}}\hat{\eta}_j\right)\exp\left(\mathrm{i}k_{2v2}x\right)+\text{c.c.}
\end{aligned} \tag{3-311}$$

其中，带有上标“21”的扰动具有与式(3-269)～式(3-276)中乘积项相同的指数项，它们代表了一阶向二阶的扰动传递；带有上标“22”的扰动代表二阶固有扰动，它们具有二阶波数；k_{2s1} 和 k_{2s2} 为二阶弯曲模式的波数；k_{2v1} 和 k_{2v2} 为二阶曲张模式的波数。式(3-311)中所有频率都是实数，而波数为复数，因此扰动随时间只做振幅不变的振动，而随空间位置变化振幅会增大。

在式(3-311)中，扰动 21,ss 和 21,s$\bar{s}$ 由一阶弯曲模式的扰动产生，因此它们代表线性弯曲模式的一阶谐波。类似地，扰动 21,vv 和 21,v$\bar{v}$ 代表线性曲张模式的一阶谐波。扰动 21,sv 和 21,s$\bar{v}$ 代表由线性弯曲和曲张扰动共同产生的一阶谐波，因

此，它们代表了两种线性模式在非线性部分的相互作用，同时也表明当考虑非线性效应时，两种线性不稳定模式的扰动并不是独立传播的。

${}^{21,\mathrm{ss}}\hat{\eta}_j$、${}^{21,\mathrm{s\bar{s}}}\hat{\eta}_j$、${}^{21,\mathrm{vv}}\hat{\eta}_j$、${}^{21,\mathrm{v\bar{v}}}\hat{\eta}_j$、${}^{21,\mathrm{sv}}\hat{\eta}_j$ 和 ${}^{21,\mathrm{s\bar{v}}}\hat{\eta}_j$ 可以通过求解非线性方程组得到。以 ${}^{21,\mathrm{ss}}\hat{\eta}_j$ 为例，将式(3-311)代入式(3-269)和式(3-270)，提取含有指数项 $\exp\left(2\mathrm{i}k_{1\mathrm{s}}x-2\mathrm{i}\omega t\right)$ 的扰动，可以得到

$$\left({}^{21,\mathrm{ss}}\phi_1'\right)_{yy}-4k_{1\mathrm{s}}^2\,{}^{21,\mathrm{ss}}\hat{\phi}_1'=0 \tag{3-312}$$

$$\left({}^{21,\mathrm{ss}}\phi_{\mathrm{g}j}'\right)_{yy}-4k_{1\mathrm{s}}^2\,{}^{21,\mathrm{ss}}\hat{\phi}_{\mathrm{g}j}'=0 \tag{3-313}$$

求解式(3-312)和式(3-313)，可以解得

$${}^{21,\mathrm{ss}}\hat{\phi}_1'={}^2A_1\sinh\left(2k_{1\mathrm{s}}y\right)+{}^2B_1\cosh\left(2k_{1\mathrm{s}}y\right) \tag{3-314}$$

$${}^{21,\mathrm{ss}}\hat{\phi}_{\mathrm{g}j}'={}^2C_{\mathrm{g}j}\sinh\left(2k_{1\mathrm{s}}y\right)+{}^2D_{\mathrm{g}j}\cosh\left(2k_{1\mathrm{s}}y\right) \tag{3-315}$$

其中，${}^2A_1$、${}^2B_1$、${}^2C_{\mathrm{g}j}$ 和 ${}^2D_{\mathrm{g}j}\left(j=1,2\right)$ 为积分常数，由边界条件确定。

将式(3-311)代入边界条件式(3-271)～式(3-274)，提取含有指数 $\exp\left(2\mathrm{i}k_{1s}x-2\mathrm{i}\omega t\right)$ 的扰动可得

$$\left({}^{21,\mathrm{ss}}\hat{\phi}_1'\right)_y+2\mathrm{i}\left(\omega-k_{1\mathrm{s}}\right){}^{21,\mathrm{ss}}\hat{\eta}_j=-k_{1\mathrm{s}}^2\,{}^{1,\mathrm{s}}\hat{\phi}_1'{}^{1,\mathrm{s}}\hat{\eta}_j-{}^{1,\mathrm{s}}\hat{\eta}_j\left({}^{1,\mathrm{s}}\hat{\phi}_l'\right)_{yy},\quad y=\left(-1\right)^{j+1} \tag{3-316}$$

$$\left({}^{21,\mathrm{ss}}\hat{\phi}_{\mathrm{g}j}'\right)_y+2\mathrm{i}\omega\,{}^{21,\mathrm{ss}}\hat{\eta}_j=-k_{1\mathrm{s}}^2{}^{1,\mathrm{s}}\hat{\phi}_{\mathrm{g}j}'{}^{1,\mathrm{s}}\hat{\eta}_j-{}^{1,\mathrm{s}}\hat{\eta}_j\left({}^{1,\mathrm{s}}\hat{\phi}_{\mathrm{g}j}'\right)_{yy},\quad y=\left(-1\right)^{j+1} \tag{3-317}$$

$$\left({}^{21,\mathrm{ss}}\hat{\phi}_{\mathrm{g}j}'\right)_y=0,\quad y=\left(-1\right)^{j+1}\left(d+1\right) \tag{3-318}$$

$$\begin{aligned}&2\mathrm{i}\left(-\omega\rho\,{}^{21,\mathrm{ss}}\hat{\phi}_{\mathrm{g}j}'+\omega\,{}^{21,\mathrm{ss}}\hat{\phi}_1'-k_{1\mathrm{s}}\,{}^{21,\mathrm{ss}}\hat{\phi}_1'\right)+\left(-1\right)^j\frac{4k_{1\mathrm{s}}^2}{We}\,{}^{21,\mathrm{ss}}\hat{\eta}_j=\mathrm{i}\,{}^{1,\mathrm{s}}\hat{\eta}_j\left[-\omega\left({}^{1,\mathrm{s}}\hat{\phi}_1'\right)_y\right.\\&\left.+k_{1\mathrm{s}}\left({}^{1,\mathrm{s}}\hat{\phi}_1'\right)_y\right]-\frac{1}{2}\rho\left[\left({}^{1,\mathrm{s}}\hat{\phi}_{\mathrm{g}j}'\right)_y^2-k_{1\mathrm{s}}^2\left({}^{1,\mathrm{s}}\hat{\phi}_{\mathrm{g}j}'\right)^2\right]+\frac{1}{2}\left[\left({}^{1,\mathrm{s}}\hat{\phi}_1'\right)_y^2-k_{1\mathrm{s}}^2\left({}^{1,\mathrm{s}}\hat{\phi}_1'\right)^2\right],\quad y=\left(-1\right)^{j+1}\end{aligned} \tag{3-319}$$

将式(3-314)、式(3-315)和式(3-299)、式(3-300)、式(3-307)分别代入式(3-316)～式(3-319)，可得到关于 8 个未知数(${}^2A_1$、${}^2B_1$、${}^2C_{\mathrm{g}j}$、${}^2D_{\mathrm{g}j}$ 和 ${}^{21,\mathrm{ss}}\hat{\eta}_j\left(j=1,2\right)$)的 8 个方程。与一阶的线性分析不同，在二阶方程中存在一阶非齐次项，方程非零解的存在不再需要系数矩阵奇异(事实上也是因为频率 $\omega_{1\mathrm{s}}$ 和波数 $k_{1\mathrm{s}}$ 不会再满足第二个色散关系，${}^2A_1$、${}^2B_1$、${}^2C_{\mathrm{g}j}$、${}^2D_{\mathrm{g}j}$ 和 ${}^{21,\mathrm{ss}}\hat{\eta}_j\left(j=1,2\right)$ 的系数矩阵也不会奇异)，因此需要直接求解非齐次方程的解。其中平面射流的表面扰动振幅 ${}^{21,\mathrm{ss}}\hat{\eta}_j\left(j=1,2\right)$ 的求解尤其重要，因为它直接决定了平面射流的波形。利用与一阶

方程类似的奇偶性分析，并根据一阶扰动的奇偶性质可知，当 ${}^{2}A_{1}$、${}^{2}B_{1}$、${}^{2}C_{gj}\left(j=1,2\right)$、${}^{2}D_{gj}$ 和 ${}^{21,\mathrm{ss}}\hat{\eta}_{j}\left(j=1,2\right)$ 满足

$$ {}^{21,\mathrm{ss}}\hat{\eta}_{1}=-{}^{21,\mathrm{ss}}\hat{\eta}_{2},\quad {}^{2}A_{1}=0,\quad {}^{2}C_{\mathrm{g}1}=-{}^{2}C_{\mathrm{g}2},\quad {}^{2}D_{\mathrm{g}1}={}^{2}D_{\mathrm{g}2} \tag{3-320} $$

时，式(3-316)～式(3-319)在平面射流上方和下方边界上的边界条件完全等价，这样方程和未知数的数量都由 8 个减少到 4 个，只需求解位于 $y=1$ 处和 $y=d+1$ 处的边界条件即可。将式(3-314)、式(3-320)及一阶解(3-299)代入式(3-316)，解得液相的势函数为

$$ {}^{21,\mathrm{ss}}\hat{\phi}_{1}'=\frac{\mathrm{i}\left(\omega-k_{1\mathrm{s}}\right)\left[k_{1\mathrm{s}}\tanh k_{1\mathrm{s}}\,{}^{1,\mathrm{s}}\hat{\eta}_{1}^{2}-{}^{21,\mathrm{ss}}\hat{\eta}_{1}\right]}{k_{1\mathrm{s}}\sinh\left(2k_{1\mathrm{s}}\right)}\cosh\left(2k_{1\mathrm{s}}y\right) \tag{3-321} $$

将式(3-313)、式(3-320)及一阶解(3-300)代入式(3-317)和式(3-318)，解得气相的势函数为

$$ {}^{21,\mathrm{ss}}\hat{\phi}_{gj}'=\left[\mathrm{i}\frac{\omega}{k_{1\mathrm{s}}}\,{}^{21,\mathrm{ss}}\hat{\eta}_{1}+\mathrm{i}\omega\coth\left(k_{1\mathrm{s}}d\right){}^{1,\mathrm{s}}\hat{\eta}_{1}^{2}\right]\frac{\cosh\left\{2k_{1\mathrm{s}}\left[d+1+\left(-1\right)^{j}y\right]\right\}}{\sinh\left(2k_{1\mathrm{s}}d\right)} \tag{3-322} $$

将式(3-321)、式(3-322)、式(3-299)、式(3-300)和式(3-320)代入式(3-319)，解得

$$ \begin{aligned} {}^{21,\mathrm{ss}}\hat{\eta}_{1}&=-{}^{21,\mathrm{ss}}\hat{\eta}_{2}\\ &=\frac{k_{1\mathrm{s}}}{D_{\mathrm{v}}\left(2\omega,2k_{1\mathrm{s}}\right)}\left\{\rho\omega^{2}\left[\coth^{2}\left(k_{1\mathrm{s}}d\right)-3+4\coth\left(k_{1\mathrm{s}}d\right)\coth\left(2k_{1\mathrm{s}}d\right)\right]\right.\\ &\quad\left.-\left(\omega-k_{1\mathrm{s}}\right)^{2}\left[\tanh^{2}k_{1\mathrm{s}}-3+4\tanh k_{1\mathrm{s}}\coth\left(2k_{1\mathrm{s}}\right)\right]\right\}{}^{1,\mathrm{s}}\hat{\eta}_{1}^{2} \end{aligned} \tag{3-323} $$

用同样的方法可以解得其他“21”扰动的表达式，即

$$ {}^{21,\mathrm{s}\bar{\mathrm{s}}}\hat{\phi}_{1}'=\frac{\mathrm{i}\left(\omega-k_{1\mathrm{s}}\right)\tanh k_{1\mathrm{s}}\left|{}^{1,\mathrm{s}}\hat{\eta}_{1}\right|^{2}+\mathrm{i}\,{}^{21,\mathrm{s}\bar{\mathrm{s}}}\hat{\eta}_{1}}{\sinh\left(k_{1\mathrm{s}}-\bar{k}_{1\mathrm{s}}\right)}\cosh\left[\left(k_{1\mathrm{s}}-\bar{k}_{1\mathrm{s}}\right)y\right] \tag{3-324} $$

$$ {}^{21,\mathrm{s}\bar{\mathrm{s}}}\hat{\phi}_{gj}'=\mathrm{i}\omega\coth\left(k_{1\mathrm{s}}d\right)\left|{}^{1,\mathrm{s}}\hat{\eta}_{1}\right|^{2}\frac{\cosh\left\{\left(k_{1\mathrm{s}}-\bar{k}_{1\mathrm{s}}\right)\left[d+1+\left(-1\right)^{j}y\right]\right\}}{\sinh\left[\left(k_{1\mathrm{s}}-\bar{k}_{1\mathrm{s}}\right)d\right]} \tag{3-325} $$

$$ \begin{aligned} {}^{21,\mathrm{s}\bar{\mathrm{s}}}\hat{\eta}_{1}&=-{}^{21,\mathrm{s}\bar{\mathrm{s}}}\hat{\eta}_{2}\\ &=\frac{k_{1\mathrm{s}}-\bar{k}_{1\mathrm{s}}}{D_{\mathrm{v}}\left(0,k_{1\mathrm{s}}-\bar{k}_{1\mathrm{s}}\right)}\left\{\frac{1}{2}\rho\omega^{2}\left[\left|\coth\left(k_{1\mathrm{s}}d\right)\right|^{2}-1\right]-\frac{1}{2}\left|\omega-k_{1\mathrm{s}}\right|^{2}\left[\left|\tanh k_{1\mathrm{s}}\right|^{2}+1\right]\right.\\ &\quad\left.+\left(\omega-k_{1\mathrm{s}}\right)^{2}+\left(k_{1\mathrm{s}}-\bar{k}_{1\mathrm{s}}\right)\left(\omega-k_{1\mathrm{s}}\right)\tanh k_{1\mathrm{s}}\coth\left(k_{1\mathrm{s}}-\bar{k}_{1\mathrm{s}}\right)\right\}\left|{}^{1,\mathrm{s}}\hat{\eta}_{1}\right|^{2} \end{aligned} \tag{3-326} $$

$$^{21,\mathrm{vv}}\hat{\phi}_1' = \frac{\mathrm{i}(\omega - k_{1\mathrm{v}})\left[k_{1\mathrm{v}}\coth(k_{1\mathrm{v}})\,^{1,\mathrm{v}}\hat{\eta}_1^2 - {}^{21,\mathrm{vv}}\hat{\eta}_1\right]}{k_{1\mathrm{v}}\sinh(2k_{1\mathrm{v}})}\cosh(2k_{1\mathrm{v}}y) \tag{3-327}$$

$$^{21,\mathrm{vv}}\hat{\phi}_{\mathrm{g}j}' = \left[\mathrm{i}\frac{\omega}{k_{1\mathrm{v}}}\,^{21,\mathrm{vv}}\hat{\eta}_1 + \mathrm{i}\omega\coth(k_{1\mathrm{v}}d)\,^{1,\mathrm{v}}\hat{\eta}_1^2\right]\frac{\cosh\left\{2k_{1\mathrm{v}}\left[d+1+(-1)^j y\right]\right\}}{\sinh(2k_{1\mathrm{v}}d)} \tag{3-328}$$

$$\begin{aligned}^{21,\mathrm{vv}}\hat{\eta}_1 &= -{}^{21,\mathrm{vv}}\hat{\eta}_2\\ &= \frac{k_{1\mathrm{v}}}{D_{\mathrm{v}}(2\omega, 2k_{1\mathrm{v}})}\left\{\rho\omega^2\left[\coth^2(k_{1\mathrm{v}}d) - 3 + 4\coth(k_{1\mathrm{v}}d)\coth(2k_{1\mathrm{v}}d)\right]\right.\\ &\quad\left. -(\omega - k_{1\mathrm{v}})^2\left[\coth^2(k_{1\mathrm{v}}) - 3 + 4\coth k_{1\mathrm{v}}\coth(2k_{1\mathrm{v}})\right]\right\}{}^{1,\mathrm{v}}\hat{\eta}_1^2\end{aligned} \tag{3-329}$$

$$^{21,\mathrm{v}\bar{\mathrm{v}}}\hat{\phi}_1' = \frac{\mathrm{i}(\omega - k_{1\mathrm{v}})\coth k_{1\mathrm{v}}\left|{}^{1,\mathrm{v}}\hat{\eta}_1\right|^2 + \mathrm{i}\,{}^{21,\mathrm{v}\bar{\mathrm{v}}}\hat{\eta}_1}{\sinh(k_{1\mathrm{v}} - \bar{k}_{1\mathrm{v}})}\cosh\left[(k_{1\mathrm{v}} - \bar{k}_{1\mathrm{v}})y\right] \tag{3-330}$$

$$^{21,\mathrm{v}\bar{\mathrm{v}}}\hat{\phi}_{\mathrm{g}j}' = \mathrm{i}\omega\coth(k_{1\mathrm{v}}d)\left|{}^{1,\mathrm{v}}\hat{\eta}_1\right|^2\frac{\cosh\left\{(k_{1\mathrm{v}} - \bar{k}_{1\mathrm{v}})\left[d+1+(-1)^j y\right]\right\}}{\sinh\left[(k_{1\mathrm{v}} - \bar{k}_{1\mathrm{v}})d\right]} \tag{3-331}$$

$$\begin{aligned}^{21,\mathrm{v}\bar{\mathrm{v}}}\hat{\eta}_1 &= -{}^{21,\mathrm{v}\bar{\mathrm{v}}}\hat{\eta}_2\\ &= \frac{k_{1\mathrm{v}} - \bar{k}_{1\mathrm{v}}}{D_{\mathrm{v}}(0, k_{1\mathrm{v}} - \bar{k}_{1\mathrm{v}})}\left\{\frac{1}{2}\rho\omega^2\left[\left|\coth(k_{1\mathrm{v}}d)\right|^2 - 1\right] - \frac{1}{2}\left|\omega - k_{1\mathrm{v}}\right|^2\left[\left|\coth k_{1\mathrm{v}}\right|^2 + 1\right]\right.\\ &\quad\left. +(\omega - k_{1\mathrm{v}})^2 + (k_{1\mathrm{v}} - \bar{k}_{1\mathrm{v}})(\omega - k_{1\mathrm{v}})\coth(k_{1\mathrm{v}})\coth(k_{1\mathrm{v}} - \bar{k}_{1\mathrm{v}})\right\}\left|{}^{1,\mathrm{v}}\hat{\eta}_1\right|^2\end{aligned} \tag{3-332}$$

$$\begin{aligned}^{21,\mathrm{sv}}\hat{\phi}_1' = &\left\{\mathrm{i}(k_{1\mathrm{s}} + k_{1\mathrm{v}})\left[(\omega - k_{1\mathrm{s}})\tanh k_{1\mathrm{s}} + (\omega - k_{1\mathrm{v}})\coth k_{1\mathrm{v}}\right]{}^{1,\mathrm{s}}\hat{\eta}_1\,{}^{1,\mathrm{v}}\hat{\eta}_1\right.\\ &\left. -\mathrm{i}(2\omega - k_{1\mathrm{s}} - k_{1\mathrm{v}})\,{}^{21,\mathrm{sv}}\hat{\eta}_1\right\}\frac{\sinh\left[(k_{1\mathrm{s}} + k_{1\mathrm{v}})y\right]}{(k_{1\mathrm{s}} + k_{1\mathrm{v}})\cosh(k_{1\mathrm{s}} + k_{1\mathrm{v}})}\end{aligned} \tag{3-333}$$

$$\begin{aligned}^{21,\mathrm{sv}}\hat{\phi}_{\mathrm{g}j}' = &(-1)^{j+1}\frac{\mathrm{i}\omega}{k_{1\mathrm{s}} + k_{1\mathrm{v}}}\left\{2\,{}^{21,\mathrm{sv}}\hat{\eta}_1 + \left[k_{1\mathrm{s}}\left(1 + \coth(k_{1\mathrm{s}}d)\right)\right.\right.\\ &\left.\left. +k_{1\mathrm{v}}\left(1 + \coth(k_{1\mathrm{v}}d)\right)\right]{}^{1,\mathrm{s}}\hat{\eta}_1\,{}^{1,\mathrm{v}}\hat{\eta}_1\right\}\times\frac{\cosh\left\{(k_{1\mathrm{s}} + k_{1\mathrm{v}})\left[d+1+(-1)^j y\right]\right\}}{\sinh\left[(k_{1\mathrm{s}} + k_{1\mathrm{v}})d\right]}\end{aligned} \tag{3-334}$$

$$\begin{aligned}^{21,\mathrm{sv}}\hat{\eta}_1 = {}^{21,\mathrm{sv}}\hat{\eta}_2 = &\frac{1}{D_{\mathrm{s}}(2\omega, k_{1\mathrm{s}} + k_{1\mathrm{v}})}\left[(k_{1\mathrm{s}} + k_{1\mathrm{v}})\left\{\rho\omega^2\left[\coth(k_{1\mathrm{s}}d)\coth(k_{1\mathrm{v}}d) - 3\right]\right.\right.\\ &\left. +(\omega - k_{1\mathrm{s}})(\omega - k_{1\mathrm{v}})\left[1 - \tanh k_{1\mathrm{s}}\coth k_{1\mathrm{v}}\right] + (\omega - k_{1\mathrm{s}})^2 + (\omega - k_{1\mathrm{v}})^2\right\}\end{aligned}$$

$$+2\rho\omega^2\left\{k_{1s}\left[1+\coth\left(k_{1s}d\right)\right]+k_{1v}\left[1+\coth\left(k_{1v}d\right)\right]\right\}\coth\left[\left(k_{1s}+k_{1v}\right)d\right]$$
$$-\left(2\omega-k_{1s}-k_{1v}\right)\left(k_{1s}+k_{1v}\right)\left[\left(\omega-k_{1s}\right)\tanh k_{1s}+\left(\omega-k_{1v}\right)\coth k_{1v}\right]$$
$$\times\tanh\left(k_{1s}+k_{1v}\right)\Big]\times{}^{1,s}\hat{\eta}_1\,{}^{1,v}\hat{\eta}_1 \tag{3-335}$$

$${}^{21,s\bar{v}}\hat{\phi}_1'$$
$$=\left\{\mathrm{i}\left[\left(\omega-k_{1s}\right)\tanh k_{1s}+\left(\omega-\bar{k}_{1v}\right)\coth\bar{k}_{1v}\right]{}^{1,s}\hat{\eta}_1\,{}^{1,v}\hat{\bar{\eta}}_1+\mathrm{i}\,{}^{21,s\bar{v}}\hat{\eta}_1\right\}\frac{\sinh\left[\left(k_{1s}-\bar{k}_{1v}\right)y\right]}{\cosh\left(k_{1s}-\bar{k}_{1v}\right)} \tag{3-336}$$

$${}^{21,s\bar{v}}\hat{\phi}_{gj}'$$
$$=(-1)^{j+1}\mathrm{i}\omega\left[\coth\left(k_{1s}d\right)+\coth\left(\bar{k}_{1v}d\right)\right]{}^{1,s}\hat{\eta}_1\,{}^{1,v}\hat{\bar{\eta}}_1\frac{\cosh\left\{\left(k_{1s}-\bar{k}_{1v}\right)\left[d+1+(-1)^j y\right]\right\}}{\sinh\left[\left(k_{1s}-\bar{k}_{1v}\right)d\right]} \tag{3-337}$$

$${}^{21,s\bar{v}}\hat{\eta}_1={}^{21,s\bar{v}}\hat{\eta}_2=\frac{k_{1s}-\bar{k}_{1v}}{D_s\left(0,k_{1s}-\bar{k}_{1v}\right)}\left\{\rho\omega^2\left[\coth\left(k_{1s}d\right)\coth\left(\bar{k}_{1v}d\right)-1\right]-\left(\omega-k_{1s}\right)\left(\omega-\bar{k}_{1v}\right)\right.$$
$$\times\left(\tanh k_{1s}\coth\bar{k}_{1v}+1\right)+\left(\omega-k_{1s}\right)^2+\left(\omega-\bar{k}_{1v}\right)^2+\left(k_{1s}-\bar{k}_{1v}\right)$$
$$\left.\times\left[\left(\omega-k_{1s}\right)\tanh k_{1s}+\left(\omega-\bar{k}_{1v}\right)\coth\bar{k}_{1v}\right]\tanh\left(k_{1s}-\bar{k}_{1v}\right)\right\}{}^{1,s}\hat{\eta}_1\,{}^{1,v}\hat{\bar{\eta}}_1 \tag{3-338}$$

有趣的是，式(3-323)、式(3-326)、式(3-329)、式(3-332)、式(3-335)和式(3-338)说明线性弯曲模式的一阶谐波(${}^{21,ss}\hat{\eta}_j$ 和 ${}^{21,s\bar{s}}\hat{\eta}_j$)和线性曲张模式的一阶谐波(${}^{21,vv}\hat{\eta}_j$ 和 ${}^{21,v\bar{v}}\hat{\eta}_j$)都是曲张的(即上下表面扰动相反)，但线性弯曲和曲张模式共同产生的一阶谐波 ${}^{21,sv}\hat{\eta}_j$ 和 ${}^{21,s\bar{v}}\hat{\eta}_j$ 却是弯曲的(即上下表面扰动相同)。因此，线性弯曲和曲张模式相互作用产生的二阶扰动并不直接使平面射流变窄，即对破裂没有直接的贡献。但应当指出，它们可能会产生更高阶的曲张扰动从而影响破裂的过程。

扰动 $22,\mathrm{s}$ 、 $22,\mathrm{v}$ 、 $22,\bar{\mathrm{s}}$ 和 $22,\bar{\mathrm{v}}$ 的方程中不含有一阶非齐次项，因此它们可以用 3.4.1 节给出的线性方法进行求解，这里只给出结果。二阶波数由二阶色散关系确定，即

$$D_s\left(2\omega,k_{2s1}\right)=0,\quad D_v\left(2\omega,k_{2v1}\right)=0,\quad D_s\left(0,k_{2s2}\right)=0,\quad D_v\left(0,k_{2v2}\right)=0 \tag{3-339}$$

弯曲模式和曲张模式的表面扰动振幅满足

$$^{22,\mathrm{s}}\hat{\eta}_1 = {}^{22,\mathrm{s}}\hat{\eta}_2,\quad {}^{22,\mathrm{v}}\hat{\eta}_1 = -{}^{22,\mathrm{v}}\hat{\eta}_2,\quad {}^{22,\bar{\mathrm{s}}}\hat{\eta}_1 = {}^{22,\bar{\mathrm{s}}}\hat{\eta}_2,\quad {}^{22,\bar{\mathrm{v}}}\hat{\eta}_1 = -{}^{22,\bar{\mathrm{v}}}\hat{\eta}_2 \tag{3-340}$$

液相、气相势函数振幅的表达式为

$$^{22,\mathrm{s}}\hat{\phi}_1' = \mathrm{i}\left(1-\frac{2\omega}{k_{2\mathrm{s}1}}\right)\frac{\sinh\left(k_{2\mathrm{s}1}y\right)}{\cosh k_{2\mathrm{s}1}}\,{}^{22,\mathrm{s}}\hat{\eta}_1 \tag{3-341}$$

$$^{22,\mathrm{s}}\hat{\phi}_{\mathrm{g}j}' = (-1)^{j+1}\frac{2\mathrm{i}\omega}{k_{2\mathrm{s}1}}\frac{\cosh\left[k_{2\mathrm{s}1}(d+1)+(-1)^j k_{2\mathrm{s}1}y\right]}{\sinh\left(k_{2\mathrm{s}1}d\right)}\,{}^{22,\mathrm{s}}\hat{\eta}_1 \tag{3-342}$$

$$^{22,\mathrm{v}}\hat{\phi}_1' = \mathrm{i}\left(1-\frac{2\omega}{k_{2\mathrm{v}1}}\right)\frac{\cosh\left(k_{2\mathrm{v}1}y\right)}{\sinh k_{2\mathrm{v}1}}\,{}^{22,\mathrm{v}}\hat{\eta}_1 \tag{3-343}$$

$$^{22,\mathrm{v}}\hat{\phi}_{\mathrm{g}j}' = \frac{2\mathrm{i}\omega}{k_{2\mathrm{v}1}}\frac{\cosh\left[k_{2\mathrm{v}1}(d+1)+(-1)^j k_{2\mathrm{v}1}y\right]}{\sinh\left(k_{2\mathrm{v}1}d\right)}\,{}^{22,\mathrm{v}}\hat{\eta}_1 \tag{3-344}$$

$$^{22,\bar{\mathrm{s}}}\hat{\phi}_1' = {}^{22,\bar{\mathrm{s}}}\hat{\phi}_{\mathrm{g}j}' = {}^{22,\bar{\mathrm{v}}}\hat{\phi}_1' = {}^{22,\bar{\mathrm{v}}}\hat{\phi}_{\mathrm{g}j}' = 0 \tag{3-345}$$

将式(3-311)、式(3-323)、式(3-326)、式(3-329)、式(3-332)、式(3-335)、式(3-338)和式(3-340)代入边界条件式(3-275)中，可以解出 $^{22,\mathrm{s}}\hat{\eta}_j$ 、 $^{22,\mathrm{v}}\hat{\eta}_j$ 、 $^{22,\bar{\mathrm{s}}}\hat{\eta}_j$ 和 $^{22,\bar{\mathrm{v}}}\hat{\eta}_j$

$$^{22,\mathrm{s}}\hat{\eta}_j = -{}^{21,\mathrm{sv}}\hat{\eta}_j \tag{3-346}$$

$$^{22,\mathrm{v}}\hat{\eta}_j = -{}^{21,\mathrm{ss}}\hat{\eta}_j - {}^{21,\mathrm{vv}}\hat{\eta}_j \tag{3-347}$$

$$^{22,\bar{\mathrm{s}}}\hat{\eta}_j = -{}^{21,\mathrm{s}\bar{\mathrm{v}}}\hat{\eta}_j \tag{3-348}$$

$$^{22,\bar{\mathrm{v}}}\hat{\eta}_j = -{}^{21,\mathrm{s}\bar{\mathrm{s}}}\hat{\eta}_j - {}^{21,\mathrm{v}\bar{\mathrm{v}}}\hat{\eta}_j \tag{3-349}$$

这样根据式(3-323)、式(3-326)、式(3-329)、式(3-332)、式(3-335)、式(3-338)、式 (3-339)和式(3-346)～式(3-349)就可以确定二阶扰动(3-311)中平面射流表面扰动 $^2\eta_j$ 的表达式，进而根据摄动展开式(3-259)及一阶扰动的解答作出气液交界面的波形。

3.4.3 时间不稳定的二阶扰动的解

对于时间不稳定性，采用与空间不稳定性相似的方法，并考虑到一阶波数已由式(3-308)确定，二阶扰动解的形式假设为

$$\begin{aligned}
&\left({}^2\phi_1',\ {}^2\phi_{\mathrm{g}j}',\ {}^2\eta_j\right)\\
&=\left({}^{21,\mathrm{ss}}\hat{\phi}_1',\ {}^{21,\mathrm{ss}}\hat{\phi}_{\mathrm{g}j}',\ {}^{21,\mathrm{ss}}\hat{\eta}_j\right)\exp\left(2\mathrm{i}kx-2\mathrm{i}\omega_{1\mathrm{s}}t\right)+\left({}^{21,\mathrm{s}\bar{\mathrm{s}}}\hat{\phi}_1',\ {}^{21,\mathrm{s}\bar{\mathrm{s}}}\hat{\phi}_{\mathrm{g}j}',\ {}^{21,\mathrm{s}\bar{\mathrm{s}}}\hat{\eta}_j\right)\exp\left(-\mathrm{i}\omega_{1\mathrm{s}}t+\mathrm{i}\bar{\omega}_{1\mathrm{s}}t\right)\\
&\quad+\left({}^{21,\mathrm{vv}}\hat{\phi}_1',\ {}^{21,\mathrm{vv}}\hat{\phi}_{\mathrm{g}j}',\ {}^{21,\mathrm{vv}}\hat{\eta}_j\right)\exp\left(2\mathrm{i}kx-2\mathrm{i}\omega_{1\mathrm{v}}t\right)
\end{aligned}$$

$$
\begin{aligned}
&+\left({}^{21,\mathrm{v}\bar{\mathrm{v}}}\hat{\phi}_1', {}^{21,\mathrm{v}\bar{\mathrm{v}}}\hat{\phi}_{\mathrm{g}j}', {}^{21,\mathrm{v}\bar{\mathrm{v}}}\hat{\eta}_j\right)\exp\left(-\mathrm{i}\omega_{1\mathrm{v}}t+\mathrm{i}\bar{\omega}_{1\mathrm{v}}t\right)\\
&+\left({}^{21,\mathrm{sv}}\hat{\phi}_1', {}^{21,\mathrm{sv}}\hat{\phi}_{\mathrm{g}j}', {}^{21,\mathrm{sv}}\hat{\eta}_j\right)\exp\left(2\mathrm{i}kx-\mathrm{i}\omega_{1\mathrm{s}}t-\mathrm{i}\omega_{1\mathrm{v}}t\right)\\
&+\left({}^{21,\mathrm{s}\bar{\mathrm{v}}}\hat{\phi}_1', {}^{21,\mathrm{s}\bar{\mathrm{v}}}\hat{\phi}_{\mathrm{g}j}', {}^{21,\mathrm{s}\bar{\mathrm{v}}}\hat{\eta}_j\right)\exp\left(-\mathrm{i}\omega_{1\mathrm{s}}t+\mathrm{i}\bar{\omega}_{1\mathrm{v}}t\right)\\
&+\left({}^{22,\mathrm{s}}\hat{\phi}_1', {}^{22,\mathrm{s}}\hat{\phi}_{\mathrm{g}j}', {}^{22,\mathrm{s}}\hat{\eta}_j\right)\exp\left(2\mathrm{i}kx-\mathrm{i}\omega_{2\mathrm{s}1}t\right)+\left({}^{22,\mathrm{v}}\hat{\phi}_1', {}^{22,\mathrm{v}}\hat{\phi}_{\mathrm{g}j}', {}^{22,\mathrm{v}}\hat{\eta}_j\right)\exp\left(2\mathrm{i}kx-\mathrm{i}\omega_{2\mathrm{v}1}t\right)\\
&+\left({}^{22,\bar{\mathrm{s}}}\hat{\phi}_1', {}^{22,\bar{\mathrm{s}}}\hat{\phi}_{\mathrm{g}j}', {}^{22,\bar{\mathrm{s}}}\hat{\eta}_j\right)\exp\left(-\mathrm{i}\omega_{2\mathrm{s}2}t\right)+\left({}^{22,\bar{\mathrm{v}}}\hat{\phi}_1', {}^{22,\bar{\mathrm{v}}}\hat{\phi}_{\mathrm{g}j}', {}^{22,\bar{\mathrm{v}}}\hat{\eta}_j\right)\exp\left(-\mathrm{i}\omega_{2\mathrm{v}2}t\right)+\mathrm{c.c.}
\end{aligned}
\tag{3-350}
$$

与空间不稳定性不同的是，时间不稳定性中所有扰动的波数都是实数，因此扰动在空间上具有周期性，仅随时间增长。

用与空间不稳定性相同的方法，可求得 21 成分扰动的表达式，即

$$
{}^{21,\mathrm{ss}}\hat{\phi}_1' = \frac{\mathrm{i}\left(\omega_{1\mathrm{s}}-k\right)\left[k\tanh k\,{}^{1,\mathrm{s}}\hat{\eta}_1^2 - {}^{21,\mathrm{ss}}\hat{\eta}_1\right]}{k\sinh(2k)}\cosh(2ky) \tag{3-351}
$$

$$
{}^{21,\mathrm{ss}}\hat{\phi}_{\mathrm{g}j}' = \left[\mathrm{i}\frac{\omega_{1\mathrm{s}}}{k}\,{}^{21,\mathrm{ss}}\hat{\eta}_1 + \mathrm{i}\omega_{1\mathrm{s}}\coth(kd)\,{}^{1,\mathrm{s}}\hat{\eta}_1^2\right]\frac{\cosh\left\{2k\left[d+1+(-1)^j y\right]\right\}}{\sinh(2kd)} \tag{3-352}
$$

$$
\begin{aligned}
{}^{21,\mathrm{ss}}\hat{\eta}_1 &= -{}^{21,\mathrm{ss}}\hat{\eta}_2\\
&= \frac{k}{D_{\mathrm{v}}\left(2\omega_{1\mathrm{s}},2k\right)}\left\{\rho\omega_{1\mathrm{s}}^2\left[\coth^2(kd)-3+4\coth(kd)\coth(2kd)\right]\right.\\
&\quad\left.-\left(\omega_{1\mathrm{s}}-k\right)^2\left[\tanh^2 k-3+4\tanh k\coth(2k)\right]\right\}{}^{1,\mathrm{s}}\hat{\eta}_1^2
\end{aligned}
\tag{3-353}
$$

$$
{}^{21,\mathrm{s}\bar{\mathrm{s}}}\hat{\phi}_1' = 0 \tag{3-354}
$$

$$
\begin{aligned}
{}^{21,\mathrm{s}\bar{\mathrm{s}}}\hat{\phi}_{\mathrm{g}j}' = \frac{\mathrm{i}}{\rho\left(\omega_{1\mathrm{s}}-\bar{\omega}_{1\mathrm{s}}\right)}&\left\{-\rho\left[\frac{1}{2}\left|\omega_{1\mathrm{s}}\right|^2\left(1+\coth^2(kd)\right)-\omega_{1\mathrm{s}}^2\right]\right.\\
&\left.+\frac{1}{2}\left|\omega_{1\mathrm{s}}-k\right|^2\left(1+\tanh^2 k\right)-\left(\omega_{1\mathrm{s}}-k\right)^2\right\}\left|{}^{1,\mathrm{s}}\hat{\eta}_1\right|^2
\end{aligned}
\tag{3-355}
$$

$$
{}^{21,\mathrm{s}\bar{\mathrm{s}}}\hat{\eta}_1 = -{}^{21,\mathrm{s}\bar{\mathrm{s}}}\hat{\eta}_2 = 0 \tag{3-356}
$$

$$
{}^{21,\mathrm{vv}}\hat{\phi}_1' = \frac{\mathrm{i}\left(\omega_{1\mathrm{v}}-k\right)\left(k\coth k\,{}^{1,\mathrm{v}}\hat{\eta}_1^2 - {}^{21,\mathrm{vv}}\hat{\eta}_1\right)}{k\sinh(2k)}\cosh(2ky) \tag{3-357}
$$

$$
{}^{21,\mathrm{vv}}\hat{\phi}_{\mathrm{g}j}' = \left[\mathrm{i}\frac{\omega_{1\mathrm{v}}}{k}\,{}^{21,\mathrm{vv}}\hat{\eta}_1 + \mathrm{i}\omega_{1\mathrm{v}}\coth(kd)\,{}^{1,\mathrm{v}}\hat{\eta}_1^2\right]\frac{\cosh\left\{2k\left[d+1+(-1)^j y\right]\right\}}{\sinh(2kd)} \tag{3-358}
$$

$$
\begin{aligned}
{}^{21,\mathrm{vv}}\hat{\eta}_1 &= -{}^{21,\mathrm{vv}}\hat{\eta}_2 \\
&= \frac{k}{D_\mathrm{v}\left(2\omega_{1\mathrm{v}},2k\right)}\left\{\rho\omega_{1\mathrm{v}}^2\left[\coth^2(kd)-3+4\coth(kd)\coth(2kd)\right]\right. \\
&\quad \left.-\left(\omega_{1\mathrm{v}}-k\right)^2\left[\coth^2 k-3+4\coth k\coth(2k)\right]\right\}{}^{1,\mathrm{v}}\hat{\eta}_1^2
\end{aligned} \tag{3-359}
$$

$$
{}^{21,\mathrm{v}\overline{\mathrm{v}}}\hat{\phi}_1' = 0 \tag{3-360}
$$

$$
\begin{aligned}
{}^{21,\mathrm{v}\overline{\mathrm{v}}}\hat{\phi}_{\mathrm{g}j}' &= \frac{\mathrm{i}}{\rho\left(\omega_{1\mathrm{v}}-\overline{\omega}_{1\mathrm{v}}\right)}\left\{-\rho\left[\frac{1}{2}\left|\omega_{1\mathrm{v}}\right|^2\left(1+\coth^2(kd)\right)-\omega_{1\mathrm{v}}^2\right]\right. \\
&\quad \left.+\frac{1}{2}\left|\omega_{1\mathrm{v}}-k\right|^2\left(1+\coth^2 k\right)-\left(\omega_{1\mathrm{v}}-k\right)^2\right\}\left|{}^{1,\mathrm{v}}\hat{\eta}_1\right|^2
\end{aligned} \tag{3-361}
$$

$$
{}^{21,\mathrm{v}\overline{\mathrm{v}}}\hat{\eta}_1 = -{}^{21,\mathrm{v}\overline{\mathrm{v}}}\hat{\eta}_2 = 0 \tag{3-362}
$$

$$
\begin{aligned}
{}^{21,\mathrm{sv}}\hat{\phi}_1' &= \left\{2\mathrm{i}k\left[\left(\omega_{1\mathrm{s}}-k\right)\tanh k+\left(\omega_{1\mathrm{v}}-k\right)\coth k\right]{}^{1,\mathrm{s}}\hat{\eta}_1\,{}^{1,\mathrm{v}}\hat{\eta}_1\right. \\
&\quad \left.-\mathrm{i}\left(\omega_{1\mathrm{s}}+\omega_{1\mathrm{v}}-2k\right){}^{21,\mathrm{sv}}\hat{\eta}_1\right\}\frac{\sinh(2ky)}{2k\cosh(2k)}
\end{aligned} \tag{3-363}
$$

$$
\begin{aligned}
{}^{21,\mathrm{sv}}\hat{\phi}_{\mathrm{g}j}' &= (-1)^{j+1}\frac{\mathrm{i}\left(\omega_{1\mathrm{s}}+\omega_{1\mathrm{v}}\right)}{2k}\left[{}^{21,\mathrm{sv}}\hat{\eta}_1+k\left(1+\coth(kd)\right){}^{1,\mathrm{s}}\hat{\eta}_1\,{}^{1,\mathrm{v}}\hat{\eta}_1\right] \\
&\quad \times\frac{\cosh\left\{2k\left[d+1+(-1)^j y\right]\right\}}{\sinh(2kd)}
\end{aligned} \tag{3-364}
$$

$$
\begin{aligned}
{}^{21,\mathrm{sv}}\hat{\eta}_1 = {}^{21,\mathrm{sv}}\hat{\eta}_2 &= \frac{1}{D_\mathrm{s}\left(\omega_{1\mathrm{s}}+\omega_{1\mathrm{v}},2k\right)}\left\{2k\left[\rho\omega_{1\mathrm{s}}\omega_{1\mathrm{v}}\left(\coth^2(kd)-1\right)-\rho\omega_{1\mathrm{s}}^2-\rho\omega_{1\mathrm{v}}^2+\left(\omega_{1\mathrm{s}}-k\right)^2\right.\right. \\
&\quad \left.+\left(\omega_{1\mathrm{v}}-k\right)^2\right]+\rho k\left(\omega_{1\mathrm{s}}+\omega_{1\mathrm{v}}\right)^2(1+\coth kd)\coth 2kd-2k\left(\omega_{1\mathrm{s}}+\omega_{1\mathrm{v}}-2k\right) \\
&\quad \left.\times\left[\left(\omega_{1\mathrm{s}}-k\right)\tanh k+\left(\omega_{1\mathrm{v}}-k\right)\coth k\right]\tanh 2k\right\}\times{}^{1,\mathrm{s}}\hat{\eta}_1\,{}^{1,\mathrm{v}}\hat{\eta}_1
\end{aligned} \tag{3-365}
$$

$$
{}^{21,\mathrm{s}\overline{\mathrm{v}}}\hat{\phi}_1' = 0 \tag{3-366}
$$

$$
\begin{aligned}
{}^{21,\mathrm{s}\overline{\mathrm{v}}}\hat{\phi}_{\mathrm{g}j}' &= (-1)^{j+1}\frac{\mathrm{i}}{\rho\left(\omega_{1\mathrm{s}}-\overline{\omega}_{1\mathrm{v}}\right)}\left\{\rho\left[\omega_{1\mathrm{s}}^2+\overline{\omega}_{1\mathrm{v}}^2-\omega_{1\mathrm{s}}\overline{\omega}_{1\mathrm{v}}\left(1+\coth^2(kd)\right)\right]\right. \\
&\quad \left.-\left(\omega_{1\mathrm{s}}-k\right)^2-\left(\overline{\omega}_{1\mathrm{v}}-k\right)^2+2\left(\omega_{1\mathrm{s}}-k\right)\left(\overline{\omega}_{1\mathrm{v}}-k\right)\right\}{}^{1,\mathrm{s}}\hat{\eta}_1\,{}^{1,\mathrm{v}}\overline{\hat{\eta}}_1
\end{aligned} \tag{3-367}
$$

$$
{}^{21,\mathrm{s}\overline{\mathrm{v}}}\hat{\eta}_1 = {}^{21,\mathrm{s}\overline{\mathrm{v}}}\hat{\eta}_2 = 0 \tag{3-368}
$$

二阶频率由二阶色散关系确定，即

$$
D_\mathrm{s}\left(\omega_{2\mathrm{s}1},2k\right)=0,\quad D_\mathrm{v}\left(\omega_{2\mathrm{v}1},2k\right)=0,\quad D_\mathrm{s}\left(\omega_{2\mathrm{s}2},0\right)=0,\quad D_\mathrm{v}\left(\omega_{2\mathrm{v}2},0\right)=0 \tag{3-369}
$$

22 成分弯曲和曲张模式的表面扰动振幅满足

$$^{22,\mathrm{s}}\hat{\eta}_1 = {}^{22,\mathrm{s}}\hat{\eta}_2,\quad {}^{22,\mathrm{v}}\hat{\eta}_1 = -{}^{22,\mathrm{v}}\hat{\eta}_2,\quad {}^{22,\bar{\mathrm{s}}}\hat{\eta}_1 = {}^{22,\bar{\mathrm{s}}}\hat{\eta}_2,\quad {}^{22,\bar{\mathrm{v}}}\hat{\eta}_1 = -{}^{22,\bar{\mathrm{v}}}\hat{\eta}_2 \tag{3-370}$$

液相、气相势函数振幅的表达式为

$$^{22,\mathrm{s}}\hat{\phi}_1' = \mathrm{i}\left(1-\frac{\omega_{2\mathrm{s}1}}{2k}\right)\frac{\sinh(2ky)}{\cosh(2k)}\,{}^{22,\mathrm{s}}\hat{\eta}_1 \tag{3-371}$$

$$^{22,\mathrm{s}}\hat{\phi}_{\mathrm{g}j}' = (-1)^{j+1}\frac{\mathrm{i}\omega_{2\mathrm{s}1}}{2k}\frac{\cosh\left[2k(d+1)+(-1)^j 2ky\right]}{\sinh(2kd)}\,{}^{22,\mathrm{s}}\hat{\eta}_1 \tag{3-372}$$

$$^{22,\mathrm{v}}\hat{\phi}_1' = \mathrm{i}\left(1-\frac{\omega_{2\mathrm{v}1}}{2k}\right)\frac{\cosh(2ky)}{\sinh(2k)}\,{}^{22,\mathrm{v}}\hat{\eta}_1 \tag{3-373}$$

$$^{22,\mathrm{v}}\hat{\phi}_{\mathrm{g}j}' = \frac{\mathrm{i}\omega_{2\mathrm{v}1}}{2k}\frac{\cosh\left[2k(d+1)+(-1)^j 2ky\right]}{\sinh(2kd)}\,{}^{22,\mathrm{v}}\hat{\eta}_1 \tag{3-374}$$

$$^{22,\bar{\mathrm{s}}}\hat{\phi}_1' = {}^{22,\bar{\mathrm{s}}}\hat{\phi}_{\mathrm{g}j}' = {}^{22,\bar{\mathrm{v}}}\hat{\phi}_1' = {}^{22,\bar{\mathrm{v}}}\hat{\phi}_{\mathrm{g}j}' = 0 \tag{3-375}$$

将式(3-350)、式(3-353)、式(3-356)、式(3-359)、式(3-362)、式(3-365)、式(3-368)和式(3-370)代入初始条件式(3-376)，可以解出 $^{22,\mathrm{s}}\hat{\eta}_j$、$^{22,\mathrm{v}}\hat{\eta}_j$、$^{22,\bar{\mathrm{s}}}\hat{\eta}_j$ 和 $^{22,\bar{\mathrm{v}}}\hat{\eta}_j$

$$^{22,\mathrm{s}}\hat{\eta}_j = -{}^{21,\mathrm{sv}}\hat{\eta}_j \tag{3-376}$$

$$^{22,\mathrm{v}}\hat{\eta}_j = -{}^{21,\mathrm{ss}}\hat{\eta}_j - {}^{21,\mathrm{vv}}\hat{\eta}_j \tag{3-377}$$

$$^{22,\bar{\mathrm{s}}}\hat{\eta}_j = -{}^{21,\mathrm{s}\bar{\mathrm{v}}}\hat{\eta}_j \tag{3-378}$$

$$^{22,\bar{\mathrm{v}}}\hat{\eta}_j = -{}^{21,\mathrm{s}\bar{\mathrm{s}}}\hat{\eta}_j - {}^{21,\mathrm{v}\bar{\mathrm{v}}}\hat{\eta}_j \tag{3-379}$$

这样根据式(3-353)、式(3-356)、式(3-359)、式(3-362)、式(3-365)、式(3-368)、式(3-369)和式(3-376)～式(3-379)就可以确定二阶扰动式(3-350)中平面射流表面扰动 $^2\eta_j$ 的表达式，进而根据摄动展开式(3-259)及一阶扰动的解作出气液界面的波形。

二阶解答对一阶解答的修正揭示了平面射流失稳过程的一些机理。最明显的一点就是，如果仅凭一阶解答(即线性稳定性理论)，在正弦模式中平面射流上下表面之间的距离始终等于未扰动时的平面射流厚度，这无法解释为何正弦模式最终可以导致平面射流破碎。Clark 和 Dombrowski(1972)使用摄动法分析了无黏平面射流的弱非线性失稳过程，他们假定一阶解答为线性稳定性分析中的正弦模式，经过推导发现，二阶解答为曲张模式，也就是说，二阶解答对一阶解答的修正解释了正弦模式下平面射流能够破碎的原因。不过要指出的是，这种解释只适用于长波扰动主导的情形；对于短波扰动的情形，扰动波的振幅发展到一定程度之后，气动力会从平面射流的表面撕下若干的液丝，这个过程在平面射流的上下表面都会发生，但是上下表面撕下液丝的过程是相互独立的，两者之间并没有联系。

Clark 和 Dombrowski(1972)的研究中并没有考虑流体黏性，而对于黏性平面射流，其摄动解答比较复杂，直到最近才由 Yang 等(2013)解决。研究发现，液体的黏性在平面射流的非线性失稳中发挥着双重作用：对于较大的雷诺数和较小的雷诺数，黏性有抑制失稳的作用；对于中等雷诺数，黏性有促进失稳的作用。

3.5　平面射流的润滑近似方法

如果扰动波长远远大于平面射流的厚度,那么可以用润滑近似的方法来处理。本节基于 Sirignano 等(2005)的研究内容，将简要介绍这种方法。

平面射流及相应的坐标系如图 3-27 所示；流动方向是 x。平面射流未受扰动时的速度是 U_0^*，半厚度是 a^*。假定液体是无黏、不可压缩的，忽略重力和周围气体的密度。平面射流运动的控制方程为

$$\frac{\partial u^*}{\partial x^*}+\frac{\partial v^*}{\partial y^*}+\frac{\partial w^*}{\partial z^*}=0 \tag{3-380}$$

$$\frac{\partial u^*}{\partial t^*}+\frac{\partial\left(u^{*2}\right)}{\partial x^*}+\frac{\partial\left(u^*v^*\right)}{\partial y^*}+\frac{\partial\left(u^*w^*\right)}{\partial z^*}+\frac{1}{\rho^*}\frac{\partial p^*}{\partial x^*}=0 \tag{3-381}$$

$$\frac{\partial w^*}{\partial t^*}+\frac{\partial\left(u^*w^*\right)}{\partial x^*}+\frac{\partial\left(v^*w^*\right)}{\partial y^*}+\frac{\partial\left(w^{*2}\right)}{\partial z^*}+\frac{1}{\rho^*}\frac{\partial p^*}{\partial z^*}=0 \tag{3-382}$$

$$\frac{\partial v^*}{\partial t^*}+\frac{\partial\left(u^*v^*\right)}{\partial x^*}+\frac{\partial\left(v^{*2}\right)}{\partial y^*}+\frac{\partial\left(v^*w^*\right)}{\partial z^*}+\frac{1}{\rho^*}\frac{\partial p^*}{\partial y^*}=0 \tag{3-383}$$

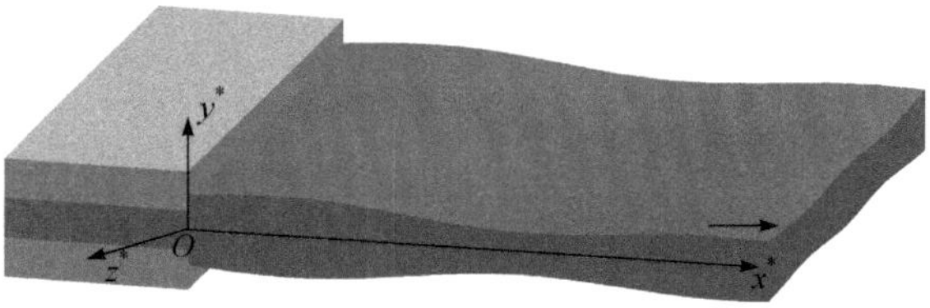

图 3-27　平面射流及相应的坐标系

用 $y_+^*\left(x^*,z^*,t^*\right)$ 表示平面射流的上边界，$y_-^*\left(x^*,z^*,t^*\right)$ 表示平面射流的下边界，则上、下边界的边界条件为

$$v_{\pm}^{*}=\frac{\partial y_{\pm}^{*}}{\partial t^{*}}+u_{\pm}^{*}\frac{\partial y_{\pm}^{*}}{\partial x^{*}}+w_{\pm}^{*}\frac{\partial y_{\pm}^{*}}{\partial z^{*}} \tag{3-384}$$

$$\begin{aligned}p_{\pm}^{*}&=\sigma^{*}\left(\frac{1}{R_{1\pm}^{*}}+\frac{1}{R_{2\pm}^{*}}\right)\\&=\frac{\pm\sigma^{*}}{\left(1+\left(y_{\pm}^{*}\right)_{x^{*}}^{2}+\left(y_{\pm}^{*}\right)_{z^{*}}^{2}\right)^{3/2}}\left[\left(y_{\pm}^{*}\right)_{x^{*}x^{*}}\left(1+\left(y_{\pm}^{*}\right)_{z^{*}}^{2}\right)+\left(y_{\pm}^{*}\right)_{z^{*}z^{*}}\left(1+\left(y_{\pm}^{*}\right)_{x^{*}}^{2}\right)\right.\\&\quad\left.-2\left(y_{\pm}^{*}\right)_{x^{*}}\left(y_{\pm}^{*}\right)_{z^{*}}\left(y_{\pm}^{*}\right)_{x^{*}z^{*}}\right]\end{aligned} \tag{3-385}$$

其中，下标+和−分别表示平面射流上、下边界；$R_{1\pm}^{*}$ 和 $R_{2\pm}^{*}$ 是表面的主曲率半径；下标 x^{*} 和 z^{*} 分别表示变量对 x^{*} 和 z^{*} 的偏导数。

定义平面射流厚度及平面射流平均位置，即

$$\tilde{y}^{*}\left(x^{*},z^{*},t^{*}\right)=y_{+}^{*}-y_{-}^{*},\quad \overline{y}^{*}\left(x^{*},y^{*},t^{*}\right)=\left(y_{+}^{*}+y_{-}^{*}\right)/2 \tag{3-386}$$

同时以相似的方式定义 Δp^{*} 和 $\overline{p}^{*}$。它们与 $\tilde{y}^{*}$、$\overline{y}^{*}$ 的关系可以通过式(3-384)、式(3-385)得出

$$\begin{aligned}\Delta p^{*}&=p_{+}^{*}-p_{-}^{*}\\&=-\sigma^{*}\left[\left(f_{1+}^{*}+f_{1-}^{*}\right)\frac{\partial^{2}\overline{y}^{*}}{\partial\left(x^{*}\right)^{2}}+\frac{1}{2}\left(f_{1+}^{*}-f_{1-}^{*}\right)\frac{\partial^{2}\tilde{y}^{*}}{\partial\left(x^{*}\right)^{2}}+\left(f_{2+}^{*}+f_{2-}^{*}\right)\frac{\partial\overline{y}^{*}}{\partial\left(z^{*}\right)^{2}}\right.\\&\quad\left.+\frac{1}{2}\left(f_{2+}^{*}-f_{2-}^{*}\right)\frac{\partial^{2}\tilde{y}^{*}}{\partial\left(z^{*}\right)^{2}}+\left(f_{3+}^{*}+f_{3-}^{*}\right)\frac{\partial^{2}\overline{y}^{*}}{\partial x^{*}\partial z^{*}}+\frac{1}{2}\left(f_{3+}^{*}-f_{3-}^{*}\right)\frac{\partial^{2}\tilde{y}^{*}}{\partial x^{*}\partial z^{*}}\right]\end{aligned} \tag{3-387}$$

$$\begin{aligned}\overline{p}^{*}&=\left(p_{+}^{*}+p_{-}^{*}\right)/2\\&=-\frac{\sigma^{*}}{2}\left[\left(f_{1+}^{*}-f_{1-}^{*}\right)\frac{\partial^{2}\overline{y}^{*}}{\partial\left(x^{*}\right)^{2}}+\frac{1}{2}\left(f_{1+}^{*}+f_{1-}^{*}\right)\frac{\partial^{2}\tilde{y}^{*}}{\partial\left(x^{*}\right)^{2}}+\left(f_{2+}^{*}-f_{2-}^{*}\right)\frac{\partial^{2}\overline{y}^{*}}{\partial\left(z^{*}\right)^{2}}\right.\\&\quad\left.+\frac{1}{2}\left(f_{2+}^{*}+f_{2-}^{*}\right)\frac{\partial^{2}\tilde{y}^{*}}{\partial\left(z^{*}\right)^{2}}+\left(f_{3+}^{*}-f_{3-}^{*}\right)\frac{\partial^{2}\overline{y}^{*}}{\partial x^{*}\partial z^{*}}+\frac{1}{2}\left(f_{3+}^{*}+f_{3-}^{*}\right)\frac{\partial^{2}\tilde{y}^{*}}{\partial x^{*}\partial z^{*}}\right]\end{aligned} \tag{3-388}$$

其中，f_{1+}^{*}、f_{1-}^{*}、f_{2+}^{*}、f_{2-}^{*}、f_{3+}^{*} 及 f_{3-}^{*} 的定义为

$$f_{1\pm}^{*}=\frac{1+\left(\overline{y}_{z^{*}}^{*}\pm\frac{1}{2}\tilde{y}_{z^{*}}^{*}\right)^{2}}{\left[1+\left(\overline{y}_{x^{*}}^{*}\pm\frac{1}{2}\tilde{y}_{x^{*}}^{*}\right)^{2}+\left(\overline{y}_{z^{*}}^{*}\pm\frac{1}{2}\tilde{y}_{z^{*}}^{*}\right)^{2}\right]^{3/2}} \tag{3-389}$$

$$f_{2\pm}^{*}=\frac{1+\left(\overline{y}_{x^{*}}^{*}\pm\frac{1}{2}\tilde{y}_{x^{*}}^{*}\right)^{2}}{\left[1+\left(\overline{y}_{x^{*}}^{*}\pm\frac{1}{2}\tilde{y}_{x^{*}}^{*}\right)^{2}+\left(\overline{y}_{z^{*}}^{*}\pm\frac{1}{2}\tilde{y}_{z^{*}}^{*}\right)^{2}\right]^{3/2}} \tag{3-390}$$

$$f_{3\pm}^{*}=\frac{-2\left(\overline{y}_{x^{*}}^{*}\pm\frac{1}{2}\tilde{y}_{x^{*}}^{*}\right)\left(\overline{y}_{z^{*}}^{*}\pm\frac{1}{2}\tilde{y}_{z^{*}}^{*}\right)}{\left[1+\left(\overline{y}_{x^{*}}^{*}\pm\frac{1}{2}\tilde{y}_{x^{*}}^{*}\right)^{2}+\left(\overline{y}_{z^{*}}^{*}\pm\frac{1}{2}\tilde{y}_{z^{*}}^{*}\right)^{2}\right]^{3/2}} \tag{3-391}$$

对于厚度远远小于扰动波长的平面射流来说，可以认为u^{*}、$\partial v^{*}/\partial y^{*}$、$w^{*}$及$\partial p^{*}/\partial y^{*}$都不随$y^{*}$的变化而变化。对于二维扰动，Mehring 和 Sirignano(1999)的研究表明，这些特性在长波渐近分析的主导阶解答中可以体现出来。因此，这个问题可以简化为二维非定常问题。将平均速度$\overline{u}^{*}\left(x^{*},z^{*},t^{*}\right)$、$\overline{v}^{*}\left(x^{*},z^{*},t^{*}\right)$及$\overline{w}^{*}\left(x^{*},z^{*},t^{*}\right)$定义为

$$\overline{u}^{*}\left(x^{*},z^{*},t^{*}\right)=\frac{1}{\tilde{y}^{*}}\int_{y_{-}^{*}}^{y_{+}^{*}}u^{*}\mathrm{d}y^{*},\quad \overline{v}^{*}\left(x^{*},z^{*},t^{*}\right)=\frac{1}{\tilde{y}^{*}}\int_{y_{-}^{*}}^{y_{+}^{*}}v^{*}\mathrm{d}y^{*},$$
$$\overline{w}^{*}\left(x^{*},z^{*},t^{*}\right)=\frac{1}{\tilde{y}^{*}}\int_{y_{-}^{*}}^{y_{+}^{*}}w^{*}\mathrm{d}y^{*} \tag{3-392}$$

平均压力$\overline{p}^{*}\left(x^{*},z^{*},t^{*}\right)$也以相似的方式定义。将式(3-380)～式(3-383)逐项从y_{-}^{*}到y_{+}^{*}积分，并使用运动边界条件和动力边界条件(式(3-384)和式(3-385))，可得

$$\frac{\partial\tilde{y}^{*}}{\partial t^{*}}+\frac{\partial\tilde{y}^{*}\overline{u}^{*}}{\partial x^{*}}+\frac{\partial\tilde{y}^{*}\overline{w}^{*}}{\partial z^{*}}=0 \tag{3-393}$$

$$\frac{\partial\overline{u}^{*}}{\partial t^{*}}+\overline{u}^{*}\frac{\partial\overline{u}^{*}}{\partial x^{*}}+\overline{w}^{*}\frac{\partial\overline{u}^{*}}{\partial z^{*}}=-\frac{1}{\rho^{*}}\left(\frac{\partial\overline{p}^{*}}{\partial x^{*}}-\frac{\Delta p^{*}}{\tilde{y}^{*}}\frac{\partial\overline{y}^{*}}{\partial x^{*}}\right) \tag{3-394}$$

$$\frac{\partial\overline{w}^{*}}{\partial t^{*}}+\overline{u}^{*}\frac{\partial\overline{w}^{*}}{\partial x^{*}}+\overline{w}^{*}\frac{\partial\overline{w}^{*}}{\partial z^{*}}=-\frac{1}{\rho^{*}}\left(\frac{\partial\overline{p}^{*}}{\partial z^{*}}-\frac{\Delta p^{*}}{\tilde{y}^{*}}\frac{\partial\overline{y}^{*}}{\partial z^{*}}\right) \tag{3-395}$$

$$\frac{\partial \overline{v}^*}{\partial t^*}+\overline{u}^*\frac{\partial \overline{v}^*}{\partial x^*}+\overline{w}^*\frac{\partial \overline{v}^*}{\partial z^*}=-\frac{1}{\rho^*}\frac{\Delta p^*}{\tilde{y}^*} \tag{3-396}$$

式(3-393)～式(3-396)表明未知数的数量是 5($\overline{y}^*$，$\tilde{y}^*$，$\overline{u}^*$，$\overline{v}^*$，$\overline{w}^*$)，但是方程的数量是 4。通过将 v_+^* 和 v_-^* 的运动边界条件组合起来，并使用关系 $\overline{v}^*=\left(\overline{v}_+^*+\overline{v}_-^*\right)/2$ 来得到一个额外的方程。Mehring 和 Sirignano(1999)的研究表明，v^* 可以表达为 y^* 或者 $\left(y^*-\overline{y}^*\right)$ 的多项式函数。在一阶近似下，v^* 可表示为 y^* 的线性函数。因此，在以下的一阶近似下，表达式 $\overline{v}^*=\left(\overline{v}_+^*+\overline{v}_-^*\right)/2$ 与式(3-392)相容：

$$\overline{v}^*=\frac{\partial \overline{y}^*}{\partial t^*}+\overline{u}^*\frac{\partial \overline{y}^*}{\partial x^*}+\overline{w}^*\frac{\partial \overline{y}^*}{\partial z^*} \tag{3-397}$$

式(3-393)～式(3-396)就是平面射流在“润滑近似”假设下的控制方程。当平面射流上的扰动幅度较大时(如接近破碎)，使用润滑近似假设要十分小心，应当和完整的控制方程的解答进行比较。

3.6　平面射流稳定性的实验研究

3.6.1　实验装置和系统

平面射流稳定性实验系统示意图如图 3-28 所示。其工作原理是，水池中的水经离心泵增压后流过流量调节阀和过滤器，然后从狭缝喷嘴喷出形成平面射流，喷出的流体又会回到水池中形成循环。与采用挤压式供应方式的喷雾实验系统相比，离心泵能提供的流量要大得多，因此可以满足狭缝喷嘴的大流量需求。为防止喷嘴堵塞，需要在管路上游添加过滤器。在喷嘴上装有扰动激励装置，用于给平面射流施加初始扰动。其中，扰动信号由信号发生器提供，并经由功率放大器

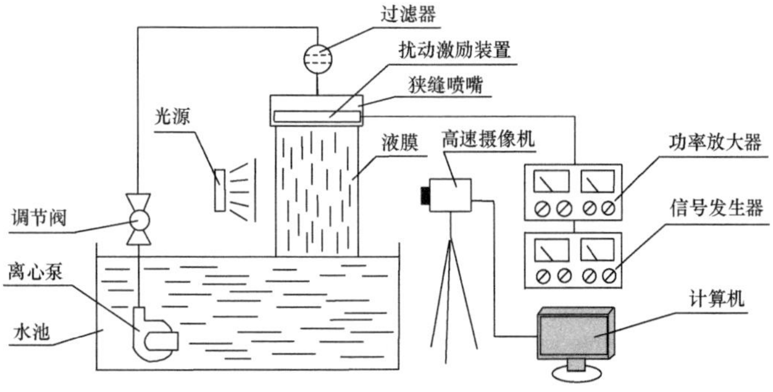

图 3-28　平面射流稳定性实验系统示意图

放大后，输入扰动激励装置。实验中主要使用高速摄像机进行数据的记录，高速摄像机能够以较高的帧速率拍摄平面射流失稳、破碎的图像，这些图像是后续分析扰动空间增长率的原始数据。

下面逐一介绍实验系统中的各个主要组件。

狭缝喷嘴(图 3-29)用于喷射出平面射流，由核心零件及两侧的盖板和密封垫组成。喷嘴内部有一个较大的液腔和一个较小的气腔。液体从液腔顶部的入口流入，经过三块整流孔板之后，从狭缝向下喷出。整流孔板的作用是让狭缝的长度方向上流速均匀分布。气腔的侧面是开口的，与扰动激励装置相连。当激励装置启动之后，气腔内部的压力周期性地振荡，从而给平面射流施加一个初始扰动力(图 3-30)。狭缝的长度是 240mm，宽度是 0.5mm。喷嘴的材料是不锈钢，液腔、气腔和狭缝都是采用线切割的方法加工出来的。

图 3-29　狭缝喷嘴

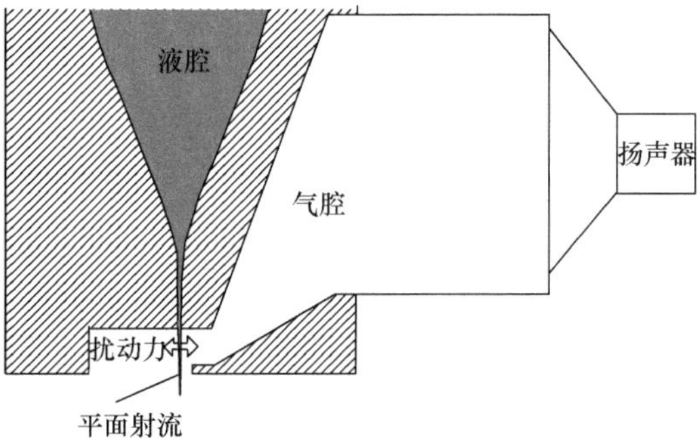

图 3-30　扰动施加原理

扰动激励装置(图 3-31)的作用是在喷嘴的气腔内产生周期性的压力振荡。它由腔体和扬声器组成。通过信号发生器为扰动激励装置提供信号源，实验中采用了 UNITUTG2025A 型信号发生器。为满足扰动激励装置的功率需求，用功率放大器将信号发生器的输出信号放大，实验中采用了 TPA3116 双声道 50W×2 数字功放模块，不过实际只使用了其中的一个声道。

从狭缝喷出的平面射流都会面临边缘收缩的问题(图 3-32)，即射流向下流动的过程中，射流两侧的边缘由于表面张力的作用收缩，使得射流的宽度减小、边缘变厚。如果从侧面拍摄，则变厚的边缘有可能将中心部分的射流挡住，从而无法捕捉中心部分的射流表面波动。

针对这个问题，Tammisola 等(2011)的方法是采用激光测量，即用一束激光照射到平面射流上(照在中心部分，而不是边缘)，然后测量反射光束的偏转角度，从而获得射流的表面波动特性。这种方法需要激光器和一套特殊的光学系统，因此会比较烦琐。

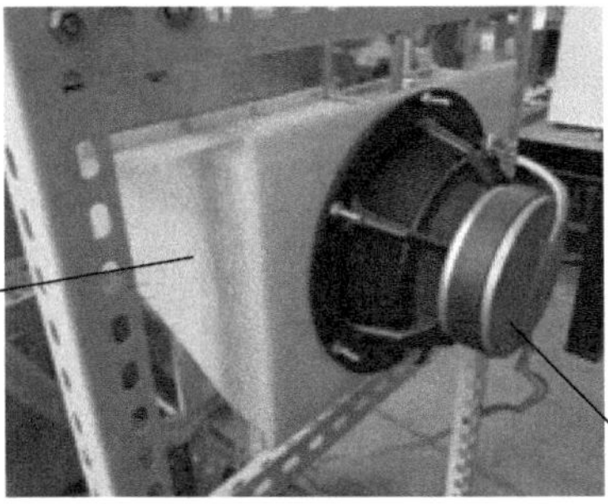

图 3-31　扰动激励装置

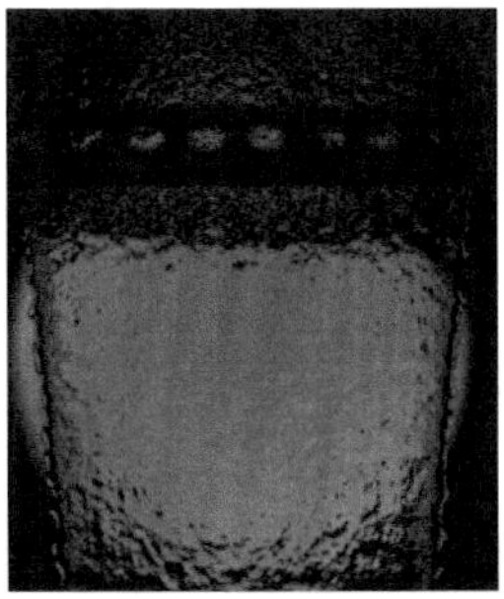

图 3-32　射流边缘收缩

为简化实验过程，本书提出了一种新的方法，直接针对射流边缘收缩采取措施。射流边缘收缩之后，边缘变厚，挡住了射流中心部分。为解决这一问题，施加扰动时，在靠近两侧边缘的地方用塑料片挡住气流，让扰动激励装置只给射流中心部分施加扰动，而在边缘部分不施加扰动。这样做的好处是，在平面射流下游，中心部分的扰动被放大，而射流边缘没有扰动。因此，中心部分的表面扰动就会显现出来，不再被边缘挡住。两种扰动施加方式的效果对比如图 3-33 所示。

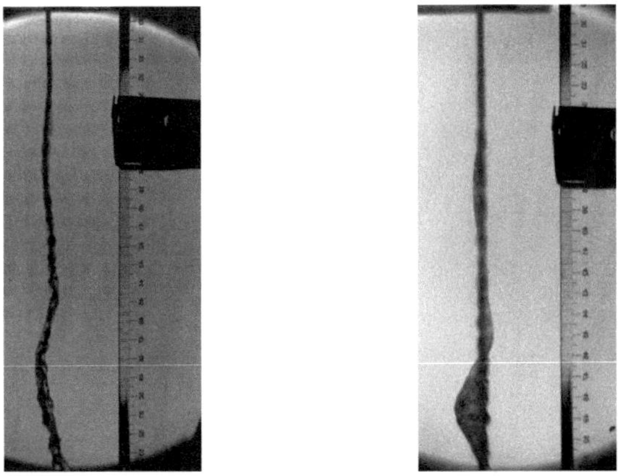

(a) 在整个射流宽度上都施加扰动　　(b) 只给射流中心部分施加扰动

图 3-33　两种扰动施加方式的效果对比

3.6.2　数据处理方法

在每一种工况下，对于每一个扰动频率，拍摄若干张图像。将这些图像中的射流阴影部分重叠起来，再提取轮廓，便可以得到扰动幅度 A 随空间位置 x 的变化。用指数函数 $A = A_0 \exp(sx)$ 来拟合这些数据，便可以得到空间增长率，数据处理过程示意图如图 3-34 所示。本节采用 MATLAB 的 edge 函数进行射流轮廓提取，采用的方法是 Canny。与其他方法相比，Canny 方法不容易受到图像中噪声的影响，因此对于本书的射流图像处理是比较合适的。通过拍摄标尺(图像上的标尺如图 3-35 所示)，来判断图像上的每个像素所对应的实际距离，从而得到图像上的扰动幅度。

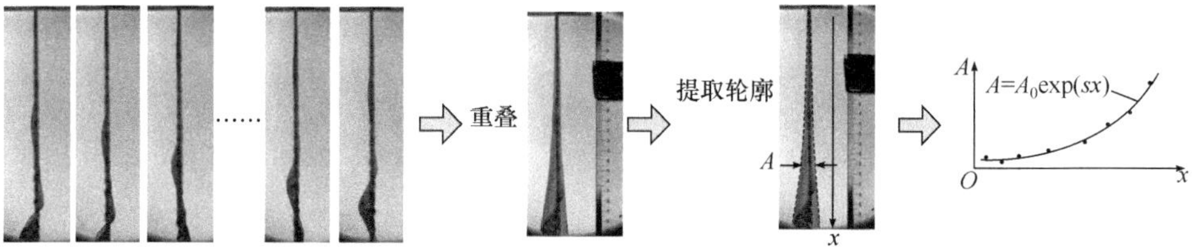

图 3-34　数据处理过程示意图

图像处理的过程中还可能需要对图像进行旋转。这是因为拍摄时，高速摄像机的垂线(也就是图像的垂线)与射流方向或者尺子的方向不一定平行。为了方便测量，需要对图像进行旋转，使得图像的垂线与尺子(或者射流)平行。旋转的方法是采用二维旋转变换，即

$$\begin{bmatrix} x' \\ y' \end{bmatrix} = \begin{bmatrix} \cos\theta & -\sin\theta \\ \sin\theta & \cos\theta \end{bmatrix} \begin{bmatrix} x \\ y \end{bmatrix} \tag{3-398}$$

式中，x、y 是原图像中点的坐标；x'、y' 是旋转后的图像中点的坐标；θ 是旋转角度，旋转角度是通过在原始图像上选取两个点来确定(旋转角度的确定如图 3-36 所示)。

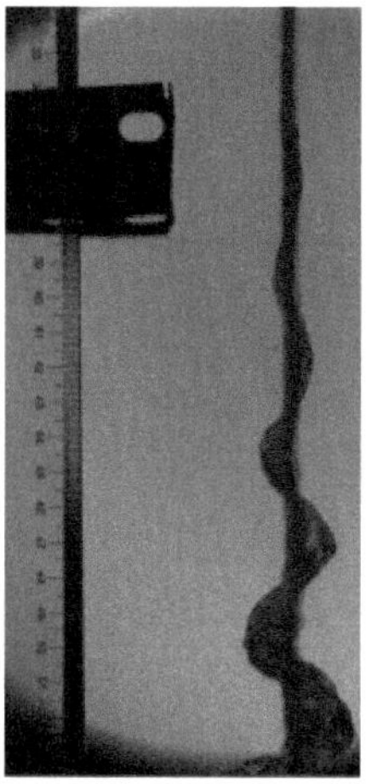

图 3-35　图像上的标尺

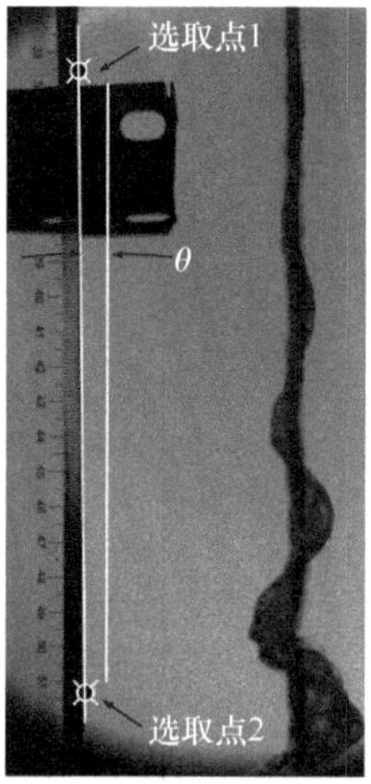

图 3-36　旋转角度的确定

在实验结果比对与整理的时候还需要知道射流速度，本节通过测量扰动波波峰移动速度来得到射流速度。这是一个近似，因为射流速度和扰动波的波峰移动

速度是有差别的。不过，只要韦伯数不是特别小，这种近似是合理的。具体的测量方法是：测量同一个波峰在连续几张图像上的位置，然后在一个坐标系上标出这些离散点，横坐标是时间，纵坐标是波峰的位置，最后使用线性拟合来得出波峰的移动速度(波峰移动速度的测量如图 3-37 所示)，即射流速度。

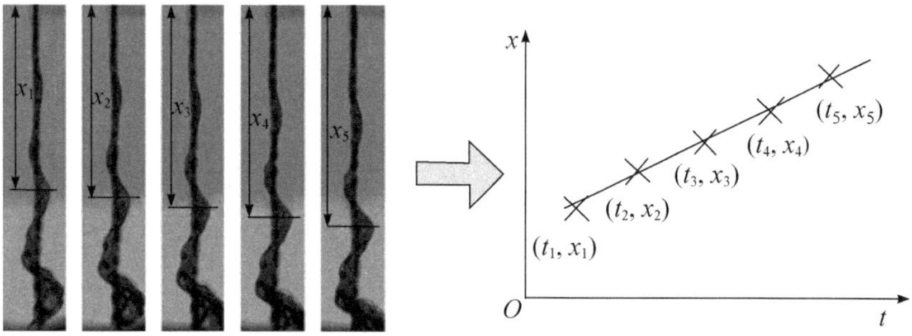

图 3-37　波峰移动速度的测量

3.6.3　对结果的讨论

实验过程中做了两种不同流量的工况，分别是 $8.74\times10^{-4}\,\mathrm{m}^3/\mathrm{s}$ 和 $1.65\times10^{-3}\,\mathrm{m}^3/\mathrm{s}$。流量的调节通过实验系统中的调节阀实现。流量的测量通过称量法实现。对于流量为 $8.74\times10^{-4}\,\mathrm{m}^3/\mathrm{s}$ 的工况，扰动信号的频率范围为 30～160Hz，对于流量为 $1.65\times10^{-3}\,\mathrm{m}^3/\mathrm{s}$ 的工况，扰动信号的频率范围为 50～260Hz。

为了和理论结果比较，需要将问题中的物理量无量纲化。雷诺数和韦伯数分别定义为：$Re=\rho^*U^*a^*/\mu^*$、$We=\rho^*U^{*2}a^*/\sigma^*$。两种工况下的无量纲数分别为：$Re=1.86\times10^3$、$We=1.49\times10^2$；$Re=3.43\times10^3$、$We=3.94\times10^2$。平面射流空间增长率的实验值和理论值的比较如图 3-38 所示。理论模型是采用 Tammisola 等(2011)关于单层平面射流线性稳定性分析模型。由图可知，本节的实验结果与 Tammisola 等(2011)的理论结果是比较接近的，但是也有一定的差异。这种差异可能来源于几个方面。①实验分析过程中，把扰动波波峰的移动速度作为射流速度，这会带来一定的误差。线性稳定性分析的理论结果表明，韦伯数较大时，扰动波的相速度(即波峰移动速度)和射流速度非常接近(Yang et al.，2014)，但两者也并非完全相等。②理论结果中假设的气流速度剖面为修正 Stokes 模型，该模型是假定射流处于无限大的空间中而推导出来的，而实际中的气体速度剖面与此可能有一定的差别。③线性稳定性理论只适用于扰动较弱的阶段，当扰动增长到较大的幅度时，非线性效应开始变得不能忽略。实验过程中，选取的数据范围具有一定的随意性，因此，选取的范围里可能包含了一些非线性效应不能忽略的数据。

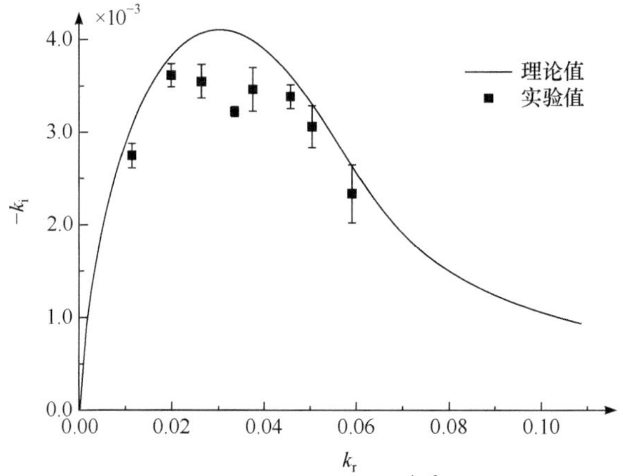

(a) 流量=$8.74\times10^{-4}\text{m}^3/\text{s}$

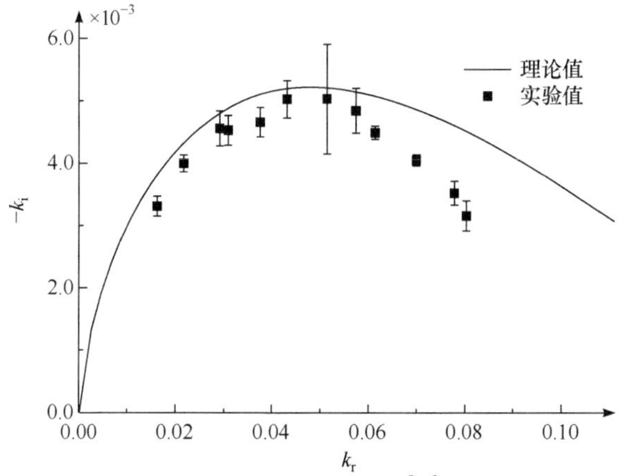

(b) 流量=$1.65\times10^{-3}\text{m}^3/\text{s}$

图 3-38　平面射流空间增长率的实验值和理论值的比较(只给射流中心部分施加扰动)

参 考 文 献

阿列玛索夫. 1993. 液体火箭发动机原理[M]. 张中钦, 庄逢辰, 张振鹏, 译. 北京: 宇航出版社.

杨立军, 富庆飞. 2013. 液体火箭发动机推力室设计[M]. 北京: 北京航空航天大学出版社.

尹协远, 孙德军. 2003. 旋涡流动的稳定性[M]. 北京: 国防工业出版社.

庄逢辰. 1995. 液体火箭发动机喷雾燃烧的理论、模型及应用[M]. 长沙: 国防科技大学出版社.

Altimira M, Rivas A, Ramos J C, et al. 2010. Linear spatial instability of viscous flow of a liquid sheet through gas[J]. Physics of Fluids, 22(7): 609.

Bremond N, Clanet C, Villermaux E. 2007. Atomization of undulating liquid sheets[J]. Journal of Fluid Mechanics, 585: 421-456.

Brown D R. 1961. A study of the behaviour of a thin sheet of moving liquid[J]. Journal of Fluid Mechanics, 10(2): 297-305.

Clark C J, Dombrowski N. 1972. Aerodynamic instability and disintegration of inviscid liquid sheets[J]. Proceedings of the Royal Society of London Series A-Mathematical and Physical Sciences, 329(1579): 467-478.

Crapper G D, Dombrowski N, Jepson W P, et al. 1973. A note on the growth of Kelvin-Helmholtz waves on thin liquid sheets[J]. Journal of Fluid Mechanics, 57(4): 671-672.

Crapper G D, Dombrowski N, Pyott G. 1975. Kelvin-Helmholtz wave growth on cylindrical sheets[J]. Journal of Fluid Mechanics, 68(3): 497-502.

Dombrowski N, Johns W R. 1963. The aerodynamic instability and disintegration of viscous liquid sheets[J]. Chemical Engineering Science, 18(3): 203-214.

Gaster M. 1962. A note on the relation between temporally-increasing and spatially-increasing disturbances in hydrodynamic stability[J]. Journal of Fluid Mechanics, 14(2): 222-224.

Hagerty W W. 1955. A study of the stability of plane fluid sheets[J]. Journal of Applied Physics, 22: 509-514.

Hertz C H, Hermanrud B. 1983. A liquid compound jet[J]. Journal of Fluid Mechanics, 131: 271-287.

Landau L D, Lifshitz E M. 1958. Statistical Physics[M]. Oxford: Pergamon Press.

Lin S P. 1981. Stability of a viscous liquid curtain[J]. Journal of Fluid Mechanics, 104: 111-118.

Lin S P. 2003. Breakup of Liquid Sheets and Jets[M]. Cambridge: Cambridge University Press.

Lin S P, Jiang W Y. 2003. Absolute and convective instability of a radially expanding liquid sheet[J]. Physics of Fluids, 15(6): 1745-1754.

Lozano A, Barreras F, Hauke G, et al. 2001. Longitudinal instabilities in an air-blasted liquid sheet[J]. Journal of Fluid Mechanics, 437: 143-173.

Majumdar N, Tirumkudulu M S. 2016. Growth of sinuous waves on thin liquid sheets: Comparison of predictions with experiments[J]. Physics of Fluids, 28(5): 52101.

Majumdar N, Tirumkudulu M S. 2018. Dynamics of radially expanding liquid sheets[J]. Physical Review Letters, 120(16): 164501.

Mehring C, Sirignano W A. 1999. Nonlinear capillary wave distortion and disintegration of thin planar liquid sheets[J]. Journal of Fluid Mechanics, 410: 147-183.

Paramati M, Tirumkudulu M S, Schmid P J. 2015. Stability of a moving radial liquid sheet: Experiments[J]. Journal of Fluid Mechanics, 770: 398-423.

Senecal P K, Schmidt D P, Nouar I, et al. 1999. Modeling high-speed viscous liquid sheet atomization[J]. International Journal of Multiphase Flow, 25(6-7): 1073-1097.

Sirignano W A, Mehring C, Hulba J, et al. 2005. Distortion and disintegration of liquid streams[J]. Liquid Rocket Thrust Chambers: Aspects of Modeling, Analysis, and Design, 200: 167-249.

Squire H B. 1953. Investigation of the instability of a moving liquid film[J]. British Journal of Applied Physics, 4(6): 167.

Tammisola O, Sasaki A, Lundell F, et al. 2011. Stabilizing effect of surrounding gas flow on a plane liquid sheet[J]. Journal of Fluid Mechanics, 672: 5-32.

Tirumkudulu M S, Paramati M. 2013. Stability of a moving radial liquid sheet: Time-dependent equations[J]. Physics of Fluids, 25(10): 102107.

Weihs D. 1978. Stability of thin, radially moving liquid sheets[J]. Journal of Fluid Mechanics, 87(2):

289-298.

Yang L J, Chen P M, Wang C. 2014. Effect of gas velocity on the weakly nonlinear instability of a planar viscous sheet[J]. Physics of Fluids, 26(7): 074106.

Yang L J, Wang C, Fu Q, et al. 2013. Weakly nonlinear instability of planar viscous sheets[J]. Journal of Fluid Mechanics,735: 249-287.

第 4 章　非牛顿流体射流稳定性

4.1　非牛顿流体简介

前面章节重点研究了牛顿流体的射流稳定性，本章将介绍工业和生活中另一种常见的流体——非牛顿流体，以及非牛顿流变特性对射流稳定性的影响。

首先从数学模型上对这两种流体进行简要区分。牛顿流体内部速度分布如图 4-1 所示，假设初始时刻固定壁面上方充满了静止的牛顿流体，在某一时刻水平向右匀速拖动流体上方的平板，根据无滑移边界条件，靠近平板的流体会跟随平板一起向右匀速运动，而靠近固体壁面部分的流体则会保持静止状态。此时，平板和壁面之间会出现速度“分层”，这种流体内部的速度“分层”就是 y 轴方向上的速度梯度，也称为流体变形的应变率，其大小可以用 $\partial u/\partial y$ 来表示。牛顿通过实验测得，流体内部的切应力满足：$\tau = -\mu(\partial u/\partial y)$，即流体内部切应力与应变率成正比。切应力与应变率满足正比例关系的流体称为牛顿流体，生活中最常见的水和空气都属于牛顿流体。

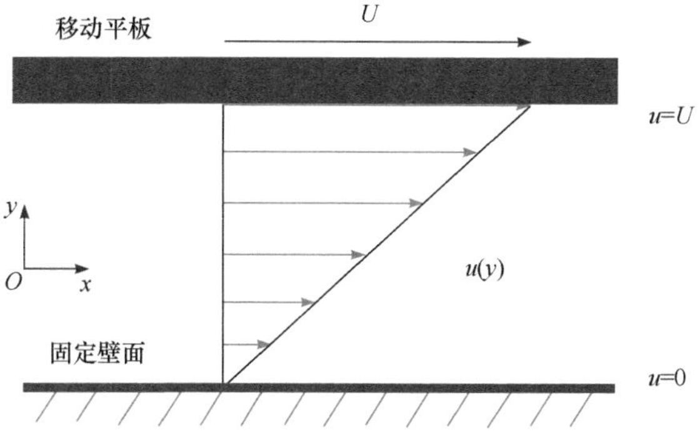

图 4-1　牛顿流体内部速度分布示意图

然而，生产生活中总有这样一些流体，它们会表现出与水不太一样的流变性质，如淀粉糊，使用厨具快速拍打时，其表面会形成难以穿透的弹性保护层，而使用手缓慢搅拌时，其表面会变得柔软且易于穿透。产生这种现象的原因是流体内部的切应力与应变率并不满足正比关系(牛顿流体和非牛顿流体切应力与应变率关系如图 4-2 所示)，这样的流体称为非牛顿流体。

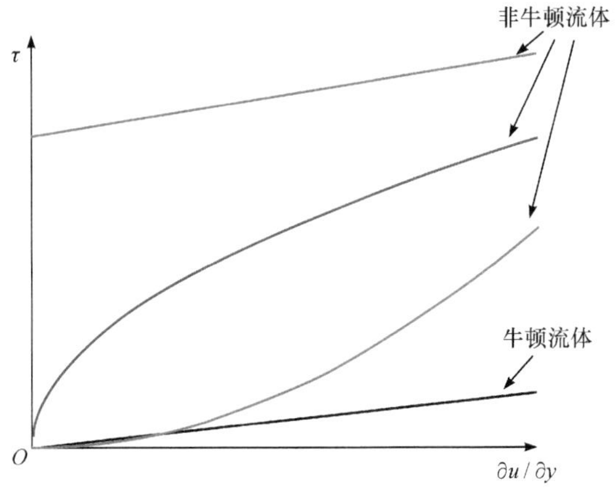

图 4-2　牛顿流体和非牛顿流体切应力与应变率关系示意图

非牛顿流体依据本构方程不同，大致可分为广义牛顿流体、有时效的非牛顿流体及黏弹性流体三类。

4.1.1　广义牛顿流体

广义牛顿流体是一种和应力历史无关的流体，应力大小只与应变率有关，与时间(变形演变历史)无关。其流变关系可以简单地表示为

$$\boldsymbol{\tau} = f\left(\dot{\boldsymbol{\gamma}}\right) \tag{4-1}$$

其中，$\dot{\boldsymbol{\gamma}}$ 是变形速度张量(上文中的应变率 $\partial u/\partial y$ 可认为是 y 轴方向上的一阶变形张量)；$\boldsymbol{\tau}$ 是应力张量。

广义牛顿流体又可以进一步分为塑性流体、拟塑性流体和膨胀流体。

对于塑性流体，当剪切力低于屈服应力 $\boldsymbol{\tau}_{\mathrm{Y}}$ 时，流体会保持静止并具有一定的刚度；当剪切力超过屈服应力 $\boldsymbol{\tau}_{\mathrm{Y}}$ 时，流体会产生流动。常见的塑性流体有宾厄姆(Bingham)塑性流体、广义宾厄姆塑性流体及卡森(Casson)塑性流体。

宾厄姆塑性流体的本构关系可以表示为

$$\begin{cases} \boldsymbol{\tau} - \boldsymbol{\tau}_{\mathrm{Y}} = \eta_{\mathrm{P}}\dot{\boldsymbol{\gamma}}, & |\boldsymbol{\tau}| \geqslant \boldsymbol{\tau}_{\mathrm{Y}} \\ \dot{\boldsymbol{\gamma}} = 0, & |\boldsymbol{\tau}| < \boldsymbol{\tau}_{\mathrm{Y}} \end{cases} \tag{4-2}$$

其中，η_{P} 是塑性黏度。

广义宾厄姆塑性流体的本构关系可以表示为

$$\begin{cases} \boldsymbol{\tau} - \boldsymbol{\tau}_{\mathrm{Y}} = f\left(0.5|\dot{\boldsymbol{\gamma}}|^2\right)\dot{\boldsymbol{\gamma}}, & |\boldsymbol{\tau}| \geqslant \boldsymbol{\tau}_{\mathrm{Y}} \\ \dot{\boldsymbol{\gamma}} = 0, & |\boldsymbol{\tau}| < \boldsymbol{\tau}_{\mathrm{Y}} \end{cases} \tag{4-3}$$

卡森塑性流体的本构关系可以表示为

$$\begin{cases} \sqrt{\boldsymbol{\tau}} - \sqrt{\boldsymbol{\tau}_{\mathrm{Y}}} = \eta_{\mathrm{P}}\sqrt{\dot{\gamma}}, & |\boldsymbol{\tau}| \geqslant \boldsymbol{\tau}_{\mathrm{Y}} \\ \dot{\gamma} = 0, & |\boldsymbol{\tau}| < \boldsymbol{\tau}_{\mathrm{Y}} \end{cases} \tag{4-4}$$

对于拟塑性流体，其黏性随剪切变形速率的增加而减小。常用的拟塑性流体本构关系为

$$\boldsymbol{\tau} - K\dot{\boldsymbol{\gamma}}^{n} \tag{4-5}$$

其中，K 为稠度系数；n 为幂指数，并且满足 $n < 1$。式(4-5)称为 Oswald-de Waele Power Law 模型，有时也简称为 PL 模型。对于膨胀流体来说，其黏性随剪切变形速率的增加而增加，本构关系也满足式(4-5)，只是此时有 $n > 1$。本书中，拟塑性流体和膨胀流体统称为幂律流体。

广义牛顿流体在生活中十分常见，人体中的血液、装修使用的乳胶漆、厨房中常见的番茄酱、糖浆等均属于此类流体。

4.1.2　有时效的非牛顿流体

有时效的非牛顿流体，指应力是应变率和时间共同的函数，即应力大小既与应变率有关，也与时间(变形演变历史)有关。有时效的非牛顿流体又可进一步分为触变性流体和触稠性流体。

触变性流体多数呈胶状，其黏性随时间增加而减小：在静止时触变性流体是黏稠的，甚至有些是呈固态的；但是，搅拌后会变为稀释态，且容易流动。触稠性流体在亚微观状态下静止时是呈线性或网状结构的，与触变性流体相反，其黏性是随时间增长的正比例函数。总体来说，有时效的非牛顿流体的本构关系为

$$\boldsymbol{\tau} = f(\lambda, \dot{\gamma})\dot{\gamma}, \quad \frac{\mathrm{d}\lambda}{\mathrm{d}t} = g(\lambda, \dot{\gamma}) \tag{4-6}$$

其中，f 和 g 可以由实验确定。

有时效的非牛顿流体亦广泛存在于人们的生活中，如打印墨水、酸奶、氢化蓖麻油和人体内的关节液等。

4.1.3　黏弹性流体

黏弹性流体，顾名思义是一种同时具有黏性和弹性效应的流体，可细分为线性黏弹性流体和非线性黏弹性流体。线性黏弹性流体的应变率与切应力呈线性关系：黏性效应可以用牛顿定律表征，这一部分的应变率为 $\boldsymbol{\tau}/\eta_0$，其中 η_0 为零剪切黏度；弹性效应可以用胡克定律表征，这一部分的应变率为 $\boldsymbol{\tau}/E$，其中 E 为剪切模量。进而，可以引入应力松弛时间 $\lambda_1 = \eta_0/E$ 来表征其黏弹性特点。例如，麦克斯韦(Maxwell)流体作为一种线性黏弹性流体，其本构关系为

$$\dot{\gamma}=\frac{\boldsymbol{\tau}}{\eta_0}+\frac{\boldsymbol{\tau}}{E} \tag{4-7}$$

非线性黏弹性流体是一种应力和应变率之间不再满足线性关系的黏弹性流体。非线性黏弹性流体主要有以下几种模型：二阶流体模型、非线性 Maxwell 模型和 Oldroyd 三常数模型等。其中，Oldroyd 三常数模型的本构关系可以表示为

$$\boldsymbol{\tau}+\lambda_1\frac{\partial\boldsymbol{\tau}}{\partial t}=\eta_0\left(\dot{\gamma}+\lambda_2\frac{\partial\dot{\gamma}}{\partial t}\right) \tag{4-8}$$

其中，λ_1 为应力松弛时间；λ_2 为变形弛豫时间。

生活中常见的橡皮泥、某些种类的润滑油等物质均属于黏弹性流体。

非牛顿流体独特且复杂的本构关系，导致其在流动时会表现出一些与牛顿流体不同的行为特征，如射流胀大、爬杆效应、无管缸吸和湍流减阻等。与此同时，非牛顿流体流变模型在理论分析层面存在较大难度，目前国内外尚未对非牛顿流体及其流动稳定性建立起完整的理论框架，亟须对此进行更加深入的研究。

4.2 幂律流体射流稳定性分析

幂律流体的切应力表达式中含有幂指数 n，为控制方程引入了复杂的非线性项，因此进行稳定性分析时会有一定难度。对于此类复杂的非线性项，分析过程中一般会采用积分的方法，对其切应力项进行简化或近似处理。常见的用于解决幂律流体射流稳定性的方法包括动量积分法、加权残差法、弱非线性分析法等。本节将结合幂律平面液膜物理模型，分别对这几种方法进行介绍。

4.2.1 动量积分法

考虑一个二维的、不可压的幂律平面液膜在一个黏性的气体环境中流动，主流平均速度为 $\bar{u}_0^*$，幂律液膜运动及考虑黏性边界层的液膜内外速度分布及内部选取微元示意图分别如图 4-3 和图 4-4 所示。

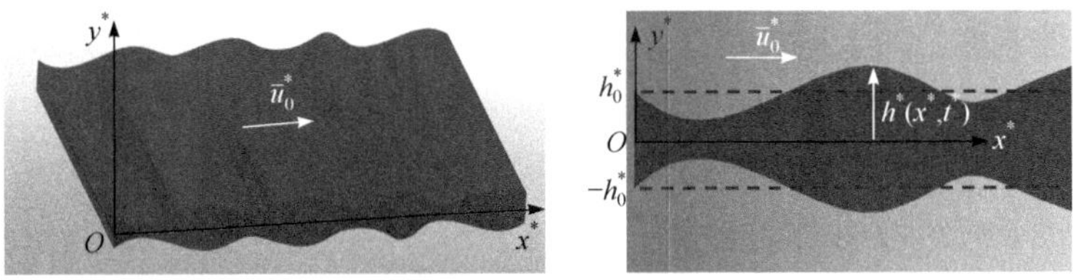

(a) 对称扰动下的幂律平面液膜　　(b) 液膜初始位置剖面图

图 4-3　幂律液膜运动示意图

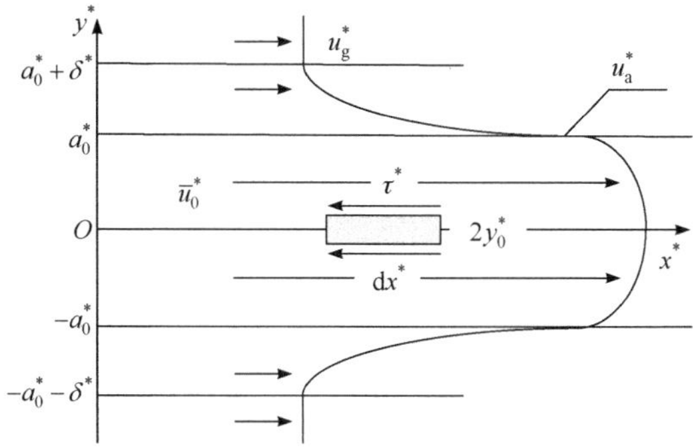

图 4-4　考虑黏性边界层的液膜内外速度分布及内部选取微元示意图

线性分析是基于正则模形式下的小扰动振幅，通过求解线性化的 Navier-Stokes 方程，得到表面波增长率与波数的色散关系式。对于幂律流体，首先要得到液膜内部的速度分布。

在液膜内部取一个长为 dx^*、厚为 $2a_0^*$，并且关于 x^*轴对称的微元，如图 4-4 所示。图中 δ^*表示边界层厚度，u_a^*表示气液界面速度。

对微元受力分析，在 x^*方向上存在

$$2\tau_{yx}^*\mathrm{d}x^* = \Delta P^* 2y_0^* \tag{4-9}$$

幂律流体的本构方程为

$$\tau_{yx}^* = K\left(-\frac{\mathrm{d}u^*}{\mathrm{d}y^*}\right)^n \tag{4-10}$$

联合式(4-9)和式(4-10)得到

$$\int_{u^*}^{u_a^*}\left(-\mathrm{d}u^*\right) = \int_{y^*}^{a_0^*}\left(\frac{\Delta P^* y^*}{K\mathrm{d}x^*}\right)^{1/n}\mathrm{d}y^* \tag{4-11}$$

对式(4-11)积分能够得到液膜内部稳态时的速度分布，即

$$u_0^*(y^*) = \frac{n}{1+n}\left(\frac{\Delta P^*}{K\mathrm{d}x^*}\right)^{1/n}\left(a_0^{*\frac{1+n}{n}} - y^{*\frac{1+n}{n}}\right) + u_a^* \tag{4-12}$$

定义内部平均速度为

$$\overline{u}_0^* = \frac{1}{a_0^*}\int_0^{a_0^*} u_0^*(y)\,\mathrm{d}y^* = \frac{n}{1+2n}\left(\frac{\Delta P^*}{K\mathrm{d}x^*}\right)^{1/n} a_0^{*\frac{1+n}{n}} + u_a^* \tag{4-13}$$

联合式(4-12)和式(4-13)化简可得

$$u_0^*(y^*)=\frac{1+2n}{1+n}\overline{u}_0^*(1-\eta)\left[1-\left(\frac{y^*}{a_0^*}\right)^{\frac{1+n}{n}}\right]+u_{\mathrm{a}}^* \tag{4-14}$$

而非稳态的速度型可以写成

$$u^*(y^*)=\frac{1+2n}{1+n}\overline{u}^*(1-\eta)\left[1-\left(\frac{y^*}{a^*}\right)^{\frac{1+n}{n}}\right]+u_{\mathrm{a}}^* \tag{4-15}$$

其中，$\eta=u_0^*/\overline{u}_0^*$；$a_0^*$是液膜的半厚度；$\overline{u}_0^*$是液膜内部的平均速度。

u_{a}^*是气液界面处的速度，为了得到它的表达式，我们需要得到周围气体的速度分布。气体内部的速度型近似为y^*的二次函数，即

$$u^*(y^*)=Ay^{*2}+By^*+C,\quad a_0^*\leqslant y^*\leqslant a_0^*+\delta^* \tag{4-16}$$

并且有如下边界条件：

(1) 气液界面速度等于u_{a}^*，$u^*(y^*)=u_{\mathrm{a}}^*$，$y^*=a_0^*$；

(2) 气体速度在附面层边界处等于u_{g}^*,即$y^*=a_0^*+\delta^*$时，$u^*(y^*)=u_{\mathrm{g}}^*$；

(3) 在气液界面处气体的切应力与液体切应力平衡，$\tau_{\mathrm{l},yx}^*=\tau_{\mathrm{g},yx}^*$，$y^*=a_0^*$；

(4) 在附面层边界处，气体的速度梯度为 0，$u^{*\prime}(y^*)=0$，$y^*=2a_0^*$。

求解上面四个方程可以得到

$$K\left(\frac{1+2n}{n}\frac{\overline{u}_0^*-u_{\mathrm{a}}^*}{a_0^*}\right)^n-2\mu_{\mathrm{g}}^*\frac{u_{\mathrm{a}}^*-u_{\mathrm{g}}^*}{\delta^*}=0 \tag{4-17}$$

气液界面速度u_{a}^*能够通过数值求解式(4-17)得到。

液膜的控制方程为

$$\frac{\partial u^*}{\partial x^*}+\frac{\partial v^*}{\partial y^*}=0 \tag{4-18}$$

$$\rho^*\left(\frac{\partial u^*}{\partial t^*}+u^*\frac{\partial u^*}{\partial x^*}+v^*\frac{\partial u^*}{\partial y^*}\right)=-\frac{\partial p^*}{\partial x^*}+\frac{\partial \tau_{xx}^*}{\partial x^*}+\frac{\partial \tau_{xy}^*}{\partial y^*} \tag{4-19}$$

$$\rho^*\left(\frac{\partial v^*}{\partial t^*}+u^*\frac{\partial v^*}{\partial x^*}+v^*\frac{\partial v^*}{\partial y^*}\right)=-\frac{\partial p^*}{\partial y^*}+\frac{\partial \tau_{yx}^*}{\partial x^*}+\frac{\partial \tau_{yy}^*}{\partial y^*} \tag{4-20}$$

其中，(u^*，v^*)为液膜非稳态速度；p^*和τ_{ij}^*分别为压力与额外应力。

幂律流体的本构方程为

$$\tau_{ij}^* = 2K(2\boldsymbol{D}_{kl}\boldsymbol{D}_{kl})^{(n-1)/2}\boldsymbol{D}_{ij} \tag{4-21}$$

其中，应变张量为

$$\boldsymbol{D}_{ij} = \frac{1}{2}\left(\frac{\partial u_i^*}{\partial x_j^*} + \frac{\partial u_j^*}{\partial x_i^*}\right) \tag{4-22}$$

法向动力边界条件为

$$p_0^* - p^* + (\tau_{xx}^* h_x^{*2} - 2\tau_{yx}^* h_x^* + \tau_{yy}^*)(1+h_x^{*2})^{-1} = \sigma^* h_{xx}^*(1+h_x^{*2})^{-3/2},\ y^* = a^*(x^*, t^*) \tag{4-23}$$

其中，σ^*为表面张力系数；p_0^*为气体压力。

在气液界面处其运动边界条件为

$$v^* = u^* a_x^* + a_t^*,\quad y^* = a^*(x^*, t^*) \tag{4-24}$$

定义稳态流率函数为

$$q_0^* = \frac{1}{a_0^*}\int_0^{a_0^*} u_0^*(y^*)\mathrm{d}y^* \tag{4-25}$$

同样的，非稳态流率函数为

$$q^* = \frac{1}{a^*}\int_0^{a^*} u^*(y^*)\mathrm{d}y^* \tag{4-26}$$

设水平方向的特征长度为l_0^*(与破裂长度具有相同的量级)，选取液膜半厚度a_0^*作为竖直方向的特征长度，可以引入如下无量纲参量：

$$\begin{cases} x^* = l_0^* x,\quad (a^*, y^*) = a_0^*(a, y) \\ t^* = \left(l_0^* / \overline{u}_0^*\right)t,\ u^* = \overline{u}_0^* u,\ v^* = \overline{u}_0^*\left(a_0^* / l_0^*\right)v \\ (\tau_{xx}^*, \tau_{yy}^*) = K\left(\overline{u}_0^* / a_0^*\right)^{n-1}\left(\overline{u}_0^* / l_0^*\right)\left(\tau_{xx}, \tau_{yy}\right) \\ (\tau_{xy}^*, \tau_{yx}^*) = K\left(\overline{u}_0^* / a_0^*\right)^{n}\left(\tau_{xy}, \tau_{yx}\right) \\ \overline{u} = \overline{u}^* / \overline{u}_0^*,\quad p^* = \rho^* \overline{u}_0^{*2} p,\quad q = q^* / q_0^* \end{cases} \tag{4-27}$$

将式(4-27)代入式(4-18)～式(4-20)与式(4-23)、式(4-24)，得到无量纲控制方程与边界条件为

$$\frac{\partial u}{\partial x} + \frac{\partial v}{\partial y} = 0 \tag{4-28}$$

$$\frac{\partial u}{\partial t} + u\frac{\partial u}{\partial x} + v\frac{\partial u}{\partial y} = -\frac{\partial p}{\partial x} + \frac{\varepsilon}{Re}\frac{\partial \tau_{xx}}{\partial x} + \frac{1}{\varepsilon Re}\frac{\partial \tau_{xy}}{\partial y} \tag{4-29}$$

$$\varepsilon^2\left(\frac{\partial v}{\partial t}+u\frac{\partial v}{\partial x}+v\frac{\partial v}{\partial y}\right)=-\frac{\partial p}{\partial y}+\frac{\varepsilon}{Re}\left(\frac{\partial \tau_{yx}}{\partial x}+\frac{\partial \tau_{yy}}{\partial y}\right) \tag{4-30}$$

$$p_0-p+\left(\frac{\varepsilon^3}{Re}\tau_{xx}a_x^2-\frac{2\varepsilon}{Re}\tau_{yx}a_x+\frac{\varepsilon}{Re}\tau_{yy}\right)(1+\varepsilon^2a_x^2)^{-1}=\varepsilon^2Wea_{xx}(1+\varepsilon^2a_x^2)^{-3/2} \tag{4-31}$$

$$v=ua_x+a_t \tag{4-32}$$

其中，雷诺数 $Re=\rho\bar{u}_0^{(2-n)}a_0^n/K$；韦伯数 $We=\sigma/(\rho u_1^2a_0)$； $\varepsilon=a_0/l_0\ll 1$。

略去方程中的小量，式(4-28)～式(4-30)能够简化为

$$\frac{\partial u}{\partial x}+\frac{\partial v}{\partial y}=0 \tag{4-33}$$

$$\rho\left(\frac{\partial u}{\partial t}+u\frac{\partial u}{\partial x}+v\frac{\partial u}{\partial y}\right)=-\frac{\partial p}{\partial x}+\frac{\partial \tau_{xy}}{\partial y} \tag{4-34}$$

$$\frac{\partial p}{\partial y}=0 \tag{4-35}$$

动力边界条件为

$$p=p_{\mathrm{g}}-\sigma a_{xx},\quad y=a(x,t) \tag{4-36}$$

运动边界条件为

$$v=ua_x+a_t,\quad y=a(x,t) \tag{4-37}$$

对式(4-33)～式(4-35)在 y 方向从 0 到 a 积分，并应用边界条件式(4-36)和式(4-37)得到

$$q_x+2a_t+\bar{u}a_x=0 \tag{4-38}$$

$$q_t+\bar{u}a_t+(1-\lambda/2)\bar{u}^2a_x+\lambda\bar{u}q_x=\frac{2\sigma h}{\rho}a_{xxx}-\frac{2a}{\rho}p_{\mathrm{g},x}+\frac{K}{\rho}\left(\frac{1+n}{n}T\bar{u}\right)^n\left[(-1)^n-1\right]a^{-n} \tag{4-39}$$

其中，$\lambda=(T+\eta)^2-\dfrac{2n}{1+2n}T(T+\eta)+\dfrac{n}{3n+2}T^2$，$T=\dfrac{1+2n}{1+n}(1-n)$。

非稳态流率与液膜厚度可以表示为

$$q=\bar{q}+q',\ a=\bar{a}+a' \tag{4-40}$$

其中，q' 和 a' 分别是流率与液膜厚度的扰动量。

将式(4-40)代入式(4-38)和式(4-39)进行线性化处理，并消去 q' 项得到

$$a'_{tt}-\left(\frac{3\lambda-2}{4}\right)\bar{u}^2a'_{xx}+\lambda\bar{u}a'_{tx}+\frac{\sigma h}{\rho}a'_{xxxx}-\frac{a}{\rho}p_{g,xx}-\frac{nK}{2\rho}\left(\frac{1+n}{n}T\bar{u}\right)^n\frac{\left[(-1)^n+1\right]}{a^{n+1}}a'_x=0 \tag{4-41}$$

厚度扰动的正则模形式为

$$a'=a_0\exp(\mathrm{i}kx+\omega t) \tag{4-42}$$

气体压力 p_0 在表面处的解为

$$p_0=\frac{\rho_g}{k}(\omega+\mathrm{i}ku_g)^2a_0\exp(\mathrm{i}kx+\omega t) \tag{4-43}$$

将式(4-42)和式(4-43)代入式(4-41)，就能够得到波数与复频率的色散方程为

$$\omega^2+\lambda\bar{u}k\mathrm{i}\omega-\left(\frac{3\lambda-2}{4}\right)\bar{u}^2k^2+\frac{\sigma a}{\rho}k^4+\frac{\rho_g ak}{\rho}(\omega+\mathrm{i}ku_g)^2$$
$$-\frac{nK}{2\rho}\left(\frac{1+n}{n}T\bar{u}\right)^n\frac{\left[(-1)^n+1\right]}{a^{n+1}}k\mathrm{i}=0 \tag{4-44}$$

幂指数对幂律液膜稳定性的影响如图 4-5 所示，其中，$\bar{u}=25\text{m/s}$；$\bar{u}_g=0$；$\mu_g=1\times10^{-5}\text{Pa}\cdot\text{s}$；$h_0=0.1\text{mm}$；$K=1\text{Pa}\cdot\text{s}^n$；$\sigma=0.073\text{N/m}$；$\rho_l=1010\text{kg/m}^3$；$\rho_g=1\text{kg/m}^3$。从图 4-5 可以看出，当 n 增加时，最大时间增长率明显减小，但主导波数随 n 的变化不大。这是由于从本构关系中可以看出，随着 n 的变大，黏性应力大幅增加。因此，黏性耗散在流动过程中起主导作用，增加 n 使得流动变得更加稳定。

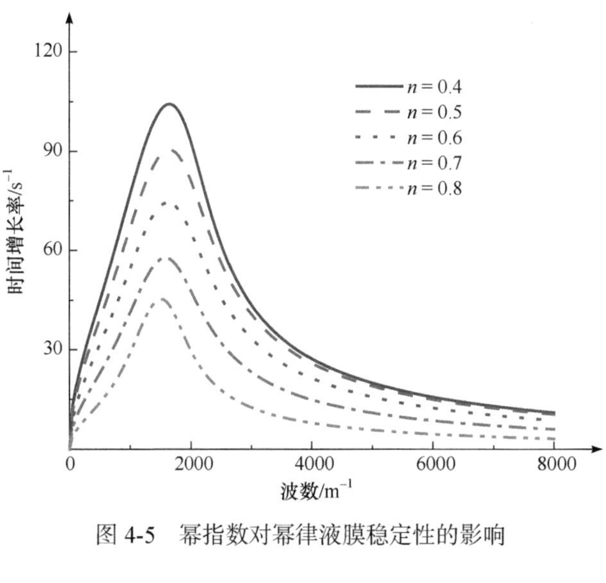

图 4-5　幂指数对幂律液膜稳定性的影响

稠度系数对幂律液膜稳定性的影响如图 4-6 所示，其中，$\bar{u}=1\text{m/s}$；$\bar{u}_g=0$；$\mu_g=1\times10^{-5}\text{Pa}\cdot\text{s}$；$n=0.2$；$h_0=1\text{mm}$；$\sigma=0.08\text{N/m}$；$\rho_l=1100\text{kg/m}^3$；$\rho_g=1\text{kg/m}^3$。从图 4-6(a)可以看出，当 K 从 0.001Pa · s^n 增加到 0.004Pa · s^n 时，最大时间增长率和对应的主导波数都随之大幅减小。但从图 4-6(b)看出，当 K 从 1Pa · s^n 增加到 7Pa · s^n 时，最大时间增长率和主导波数都随之增大。同时对比图 4-6(a)和(b)发现，图 4-6(a)中的最大时间增长率的量级大于图 4-6(b)，这意味着小的稠度系数使流动更不稳定。但存在一个临界 K 值，当稠度系数大于此临界值时，增加 K 会使液膜流动更不稳定。

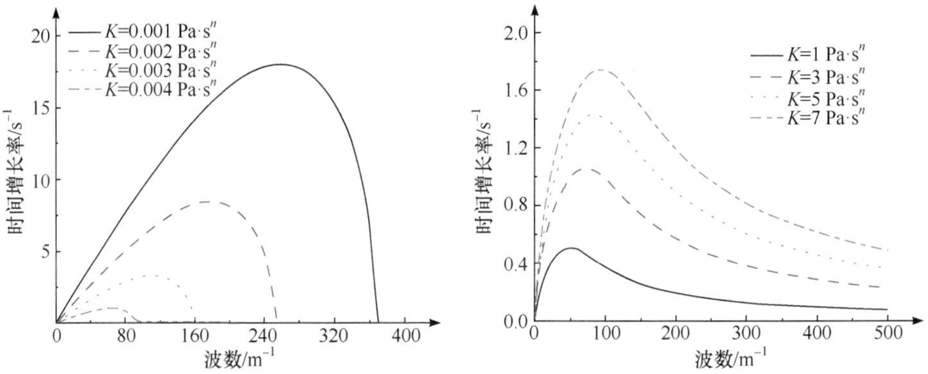

(a) 稠度系数较小　(b) 稠度系数较大

图 4-6　稠度系数对幂律液膜稳定性的影响

稠度系数 K 的变化主要改变液膜中的应力，而应力有两方面作用。一方面，黏性应力改变液膜的速度型，因此会改变气液界面处的速度 u_a。液体黏性通常会阻碍液膜改变当前速度型，而幂律流体的黏度系数就是 K。因此，当周围气体静止时，K 增大会使 u_a 增大，液膜变得更不稳定。另一方面，应力反映在动量方程中。增加 K 会使黏性耗散增加，因此会起到阻尼扰动的作用。综合两方面作用，增大稠度系数 K 会增强还是阻尼扰动取决于这两方面作用之间的相互竞争。从图 4-6 来看，当 K 较小时，黏性耗散作用占优；而当 K 较大时，K 对 u_a 的影响作用占优。

4.2.2　加权残差法

图 4-7 和图 4-8 描绘了对称扰动下一无限长、不可压缩的幂律薄液膜，周围为不可压缩、有黏气体介质。液膜的厚度和速度分别是 $2a^*$和 U^*，气体的速度用 u_g^* 表示。这里，忽略重力场和磁场等因素的影响。定义 x^*轴的方向沿着液体流动的方向，y^*轴的方向垂直于液膜上、下表面，原点位于液膜的中平面上，如图 4-7

所示。图 4-8 是被黏性气体环绕的幂律薄液膜的速度剖面图，其中 δ^* 表示气体边界层厚度。

图 4-7　对称扰动下的幂律薄液膜示意图

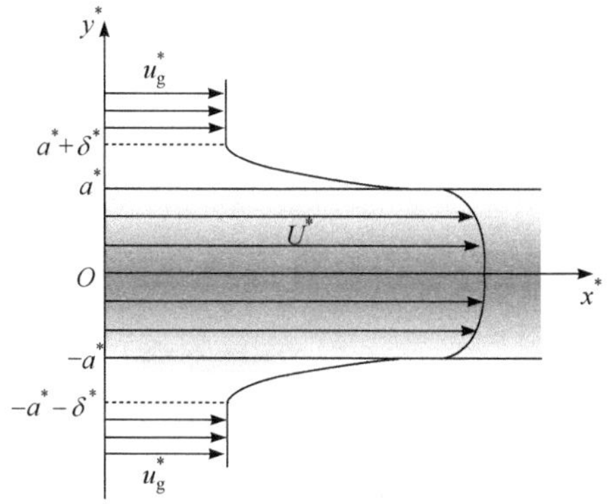

图 4-8　考虑黏性边界层的幂律薄液膜速度剖面图

对于液相，控制方程为

$$u_x^* + v_y^* = 0 \tag{4-45}$$

$$\rho_l^*(u_t^* + u^* u_x^* + v^* u_y^*) = -p_x^* + \partial_x \tau_{xx}^* + \partial_y \tau_{xy}^* \tag{4-46}$$

$$\rho_l^*(v_t^* + u^* v_x^* + v^* v_y^*) = -p_y^* + \partial_x \tau_{xy}^* + \partial_y \tau_{yy}^* \tag{4-47}$$

对于这里的情形，分别选取液体速度 U^*和波长 l_0^* 作为特征速度和特征长度。采取长波假设，假设液膜的半厚度 a^*远远小于波长 l_0^*，即 $\varepsilon = a^*/l_0^* \ll 1$。令 $u^* = U^* u$，$v^* = \varepsilon U^* v$，$t^* = t l_0^*/U^*$，$p^* = (\mu^* U^* l_0^*/a^{*2})p$，$\boldsymbol{\tau}^* = (\mu^* U^*/a^*)\boldsymbol{\tau}$，$\dot{\boldsymbol{\gamma}}^* = \dot{\boldsymbol{\gamma}} U^*/a^*$，$\bar{\rho} = \rho_g/\rho_l$，$Re = \rho^* U^* a^*/u^*$，$We = \rho^* U^{*2} a^*/\sigma^*$。这里，$p$、$\boldsymbol{\tau}$ 和 $\dot{\boldsymbol{\gamma}}$ 分别表示无量纲液体压力、应力张量和剪切速率；μ^* 表示特征动力黏度系数；Re 表示雷诺数，表征液膜中惯性效应与黏性效应的关系；We 表示液体韦伯数，是惯性力与表面张力的比值。

将上述有量纲的控制方程无量纲化后，可以写成

$$u_x + v_y = 0 \tag{4-48}$$

$$\varepsilon Re(u_t + u u_x + v u_y) = -p_x + \varepsilon\, \partial_x \tau_{xx} + \partial_y \tau_{xy} \tag{4-49}$$

$$\varepsilon^3 Re(v_t + u v_x + v v_y) = -p_y + \varepsilon^2 \partial_x \tau_{xy} + \varepsilon\, \partial_y \tau_{yy} \tag{4-50}$$

这里，无量纲应力分量 τ_{xx} 和 τ_{xy} 分别等于 $2\varepsilon\dot{\gamma}^{n-1}u_x$ 和 $\dot{\gamma}^{n-1}(u_y + \varepsilon^2 v_x)$。用一个修正压力 $p^* = p + 2\varepsilon^2\dot{\gamma}^{n-1}u_x$ 来替换压力 p (Amaouche et al.，2012)。本节剩余部分中上

标“*”将不再作为量纲标识，而是作为修正量标识。忽略三阶及三阶以上更高阶项，则式(4-49)和式(4-50)将变为

$$\varepsilon Re(u_t+uu_x+vu_y)+p_x^*=(\dot{\gamma}^{n-1}u_y)_y+\varepsilon^2\{4[(\dot{\gamma}^{n-1}u_x)_x+(\dot{\gamma}^{n-1}v_x)_y]\} \tag{4-51}$$

$$p_y^*=\varepsilon^2(\dot{\gamma}^{n-1}u_y)_x \tag{4-52}$$

对于轴对称扰动，有

$$v=0,\quad y=0 \tag{4-53}$$

液膜应该满足法向动力边界条件，即

$$p^*=-\varepsilon^2\frac{Re}{We}a_{xx}+\varepsilon p_{\mathrm{g}},\quad y=a \tag{4-54}$$

根据式(4-52)，修正的压力分布可以改写成

$$p^*(x,y,t)=-\varepsilon^2\frac{Re}{We}a_{xx}+\varepsilon p_{\mathrm{g}}+\varepsilon^2\int_a^y(\varsigma u_y)_x\mathrm{d}y \tag{4-55}$$

其中，$\varsigma=\dot{\gamma}^{n-1}=\left|u_y\right|^{n-1}+\varepsilon^2(n-1)\left|u_y\right|^{n-3}(u_yv_x+2u_x^2)$ $(0\leqslant y\leqslant a(x,t))$。

将 p^*的表达式代入沿主流方向的动量方程可得

$$\begin{aligned}&\varepsilon Re(u_t+uu_x+vu_y)=(\varsigma u_y)_y-\varepsilon p_{gx}\\&+\varepsilon^2\left[4\varsigma_xu_x+\varsigma_yv_x+3\varsigma u_{xx}+\frac{Re}{We}a_{xxx}+a_x(\varsigma u_y)x|_{y=a}-\int_a^y(\varsigma u_y)_{xx}\mathrm{d}y\right]\end{aligned} \tag{4-56}$$

应用加权残值法对幂律平面液膜进行线性稳定性分析。加权残值法是一种采用使余量的加权积分为零的等效积分的“弱”形式来近似求解微分方程的方法。首先与经典的长波展开相结合，将速度剖面进行多项式展开。与 Amaouche 等(2012)的研究类似，未知速度场可展开为：$u(x,y,t)=\sum_{m=0}^{M}C_m(x,t)f_m(z)$，这里 $f_m(z)\,(m=0,1,\cdots,M)$是依赖于退化坐标 $z(\,z=y/a(x,t))$的某一系列测试函数。通常，可以将 u 展开为

$$u(x,y,t)=u_0^*+\varepsilon u_1^*+\varepsilon^2u_2^*+o(\varepsilon^2) \tag{4-57}$$

对于首阶，可以写成如下形式：$u_0^*=C_0(x,t)f_0(z)$，这里 $f_0(z)=1-\frac{n}{n+1}z^{1+1/n}$。采用加权残值法，如果令 $u=u_0+\varepsilon u_1$，那么需要满足判定条件：$\int_0^a u_0\mathrm{d}y=q$ 和 $\int_0^a u_1\mathrm{d}y=0$ (Ruyer-Quil and Manneville，2000)。进而不难得到

$$u_0 = \frac{(2n+1)(n+1)}{n^2+3n+1}\frac{q}{h}f_0(z) \tag{4-58}$$

$$u_1 = u_1^* - \left[\frac{(2n+1)(n+1)}{n^2+3n+1}\int_0^1 u_1^* \mathrm{d}z\right] f_0(z) \tag{4-59}$$

众所周知，Shkadov 的方法并不包含对液体速度的一阶修正，这导致理论结果在稳定性阈值附近时是不准确的。通过采用加权残值法来弥补这个缺陷。选取合适的权重函数 $F(z)$，首先将方程(4-56)两边同乘以函数 $F(z)$，然后两边同时进行积分，接着对黏性项进行两次分部积分可得(Amaouche et al.，2012)

$$\begin{aligned}&\varepsilon Re\int_0^a (u_{0t}+u_0u_{0x}+v_0u_{0y})F\mathrm{d}y\\&=[\varsigma u_y F]_0^a-[\varsigma u F_y]_0^a+\int_0^a u(\varsigma F_y)_y\mathrm{d}y-\varepsilon\int_0^a p_{\mathrm{g}x}F\mathrm{d}y+\int_0^a \varGamma a_{xxx}F\mathrm{d}y\end{aligned} \tag{4-60}$$

其中，$\varGamma = \varepsilon^2\dfrac{Re}{We}$。

为了消去 u_1，需要选择合适的函数 F 满足

$$F|_{y=0}=1,\quad u_{0y}^{n-1}F_y|_{y=0}=0,\quad \left(u_{0y}^{n-1}F_y\right)_y = w(x,t) \tag{4-61}$$

其中，$w(x,t)$ 是依赖于变量 x 和 t 的未知函数。与 Amaouche 等(2012)的推导过程类似，最终能够得到

$$-\left[\frac{(2n+1)(n+1)}{n^2+3n+1}\right]^{n-1}\frac{q^{n-1}}{a^{2n}}F_y = wf_{0y} \tag{4-62}$$

可以看出，如果令 w 等于 $-\left[\dfrac{(2n+1)(n+1)}{n^2+3n+1}\right]^{n-1}\dfrac{q^{n-1}}{a^{2n}}$，那么 F 将会与 f_0 相等。这样，函数 $w(x,t)$ 和 $F(z)$就可确定。因此，式(4-60)变成

$$\varepsilon ReN\left(Aq_t + B\frac{qq_x}{a} - C\frac{q^2ax}{a^2}\right) = \frac{N}{n+1}\tau_{\mathrm{g}}|_{y=a} + N^n u_a\frac{q^{n-1}}{a^{2n-1}} - N^n\frac{q^n}{a^{2n}} + \varGamma aa_{xxx} - \varepsilon p_{\mathrm{g}x}a \tag{4-63}$$

其中，$A=\dfrac{2n^4+10n^3+18n^2+11n+2}{(n^2+3n+1)(n+1)(3n+2)}$；$B=\dfrac{24n^7+190n^6+624n^5+1066n^4+989n^3}{(n^2+3n+1)^2(n+1)(3n+2)(4n+3)}+\dfrac{495n^2+124n+12}{(n^2+3n+1)^2(n+1)(3n+2)(4n+3)}$；$C=\dfrac{(2n+1)(8n^6+56n^5+160n^4+228n^3+162n^2+53n+6)}{(n^2+3n+1)^2(n+1)(3n+2)(4n+3)}$；$N=\dfrac{(2n+1)(n+1)}{n^2+3n+1}$；$\tau_{\mathrm{g}}|_{y=h}=\bar{\mu}\dfrac{u_{\mathrm{a}}-\bar{U}}{\bar{\delta}}$，代表着 $y=h$ 处的气相切应力，u_{a} 表示气液

界面处的速度。

关于气液界面速度的计算方法，可以参考 4.2.1 节的计算方法(Yang et al., 2015)：

$$\left(\frac{1+2n}{n}\frac{U-u_{\mathrm{a}}}{a}\right)^n-2\bar{\mu}\frac{u_{\mathrm{a}}-\bar{U}}{\bar{\delta}}=0 \tag{4-64}$$

其中，$\bar{U}$ 为气液速度比；$\bar{\mu}$ 为气液动力黏性比；$\bar{\delta}$ 为无量纲气体边界层厚度。

截至目前，已经得到了一阶模型方程。为了进行时间线性稳定性分析，首先需要将模型式(4-63)进行线性化。因此，进行线性化之后，可以得到

$$a_t+q_x=0 \tag{4-65}$$

$$\varepsilon ReN(Aq_t+Bq_x-Ca_x)=\frac{N}{n+1}\tau_{\mathrm{g}}\big|_{y=a}+N^n u_a(n-1)q-N^n nq+\varGamma a_{xxx}-\varepsilon p_{\mathrm{g}x} \tag{4-66}$$

上述两个方程的解可以写成如下正则模的形式：

$$(a,q,p_{\mathrm{g}},\tau_{\mathrm{g}})=(\hat{a},\hat{q},\hat{p}_{\mathrm{g}},\hat{\tau}_{\mathrm{g}})\exp(\mathrm{i}kx+\omega t) \tag{4-67}$$

其中，上标“^”表示对应变量的初始扰动振幅；k 为波数，是实数；而 ω 为复频率，它的实部 ω_{r} 表示时间增长率，虚部 ω_{i} 表示时间振荡频率。

对于气体压力项，将正则模扰动代入气相的控制方程和边界条件(Yang et al., 2015)，可以得到气体扰动压强 p_{g} 为

$$p_{\mathrm{g}}=\frac{\bar{\rho}}{k}(\omega+\mathrm{i}ku_{\mathrm{a}})^2\hat{a}\exp(\mathrm{i}kx+\omega t) \tag{4-68}$$

将式(4-67)、式(4-68)代入式(4-65)、式(4-66)，最终可得一阶色散方程为

$$\varepsilon ReN\left(\mathrm{i}\frac{\omega^2}{k}A+\omega B-\mathrm{i}kC\right)=\frac{N}{n+1}\bar{\mu}\frac{u_{\mathrm{a}}-\bar{U}}{\bar{\delta}}-N^n u_{\mathrm{a}}(n-1)\frac{\mathrm{i}\omega}{k}+N^n n\frac{\mathrm{i}\omega}{k}-\mathrm{i}\varGamma k^3+\mathrm{i}\varepsilon\bar{\rho}(\omega+\mathrm{i}ku_{\mathrm{a}})^2 \tag{4-69}$$

其中，u_{a} 可以通过式(4-64)数值求解出来。

下面通过求解时间模式下的色散方程式(4-69)，可以得到各流变参数对幂律液膜不稳定性的影响。对于幂律流体，工程上有两个重要的参数，即幂指数 n 和稠度系数 K。图 4-9 和图 4-10 研究了幂指数 n 对不稳定增长率的影响，其他参数设定为 U=1m/s；K=1Pa · s^n；$\bar{U}$ =0.5；σ=0.073N/m；ρ_{l} =1000 kg/m^3；ρ_{g}=1kg/m^3；μ_{g}=1×10^{-5}Pa · s；a=0.1mm。从图 4-9 中可以看出，随着幂指数 n 的增加，最大时间增长率显著增加；即幂指数具有很强的促进不稳定性的作用。这可以解释为，

幂指数能够导致液体速度型的变化，当周围气体处于静止状态时，较大的幂指数会导致较大的气液交界面速度，从而对幂律流体液膜的失稳有着促进作用。而且，随着幂指数 n 的增加，主导波数 k_d 逐渐增大，这意味着不稳定范围变得更宽，如图 4-10 所示。对于线性稳定性理论，主导波数 k_d 是指与最大时间增长率相对应的波数。

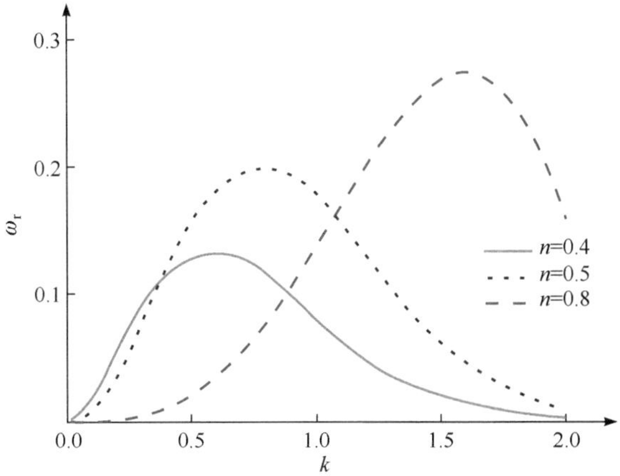

图 4-9　幂指数 n 对幂律流体液膜的色散关系的影响

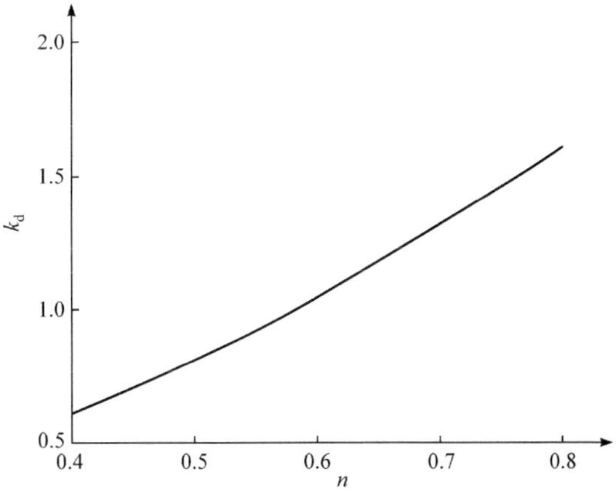

图 4-10　幂指数 n 对幂律流体液膜主导波数的影响

稠度系数 K 对不稳定增长率的影响如图 4-11 和图 4-12 所示。能够明显看出，随着 K 的增加，不稳定时间增长率变得更大，不稳定性将会大幅度增加；而临界波数(或边际波数)随着稠度系数的变化很小，这表明不稳定波数范围对稠度系数 K 并不敏感。结合图 4-12，可以得出结论：稠度系数对主导波数的增大起着促进作用。因此，增大稠度系数会使不稳定性向短波方向移动。

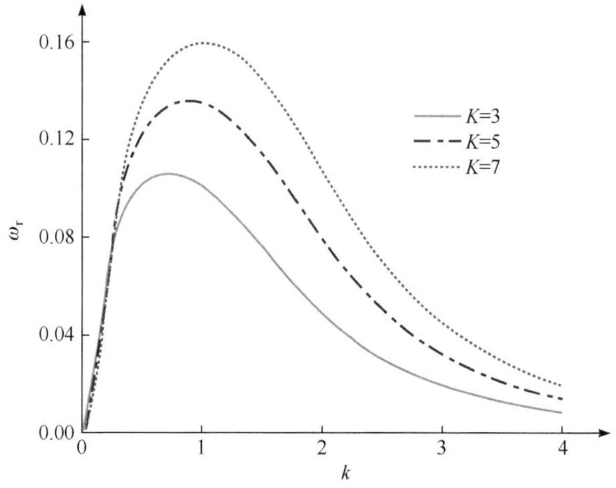

图 4-11　稠度系数 K 对幂律流体液膜的色散关系的影响

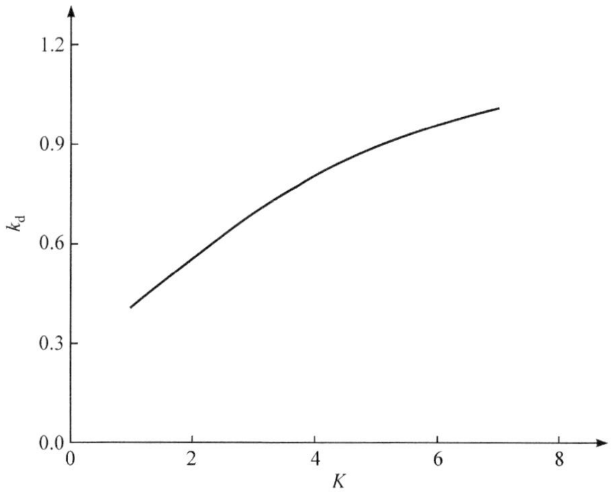

图 4-12　稠度系数 K 对幂律流体液膜的主导波数的影响

对于所研究的幂律流体平面液膜，既存在着其幂律特性带来的不稳定性(简称“幂律不稳定性”)，又存在着空气动力不稳定性。图 4-13 讨论了这两种不稳定性，并比较了哪种不稳定性机制在液膜破裂的过程中占据主导地位。这里，用幂指数 n 代表幂律不稳定性，用液体韦伯数 We 来表征空气动力不稳定性。我们知道，增大韦伯数或幂指数会导致不稳定性增强，分别让韦伯数和幂指数增大 20%，相应的液膜不稳定性的变化如图 4-13 所示，其他初始参数设定为 $\bar{\rho}=0.001$，$K=1\text{Pa}\cdot\text{s}^n$，$\bar{U}=0.5$，$\bar{\delta}=1$。结果表明，幂指数增大时，不稳定时间增长率大大增加；而液体韦伯数增加时，不稳定时间增长率增幅很小。因此，幂律不稳定性比空气动力不稳定性对液膜不稳定的影响更大。它还表明，对于本节设置的参数，增加幂指数

n 是提高液膜不稳定性最有效的手段。

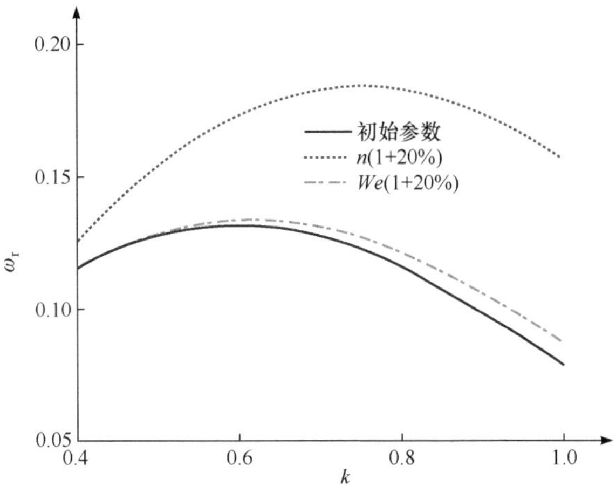

图 4-13　幂律不稳定性与空气动力不稳定性的比较

4.2.3　弱非线性分析法

对于某些具有特殊形式本构方程的幂律流体，可以采用希尔伯特变换与弱非线性分析法相结合的方法来进行稳定性分析，进而得到液膜表面波形的演化过程。本部分内容将以 Carreau-law 模型为例对此种方法进行介绍。

设想一均匀无限长的自由幂律液膜，周围是静止的无黏、不可压缩、无旋气体。液膜密度为 ρ_l^*，厚度为 $2a^*$，表面张力系数为σ^*，幂指数为 n (<1)，速度为 U^*。对于气相，密度和压力分别用 ρ_g^* 和 p_g^* 来表示，如图 4-14 所示。η_j^* 表征了上、下表面的扰动振幅：当 j=1 时，对应着液膜的上表面；当 j=2 时，对应着液膜的下表面。这里，不考虑重力场、磁场等的影响。

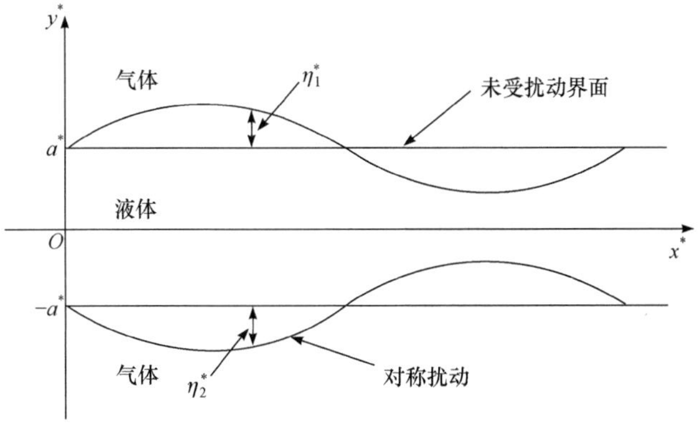

图 4-14　对称扰动下幂律流体自由平面液膜示意图

对于液相，控制方程为

$$u_x^* + v_y^* = 0 \tag{4-70}$$

$$\rho_1^*(u_t^* + u^* u_x^* + v^* u_y^*) = -p_x^* + \partial_x \tau_{xx}^* + \partial_y \tau_{xy}^* \tag{4-71}$$

$$\rho_1^*(v_t^* + u^* v_x^* + v^* v_y^*) = -p_y^* + \partial_x \tau_{xy}^* + \partial_y \tau_{yy}^* \tag{4-72}$$

其中，假设液膜厚度远小于波长，采用长波假设，分别选取液体速度 U^*和波长 l_0^*作为特征速度和特征时间。采取长波假设，假设液膜的半厚度 a^*远远小于波长 l_0^*，即 $\varepsilon = a^* / l_0^* \ll 1$。令 $u^* = U^* u$， $v^* = \varepsilon U^* v$， $t^* = t l_0^* / U^*$， $p^* = (\mu^* U^* l_0^* / a^{*2}) p$， $\boldsymbol{\tau}^* = (\mu^* U^* / a^*) \boldsymbol{\tau}$， $\dot{\boldsymbol{\gamma}}^* = \dot{\boldsymbol{\gamma}} U^* / a^*$， $\bar{\rho} = \rho_g / \rho_1$， $Re = \rho^* U^* a^* / \mu^*$， $We = \rho^* U^{*2} a^* / \sigma^*$ $P_g = l_0^* p_g^* / \mu^* U^*$。这里，$p$、$\boldsymbol{\tau}$ 和 $\dot{\boldsymbol{\gamma}}$ 分别表示无量纲液体压力、应力张量和剪切速率； μ^* 表示特征动力黏度。

进而，上述控制方程的无量纲形式为

$$u_x + v_y = 0 \tag{4-73}$$

$$Re(u_t + u u_x + v u_y) = -p_x + \partial_x \tau_{xx} + \frac{1}{\varepsilon} \partial_y \tau_{xy} \tag{4-74}$$

$$\varepsilon^2 Re(v_t + u v_x + v v_y) = -p_y + \varepsilon\, \partial_x \tau_{xy} + \partial_y \tau_{yy} \tag{4-75}$$

若令应力分量满足 $\tau_{xy} = \varepsilon T_{xy}$ (这里 τ_{xy} 的量级为 ε， T_{xy} 的量级为 1)，不难推出 u 可以写成

$$u = u_0(x,t) + \varepsilon^2 u_2(x,y,t) + \cdots \tag{4-76}$$

对于曲张模式，应该满足

$$v = 0, \quad y = 0 \tag{4-77}$$

运动边界条件为

$$n_{jt} + u \eta_{jx} = v, \quad y = (-1)^{j+1} + \eta_j \tag{4-78}$$

其中，j=1 表示上表面；j=2 表示下表面。

结合方程式(4-73)、式(4-76)、式(4-77)和式(4-78)可得

$$\eta_{jt} + u_0 \eta_{jx} = -(\eta_j + 1) u_{0x}, \quad y = (-1)^{j+1} + \eta_j \tag{4-79}$$

动量守恒方程式(4-74)和式(4-75)可以改写成

$$p + \tau_{xx} = f(x,t) \tag{4-80}$$

$$Re(u_{0t} + u_0 u_{0x}) = 2\partial_x \tau_{xx} - f_x + \partial_y T_{xy} \tag{4-81}$$

式(4-81)两边同时对 y 从 0 到 1 积分，可得

$$Re(1+\eta_j)(u_{0t}+u_0u_{0x})=\partial_x[2(1+\eta_j)\tau_{xx}]-f_x(1+\eta_j)+T_{xy}|_{y=1+\eta_j}-T_{xy}|_{y=0} \tag{4-82}$$

法向动力边界条件和切向动力边界条件分别为

$$\tau_{xx}+p=P_{gj}-\Gamma\eta_{jxx},\quad y=(-1)^{j+1}+\eta_j \tag{4-83}$$

$$T_{xy}=2\eta_{jx}\tau_{xx},\quad y=(-1)^{j+1}+\eta_j \tag{4-84}$$

其中，$\Gamma=\dfrac{\varepsilon\sigma}{\mu^*U}$，表征了气液交界面处表面张力与黏性力的相对影响。

对于气相，由于气体无黏、不可压缩且无旋，其势函数 ϕ_{gj} 应该满足

$$\phi_{gjxx}+\phi_{gjyy}=0 \tag{4-85}$$

解得

$$\hat{\phi}_{gj}=(-1)^{j+1}A\mathrm{e}^{(-1)^j|k|y} \tag{4-86}$$

其中，A 是常数；k 是波数；$\hat{\phi}_{gj}(k,y)$ 是 $\phi_{gj}(x,y)$ 的傅里叶变换函数，即

$$\hat{\phi}_{gj}(k,y)=F\left\{\phi_{gj}(k,y)\right\}=\int_{-\infty}^{\infty}\mathrm{e}^{-\mathrm{i}kx}\phi_{gj}\mathrm{d}x \tag{4-87}$$

在 $y=(-1)^{j+1}+\eta_j$ 处，气体应该满足

$$\eta_{jt}=\phi_{gjy} \tag{4-88}$$

$$P_{gj}+\bar{\rho}Re\phi_{gjt}(x,y)=0 \tag{4-89}$$

联立方程式(4-86)～式(4-89)可得

$$P_{gjx}=(-1)^j\bar{\rho}Re\mathscr{H}[\eta_{jtt}] \tag{4-90}$$

其中，$\mathscr{H}[]$表示相应变量的希尔伯特变换。

结合液相方程和气相方程，最终可以得到一个关于 u 和 η_j 的二变量方程组，即

$$\eta_{jt}+\partial_x[(1+\eta_j)u]=0 \tag{4-91}$$

$$Re(1+\eta_j)(u_t+uu_x)=\partial_x[2(1+\eta_j)\tau_{xx}]-(1+\eta_j)P_{gjx}+(1+\eta_j)\Gamma\eta_{jxxx} \tag{4-92}$$

其中，$P_{gjx}=(-1)^j\bar{\rho}Re\mathscr{H}[\eta_{jtt}]$。

采用无量纲 Carreau-law 模型作为本构模型，即

$$\mu_{\mathrm{eff}}(\dot{\gamma})=[1+(\dot{\gamma}/\dot{\gamma}_{\mathrm{c}})^2]^{\frac{n-1}{2}} \tag{4-93}$$

其中，$\dot{\gamma}_c$ 表示幂律液膜的临界应变率。

假定所有的扰动参数可以展开成初始小振幅 η_0 的幂级数的形式，故而有

$$(u,\tau_{xx},\eta_j,P_{gj})=(1,0,0,0)+\varepsilon(u_1,\tau_{1xx},\eta_{j1},P_{gj1})+\varepsilon^2(u_2,\tau_{2xx},\eta_{j2},P_{gj2})+\cdots \tag{4-94}$$

因此，有

$$\tau_{xx}=2u_x[1+(2u_x/\dot{\gamma}_c)^2]^{\frac{n-1}{2}}=2(\varepsilon u_{1x}+\varepsilon^2 u_{2x})\left[1+\frac{4\varepsilon^2(u_{1x}+\varepsilon u_{2x})^2}{\dot{\gamma}_c^2}\right]^{\frac{n-1}{2}} \tag{4-95}$$

令 $\dot{\gamma}_c=O\left(\varepsilon^{\frac{1}{2}}\right)$ 和 $\dot{\gamma}_c=\varepsilon^{\frac{1}{2}}\Gamma_{\frac{1}{2}}$，进而有

$$\tau_{xx}=2(\varepsilon u_{1x}+\varepsilon^2 u_{2x})\left(1+\frac{4\varepsilon u_{1x}^2}{\Gamma_{\frac{1}{2}}^2}+\cdots\right)^{\frac{n-1}{2}} \tag{4-96}$$

进一步可得

$$\tau_{1xx}=2u_{1x} \tag{4-97}$$

$$\tau_{2xx}=2u_{1x}\cdot\frac{4u_{1x}^2}{\Gamma_{\frac{1}{2}}^2}\cdot\frac{n-1}{2}+2u_{2x}=4(n-1)\frac{u_{1x}^3}{\Gamma_{\frac{1}{2}}^2}+2u_{2x} \tag{4-98}$$

一阶方程可以写成

$$\eta_{j1t}+\eta_{j1x}+u_{1x}=0 \tag{4-99}$$

$$Re(u_{1t}+u_{1x})=2\partial_x\tau_{1xx}+\bar{\rho}Re\mathscr{H}[\eta_{j1tt}]+\Gamma\eta_{j1xxx} \tag{4-100}$$

假设一阶方程的解可以写成

$$\left(u_1,\eta_{j1}\right)=\left[\hat{u}_1,\hat{\eta}_{j1}\right]e^{i(k_1x-\omega_1t)}+\text{c.c.} \tag{4-101}$$

解得

$$\hat{u}_1=\frac{\omega_1-k_1}{k_1}\hat{\eta}_{j1} \tag{4-102}$$

$$-\frac{Re(\omega_1-k_1)^2}{k_1}=4ik_1(\omega_1-k_1)+\bar{\rho}\omega_1^2Re-k_1^3\Gamma \tag{4-103}$$

即得出了一阶波数 k_1 与相应的不稳定增长率 ω_1 间的一阶色散方程。而稍早文献(Liu et al.，2016)中得到的关于黏性液膜的一阶色散方程为

$$-\bar{\rho}\omega_1^2+\frac{k_1^3}{We}+\frac{k_1^2+l_1^2}{Re^2}\coth k_1-\frac{4}{Re^2}l_1k_1^3\coth l_1=0 \tag{4-104}$$

其中，$l_1^2=k_1^2+\mathrm{i}Re(k_1-\omega_1)$。采用长波假设后，$\coth k_1$ 可以用$1/k_1$来替换，$\coth l_1$ 可以用$1/l_1$来替换。因而，式(4-104)可以改写为

$$-\frac{(\omega_1-k_1)^2}{k_1}=\frac{4\mathrm{i}k_1(\omega_1-k_1)}{Re}+\bar{\rho}\omega_1^2-\frac{k_1^3}{We} \tag{4-105}$$

这与式(4-103)是等价的，验证了一阶稳定性分析的正确性。

二阶方程为

$$\eta_{2t}+\eta_{2x}+u_{2x}+\eta_{1x}u_1+\eta_1u_{1x}=0 \tag{4-106}$$

$$\begin{aligned}Re(u_{2t}+u_{2x}+u_1u_{1x}+\eta_{1t}+\eta_1u_{1x})=&2\eta_{1x}\tau_{1xx}+2\partial_x\tau_{2xx}+2\eta_1\partial_x\tau_{1xx}\\&+\bar{\rho}Re\eta_1\mathscr{H}[\eta_{1tt}]+\bar{\rho}Re\mathscr{H}[\eta_{2tt}]+\Gamma\eta_{2xxx}+\Gamma\eta_1\eta_{1xxx}\end{aligned} \tag{4-107}$$

给定初始条件为

$$(\eta_j)_{j=1}\big|_{t=0}=-(\eta_j)_{j=2}\big|_{t=0}=\eta_0\cos(k_1x)=\frac{1}{2}\eta_0\exp(\mathrm{i}k_1x)+\mathrm{c.c.} \tag{4-108}$$

假设二阶方程的解可以写成

$$\begin{aligned}(u_2,\eta_{j2})=&[\hat{u}_{21},\hat{\eta}_{j21}]\mathrm{e}^{2\mathrm{i}(k_1x-\omega_1t)}+[\hat{u}_{22},\hat{\eta}_{j22}]\mathrm{e}^{2\omega_{1\mathrm{i}}t}\\&+[\hat{u}_{23},\hat{\eta}_{j23}]\mathrm{e}^{3\mathrm{i}(k_1x-\omega_1t)}+[\hat{u}_{24},\hat{\eta}_{j24}]\mathrm{e}^{\mathrm{i}k_1x-\mathrm{i}\omega_{1\mathrm{r}}t+3\omega_{1\mathrm{i}}t}+\mathrm{c.c.}\end{aligned} \tag{4-109}$$

将式(4-108)、式(4-109)及一阶方程的解代入式(4-106)、式(4-107)，合并含有相同 e 指数的项($\mathrm{e}^{2\mathrm{i}(k_1x-\omega_1t)},\mathrm{e}^{2\omega_{1\mathrm{i}}t},\mathrm{e}^{3i(k_1x-\omega_1t)},\mathrm{e}^{\mathrm{i}k_1x-\mathrm{i}\omega_{1\mathrm{r}}t+3\omega_{1\mathrm{i}}t}$)，可以得到二阶解为

$$\hat{\eta}_{j1}=0.5 \tag{4-110}$$

$$\begin{aligned}\hat{\eta}_{j21}&=(-1)^{j+1}\frac{2\mathrm{i}Re(\omega_1-k_1)^2-8k_1^2(\omega_1-k_1)-\mathrm{i}k_1\omega_1^2\bar{\rho}Re\,\mathrm{sgn}(k_1)+\mathrm{i}k_1^4\Gamma}{2\mathrm{i}Re(\omega_1-k_1)^2-16k_1^2(\omega_1-k_1)-4\mathrm{i}k_1\omega_1^2\bar{\rho}Re\,\mathrm{sgn}(k_1)+8\mathrm{i}k_1^4\Gamma}\hat{\eta}_{j1}^2\\&=(-1)^{j+1}\frac{2\mathrm{i}Re(\omega_1-k_1)^2-8k_1^2(\omega_1-k_1)-\mathrm{i}k_1\omega_1^2\bar{\rho}Re\,\mathrm{sgn}(k_1)+\mathrm{i}k_1^4\Gamma}{\mathrm{i}k_1ReD_{\mathrm{var}}(2\omega_1,2k_1)}\hat{\eta}_{j1}^2\end{aligned} \tag{4-111}$$

$$\hat{\eta}_{j22}=0 \tag{4-112}$$

$$\hat{\eta}_{j23}=(-1)^{j+1}\frac{8(n-1)k_1^2(\omega_1-k_1)^3}{\Gamma_{\frac{1}{2}}^2\left[12k_1^2(\omega_1-k_1)-\mathrm{i}Re(\omega_1-k_1)^2+9\mathrm{i}k_1^4\Gamma-3\mathrm{i}\omega_1^2k_1\bar{\rho}Re\,\mathrm{sgn}(k_1)\right]}\hat{\eta}_{j1}^3 \tag{4-113}$$

$$\hat{\eta}_{j24}=(-1)^{j+1}\frac{24(n-1)k_1^2(\omega_1-k_1)^2(\bar{\omega}_1-k_1)\hat{\eta}_{j1}^2\bar{\hat{\eta}}_{j1}}{\Gamma_{\frac{1}{2}}^2\left[\mathrm{i}Re\Lambda^2+4\mathrm{i}k_1^2\Lambda+\mathrm{i}k_1(3\omega_{1\mathrm{i}}-\mathrm{i}\omega_{1\mathrm{r}})^2\bar{\rho}Re\,\mathrm{sgn}(k_1)+\mathrm{i}k_1^4\Gamma\right]} \tag{4-114}$$

其中，$D_{\mathrm{var}}(\omega,k)=\bar{\rho}\omega^2-\dfrac{k^3}{We}+\dfrac{(\omega-k)^2}{k}+\dfrac{4\mathrm{i}k}{Re}(\omega-k)$；$\Lambda=3\omega_{1\mathrm{i}}-i\omega_{1\mathrm{r}}+\mathrm{i}k_1$。

因此，二阶扰动振幅可以写成

$$\eta_{j2}=\hat{\eta}_{j21}\mathrm{e}^{2\mathrm{i}(k_1x-\omega_1t)}+\hat{\eta}_{j22}\mathrm{e}^{2\omega_{1\mathrm{i}}t}+\hat{\eta}_{j23}\mathrm{e}^{3\mathrm{i}(k_1x-\omega_1t)}+\hat{\eta}_{j24}\mathrm{e}^{\mathrm{i}k_1x-i\omega_{1\mathrm{r}}t+3\omega_{1\mathrm{i}}t}+\mathrm{c.c.} \tag{4-115}$$

其中，

$$\hat{\eta}_{j21}=(-1)^{j+1}\frac{2\mathrm{i}Re(\omega_1-k_1)^2-8k_1^2(\omega_1-k_1)-\mathrm{i}k_1\omega_1^2\bar{\rho}Re\,\mathrm{sgn}(k_1)+\mathrm{i}k_1^4\Gamma}{\mathrm{i}k_1ReD_{\mathrm{var}}(2\omega_1,2k_1)}\hat{\eta}_{j1}^2$$

$$\hat{\eta}_{j22}=0$$

$$\hat{\eta}_{j23}=(-1)^{j+1}\frac{8(n-1)k_1^2(\omega_1-k_1)^3}{\Gamma_{\frac{1}{2}}^2\left[12k_1^2(\omega_1-k_1)-\mathrm{i}Re(\omega_1-k_1)^2+9\mathrm{i}k_1^4\Gamma-3\mathrm{i}\omega_1^2k_1\bar{\rho}Re\,\mathrm{sgn}(k_1)\right]}\hat{\eta}_{j1}^3$$

$$\hat{\eta}_{j24}=(-1)^{j}\frac{24(n-1)k_1^2(\omega_1-k_1)^2(\bar{\omega}_1-k_1)\hat{\eta}_{j1}^2\hat{\eta}_{j1}}{\Gamma_{\frac{1}{2}}^2\left[\mathrm{i}Re\Lambda^2+4\mathrm{i}k_1^2\Lambda+\mathrm{i}k_1(3\omega_{1\mathrm{i}}-i\omega_{1\mathrm{r}})^2\bar{\rho}Re\,\mathrm{sgn}(k_1)+ik_1^4\Gamma\right]}$$

在对幂律流体平面液膜进行分析之前，先进行牛顿流体平面液膜的稳定性分析。当 n=1 时，幂律流体平面液膜的二阶扰动振幅将退化成黏性液膜的相应振幅。图 4-15 针对破裂时刻界面变形的形状，对采用长波假设得到的理论曲线与之前的

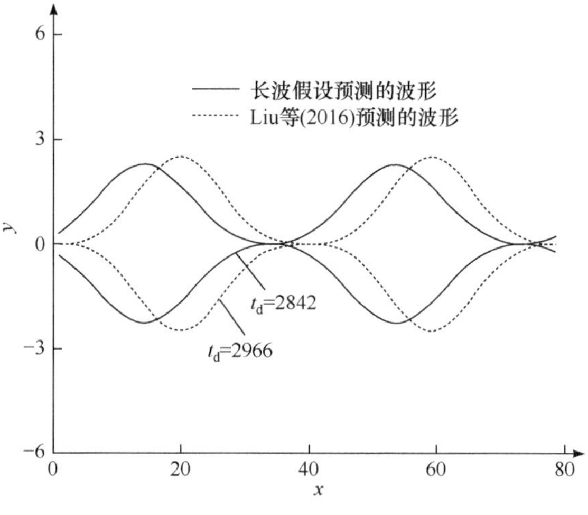

图 4-15　破裂时刻长波假设下的交界面形状与 Liu 等(2016)之前的理论结果对比

理论分析结果(Liu et al., 2016)进行了对比(其他参数设定为 Re=1000，We=200，k_1=0.16，$\bar{\rho}$=0.001，η_0=0.1)。不难看出，与 Liu 等(2016)的研究结果相比，在长波假设下，破裂时间 t_d 变得更短(从 2966 到 2842)，破裂时刻界面的扰动振幅也相应变得更小。尽管存在这些差异，但无论是否采用长波假设，最终液膜都会在每个波长间隔内破裂成液丝，而且破裂时的波形也是相似的。

由式(4-110)～式(4-115)可以推断出：

(1) 当 $D_{\mathrm{var}}(2\omega_1,2k_1)=0$ 时，在 η_{21} 的解中将会出现奇异性；

(2) 对于这里研究的 Carreau 液膜，临界剪切率 $\dot{\gamma}_c$ 应该尽可能地小，由于 $\dot{\gamma}_c=\varepsilon^{1/2}\varGamma_{1/2}$，$\varGamma_{1/2}$ 也应该尽可能地小，当 $\varGamma_{1/2}$ 足够小时，剪切变稀效应会比较明显；

(3) 二阶扰动振幅的最终表达式表明幂指数仅仅对一倍波数和三倍波数的波的不稳定性产生作用，这意味着，幂指数 n 通过对一倍基本波波长或三分之一基本波波长的谐波产生作用，来影响波动不稳定性。

对于这里的无量纲 Carreau-law 模型，若将幂指数 n 设为 0.5，则可以绘出有效黏度 μ_{eff} 和剪切率 $\dot{\gamma}$ 的关系曲线，如图 4-16 所示。它给出了四种不同的情况，分别是 $\dot{\gamma}_c$ 为 10、1、0.1 和 0.01。可以看到，临界剪切率 $\dot{\gamma}_c$ 越小，剪切变稀效应越显著。

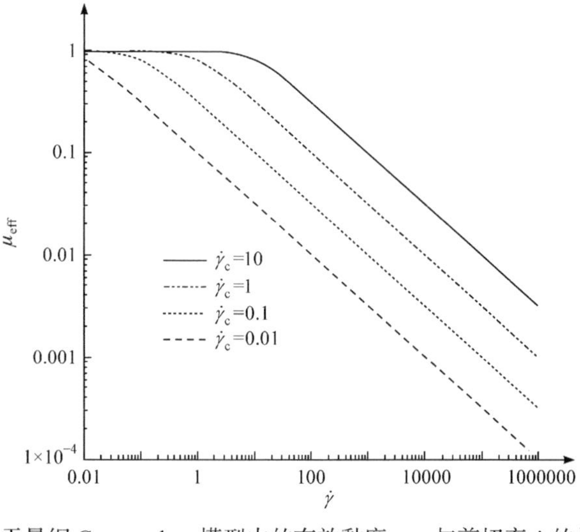

图 4-16　无量纲 Carreau-law 模型中的有效黏度 μ_{eff} 与剪切率 $\dot{\gamma}$ 的关系曲线

下面通过波形图进一步分析幂律特性对液膜破裂的影响。图 4-17 给出了幂律流体平面液膜的波形演变图，其他参数保持为 ρ_l=995kg/m^3，U=20m/s，a=0.1mm，σ=0.065N/m，$\dot{\gamma}_c$=0.05s^{-1}，$\bar{\rho}$=0.0012，η_0=0.1，k_1=0.55，n=0.34。可以看到，随着无量纲时间的增加，表面波振幅增大，但上、下表面始终保持对称。在 t=240

时，表面波发生明显的畸变，表明了非线性特性的影响。在 t =358.84 时，上、下表面接触，液膜发生破裂，最终形成许多液丝。

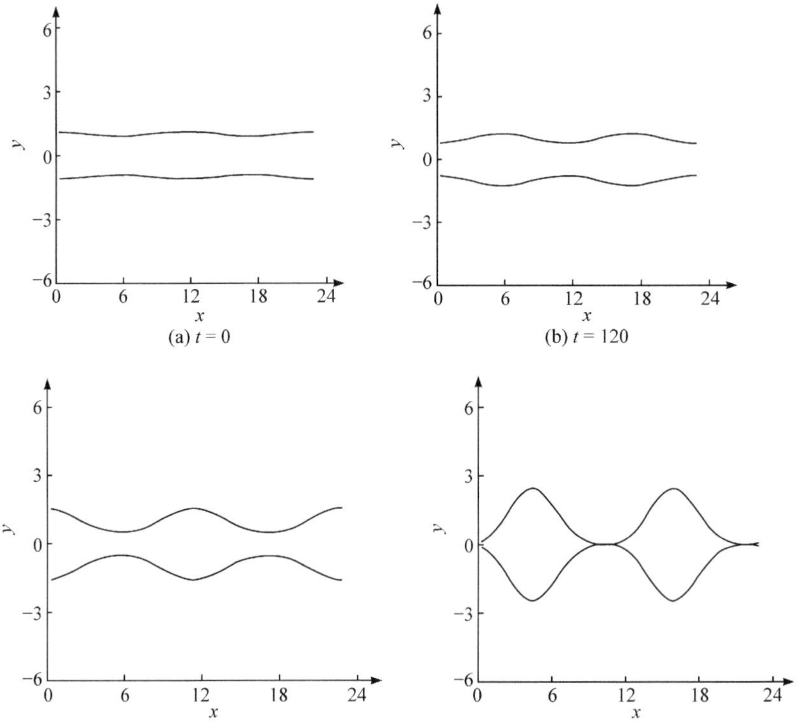

(a) $t=0$　(b) $t=120$　(c) $t=240$　(d) $t=358.84$

图 4-17　幂律流体平面液膜的波形演变图

表 4-1 给出了三种典型的不同浓度黄原胶水溶液及其流变参数(Ruyer-Quil et al.，2012)。表面张力和密度分别为 σ =0.065N/m 和 ρ_1 =995kg/m^3。对于这三种不同流体，其破裂时的界面波形如图 4-18 所示，其中，ρ_1 =995kg/m^3，U=20m/s，a=0.1mm，σ =0.065N/m，$\bar{\rho}$ =0.0012，η_0 =0.1，k_1=0.55。可以明显看出，当 $\dot{\gamma}_c$ 从 0.05s^{-1} 变化到 0.18s^{-1} 时，破裂时的波形图是相似的。并且，对于流体 1 和 3，界面变形的形状几乎一模一样；与流体 2 相比，它们仅仅是相位有些不同，剪切变稀的影响是很微弱的。

表 4-1　三种典型的不同浓度黄原胶水溶液及其流变参数

流体	质量浓度/(mg/L)	μ_n /(Pa·s^n)	n	μ_0 / (Pa·s)	$\dot{\gamma}_c$ / s^{-1}
3	500	0.040602	0.607	0.08	0.18
2	1500	0.3592	0.4	1.43	0.1
1	2500	0.9913	0.34	7.16	0.05

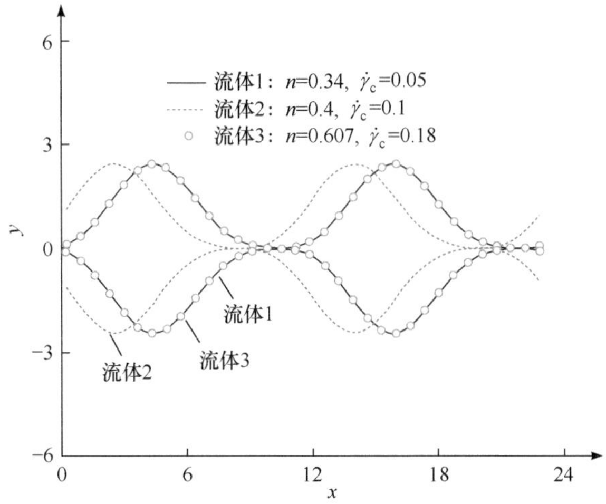

图 4-18　三种不同流体在破裂时的界面波形

进一步，为了证明这三种流体中剪切变稀的影响确实很微弱，计算了破裂时刻二阶幂律振幅强度与非幂律振幅强度之比 η ($\eta=\left|(\hat{\eta}_{23}+\hat{\eta}_{24})/\hat{\eta}_{21}\cdot \mathrm{e}^{\omega_{1i}t}\right|$),如图 4-19 所示，其中 ρ_1=995kg/m^3，U=20m/s，a=0.1mm，σ=0.065N/m，$\bar{\rho}$=0.0012，η_0=0.1。从图中可以看到，随着幂指数 n 的增加，比值 η 会变小，意味着幂律特性会变弱。此外，对于流体 1、2 和 3，破裂时刻比值 η 都很小，量级为 10^{-3}。表明当这三种流体破裂时，二阶振幅主要由非幂律振幅占据主导地位，而幂律特性(剪切变稀)的作用极其微弱，甚至可以忽略。

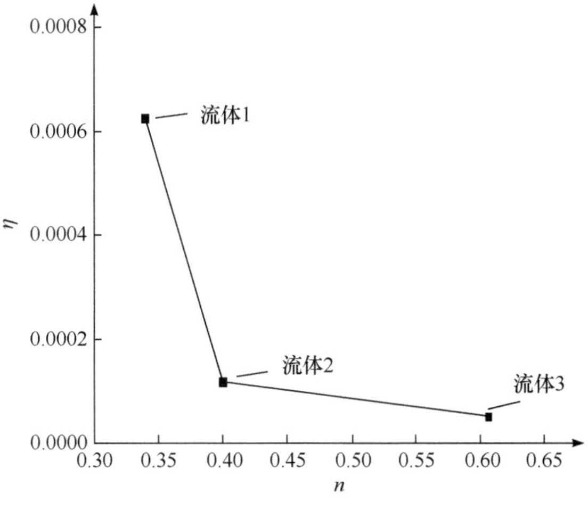

图 4-19　三种不同流体破裂时的二阶幂律与非幂律振幅强度之比 η

为了研究破裂时剪切变稀对界面变形形状的影响，需要调整某些流变参数的值以使得剪切变稀效应足够明显并能够被察觉；至少 $\dot{\gamma}_c$ 应该充分小。因此，将 $\dot{\gamma}_c$ 的值降为量级为 10^{-4}～10^{-3} 的数，从而使破裂时的二阶幂律与非幂律振幅强度之比 η 远大于 1(图 4-20)。接着，分别对 $\dot{\gamma}_c = 0.001$、$\dot{\gamma}_c = 0.0005$ 和 $\dot{\gamma}_c = 0.0001$ 时剪切变稀效应对破裂时刻界面变形形状的影响进行了研究，如图 4-21 所示，其中 $\rho_l = 995\text{kg/m}^3$, U=20m/s, σ=0.065N/m, a=0.1mm, n=0.34, $\bar{\rho}$=0.0012, η_0=0.1, k_1=0.55。可以明显看出，剪切变稀效应倾向于加速幂律流体液膜的破裂过程。同时，当 $\dot{\gamma}_c$ 变小时，剪切变稀效应会更加明显，气液上、下交界面会更加扭曲，导致液膜最终破裂成更扁平的液丝。

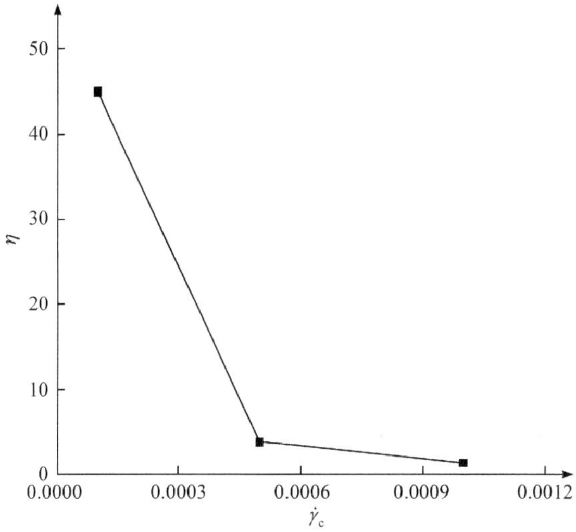

图 4-20 小 $\dot{\gamma}_c$ 下破裂时的二阶幂律与非幂律振幅强度之比 η

为了探索幂律流体液膜的破裂机制，这里选取图 4-21(c)作为研究对象。图 4-22 阐释了界面变形的最终形状是由一阶基本曲张波和它的一次谐波共同作用的结果。当基本波使得液膜的上、下表面倾向于彼此靠近时，一次谐波加剧了这种趋

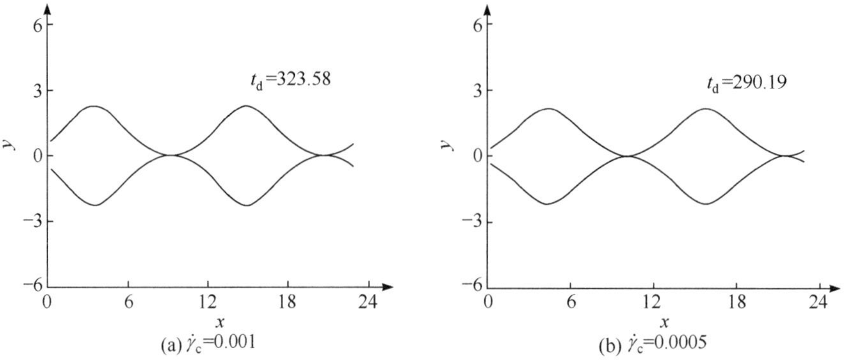

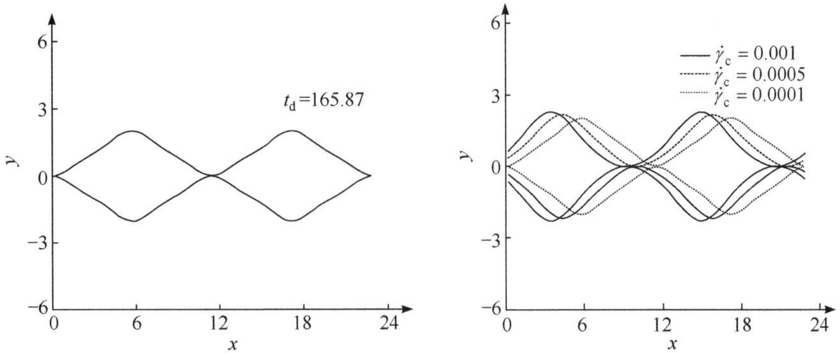

(c) $\dot{\gamma}_c$=0.0001　　(d) 不同 $\dot{\gamma}_c$ 下液膜形状的比较

图 4-21　小 $\dot{\gamma}_c$ 下破裂时的界面变形形状

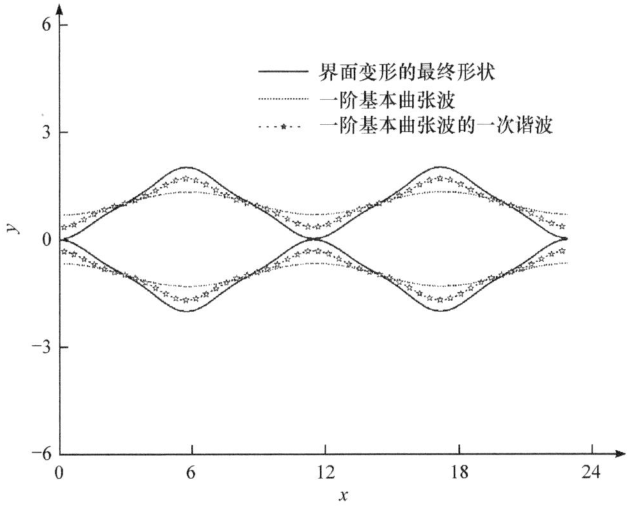

图 4-22　图 4-21(c)的破裂机制

势，使得它们能够更快地靠近。这也就加快了每个波长间隔内液膜的破裂。同时，这也解释了为什么在小 $\dot{\gamma}_c$ 时，剪切变稀效应能够倾向于促进幂律液膜的破裂过程。

4.3　黏弹性流体射流的稳定性

本节以黏弹性流体环形液膜为例来说明黏弹性流体射流稳定性分析方法。为了读者阅读方便，全部采取无量纲物理量。考虑的物理模型为一个自由黏弹性流体圆环液膜，其在同轴的气流作用下运动。如图 4-23 所示，一个初始内半径为 a、初始外半径为 b 的不可压缩且无限长的黏弹性圆环液膜以轴向初始速度 U_l 沿 x 轴运动，其内侧和外侧分别受到轴向初始速度为 U_{ga} 和 U_{gb} 的无黏不可压气流作用，导致气液交界面上开始产生失稳。其中，图 4-23(a)为类正弦模式，图 4-23(b)为类曲张模式，r 轴垂直于流动方向。对于类正弦模式，其液膜内外表面相位差接近于 0；对于类曲张模式，其液膜内外表面相位差接近于π。

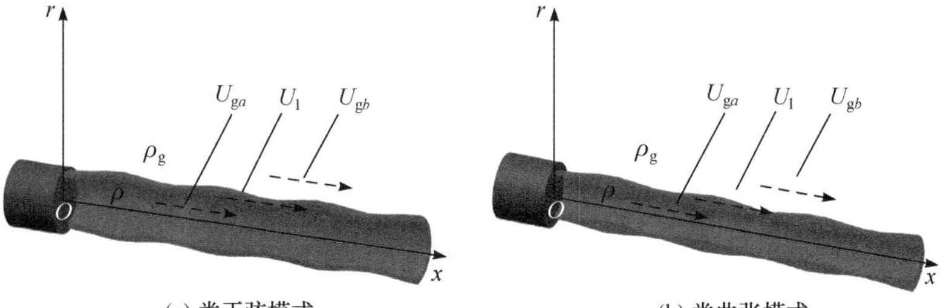

图 4-23　末松弛流动状态下自由黏弹性圆环液膜的失稳模型

这里，在不考虑重力影响的假设下，表征圆柱液膜流动的连续方程和控制方程有

$$\nabla\cdot\boldsymbol{v}=0 \tag{4-116}$$

$$\rho\left(\frac{\partial}{\partial t}+\boldsymbol{v}\cdot\nabla\right)\boldsymbol{v}=-\nabla p-\nabla\cdot\boldsymbol{\tau} \tag{4-117}$$

其中，$\boldsymbol{v}$ 是液体速度向量，可以表示为(v，0，u)；ρ 是液体密度；p 是液体压力；$\boldsymbol{\tau}$ 是液体应力张量。

在考虑拉应力的情况下，流变模型的不同选择会造成最终线性化结果的形式差异。为了尽可能地考虑完全黏弹性流体的流变性质，这里选用相对普适的 Oldroyd 八参数线性黏弹性模型进行分析，即

$$\begin{aligned}&\boldsymbol{\tau}+\lambda_1\frac{\mathrm{D}\boldsymbol{\tau}}{\mathrm{D}t}+\frac{1}{2}\mu_0(\mathrm{tr}\boldsymbol{\tau})\boldsymbol{\gamma}-\frac{1}{2}\mu_1(\boldsymbol{\tau}\cdot\boldsymbol{\gamma}+\boldsymbol{\gamma}\cdot\boldsymbol{\tau})+\frac{1}{2}\nu_1(\boldsymbol{\tau}:\boldsymbol{\gamma})\boldsymbol{I}\\&=-\eta_0\left[\boldsymbol{\gamma}+\lambda_2\frac{\mathrm{D}\dot{\boldsymbol{\gamma}}}{\mathrm{D}t}-\mu_2(\boldsymbol{\gamma}\cdot\boldsymbol{\gamma})+\frac{1}{2}\nu_2(\boldsymbol{\gamma}:\boldsymbol{\gamma})\boldsymbol{I}\right]\end{aligned} \tag{4-118}$$

$$\begin{bmatrix}\boldsymbol{\gamma} & \boldsymbol{\omega}\\ \dfrac{\mathrm{D}\boldsymbol{\tau}}{\mathrm{D}t} & \dfrac{\mathrm{D}\boldsymbol{\gamma}}{\mathrm{D}t}\end{bmatrix}=\begin{bmatrix}\nabla\boldsymbol{v}+(\nabla\boldsymbol{v})^{\mathrm{T}} & \nabla\boldsymbol{v}-(\nabla\boldsymbol{v})^{\mathrm{T}}\\ \dfrac{\partial\boldsymbol{\tau}}{\partial t}+(\boldsymbol{v}\cdot\nabla)\boldsymbol{\tau}+\dfrac{1}{2}(\boldsymbol{\omega}\cdot\boldsymbol{\tau}-\boldsymbol{\tau}\cdot\boldsymbol{\omega}) & \dfrac{\partial\boldsymbol{\gamma}}{\partial t}+(\boldsymbol{v}\cdot\nabla)\boldsymbol{\gamma}+\dfrac{1}{2}(\boldsymbol{\omega}\cdot\boldsymbol{\gamma}-\boldsymbol{\gamma}\cdot\boldsymbol{\omega})\end{bmatrix} \tag{4-119}$$

其中，D/Dt 是微分算子；$\boldsymbol{\gamma}$是变形速度张量；$\boldsymbol{\omega}$是涡变张量；$\boldsymbol{I}$ 是单位张量；λ_1 是应力松弛时间；λ_2 是变形弛豫时间；μ_0、μ_1、μ_2、ν_1、ν_2 均是与黏弹性流体流变特性有关的时间常数。

相应地，表征无黏不可压气体的连续方程和控制方程为

$$\nabla \cdot \boldsymbol{v}_{\mathrm{g}} = 0 \tag{4-120}$$

$$\rho_{\mathrm{g}}\left(\frac{\partial}{\partial t} + \boldsymbol{v}_{\mathrm{g}} \cdot \nabla\right)\boldsymbol{v}_{\mathrm{g}} = -\nabla p_{\mathrm{g}} \tag{4-121}$$

其中，$\boldsymbol{v}_{\mathrm{g}}$是气体速度向量，可以表示为($v_{\mathrm{g}}$，0，$u_{\mathrm{g}}$)；$\rho_{\mathrm{g}}$是气体密度；$p_{\mathrm{g}}$是气体压力。

根据线性不稳定性分析理论，圆环液膜内外表面的半径在小扰动波的作用下，有

$$R = a + R'_a \exp(\omega t + \mathrm{i}kx), \quad r = a \tag{4-122}$$

$$R = b + R'_b \exp(\omega t + \mathrm{i}kx), \quad r = b \tag{4-123}$$

其中，R'_a为圆环液膜内半径的初始扰动振幅；R'_b为圆环液膜外半径的初始扰动振幅，上角标表示初始的扰动项；ω为增长率；k为扰动波波数。

同样地，为了得到该失稳问题的封闭解答，需要借助相应的边界条件进行求解。其中，边界条件分为运动和动力两大类，对于液相和气相有

$$v = \frac{\partial R}{\partial t} + u\frac{\partial R}{\partial x}, \quad r = a,b \tag{4-124}$$

$$v_{gj} = \frac{\partial R}{\partial t} + u_{gj}\frac{\partial R}{\partial x}, \quad j = a,b, \quad r = a,b \tag{4-125}$$

$$\tau_{rx} - (\tau_{xx} - \tau_{rr})\frac{\partial R}{\partial x} - \tau_{rx}\left(\frac{\partial R}{\partial x}\right)^2 = 0, \quad r = a,b \tag{4-126}$$

$$p + \tau_{rr} = p_{ga} - \sigma\left\{\frac{1}{R[1+(\partial R/\partial x)^2]^{\frac{1}{2}}} - \frac{\partial^2 R/\partial x^2}{[1+(\partial R/\partial x)^2]^{\frac{3}{2}}}\right\}, \quad r = a \tag{4-127}$$

$$p + \tau_{rr} = p_{gb} - \sigma\left\{\frac{1}{R[1+(\partial R/\partial x)^2]^{\frac{1}{2}}} - \frac{\partial^2 R/\partial x^2}{[1+(\partial R/\partial x)^2]^{\frac{3}{2}}}\right\}, \quad r = b \tag{4-128}$$

其中，σ是表面张力系数。

同时，由于采用的是小扰动假设，主要引起的是界面不稳定模式，故扰动仅在包含气液界面的一块区域内存在，对于此时远离气液界面的气相速度场有

$$v_{\mathrm{g}} = 0, \quad u_{\mathrm{g}} = U_{ga}, \quad r \to 0 \tag{4-129}$$

$$v_{\mathrm{g}} = 0, \quad u_{\mathrm{g}} = U_{gb}, \quad r \to \infty \tag{4-130}$$

为了简化分析，考虑到研究区域仅是离开喷口的一小段距离内，并设置了较长的应力松弛时间，故本节中认为未松弛拉应力是基本保持恒定的。并且，柱塞流的假设使得速度场完全松弛(均一稳态速度场)的距离远小于应力完全松弛所对

应的距离。相应地，压力场、应力场和速度场均可以写成稳态量叠加上扰动量的形式，即

$$\boldsymbol{v}=(0,0,U_1)+(v',0,u')\exp\left(\omega t+\mathrm{i}kx\right) \tag{4-131}$$

$$p=P+p'\exp(\omega t+\mathrm{i}kx) \tag{4-132}$$

$$\boldsymbol{\tau}=T\boldsymbol{\delta}_x\boldsymbol{\delta}_x+\boldsymbol{\tau}'\exp\left(\omega t+\mathrm{i}kx\right) \tag{4-133}$$

$$\boldsymbol{v}_{gj}=(0,0,U_{gj})+(v'_{gj},0,u'_{gj})\exp\left(\omega t+\mathrm{i}kx\right),\quad j=a,b \tag{4-134}$$

$$p_{gj}=P_{gj}+p'_{gj}\exp(\omega t+\mathrm{i}kx),\quad j=a,b \tag{4-135}$$

为了方便求解，这里引入流函数$\psi=\psi'\exp(\omega t+\mathrm{i}kx)$，则相应的液体速度扰动、变形速度张量扰动和涡变张量扰动有

$$v'=\frac{\mathrm{i}k\psi'}{r},\quad u'=-\frac{1}{u}\frac{\mathrm{d}\psi'}{\mathrm{d}r} \tag{4-136}$$

$$\boldsymbol{\gamma}'=\begin{bmatrix}\dfrac{2\mathrm{i}k\mathrm{d}(\psi'/r)}{\mathrm{d}r} & 0 & -\dfrac{G^2\psi'}{r}\\ 0 & \dfrac{2\mathrm{i}k\psi'}{r^2} & 0\\ -\dfrac{G^2\psi'}{r} & 0 & \dfrac{2\mathrm{i}k\mathrm{d}\psi'}{r\mathrm{d}r}\end{bmatrix} \tag{4-137}$$

$$\omega'_{rz}=-\omega'_{zr}=-\frac{F^2\psi'}{r} \tag{4-138}$$

其中，

$$F^2\equiv\frac{\mathrm{d}^2}{\mathrm{d}r^2}-\frac{1}{r}\frac{\mathrm{d}}{\mathrm{d}r}-k^2 \tag{4-139}$$

$$G^2\equiv\frac{\mathrm{d}^2}{\mathrm{d}r^2}-\frac{1}{r}\frac{\mathrm{d}}{\mathrm{d}r}+k^2 \tag{4-140}$$

将式(4-122)、式(4-134)、式(4-135)代入式(4-120)、式(4-121)、式(4-125)和式(4-129)中，得到内侧气体压力扰动，而将式(4-123)、式(4-134)、式(4-135)代入式(4-120)、式(4-121)、式(4-125)和式(4-130)中，得到外侧气体压力扰动为

$$p'_{ga}=-\frac{\rho_{\mathrm{g}}(\omega+\mathrm{i}kU_{ga})^2\mathrm{I}_0(kr)}{k\mathrm{I}_1(ka)}R'_a \tag{4-141}$$

$$p'_{gb}=-\frac{\rho_{\mathrm{g}}(\omega+\mathrm{i}kU_{gb})^2\mathrm{K}_0(kr)}{k\mathrm{K}_1(kb)}R'_b \tag{4-142}$$

其中，I_0、I_1、K_0、K_1 均是修正的贝塞尔函数。

相应地，对于液相压力扰动可以从线性化的式(4-117)获得

$$p' = \frac{1}{\mathrm{i}k}\left[\frac{\rho(\omega+\mathrm{i}kU_1)}{r}\frac{\mathrm{d}\psi'}{\mathrm{d}r} - \frac{1}{r}\frac{\mathrm{d}(r\tau'_{rx})}{\mathrm{d}r} - \mathrm{i}k\tau'_{xx}\right] \tag{4-143}$$

将式(4-122)、式(4-123)、式(4-131)、式(4-133)、式(4-136)、式(4-141)～式(4-143)代入式(4-124)、式(4-126)～式(4-128)。

对于 $r=a$，有

$$\begin{bmatrix}\psi' \\ \tau'_{rx}\end{bmatrix} = \begin{bmatrix}\dfrac{aR'_a(\omega+\mathrm{i}kU_1)}{\mathrm{i}k} \\ \mathrm{i}kTR'_a\end{bmatrix} \tag{4-144}$$

$$\begin{aligned}&\rho(\omega+\mathrm{i}kU_1)\frac{\mathrm{d}\psi'}{\mathrm{d}r} - \frac{\mathrm{d}(r\tau'_{rx})}{\mathrm{d}r} - \mathrm{i}ka(\tau'_{xx}-\tau'_{rr}) \\ &= \frac{\mathrm{i}k\sigma}{a}R'_a(1-k^2-a^2) - \frac{\mathrm{i}\rho_{\mathrm{g}}a(\omega+\mathrm{i}kU_{ga})^2\mathrm{I}_0(ka)}{\mathrm{I}_1(ka)}R'_a\end{aligned} \tag{4-145}$$

对于 $r=b$，有

$$\begin{bmatrix}\psi' \\ \tau'_{rx}\end{bmatrix} = \begin{bmatrix}\dfrac{aR'_b(\omega+\mathrm{i}kU_1)}{\mathrm{i}k} \\ \mathrm{i}kTR'_b\end{bmatrix} \tag{4-146}$$

$$\begin{aligned}&\rho(\beta+\mathrm{i}kU)\frac{\mathrm{d}\psi'}{\mathrm{d}r} - \frac{\mathrm{d}(r\tau'_{rx})}{\mathrm{d}r} - \mathrm{i}kb(\tau'_{xx}-\tau'_{rr}) \\ &= \frac{\mathrm{i}k\sigma}{b}R'_b(1-k^2-b^2) - \frac{\mathrm{i}\rho_{\mathrm{g}}b(\omega+\mathrm{i}kU_{gb})^2\mathrm{K}_0(kb)}{\mathrm{K}_1(kb)}R'_b\end{aligned} \tag{4-147}$$

类似地，对于流变方程有如下线性化的形式，即

$$\begin{aligned}[1+(\omega+\mathrm{i}kU_1)\lambda_1]\boldsymbol{\tau}' = &-\eta_0[1+(\omega+\mathrm{i}kU_1)\lambda_2]\boldsymbol{\gamma}' - \frac{1}{2}\mu_0T\boldsymbol{\gamma}' - \frac{1}{2}\lambda_1T\omega'_{rx}(\boldsymbol{\delta}_r\boldsymbol{\delta}_x+\boldsymbol{\delta}_x\boldsymbol{\delta}_r) \\ &- \frac{1}{2}\nu_1T\gamma'_{xx}\boldsymbol{I} + \frac{1}{2}\mu_1T(\gamma'_{rx}\boldsymbol{\delta}_r\boldsymbol{\delta}_x + \gamma'_{xr}\boldsymbol{\delta}_x\boldsymbol{\delta}_r + 2\gamma'_{xx}\boldsymbol{\delta}_x\boldsymbol{\delta}_x)\end{aligned} \tag{4-148}$$

将式(4-131)～式(4-133)、式(4-136)、式(4-148)代入式(4-117)，得到如下关于 $\boldsymbol{\psi}'$ 的微分方程：

$$F^2[F^2-(k_1^2-k^2)]\psi' = 0 \tag{4-149}$$

其中，

$$k_1^2 = k^2 + \frac{\rho(\omega + \mathrm{i}kU_1)[1 + (\omega + \mathrm{i}kU_1)\lambda_1] - \lambda_1 Tk^2}{\eta_0[1 + (\omega + \mathrm{i}kU_1)\lambda_2] + 0.5\mu_0 T - 0.5\mu_1 T + 0.5\lambda_1 T} \tag{4-150}$$

式(4-149)有如下标准解的形式：

$$\psi'(r) = A_1 r\mathrm{I}_1(kr) + A_2 r\mathrm{I}_1(k_1 r) + A_3 r\mathrm{K}_1(kr) + A_4 r\mathrm{K}_1(k_1 r) \tag{4-151}$$

其中，系数 A_1、A_2、A_3、A_4 可以通过将式(4-144)、式(4-146)、式(4-148)、式(4-151)确定。进而，色散方程可以通过将式(4-148)和式(4-151)代入式(4-145)和式(4-147)得到

$$\begin{aligned}
&\left\{a_1 a_2 a \Delta_1 \Delta_4 - a_3 a_4 a \Delta_3 \Delta_6 - \left[\frac{\mathrm{i}k\sigma}{a}(1 - k^2 a^2) - \frac{\mathrm{i}\rho_{\mathrm{g}} a(\omega + \mathrm{i}kU_{\mathrm{g}a})^2 \mathrm{I}_0(ka)}{\mathrm{I}_1(ka)}\right]\right.\\
&\left. + 2\mathrm{i}k(\omega + \mathrm{i}kU_1)\frac{\eta_0[1 + (\omega + \mathrm{i}kU_1)\lambda_2] + 0.5\mu_0 T}{1 + (\omega + \mathrm{i}kU_1)\lambda_1}\right\}\\
&\times\left\{-a_1 a_2 b \Delta_2 \Delta_4 - a_3 a_4 b \Delta_3 \Delta_5 - \left[\frac{\mathrm{i}k\sigma}{b}(1 - k^2 b^2) - \frac{\mathrm{i}\rho_{\mathrm{g}} b(\omega + \mathrm{i}kU_{\mathrm{g}b})^2 \mathrm{K}_0(kb)}{\mathrm{K}_1(kb)}\right]\right.\\
&\left. + 2\mathrm{i}k(\omega + \mathrm{i}kU_1)\frac{\eta_0[1 + (\omega + \mathrm{i}kU_1)\lambda_2] + 0.5\mu_0 T}{1 + (\omega + \mathrm{i}kU_1)\lambda_1}\right\}\\
&= -\left(\frac{a_1 a_2 \Delta_4}{k} + \frac{a_3 a_4 \Delta_3}{k_1}\right)^2
\end{aligned} \tag{4-152}$$

其中，系数 $a_1 \sim a_4$，$\Delta_1 \sim \Delta_6$ 为

$$a_1 = \frac{\mathrm{i}(k_1^2 + k^2)(\omega + \mathrm{i}kU_1)\{\eta_0[1 + (\omega + \mathrm{i}kU_1)\lambda_2] + 0.5\mu_0 T - 0.5\mu_1 T + 0.5\lambda_1 T\}/k + \mathrm{i}kT}{\rho(\omega + \mathrm{i}kU_1)[1 + (\omega + \mathrm{i}kU_1)\lambda_1] - \lambda_1 Tk^2} \tag{4-153}$$

$$a_2 = \frac{k(k_1^2 + k^2)\{\eta_0[1 + (\omega + \mathrm{i}kU_1)\lambda_2] + 0.5\mu_0 T - 0.5\mu_1 T + 0.5\lambda_1 T\}}{1 + (\omega + \mathrm{i}kU_1)\lambda_1} \tag{4-154}$$

$$a_3 = \frac{2\mathrm{i}k(\omega + \mathrm{i}kU_1)\{\eta_0[1 + (\omega + \mathrm{i}kU_1)\lambda_2] + 0.5\mu_0 T - 0.5\mu_1 T + 0.5\lambda_1 T\} + \mathrm{i}kT}{\rho(\omega + \mathrm{i}kU_1)[1 + (\omega + \mathrm{i}kU_1)\lambda_1] - \lambda_1 Tk^2} \tag{4-155}$$

$$a_4 = \frac{2k_1 k^2\{\eta_0[1 + (\omega + \mathrm{i}kU_1)\lambda_2] + 0.5\mu_0 T - 0.5\mu_1 T + 0.5\lambda_1 T\}}{1 + (\omega + \mathrm{i}kU_1)\lambda_1} \tag{4-156}$$

$$\Delta_1 = \mathrm{I}_0(ka)\mathrm{K}_1(kb) + \mathrm{K}_0(ka)\mathrm{I}_1(kb) \tag{4-157}$$

$$\Delta_2 = \mathrm{I}_0(kb)\mathrm{K}_1(ka) + \mathrm{K}_0(kb)\mathrm{I}_1(ka) \tag{4-158}$$

$$\Delta_3 = [\mathrm{I}_1(k_1 a)\mathrm{K}_1(k_1 b) - \mathrm{K}_1(k_1 a)\mathrm{I}_1(k_1 b)]^{-1} \tag{4-159}$$

$$\varDelta_4 = [\mathrm{I}_1(ka)\mathrm{K}_1(kb) - \mathrm{K}_1(ka)\mathrm{I}_1(kb)]^{-1} \tag{4-160}$$

$$\varDelta_5 = \mathrm{I}_0(k_1 b)\mathrm{K}_1(k_1 a) + \mathrm{K}_0(k_1 b)\mathrm{I}_1(k_1 a) \tag{4-161}$$

$$\varDelta_6 = -[\mathrm{I}_0(k_1 a)\mathrm{K}_1(k_1 b) + \mathrm{K}_0(k_1 a)\mathrm{I}_1(k_1 b)] \tag{4-162}$$

为了缩小待分析参数的范围，这里将式(4-152)～式(4-162)进行无量纲化，则得到

$$\begin{aligned}
&\left\{a_{1\mathrm{r}}a_{2\mathrm{r}}\varDelta_{1\mathrm{r}}\varDelta_{4\mathrm{r}} + a_{3\mathrm{r}}a_{4\mathrm{r}}\varDelta_{3\mathrm{r}}\varDelta_{6\mathrm{r}} + \left[K\left(\frac{1}{a_\mathrm{r}^2} - K^2\right) - \frac{\rho_\mathrm{r}\varOmega_2^2\mathrm{I}_0(Ka_\mathrm{r})}{I_1(Ka_\mathrm{r})}\right]\right. \\
&\left.-\frac{2K\varOmega_1}{a_\mathrm{r}}\frac{Oh(Oh+\varOmega_1\lambda_\mathrm{r}El) - 0.5\mu_{0\mathrm{r}}El\cdot Te}{Oh+\varOmega_1 El}\right\}\times\left\{a_{1\mathrm{r}}\,a_{2\mathrm{r}}\varDelta_{2\mathrm{r}}\varDelta_{4\mathrm{r}} - a_{3\mathrm{r}}a_{4\mathrm{r}}\varDelta_{3\mathrm{r}}\varDelta_{5\mathrm{r}}\right. \\
&\left.+\left[K\left(\frac{1}{b_\mathrm{r}^2} - K^2\right) - \frac{\rho_\mathrm{r}\varOmega_3^2 K_0(Kb_\mathrm{r})}{K_1(Kb_\mathrm{r})}\right] - \frac{2K\varOmega_1}{b_\mathrm{r}}\frac{Oh(Oh+\varOmega_1\lambda_\mathrm{r}El) - 0.5\mu_{0\mathrm{r}}El\cdot Te}{Oh+\varOmega_1 El}\right\} \\
&= \frac{1}{ab}\left(\frac{a_1 a_2\varDelta_{4\mathrm{r}}}{K} - \frac{a_3 a_4\varDelta_{3\mathrm{r}}}{K_1}\right)^2
\end{aligned} \tag{4-163}$$

其中，

$$a_{1\mathrm{r}} = \frac{[Oh(Oh+\varOmega_1\lambda_\mathrm{r}El) - 0.5(\mu_{0\mathrm{r}} - \mu_{1\mathrm{r}} + 1)El\cdot Te](K_1^2 + K^2)\varOmega_1 / K - KTe\cdot Oh}{\varOmega_1(Oh+\varOmega_1 El) + El\cdot TeK^2} \tag{4-164}$$

$$a_{2\mathrm{r}} = \frac{K(K^2 + K_1^2)[Oh(Oh+\varOmega_1\lambda_\mathrm{r}El) - 0.5(\mu_{0\mathrm{r}} - \mu_{1\mathrm{r}} + 1)El\cdot Te]}{Z + \varOmega_1 El} \tag{4-165}$$

$$a_{3\mathrm{r}} = \frac{2K\varOmega_1[Oh(Oh+\varOmega_1\lambda_\mathrm{r}El) - 0.5(\mu_{0\mathrm{r}} - \mu_{1\mathrm{r}} + 1)El\cdot Te] - KTe\cdot Oh}{\varOmega_1(Oh+\varOmega_1 El) + El\cdot TeK^2} \tag{4-166}$$

$$a_{4\mathrm{r}} = \frac{2K_1 K^2[Oh(Oh+\varOmega_1\lambda_\mathrm{r}El) - 0.5(\mu_{0\mathrm{r}} - \mu_{1\mathrm{r}} + 1)El\cdot Te]}{Z + \varOmega_1 El} \tag{4-167}$$

$$\varDelta_{1\mathrm{r}} = \mathrm{I}_0(Ka_\mathrm{r})\mathrm{K}_1(Kb_\mathrm{r}) + \mathrm{K}_0(Ka_\mathrm{r})\mathrm{I}_1(Kb_\mathrm{r}) \tag{4-168}$$

$$\varDelta_{2\mathrm{r}} = \mathrm{I}_0(Kb_\mathrm{r})\mathrm{K}_1(Ka_\mathrm{r}) + \mathrm{K}_0(Kb_\mathrm{r})\mathrm{I}_1(Ka_\mathrm{r}) \tag{4-169}$$

$$\varDelta_{3\mathrm{r}} = [\mathrm{I}_1(K_1 a_\mathrm{r})\mathrm{K}_1(K_1 b_\mathrm{r}) - \mathrm{K}_1(K_1 a_\mathrm{r})\mathrm{I}_1(K_1 b_\mathrm{r})]^{-1} \tag{4-170}$$

$$\varDelta_{4\mathrm{r}} = [\mathrm{I}_1(Ka_\mathrm{r})\mathrm{K}_1(Kb_\mathrm{r}) - \mathrm{K}_1(Ka_\mathrm{r})\mathrm{I}_1(Kb_\mathrm{r})]^{-1} \tag{4-171}$$

$$\varDelta_{5\mathrm{r}} = \mathrm{I}_0(K_1 b_\mathrm{r})\mathrm{K}_1(K_1 a_\mathrm{r}) + \mathrm{K}_0(K_1 b_\mathrm{r})\mathrm{I}_1(K_1 a_\mathrm{r}) \tag{4-172}$$

$$\Delta_{6\mathrm{r}}=\mathrm{I}_0(K_1a_\mathrm{r})\mathrm{K}_1(K_1b_\mathrm{r})+\mathrm{K}_0(K_1a_\mathrm{r})\mathrm{I}_1(K_1b_\mathrm{r}) \tag{4-173}$$

$$K_1^2=K^2+\frac{\Omega_1(Oh+\Omega_1El)+El\cdot TeK^2}{Oh(Oh+\Omega_1El\lambda_\mathrm{r})-0.5(\mu_{0\mathrm{r}}-\mu_{1\mathrm{r}}+1)El\cdot Te} \tag{4-174}$$

$$K=kh,\quad K_1=k_1h,\quad We_1=\frac{\rho U_1^2h}{\sigma},\quad Oh=\frac{\eta_0}{(\rho\sigma h)^{0.5}},\quad El=\frac{\lambda_1\eta_0}{\rho h^2} \tag{4-175}$$

$$a_\mathrm{r}=\frac{a}{h},\quad b_\mathrm{r}=\frac{b}{h},\quad h=\frac{b-a}{2},\quad U_{a\mathrm{r}}=\frac{U_{\mathrm{g}a}}{U_1},\quad U_{b\mathrm{r}}=\frac{U_{\mathrm{g}b}}{U_1} \tag{4-176}$$

$$\rho_\mathrm{r}=\frac{\rho_\mathrm{g}}{\rho},\quad \lambda_\mathrm{r}=\frac{\lambda_2}{\lambda_1},\quad \mu_{0\mathrm{r}}=\frac{\mu_0}{\lambda_1},\quad \mu_{1\mathrm{r}}=\frac{\mu_1}{\lambda_1},\quad Te=-\frac{Th}{\sigma},\quad \Omega=\omega\left(\frac{\rho h^3}{\sigma}\right)^{0.5} \tag{4-177}$$

$$\Omega_1=\Omega+\mathrm{i}K\sqrt{We_1},\quad \Omega_2=\Omega+\mathrm{i}KU_{\mathrm{ar}}\sqrt{We_1},\quad \Omega_3=\Omega+\mathrm{i}KU_{\mathrm{br}}\sqrt{We_1} \tag{4-178}$$

其中，K 是无量纲不稳定波波数；Ω是无量纲放大因子；We_1 是液体韦伯数；Oh 是液体奥内佐格数；El 是液体弹性数；ρ_r是气液密度比；λ_r是流变时间常数比；$U_{a\mathrm{r}}$和 $U_{b\mathrm{r}}$分别是内侧和外侧的气液轴向速度比；Te 是无量纲未松弛拉应力；a_r是无量纲内半径；b_r 是无量纲外半径；h 是液膜半厚度。此外，$\mu_{0\mathrm{r}}$ 和 $\mu_{1\mathrm{r}}$ 均是其他相关无量纲时间常数比。

式(4-163)中令 $\mu_{0\mathrm{r}}=\mu_{1\mathrm{r}}=\lambda_\mathrm{r}=El=Te=0$ 可退化为完全松弛流动状态的牛顿流体情况，即

$$\begin{aligned}&\left\{(K^2+K_1^2)^2\Delta_{1\mathrm{r}}\Delta_{4\mathrm{r}}+4K^3K_1\Delta_{3\mathrm{r}}\Delta_{6\mathrm{r}}+\frac{1}{Oh^2}\left[K\left(\frac{1}{a_\mathrm{r}^2}-K^2\right)-\frac{\rho_\mathrm{r}\Omega_2^2\mathrm{I}_0(Ka_\mathrm{r})}{\mathrm{I}_1(Ka_\mathrm{r})}\right]-\frac{2K\Omega_1}{a_\mathrm{r}Oh}\right\}\\&\times\left\{(K^2+K_1^2)^2\Delta_{2\mathrm{r}}\Delta_{4\mathrm{r}}-4K^3K_1\Delta_{3\mathrm{r}}\Delta_{5\mathrm{r}}+\frac{1}{Oh^2}\left[K\left(\frac{1}{b_\mathrm{r}^2}-K^2\right)-\frac{\rho_\mathrm{r}\Omega_3^2\mathrm{K}_0(Kb_\mathrm{r})}{\mathrm{K}_1(Kb_\mathrm{r})}\right]+\frac{2K\Omega_1}{b_\mathrm{r}Oh}\right\}\\&-\frac{1}{a_\mathrm{r}b_\mathrm{r}}\left[\frac{(K^2+K_1^2)}{K}-\Delta_{4\mathrm{r}}-4K^3\Delta_{3\mathrm{r}}\right]^2=0\end{aligned} \tag{4-179}$$

其中，

$$K_1^2=K^2+\frac{\Omega_1}{Oh} \tag{4-180}$$

对于无黏流动的情况，可以令式(4-179)中的 Oh 趋于 0 得到

$$
\begin{aligned}
&\left(\frac{\Omega}{\sqrt{We_1}}+\mathrm{i}K\right)^4\varDelta_{4\mathrm{r}}^2\left(\varDelta_{1\mathrm{r}}\varDelta_{2\mathrm{r}}-\frac{1}{K^2a_\mathrm{r}b_\mathrm{r}}\right)-\rho_\mathrm{r}\left(\frac{\Omega}{\sqrt{We_1}}\right)^2\left(\frac{\Omega}{\sqrt{We_1}}+\mathrm{i}K\right)^2\\
&\times\varDelta_{4\mathrm{r}}\left[\frac{\mathrm{K}_0(Kb_\mathrm{r})\varDelta_{1\mathrm{r}}}{\mathrm{K}_1(Kb_\mathrm{r})}+\frac{\mathrm{I}_0(Ka_\mathrm{r}\varDelta_{2\mathrm{r}})}{\mathrm{I}_1(Ka_\mathrm{r})}\right]+\rho_\mathrm{r}^2\left(\frac{\Omega}{\sqrt{We}}\right)^4\frac{\mathrm{I}_0(Ka_\mathrm{r})\mathrm{K}_0(Kb_\mathrm{r})}{\mathrm{I}_1(Ka_\mathrm{r})\mathrm{K}_1(Kb_\mathrm{r})}\\
&+\frac{K}{We_1}\left(\frac{\Omega}{\sqrt{We_1}}+\mathrm{i}K\right)^2\varDelta_4\left[\left(\frac{1}{a_\mathrm{r}^2}-K^2\right)\varDelta_{2\mathrm{r}}+\left(\frac{1}{b_\mathrm{r}^2}-K^2\right)\varDelta_{1\mathrm{r}}\right]\\
&-\frac{\rho_\mathrm{r}K}{We_1}\left(\frac{\Omega}{\sqrt{We_1}}\right)^2\left[\frac{\mathrm{K}_0(Kb_\mathrm{r})}{\mathrm{K}_1(Ka_\mathrm{r})}\left(\frac{1}{a_\mathrm{r}^2}-K^2\right)+\frac{\mathrm{I}_0(Ka_\mathrm{r})}{\mathrm{I}_1(Ka_\mathrm{r})}\left(\frac{1}{b_\mathrm{r}^2}-K^2\right)\right]\\
&+\frac{K^2}{We_1^2}\left(\frac{1}{a_\mathrm{r}^2}-K^2\right)\left(\frac{1}{b_\mathrm{r}^2}-K^2\right)=0
\end{aligned}
\tag{4-181}
$$

如果圆环液膜的厚度非常薄，以至于内径几乎等于外径时，式(4-179)便可退化为 Crapper 等(1975)研究的情况。另外，式(4-179)～式(4-181)的分析，证明了式(4-163)的正确性和一般性。此外，当 $a_\mathrm{r}\to0$ 时，式(4-163)可以退化为表征黏弹性圆柱射流稳定性的色散方程，而当 a_r 和 b_r 同时趋近于正无穷时，式(4-163)则可以退化为表征黏弹性平面液膜失稳特性的色散方程，这同时也证明了圆环液膜是一种一般化的结构形式(Shen and Li，1996)。

接下来，将基于 Wolfram Mathematica 6 对式(4-163)进行编程求解，分析无量纲拉应力、液体奥内佐格数 Oh、液体弹性数 El、气液密度比 ρ_r、流变时间常数比 λ_r 和气液轴向速度比 U_r 等流动参数和流体性质对黏弹性圆环液膜稳定性的影响规律，并重点讨论拉应力对黏弹性和牛顿流体失稳特性抗衡关系的影响。其中，在本节内无量纲放大因子的正实部 Ω_r 代表无量纲不稳定波增长率。

对于圆环液膜，其内外表面分别与两个彼此独立的气相接触，它们的物理性质和运动条件可以具有同一性，也可以具有差异性，因此其相位差不总是等于 0 或π，进而形成两种形式的扰动模态：类曲张模式和类正弦模式。其中，类曲张模式中液膜的上下表面和边界条件是关于流动方向近似对称的，而类正弦模式中液膜的上下表面和边界条件则是关于流动方向近似反对称的。图 4-24 首先对比了两种模式下的失稳特性，以及拉应力的存在下牛顿流体和黏弹性流体圆环液膜稳定性的抗衡关系，其中，$Oh=0.3$，$We_1=1000$，$\rho_\mathrm{r}=0.001$，$U_{a\mathrm{r}}=0$，$U_{b\mathrm{r}}=0$，对于牛顿流体有 $Te=0$，$\lambda_\mathrm{r}=0$，$El=0$，$\mu_{0\mathrm{r}}=0$，$\mu_{1\mathrm{r}}=0$，对于黏弹性流体有 $Te=0.5$，$\lambda_\mathrm{r}=0.1$，$El=1$，$\mu_{0\mathrm{r}}=0$，$\mu_{1\mathrm{r}}=1$。

并且在本节的研究中，a_r 和 b_r 分别被固定为 6 和 8。这里，相关参数根据实际黏弹性流体的物性参数量纲范围进行选取(Yang et al.，2015)，并且在具体分析中待分析变量的取值范围应尽量宽泛以保证结果的适用性。

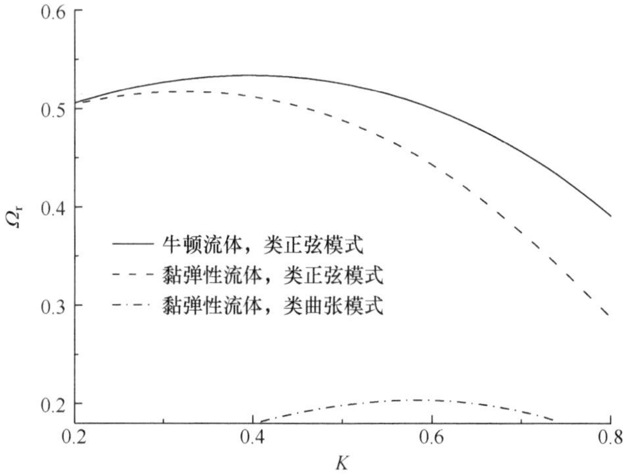

图 4-24　拉应力下自由黏弹性与牛顿流体圆环液膜的稳定性对比

　　首先，结果显示黏弹性流体圆环液膜的类正弦模式所对应的不稳定波增长率要比类曲张模式的情况大近三倍，这意味着此时前者会主导圆环液膜的失稳，故本章接下来的研究均只对类正弦模式进行讨论。其次，当存在未松弛的轴向拉应力时，牛顿流体圆环液膜的最大不稳定波增长率 $\Omega_{r,\,max}$ 要大于黏弹性流体的情况。因此，牛顿流体圆环液膜会表现出更强的失稳特性。进一步分析可知，该理论结果与现有的高分子溶液射流雾化结果是一致的(Goren and Gottlieb，1982；Clasen et al.，2009)，即引入未松弛拉应力假设能够解决经典线性不稳定分析理论与某些高分子溶液射流实验结果之间的矛盾。

　　通过图 4-24 的分析，可知拉应力的存在会对稳定性产生较大的影响，故有必要对其进行重点分析。图 4-25 讨论了不同拉应力数值下黏弹性流体圆环液膜失稳程度的变化，其中相关参数设置为 $Oh = 0.3$，$We_l = 1000$，$\rho_r = 0.001$，$U_{ar} = 0$，$U_{br} = 0$，$\lambda_r = 0.1$，$El = 1$，$\mu_{0r} = 0$，$\mu_{1r} = 1$。

　　显而易见的是，此时最大不稳定波增长率随着拉应力数值的增加而减小，结果表明拉应力对黏弹性流体圆环液膜失稳来说是一个稳定性因素。如图 4-25 所示，当拉应力数值小于 0.2 时，黏弹性流体要比牛顿流体更容易失稳，此时液膜为接近完全松弛流动时的状态，无弹性限制效应较为显著；当拉应力数值继续增加至 0.3 时，黏弹性流体便相比牛顿流体表现出了更强的稳定性，此时拉应力的效应已经明显大于无弹性限制的效应。此外，随着拉应力的增加，黏弹性流体的不稳定响应范围也随着增加。物理上，在一定的流动条件下，未松弛拉应力的增大会增加气液边界法向上的黏性力大小，进而使受到扰动的边界回复到原有初始的状态，最终达到稳流的作用。

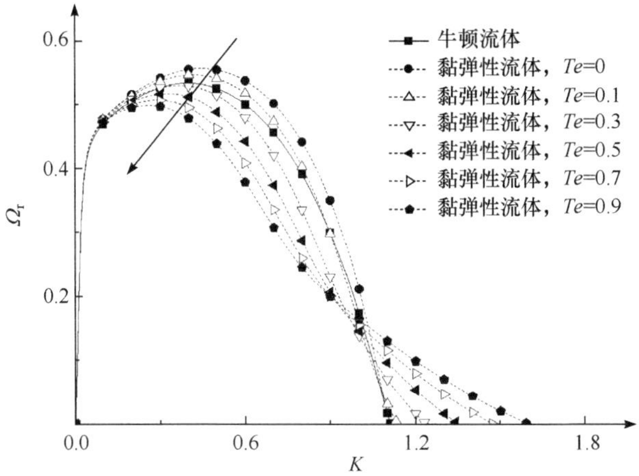

图 4-25　无量纲未松弛拉应力对自由黏弹性流体圆环液膜失稳特性的影响

当黏弹性圆环液膜中存在显著的拉应力时，如图 4-26 所示，此时液体弹性数表现出了稳流的作用。其中，图 4-26 中的相关参数设置为 $Oh = 0.3$，$We_l = 1000$，$\rho_r = 0.001$，$U_{ar} = 0$，$U_{br} = 0$，$\lambda_r = 0.1$，$\mu_{0r} = 0$，$\mu_{1r} = 1$。

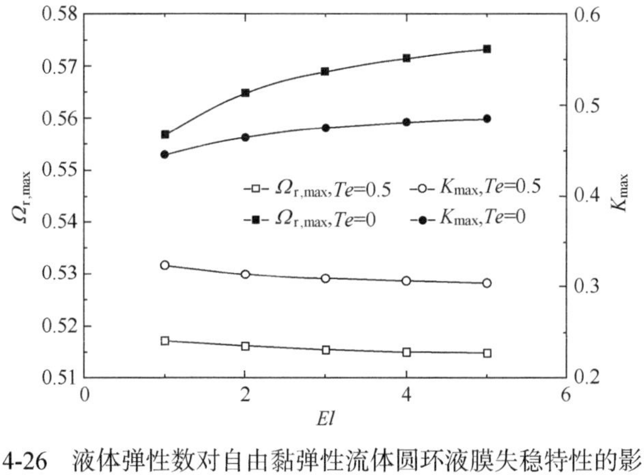

图 4-26　液体弹性数对自由黏弹性流体圆环液膜失稳特性的影响

实际上，当存在显著的拉应力并且其耦合上弹性效应时，增大液体弹性数会使得黏弹性流体的实际黏性耗散增加，进而增加了失稳所需的能量，最终导致圆环液膜稳定性的提高。另外，在完全松弛流动状态时，主导波数 K_{max} 随着液体弹性数的增大而增大，而其在未松弛流动状态下却与液体弹性数的变化是反相关的。综上所述，当某些高分子溶液流体射流或液膜刚刚喷出喷口时，其流动状态是未完全松弛的，导致其中存在的弹性效应会在一定程度上延迟流动的失稳。

图 4-27 讨论了流变时间常数比对自由黏弹性流体圆环液膜稳定性的影响。其中，相关参数设置为 $Oh = 0.3$，$We_l = 1000$，$\rho_r = 0.001$，$U_{ar} = 0$，$U_{br} = 0$，$Te = 0$，

$El = 1$，$\mu_{0r} = 0$，$\mu_{1r} = 1$，图 4-27(b)中的相关参数设置为 $Oh = 0.3$，$We_l = 1000$，$\rho_r = 0.001$，$U_{ar} = 0$，$U_{br} = 0$，$Te = 0.5$，$El = 1$，$\mu_{0r} = 0$，$\mu_{1r} = 1$。如图 4-27 所示，不管是完全松弛流动状态还是未松弛流动状态下，流变时间常数比对于黏弹性流体圆环液膜来说均是一个稳定性因素。

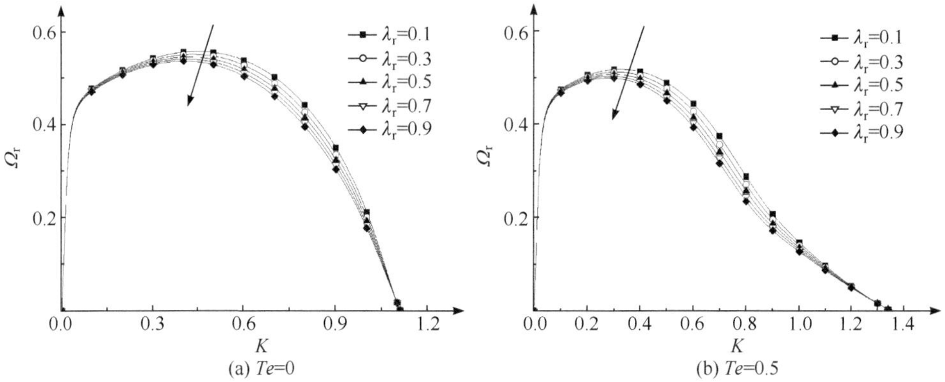

图 4-27　流变时间常数比对自由黏弹性流体圆环液膜稳定性的影响

物理上，增加变形弛豫时间能够使得失稳所需的实际黏性耗散增加，进而在一定程度上巩固圆环液膜的稳定性。此外，图 4-27 的结果还表明改变流变时间常数比并不能影响黏弹性流体圆环液膜的不稳定响应范围。

Alleborn 等(1999)将牛顿流体圆环液膜的结果推广到了非牛顿流体的情况，对黏弹性流体圆环液膜的失稳特性进行了分析。结果显示，在完全松弛流动状态下，液体奥内佐格数是一个稳流因素，并能使主导波数向小数值区域移动。如图 4-28 所示，$Te = 0$ 时的结果与上述规律是一致的。其中，图 4-28 中的相关参数设置为

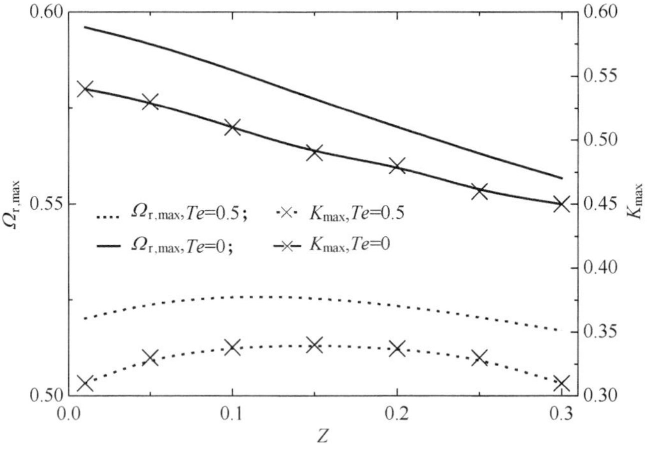

图 4-28　液体奥内佐格数对自由黏弹性流体圆环液膜失稳特性的影响

$We_1 = 1000$，$\rho_r = 0.001$，$U_{ar} = 0$，$U_{br} = 0$，$\lambda_r = 0.1$，$El = 1$，$\mu_{0r} = 0$，$\mu_{1r} = 1$。对于未松弛的流动状态，在小液体奥内佐格数的范围内，增强液体黏性效应会使得圆环液膜变得失稳；而在大液体奥内佐格数的范围内，增强液体黏性效应会使得圆环液膜变得稳定。实际上，当液体奥内佐格数较小时，未松弛的拉应力相对较为显著，其耦合上黏性项使得随着该数值的增加液膜逐渐失稳；当液体奥内佐格数较大时，黏性效应成为主导因素，开始起到了稳流的作用。另外，对于未松弛流动状态，主导波数的变化趋势与最大不稳定波增长率是一致的。但是通常在实际应用中，由于黏弹性流体中的黏性一般较大，拉应力效应对该因素影响较小，故其在失稳过程中主要表现为稳流的作用。

综合图 4-26～图 4-28 的结果可知，未松弛拉应力的引入会定量地改变流体中弹性和黏性效应的影响趋势，进而最终影响了此类黏弹性流体圆环液膜的失稳特性，这与完全松弛流动状态下的射流或液膜所表现出的失稳特性是不同的。

参考文献

Alleborn N, Raszillier H, Durst F, et al. 1999. Linear stability of non-Newtonian annular liquid sheets[J]. Acta Mechanica, 137: 33-42.

Amaouche M, Djema A, Abderrahmane H A. 2012. Film flow for power-law fluids: Modeling and linear stability[J]. European Journal of Mechanics B-Fluids, 34: 70-84.

Clasen C, Bico J, Entov V M, et al. 2009. 'Gobbling drops': The jetting dripping transition in flows of polymer solutions[J]. Journal of Fluid Mechanics, 636: 5-40.

Crapper G D, Dombrowski N, Pyott G A D, et al. 1975. Kelvin-Helmholtz wave growth on cylindrical sheets[J]. Journal of Fluid Mechanics, 68(3): 497-502.

Goren S, Gottlieb M. 1982. Surface-tension-driven breakup of viscoelastic liquid threads[J]. Journal of Fluid Mechanics, 120: 245-266.

Liu L, Yang L, Ye H. 2016. Weakly nonlinear varicose-mode instability of planar liquid sheets[J]. Physics of Fluids, 28: 034105.

Ruyer-Quil C, Chakraborty S, Dandapat B S. 2012. Wavy regime of a power-law film flow[J]. Journal of Fluid Mechanics, 692: 220-256.

Ruyer-Quil C, Manneville P. 2000. Improved modeling of flows down inclined planes[J]. The European Physical Journal B, 15: 357-369.

Shen J, Li X. 1996. Instability of an annular viscous liquid jet[J]. Acta Mechanica, 114: 167-183.

Yang L, Du M, Fu Q, et al. 2015. Temporal instability of a power-law planar liquid sheet[J]. Journal of Propulsion and Power, 31(1): 286-293.

Yang L, Fu Q, Qu Y, et al. 2012. Breakup of a power-law liquid sheet formed by an impinging jet injector [J]. International Journal of Multiphase Flow, 39: 37-44.

第 5 章　多物理场作用下的射流稳定性

光、电、磁、热等多种物理场作用下的液体射流在很多工业领域都有重要应用，例如，电场中液体射流的不稳定和破碎行为与电雾化和电纺丝技术密切相关。图 5-1(a)为电纺丝中电场作用下的射流示意图；另外，磁场作用下的聚能金属射流在未来武器方面有诱人的应用前景，图 5-1(b)为破甲弹中线圈磁场对金属射流作用示意图。因此，研究各种物理场效应对于射流稳定性的影响具有重要意义。当前文献中对电场作用下射流稳定性的研究相对丰富。早期的关于电场中射流行为的研究大多将液体假设成完全导体或者完全电介质，使得问题得到简化(Rayleigh，1882；Basset，1894；Glonti，1958；Nayyar and Murty，1960；Schneider et al.，1967；Taylor，1969；Turnbull，1992；Shkadov and Shutov，1998)。对于完全导体模型，典型物理情景是射流在同轴电极间流动，图 5-2 为同轴电极产生径向电场作用下的完全导体射流装置示意图，周围是气体电介质，射流表面和电极之间的电势差引发径向电场，产生法向电场力，从而作用在射流表面。研究表明，径向电场会抑制射流表面长波扰动的发展，同时会促进短波长扰动波的增长(Basset, 1894)。在完全电介质模型中，不需要考虑自由电荷(一般情况下，没有径向电场)，但在外电场作用下(一般为轴向电场)，会产生极化电荷。轴向电场作用下电介质射流示意图如图 5-3 所示。两种流体介电常数的差异使得界面上产生法向电场力作用，进而影响射流稳定性。

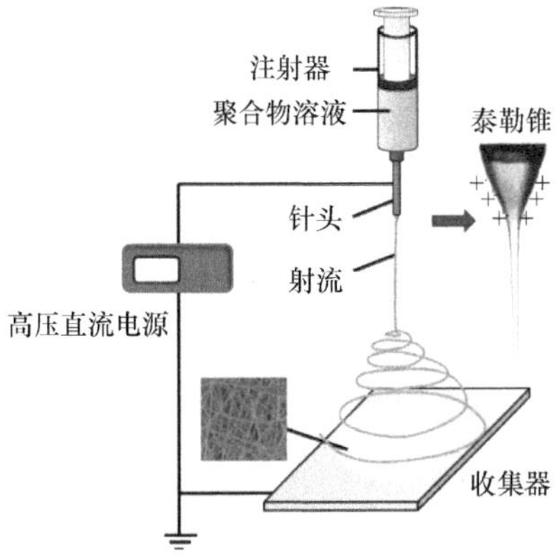

(a) 电纺丝中电场作用下的射流示意图

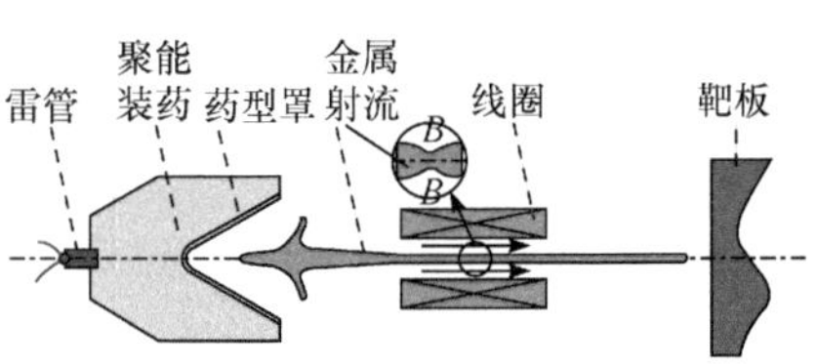

(b) 破甲弹中线圈磁场对金属射流作用示意图

图 5-1　实际应用中电场和磁场作用下的射流示例

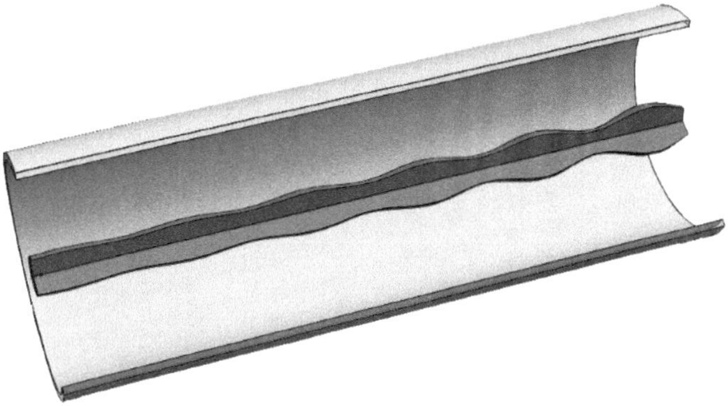

图 5-2　同轴电极产生径向电场作用下的完全导体射流装置示意图

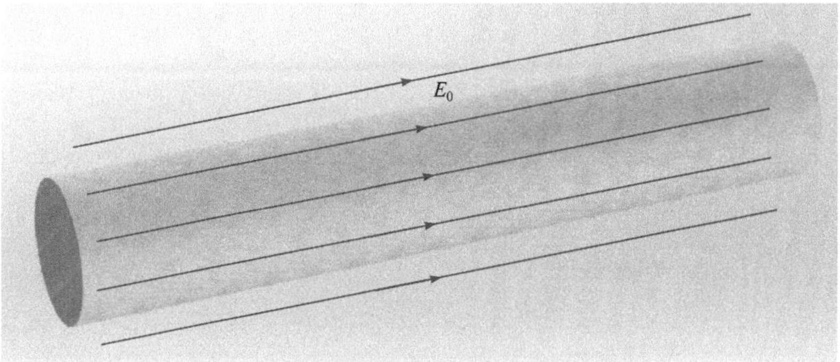

图 5-3　轴向电场作用下电介质射流示意图

实际上，对于大多数电流体力学现象来说，将流体假设成完全电介质或者完全导体是不符合实际的。因为真实流体在轴向电场作用下，即使很小的电导率也会使流体变形界面上携带一定的电荷，进而与轴向电场相互作用产生切向电场力，所以必须考虑黏性力(流体必须是运动的)用以平衡切向电场力(故而无黏射流只能用完全导体或电介质模型)。研究表明，轴向电场会抑制射流表面扰动的失稳(Nayyar and Murty，1960)。Melcher 和 Taylor (1969)研究了处在直流电场中的液体薄层及液滴内部的对流现象，总结出漏电介质模型(又称 Taylor-Melcher 漏电介质理论)，即具有一定电导率的电介质，特性表现为电场作用下存在切向电场力。近年来，漏电介质模型已经广泛应用于射流在电场作用下的稳定性分析中。研究表明，电弛豫时间越短，射流表面扰动的增长越慢，但影响比较有限。同时介电常数的增加，会小幅度地促进射流的失稳(López-Herrera et al.，2010)。

近年来，有学者注意到电场作用下射流存在多种失稳模式，带电射流典型实际应用模型示意图如图 5-4(a)所示。这在实际应用中会存在一些问题，例如，在电纺丝中，轴对称模式会大大降低其效率，应尽量避免；另外在电喷墨打印中，需要尽量避免非轴对称不稳定引发的甩鞭模式。因此，学者提出了一系列方法对其加以调控，其中磁场是极具潜力的有效手段之一。基于简化物理模型得出的初步结果表明，磁场的引入会抑制带电射流的失稳，从而提高射流的稳定性(Ruo et al.，2010)。

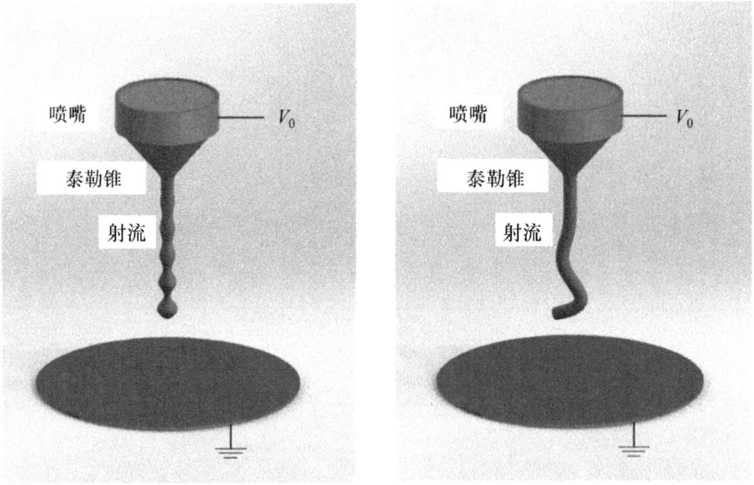

(a) 轴对称模式　　(b) 非轴对称模式

图 5-4　带电射流典型实际应用模型示意图

下面分别具体介绍电场、磁场、温度场及传质效应等因素作用下的射流稳定性问题。

5.1　轴向电场对带电黏弹性射流稳定性的影响

5.1.1　物理描述与理论分析

轴向电场作用下的带电黏弹性射流模型如图 5-5 所示，为了使理论模型更加符合实际应用，现考虑外加均匀轴向电场 E^* 作用下的一个不可压缩、无限长的带电黏弹性流体射流，射流周围是处于静止状态的空气。其中，在圆柱坐标系 (r^*,θ^*,z^*) 下，z^* 轴沿圆柱射流的流动方向，r^* 轴沿圆柱射流的径向方向，θ^* 轴沿圆柱射流的环向方向。为了获得物理机制清晰的解析解，假设气相为无黏的、不可压缩的，并且忽略重力、磁场和温度对流动的影响。液体的表面张力系数为 σ^*，密度为 ρ_1^*；气体密度为 ρ_g^*。对于基本流动，射流具有恒定的直径 $2a^*$ 和均匀的流速 U_1^*，电荷以恒定的面电荷密度 Q_0^* 均匀分布在射流表面。本节中用来表征应力场和速度场之间本构关系的流变方程是 Oldroyd-B 模型，其三个参数分别为零剪切黏度系数 μ_0^*、应力松弛时间 λ_1^* 及应变松弛时间 λ_2^*。假设黏弹性流体是具有一定电导率 K^* 的电介质(介电常数为 ε_1^*)，其电学性质用漏电介质模型描述；周围气体是完全绝缘体，其电学性质真空介电常数用 ε_0^* 来表征。射流本身表面携带一定量的电荷，自身会诱发出一个径向电场，从而与轴向电场作用一起叠加成如图 5-5 所示的电场形态。

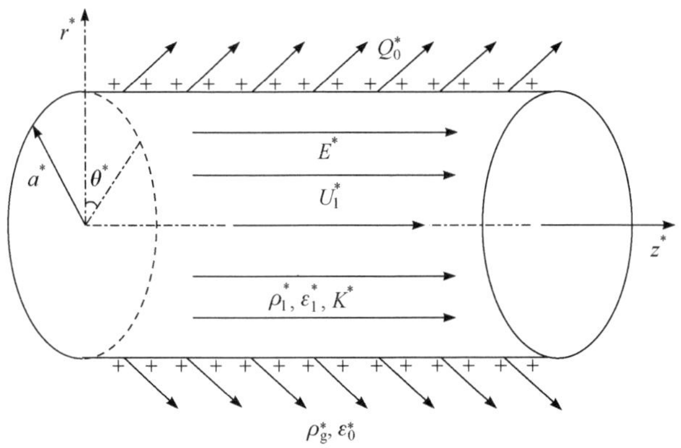

图 5-5　轴向电场作用下的带电黏弹性射流模型

为了使结果更具普遍意义，将所有物理量无量纲化，长度、时间、压力和表面电荷密度的尺度分别为 a^*、a^*/U_1^*、$\rho_1^*U_1^{*2}$ 和 Q_0^*，相关的无量纲参数包括：雷诺数 $Re=\rho_1^*U_1^*a^*/\mu_0^*$；韦伯数 $We=\rho_1^*U_1^{*2}a^*/\sigma^*$；气液密度比 $\rho=\rho_g^*/\rho_1^*$；德博拉数 $De=\lambda_1^*U_1^*/a^*$；时间常数比 $\lambda=\lambda_2^*/\lambda_1^*$；电邦德数 $\chi=a^*Q_0^{*2}/\sigma^*\varepsilon_0^*$；无量纲电弛豫时间 $\tau=K^*a^*/\varepsilon_0^*U_1^*$；无量纲轴向电场强度 $E=E^*\varepsilon_0^*/Q_0^*$；介电常数比 $\varepsilon=\varepsilon_1^*/\varepsilon_0^*$。为了方便表达，表征液体射流的连续方程和控制方程用矢量形式写为

$$\nabla\cdot\boldsymbol{v}_1=0 \tag{5-1}$$

$$\left(\frac{\partial}{\partial t}+\boldsymbol{v}_1\cdot\nabla\right)\boldsymbol{v}_1=-\nabla p_1+\nabla\cdot\boldsymbol{T}_1 \tag{5-2}$$

其中，$\boldsymbol{v}_1=u_r\boldsymbol{e}_r+u_\theta\boldsymbol{e}_\theta+u_z\boldsymbol{e}_z$ 是速度矢量；p_1 是液体压力；$\boldsymbol{T}_1$ 是液相偏应力张量。

黏弹性流体的流变性质用 Oldroyd-B 本构方程表示，数学表达式为

$$\boldsymbol{T}_1 + De\left[\frac{\partial \boldsymbol{T}_1}{\partial t} + \left(\boldsymbol{v}_1 \cdot \nabla\right)\boldsymbol{T}_1 - \left(\nabla \boldsymbol{v}_1\right)\cdot \boldsymbol{T}_1 - \boldsymbol{T}_1 \cdot \left(\nabla \boldsymbol{v}_1\right)^{\mathrm{T}}\right]$$
$$= \frac{1}{Re}\left\{\dot{\boldsymbol{\gamma}}_1 + De\lambda\left[\frac{\partial \dot{\boldsymbol{\gamma}}_1}{\partial t} + \left(\boldsymbol{v}_1 \cdot \nabla\right)\dot{\boldsymbol{\gamma}}_1 - \left(\nabla \boldsymbol{v}_1\right)\cdot \dot{\boldsymbol{\gamma}}_l - \dot{\boldsymbol{\gamma}}_1 \cdot \left(\nabla \boldsymbol{v}_1\right)^{\mathrm{T}}\right]\right\} \tag{5-3}$$

其中，$\dot{\boldsymbol{\gamma}}_1 = \nabla \boldsymbol{v}_1 + \left(\nabla \boldsymbol{v}_1\right)^{\mathrm{T}}$ 是应变速率张量。

值得注意的是，Oldroyd-B 模型可以很好地描述典型的黏弹性流体(Boger 流体)的流变性质。Boger 流体在表现出弹性效应的同时具有一个几乎恒定的黏性，这使得其科学研究价值非常广阔。Boger 流体的弹性效应和黏性效应可以明显区分开来，这和相同黏性的牛顿流体之间形成对照，从而确定弹性的影响。因此 Boger 流体在黏弹性流体研究中得到广泛的应用。Boger 流体的另一个特点是，其流变特征可以用形式上相对简单的 Oldroyd-B 本构模型来表征，为理论分析带来了方便。

类似地，气相的控制方程为

$$\nabla^2 \phi_{\mathrm{g}} = 0 \tag{5-4}$$

$$p_{\mathrm{g}} = -\rho\left[\frac{\partial \phi_{\mathrm{g}}}{\partial t} + \frac{1}{2}(\nabla \phi_{\mathrm{g}})^2\right] \tag{5-5}$$

其中，ϕ_{g} 是气相速度势；p_{g} 是气体压强。

考虑到电场的无旋性，电势满足拉普拉斯方程，即

$$\nabla^2 \psi_1 = 0\,,\quad \nabla^2 \psi_{\mathrm{g}} = 0 \tag{5-6}$$

其中，ψ_1 是液相中的电势；ψ_{g} 是气相中的电势。

电场强度可以用电势的散度表示，即

$$\boldsymbol{E}_1 = -\nabla \psi_1\,,\quad \boldsymbol{E}_{\mathrm{g}} = -\nabla \psi_{\mathrm{g}} \tag{5-7}$$

为了获得稳定性问题的准确解答，气液界面处的边界条件包括三类。

(1) 运动学边界条件，包括

$$\frac{\partial f}{\partial t} + \boldsymbol{v}_1 \cdot \nabla f = 0 \tag{5-8}$$

$$\frac{\partial f}{\partial t} + \nabla \phi_{\mathrm{g}} \cdot \nabla f = 0 \tag{5-9}$$

其中，$f = r - \eta(\theta, z, t)$，$f = 0$ 即表示气液交界面。

(2) 动力学边界条件，包括切向和法向应力平衡。由于气体无黏，在气液界面的切向和法向方向上，应力平衡条件可以表示为

$$\boldsymbol{n}\cdot\left(\boldsymbol{T}_1+\boldsymbol{T}_1^{\mathrm{e}}\right)\times\boldsymbol{n}=\boldsymbol{n}\cdot\boldsymbol{T}_{\mathrm{g}}^{\mathrm{e}}\times\boldsymbol{n} \tag{5-10}$$

$$\boldsymbol{n}\cdot\left(-p_1\boldsymbol{I}+\boldsymbol{T}_1+\boldsymbol{T}_1^{\mathrm{e}}\right)\cdot\boldsymbol{n}=\boldsymbol{n}\cdot\left(-p_{\mathrm{g}}\boldsymbol{I}+\boldsymbol{T}_{\mathrm{g}}^{\mathrm{e}}\right)\cdot\boldsymbol{n}+\frac{\nabla\cdot\boldsymbol{n}}{We} \tag{5-11}$$

其中，$\boldsymbol{I}$ 是单位矩阵向量；$\boldsymbol{n}$ 是气液界面的单位法向向量，可以表示为 $\boldsymbol{n}=\nabla f/\left|\nabla f\right|$；$\boldsymbol{T}_1^{\mathrm{e}}$ 和 $\boldsymbol{T}_{\mathrm{g}}^{\mathrm{e}}$ 分别表示液相和气相中 Maxwell 电应力张量，表达式为(δ 是克罗内克符号)

$$\boldsymbol{T}_1^{\mathrm{e}}=\frac{\varepsilon\chi}{We}(\boldsymbol{E}_1\boldsymbol{E}_1-\frac{1}{2}\delta\boldsymbol{E}_1\cdot\boldsymbol{E}_1\boldsymbol{I}),\quad \boldsymbol{T}_{\mathrm{g}}^{\mathrm{e}}=\frac{\chi}{We}(\boldsymbol{E}_{\mathrm{g}}\boldsymbol{E}_{\mathrm{g}}-\frac{1}{2}\delta\boldsymbol{E}_{\mathrm{g}}\cdot\boldsymbol{E}_{\mathrm{g}}\boldsymbol{I}) \tag{5-12}$$

(3) 电场边界条件，包括电场强度的切向分量连续，同时需遵守高斯定律，具体表示为

$$\boldsymbol{n}\times\left(\boldsymbol{E}_{\mathrm{g}}-\boldsymbol{E}_1\right)=0 \tag{5-13}$$

$$\left(\boldsymbol{E}_{\mathrm{g}}-\varepsilon\boldsymbol{E}_1\right)\cdot\boldsymbol{n}=q_{\mathrm{s}} \tag{5-14}$$

其中，q_{s} 是面电荷密度，满足的界面电流密度连续条件为

$$\frac{\partial q_{\mathrm{s}}}{\partial t}+\boldsymbol{v}_1\cdot\nabla q_{\mathrm{s}}-q_{\mathrm{s}}\boldsymbol{n}\cdot\left(\boldsymbol{n}\cdot\nabla\right)\cdot\boldsymbol{v}_1-\tau\varepsilon\boldsymbol{E}_1\cdot\boldsymbol{n}=0 \tag{5-15}$$

线性稳定性分析认为任何物理量都可表达为稳态量和扰动量线性叠加的形式，并且初始扰动幅度只与 r 坐标有关。相应的扰动物理量可以表示正则模形式，即

$$\begin{aligned}(\eta,u_r,u_\theta,u_z,p_1,\boldsymbol{T}_1,\phi_{\mathrm{g}},p_{\mathrm{g}},q_{\mathrm{s}},\psi_1,\psi_{\mathrm{g}})&=(0,0,0,1,p_0,Te\boldsymbol{e}_z\boldsymbol{e}_z,0,p_{\mathrm{g}0},1,-Ez,-Ez-\ln r)\\&+(\hat{\eta},\hat{u}_r,\hat{u}_\theta,\hat{u}_z,\hat{p}_1,\hat{\boldsymbol{T}}_1,\hat{\phi}_{\mathrm{g}},\hat{p}_{\mathrm{g}},\hat{q}_{\mathrm{s}},\hat{\psi}_1,\hat{\psi}_{\mathrm{g}})\mathrm{e}^{[\mathrm{i}(kz+m\theta)+\mathrm{i}\omega t]}\end{aligned} \tag{5-16}$$

其中，“ ^ ”表示物理量扰动振幅，并且只是 r 的函数($\hat{q}_{\mathrm{s}}$ 和 $\hat{\eta}$ 是常数)；$\boldsymbol{e}_z=(0,0,1)$ 是轴向单位向量；ω 是周向波数为 m 和轴向波数为 k 的扰动频率，且 $\omega=\omega_{\mathrm{r}}+\mathrm{i}\omega_{\mathrm{i}}$，$\omega_{\mathrm{r}}$ 为扰动的时间增长率。这里同时需要指出的是，为了使未完全松弛拉应力为常数的假设合理，即忽略了未完全松弛轴向拉应力的空间衰减的影响，本节中考虑应力松弛时间很长的黏弹性流体。

将式(5-16)代入电场控制方程式(5-6)，可以得到贝塞尔方程，即

$$\frac{\mathrm{d}^2\hat{\psi}_1}{\mathrm{d}r^2}+\frac{1}{r}\frac{\mathrm{d}\hat{\psi}_1}{\mathrm{d}r}-\left(k^2+\frac{m^2}{r^2}\right)\hat{\psi}_1=0,\quad \frac{\mathrm{d}^2\hat{\psi}_{\mathrm{g}}}{\mathrm{d}r^2}+\frac{1}{r}\frac{\mathrm{d}\hat{\psi}_{\mathrm{g}}}{\mathrm{d}r}-\left(k^2+\frac{m^2}{r^2}\right)\hat{\psi}_{\mathrm{g}}=0 \tag{5-17}$$

考虑无穷远处的有限条件及对称轴上的有限性条件，式(5-17)的解为

$$\hat{\psi}_1=C_1\mathrm{I}_m(kr) \tag{5-18}$$

$$\hat{\psi}_{\mathrm{g}} = C_2 \mathrm{K}_m(kr) \tag{5-19}$$

其中，C_1 和 C_2 是待定系数；I_m 和 K_m 是 m 阶修正的贝塞尔函数。

结合电场边界条件，即式(5-13)和式(5-14)，可以求得待定系数 C_1 和 C_2 的表达式为

$$C_1 = \frac{1}{k\mathrm{I}'_m(k)} \frac{\hat{q}_{\mathrm{s}} + \hat{\eta}\left[1 + \mathrm{i}kE(1-\varepsilon) + k\mathrm{K}'_m(k)/\mathrm{K}_m(k)\right]}{\varepsilon - \dfrac{\mathrm{I}_m(k)}{\mathrm{I}'_m(k)} \dfrac{\mathrm{K}'_m(k)}{\mathrm{K}_m(k)}} \tag{5-20}$$

$$C_2 = C_1 \frac{\mathrm{I}_m(k)}{\mathrm{K}_m(k)} + \frac{\hat{\eta}_0}{\mathrm{K}_m(k)} \tag{5-21}$$

将式(5-16)代入本构方程式(5-12)，同时忽略高阶项，相应的线性方程可以表示成如下的张量形式，即

$$\hat{\boldsymbol{T}}_1 = \frac{1}{Re_1}\boldsymbol{D}_1 + \frac{1}{Re_0}\boldsymbol{D}_0 \tag{5-22}$$

其中，

$$\boldsymbol{D}_1 = \begin{bmatrix} 2\dfrac{\mathrm{d}\hat{u}_r}{\mathrm{d}r} & \dfrac{\mathrm{d}\hat{u}_\theta}{\mathrm{d}r} + \dfrac{\mathrm{i}m\hat{u}_r}{r} - \dfrac{\hat{u}_\theta}{r} & \mathrm{i}k\hat{u}_r + \dfrac{\mathrm{d}\hat{u}_z}{\mathrm{d}r} \\ \dfrac{\mathrm{d}\hat{u}_\theta}{\mathrm{d}r} + \dfrac{\mathrm{i}m\hat{u}_r}{r} - \dfrac{\hat{u}_\theta}{r} & 2\dfrac{\mathrm{i}m\hat{u}_\theta + \hat{u}_r}{r} & \dfrac{\mathrm{i}m\hat{u}_z}{r} + \mathrm{i}k\hat{u}_\theta \\ \mathrm{i}k\hat{u}_r + \dfrac{\mathrm{d}\hat{u}_z}{\mathrm{d}r} & \dfrac{\mathrm{i}m\hat{u}_z}{r} + \mathrm{i}k\hat{u}_\theta & 2\mathrm{i}k\hat{u}_z \end{bmatrix}, \boldsymbol{D}_0 = \begin{bmatrix} 0 & 0 & \mathrm{i}k\hat{u}_r \\ 0 & 0 & \mathrm{i}k\hat{u}_\theta \\ \mathrm{i}k\hat{u}_r & \mathrm{i}k\hat{u}_\theta & 2\mathrm{i}k\hat{u}_z \end{bmatrix},$$

$$\frac{1}{Re_1} = \frac{1}{Re}\frac{1 + De\lambda(\mathrm{i}k+\omega)}{1 + De(\mathrm{i}k+\omega)}, \quad \frac{1}{Re_0} = \frac{De \cdot Te}{1 + De(\mathrm{i}k+\omega)} \tag{5-23}$$

将式(5-16)和式(5-22)代入液相控制方程，可以得到压力场与速度场的表达式为

$$\hat{p}_1 = -\left[(\mathrm{i}k+\omega) + k^2\frac{1}{Re_0}\right]A_1\mathrm{I}_m(kr) \tag{5-24}$$

$$\hat{u}_r = kA_1\mathrm{I}'_m(kr) + A_2\mathrm{I}_{m-1}(lr) + A_3\mathrm{I}_{m+1}(lr) \tag{5-25}$$

$$\hat{u}_\theta = \frac{\mathrm{i}m}{r}A_1\mathrm{I}_m(kr) + \mathrm{i}A_2\mathrm{I}_{m-1}(lr) - \mathrm{i}A_3\mathrm{I}_{m+1}(lr) \tag{5-26}$$

$$\hat{u}_z = \mathrm{i}kA_1\mathrm{I}_m(kr) + \mathrm{i}\frac{l}{k}A_2\mathrm{I}_m(lr) + \mathrm{i}\frac{l}{k}A_3\mathrm{I}_m(lr) \tag{5-27}$$

其中，A_1、A_2、A_3 是待定系数；$l^2 = k^2 + Re_1k^2/Re_0 + Re_1(\mathrm{i}k+\omega)$。

利用类似的方法，可以得到气相扰动压强的表达式为

$$\hat{p}_{\mathrm{g}}=-\frac{\rho\omega^{2}\hat{\eta}}{k}\frac{\mathrm{K}_{m}(kr)}{\mathrm{K}_{m}'(k)} \tag{5-28}$$

将电场分布的表达式(5-18)和式(5-19)及气相和液相的压力场、速度场表达式(5-24)～式(5-28)代入边界条件式(5-8)、式(5-10)、式(5-11)和式(5-15)，整理得到含有五个未知参数的(A_1、A_2、A_3、$\hat{\eta}$ 和 $\hat{q}_{\mathrm{s}}$)、由五个方程组成的齐次线性方程组。要使该方程组有非平凡解，系数矩阵的行列式必须为 0，而这个关系式就是稳定性分析里要求的、表征扰动波数和不稳定波增长率之间关系的色散方程。由于中间的数学推导比较复杂，将色散方程直接以 5×5 的行列式给出，即

$$\begin{vmatrix} k\mathrm{I}_m'(k) & \mathrm{I}_{m-1}(l) & \mathrm{I}_{m+1}(l) & 0 & -(\mathrm{i}k+\omega) \\ -k^2\mathrm{I}_m''(k) & -l\mathrm{I}_{m-1}'(l) & -l\mathrm{I}_{m+1}'(l) & \mathrm{i}k+\omega+\dfrac{\tau\varepsilon}{\varDelta_4} & a_{25} \\ a_{31} & a_{32} & a_{33} & \dfrac{\chi}{We}\left(\dfrac{\mathrm{i}\varDelta_1}{\varDelta_4}-E\right) & a_{35} \\ a_{41} & \dfrac{\mathrm{i}l}{Re_1}\mathrm{I}_{m-2}(l) & -\dfrac{\mathrm{i}l}{Re_1}\mathrm{I}_{m+2}(l) & \dfrac{\chi}{We}\dfrac{\mathrm{i}m\varDelta_1}{k\varDelta_4} & a_{45} \\ a_{51} & -\dfrac{2l}{Re_1}\mathrm{I}_{m-1}'(l) & -\dfrac{2l}{Re_1}\mathrm{I}_{m+1}'(l) & \dfrac{\chi}{We}\dfrac{\varDelta_1}{\varDelta_4}\left[\mathrm{i}E(1-\varepsilon)-\varDelta_2\right] & a_{55} \end{vmatrix}=0 \tag{5-29}$$

其中，

$$\varDelta_1=\frac{\mathrm{I}_m(k)}{\mathrm{I}_m'(k)},\quad \varDelta_2=\frac{\mathrm{K}_m'(k)}{\mathrm{K}_m(k)},\quad \varDelta_3=1+\mathrm{i}kE(1-\varepsilon)+k\varDelta_2,\quad \varDelta_4=\varepsilon-\varDelta_1\varDelta_2,$$

$$a_{25}=\mathrm{i}k\tau\varepsilon E+\frac{\alpha\varepsilon\varDelta_3}{\varDelta_4},\quad a_{31}=\mathrm{i}k^2\mathrm{I}_m'(k)\left(\frac{2}{Re_1}+\frac{1}{Re_0}\right),$$

$$a_{32}=\mathrm{i}\left[\left(\frac{1}{Re_1}+\frac{1}{Re_0}\right)k\mathrm{I}_{m-1}(l)+\frac{l^2}{kRe_1}\mathrm{I}_m'(l)\right],$$

$$a_{33}=\mathrm{i}\left[\left(\frac{1}{Re_1}+\frac{1}{Re_0}\right)k\mathrm{I}_{m+1}(l)+\frac{l^2}{kRe_1}\mathrm{I}_m'(l)\right],\quad a_{35}=\frac{\chi}{We}\frac{\mathrm{i}\varDelta_1\varDelta_3}{\varDelta_4}-\mathrm{i}kTe,$$

$$a_{41}=\frac{2\mathrm{i}m}{Re_1}\left[k\mathrm{I}_m'(k)-\mathrm{I}_m(k)\right],\quad a_{45}=\frac{\chi}{We}\frac{\mathrm{i}m\varDelta_1\varDelta_3}{k\varDelta_4},$$

$$a_{51}=-\frac{2k^2}{Re}\mathrm{I}_m''(k)-[\mathrm{i}(k-\mathrm{i}\omega)+\frac{k^2}{Re_0}]\mathrm{I}_m(k),$$

$$a_{55}=\frac{\chi}{We}\left[-\mathrm{i}k\varepsilon E+\frac{-\varepsilon\varDelta_3+\mathrm{i}E\varDelta_1\varDelta_3(1-\varepsilon)}{\varDelta_4}\right]+\frac{1-m^2-k^2}{We}-\frac{\rho\omega^2}{k\varDelta_2}$$

5.1.2 电场影响规律的讨论

根据代表性综述文献(James, 2009), 大多数 Boger 流体的黏性约为 $1\ \mathrm{Pa\cdot s}$, 松弛时间为 1～10s，密度为 $\rho_1^*\approx10^3\mathrm{kg/m^3}$，介电常数比为 $\varepsilon\approx10$ 。表面张力系数为 $10^{-2}\mathrm{N/m}$，电导率可以通过添加 NaCl 或者导电的高分子溶液调节，通常变化范围为 $K^*=10^{-8}$～1S/m 。未完全松弛拉应力变化范围一般为 1～10Pa。在实际应用中，轴向电场通常比径向电场要小(López-Herrera et al.，2010)，因此本节轴向电场强度限制为 $E=0$～0.5 。另外，射流半径固定为 10^{-3}m，速度变化范围为1～10m/s，表面电荷密度为 $Q_0^*\approx10^{-5}\mathrm{C/m^2}$ 。因此，参考无量纲参数选取为

$$\begin{aligned}&\left(Re,We,\rho,De,\lambda,Te,\tau,\varepsilon,\chi,E\right)\\&=\left(10,100,0.001,10000,0.5,0.002,1000,10,3,0.05\right)\end{aligned}\tag{5-30}$$

在本节中，除非特别指明，所有无量纲参数均为以上参考值。参考工况下的色散曲线如图 5-6 所示(除非特别说明，所有子图均用同一个图例)。

分析图 5-6(a)、(c)、(e)可以发现，由表面电荷诱发的非轴对称不稳定会出现，并且其第一模态($m=1$)会主导不稳定；液体弹性会促进不稳定初始阶段的发展，未完全松弛拉应力则会起促进稳定的作用。同时，当液体弹性数变化时，非轴对称不稳定模态与轴对称不稳定模态相比来说，反应更加不敏感一些。当考虑轴

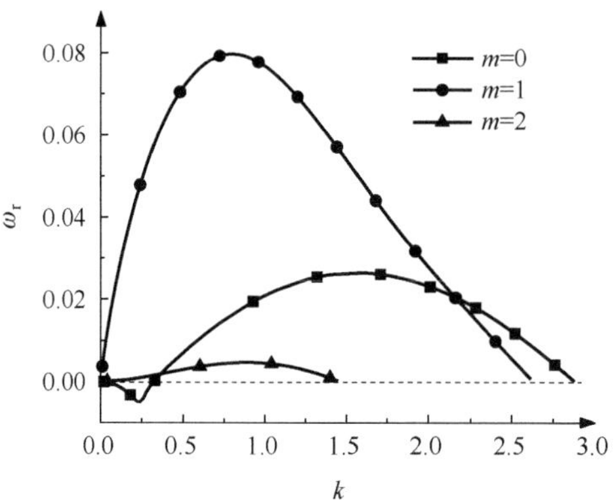

(a) 带电黏性射流

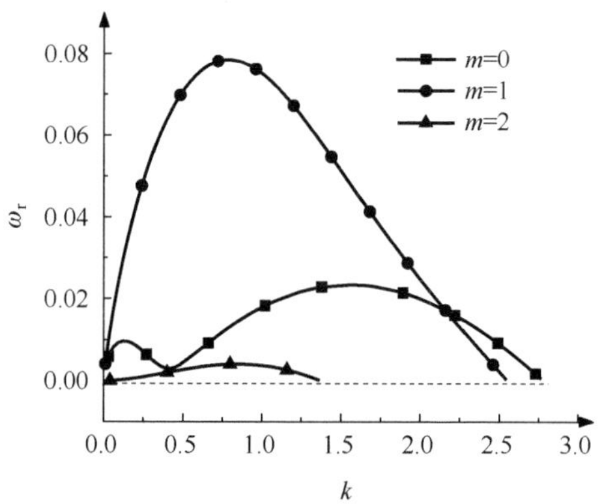

(b) 轴向电场作用下的带电黏性射流

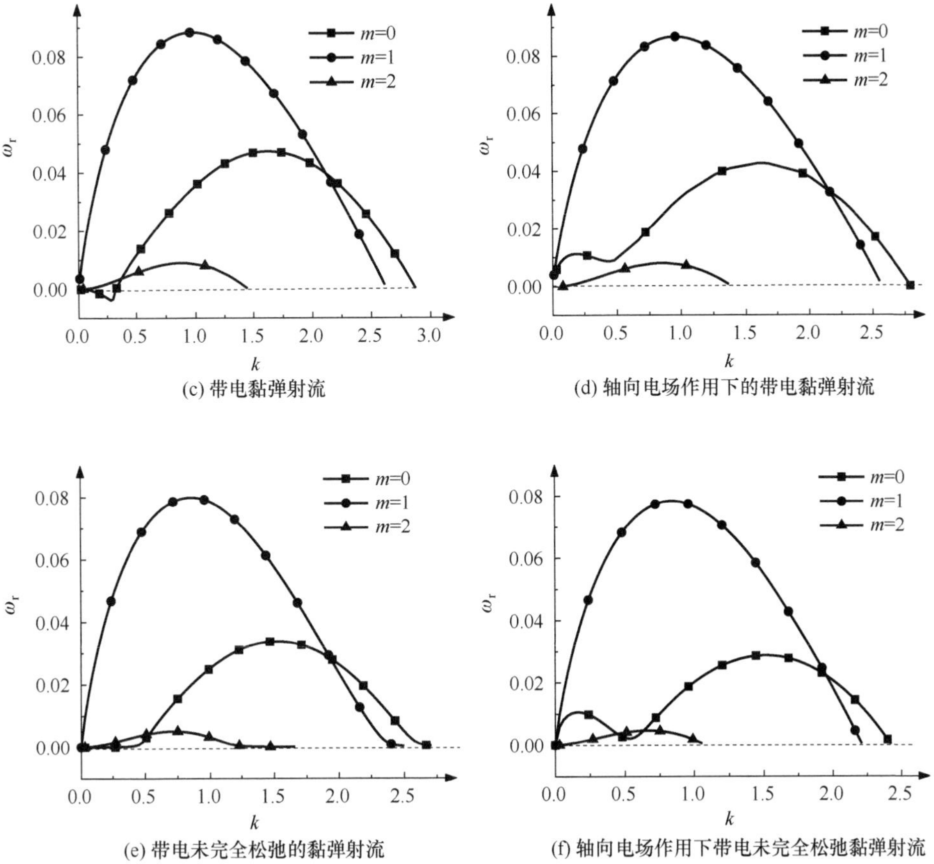

(c) 带电黏弹射流　(d) 轴向电场作用下的带电黏弹射流

(e) 带电未完全松弛的黏弹射流　(f) 轴向电场作用下带电未完全松弛黏弹射流

图 5-6　参考工况下的色散曲线

向电场时，射流线性稳定性特征变化不大。为了更清晰地显示稳定性特征，图 5-6 中最大增长率及对应的主导波数见表 5-1。显然，轴向电场会使得增长率有所降低。同时我们注意到，存在轴向电场作用时轴对称不稳定区间中存在两个局部极大值，即不稳定区间由两个不稳定区域构成；这与以往研究的单一不稳定区间不同。为了方便，在接下来的讨论中定义了三种不稳定类型：①Rayleigh 不稳定模态，即如图 5-6(b)、(d)、(f)中所示的轴对称不稳定区域中的小波数区间；②轴对称导电不稳定模态，即图 5-6(b)、(d)、(f)中所示的轴对称不稳定区域中的大波数区间；③非轴对称导电不稳定模态。轴对称导电不稳定模态和非轴对称导电不稳定模态统称为导电不稳定模态。另外，如果轴对称模态只有一个局部极大值，则称之为轴对称不稳定模态。对比分析图 5-6 所有的子图可以发现，第一非轴对称不稳定模态主导射流的导电不稳定；此外相比较其他模态，第一非轴对称不稳定模态对射流流变参数和电学参数的变化相对不敏感。

表 5-1　图 5-6 中的最大增长率与对应的主导波数

射流类型	模态	$\omega_{r,max}$		k_d	
		$E=0$	$E=0.05$	$E=0$	$E=0.05$
黏性射流	$m=0$	0.02637	0.02341	1.59	1.56
	$m=1$	0.07972	0.07853	0.81	0.78
	$m=2$	0.00465	0.00405	0.88	0.84
黏弹射流	$m=0$	0.04731	0.04263	1.62	1.62
	$m=1$	0.08841	0.08666	0.99	0.96
	$m=2$	0.00900	0.00807	0.88	0.84
未完全松弛的黏弹射流	$m=0$	0.03382	0.02873	1.53	1.50
	$m=1$	0.07992	0.07841	0.87	0.84
	$m=2$	0.00505	0.00465	0.72	0.66

下面基于参考工况对各个参数的单独作用及主要参数之间的耦合作用展开一般的讨论。同时，需要说明的是，第二非轴对称不稳定模态与轴对称和第一非轴对称不稳定模态相比，其增长率和不稳定区间均要小得多，因此，在接下来的讨论中予以忽略(非轴对称不稳定模态均代表第一非轴对称不稳定模态)。

电学参数包括轴向电场强度、表面电荷密度、电弛豫时间和介电常数，分别用无量纲参数 E 、χ 、τ 和 ε 表示。考虑到轴向电场和表面电荷耦合作用的复杂性，本节分析两种典型工况(电荷密度较小和较大)下轴向电场强度的影响。

图 5-7 展示了轴向电场强度在小电荷密度(χ=0.01)时的影响。当表面电荷密度较小、轴向电场强度($E\geqslant 0.3$)很大时，非轴对称不稳定模态才出现，但其增长率

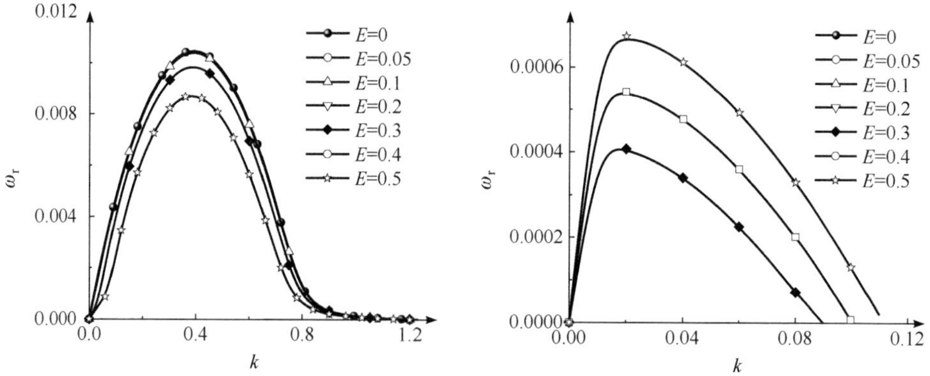

(a) 轴对称不稳定模态　　(b) 非轴对称不稳定模态

图 5-7　轴向电场强度在小电荷密度(χ=0.01)时的影响

和不稳定区间均要比轴对称不稳定模态小得多，即此时轴对称不稳定模态占据绝对主导优势，与不带电射流工况类似。随着轴向电场强度的逐渐增加，轴对称不稳定模态的增长率有小幅减少，同时主导波数几乎不变，表明这时轴向电场的影响是很小的。

图 5-8 展示了轴向电场强度在大电荷密度(χ=3)时的影响。当射流表面电荷密度变得较大时，轴向电场和径向电场(由表面电荷诱发)共同主导射流的不稳定性，此时影响规律有很大不同。对于轴对称不稳定模态，当考虑轴向电场时，总是出现两个不稳定区间，即长波区域的 Rayleigh 不稳定和短波区域的轴对称导电不稳定模态。显然，轴向电场会使轴对称导电不稳定模态趋于稳定，甚至会完全抑制，但是会促进 Rayleigh 不稳定的增长。这也表明当轴向电场强度超过一个临界值($E \geqslant 0.1$)时，Rayleigh 不稳定开始主导射流的轴对称模态。特别地，当轴向电场强度增加到一定程度后，Rayleigh 不稳定模态和轴对称导电不稳定模态会被一段稳定的区间分隔开来。对于非轴对称不稳定模态，轴向电场有双重作用：当 $k < 0.12$ 时，轴向电场起促进作用，当 $k > 0.12$ 时，增长率和不稳定区域均会随着轴向电场强度的增加而减小。对比分析图 5-8(a)和(b)，可以发现轴向电场强度对于轴对称导电不稳定模态的抑制作用要强于非轴对称不稳定模态，同时非轴对称不稳定模态的主导波数会减小，但轴对称导电不稳定模态的主导波长几乎不变。

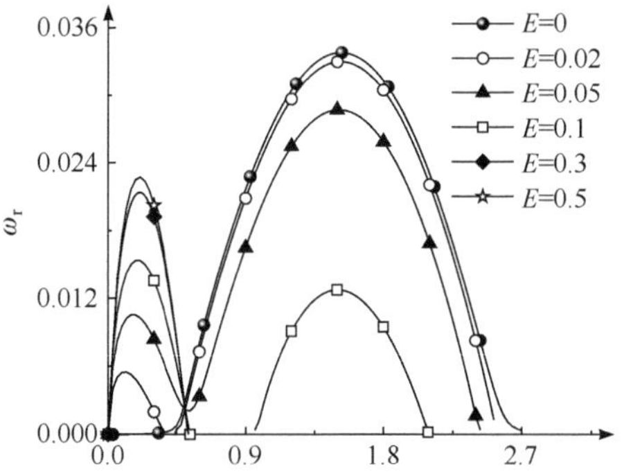

(a) 轴对称不稳定模态

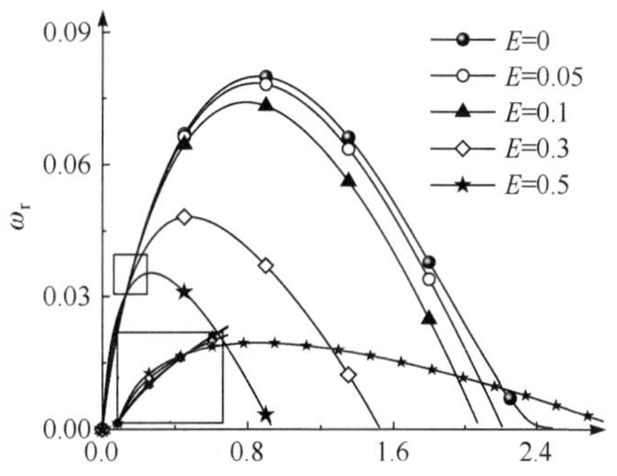

(b) 非轴对称不稳定模态

图 5-8　轴向电场强度在大电荷密度(χ=3)时的影响

图 5-9 展示了轴向电场和径向电场的耦合作用。显然，径向电场对于轴对称不稳定模态存在双重作用。随着表面电荷密度的增加，最大增长率先减小，后增加，在临界值$\chi \approx 1$ 时处于极小值。这是由于径向电场和表面张力相互竞争的结果(Ruo et al.，2012)。轴向电场的增加，并没有改变径向电场的这种作用趋势，只是会整体阻碍轴对称不稳定模态的发展，甚至会完全抑制。值得注意的是，轴向电场会促使 Rayleigh 不稳定模态的出现并增长，同时径向电场也会起促进作用；

同时 Rayleigh 不稳定模态会在中等径向电场轻度时主导轴对称不稳定模态。对于非轴对称不稳定模态，当径向电场增加到一定强度后出现，并随之不断增大。同时轴向电场会降低该临界值，这表明轴向电场会加速非轴对称不稳定模态的发生，且在径向电场强度较小($\chi<1$)时，一直起促进作用，而随着径向场强的增大则逐渐开始抑制非轴对称不稳定模态的发展。

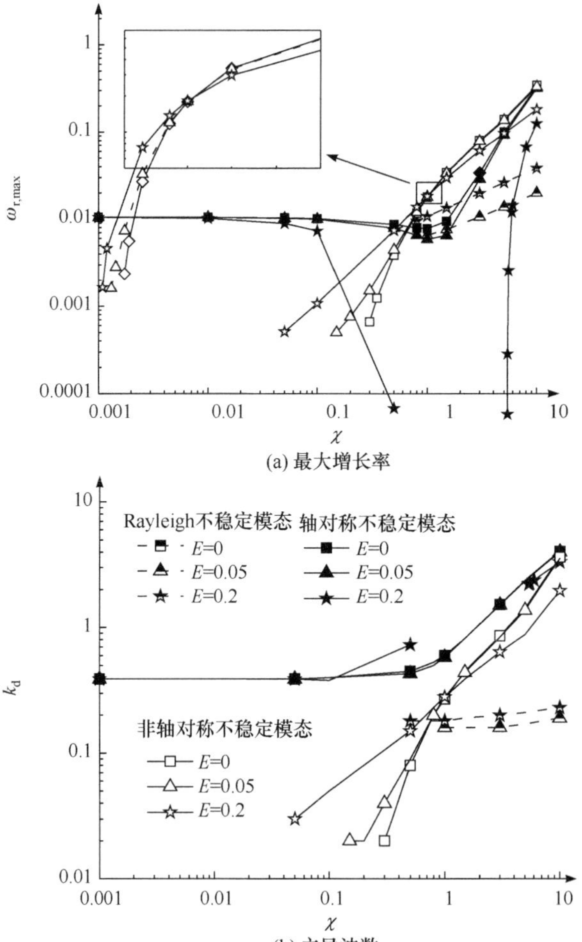

图 5-9　轴向电场和径向电场的耦合作用

为了更好地阐述轴对称和非轴对称不稳定模态之间的竞争关系，图 5-10 展示了电场对射流不稳定主导模态的影响(灰色区域表示 Rayleigh 不稳定模态的存在)。显然，轴对称不稳定模态在表面电荷较小时主导着射流的破碎，使之产生小的带电液滴，同时和 Rayleigh 不稳定模态的耦合作用导致了珠串结构的出现；当表面电荷超过临界值时，非轴对称导电不稳定模态开始占优势地位，射流出现“甩鞭运动”模式，此时与 Rayleigh 不稳定模态的耦合使射流破碎呈不规则的液滴状。同时，轴向电场会促进轴对称不稳定模态(电喷雾中的射流-液滴模式)向非轴对称不稳定模态(电纺丝中的射流-甩鞭模式)的转变。这些结果均与实验现象定性地保持一致，也表明轴向电场和径向电场均对黏弹性射流的不稳定有重要影响。

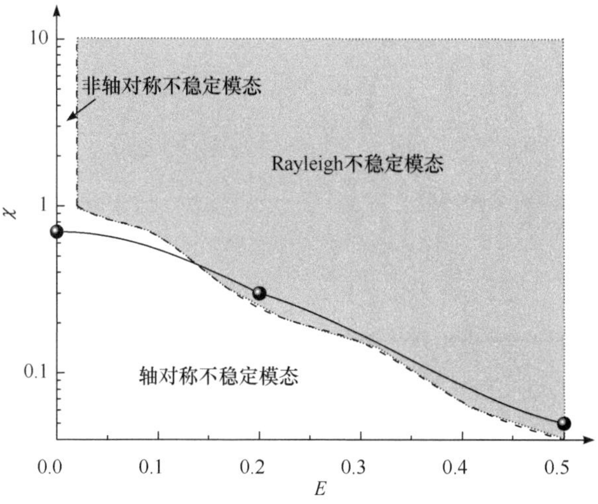

图 5-10　电场对射流不稳定主导模态的影响

电弛豫时间的影响如图 5-11 所示。当电弛豫时间 τ 很小时(电导率很低)，最大增长率与电弛豫时间无关，这是因为此时电荷守恒式(5-15)中体积传导项 $(-\tau\varepsilon \boldsymbol{E}_1 \cdot \boldsymbol{n})$ 很小，对射流稳定性的影响是可以忽略的；当电弛豫时间很大时(电导率很高)，射流稳定性也与电弛豫时间无关，这是因为此时体积传导项 $(-\tau\varepsilon \boldsymbol{E}_1 \cdot \boldsymbol{n})$ 很大，对射流的作用已经达到“饱和”状态，电荷的动力学项 $(-q_s \boldsymbol{n} \cdot (\boldsymbol{n} \cdot \nabla) \cdot \boldsymbol{v}_1)$ 与之相比是可以忽略的。在有效作用参数范围内，电弛豫时间增加，最大增长率增加。这在物理本质上可以解释为对于导电性很强的液体，射流表面变形对电荷输运的响应几乎是同时的，有限的电弛豫时间则会延迟射流表面扰动的增长；响应时间越短，变形就增长得越快。总体来看，电弛豫时间增加了接近 7 个数量级，增长率增大了不到 5%，可见其影响是有限的。

介电常数的影响如图 5-12 所示，介电常数的贡献主要分为两部分，即电荷守恒式(5-15)中体积传导项 $(-\tau\varepsilon \boldsymbol{E}_1 \cdot \boldsymbol{n})$，以及出现在电场力中与轴向电场相关项(大都是 $\sim E(\varepsilon x_1 - x_g)$ 的数学形式)。当不考虑轴向电场时，介电常数的提高会增强由电荷体积传导诱发的电流，从而促进射流的不稳定；但和电弛豫时间一样，影响十分有限，且只有在电弛豫时间较短时较为明显。考虑轴向电场时，增加介电常数，会增强轴向电场的作用，与提高轴向电场强度的效果类似，即抑制射流不稳定的发展。

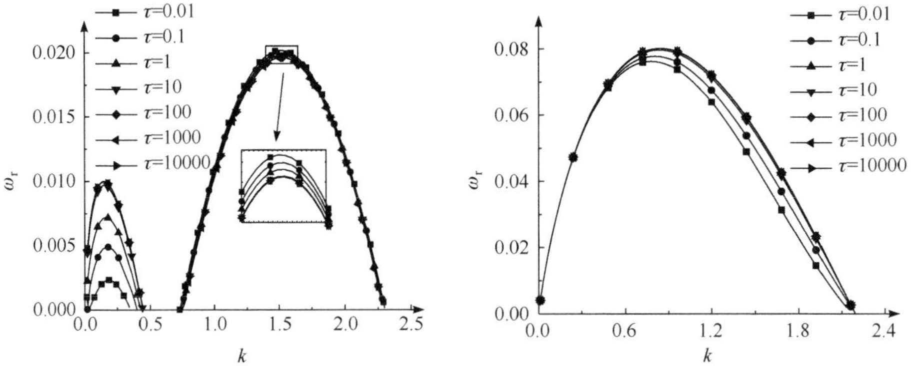

(a) 轴对称不稳定模态　　(b) 非轴对称不稳定模态

图 5-11　电弛豫时间的影响

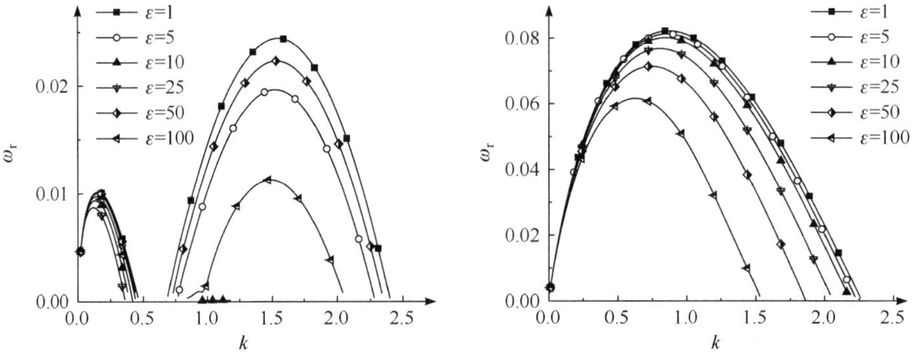

(a) 轴对称不稳定模态　　(b) 非轴对称不稳定模态

图 5-12　介电常数的影响

5.2　轴向磁场对带电黏弹性射流稳定性的影响

5.2.1　物理描述与理论分析

电场作用下射流运动过程中一般不可避免地存在磁场，本节分析轴向磁场对带电射流稳定性的影响。带电黏弹射流在轴向磁场中流动模型如图 5-13 所示，这里考虑初始半径为 a^* 的不可压缩且无限长的带电黏弹性射流以轴向初始速度 U_1^* 在强度为 B^* 的轴向磁场中流动，射流两侧为静止的无黏不可压气体。假设黏弹性流体是电导率为 K^* 、介电常数为 ε_1^* 的漏电介质，周围气体是完全电介质，并用真空介电常数来表征 ($\varepsilon_0^* = 8.85\times10^{-12}$ F/m)；初始自由电荷以面电荷密度 Q_0^* 均匀地分布在射流表面，并在气相中产生一个基本的径向电场 $Q_0^*a^*/\varepsilon_0^*r^*$ (r^* 是圆柱坐标系中的径向坐标，θ^* 是周向坐标，z^* 是轴向坐标)；液相和气相中的磁导率均假设为真空中的磁导率值 ($\mu_B^* = 4\pi\times10^{-7}$ H/m)。

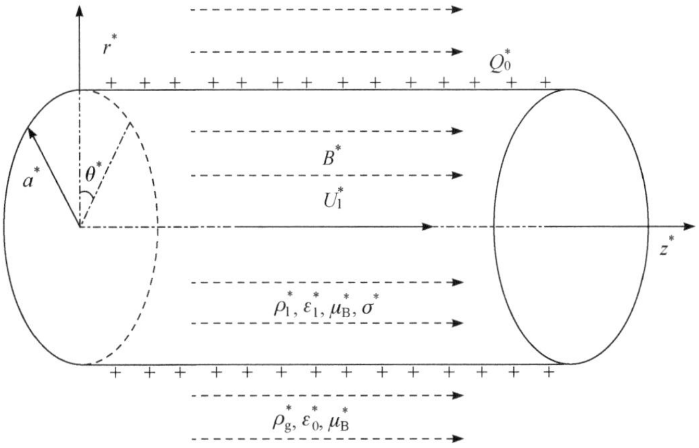

图 5-13　带电黏弹射流在轴向磁场中流动模型

为了使理论结果更具普遍意义，将相关物理量进行无量纲化处理。这里选取长度、时间、压力、电场强度和磁场强度的尺度分别为 a^* 、a^*/U_1^* 、$\rho_1^* U_1^{*2}$ 、Q_0^*/ε_0^* 和 B^* 。本节用到的无量纲参数定义如下：雷诺数 $Re = \rho_1^* U_1^* a^* / \mu_0^*$，$\mu_0^*$ 是零剪切黏度系数；韦伯数 $We = \rho_1^* U_1^{*2} a^* / \sigma^*$ ，σ^* 是表面张力系数；气液密度比 $\rho = \rho_g^*/\rho_1^*$ ；德博拉数 $De = \lambda_1^* U_1^* / a^*$ ，λ_1^* 是应力松弛时间；时间常数比 $\lambda = \lambda_2^* / \lambda_1^*$ ，λ_2^* 是变形弛豫时间；电欧拉数 $Eu = Q_0^{*2}/\left(\rho_1^* U_1^{*2} \varepsilon_0^*\right)$(表征电场力和惯性力的比值)；介电常数比 $\varepsilon = \varepsilon_1^* / \varepsilon_0^*$ ；电弛豫时间 $\tau = K^* a^* / \left(\varepsilon_0^* U_1^*\right)$ ；无量纲洛伦兹力 $C_B = \varepsilon_0^* B^* U_1^* / Q_0^*$ (表征洛伦兹力与电场力的比值)。

本节主要考虑这样的工况：磁场特征时间 $\mu_B^* K^* a^{*2}$ 与电场特征时间 ε_1^*/K^* 量级相当，从而磁场的作用不能忽略。同时，为了避免由运动电流诱发的磁场主导射流的不稳定性(此时物理模型太过复杂，难以求解)，假设运动电流诱发的磁场强度与外加的轴向磁场强度相比是可以忽略不计的。这两个限制就要求 $\mu_B^* K^* a^{*2} \geqslant \varepsilon_1^*/K^*$ 和 $a^* \mu_B^* K^* E^* \ll B^*$ ，化简可以得到

$$\varepsilon^{\frac{1}{2}} \frac{c_0^*}{U_1^*} \leqslant \tau\varepsilon \ll C_B \left(\frac{c_0^*}{U_1^*}\right)^2 \tag{5-31}$$

其中，$c_0^* = 1/\sqrt{\mu_B^* \varepsilon_0^*} \approx 3\times10^8$ m/s 是真空中光速，更多详细的讨论可以参考相关文献(Saville，1997；Ruo et al.，2010)。

黏弹性流体的流变性质利用 Oldroyd-B 本构方程描述，其表达式为

$$\boldsymbol{T}_1 + De\left(\frac{\partial \boldsymbol{T}_1}{\partial t} + (\boldsymbol{v}_1 \cdot \nabla)\boldsymbol{T}_1 - (\nabla \boldsymbol{v}_1)\cdot \boldsymbol{T}_1 - \boldsymbol{T}_1 \cdot (\nabla \boldsymbol{v}_1)^{\mathrm{T}}\right)$$

$$= \frac{1}{Re}\left[\dot{\boldsymbol{\gamma}}_1 + De\lambda\left(\frac{\partial \dot{\boldsymbol{\gamma}}_1}{\partial t} + (\boldsymbol{v}_1 \cdot \nabla)\dot{\boldsymbol{\gamma}}_1 - (\nabla \boldsymbol{v}_1)\cdot \dot{\boldsymbol{\gamma}}_1 - \dot{\boldsymbol{\gamma}}_1 \cdot (\nabla \boldsymbol{v}_1)^{\mathrm{T}}\right)\right] \tag{5-32}$$

其中，$\boldsymbol{T}_1$ 是液相偏应力张量；$\boldsymbol{v}_1 = u_r \boldsymbol{e}_r + u_\theta \boldsymbol{e}_\theta + u_z \boldsymbol{e}_z$ 是液相速度矢量；$\dot{\boldsymbol{\gamma}}_1 = \nabla \boldsymbol{v}_1 + (\nabla \boldsymbol{v}_1)^{\mathrm{T}}$ 是应变速率张量。

控制方程为

$$\nabla^2 \psi_1 = -\frac{q}{\varepsilon} \tag{5-33}$$

$$\frac{\partial q}{\partial t} + (\boldsymbol{v}_1 \cdot \nabla) q + \tau q + \tau\varepsilon C_{\mathrm{B}}\left(\frac{u_\theta}{r} + \frac{\partial u_\theta}{\partial r} - \frac{\partial u_r}{r\partial \theta}\right) = 0 \tag{5-34}$$

$$\nabla \cdot \boldsymbol{v}_1 = 0 \tag{5-35}$$

$$\left(\frac{\partial}{\partial t} + \boldsymbol{v}_1 \cdot \nabla\right)\boldsymbol{v}_1 = -\nabla p_1 + \nabla \cdot \boldsymbol{T}_1 + Euq\boldsymbol{E}_1 + C_{\mathrm{B}} Eu\left[\tau\varepsilon(\boldsymbol{E} + C_{\mathrm{B}}\boldsymbol{v}_1 \times \boldsymbol{e}_z) + q\boldsymbol{v}_1\right] \times \boldsymbol{e}_z \tag{5-36}$$

$$\nabla^2 \psi_{\mathrm{g}} = 0 \tag{5-37}$$

$$\nabla^2 \phi_{\mathrm{g}} = 0 \tag{5-38}$$

$$p_{\mathrm{g}} = -\rho\left[\frac{\partial \phi_{\mathrm{g}}}{\partial t} + \frac{1}{2}(\nabla \phi_{\mathrm{g}})^2\right] \tag{5-39}$$

边界条件为

$$\left(\boldsymbol{E}_{\mathrm{g}} - \varepsilon \boldsymbol{E}_1\right)\cdot \boldsymbol{n} = q_{\mathrm{s}} \tag{5-40}$$

$$\left(\boldsymbol{E}_{\mathrm{g}} - \boldsymbol{E}_1\right)\cdot \boldsymbol{b} = 0 \tag{5-41}$$

$$\frac{\partial q_{\mathrm{s}}}{\partial t} + (\boldsymbol{v}_1 \cdot \nabla) q_{\mathrm{s}} - \tau\varepsilon\left(C_{\mathrm{B}} u_\theta - \frac{\partial \psi_1}{\partial r}\right) + \boldsymbol{n}(\boldsymbol{n}\cdot\nabla)\cdot(q_{\mathrm{s}}\boldsymbol{v}_1) = 0 \tag{5-42}$$

$$u_r = \frac{\partial f}{\partial t} + (\boldsymbol{v}_1 \cdot \nabla) f \tag{5-43}$$

$$\frac{\partial \phi_{\mathrm{g}}}{\partial r} = \frac{\partial f}{\partial t} + (\nabla \phi_{\mathrm{g}})\cdot \nabla f \tag{5-44}$$

$$\boldsymbol{n}\cdot\left(\boldsymbol{T}_{\mathrm{g}}^{\mathrm{e}} - \boldsymbol{T}_1^{\mathrm{e}} - \boldsymbol{T}_1\right)\cdot \boldsymbol{t} = 0 \tag{5-45}$$

$$\boldsymbol{n}\cdot\left(\boldsymbol{T}_{\mathrm{g}}^{\mathrm{e}}-\boldsymbol{T}_{\mathrm{l}}^{\mathrm{e}}-\boldsymbol{T}_{\mathrm{l}}\right)\cdot\boldsymbol{b}=0 \tag{5-46}$$

$$p_{\mathrm{g}}-p_{\mathrm{l}}+\boldsymbol{n}\cdot\left(\boldsymbol{T}_{\mathrm{g}}^{\mathrm{e}}-\boldsymbol{T}_{\mathrm{l}}^{\mathrm{e}}-\boldsymbol{T}_{\mathrm{l}}\right)\cdot\boldsymbol{n}=\frac{\nabla\cdot\boldsymbol{n}}{We} \tag{5-47}$$

其中，ψ_{l}、q、p_{l}、$\boldsymbol{E}_{\mathrm{l}}=-\nabla\psi_{\mathrm{l}}$ 和 $\boldsymbol{T}_{\mathrm{l}}^{\mathrm{e}}=Eu\varepsilon(\boldsymbol{E}_{\mathrm{l}}\boldsymbol{E}_{\mathrm{l}}-\left|\boldsymbol{E}_{\mathrm{l}}\right|^{2}\boldsymbol{I}/2)$ 分别代表液相中电势、体积电荷密度、压力、电场强度和电应力张量；下标“g”表示该物理量是气相的；$f=r-\eta(\theta,z,t)=0$ 定义了气液交界面，η 表示表面位移；q_{s} 表征表面电荷密度；$\boldsymbol{n}$、$\boldsymbol{t}$ 和 $\boldsymbol{b}$ 分别是表面法向和两个切向单位矢量，表达式分别为

$$\boldsymbol{n}=\left[\boldsymbol{e}_r+(-\partial f/r\partial\theta)\boldsymbol{e}_\theta+(-\partial f/\partial z)\boldsymbol{e}_z\right]\Big/\sqrt{1+(\partial f/r\partial\theta)^2+(\partial f/\partial z)^2}$$

$$\boldsymbol{t}=\left[(\partial f/r\partial\theta)\boldsymbol{e}_r+\boldsymbol{e}_\theta\right]\Big/\sqrt{1+(\partial f/r\partial\theta)^2},\ \boldsymbol{b}=\left[(\partial f/\partial z)\boldsymbol{e}_r+\boldsymbol{e}_z\right]\Big/\sqrt{1+(\partial f/\partial z)^2} \tag{5-48}$$

在线性稳定性分析中，所有的物理量可以用基本量和扰动量之和表示，并用正则模形式展开为

$$\begin{aligned}&\left(u_r,u_\theta,u_z,p_{\mathrm{l}},\boldsymbol{T}_{\mathrm{l}},\phi_{\mathrm{g}},p_{\mathrm{g}},\psi_{\mathrm{l}},q,\psi_{\mathrm{g}},q_{\mathrm{s}},\eta\right)=\left(0,0,1,p_0,\mathbf{0},0,p_{\mathrm{g0}},0,0,-\mathrm{In}r,1,0\right)\\&+\left(\hat{u}_r,\hat{u}_\theta,\hat{u}_z,\hat{p}_{\mathrm{l}},\hat{\boldsymbol{T}}_{\mathrm{l}},\hat{\phi}_{\mathrm{g}},\hat{p}_{\mathrm{g}},\hat{q},\hat{\psi}_{\mathrm{l}},\hat{\psi}_{\mathrm{g}},\hat{q}_{\mathrm{s}},\hat{\eta}\right)\exp(\mathrm{i}kz+\mathrm{i}m\theta+\omega t)\end{aligned} \tag{5-49}$$

这里，“ ^ ”为物理量扰动振幅，且只是 r 的函数($\hat{q}_{\mathrm{s}}$ 和 $\hat{\eta}$ 是常数)；$\boldsymbol{e}_z=(0,0,1)$ 为轴向单位向量；k 和 m 分别为轴向波数和周向波数；ω 为扰动的频率，且 $\omega=\omega_{\mathrm{r}}+\mathrm{i}\omega_{\mathrm{i}}$，$\omega_{\mathrm{r}}$ 为扰动的时间增长率；p_0 和 p_{g0} 分别表示未扰动时的液相和气相压强，并且根据界面上力平衡条件满足 $p_0-p_{\mathrm{g0}}-1/We+Eu/2=0$。

将式(5-49)代入控制方程式(5-33)、式(5-39)和边界条件式(5-40)、式(5-47)，整理得到相应的线性方程组。

控制方程为

$$\hat{\boldsymbol{T}}_{\mathrm{l}}=\frac{1}{Re_{\mathrm{l}}}\hat{\boldsymbol{D}} \tag{5-50}$$

$$\frac{\mathrm{d}^2\hat{\psi}_{\mathrm{l}}}{\mathrm{d}r^2}+\frac{1}{r}\frac{\mathrm{d}\hat{\psi}_{\mathrm{l}}}{\mathrm{d}r}-\left(\frac{m^2}{r^2}+k^2\right)\hat{\psi}_{\mathrm{l}}+\frac{1}{\varepsilon}\hat{q}=0 \tag{5-51}$$

$$(\mathrm{i}k+\tau)\hat{q}+C_{\mathrm{B}}\tau\varepsilon\left(\frac{\mathrm{d}\hat{u}_\theta}{\mathrm{d}r}+\frac{\hat{u}_\theta}{r}-\frac{\mathrm{i}m}{r}\hat{u}_r\right)=-s\hat{q} \tag{5-52}$$

$$\frac{\hat{u}_r}{r}+\frac{\mathrm{d}\hat{u}_r}{\mathrm{d}r}+\frac{\mathrm{i}m}{r}\hat{u}_\theta+\mathrm{i}ku_z=0 \tag{5-53}$$

$$\frac{\mathrm{d}^2\hat{u}_r}{\mathrm{d}r^2}+\frac{1}{r}\frac{\mathrm{d}\hat{u}_r}{\mathrm{d}r}-\left(\frac{1+m^2}{r^2}+k^2+\mathrm{i}kRe_1+Re_1C_{\mathrm{B}}^2Eu\tau\varepsilon\right)\hat{u}_r$$

$$-Re_1\frac{\mathrm{d}\hat{p}_1}{\mathrm{d}r}-\frac{2\mathrm{i}m}{r^2}\hat{u}_\theta-Re_1C_{\mathrm{B}}Eu\tau\varepsilon\left(\frac{\mathrm{i}m}{r}\hat{\psi}_1\right)=\omega Re_1\hat{u}_r \tag{5-54}$$

$$\frac{\mathrm{d}^2\hat{u}_\theta}{\mathrm{d}r^2}+\frac{1}{r}\frac{\mathrm{d}\hat{u}_\theta}{\mathrm{d}r}-\left(\frac{1+m^2}{r^2}+k^2+\mathrm{i}kRe+ReC_{\mathrm{B}}^2Eu\tau\varepsilon\right)\hat{u}_\theta$$

$$-\frac{\mathrm{i}m}{r}Re\hat{p}_1+\frac{2\mathrm{i}m}{r^2}\hat{u}_r+ReC_{\mathrm{B}}Eu\tau\varepsilon\frac{\mathrm{d}\hat{\psi}_1}{\mathrm{d}r}=\omega Re\hat{u}_\theta \tag{5-55}$$

$$\frac{\mathrm{d}^2\hat{u}_z}{\mathrm{d}r^2}+\frac{1}{r}\frac{\mathrm{d}\hat{u}_z}{\mathrm{d}r}-\left(\frac{1+m^2}{r^2}+k^2+\mathrm{i}kRe\right)\hat{u}_z-\mathrm{i}kRe\hat{p}_1=\omega Re\hat{u}_z \tag{5-56}$$

$$\frac{\mathrm{d}^2\hat{p}_1}{\mathrm{d}r^2}+\frac{1}{r}\frac{\mathrm{d}\hat{p}_1}{\mathrm{d}r}-\left(\frac{m^2}{r^2}+k^2\right)\hat{p}_1-\mathrm{i}kC_{\mathrm{B}}^2Eu\tau\varepsilon\hat{u}_z=0 \tag{5-57}$$

$$\frac{\mathrm{d}^2\hat{\psi}_g}{\mathrm{d}r^2}+\frac{1}{r}\frac{\mathrm{d}\hat{\psi}_{\mathrm{g}}}{\mathrm{d}r}-\left(\frac{m^2}{r^2}+k^2\right)\hat{\psi}_{\mathrm{g}}=0 \tag{5-58}$$

$$\frac{\mathrm{d}^2\hat{\phi}_{\mathrm{g}}}{\mathrm{d}r^2}+\frac{1}{r}\frac{\mathrm{d}\hat{\phi}_{\mathrm{g}}}{\mathrm{d}r}-\left(\frac{m^2}{r^2}+k^2\right)\hat{\phi}_{\mathrm{g}}=0 \tag{5-59}$$

$$\hat{p}_{\mathrm{g}}=-\rho\frac{\partial\hat{\phi}_{\mathrm{g}}}{\partial t} \tag{5-60}$$

其中，

$$\frac{1}{Re_1}=\frac{1}{Re}\frac{1+De\lambda\mathrm{i}(k-\mathrm{i}\omega)}{1+De\mathrm{i}(k-\mathrm{i}\omega)},\quad \hat{\boldsymbol{D}}=\begin{bmatrix} 2\dfrac{\mathrm{d}\hat{u}_r}{\mathrm{d}r} & \dfrac{\mathrm{d}\hat{u}_\theta}{\mathrm{d}r}+\dfrac{\mathrm{i}m\hat{u}_r}{r}-\dfrac{\hat{u}_\theta}{r} & \mathrm{i}k\hat{u}_r+\dfrac{\mathrm{d}\hat{u}_z}{\mathrm{d}r} \\ \dfrac{\mathrm{d}\hat{u}_\theta}{\mathrm{d}r}+\dfrac{\mathrm{i}m\hat{u}_r}{r}-\dfrac{\hat{u}_\theta}{r} & 2\dfrac{\mathrm{i}m\hat{u}_\theta+\hat{u}_r}{r} & \dfrac{\mathrm{i}m\hat{u}_z}{r}+\mathrm{i}k\hat{u}_\theta \\ \mathrm{i}k\hat{u}_r+\dfrac{\mathrm{d}\hat{u}_z}{\mathrm{d}r} & \dfrac{\mathrm{i}m\hat{u}_z}{r}+\mathrm{i}k\hat{u}_\theta & 2\mathrm{i}k\hat{u}_z \end{bmatrix} \tag{5-61}$$

边界条件为

$$\varepsilon\frac{\mathrm{d}\hat{\psi}_1}{\mathrm{d}r}-\frac{\mathrm{d}\hat{\psi}_{\mathrm{g}}}{\mathrm{d}r}-\hat{q}_{\mathrm{s}}-\hat{\eta}=0 \tag{5-62}$$

$$\hat{\psi}_1-\hat{\psi}_{\mathrm{g}}+\hat{\eta}=0 \tag{5-63}$$

$$\tau\varepsilon\left(C_{\mathrm{B}}\hat{u}_{\theta}-\frac{\mathrm{d}\hat{\psi}_{1}}{\mathrm{d}r}\right)+\frac{\mathrm{d}\hat{u}_{r}}{\mathrm{d}r}-\mathrm{i}k\hat{q}_{\mathrm{s}}=\omega\hat{q}_{\mathrm{s}} \tag{5-64}$$

$$\hat{u}_{r}-\mathrm{i}k\hat{\eta}=\omega\hat{\eta} \tag{5-65}$$

$$\hat{p}_{1}-\hat{p}_{\mathrm{g}}-\hat{T}_{rr}+\frac{1}{We}\left(1-m^{2}-k^{2}\right)\hat{\eta}-Eu\left(\frac{\mathrm{d}\hat{\psi}_{\mathrm{g}}}{\mathrm{d}r}+\hat{\eta}\right)=0 \tag{5-66}$$

$$\hat{T}_{rz}+\mathrm{i}k\left(\hat{\psi}_{\mathrm{g}}-\hat{\eta}\right)=0 \tag{5-67}$$

$$\hat{T}_{r\theta}+\mathrm{i}mEu\left(\hat{\psi}_{\mathrm{g}}-\hat{\eta}\right)=0 \tag{5-68}$$

此外，根据有限性条件，在对称轴上必须满足

$$\frac{\mathrm{d}\hat{\psi}_{1}}{\mathrm{d}r}=0,\ \frac{\mathrm{d}\hat{p}_{1}}{\mathrm{d}r}=0,\ \hat{u}_{r}=0,\ \hat{u}_{\theta}=0,\ \frac{\mathrm{d}\hat{u}_{z}}{\mathrm{d}r}=0,\quad m=0 \tag{5-69}$$

$$\hat{\psi}_{1}=0,\ \hat{p}_{1}=0,\ \hat{u}_{r}+\mathrm{i}\hat{u}_{\theta}=0,\ \hat{u}_{z}=0,\ 2\frac{\mathrm{d}\hat{u}_{r}}{\mathrm{d}r}+\mathrm{i}\frac{\mathrm{d}\hat{u}_{\theta}}{\mathrm{d}r}=0,\quad m=1 \tag{5-70}$$

$$\hat{\psi}_{1}=0,\ \hat{p}_{1}=0,\ \hat{u}_{r}=0,\ \hat{u}_{\theta}=0,\ \hat{u}_{z}=0,\quad m\geqslant 2 \tag{5-71}$$

上述线性方程组是一个复杂的特征值问题，无法得到解析解，因此本节基于切比雪夫配置谱方法，用 MATLAB 编程求解，从而得到相应的色散曲线。

5.2.2 电磁场的作用机制

本节继续围绕 Boger 流体展开研究，有量纲参数选择见 5.1 节。磁场强度变化范围为 $B^{*}=0.01\sim10\mathrm{T}$。根据式(5-31)，电松弛时间和介电常数满足 $10^{9}\leqslant\tau\varepsilon\leqslant10^{11}$，因此本节选取 $\tau\varepsilon=10^{10}$，即 $\tau=10^{9}$ 和 $\varepsilon=10$。为了将电场力和磁场力区分开，本节定义一个新的无量纲参数：$X_{\mathrm{B}}=C_{\mathrm{B}}^{2}Eu=\varepsilon_{0}^{*}B^{*2}/\rho_{1}^{*}$ 来表征磁场强度的大小，其数值变化范围为 $X_{\mathrm{B}}=10^{-16}\sim10^{-9}$。因此，本节选取的典型参数为

$$\left(Re,We,\rho,De,\lambda,\tau,\varepsilon,Eu,X_{\mathrm{B}}\right)=\left(10,100,0.001,1000,0.5,10^{9},10,0.03,10^{-10}\right) \tag{5-72}$$

在本节中，除非特别指明，所有无量纲参数均为以上参考值。另外，考虑到轴对称不稳定模态 $m=0$ 是实际的电雾化应用的基础，第一非轴对称不稳定模态 $m=1$ 与电纺丝对应，同时更高阶的非轴对称不稳定模态 $m\geqslant2$ 的增长率远小于前两者，因此本节主要讨论参数对轴对称不稳定模态和第一非轴对称不稳定模态(以下简称非轴对称不稳定模态)的影响。

轴向磁场强度对射流稳定性的影响如图 5-14 所示。显然，磁场强度的增加会使轴对称和非轴对称不稳定模态的增长率减小，只是抑制效果在增加到一定数值($X_{\mathrm{B}}\geqslant10^{-11}$)之后才显著表现出来。同时，轴对称不稳定模态的主导波数几乎不受

磁场强度的影响，非轴对称不稳定模态主导波长则会在磁场抑制效果比较明显时显著减小。这表明存在一定强度的磁场作用时，带电射流的甩鞭运动的波长会增长。从物理角度分析，由磁场和运动电流引发的洛伦兹力总是垂直于射流运动方向，会抑制表面扰动波的增长，从而增强射流的稳定性。

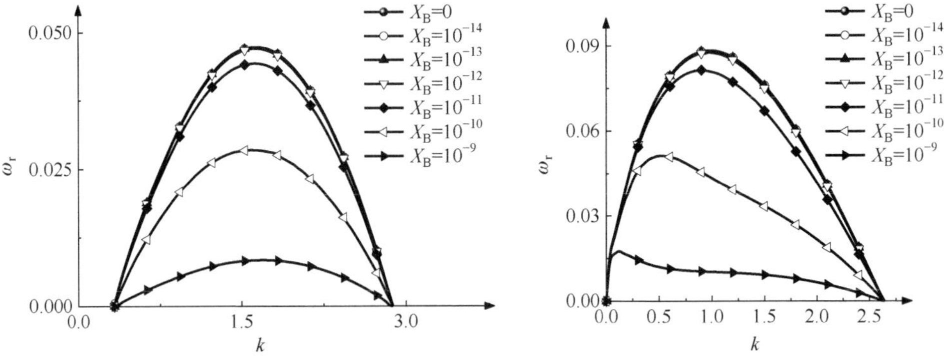

(a) 轴对称不稳定模态　　(b) 非轴对称不稳定模态

图 5-14　轴向磁场强度对射流稳定性的影响

众所周知，磁场与电场总是相互耦合的。为了深入研究两者之间的耦合作用，典型磁场作用下电场对最大增长率的影响见图 5-15。显然，磁场的引入会使得最大增长率整体降低(在很小范围内，磁场会让非轴对称模态扰动增长率增加，但是此时非轴对称模态增长率太小，故不再详细讨论)，并不会改变电场的影响趋势，即电场对轴对称模态扰动的发展具有先抑制后促进的作用，同时也会加速非轴对称模态扰动的增长。值得注意的是，电场对轴对称模态扰动的抑制作用几乎可以忽略，与小电弛豫时间工况相比(图 5-7 中 $E=0$ 曲线)；这表明电荷输运可以抵消强度较小时电场的抑制作用。同时，可以注意到图 5-15(a)中的临界电欧拉数 Eu_{cr}

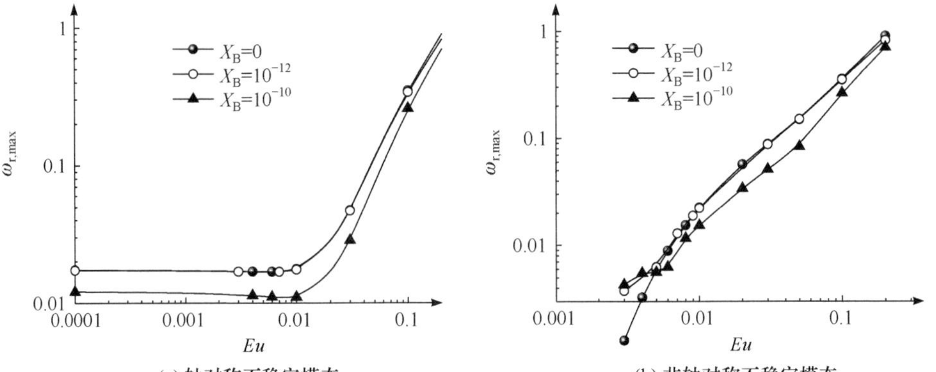

(a) 轴对称不稳定模态　　(b) 非轴对称不稳定模态

图 5-15　典型磁场作用下电场对最大增长率的影响

似乎会随着磁场强度的增加而缓慢增大，为了确认这一规律，磁场作用下电场对轴对称不稳定模态双重作用的变化趋势如图 5-16 所示。显然，随着磁场强度的增加，Eu_{cr} 先小幅增大，然后几乎保持不变，随后又出现较大幅度的增加，这是表面张力和电场力相平衡的结果，而洛伦兹力会弱化电场力的竞争地位，从而使得其需要更强的电场去平衡表面张力。

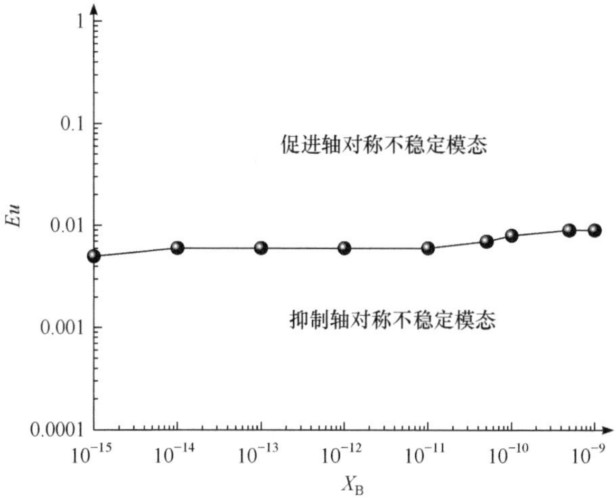

图 5-16　磁场作用下电场对轴对称不稳定模态双重作用的变化趋势

为了阐述磁场对轴对称和非轴对称不稳定模态之间竞争的影响规律，这里计算出不同磁场强度下，两种不稳定机制之间转换的临界电欧拉数值曲线。磁场与电场的耦合对轴对称和非轴对称不稳定模态竞争机制的影响如图 5-17 所示，可以

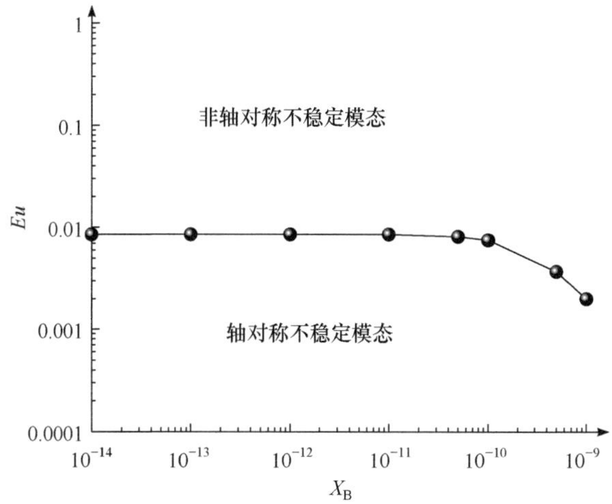

图 5-17　磁场与电场的耦合对轴对称和非轴对称不稳定模态竞争机制的影响

发现临界电欧拉数曲线先保持水平，然后随着磁场强度增加到一定数值后($X_B \geqslant 10^{-11}$)逐渐向下偏转。这表明一定强度的磁场会促进轴对称不稳定模态向非轴对称不稳定模态的转变。

5.3 温度场对平面射流稳定性的影响

实际情景中，射流周围环境常常存在一定的温度梯度(如液体火箭发动机、汽车发动机的燃烧室内)，射流失稳破裂过程中温度可能是变化的，而温差通常会对射流的失稳过程产生一定的影响。在热效应的作用下，流动界面会产生马兰戈尼效应，即温差会影响气液界面的表面张力分布，进而引起界面扰动产生热毛细不稳定性。本节将考虑热效应的影响，介绍黏弹性平面射流热毛细不稳定性的分析方法，重点分析加热效应给平面射流(液膜)稳定性带来的影响，并对比温差存在与否时其他流动参数和流体性质对射流失稳的影响规律。

5.3.1 物理描述与理论分析

温度梯度作用下的自由黏弹性平面射流的失稳模型如图 5-18 所示，考虑一个不可压的、无限长的黏弹性流体平面射流在一个静止无黏气体环境中运动。x^* 轴沿平面射流的流动方向，y^* 轴沿垂直于平面射流的中心线方向(即沿射流厚度方向)。其中，图 5-18(a)为曲张模式的扰动，图 5-18(b)为正弦模式的扰动。

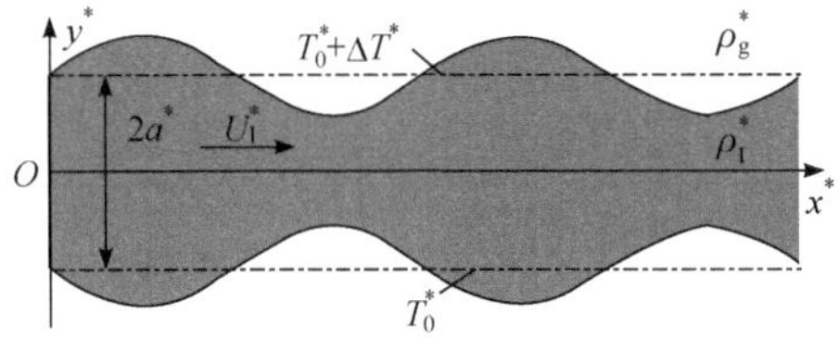

(a) 曲张模式

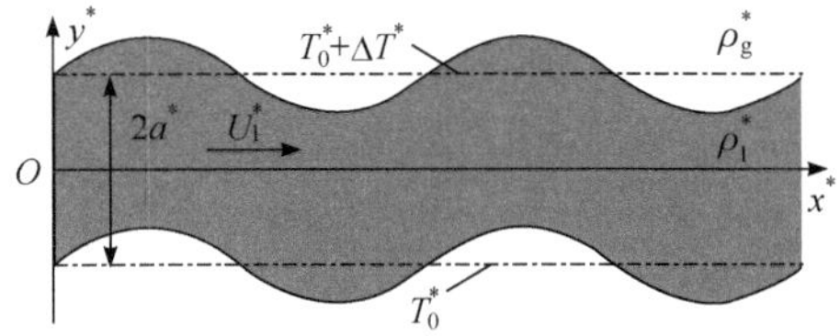

(b) 正弦模式

图 5-18 温度梯度作用下的自由黏弹性平面射流的失稳模型

为了便于分析热效应带来的影响，设平面射流下表面的温度为 T_0^* ，而上表面的温度为 $T_0^* + \Delta T^*$ ，其中 ΔT^* 为上下表面的温差，则相应的稳态温度场可以表示为

$$T_{\text{stable}}^* = \frac{1}{2}\Delta T^*\left(\frac{y^*}{a^*}+1\right)+T_0^* \tag{5-73}$$

其中，T_{stable}^* 为稳态温度；a^* 为平面射流半厚度。

在温差的作用下，相应的表面张力系数变化规律为

$$\gamma^* = -\frac{\partial \sigma^*}{\partial T^*} \tag{5-74}$$

其中，σ^* 为表面张力系数；T^* 为温度；γ^* 为表面张力梯度。

为了简化分析且尽可能还原实际工况，本节分析中将忽略重力和蒸发的影响，并固定毕渥数为 0。描述平面射流流动的连续方程、动量方程和能量方程的矢量形式为

$$\nabla \cdot \boldsymbol{v}_1^* = 0 \tag{5-75}$$

$$\rho_1^* \left(\frac{\partial}{\partial t^*} + \boldsymbol{v}_1^* \cdot \nabla \right) \boldsymbol{v}_1^* = -\nabla p_1^* + \nabla \cdot \boldsymbol{T}_1^* \tag{5-76}$$

$$\left(\frac{\partial}{\partial t^*} + \boldsymbol{v}_1^* \cdot \nabla \right) T^* = -\kappa^* \nabla^2 T^* \tag{5-77}$$

其中，ρ_1^* 为液体密度；t^* 为时间；$\boldsymbol{v}_1^*$ 为液体速度向量，这里可以表示为 $\left(u_1^*, v_1^*\right)$；$p_1^*$ 为液体压力；$\boldsymbol{T}_1^*$ 为液体应力张量；κ^* 为热扩散率。

本节采用 Oldroyd 八参数模型来表征流变特性。值得指出的是，在线性小扰动假设下，完全松弛流动状态下的 Oldroyd-B 模型和 Oldroyd 八参数模型的线性化结果是一致的，即

$$\begin{aligned} &\boldsymbol{T}_1^* + \lambda_1^* \frac{\mathrm{D}\boldsymbol{T}_1^*}{\mathrm{D}t^*} + \frac{1}{2}\mu_1^* \left(\mathrm{tr}\boldsymbol{T}_1^*\right)\dot{\boldsymbol{\gamma}}_1^* - \frac{1}{2}\mu_2^* \left(\boldsymbol{T}_1^* \dot{\boldsymbol{\gamma}}_1^* + \dot{\boldsymbol{\gamma}}_1^* \boldsymbol{T}_1^*\right) + \frac{1}{2}\nu_1^* \left(\boldsymbol{T}_1^* : \dot{\boldsymbol{\gamma}}_1^*\right)\boldsymbol{I} \\ &= \mu_0^* \left[\dot{\boldsymbol{\gamma}}_1^* + \lambda_2^* \frac{\mathrm{D}\dot{\boldsymbol{\gamma}}_1^*}{\mathrm{D}t^*} - \mu_3^* \left(\dot{\boldsymbol{\gamma}}_1^* \dot{\boldsymbol{\gamma}}_1^*\right) + \frac{1}{2}\nu_2^* \left(\dot{\boldsymbol{\gamma}}_1^* : \dot{\boldsymbol{\gamma}}_1^*\right)\boldsymbol{I} \right] \end{aligned} \tag{5-78}$$

其中，

$$\begin{cases} \dot{\boldsymbol{\gamma}}_1^* = \nabla \boldsymbol{v}_1^* + \left(\nabla \boldsymbol{v}_1^*\right)^{\mathrm{T}} \\ \boldsymbol{\omega}_1^* = \nabla \boldsymbol{v}_1^* - \left(\nabla \boldsymbol{v}_1^*\right)^{\mathrm{T}} \\ \dfrac{\mathrm{D}\boldsymbol{T}_1^*}{\mathrm{D}t^*} = \dfrac{\partial \boldsymbol{T}_1^*}{\partial t^*} + \left(\boldsymbol{v}_1^* \cdot \nabla\right)\boldsymbol{T}_1^* + \dfrac{1}{2}\left(\boldsymbol{\omega}_1^* \boldsymbol{T}_1^* - \boldsymbol{T}_1^* \boldsymbol{\omega}_1^*\right) \\ \dfrac{\mathrm{D}\dot{\boldsymbol{\gamma}}_1^*}{\mathrm{D}t^*} = \dfrac{\partial \dot{\boldsymbol{\gamma}}_1^*}{\partial t^*} + \left(\boldsymbol{v}_1^* \cdot \nabla\right)\dot{\boldsymbol{\gamma}}_1^* + \dfrac{1}{2}\left(\boldsymbol{\omega}_1^* \dot{\boldsymbol{\gamma}}_1^* - \dot{\boldsymbol{\gamma}}_1^* \boldsymbol{\omega}_1^*\right) \end{cases} \tag{5-79}$$

其中，$\mathrm{D}/\mathrm{D}t^*$ 为微分算子；$\dot{\boldsymbol{\gamma}}_1^*$ 为变形速度张量；$\boldsymbol{\omega}_1^*$ 为涡变张量；$\boldsymbol{I}$ 为单位张量；λ_1^* 为应力松弛时间；λ_2^* 为变形弛豫时间；μ_0^* 为零剪切黏度系数；μ_1^*、μ_2^*、μ_3^*、ν_1^*、ν_2^* 均是相关流变时间常数。

相应地，对于不可压无黏气体，有

$$\nabla \cdot \boldsymbol{v}_{\mathrm{g}}^{*}=0 \tag{5-80}$$

$$\rho_{\mathrm{g}}^{*}\left(\frac{\partial}{\partial t^{*}}+\boldsymbol{v}_{\mathrm{g}}^{*} \cdot \nabla\right) \boldsymbol{v}_{\mathrm{g}}^{*}=-\nabla p_{\mathrm{g}}^{*} \tag{5-81}$$

其中，ρ_{g}^{*}为气体密度；$\boldsymbol{v}_{\mathrm{g}}^{*}$为气体速度向量，其可以表示为$\left(u_{\mathrm{g}}^{*}, v_{\mathrm{g}}^{*}\right)$；$p_{\mathrm{g}}^{*}$为气体压力。

线性稳定性分析理论认为，相关物理量均可以写成稳态量叠加上扰动量的形式。由于气相的存在，平面射流从喷口喷出后其表面会受到微小的扰动，其界面的方程可用如下正则模的形式给出。

对于上表面，有

$$y^{*}=a^{*}+\hat{\eta}^{*} \exp \left(\mathrm{i} k^{*} x^{*}+\omega^{*} t^{*}\right) \tag{5-82}$$

对于正弦模式的下表面，有

$$y^{*}=-a^{*}+\hat{\eta}^{*} \exp \left(\mathrm{i} k^{*} x^{*}+\omega^{*} t^{*}\right) \tag{5-83}$$

对于曲张模式的下表面，有

$$y^{*}=-a^{*}-\hat{\eta}^{*} \exp \left(\mathrm{i} k^{*} x^{*}+\omega^{*} t^{*}\right) \tag{5-84}$$

其中，$\hat{\eta}^{*}$为初始扰动振幅；ω^{*}为扰动波的增长率；k^{*}为扰动波波数。

类似地，对于速度场、压力场、温度场和应力场有

$$\begin{aligned}&\left[\boldsymbol{v}_{1}^{*}, \boldsymbol{v}_{\mathrm{g}}^{*}, \dot{\boldsymbol{\gamma}}_{1}^{*}, \boldsymbol{\omega}_{1}^{*}, p_{1}^{*}, p_{\mathrm{g}}^{*}, T^{*}, \boldsymbol{T}_{1}^{*}\right] \\ =&\left[\boldsymbol{v}_{0}^{*}, \boldsymbol{v}_{\mathrm{g}0}^{*}, \mathbf{0}, \mathbf{0}, P_{1}^{*}, P_{\mathrm{g}}^{*}, T_{\text{stable}}^{*}, \mathbf{0}\right]+\left[\boldsymbol{v}_{1}^{*\prime}, \boldsymbol{v}_{\mathrm{g}}^{*\prime}, \dot{\boldsymbol{\gamma}}_{1}^{*\prime}, \boldsymbol{\omega}_{1}^{*\prime}, p_{1}^{*\prime}, p_{\mathrm{g}}^{*\prime}, T^{*\prime}, \boldsymbol{T}_{1}^{*\prime}\right] \exp \left(\mathrm{i} k^{*} x^{*}+\omega^{*} t^{*}\right)\end{aligned} \tag{5-85}$$

其中，$\boldsymbol{v}_{0}^{*}$为初始液体速度向量，可以表达为$\left(U^{*}, 0\right)$；$\boldsymbol{v}_{\mathrm{g}0}^{*}$为初始气体速度向量，可以表达为$\mathbf{0}$；$P_{1}^{*}$和$P_{\mathrm{g}}^{*}$分别为液相和气相的初始稳态压力。

同样地，为了获得该流动问题的封闭解答，需要借助相应的边界条件。其中，对于运动边界条件有

$$v_{1}^{*\prime}=\left(\frac{\partial}{\partial t^{*}}+U^{*} \frac{\partial}{\partial x^{*}}\right) y^{*}, \quad y^{*}=\pm a^{*} \tag{5-86}$$

$$v_{\mathrm{g}}^{*\prime}=\frac{\partial y^{*}}{\partial t^{*}}, \quad y^{*}=\pm a^{*} \tag{5-87}$$

$$v_{\mathrm{g}}^{*\prime}=u_{\mathrm{g}}^{*\prime}=0, \quad y^{*} \rightarrow \pm \infty \tag{5-88}$$

此外，在射流表面切向力必须消失，而正应力必须被表面张力等所平衡。并且，在射流的上下表面，热流必须是恒定的。相应的动力边界条件为

$$\left(\boldsymbol{\pi}_1^{*\prime} - \boldsymbol{\pi}_\mathrm{g}^{*\prime}\right)\cdot \boldsymbol{n} - \sigma^* Y^{*\prime}\boldsymbol{n} + \gamma^*\left(\boldsymbol{t}\cdot\nabla T^{*\prime}\right)\boldsymbol{t} = 0\,, \qquad y^* = \pm a^* \tag{5-89}$$

$$H^* \equiv H_0^*\,, \qquad y^* = \pm a^* \tag{5-90}$$

其中，$\boldsymbol{\pi}_1^*$ 为液相应力总张量，可以表达为 $\boldsymbol{\pi}_1^* = -p_1^*\boldsymbol{I} + \boldsymbol{T}_1^*$；$\boldsymbol{\pi}_\mathrm{g}^*$ 为气相应力总张量，可以表达为 $\boldsymbol{\pi}_\mathrm{g}^* = -p_\mathrm{g}^*\boldsymbol{I}$；$Y^*$ 为表面曲率；$\boldsymbol{n}$ 为表面法向向量；$\boldsymbol{t}$ 为表面切向向量；H^* 为热流；H_0^* 为恒定数值热流。

相应的流场可以通过将式(5-82)～式(5-85)代入式(5-75)～式(5-81)后确定，而其中的相关系数可以由式(5-86)～式(5-90)确定。最后，色散方程可以通过控制方程和相应的边界条件获得。经过相应的数学简化和无量纲化，其最终的表达形式如下所示。

对于正弦模式，有

$$\begin{aligned}&a_1\tanh k\left(a_2L\tanh L - a_3a_4Q\tanh Q\right)\\&-a_5a_6\tanh Q\left(a_7L\tanh L - a_3a_8k\tanh k\right)\\&+\frac{a_3kL\tanh L\left(a_1\tanh k - a_5a_6\tanh Q\right) + a_5a_9}{\omega + \mathrm{i}k\sqrt{We}} = 0\end{aligned} \tag{5-91}$$

对于曲张模式，有

$$\begin{aligned}&a_1\left(a_2L\tanh Q - \mathrm{i}a_3a_4Q\tanh L\right)\\&-a_6a_{10}\left(a_7L\tanh k + a_3a_8k\tanh L\right)\\&+\frac{a_3kL\left(a_1\tanh Q - a_5a_{10}\tanh L\right) + a_9a_{10}}{\omega + \mathrm{i}k\sqrt{We}} = 0\end{aligned} \tag{5-92}$$

其中，

$$a_1 = \omega + \mathrm{i}k\sqrt{We} + \frac{2Ohk^2\left\{Oh + \left[\omega + \mathrm{i}k(We)^{1/2}\right]\lambda El\right\}}{Oh + \left[\omega + \mathrm{i}k(We)^{1/2}\right]El} \tag{5-93}$$

$$a_2 = kQ^2 + k^3 + \frac{k^3Ma\left\{Oh + \left[\omega + \mathrm{i}k(We)^{1/2}\right]El\right\}}{\left(Q^2 - L^2\right)\left\{Oh + \left[\omega + \mathrm{i}k(We)^{1/2}\right]\lambda El\right\}} \tag{5-94}$$

$$a_3 = \frac{Ma\cdot Oh\left\{Oh + \left[\omega + \mathrm{i}k(We)^{1/2}\right]El\right\}}{Pr\left\{Oh + \left[\omega + \mathrm{i}k(We)^{1/2}\right]\lambda El\right\}}k^2 \tag{5-95}$$

$$a_4 = \frac{Pr}{Oh\left(k^2 - L^2\right)} k \tag{5-96}$$

$$\begin{aligned} a_5 &= a_3 a_8 k^2 \tanh k + a_2 k L \tanh k \\ &\quad - a_3 a_4 k Q \tanh L - a_7 k L \tanh L \end{aligned} \tag{5-97}$$

$$a_6 = \frac{2OhkQ\left\{Oh + \left[\omega + \mathrm{i}k(We)^{1/2}\right]\lambda El\right\}}{Oh + \left[\omega + \mathrm{i}k(We)^{1/2}\right]El} \tag{5-98}$$

$$a_7 = 2k^3 + \frac{Ma\left\{Oh + \left[\omega + \mathrm{i}k(We)^{1/2}\right]El\right\}}{\left(k^2 - L^2\right)\left\{Oh + \left[\omega + \mathrm{i}k(We)^{1/2}\right]\lambda El\right\}} k^3 \tag{5-99}$$

$$a_8 = \frac{Pr}{Oh\left(k^2 - L^2\right)} k \tag{5-100}$$

$$a_9 = k^2 + \frac{\omega^2}{k}\rho \tag{5-101}$$

$$\begin{aligned} a_{10} &= kL \tanh k \left(a_2 \tanh Q - a_7 \tanh Q\right) \\ &\quad - \mathrm{i}a_3 k \tanh L\left(-\mathrm{i}a_4 k \tanh Q + a_8 Q \tanh k\right) \end{aligned} \tag{5-102}$$

$$L = \sqrt{k^2 + \frac{Pr\left[\omega + \mathrm{i}k(We)^{1/2}\right]}{Oh}} \tag{5-103}$$

$$Q = \sqrt{k^2 + \frac{\left[\omega + \mathrm{i}k(We)^{1/2}\right]\left\{Oh + \left[\omega + \mathrm{i}k(We)^{1/2}\right]El\right\}}{Oh\left\{Oh + \left[\omega + \mathrm{i}k(We)^{1/2}\right]\lambda El\right\}}} \tag{5-104}$$

5.3.2　传热效应的作用规律

式(5-91)～式(5-104)中，$k = k^* a^*$ 为无量纲不稳定波数，$\omega = \omega^*\left(\rho_1^* a^{*3}/\sigma^*\right)^{0.5}$ 为无量纲扰动频率。$We = \rho_1^* U^{*2} a^*/\sigma^*$ 为韦伯数，$Oh = \mu_0^*/\left(\rho_1^* \sigma^* a^*\right)^{0.5}$ 为液体奥内佐格数，$El = \lambda_1^* \mu_0^*/\left(\rho_1^* a^{*2}\right)$ 为液体弹性数，$\rho = \rho_g^*/\rho_1^*$ 是气液密度比，$\lambda = \lambda_2^*/\lambda_1^*$ 是流变时间常数比，$Ma = \gamma^* \beta^* a^{*2}/\left(\mu_0^* \kappa^*\right)$ 为马兰戈尼数，$Pr = \mu_0^*/\left(\rho_1^* \kappa^*\right)$ 为普朗特数。这里，$\beta^* = \Delta T^*/\left(2a^*\right)$。

通过在式(5-91)～式(5-104)中设置相关参数的具体数值，可使其退化为文献中的相关理论模型(Dávalos-Orozco，1999)，从而证明了此处研究结果的正确性和一般性。下面，将基于 Wolfram Mathematica 6 对式(5-91)～式(5-104)进行求解。本节中扰动频率 $\omega=\omega_r+i\omega_i$ 的正实部 ω_r 代表不稳定波随时间的增长率，拥有较大的最大不稳定波增长率 $\omega_{r,max}$ 的平面射流具有较大的不稳定特性。

首先，不同扰动模态对自由平面射流稳定性的影响如图 5-19 所示。其中，相关参数设置为 $Oh=1$，$\rho=0.001$，$We=1000$，$El=1$，$\lambda=0.1$，$Pr=7$，$Ma=100$。相关参数需参考黏弹性流体的实际物性参数范围进行选取，并且使待分析变量的取值范围尽量大一些，以保证一定的适用性。如图 5-19 所示，正弦模式下的最大不稳定波增长率要高于曲张模式，意味着此时正弦模式主导着平面射流的失稳过程。所以，在本节所设置的参数范围内，将重点关注正弦模式这一扰动模态。

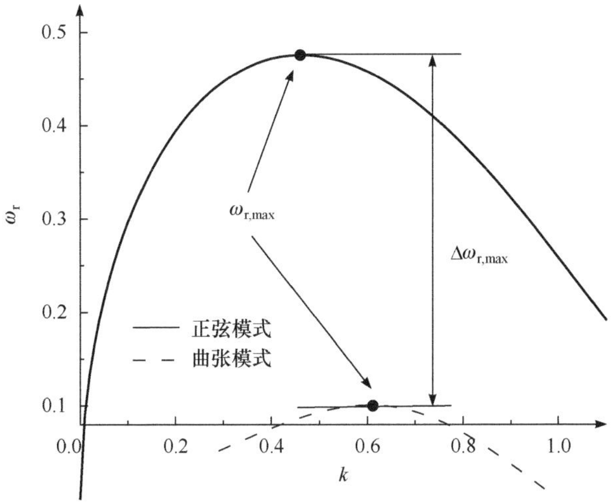

图 5-19　不同扰动模态对自由平面射流稳定性的影响

不同流体种类对自由平面射流稳定性的影响如图 5-20 所示，这里讨论了存在温差作用下两种流体稳定性的抗衡关系，其中相关参数设置为 $Oh=1$，$\rho=0.001$，$We=1000$，$Pr=7$。对于牛顿流体有 $El=0$，$\lambda=0$，对于黏弹性流体有 $El=1$，$\lambda=0.1$。

由图 5-20 可以发现，不论存在温差与否，其结果均是一致的，即黏弹性流体平面射流的稳定性较弱。物理上，黏弹性流体因为没有显著的弹性限制，表现出了较强的失稳特性。本节主要考虑热效应的引入对射流的界面效应带来的改变，而在此过程中其自身的流变性质认为是不变的，故相应的影响规律应是一致的。

另外，对比 $Ma=0$ 和 $Ma>0$ 时相应的工况，结果表明，不稳定波最大增长率 $\omega_{r,max}$ 和主导波数 k_d 均随温差的增加而增大，即在一定的参数范围内，热毛细效应能够促进平面射流的失稳。并且，加热对牛顿流体和黏弹性流体失稳程度的提高效果几乎是相同的。物理上，由温差导致的马兰戈尼效应能够使气液界面的表面张力分布产生变化，这种不均匀分布会形成表面张力梯度而使得气液界面的扰动波振幅进一步增加，最终加剧了界面的不稳定性。

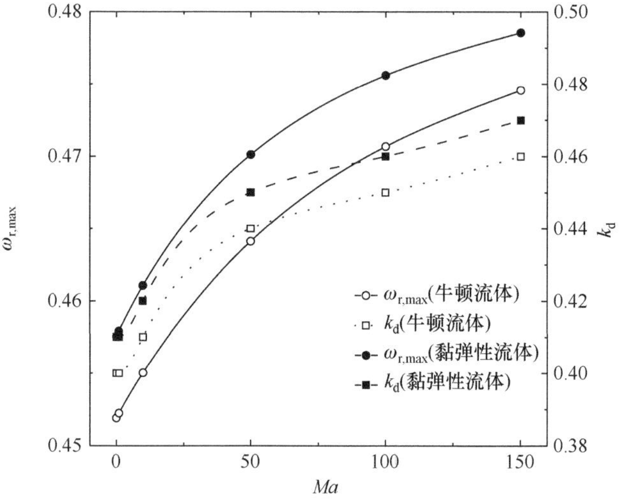

图 5-20　不同流体种类对自由平面射流稳定性的影响

普朗特数表征了流动中的热扩散效应，其数值越大则相应的扩散强度越弱。普朗特数对自由平面射流稳定性的影响如图 5-21 所示。其中，相关参数设置为 $Oh=1$，$\rho=0.001$，$We=1000$，$El=1$，$\lambda=0.1$，$Ma=100$。显然，当不存在

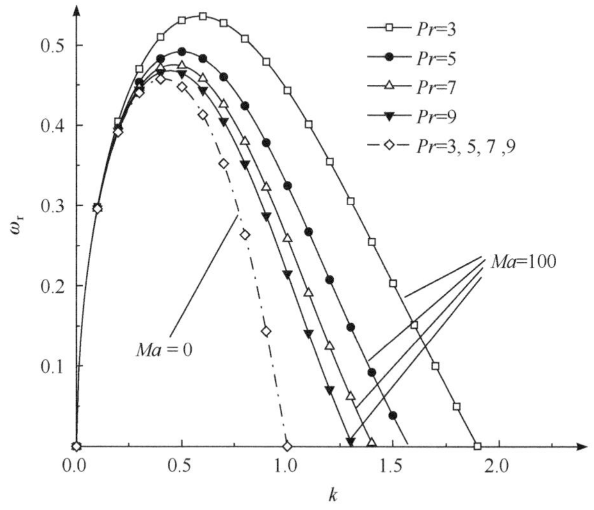

图 5-21　普朗特数对自由平面射流稳定性的影响

温差时，单纯改变热扩散系数并不能对稳定性产生影响；当存在显著的温差时，增加普朗特数会使得黏弹性平面射流变得更加稳定，即热扩散对于射流稳定性来说是一个失稳因素。另外，不稳定响应范围也会随着热扩散率的增加而增大。综合图 5-21 的结果可知，加热不仅能通过温度梯度影响射流的稳定性，而且能通过改善热扩散条件而促进失稳过程的发生。

由于黏弹性流体中存在独特的弹性效应，能够使其表现出与牛顿流体所不同的失稳特性。理论分析中，线性黏弹性流体中存在着一个等效黏度，其会随着相关物理量的变化而改变，即其不再像牛顿流体中那样是一个恒定的数值。其中，应力松弛时间和变形弛豫时间均会对等效黏度产生影响，进而影响整个射流的不稳定性，故下面对上述两个黏弹性特征参数进行重点分析。

液体弹性数对自由平面射流稳定性的影响如图 5-22 所示。其中，相关参数设置为 $Oh=1$， $\rho=0.001$， $We=1000$， $Ma=100$。可以发现，增加液体弹性数能使最大不稳定波增长率增加，即液体弹性对于射流稳定性来说是一个失稳因素。此外，当存在温差时($Ma=100$)，结果显示当液体弹性数大于 2 时，其对稳定性的影响较为有限，此时若继续增大液体弹性数，可以发现其对射流稳定性影响不如没有温差效应时($Ma=0$)那样敏感。

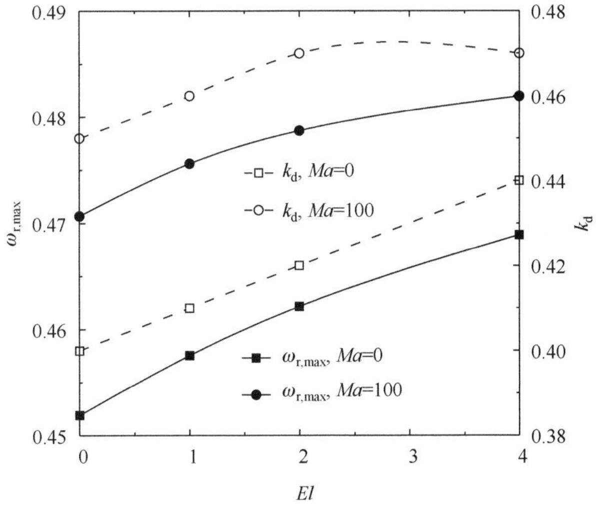

图 5-22　液体弹性数对自由平面射流稳定性的影响

流变时间常数比对自由平面射流稳定性的影响如图 5-23 所示。相关参数设置为 $Oh=1$， $\rho=0.001$， $We=1000$， $El=1$， $Pr=7$。结果显示，流变时间常数比的规律在存在温差与冷态这两种情况下是相同的，即增加流变时间常数比能使不稳定波增长率减小。物理上，变形弛豫时间的增大能够使失稳所需的实际黏性耗散增加，从而在一定程度上增强了射流的稳定性。此外，虽然没有在图 5-22

和图 5-23 中展示，不管存在温差与否，两个黏弹性特征参数都不能改变平面射流的不稳定响应范围及截止波数。

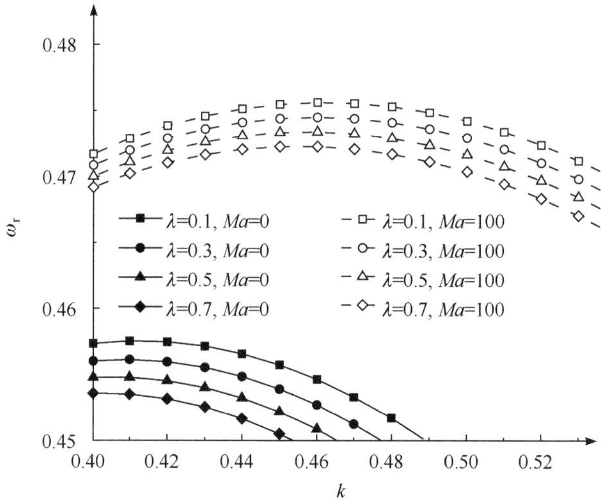

图 5-23　流变时间常数比对自由平面射流稳定性的影响

综上所述，黏弹性流体的两个特征参数对于射流稳定性的影响规律是正好相反的，其中增加液体弹性数使得射流失稳，而增加流变时间常数比使得射流稳定。综合考虑图 5-20～图 5-23 的结果，可知液体弹性数对射流稳定性的影响占优，并使得黏弹性流体总体表现出了比牛顿流体更强的初期失稳特性。

气液密度比对不稳定波增长率和主导波数的影响如图 5-24 所示，图 5-25 展

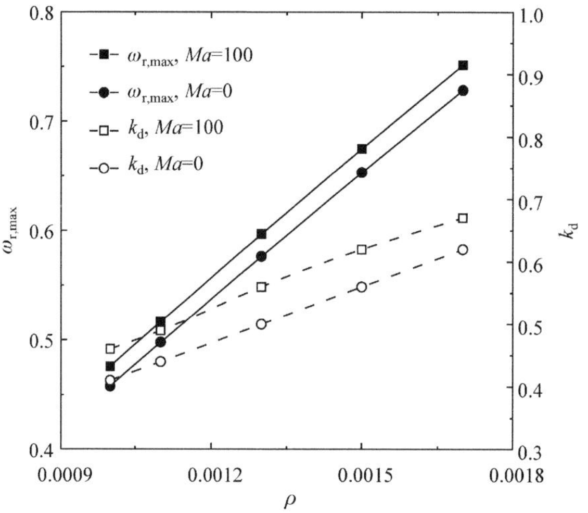

图 5-24　气液密度比对不稳定波增长率和主导波数的影响

示了气液密度比对不稳定响应范围的影响，图 5-26 为液体韦伯数对自由平面射流稳定性的影响。其中，图 5-24 和图 5-25 中的相关参数设置为 $Oh=1$，$We=1000$，$El=1$，$\lambda=0.1$，$Pr=7$。而图 5-26 中的相关参数设置为 $Oh=1$，$\rho=0.001$，$El=1$，$\lambda=0.1$，$Pr=7$。

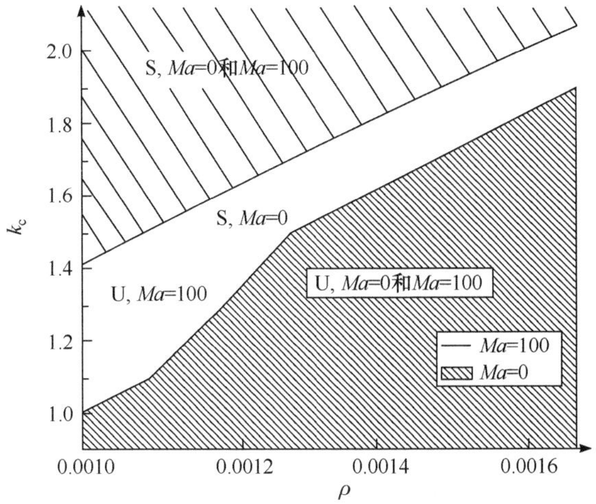

图 5-25　气液密度比对不稳定响应范围的影响

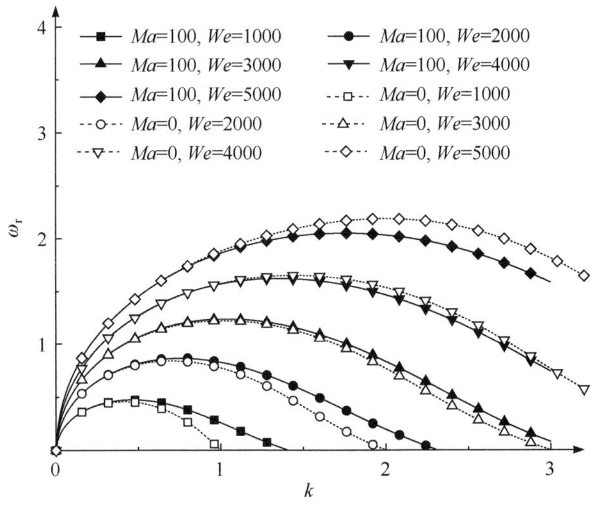

图 5-26　液体韦伯数对自由平面射流稳定性的影响

结果显示，不稳定波增长率和主导波数均随着这两个参数的增加而显著增大。此外，截止波数 k_c 也随气液密度比的增加而增大，其中 S 代表稳定区域，U 代表失稳区域。如图 5-26 所示，当液体韦伯数较小时($We<3000$)，加热能够在一定程度上促进射流的失稳，而当该参数足够大时($We>5000$)，加热则产生了相反的影响。这意味着，速度工况的选择直接关系到加热是否能有效地起到促进雾化的效果，因此在实际应用时一定要谨慎对待。另外，在常规的高速雾化工况速度下，加热措施一般起到促进失稳的作用。

下面着重分析热毛细和气动不稳定对于黏弹性平面射流稳定性影响的抗衡关系。这里，以马兰戈尼数表征热毛细效应，以韦伯数表征气动作用。热毛细和气动不稳定的影响程度对比如图 5-27 所示，这里相关初始参数设置为 $Oh=1$，$\rho=0.001$，$We=1000$，$El=1$，$\lambda=0.1$，$Pr=7$，$Ma=100$。

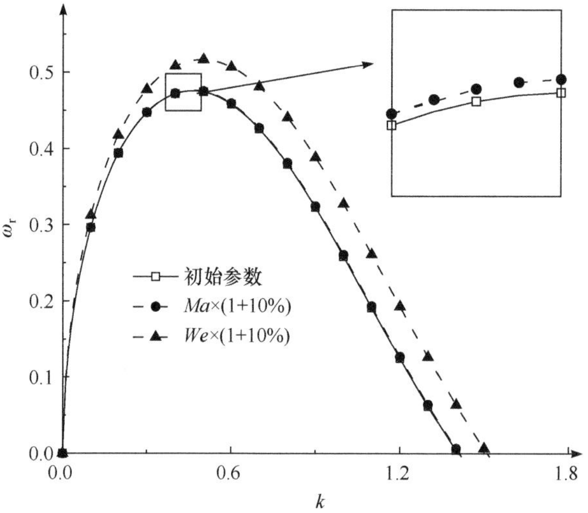

图 5-27　热毛细和气动不稳定的影响程度对比

从初始参数出发，分别给马兰戈尼数和液体韦伯数 10%的增量，相应结果如图 5-27 所示。研究发现，不稳定波增长率随着液体韦伯数的增加而迅速增大，而马兰戈尼数的变化所带来的影响则相对较为有限。这意味着，气动效应实际上主导着平面射流的失稳过程，而传热效应只是在此基础上进一步促进失稳的一种手段。实际应用中，通过提高液体轴向喷射速度是促进平面射流失稳的一种重要手段。

5.4　传质效应对射流稳定性的影响

5.4.1　物理描述与理论分析

实际流动过程中，射流的传热过程常常也伴随着传质过程。本节分析受限圆柱射流在传热传质效应作用下的稳定性问题。受限圆柱射流示意图如图 5-28 所示，无黏可压性气体沿 z^* 、r^* 方向的速度为 $\left(U_{\rm g}^*,0\right)$，温度为 $T_{\rm g}^*$，稳态密度为 $\overline{\rho}_{\rm g}^*$；不可压的黏性液体沿 z^* 、r^* 方向的速度为 $\left(U_{\rm l}^*,0\right)$，黏度系数为 μ_0^*，表面张力系数为 σ^*，射流内部温度为 $T_{\rm l}^*$，液体密度为 $\rho_{\rm l}^*$；气液界面的温度为 $T_{\rm s}^*$，壁面温度为 $T_{\rm W}^*$。液体射流的半径为 a^*，壁面到轴心的距离为 $a_{\rm W}^*$。在气液界面 $(r^*=a^*)$ 处存在传热传质。

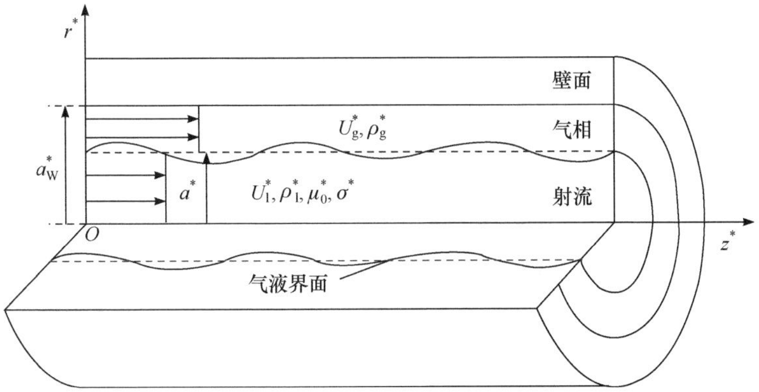

图 5-28 受限圆柱射流示意图

根据线性稳定性分析理论，可将物理量展开为平均量和扰动量，即

$$\left(u_j^*,v_j^*,p_j^*\right)=\left(\overline{u}_j^*,\overline{v}_j^*,\overline{p}_j^*\right)+\left(u_j^{*\prime},v_j^{*\prime},p_j^{*\prime}\right) \tag{5-105}$$

$$\left(u_j^{*\prime},v_j^{*\prime},p_j^{*\prime}\right)=\left[\hat{u}_j^*\left(r^*\right),\hat{v}_j^*\left(r^*\right),\hat{p}_j^*\left(r^*\right)\right]\exp({\rm i}k^*z^*+\omega^*t^*) \tag{5-106}$$

其中，下标 $j={\rm l,g}$ 表示液体和气体；“-”表示稳态量(这里有 $\overline{u}_{\rm l}^*=U_{\rm l}^*$，$\overline{u}_{\rm g}^*=U_{\rm g}^*$)；上标“′”表示扰动量，扰动量是只关于半径 r^* 有关的函数；k^* 为波数；ω^* 为扰动波复频率。

气液界面处的位移扰动表达式为

$$\eta^{*\prime}=\hat{\eta}^*\exp({\rm i}k^*z^*+\omega^*t^*) \tag{5-107}$$

在壁面处，线性化后的边界条件为

$$v_{\rm g}^{*\prime}=0,\quad r^*=a_{\rm W}^* \tag{5-108}$$

当 $r^*\to 0$ 时，有

$$v_{\rm l}^{*\prime}=0,\quad r^*\to 0 \tag{5-109}$$

在气液界面处，线性化后的黏性应力与正应力边界条件为

$$\frac{\partial v_1^{*\prime}}{\partial x^*}+\frac{\partial u_1^{*\prime}}{\partial r^*}=0\,,\qquad r^*=a^* \tag{5-110}$$

$$-p_1^{*\prime}+2\mu_0^{*\prime}\frac{\partial v_1^{*\prime}}{\partial r^*}+p_g^{*\prime}=\sigma^*\left(\frac{\eta^{*\prime}}{a^{*2}}+\frac{\partial^2\eta^{*\prime}}{\partial x^{*2}}\right),\qquad r^*=a^* \tag{5-111}$$

由式(5-111)可以看出，正应力边界条件当中只与液体与气体的压力扰动量、液体沿 r^* 方向的速度扰动量有关，因此在理论推导过程中只需要求解这三个物理量。

由于气体温度高于液体，液体蒸发后变为气体，那么气液界面两边的质量通量相同。Hsieh (1972)给出了气液界面两边传质平衡表达式，这里线性化后的传质平衡表达式为

$$\rho_g^*\left(v_g^{*\prime}-U_g^*\frac{\partial\eta^{*\prime}}{\partial x^*}-\frac{\partial\eta^{*\prime}}{\partial t^*}\right)=\rho_1^*\left(v_1^{*\prime}-U_1^*\frac{\partial\eta^{*\prime}}{\partial x^*}-\frac{\partial\eta^{*\prime}}{\partial t^*}\right),\qquad r^*=a^* \tag{5-112}$$

对于热量传递平衡，假设液体在气液界面处的温度达到沸点，此时气体通过壁面向气液界面传递的热量与气液界面向液体内部传递的热量之差等于液体蒸发的汽化潜热。那么热量传递平衡表达式为

$$\rho_1^*J^*\left(v_1^{*\prime}-U_1^*\frac{\partial\eta^{*\prime}}{\partial x^*}-\frac{\partial\eta^{*\prime}}{\partial t^*}\right)=S(\eta^{*\prime})\,,\quad r^*=a^* \tag{5-113}$$

其中，等号左边表示液体蒸发所需的汽化潜热的热通量，J^* 为汽化潜热。

Hsieh (1978)指出，$S^*(\eta^{*\prime})$ 表示在气液界面处由于相变而产生的热量传递的热通量；热通量是由平衡状态下流体之间的换热关系确定的，是一个关于位移扰动 $\eta^{*\prime}$ 的函数。在本节当中，假设热量通过对流换热由气液界面传递向液体射流内部传热，以热传导的形式由壁面向气液界面传递，那么热通量 $S^*(\eta^{*\prime})$ 的表达式为

$$S^*(\eta^{*\prime})=\frac{k_g^*\left(T_s^*-T_W^*\right)}{\left(a^*+\eta^{*\prime}\right)\ln\left[a_W^*/\left(a^*+\eta^{*\prime}\right)\right]}+\frac{k_1^*Nu\left(T_s^*-T_1^*\right)}{2\left(a^*+\eta^{*\prime}\right)},\qquad r^*=a^* \tag{5-114}$$

其中，k_1^* 和 k_g^* 分别表示液体、气体的导热系数；Nu 表示液体的努赛尔数，可以通过假设液体在管路中流动计算得出。

需要注意的是，在本节不需要给出温度场的表达式，这是因为这里不考虑温度变化对流体物性参数的影响，仅考虑由传热引起的传质对气液界面扰动波振幅所产生的影响，并且由传热热通量表达式可知，热通量的表达式仅与传热方式、两界面之间的温差、几何形状及导热系数/对流换热系数有关(杨世铭和陶文铨，

2006；Bergman et al.，2011)。因此，在本节不再给出温度场的表达式，并且忽略流体流动对对流换热的强化作用。

注意到$S^*(\eta^{*\prime})$的表达式是关于位移扰动$\eta^{*\prime}$的非线性函数表达式，为了能够得到关于位移扰动$\eta^{*\prime}$的线性函数表达式，采用 Taylor 公式将$S^*(\eta^{*\prime})$的表达式在$r^*=a^*$处展开的方法将其线性化，可得

$$S^*(\eta^{*\prime})=S^*(0)+\eta^{*\prime}S^{*\prime}(0)+\eta^{*\prime 2}S^{*\prime\prime}(0)+\cdots \tag{5-115}$$

其中，$S^*(0)$表示气液界面处的净热通量。假设当$\eta^{*\prime}=0$时系统处于稳定状态，那么热通量$S^*(0)=0$，保留线性项可得出$S^*(\eta^{*\prime})=\eta^{*\prime}S^{*\prime}(0)$。那么可得到的方程为

$$S^*(0)=\frac{k_{\mathrm{g}}^*\left(T_{\mathrm{s}}^*-T_{\mathrm{W}}^*\right)}{a^*\ln\left(a_{\mathrm{W}}^*/a^*\right)}+\frac{k_{\mathrm{l}}^*Nu\left(T_{\mathrm{s}}^*-T_{\mathrm{l}}^*\right)}{2a^*}=0 \tag{5-116}$$

$$S^{*\prime}(0)=\frac{k_{\mathrm{g}}^*\left(T_{\mathrm{s}}^*-T_{\mathrm{W}}^*\right)}{\left(a^*+\eta^{*\prime}\right)^2\ln^2\left[a_{\mathrm{W}}^*\big/\left(a^*+\eta^{*\prime}\right)\right]}-\frac{k_{\mathrm{g}}^*\left(T_{\mathrm{s}}^*-T_{\mathrm{W}}^*\right)}{\left(a^*+\eta^{*\prime}\right)^2\ln\left[a_{\mathrm{W}}^*\big/\left(a^*+\eta^{*\prime}\right)\right]}-\frac{k_{\mathrm{l}}^*Nu\left(T_{\mathrm{s}}^*-T_{\mathrm{l}}^*\right)}{2\left(a^*+\eta^{*\prime}\right)} \tag{5-117}$$

进一步化简得

$$\begin{aligned}S^{*\prime}(0)&=-\frac{k_{\mathrm{g}}^*\left(T_{\mathrm{s}}^*-T_{\mathrm{W}}^*\right)}{a^{*2}\ln\left(a_{\mathrm{W}}^*/a^*\right)}-\frac{k_{\mathrm{l}}^*Nu\left(T_{\mathrm{s}}^*-T_{\mathrm{l}}^*\right)}{2a^{*2}}+\frac{k_{\mathrm{g}}^*\left(T_{\mathrm{s}}^*-T_{\mathrm{W}}^*\right)}{a^{*2}\ln^2\left(a_{\mathrm{W}}^*/a^*\right)}\\&=\frac{k_{\mathrm{g}}^*\left(T_{\mathrm{s}}^*-T_{\mathrm{W}}^*\right)}{a^{*2}\ln^2\left(a_{\mathrm{W}}^*/a^*\right)}\end{aligned} \tag{5-118}$$

由于式(5-118)当中$S^{*\prime}(0)$是有量纲的，为了方便在后面对色散关系式进行无量纲化，这里先将$S^{*\prime}(0)$进行无量纲化。取$\Delta T^*=T_{\mathrm{s}}^*-T_{\mathrm{W}}^*$，$r_{\mathrm{W}}=a_{\mathrm{W}}^*/a^*$，$\eta'=\eta^{*\prime}/a$，那么可以得

$$S\left(\eta'\right)=\frac{S^*\left(\eta^{*\prime}\right)a^*}{\Delta T^*k_{\mathrm{l}}^*}=\frac{k_{\mathrm{g}}^*Nu\left(T_{\mathrm{s}}^*-T_{\mathrm{g}}^*\right)}{2k_{\mathrm{l}}^*\Delta T^*\left(1+\eta'\right)}+\frac{1}{(1+\eta)\ln\left[r_{\mathrm{W}}\big/\left(1+\eta'\right)\right]} \tag{5-119}$$

同样，对式(5-119)利用 Taylor 公式将$S(\eta)$在$r=1$处进行展开，那么无量纲

的$\overline{S'(0)}$表达式为

$$\overline{S'(0)} = \frac{1}{\ln^2 r_{\mathrm{W}}} = \frac{1}{\beta} S'(0) \tag{5-120}$$

其中，$\beta = k_{\mathrm{g}}^* \Delta T^* / a^*$，并且进而可以得出$S(\eta') = \eta\beta\overline{S'(0)}$。

线性化后的控制方程为

$$\frac{v_1^{*\prime}}{r^*} + \frac{\partial v_1^{*\prime}}{\partial r^*} + \frac{\partial u_1^{*\prime}}{\partial x^*} = 0 \tag{5-121}$$

$$\rho_1^* \left(\frac{\partial v_1^{*\prime}}{\partial t^*} + U_1^* \frac{\partial v_1^{*\prime}}{\partial x^*} \right) = -\frac{\partial p_1^{*\prime}}{\partial r^*} + \mu_0^* \left(\frac{\partial^2 v_1^{*\prime}}{\partial r^{*2}} + \frac{1}{r^*} \frac{\partial v_1^{*\prime}}{\partial r^*} - \frac{v_1^{*\prime}}{r^{*2}} + \frac{\partial^2 v_1^{*\prime}}{\partial x^{*2}} \right) \tag{5-122}$$

$$\rho_1^* \left(\frac{\partial u_1^{*\prime}}{\partial t^*} + U_1^* \frac{\partial u_1^{*\prime}}{\partial x^*} \right) = -\frac{\partial p_1^{*\prime}}{\partial x^*} + \mu_0^* \left(\frac{\partial^2 u_1^{*\prime}}{\partial r^{*2}} + \frac{1}{r^*} \frac{\partial u_1^{*\prime}}{\partial r^*} + \frac{\partial^2 u_1^{*\prime}}{\partial x^{*2}} \right) \tag{5-123}$$

将N-S方程式(5-122)与式(5-123)代入连续方程可以得到压力扰动量满足拉普拉斯方程，即

$$\nabla^2 p_1^{*\prime} = 0 \tag{5-124}$$

其中，$\nabla^2 = \frac{\partial^2}{\partial r^{*2}} + \frac{1}{r^*}\frac{\partial}{\partial r^*} + \frac{\partial^2}{\partial x^{*2}}$。

对拉普拉斯方程式(5-124)进行求解可得

$$\hat{p}_1^* = A_1 \mathrm{I}_0\left(k^* r^*\right) + A_2 \mathrm{K}_0\left(k^* r^*\right) \tag{5-125}$$

其中，$\mathrm{I}_0\left(k^* r^*\right)$与$\mathrm{K}_0\left(k^* r^*\right)$为零阶第一类和第二类修正的贝塞尔函数。因为当$r^* \to 0$时，$\mathrm{K}_0\left(k^* r^*\right) \to \infty$，所以$A_2 = 0$。

下面对速度扰动量进行求解。首先忽略掉N-S方程中的黏性项可得速度扰动量的特解，即

$$\left[\hat{u}_1^*\left(r^*\right), \hat{v}_1^*\left(r^*\right)\right] = -\frac{A_1}{\rho_1^*\left(\omega^* + \mathrm{i}k^* U_1^*\right)} \left[\mathrm{i}k^* \mathrm{I}_0\left(k^* r^*\right), k^* \mathrm{I}_1\left(k^* r^*\right)\right] \tag{5-126}$$

接下来，忽略掉N-S方程中的压力扰动项可得

$$\frac{\mathrm{d}^2 \hat{u}_1^*}{\mathrm{d}r^{*2}} + \frac{1}{r^*}\frac{\mathrm{d}\hat{u}_1^*}{\mathrm{d}r^*} - \left[\frac{\rho_1^*\left(\omega^* + \mathrm{i}k^* U_1^*\right)}{\mu_0^*} + k^{*2}\right]\hat{u}_1^* = 0 \tag{5-127}$$

$$\frac{\mathrm{d}^2\hat{v}_1^*}{\mathrm{d}r^{*2}}+\frac{1}{r^*}\frac{\mathrm{d}\hat{v}_1^*}{\mathrm{d}r^*}-\left[\frac{1}{r^{*2}}+\frac{\rho_1^*\left(\omega^*+\mathrm{i}k^*U_1^*\right)}{\mu_0^*}+k^{*2}\right]\hat{v}_1^*=0 \tag{5-128}$$

对方程式(5-127)与式(5-128)进行求解可得

$$\hat{u}_1^*=B_1\mathrm{I}_0\left(s^*r^*\right)+B_2\mathrm{K}_0\left(s^*r^*\right) \tag{5-129}$$

$$\hat{v}_1^*=C_1\mathrm{I}_1\left(s^*r^*\right)+C_2\mathrm{K}_1\left(s^*r^*\right) \tag{5-130}$$

其中， $s^{*2}=\dfrac{\rho_1^*\left(\omega^*+\mathrm{i}k^*U_1^*\right)}{\mu_0^*}+k^{*2}$ 。因为当 $r^*\to 0$ 时， $\mathrm{K}_0\left(s^*r^*\right)\to\infty$ ，并且 $\mathrm{K}_1\left(s^*r^*\right)\to\infty$ ，所以 $B_2=C_2=0$ 。

对于第一类修正的贝塞尔函数，其导数与阶数 n 之间的关系式为

$$\mathrm{I}_{n-1}\left(s^*r^*\right)=\frac{n}{s^*r^*}\mathrm{I}_n\left(s^*r^*\right)+\mathrm{I}_n'\left(s^*r^*\right) \tag{5-131}$$

$$\mathrm{I}_{n+1}\left(s^*r^*\right)=\mathrm{I}_n'\left(s^*r^*\right)-\frac{n}{s^*r^*}\mathrm{I}_n\left(s^*r^*\right) \tag{5-132}$$

最后，液体速度扰动量 $\hat{u}_1^*$ 与 $\hat{v}_1^*$ 表达式为

$$\hat{u}_1^*=B_1\mathrm{I}_0\left(s^*r^*\right)-\frac{A_1\mathrm{i}k^*\mathrm{I}_0\left(s^*r^*\right)}{\rho_1^*\left(\omega^*+\mathrm{i}k^*U_1^*\right)} \tag{5-133}$$

$$\hat{v}_1^*=C_1\mathrm{I}_1\left(s^*r^*\right)-\frac{A_1k^*\mathrm{I}_1\left(k^*r^*\right)}{\rho_1^*\left(\omega^*+\mathrm{i}k^*U_1^*\right)} \tag{5-134}$$

为了确定待定系数 A_1 与 C_1 ，将式(5-133)与式(5-134)代入边界条件中，可得待定系数 A_1 与 C_1 表达式为

$$A_1=\frac{\rho_1^*\left(k^{*2}+s^{*2}\right)\left(\omega^*+\mathrm{i}k^*U_1^*\right)\left[\omega^*+\mathrm{i}k^*U_1^*+\dfrac{\beta\overline{S'(0)}}{\rho_1^*J^*}\right]}{k^*\left(k^{*2}-s^{*2}\right)\mathrm{I}_1\left(k^*a^*\right)}\hat{\eta}^* \tag{5-135}$$

$$C_1=\frac{2k^{*2}\left[\omega^*+\mathrm{i}k^*U_1^*+\dfrac{\beta\overline{S'(0)}}{\rho_1^*J^*}\right]}{\left(k^{*2}-s^{*2}\right)\mathrm{I}_1\left(s^*a^*\right)}\hat{\eta}^* \tag{5-136}$$

那么液体压力扰动量与沿 r^* 方向的速度扰动量的表达式为

$$\hat{p}_1^* = \frac{\rho_1^*\left(k^{*2}+s^{*2}\right)\left(\omega^*+\mathrm{i}k^*U_1^*\right)\left[\omega^*+\mathrm{i}k^*U_1^*+\dfrac{\beta\overline{S'(0)}}{\rho_1^*J^*}\right]}{k^*\left(k^{*2}-s^{*2}\right)\mathrm{I}_1\left(k^*a^*\right)}\mathrm{I}_0\left(k^*r^*\right)\hat{\eta}^* \tag{5-137}$$

$$\begin{aligned}\hat{v}_1^* =& \frac{2k^{*2}\left[\omega^*+\mathrm{i}k^*U_1^*+\dfrac{\beta\overline{S'(0)}}{\rho_1^*J^*}\right]}{\left(k^{*2}-s^{*2}\right)\mathrm{I}_1\left(s^*a^*\right)}\mathrm{I}_1\left(s^*r^*\right)\hat{\eta}^* \\ &-\frac{\left(k^{*2}+s^{*2}\right)\left[\omega^*+\mathrm{i}k^*U_1^*+\dfrac{\Lambda\overline{S'(0)}}{\rho_1^*J^*}\right]}{\left(k^{*2}-s^{*2}\right)\mathrm{I}_1\left(k^*a^*\right)}\mathrm{I}_1\left(k^*r^*\right)\hat{\eta}^*\end{aligned} \tag{5-138}$$

对于无黏可压气体，其线性化后的连续方程与 N-S 方程为

$$\frac{\partial\rho_{\mathrm{g}}^{*\prime}}{\partial t^*}+U_{\mathrm{g}}^*\frac{\partial\rho_{\mathrm{g}}^{*\prime}}{\partial x^*}+\overline{\rho}_{\mathrm{g}}^*\left(\frac{v_{\mathrm{g}}^{*\prime}}{r^*}+\frac{\partial v_{\mathrm{g}}^{*\prime}}{\partial r^*}+\frac{\partial u_{\mathrm{g}}^{*\prime}}{\partial x^*}\right)=0 \tag{5-139}$$

$$\overline{\rho}_{\mathrm{g}}^*\left(\frac{\partial v_{\mathrm{g}}^{*\prime}}{\partial t^*}+U_{\mathrm{g}}^*\frac{\partial v_{\mathrm{g}}^{*\prime}}{\partial x^*}\right)=-\frac{\partial p_{\mathrm{g}}^{*\prime}}{\partial r^*} \tag{5-140}$$

$$\overline{\rho}_{\mathrm{g}}^*\left(\frac{\partial u_{\mathrm{g}}^{*\prime}}{\partial t^*}+U_{\mathrm{g}}^*\frac{\partial u_{\mathrm{g}}^{*\prime}}{\partial x^*}\right)=-\frac{\partial p_{\mathrm{g}}^{*\prime}}{\partial x^*} \tag{5-141}$$

其中，$\overline{\rho}_{\mathrm{g}}^*$ 为气体密度的平均量；$\rho_{\mathrm{g}}^{*\prime}$ 为由气体压缩而产生的密度扰动量。

气体压缩是由射流表面波的上下位移产生的，在线性稳定性分析当中，表面波的上下位移扰动是一个小量，气体体积的变化也非常小，因此在线性稳定性研究中假设气体的压缩过程是一个等熵过程。在等熵条件下，气体可压缩性的表达式为

$$\left(\frac{\partial p_{\mathrm{g}}^*}{\partial\rho_{\mathrm{g}}^*}\right)_{\mathrm{S}}=c^{*2} \tag{5-142}$$

其中，右下标 S 表示等熵过程。

联立方程式(5-139)～式(5-142)可得

$$\frac{1}{c^{*2}}\left(\frac{\partial^2 p_{\mathrm{g}}^{*\prime}}{\partial t^{*2}}+2U_{\mathrm{g}}^{*}\frac{\partial^2 p_{\mathrm{g}}^{*\prime}}{\partial t^{*}\partial x^{*}}+U_{\mathrm{g}}^{*2}\frac{\partial^2 p_{\mathrm{g}}^{*\prime}}{\partial x^{*2}}\right)=\nabla^2 p_{\mathrm{g}}^{*\prime} \tag{5-143}$$

方程式(5-143)的解为

$$\hat{p}_{\mathrm{g}}^{*}=D_1\mathrm{I}_0\left(h^{*}r^{*}\right)+D_2\mathrm{K}_0\left(h^{*}r^{*}\right) \tag{5-144}$$

其中，$h^{*}=\sqrt{k^{*2}+\left(\omega^{*}+\mathrm{i}k^{*}U_{\mathrm{g}}^{*}\right)^2/c^{*2}}$；$c^{*}$ 为气体的当地声速。

对于无黏可压气体，其速度扰动量的表达式为

$$\hat{v}_{\mathrm{g}}^{*}=-h^{*}\frac{D_1\mathrm{I}_1\left(h^{*}r^{*}\right)-D_2\mathrm{K}_1\left(h^{*}r^{*}\right)}{\bar{\rho}_{\mathrm{g}}^{*}\left(\omega^{*}+\mathrm{i}k^{*}U_{\mathrm{g}}^{*}\right)} \tag{5-145}$$

将式(5-112)与式(5-113)联立可得

$$\hat{v}_{\mathrm{g}}^{*}=\left[\omega^{*}+\mathrm{i}k^{*}U_{\mathrm{g}}^{*}+\frac{\beta\overline{S'(0)}}{\bar{\rho}_{\mathrm{g}}^{*}J^{*}}\right]\hat{\eta}^{*},\quad r^{*}=a^{*} \tag{5-146}$$

将式(5-145)代入方程式(5-108)与式(5-146)，可得待定系数的表达式为

$$D_1=-\frac{1}{h^{*}}\frac{\bar{\rho}_{\mathrm{g}}^{*}\left(\omega^{*}+\mathrm{i}k^{*}U_{\mathrm{g}}^{*}\right)\left[\omega^{*}+\mathrm{i}k^{*}U_{\mathrm{g}}^{*}+\frac{\beta\overline{S'(0)}}{\bar{\rho}_{\mathrm{g}}^{*}J^{*}}\right]\hat{\eta}^{*}}{\mathrm{I}_1\left(h^{*}a^{*}\right)\mathrm{K}_1\left(h^{*}a_{\mathrm{W}}^{*}\right)-\mathrm{I}_1\left(h^{*}a_{\mathrm{W}}^{*}\right)\mathrm{K}_1\left(h^{*}a^{*}\right)}\mathrm{K}_1\left(h^{*}a_{\mathrm{W}}^{*}\right) \tag{5-147}$$

$$D_2=-\frac{1}{h^{*}}\frac{\bar{\rho}_{\mathrm{g}}^{*}\left(\omega^{*}+\mathrm{i}k^{*}U_{\mathrm{g}}^{*}\right)\left[\omega^{*}+\mathrm{i}k^{*}U_{\mathrm{g}}^{*}+\frac{\beta\overline{S'(0)}}{\bar{\rho}_{\mathrm{g}}^{*}J^{*}}\right]\hat{\eta}^{*}}{\mathrm{I}_1\left(h^{*}a^{*}\right)\mathrm{K}_1\left(h^{*}a_{\mathrm{W}}^{*}\right)-\mathrm{I}_1\left(h^{*}a_{\mathrm{W}}^{*}\right)\mathrm{K}_1\left(h^{*}a^{*}\right)}\mathrm{I}_1\left(h^{*}a_{\mathrm{W}}^{*}\right) \tag{5-148}$$

最后，可得无黏、可压气体的压力扰动量表达式为

$$\begin{aligned}\hat{p}_{\mathrm{g}}^{*}=&-\frac{1}{h^{*}}\frac{\bar{\rho}_{\mathrm{g}}^{*}\left(\omega^{*}+\mathrm{i}k^{*}U_{\mathrm{g}}^{*}\right)\left[\omega^{*}+\mathrm{i}k^{*}U_{\mathrm{g}}^{*}+\frac{\beta\overline{S'(0)}}{\bar{\rho}_{\mathrm{g}}^{*}J^{*}}\right]\hat{\eta}^{*}}{\mathrm{I}_1\left(h^{*}a^{*}\right)\mathrm{K}_1\left(h^{*}a_{\mathrm{W}}^{*}\right)-\mathrm{I}_1\left(h^{*}a_{\mathrm{W}}^{*}\right)\mathrm{K}_1\left(h^{*}a^{*}\right)}\\&\times\left[\mathrm{I}_0\left(h^{*}r^{*}\right)\mathrm{K}_1\left(h^{*}a_{\mathrm{W}}^{*}\right)+\mathrm{I}_1\left(h^{*}a_{\mathrm{W}}^{*}\right)\mathrm{K}_0\left(h^{*}r^{*}\right)\right]\end{aligned} \tag{5-149}$$

将式(5-137)、式(5-138)和式(5-149)代入正应力边界条件式(5-111)当中可以得出色散关系式为

$$\frac{\rho_1^*\left(\omega^*+\mathrm{i}k^*U_1^*\right)\left[\omega^*+\mathrm{i}k^*U_1^*+\frac{\beta\overline{S'(0)}}{\rho_1^*J^*}\right]}{k^*\mathrm{I}_1\left(k^*a^*\right)}\frac{k^{*2}+s^{*2}}{k^{*2}-s^{*2}}$$

$$\times\left\{-\mathrm{I}_0\left(k^*a^*\right)+\frac{2\mu_0^*k^*}{\rho_1^*\left(\omega^*+\mathrm{i}k^*U_1^*\right)}\left[\frac{2k^{*2}}{k^{*2}+s^{*2}}\frac{s^*\mathrm{I}_1'\left(s^*a^*\right)}{\mathrm{I}_1\left(s^*a^*\right)}\mathrm{I}_1\left(k^*r^*\right)-k\mathrm{I}_1'\left(k^*a^*\right)\right]\right\}$$

$$-\frac{1}{h^*}\frac{\bar{\rho}_{\mathrm{g}}^*\left(\omega^*+\mathrm{i}k^*U_{\mathrm{g}}^*\right)\left[\omega^*+\mathrm{i}k^*U_1^*+\frac{\beta\overline{S'(0)}}{\bar{\rho}_{\mathrm{g}}^*J^*}\right]\hat{\eta}^*}{\mathrm{I}_1\left(h^*a^*\right)\mathrm{K}_1\left(h^*a_{\mathrm{W}}^*\right)-\mathrm{I}_1\left(h^*a_{\mathrm{W}}^*\right)\mathrm{K}_1\left(h^*a^*\right)}$$

$$\times\left[\mathrm{I}_0\left(h^*r^*\right)\mathrm{K}_1\left(h^*a_{\mathrm{W}}^*\right)+\mathrm{I}_1\left(h^*a_{\mathrm{W}}^*\right)\mathrm{K}_0\left(h^*r^*\right)\right]=\sigma^*\left(1-k^{*2}a^{*2}\right)$$

(5-150)

在这里将色散关系式进行无量纲化，最终可得无量纲的色散关系式为

$$-\frac{1}{Z}\frac{\left(\omega+\mathrm{i}\frac{k}{r_{\mathrm{u}}}\right)\left[\rho\omega+\mathrm{i}\rho\frac{k}{r_{\mathrm{u}}}+\Lambda\overline{S'(0)}\right]}{\mathrm{K}_1\left(r_{\mathrm{W}}Z\right)\mathrm{I}_1(Z)-\mathrm{K}_1(Z)\mathrm{I}_1\left(r_{\mathrm{W}}Z\right)}\left[\mathrm{I}_1\left(r_{\mathrm{W}}Z\right)\mathrm{K}_0(Z)+\mathrm{K}_1\left(r_{\mathrm{W}}Z\right)\mathrm{I}_0(Z)\right]$$

$$+\frac{(\omega+\mathrm{i}k)\left[\omega+\mathrm{i}k+\Lambda\overline{S'(0)}\right]}{k\mathrm{I}_1(k)}\frac{k^2+S^2}{k^2-S^2}$$

$$\times\left\{-\mathrm{I}_0(k)+\frac{\frac{2}{Re}k}{(\omega+\mathrm{i}k)}\left[\frac{2k^2S}{k^2+S^2}\frac{\mathrm{I}_1'(S)}{\mathrm{I}_1(S)}I_1(k)+k\mathrm{I}_1'(k)\right]\right\}=\frac{1}{We}\left(1-k^2\right)\tag{5-151}$$

其中，$r_{\mathrm{W}}=a_{\mathrm{W}}^*/a^*$ 并且 $r_{\mathrm{W}}>1$；无量纲波数 $k=k^*a^*$；无量纲时间增长率 $\omega=(\omega^*a^*)/U_1^*$；雷诺数 $Re=\left(\rho_1^*U_1^*a^*\right)/\mu_0^*$；气液密度比 $\rho=\bar{\rho}_{\mathrm{g}}^*/\rho_1^*$；液气速度比 $r_{\mathrm{u}}=U_1^*/U_{\mathrm{g}}^*$；韦伯数 $We=\left(\rho_1^*U_1^{*2}a^*\right)/\sigma^*$；$\Lambda=\left(\Delta T^*k_{\mathrm{g}}^*\right)/\left(\rho_1^*U_1^*J^*a^*\right)$ 表示气液界面处传热通量与蒸发所吸收的热通量之比，$\Delta T^*=T_{\mathrm{W}}^*-T_{\mathrm{s}}^*$；$S=\sqrt{k^2+Re(\omega+\mathrm{i}k)}$；$Z=\sqrt{M_{\mathrm{a}}^2\left(r_{\mathrm{u}}\omega+\mathrm{i}k\right)^2+k^2}$，气体马赫数为 $Ma=U_{\mathrm{g}}^*/c^*$。需要说明的是，在本节当中 $\omega=\omega_{\mathrm{r}}+\mathrm{i}\omega_{\mathrm{i}}$，$\omega_{\mathrm{i}}$ 为无量纲频率，ω_{r} 为无量纲时间增长率。

5.4.2 传质效应的作用机制

为验证推导结果的正确性，假设壁面处于无穷远处，气体是不可压缩的，忽略传质的影响($r_{\mathrm{W}}\to\infty$，$\Lambda=0$，$Ma=0$)，这样退化后的物理模型为液体射流射入

无限大的气体空间中，则式(5-150)可以简化为

$$\left(\omega^*+\mathrm{i}k^*U_1^*\right)^2+2\nu_1^*k^{*2}\left(\omega^*+\mathrm{i}k^*U_1^*\right)+2\nu_1^*k^{*2}\left[\left(\omega^*+\mathrm{i}k^*U_1^*\right)+2\nu_1^*k^{*2}\right]\frac{\mathrm{I}_1'\left(k^*a^*\right)}{\mathrm{I}_0\left(k^*a^*\right)}$$
$$-2\nu_1^{*2}k^{*3}s^*\frac{\mathrm{I}_1\left(k^*a^*\right)}{\mathrm{I}_0\left(k^*a^*\right)}\frac{\mathrm{I}_1'\left(s^*a^*\right)}{\mathrm{I}_1\left(s^*a^*\right)}+\left(\omega^*+\mathrm{i}k^*U_\mathrm{g}^*\right)^2\frac{\bar{\rho}_\mathrm{g}^*}{\rho_1^*}\frac{\mathrm{K}_0\left(k^*a^*\right)}{\mathrm{K}_1\left(k^*a^*\right)}\frac{\mathrm{I}_1\left(k^*a^*\right)}{\mathrm{I}_0\left(k^*a^*\right)}$$
$$=\frac{\sigma^*k^*}{\rho_1^*a^{*2}}\frac{\mathrm{I}_1\left(k^*a^*\right)}{\mathrm{I}_0\left(k^*a^*\right)}\left(1-k^{*2}a^{*2}\right) \tag{5-152}$$

其中，$\nu_1^*=\mu_0^*/\rho_1^*$ 为运动黏度。式(5-152)与 Chen 和 Li(1999)所推导出的色散关系式一致。

r_W 是从壁面到轴心的距离与气液界面到轴心的距离之比，表征气体与液体的相对厚度。r_W 对射流稳定性的影响如图 5-29 所示(其他参数为 $We=5$，$\varLambda=0.2$，$Re=200$，$\rho=0.01$，$r_\mathrm{u}=0.1$，$Ma=0.5$)，当 r_W 从 1.2 增加到 1.5 时，最大无量纲增长率与不稳定波数范围会随之减小，这意味着外层气体的厚度增大时，会对界面的不稳定性产生抑制作用。当气体的厚度增大，气体在扰动波的波峰处的流动速度减小，气体静压增大，抑制了扰动波振幅的增长，因此增大气体层的厚度会抑制射流的不稳定性。

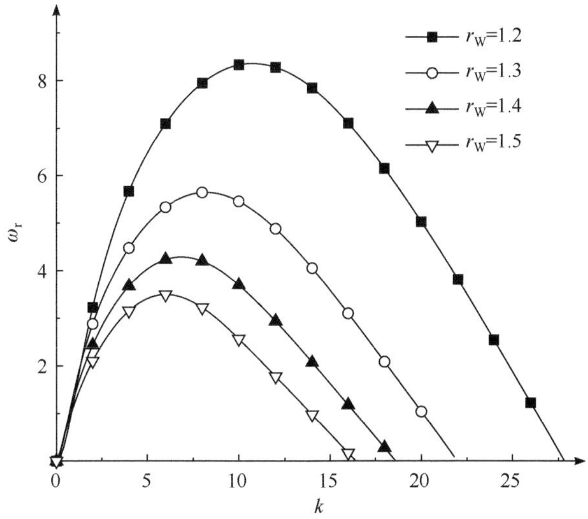

图 5-29　r_W 对射流稳定性的影响

气体马赫数对射流稳定性的影响如图 5-30 所示，其他参数为 $We=5$，$\varLambda=0.2$，$Re=200$，$\rho=0.01$，$r_\mathrm{u}=0.1$，$r_\mathrm{W}=1.5$。不稳定波数的范围和最大增长率随气

体马赫数的增大而增大。马赫数是气体速度与当地声速的比值，当地声速越小表示气体的可压缩性越大，气体压力对扰动波振幅增长的抑制作用越小。

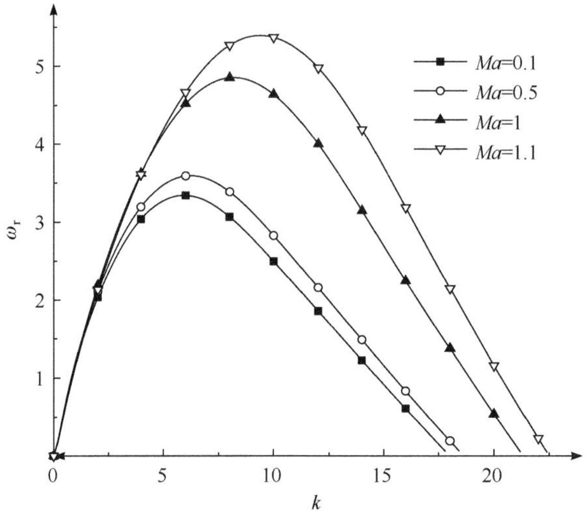

图 5-30　气体马赫数对射流稳定性的影响

图 5-31 展示了 Λ 对射流稳定性的影响，其他参数为 $We=5$ ， $Ma=0.5$ ， $Re=200$ ， $\rho=0.01$ ， $r_u=0.1$ ， $r_W=1.5$ 。当 Λ 从 0.1 增加到 0.5 并且其他无量纲参数保持不变时，不稳定区域和最大增长率随 Λ 的增大而增大，这意味着传质效应有促进气液界面不稳定性的作用。传热通量增加会促进液体的蒸发，使扰动波的

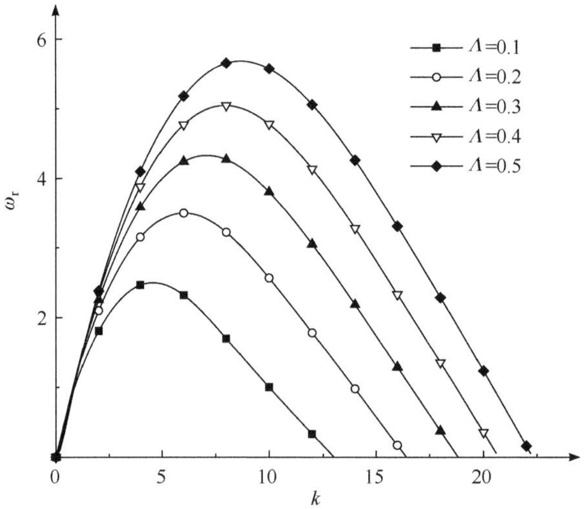

图 5-31　Λ 对射流稳定性的影响

波谷更加深入到液体中。因此，界面会变得更加不稳定，这与 Asthana 等学者所得到的研究结果是一致的(Asthana and Agrawal, 2007; Asthana and Agrawal, 2010; Awasthi et al., 2012; Awasthi et al., 2013)。

参 考 文 献

杨世铭, 陶文铨. 2006. 传热学[M]. 4 版. 北京: 高等教育出版社.

Asthana R, Agrawal G S. 2007. Viscous potential flow analysis of Kelvin-Helmholtz instability with mass transfer and vaporization[J]. Physica A, 382(2): 389-404.

Asthana R, Agrawal G S. 2010. Viscous potential flow analysis of electrohydrodynamic Kelvin-Helmholtz instability with heat and mass transfer[J]. International Journal of Engineering Science, 48(12): 1925-1936.

Awasthi M K, Asthana R, Agrawal G S. 2012. Pressure corrections for the potential flow analysis of Kelvin-Helmholtz instability with heat and mass transfer[J]. International Journal of Heat Mass Transfer, 55(9-10): 2345-2352.

Awasthi M K, Asthana R, Agrawal G S. 2013. Viscous corrections for the viscous potential flow analysis of magnetohydrodynamic Kelvin-Helmholtz instability with heat and mass transfer[J]. Journal of Engineering Mathematics, 80(1): 75-89.

Basset A. 1894. Waves and jets in a viscous liquid [J]. American Journal of Mathematics, 16: 93-110.

Bergman T L, Incropera F P, DeWitt D P, et al. 2011. Fundamentals of Heat and Mass Transfer[M]. Hoboken: John Wiley & Sons.

Chen T, Li X. 1999. Liquid jet atomization in a compressible gas stream[J]. Journal of Propulsion and Power, 15(3): 369-376.

Dávalos-Orozco L A. 1999. Thermocapillar instability of liquid sheets in motion[J]. Colloids and Surfaces A: Physicochemical and Engineering Aspects, 157(1): 223-233.

Glonti G A. 1958. On the theory of the stability of liquid jets in an electric field [J]. Journal of Experimental and Theoretical Physics, 34: 1329-1330.

Hsieh D Y. 1972. Effects of heat and mass transfer on Rayleigh-Taylor instability[J]. Journal of Fluids Engineering-Transactions of the ASME, 94(1): 156-160.

Hsieh D Y. 1978. Interfacial stability with mass and heat transfer[J]. Physical of Fluids, 21(5):745-748.

James D F. 2009. Boger fluids[J]. Annual Review of Fluid Mechanics, 41: 129-142.

López-Herrera J M, Gañán-Calvo A M, Herrada M A. 2010. Absolute to convective instability transition in charged liquid jets[J]. Physics of Fluids, 22(6): 062002.

Melcher J R, Taylor G I. 1969. Electrohydrodynamics: A review of the role of interfacial shear stresses[J]. Annual Review of Fluid Mechanics, 1(1): 111-146.

Nayyar N K, Murty G S. 1960. The stability of a dielectric liquid jet in the presence of a longitudinal electric field[J]. Proceedings of the Physical Society, 75(3): 369.

Rayleigh L. 1882. On the equilibrium of liquid conducting masses charged with electricity [J]. Philosophical Magazine, 14: 184-186.

Ruo A C, Chang M H, Chen F. 2010. Electrohydrodynamic instability of a charged liquid jet in the presence of an axial magnetic field[J]. Physics of Fluids, 22(4): 044102.

Ruo A C, Chen K H, Chang M H, et al. 2012. Instability of a charged non-Newtonian liquid jet[J]. Physical Review E, 85(1): 016306.

Saville D A. 1997. Electrohydrodynamics: The Taylor-Melcher leaky dielectric model[J]. Annual Review of Fluid Mechanics, 29(1): 27-64.

Schneider J M, Lindblad N R, Hendricks Jr C D, et al. 1967. Stability of an electrified liquid jet[J]. Journal of Applied Physics, 38(6): 2599-2605.

Shkadov V Y, Shutov A A. 1998. Stability of a surface-charged viscous jet in an electric field[J]. Fluid Dynamics, 3(2): 176-185.

Taylor G I. 1969. Electrically driven jets[J]. Proceedings of the Royal Society of London A—Mathematical and Physical Sciences, 313(1515): 453-475.

Turnbull R J. 1992. On the instability of an electrostatically sprayed liquid jet[J]. IEEE Transactions on Industry Applications, 28(6): 1432-1438.

第 6 章　参数振荡下的射流稳定性分析

在实际应用中，基本流参数周期振荡的情况也普遍存在，如超声雾化、电雾化等工程应用。这实际上是射流的参数不稳定问题。本章将针对此问题进行介绍。6.1 节对参数振荡的背景及应用进行详细介绍。6.2 节针对声场中射流的不稳定问题，建立基本流平衡的理论模型；并利用黏势流理论和弗洛凯理论对此问题进行求解；最后采用能量平衡分析深入揭示了声场中射流参数振荡的物理机制。6.3 节针对交变电场中射流失稳问题，对黏势流理论进行了修正，利用弗洛凯理论和线性稳定性分析方法，阐述交变电场对射流参数不稳定的影响规律。

6.1　参数振荡简介

前文中涉及的射流不稳定问题主要是针对基本流定常的情形，即未扰动射流的压力、速度、密度、温度、电场等参数不随时间变化。然而，在实际应用中，射流的基本流往往存在振荡，例如，液体火箭发动机不稳定燃烧引起的压力及速度振荡会影响推进剂的雾化过程，工业生产及医疗器械中广泛应用的声学雾化方式，以及采用交变电场控制射流的按需打印(droplet-on-demand)等技术。这些应用场景均属于射流界面参数振荡的范畴。

参数不稳定可以施加的是加速度(Faraday，1831；Benjamin and Ursell，1954)、速度(Kelly，1965；Yih，1968)、电场(González et al.，2003；Roberts and Kumar，2009；Conroy et al.，2011；Bandopadhyay and Hardt，2017)、温度(Gershuni and Zhukovitskii，1963；Yih and Li，1972)等参数的周期振荡；其实质是将基本流定常条件下的 Rayleigh-Taylor(R-T)不稳定(Taylor，1950)、Kelvin-Helmholtz(K-H)不稳定(Kelvin，1871)等问题转移到非定常基本流中(Benjamin and Ursell，1954；Kelly，1965)，利用基本流参数的振荡引起失稳驱动力(惯性力、气体动力、电场力等)周期性变化，使得整个周期内失稳驱动力做功大于耗散力做功，从而导致液膜失稳，参数不稳定的发生机理如图 6-1 所示，其中振荡加速度为 $\sin(2\pi t/T)$。当外加振荡作用使得在振荡正半周惯性力所做正功大于负半周惯性力所做负功，只要周期内累积正功大于耗散力做功，液膜表面扰动就能保持周期性增长，参数不稳定现象发生。参数不稳定现象对流体的超声雾化(Yule and Al-Suleimani，

2000)、燃烧室压力振荡场中燃料的雾化(Baillot et al.，2009)、交流电场中射流雾化(Kang et al.，2011)都有着重要影响，下面列举实际应用中参数不稳定发生的几种形式。

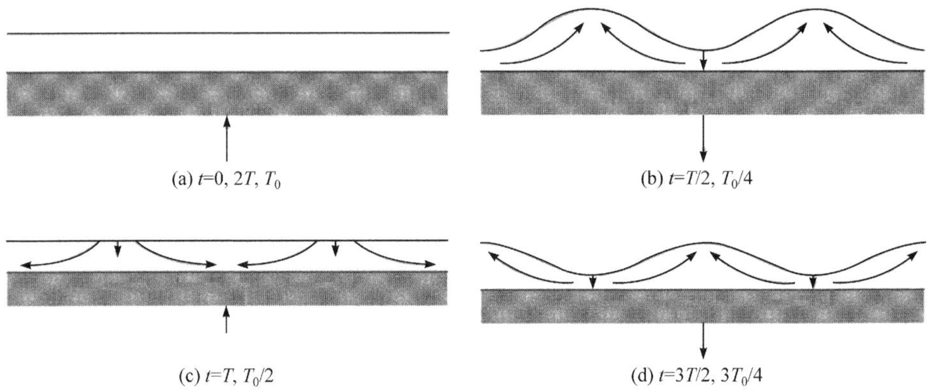

图 6-1　参数不稳定的发生机理

$T_0=2T$，其中 T_0 是表面波周期，T 是声场振荡周期

(1) 火箭发动机中的不稳定燃烧以压力振荡的形式体现，其频率为 10～1000Hz 量级。燃烧室中的压力不稳定可能会与燃烧室中的共振模态相耦合，振幅甚至能够达到燃烧室平均压力的 10%，最终导致发动机的结构受到破坏。而强烈的声学振荡，必然会影响前期的雾化过程(Baillot et al.，2009)，这实际上是一个射流在声场中发生参数不稳定的问题。

(2) 超声雾化方式具有可控性强、雾化细度高、雾化粒径集中等优点(Ashokkumar et al.，2016)，能够适应重油雾化(李建勋和王钧，2001；张绍坤等，2007)、冶金(Lierke and Griesshammer，1967；吴胜举等，2001)等复杂工况，在高黏流体雾化领域有着广泛应用(魏振军，1985；孙晓霞，2004)。超声雾化方式主要包括电动式和流体动力式，超声雾化喷嘴结构如图 6-2 所示，无论是电动式还是气体动力式，都是通过固体和气液的振荡激发射流表面波的参数不稳定，进而改善雾化质量，在工业生产和医学领域具有广阔的应用前景。

(3) 在电雾化领域中，非定常电场也得到一定应用，非定常电场在提高雾化质量的同时，引入的交变电场频率可以更好地提高电喷雾的可调控性(Gañán-Calvo et al.，2018)。很多应用电雾化的领域都需要电场电压的快速变化，例如，Kirtley 和 Fife(2002)提出在胶质推力器中，通过施加交流电压和增加加速电极可以实现带电微粒的连续加速；在按需打印技术中，会采用电动力学脉冲射流来产生比常规喷墨打印技术更小的液滴(体积达到飞升量级)(Kang et al.，2011)。

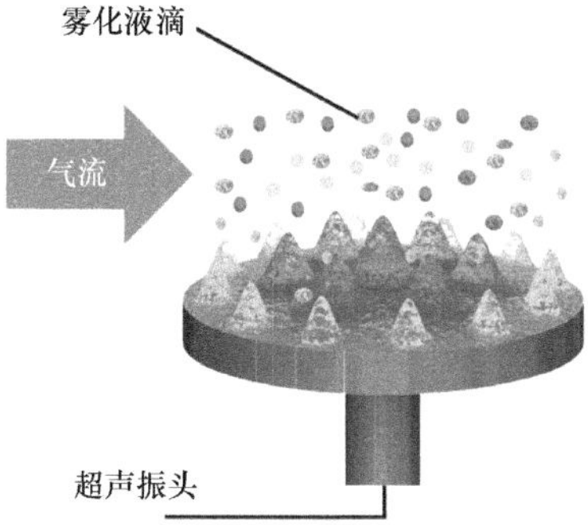

(a) 电动式超声雾化喷嘴

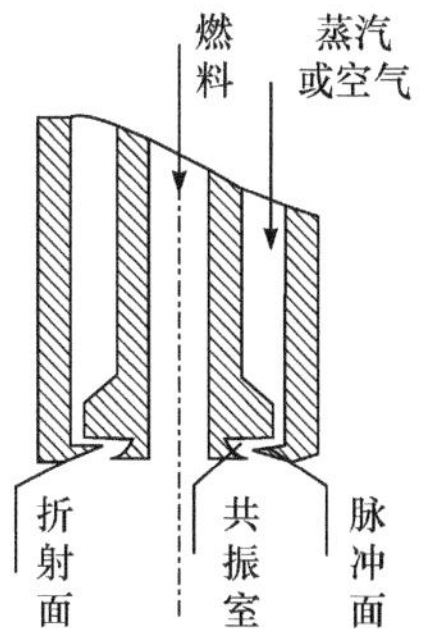

(b) 流体动力式超声雾化喷嘴

图 6-2　超声雾化喷嘴结构

上述问题实际上都属于振荡压力、速度、电场中流体雾化的问题。流体的雾化行为取决于流体界面的稳定性(Qin et al.，2018)。本章以自由射流为研究对象，对声场及交变电场中射流的参数不稳定进行理论分析。

在数学处理上，由于基本流物理量的周期性变化，偏微分控制方程中含有时间周期函数，传统的正则模线性稳定性分析方法不再适用。因此，需采用弗洛凯理论，对表面波的参数不稳定问题进行求解，本章将在 6.2 节及 6.3 节中，对此问题进行详细求解。

6.2　声场中射流的稳定性分析

6.2.1　黏势流理论

根据毛细波假设，平面射流破裂的主要原因是毛细波的振幅过大使得液丝脱离平面射流，液丝的直径取决于其对应表面波的波长，液滴的直径又取决于相应液丝的直径，因此，表面波的波长决定了液滴的直径。运用稳定性分析方法得到平面射流扰动增长率与扰动波长的关系，平面射流扰动增长率表征其表面扰动增长的速率，最大增长率即其最快破裂速率，扰动对应的波长决定了射流破裂产生液丝的平均直径。当气体振荡幅度有限时，液体内部不出现空化现象，毛细波假设仍然成立。

图 6-3 为声学振荡条件下平面射流与气体扰动示意图。对于二维平面射流，厚度为 $2a^*$，表面张力为 σ^*，动力黏度系数为 μ_1^*。未扰动时平面射流相对坐标系静止，周围气体运动速度为 U_g^*，平行于未扰动气液界面。坐标系 x^* 轴平行于气体运动方向，y^* 轴垂直于未扰动气液界面。假设气体无黏，气液均不可压，液体和气体密度分别为 ρ_1^* 和 ρ_g^*，并消去非线性项。忽略重力作用。在本章中，以上

角标“*”表示有量纲参数，无上角标“*”参数表示无量纲参数。

声场振荡体现在气体介质的密度和速度振荡，本节用气体速度振荡来表示声学振荡，振幅只是时间的函数。在13～3×10^6Hz 范围内，气体速度在无限短的时间内可以被假设为常数，但是在有限时间内是变化的。因此，线性稳定性理论可以在无限短的时间ΔT^*内应用，而气体速度在一定时间t^*内是变化的。

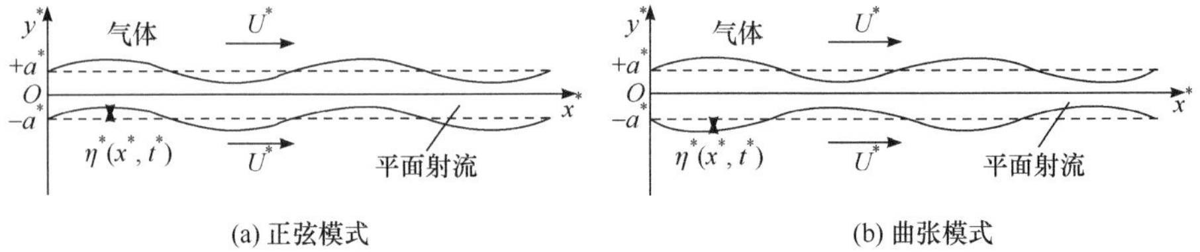

图 6-3　声学振荡条件下平面射流与气体扰动示意图

当引入扰动时，上层和下层界面产生偏移形式为

$$\begin{cases} y_j^* = (-1)^j a^* + \eta^*\left(x^*, t^*\right), \text{正弦模式} \\ y_j^* = (-1)^j a^* + (-1)^j \eta^*\left(x^*, t^*\right), \text{曲张模式} \\ \eta^*\left(x^*, t^*\right) = D^*\left(t^*\right)\exp\left(\mathrm{i}k^* x^*\right) \end{cases} \tag{6-1}$$

其中，$j=0$ 和 $j=1$ 分别代表上层和下层界面；$k^*=2\pi/\lambda^*$ 是表面波的波数，其中λ^*为波长。对应地，整个流场受到扰动并相对基本流发生偏移。

在黏势流理论中，考虑液体黏性，忽略气体黏性，认为射流表面波动主要是由压力引起的，忽略黏性剪切力的作用，从而认为气液两相均无旋。因此，气体和液体速度势函数分别可设为

$$\phi_1^* = \hat{\phi}_1^*(y)A\left(t^*\right)\exp\left(\mathrm{i}k^* x^*\right),\ \phi_g^* = U_g^* x + \hat{\phi}_g^*(y)B\left(t^*\right)\exp\left(\mathrm{i}k^* x^*\right) \tag{6-2}$$

气体和液体的二维速度$\boldsymbol{U}^*=\left(u^*, v^*\right)$可以分别用$\boldsymbol{U}_1^*=\left(u_1^{*\prime}, v_1^{*\prime}\right)=\nabla\phi_1^*$和$\boldsymbol{U}_g^*=\left(U_g^*+u_g^{*\prime}, v_g^{*\prime}\right)=\nabla\phi_g^{*\prime}$来表示。液体和气体基本流压力分别为$\overline{p}_1^*$和$\overline{p}_g^*$，扰动压力分别为$p_1^{*\prime}$和$p_g^{*\prime}$。因此，控制方程可以表示成如下形式。

连续方程为

$$\nabla^2\phi^* = 0 \tag{6-3}$$

动量方程为

$$\overline{p}^* + p^{*\prime} + \rho^*\frac{\partial\phi^{*\prime}}{\partial t^*} = -\frac{\rho^*}{2}\left|\nabla\phi^*\right|^2 \tag{6-4}$$

式(6-3)和式(6-4)适用于气液两相，因此省略下标。

黏势流理论中，忽略切向应力连续条件。因此，气液运动边界条件为

$$\frac{\partial \phi_1^*}{\partial y^*}=\frac{\partial \eta^*}{\partial t^*}, \quad y^*=\pm a^* \tag{6-5}$$

$$\frac{\partial \phi_{\mathrm{g}}^*}{\partial y^*}=\frac{\partial \eta^*}{\partial t^*}+U^*\frac{\partial \eta^*}{\partial x^*}, \quad y^*=\pm a^* \tag{6-6}$$

$$\frac{\partial \phi_{\mathrm{g}}^*}{\partial y^*}=0, \quad y^*\to\pm\infty \tag{6-7}$$

对于正弦模式，界面处动力边界条件为

$$-p_1^{*\prime}+2\mu_1^*\frac{\partial v_1^{*\prime}}{\partial y^*}-\left(-p_{\mathrm{g}}^{*\prime}\right)=\sigma^*\frac{\partial^2\eta^*}{\partial x^{*2}}, \quad y^*=\pm a^* \tag{6-8}$$

式(6-3)～式(6-8)包含所有用来描述流场的控制方程和边界条件。

引入正弦模式的气体速度振荡表示声学振荡，气体密度为常数。气体速度表示为

$$U_{\mathrm{g}}^*=U_0^*+\Delta U_{\mathrm{g}}^*\cos\left(\omega_{\mathrm{s}}^* t^*\right) \tag{6-9}$$

其中，U_0^*、ΔU_{g}^*、ω_{s}^*和t^*分别表示气体平均速度、振幅、振荡频率和时间。

通过忽略所用小扰动的非线性项，对控制方程式(6-3)和式(6-4)进行线性化。将式(6-2)代入线性化动量方程，可以得到含有一系列积分常数的扰动解。积分常数通过边界条件式(6-5)～式(6-8)获取，从而得到正弦模式和曲张模式的色散关系，即

$$\begin{aligned}&(Q+\rho)D_{t^*t^*}\left(t^*\right)+\left(2\mathrm{i}k^*\rho U_{\mathrm{g}}^*+2v_1^*k^{*2}Q\right)D_{t^*}\left(t^*\right)\\&+\left(\sigma^*k^{*3}/\rho_1^*-\rho k^{*2}U_{\mathrm{g}}^{*2}+\mathrm{i}k^*\rho U_{\mathrm{g},t}^*\right)D\left(t^*\right)=0\end{aligned} \tag{6-10}$$

其中，$Q=\tanh\left(k^*a^*\right)$和$Q=\coth\left(k^*a^*\right)$分别对应正弦模式和曲张模式；$\rho=\rho_{\mathrm{g}}^*/\rho_1^*$为气液密度比；$v_1^*=\mu_1^*/\rho_1^*$为液体的运动黏度；下标“$t^*$”表示参数关于时间 t^* 的导数。

为了将色散关系式(6-10)转化为标准的希尔方程形式，采用以下变换：

$$D^*\left(t^*\right)=F^*\left(t^*\right)\exp\left[-\int\left(\mathrm{i}k^*\rho U_{\mathrm{g}}^*+v_1^*k^{*2}Q\right)\mathrm{d}t^*\Big/(Q+\rho)\right] \tag{6-11}$$

将式(6-11)代入式(6-10)可以得到

$$(Q+\rho)F^*_{t^*t^*}\left(t^*\right)+\begin{bmatrix}\sigma^* k^{*3}/\rho_1^* - \rho Q k^{*2} U_g^{*2}/(Q+\rho) \\ -2\mathrm{i}\nu_1^* k^{*3} U_g^* \rho Q/(Q+\rho) - \nu_1^{*2} k^{*4} Q^2/(Q+\rho)\end{bmatrix} F^*\left(t^*\right)=0 \tag{6-12}$$

为了简化分析和结果的普遍性，无量纲时间定义为$t=0.5\omega_s^* t^*$。将正弦速度振荡式(6-9)代入式(6-12)，可以得到希尔方程形式的色散方程，即

$$F_{tt}^*(t)+\left(\theta_0+2\theta_2\cos(2t)+2\theta_4\cos(4t)\right)F_{tt}^*(t)=0 \tag{6-13}$$

其中，

$$\theta_0=\frac{2k^{*2}}{(Q+\rho)\omega_s^{*2}}\left[\frac{2k^*\sigma^*}{\rho_1^*}-\frac{\rho Q}{\rho+Q}\left(2U_0^{*2}+\Delta U_g^{*2}\right)-\frac{4\mathrm{i}\rho Q k^*\mu_1^* U_0^*}{(Q+\rho)\rho_1^*}-\frac{2Q^2 k^{*2}\mu_1^{*2}}{(Q+\rho)\rho_1^{*2}}\right]$$

$$\theta_2=-4\rho Q k^{*2}\Delta U_g^*\left(\frac{\mathrm{i}k^*\mu_1^*}{\rho_1^*}+U_0^*\right)\Big/\left[(Q+\rho)\omega_s^*\right]^2$$

$$\theta_4=\frac{-\rho Q k^{*2}\Delta U_g^{*2}}{(Q+\rho)^2\omega_s^{*2}} \tag{6-14}$$

对于希尔方程式(6-13)，存在一个通解为

$$F^*(t)=\hat{\eta}^*\exp(\beta t)\psi(t) \tag{6-15}$$

其中，$\psi(t)$是一个以π为周期的函数；$\beta=\beta_r+\mathrm{i}\beta_i$ 为特征指数。当θ_2和θ_4较小时，β可以通过以下方程求得：

$$\cosh(\pi\beta)=1-2\sin^2\left(\pi\theta_0^{1/2}/2\right)-\pi\left[\theta_2^2/(1-\theta_0)+\theta_4^2/\left(2^2-\theta_0\right)\right]\sin\left(\pi\theta_0^{1/2}\right)\Big/4\theta_0^{1/2} \tag{6-16}$$

将式(6-11)和式(6-15)代入式(6-1)，可以得到平面射流的界面位移为

$$\eta^*=\hat{\eta}^*\exp\left\{0.5\mathrm{i}\beta_i^*\omega_s^* t^*-\mathrm{i}k^*\rho U_0^* t^*/(Q+\rho)-\mathrm{i}k^*\rho\Delta U_g^*\sin\left(\omega_s^* t^*\right)\Big/\left[\omega_s^*(Q+\rho)\right]\right\}$$
$$\times\psi\left(0.5\omega_s^* t^*\right)\exp\left[0.5\beta_r^*\omega_s^* t^*-Q\nu_1^* k^{*2} t^*/(Q+\rho)\right]\exp\left(\mathrm{i}k^* x^*\right) \tag{6-17}$$

因此，可以得到扰动的时间增长率为

$$\omega_r^*=0.5\beta_r^*\omega_s^*-\frac{k^{*2}\nu_1^* Q}{Q+\rho} \tag{6-18}$$

当$k^*\rho U_0^*\ll 0.5\omega_s^*$时，表面波的频率可以表示为

$$\omega_i^* = 0.5n\omega_s^*,\quad n = 0,1,2,\cdots \tag{6-19}$$

希尔方程是对参数不稳定的一种典型的表达方式。希尔方程即式(6-13)的解中存在多个稳定与不稳定区域。马修方程是最简单的一种希尔方程。图 6-4 展示了马修方程解的稳定与不稳定区域($\mathrm{d}^2x/\mathrm{d}t^2+(a-2q\cos(2t))x=0$)。对于流体的参数不稳定，当希尔方程的参数交替地出现在稳定($\beta_r \leqslant 0$)或不稳定区域($\beta_r > 0$)时，流体界面将会是稳定的($\omega_r^* \leqslant 0$)或不稳定的($\omega_r^* > 0$)。Borodin 等(1967)发现，对处于声振条件下的气助式无黏平面射流，稳定($\omega_r^* \leqslant 0$)和不稳定($\omega_r^* > 0$)区域交替分布。对于黏性平面射流，同样如此。然而，由于高阶不稳定区域不稳定增长率较小，平面射流的稳定性完全取决于前三个不稳定区域。Mulmule 等(2010)认为，当气液两相存在平均速度差时，气体动力导致第一个不稳定区域的出现，而气体振荡导致了第二个不稳定区域的出现。此外，平面射流的破裂特征取决于所有不稳定区域的最大增长率和主导波数。

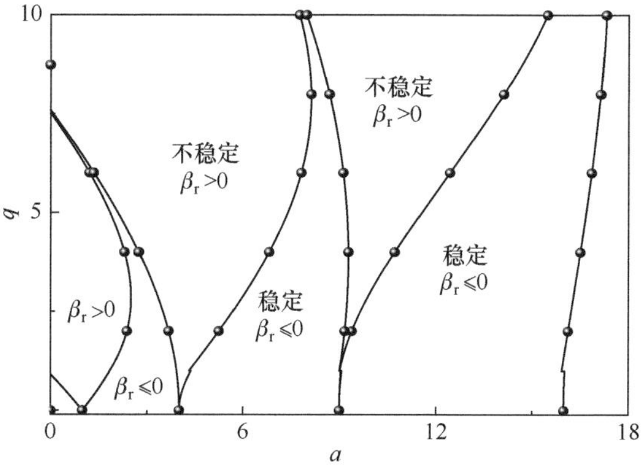

图 6-4　马修方程解的稳定与不稳定区域($\mathrm{d}^2x/\mathrm{d}t^2+(a-2q\cos(2t))x=0$)

色散曲线是通过时间增长率的表达式(6-18)来获取的。这些曲线展现了增长率和波数的关系。图 6-5 展示了气体速度振荡条件下正弦模式和曲张模式的表面波色散曲线，相关参数设置为$\sigma^*=0.07\mathrm{Pa\cdot m}$，$\rho_l^*=1000\mathrm{kg/m^3}$，$\rho_g^*=1.293\mathrm{kg/m^3}$，$\Delta U_g^*=2.5\mathrm{m/s}$，$2a^*=0.8\mathrm{mm}$，$\omega_s^*=500\mathrm{Hz}$。液体和气体的物性参数根据 20℃时水与空气的物性参数来确定。从图 6-5 可以看出正弦模式的表面波明显强于曲张模式，这种现象是和不存在气体振荡条件下相似的。此外，在气体速度振荡条件下，时间增长率更大，平面射流不稳定性增强。需要指出的是，当气体速度振荡存在时，出现多个不稳定区域，这些不稳定区域可以分为 K-H 不稳定区域和参数不稳定区域。

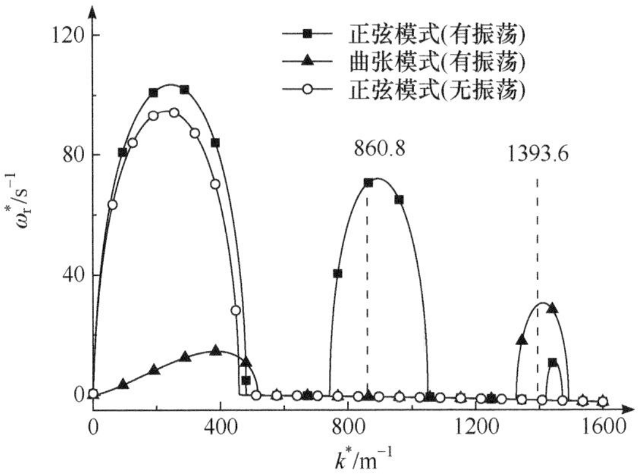

图 6-5 气体速度振荡条件下正弦模式和曲张模式的表面波色散曲线

事实上，希尔方程式(6-13)可以简化为无振荡的表达式为

$$F_{tt}(t)+\frac{4k^{*2}}{(Q+\rho)\omega_s^{*2}}\left[\frac{k^*\sigma^*}{\rho_1^*}-\frac{\rho Q U_0^{*2}}{\rho+Q}-\frac{2\mathrm{i}\rho Q k^*\mu_1^* U_0^*}{(Q+\rho)\rho_1^*}-\frac{Q^2k^{*2}\mu_1^{*2}}{(Q+\rho)\rho_1^{*2}}\right]F(t)=0 \tag{6-20}$$

因此，式(6-20)解的虚部则可以表示为

$$\beta_i=\mathrm{Re}\left\{\frac{2k^*}{\omega_s^*}\sqrt{\frac{1}{(Q+\rho)}\left[\frac{k^*\sigma^*}{\rho_1^*}-\frac{\rho Q U_0^{*2}}{\rho+Q}-\frac{2\mathrm{i}\rho Q k^*\mu_1^* U_0^*}{(Q+\rho)\rho_1^*}-\frac{Q^2k^{*2}\mu_1^{*2}}{(Q+\rho)\rho_1^{*2}}\right]}\right\} \tag{6-21}$$

可以得到无振荡条件下表面波的频率为

$$\begin{aligned}\omega_{i1}^* &= 0.5\omega_s^*\beta_i\\ &=\mathrm{Re}\left\{k^*\sqrt{\frac{1}{(Q+\rho)}\left[\frac{k^*\sigma^*}{\rho_1^*}-\frac{\rho Q U_0^{*2}}{\rho+Q}-\frac{2\mathrm{i}\rho Q k^*\mu_1^* U_0^*}{(Q+\rho)\rho_1^*}-\frac{Q^2k^{*2}\mu_1^{*2}}{(Q+\rho)\rho_1^{*2}}\right]}\right\}\end{aligned} \tag{6-22}$$

马修方程中存在谐波解和亚谐波解。因此，参数不稳定区域将出现在产生谐波或亚谐波共振的位置，即 ω_{i1}^* 为 $0.5\omega_s^*$、ω_s^*、$1.5\omega_s^*\cdots$。当速度振荡频率为 $\omega_s^*=500\text{Hz}$ 时，能引起共振的频率 ω_{i1}^* 为 250Hz、500Hz、750Hz…。对于正弦模式，上述频率的对应波数 k^* 为 860.8m^{-1}、1393.6m^{-1}、1895.3m^{-1}。因此，如图 6-5 所示，第二个不稳定区域在接近 $k^*=860.8\text{m}^{-1}$ 的范围，尽管振荡的引入导致系统的固有特性发生改变，主导波数并不精确位于 $k^*=860.8\text{m}^{-1}$。然而，第一个不稳定区域的频率接近 0。因此，可以得出的结论是第一个不稳定区域不是由振荡引起的，而是由气体动力引起的，与 Mulmule 等(2010)得到的结果类似。

另外，需要指出的是频率 ω_{i1} 和表面波频率 ω_i 存在区别。通过式(6-28)可以发现，当气体平均速度为 0 时，这两个频率相等。当气体平均速度增大时，这两个频率之间的差距增大。

图 6-6 为速度振荡振幅的作用，其中相关参数设置为 $\rho = 0.001$，$\rho_1^* = 1000\text{kg/m}^3$，$\sigma^* = 0.07\text{Pa}\cdot\text{m}$，$a^* = 4\times10^{-4}\text{m}$，$\omega_s^* = 500\text{Hz}$，$U_0^* = 5\text{m/s}$，$\mu_1^* = 0.001\text{Pa}\cdot\text{s}$。在图 6-6 所选取的参数条件下，会出现多个不稳定区域，其中第一个和第二个不稳定区域增长率较大，主导了平面射流的不稳定。因此，在此只讨论前两个不稳定区域，对 K-H 不稳定和参数不稳定问题进行分析。当引入振荡时，参数不稳定区域出现。振幅的增大对 K-H 不稳定区域和参数不稳定区域的不稳定性均有增强作用。同时主导波数会随振幅的增大而增长。需要指出，参数不稳定区域对振幅的增加更加敏感，随着振幅的增大，参数不稳定区域会超越 K-H 不稳定区域，此时主导波数位于参数不稳定区域。

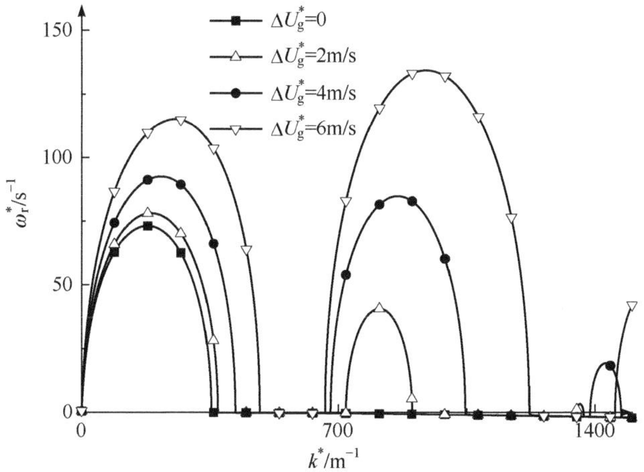

图 6-6　速度振荡振幅的作用

图 6-7 为速度振荡频率的作用，相关参数设置为 $\rho = 0.01$，$\rho_1^* = 1000\text{kg/m}^3$，$\sigma^* = 0.07\text{Pa}\cdot\text{m}$，$a^* = 4\times10^{-4}\text{m}$。综合图 6-5 可知，参数不稳定的发生是由射流表面波的固有频率与气体振荡频率的匹配作用引起的。而相应地，射流表面波的固有频率取决于表面波数，大波数的表面波固有频率较大。当增大外加振荡频率时，能够激发固有频率更高的表面波产生参数共振，也就使得参数不稳定区间向大波数范围移动。从图 6-7(a)可以看出，前两个不稳定区域主导平面射流的不稳定性，是讨论的重点。无论是对于最大增长率还是不稳定范围，频率的升高均导致第一个不稳定区域的增长和第二个不稳定区域的衰减。在当前所研究的工况下，最大增长率在较低频率时位于参数不稳定区域，而在较高频率时位于 K-H 不稳定区

域。这种转换会导致如图 6-7(b)所示的主导波数的间断点。在这个间断点之前，频率的升高能够抑制不稳定，而在这个间断点之后，频率的升高对不稳定有促进作用。但是，考虑到主导波数的变化，在间断点之前，频率的升高能够导致主导波数的增加，有利于减小雾化生成液滴的尺寸。

从式(6-18)可以看出，黏性耗散对增长率的主要作用可以表示为

$$\omega_{\nu}^{*}=-\frac{k^{*2}\nu_1^{*}Q}{Q+\rho} \tag{6-23}$$

因此，由黏性耗散引起的增长率的损失 $\omega_{\nu}^{*}\propto -k^{*2}Q/(Q+\rho)\approx -k^{*2}$ 接近抛物线型。而从图 6-7 可以看出，随着速度振荡的频率增大，参数不稳定区域所对应的波数也会增大，而波数的增大导致了黏性耗散作用的迅速增强，从而导致参数不稳定区域随着速度振荡频率的增加而迅速衰减。

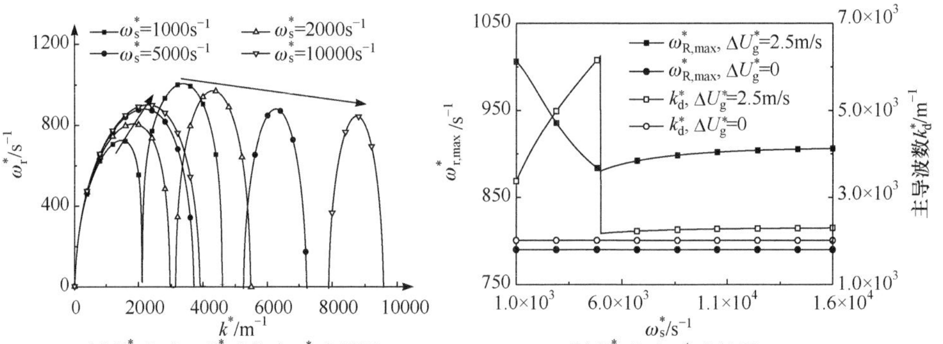

(a) U_0^*=5m/s, ΔU^*=2.5m/s, μ_1^*=0.001Pa·s　　(b) U_0^*=5m/s, μ_1^*=0.001Pa·s

图 6-7　速度振荡频率的作用

6.2.2　弗洛凯理论

黏势流理论在定性上能够得到黏性作用对平面射流稳定性的影响，在数学上处理简单，但是由于未考虑剪切黏性力，可能会对黏性耗散作用存在一定的低估。因此，在本节中，考虑剪切黏性力，将扰动量预设为弗洛凯解的形式，对此问题进行求解。

同时，非牛顿流体是一种普遍存在的推进剂形式，其流变特性中同时体现出黏性和弹性，黏性流体(牛顿流体)实际上是一种特殊形式的非牛顿流体。因此，本节直接以非牛顿的平面射流为研究对象，对其在声场中的稳定性进行研究。

仍采用如图 6-3 所示理论模型，并认为平面射流为非牛顿流体，采用 6.2.1 节中的符号表示各参数，可得到平面射流的控制方程，包括质量守恒方程和动量守恒方程，即

$$\nabla \cdot \boldsymbol{v}_1^* = 0 \tag{6-24}$$

$$\rho_1^*\left(\frac{\partial}{\partial t^*} + \boldsymbol{v}_1^* \cdot \nabla\right)\boldsymbol{v}_1^* = -\nabla p_1^* + \nabla \cdot \boldsymbol{T}^* \tag{6-25}$$

其中，$\boldsymbol{T}^*$ 为液相的额外应力。

选取 Oldroyd B 模型进行研究，此模型适用于低剪切条件下的 Boger 流体，其本构方程可以表示为

$$\begin{aligned}&\boldsymbol{T}^* + \lambda_1^*\left[\frac{\partial \boldsymbol{T}^*}{\partial t^*} + \left(\boldsymbol{v}_1^* \cdot \nabla\right)\boldsymbol{T}^* - \left(\nabla \boldsymbol{v}_1^*\right)\cdot \boldsymbol{T}^* - \boldsymbol{T}^* \cdot \left(\nabla \boldsymbol{v}_1^*\right)^{\mathrm{T}}\right] \\ &= \mu_0^*\left\{\dot{\boldsymbol{\gamma}}^* + \lambda_2^*\left[\frac{\partial \dot{\boldsymbol{\gamma}}^*}{\partial t^*} + \left(\boldsymbol{v}_1^* \cdot \nabla\right)\dot{\boldsymbol{\gamma}}^* - \left(\nabla \boldsymbol{v}_1^*\right)\cdot \dot{\boldsymbol{\gamma}}^* - \dot{\boldsymbol{\gamma}}^* \cdot \left(\nabla \boldsymbol{v}_1^*\right)^{\mathrm{T}}\right]\right\}\end{aligned} \tag{6-26}$$

其中，$\dot{\boldsymbol{\gamma}}^* = \nabla \boldsymbol{v}_1^* + \left(\nabla \boldsymbol{v}_1^*\right)^{\mathrm{T}}$ 为应变张量；μ_0^* 为零剪切黏度；λ_1^* 为应力松弛时间；λ_2^* 为变形延迟时间。极限情况 $\lambda_1^* > 0$，$\lambda_2^* = 0$ 对应的是上随体 Maxwell(UCM)模型。极限情况 $\lambda_1^* = \lambda_2^* = 0$ 对应的是纯黏性(牛顿)流体。

气体不可压，无黏且无旋，仍可引入势函数，其控制方程仍可采用式(6-3)和式(6-4)表示。表面扰动形式仍可采用式(6-1)表示。

控制方程的求解需要引入边界条件。运动边界条件为界面处法向速度连续，当 $y^* \to \infty$ 时，气体速度有界，可以表示为

$$v_1^*\big|_{y^*=y_j^*} = \left(\frac{\partial}{\partial t^*} + u_1^*\frac{\partial}{\partial x^*}\right)y_j^* \tag{6-27}$$

$$v_{\mathrm{g}}^*\big|_{y^*=y_j^*} = \left[\frac{\partial}{\partial t^*} + \left(U_{\mathrm{g}}^* + u_{\mathrm{g}}^*\right)\frac{\partial}{\partial x^*}\right]y_j^* \tag{6-28}$$

$$u_{\mathrm{g}}^*\big|_{y^*\to\pm\infty} \text{有界} \tag{6-29}$$

界面切应力为 0，界面法向应力连续为

$$\left(\boldsymbol{\pi}_1^* - \boldsymbol{\pi}_{\mathrm{g}}^*\right)\times \boldsymbol{n} = 0 \tag{6-30}$$

$$\left(\boldsymbol{\pi}_1^* - \boldsymbol{\pi}_{\mathrm{g}}^*\right)\cdot \boldsymbol{n} + \sigma^*\nabla \cdot \boldsymbol{n} = 0,\ y^* = y_j^* \tag{6-31}$$

其中，$\boldsymbol{\pi}_1^*$ 为液相应力张量，可以表示为 $\boldsymbol{\pi}_1^* = p_1^*\boldsymbol{\delta}^* - \boldsymbol{T}^*$；$\boldsymbol{\pi}_{\mathrm{g}}^* = p_{\mathrm{g}}^*\boldsymbol{\delta}^*$ 为气相应力张量；$\boldsymbol{n}$ 为垂直于气液界面的单位矢量，指向气相，$\nabla \cdot \boldsymbol{n}$ 为曲率。

气体速度振荡的形式仍由式(6-9)给出，进行线性稳定性分析，将流动参数

表示为基本流和扰动量相加的形式，上标“–”代表基本流，上标“′”代表扰动量。

$$\begin{cases} \boldsymbol{v}_1^* = \overline{\boldsymbol{v}}_1^* + \boldsymbol{v}_1^{*\prime} = (0,0) + \left(u_1^{*\prime}, v_1^{*\prime}\right) \\ \boldsymbol{v}_g^* = \overline{\boldsymbol{v}}_g^* + \boldsymbol{v}_g^{*\prime} = \left(U_g^*, 0\right) + \left(u_g^{*\prime}, v_g^{*\prime}\right) = \left(\dfrac{\partial \overline{\phi}_g^{*\prime}}{\partial x^*}, 0\right) + \left(\dfrac{\partial \phi_g^{*\prime}}{\partial x^*}, \dfrac{\partial \phi_g^{*\prime}}{\partial y^*}\right) \end{cases} \tag{6-32}$$

$$\dot{\boldsymbol{\gamma}}^* = \overline{\dot{\boldsymbol{\gamma}}}^* + \dot{\boldsymbol{\gamma}}^{*\prime} = 0 + \dot{\boldsymbol{\gamma}}^{*\prime} \tag{6-33}$$

$$p_1^* = \overline{p}_1^* + p_1^{*\prime}, \quad p_g^* = \overline{p}_g^* + p_g^{*\prime} \tag{6-34}$$

$$\boldsymbol{T}^* = \overline{\boldsymbol{T}}^* + \boldsymbol{T}^{*\prime} = 0 + \boldsymbol{T}^{*\prime} \tag{6-35}$$

将式(6-1)和式(6-32)～式(6-35)代入平面射流的控制方程式(6-24)和式(6-25)、本构方程式(6-26)和气体控制方程式(6-3)和式(6-4)，以及边界条件式(6-27)～式(6-31)，线性化正弦模式的方程可以表示为

$$\nabla \cdot \boldsymbol{v}_1^{*\prime} = 0 \tag{6-36}$$

$$\rho_1^* \frac{\partial \boldsymbol{v}_1^{*\prime}}{\partial t^*} = -\nabla p_1^{*\prime} + \nabla \cdot \boldsymbol{T}_1^{*\prime} \tag{6-37}$$

$$\left(1 + \frac{\partial}{\partial t^*} \lambda_1^*\right) \boldsymbol{T}_1^{*\prime} = \mu_0^* \left(1 + \frac{\partial}{\partial t^*} \lambda_2^*\right) \dot{\boldsymbol{\gamma}}_1^{*\prime} \tag{6-38}$$

$$\nabla^2 \phi_g^{*\prime} = 0 \tag{6-39}$$

$$\rho_g^* \left(\frac{\partial}{\partial t^*} + U_g^* \frac{\partial}{\partial x^*}\right) \phi_g^{*\prime} = -p_g^{*\prime} \tag{6-40}$$

$$v_1^{*\prime}\Big|_{y^*=\pm a^*} = \frac{\partial \eta^*}{\partial t^*} \tag{6-41}$$

$$\left.\frac{\partial \phi_g^{*\prime}}{\partial y^*}\right|_{y^*=\pm a^*} = \frac{\partial \eta^*}{\partial t^*} + U_g^* \frac{\partial \eta^*}{\partial x^*} \tag{6-42}$$

$$T_{xy}^{*\prime}\Big|_{y^*=\pm a^*} = 0 \tag{6-43}$$

$$\phi_g^*\Big|_{y^* \to \pm\infty} \text{有界} \tag{6-44}$$

$$p_1^{*\prime} - T_{yy}^{*\prime} - p_g^{*\prime} + \sigma^* \left.\frac{\partial^2 \eta^*}{\partial x^{*2}}\right|_{y^*=\pm a^*} = 0 \tag{6-45}$$

根据式(6-9)给出的气体基本速度振荡的形式，扰动参数可以表示为周期为 $2\pi/\omega_s^*$ 的弗洛凯解的形式，即

$$\begin{aligned}&\left(u_1^{*\prime}, v_1^{*\prime}, \boldsymbol{T}^{*\prime}, \dot{\boldsymbol{\gamma}}^{*\prime}, p_1^{*\prime}, \phi_g^{*\prime}, p_g^{*\prime}\right)\\ &= \exp\left(\beta^* t^*\right)\left(\hat{u}_1^*, \hat{v}_1^*, \hat{\boldsymbol{T}}^*, \hat{\dot{\boldsymbol{\gamma}}}^*, \hat{p}_1^*, \hat{\phi}_g^*, \hat{p}_g^*\right)\left(y^*, t^* \bmod 2\pi/\omega_s^*\right)\exp\left(\mathrm{i}k^* x^*\right)\end{aligned} \tag{6-46}$$

其中，$\beta^* = \beta_r^* + \mathrm{i}\beta_i^*$ 为弗洛凯指数。式(6-46)中等号右端的参数是周期为 $2\pi/\omega_s^*$ 的函数，因此可以进行傅里叶展开，即

$$\begin{aligned}&\left(\hat{u}_1^*, \hat{v}_1^*, \hat{\boldsymbol{T}}^*, \hat{\dot{\boldsymbol{\gamma}}}^*, \hat{p}_1^*, \hat{\phi}_g^*, \hat{p}_g^*\right)\left(y^*, t^* \bmod 2\pi/\omega_s^*\right)\\ &= \sum_{n=-\infty}^{+\infty}\left[\hat{u}_{1n}^*(y), \hat{v}_{1n}^*(y), \hat{\boldsymbol{T}}_n^*, \hat{\dot{\boldsymbol{\gamma}}}_n^*, \hat{p}_{1n}^*(y), \hat{\phi}_{gn}^*(y), \hat{p}_{gn}^*(y)\right]\exp\left(\mathrm{i}n\omega_s^* t^*\right)\end{aligned} \tag{6-47}$$

同样，界面变形也可以表示为

$$\eta^* = \exp\left(\beta^* t^*\right)\tilde{\eta}^*\left(\bmod 2\pi/\omega_s^*\right)\exp\left(\mathrm{i}k^* x^*\right) = \exp\left(\beta^* t^*\right)\sum_{n=-\infty}^{+\infty}\eta_n^* \exp\left(\mathrm{i}n\omega_s^* t^*\right)\exp\left(\mathrm{i}k^* x^*\right) \tag{6-48}$$

将式(6-46)和式(6-47)代入式(6-48)，可以得到等效黏度 $\mu_n^*\left(\omega_{en}^*\right)$ 为

$$\hat{\boldsymbol{T}}_n^* = \mu_0^* \frac{1 + \left(\beta^* + \mathrm{i}n\omega_s^*\right)\lambda_2^*}{1 + \left(\beta^* + \mathrm{i}n\omega_s^*\right)\lambda_1^*}\hat{\dot{\boldsymbol{\gamma}}}^* \tag{6-49}$$

$$\mu_n^*\left(\omega_{en}^*\right) = \mu_0^* \frac{1 + \left(\beta^* + \mathrm{i}n\omega_s^*\right)\lambda_2^*}{1 + \left(\beta^* + \mathrm{i}n\omega_s^*\right)\lambda_1^*} \tag{6-50}$$

其中，

$$\omega_{en}^* = \mathrm{i}n\omega_s^* + \beta^* \tag{6-51}$$

将式(6-46)和式(6-47)代入式(6-36)和式(6-37)，同时考虑式(6-41)和式(6-43)，可以得到速度和压力为

$$\hat{u}_{1n}^*(y) = -\frac{2\mathrm{i}\mu_n^*\left(\omega_{en}^*\right)k^* l_n^* \sinh\left(l_n^* y^*\right)}{\rho_1^* \cosh\left(l_n^* a^*\right)}\eta_n^* + \frac{\mathrm{i}\mu_n^*\left(\omega_{en}^*\right)\left(k^{*2} + l_n^{*2}\right)\sinh\left(k^* y^*\right)}{\rho_1^* \cosh\left(k^* a^*\right)}\eta_n^* \tag{6-52}$$

$$\hat{v}_{1n}^*(y) = -\frac{2k^{*2}\mu_n^*\left(\omega_{en}^*\right)\cosh\left(l_n^* y^*\right)}{\rho_1^*\cosh\left(l_n^* a^*\right)}\eta_n^* + \frac{\mu_n^*\left(\omega_{en}^*\right)\left(k^{*2}+l_n^{*2}\right)\cosh\left(k^* y^*\right)}{\rho_1^*\cosh\left(k^* a^*\right)}\eta_n^* \tag{6-53}$$

$$\hat{p}_{1n}^*(y) = -\frac{\left(k^{*2}+l^{*2}\right)\sinh\left(k^* y^*\right)}{k^*\cosh\left(k^* a^*\right)}\mu_n^*\left(\omega_{en}^*\right)\omega_{en}^*\eta_n^* \tag{6-54}$$

其中，

$$l_n^{*2} = k^{*2} + \frac{\rho_1^*}{\mu_n^*\left(\omega_{en}^*\right)}\omega_{en}^* \tag{6-55}$$

对于气相，将式(6-46)和式(6-47)代入式(6-39)和式(6-40)，并考虑边界条件式(6-42)和式(6-44)，可以得到气相扰动势函数和压力，即

$$\hat{\phi}_{gn}^*(y) = \left[-\frac{\exp\left(k^* a^* - k^* y^*\right)}{k^*}\left(\omega_{en}^* + \mathrm{i}k^* U_g^*\right)\tilde{\eta}^*\right]_n, \quad y > a \tag{6-56}$$

$$\hat{p}_{gn}^*\left(y^*\right) = \left[\frac{\rho_g^*}{k^*}\exp\left(k^* a^* - k^* y^*\right)\left(\frac{\partial^2}{\partial t^{*2}} + 2\mathrm{i}k^* U_g^*\frac{\partial}{\partial t^*} - k^{*2}U_g^{*2} + \mathrm{i}k^*\frac{\mathrm{d}U_g^*}{\mathrm{d}t^*}\right)\tilde{\eta}^*\right]_n, \quad y^* > a^* \tag{6-57}$$

考虑式(6-9)，$y^* = a^*$ 处气相压力可以表示为

$$\begin{aligned}
\hat{p}_{gn}^*(a) &= \left[\frac{\rho_g^*}{k^*}\left(\frac{\partial}{\partial t^{*2}} + 2\mathrm{i}k^* U_g^*\frac{\partial}{\partial t^*} - k^{*2}U_g^{*2} + \mathrm{i}k^*\frac{\mathrm{d}U_g^*}{\mathrm{d}t^*}\right)\tilde{\eta}^*\right]_n \\
&= \frac{\rho_g^*}{k^*}\omega_{en}^{*\,2}\eta_n^* + 2\mathrm{i}\rho_g^* U_0^*\omega_{en}^*\eta_n^* + \left(2\mathrm{i}\rho_g^*\Delta U_g^*\frac{\mathrm{e}^{\mathrm{i}\omega_s^* t^*} + \mathrm{e}^{-\mathrm{i}\omega_s^* t^*}}{2}\frac{\partial\tilde{\eta}^*}{\partial t^*}\right)_n \\
&\quad - \left[\rho_g^* k^*\left(U_0^* + \Delta U_g^*\frac{\mathrm{e}^{\mathrm{i}\omega_s^* t^*} + \mathrm{e}^{-\mathrm{i}\omega_s^* t^*}}{2}\right)^2\tilde{\eta}^*\right]_n - \left(\rho_g^*\omega^*\Delta U_g^*\frac{\mathrm{e}^{\mathrm{i}\omega_s^* t^*} - \mathrm{e}^{-\mathrm{i}\omega_s^* t^*}}{2}\tilde{\eta}^*\right)_n \\
&= \left(\frac{\rho_g^*\omega_{en}^{*\,2}}{k^*} + 2\mathrm{i}\rho_g^*\omega_{en}^* U_0^* - \rho_g^* k^* U_0^{*2} - \frac{\rho_g^* k^*\Delta U_g^{*2}}{2}\right)\eta_n^* \\
&\quad + \left(\mathrm{i}\rho_g^*\omega_{e(n-1)}^*\Delta U_g^* - \rho_g k^* U_0^*\Delta U_g^* - \frac{\rho_g^*\omega_s^*\Delta U_g^*}{2}\right)\eta_{n-1}^*
\end{aligned}$$

$$+\left(\mathrm{i}\rho_{\mathrm{g}}^{*}\omega_{\mathrm{e}(n+1)}^{*}\Delta U_{\mathrm{g}}^{*}-\rho_{\mathrm{g}}^{*}k^{*}U_{0}^{*}\Delta U_{\mathrm{g}}^{*}+\frac{\rho_{\mathrm{g}}^{*}\omega_{\mathrm{s}}^{*}\Delta U_{\mathrm{g}}^{*}}{2}\right)\eta_{n+1}^{*}-\frac{\rho_{\mathrm{g}}^{*}k^{*}\Delta U_{\mathrm{g}}^{*2}}{4}\left(\eta_{n+2}^{*}+\eta_{n-2}^{*}\right) \tag{6-58}$$

其中，

$$\omega_{e(n-1)}^{*}=\beta^{*}+\mathrm{i}(n-1)\omega_{\mathrm{s}}^{*},\quad \omega_{e(n+1)}^{*}=\beta^{*}+\mathrm{i}(n+1)\omega_{\mathrm{s}}^{*} \tag{6-59}$$

将式(6-53)、式(6-54)、式(6-58)代入方程式(6-45)，可以得到色散关系，即

$$D_{n}^{*}\eta_{n}^{*}+E_{n-1}^{*}\eta_{n-1}^{*}+G_{n+1}^{*}\eta_{n+1}^{*}+F\eta_{n+2}^{*}+F\eta_{n-2}^{*}=0 \tag{6-60}$$

其中，

$$\begin{aligned}
D_{n}^{*}&=\frac{\mu_{n}^{*}}{\rho_{1}^{*}}\left(k^{*2}+l_{n}^{*2}\right)\left(\rho_{1}^{*}\omega_{\mathrm{e}n}^{*}+2\mu_{n}^{*}k^{*2}\right)\tanh\left(k^{*}a^{*}\right)-4\frac{\mu_{n}^{*2}}{\rho_{1}^{*}}k^{*3}l_{n}^{*}\tanh\left(l_{n}^{*}a^{*}\right)\\
&\quad+\sigma^{*}k^{*3}+\rho_{\mathrm{g}}^{*}\omega_{\mathrm{e}n}^{*\,2}+2\mathrm{i}\rho_{\mathrm{g}}^{*}k^{*}\omega_{\mathrm{e}n}^{*}U_{0}^{*}-\rho_{\mathrm{g}}^{*}k^{*2}U_{0}^{*2}-\frac{\rho_{\mathrm{g}}^{*}k^{*2}\Delta U_{\mathrm{g}}^{*2}}{2}\\
E_{n}^{*}&=\mathrm{i}\rho_{\mathrm{g}}^{*}k^{*}\omega_{\mathrm{e}n}^{*}\Delta U_{\mathrm{g}}^{*}-\rho_{\mathrm{g}}^{*}k^{*2}U_{0}^{*}\Delta U_{\mathrm{g}}^{*}-\frac{\rho_{\mathrm{g}}^{*}k^{*}\omega_{\mathrm{s}}^{*}\Delta U_{\mathrm{g}}^{*}}{2}\\
G_{n}^{*}&=\mathrm{i}\rho_{\mathrm{g}}^{*}k^{*}\omega_{\mathrm{e}n}^{*}\Delta U_{\mathrm{g}}^{*}-\rho_{\mathrm{g}}^{*}k^{*2}U_{0}^{*}\Delta U_{\mathrm{g}}^{*}+\frac{\rho_{\mathrm{g}}^{*}k^{*}\omega_{\mathrm{s}}^{*}\Delta U_{\mathrm{g}}^{*}}{2}\\
F^{*}&=\frac{-\rho_{\mathrm{g}}^{*}k^{*2}\Delta U_{\mathrm{g}}^{*2}}{4}
\end{aligned} \tag{6-61}$$

正弦模式的色散关系可以表示为矩阵方程的形式，即

$$\boldsymbol{A}^{*}\boldsymbol{\eta}^{*}=\begin{bmatrix}
\ddots & \vdots & \vdots & \vdots & \vdots & \vdots & \iddots\\
\cdots & D_{-2}^{*} & G_{-1}^{*} & F^{*} & 0 & 0 & \cdots\\
\cdots & E_{-2}^{*} & D_{-1}^{*} & G_{0}^{*} & F^{*} & 0 & \cdots\\
\cdots & F^{*} & E_{-1}^{*} & D_{0}^{*} & G_{1}^{*} & F^{*} & \cdots\\
\cdots & 0 & F^{*} & E_{0}^{*} & D_{1}^{*} & G_{2}^{*} & \cdots\\
\cdots & 0 & 0 & F^{*} & E_{1}^{*} & D_{2}^{*} & \cdots\\
\iddots & \vdots & \vdots & \vdots & \vdots & \vdots & \ddots
\end{bmatrix}\begin{bmatrix}\vdots\\ \eta_{-2}^{*}\\ \eta_{-1}^{*}\\ \eta_{0}^{*}\\ \eta_{1}^{*}\\ \eta_{2}^{*}\\ \vdots\end{bmatrix}=\mathbf{0} \tag{6-62}$$

同样的方法，可以推导曲张模式扰动的色散关系，即

$$\begin{aligned}
D_{n2}^{*}&=\frac{\mu_{n}^{*}}{\rho_{1}^{*}}\left(k^{*2}+l_{n}^{*2}\right)\left(\rho_{1}^{*}\omega_{en}^{*}+2\mu_{n}^{*}k^{*2}\right)\coth\left(k^{*}a^{*}\right)-4\frac{\mu_{n}^{*2}}{\rho_{1}^{*}}k^{*3}l_{n}^{*}\tanh\left(l_{n}^{*}a^{*}\right)\\
&\quad+\sigma^{*}k^{*3}+\rho_{\mathrm{g}}^{*}\omega_{\mathrm{e}n}^{*\,2}+2\mathrm{i}\rho_{\mathrm{g}}^{*}k^{*}\omega_{\mathrm{e}n}^{*}U_{0}^{*}-\rho_{\mathrm{g}}^{*}k^{*2}U_{0}^{*2}-\frac{\rho_{\mathrm{g}}^{*}k^{*2}\Delta U_{\mathrm{g}}^{*2}}{2}
\end{aligned} \tag{6-63}$$

$$
\boldsymbol{A}_2^*\boldsymbol{\eta}^* = \begin{bmatrix} \ddots & \vdots & \vdots & \vdots & \vdots & \vdots & \iddots \\ \cdots & D_{-22}^* & G_{-1}^* & F^* & 0 & 0 & \cdots \\ \cdots & E_{-2}^* & D_{-12}^* & G_0^* & F^* & 0 & \cdots \\ \cdots & F^* & E_{-1}^* & D_{-02}^* & G_1^* & F^* & \cdots \\ \cdots & 0 & F^* & E_0^* & D_{12}^* & G_2^* & \cdots \\ \cdots & 0 & 0 & F^* & E_1^* & D_{22}^* & \cdots \\ \iddots & \vdots & \vdots & \vdots & \vdots & \vdots & \ddots \end{bmatrix} \begin{bmatrix} \vdots \\ \eta_{-2}^* \\ \eta_{-1}^* \\ \eta_0^* \\ \eta_1^* \\ \eta_2^* \\ \vdots \end{bmatrix} = \boldsymbol{0} \tag{6-64}
$$

对式(6-63)和式(6-64)，如果色散矩阵取无穷阶，得到的结果将是精确的；但是，在实际计算中，必须选取某确定的阶数 n 来进行近似计算，规定选取的 n 最大值为 $N=n_{\max}$。经验证，$N = n_{\max} = 5$ 足够满足色散曲线求解的精度，此时矩阵阶数为 $2N+1=11$。

为了帮助理解参数不稳定现象的数学理论，首先要对参数不稳定发生的物理机制进行简单介绍。以无黏平面射流为例：K-H 不稳定是由气体动力与表面张力竞争引起的，气体动力促进不稳定，而表面张力抑制不稳定。对于一个特定的波数，当气体动力大于表面张力时，射流是不稳定的；否则射流是稳定的。需要指出的是，射流在稳定的波数范围内，会以该波数对应的频率振荡，该频率可以认为是液膜的固有频率。当施加气体速度振荡时，速度振荡频率会与表面波的固有频率进行耦合，使某些频率的表面波动放大，发生参数不稳定。接下来在数学上对这个过程进行分析。

首先，忽略气体基本流的速度振荡，获取表面波在不同波数下近似的固有频率。因此，式(6-60)和式(6-61)表示的色散关系可以简化为

$$
D_n^*\eta_n^* = 0 \tag{6-65}
$$

其中，

$$
D_n^* = \left[\rho + \tanh\left(k^*a^*\right)\right]{\omega_{\mathrm{e}n}^*}^2 + 2\mathrm{i}\rho k^* U_0^* \omega_{\mathrm{e}n}^* + \frac{\sigma^* k^{*3}}{\rho_1^*} - \rho k^{*2} U_0^{*2} \tag{6-66}
$$

根据 $\omega_{\mathrm{e}n}^* = \mathrm{i}n\omega_{\mathrm{s}}^* + \beta^*$，色散方程可以表示为

$$
{\omega_{\mathrm{e}n}^*}^2 + \frac{2\mathrm{i}\rho k^* U_0^*}{\rho + \tanh\left(k^*a^*\right)}\omega_{\mathrm{e}n}^* + \frac{1}{\rho + \tanh\left(k^*a^*\right)}\left(\frac{\sigma^* k^{*3}}{\rho_1^*} - \rho k^{*2} U_0^{*2}\right) = 0 \tag{6-67}
$$

采取如下变换：

$$
\omega_{\mathrm{e}n2}^* = \omega_{\mathrm{e}n}^* + \frac{\mathrm{i}\rho k^* U_0^*}{\rho + \tanh\left(k^*a^*\right)} \tag{6-68}
$$

因此，式(6-67)可以转化为

$$\omega_{en2}^{*2}+\frac{1}{\rho+\tanh\left(k^{*}a^{*}\right)}\left[\frac{\sigma^{*}k^{*3}}{\rho_{1}^{*}}-\frac{\rho\tanh\left(k^{*}a^{*}\right)k^{*2}U_{0}^{*2}}{\rho+\tanh\left(k^{*}a^{*}\right)}\right]=0 \tag{6-69}$$

显然，ω_{en2}^{*}与ω_{en}^{*}实部相同，即转化之后增长率不变。此转化只影响了ω_{en}^{*}的虚部；因此，此过程可以看成参考系的转换。表面波的相速度可以表示为

$$U_{\mathrm{w}}^{*}=-\frac{\operatorname{Im}\left(\omega_{en2}^{*}\right)}{k^{*}}=-\frac{\operatorname{Im}\left(\omega_{en}^{*}\right)}{k^{*}}-\frac{\rho U_{0}^{*}}{\rho+\tanh\left(k^{*}a^{*}\right)} \tag{6-70}$$

转换之前，坐标系随射流移动；转换之后，坐标系相对射流以速度$\rho U_{0}^{*}/\left[\rho+\tanh\left(k^{*}a^{*}\right)\right]$移动，方向与气体速度方向相同。在转换之前和之后的参考系分别定义为参考系 I 和参考系 II。图 6-8 为无振荡和有振荡条件下无黏射流和黏性射流的增长率和频率，相关参数设置为$U_{0}^{*}=5\mathrm{m/s}$，$\omega_{\mathrm{s}}^{*}=500\,\mathrm{rad/s}$，$\rho_{1}^{*}=1000\,\mathrm{kg/m^{3}}$，$\rho_{\mathrm{g}}^{*}=1.293\,\mathrm{kg/m^{3}}$，$\sigma^{*}=0.07\mathrm{Pa\cdot m}$，$a^{*}=0.4\mathrm{mm}$。如图 6-8(a)所示，在参考系 II 中，不稳定区域频率为 0。但是对于中性稳定区域，参考系 II 中的频率不为 0，可以通过式(6-69)得到

$$\omega_{en2}^{*}=\pm\mathrm{i}\sqrt{\frac{1}{\rho+\tanh\left(k^{*}a^{*}\right)}\left[\frac{\sigma^{*}k^{*3}}{\rho_{1}^{*}}-\frac{\rho Qk^{*2}U_{0}^{*2}}{\rho+\tanh\left(k^{*}a^{*}\right)}\right]} \tag{6-71}$$

因此，在中性稳定区域，当波数 k^{*}确定时，ω_{en}^{*}为虚数，且有互为相反数的两个解。这意味着在中性稳定区域存在两束波数相等、方向相反、振幅相等的行波，形成驻波。因此，驻波波数为 k^{*}，频率为$\left|\omega_{en2}^{*}\right|$。此驻波的存在是参数不稳定发生的基础，相应地，$\rho U_{0}^{*}/\left[\rho+\tanh\left(k^{*}a^{*}\right)\right]$可以看成驻波的传播速度。

在参考系 II 中，如图 6-8(b)所示，引入气体速度振荡后，$\beta_{\mathrm{i}}^{*}=0, 250\mathrm{s}^{-1}$交替分布在不同不稳定区域。当气体振荡振幅为 0 时，取 N=0 和 N=5，此时矩阵方程的维度为 2N+1，虽然β_{i}^{*}的曲线不同，但是两条曲线的物理意义实际上是等价的，这可以通过$\omega_{en2}^{*}=\beta^{*}+\mathrm{i}n\omega_{\mathrm{s}}^{*}$来得到。通过$\beta_{\mathrm{i}}^{*}=\operatorname{Im}\left(\omega_{en2}^{*}\right)-n\omega_{\mathrm{s}}^{*}$，即可得到$\beta_{\mathrm{i}}^{*}\big|_{N=5}=\beta_{\mathrm{i}}^{*}\big|_{N=0}-n\omega_{\mathrm{s}}^{*}$或$-\beta_{\mathrm{i}}^{*}\big|_{N=0}-n\omega_{\mathrm{s}}^{*}$，$\beta_{\mathrm{i}}^{*}$实际上拥有一组线性相关的解，这些解在物理意义上等价，代表了中性稳定区域表面波的振荡频率。给定的速度振荡频率为$500\mathrm{s}^{-1}$，参数不稳定区域的频率为$250n_{1}\mathrm{s}^{-1}(n_{1}=1,2,3,\cdots)$，因此发生参数不稳定的波数范围，其固有频率在这些频率附近，经过气体速度振荡的共振作用，

这些固有频率原本位于 $250n_1\mathrm{s}^{-1}$ 附近的表面波，此时的振荡频率精确等于 $250n_1\mathrm{s}^{-1}(n_1=1,2,3,\cdots)$。振幅的增大会使参数共振的不稳定区域增大，也就是引发了更大的固有频率范围的参数共振作用。由于参数共振的作用，参数不稳定区域表面波表现为驻波而非行波特征。当 n_1 为奇数时，参数不稳定区域表现为亚谐波，即参数共振频率为气体振荡频率的1/2；当 n_1 为偶数时，参数不稳定区域表现为谐波，即参数共振频率与气体速度振荡频率相等。

对于黏性流体，上述解释在定性上仍是合理的，尽管此时驻波的传播速度不能简单表示为 $\rho U_0^*\big/\left[\rho+\tanh\left(k^*a^*\right)\right]$。事实上，对每一个波数，表面波必然有一个传播速度，将参考系转移到这个速度上，可以观察到静止的驻波。接下来对此问题进行近似分析，当液体黏度较小时，仍采用 $\rho U_0^*\big/\left[\rho+\tanh\left(k^*a^*\right)\right]$ 表示驻波的传播速度。如图 6-8(c)所示，不稳定区域的频率接近 0 或 $250\mathrm{s}^{-1}$，说明了这种近似的有效性。不同的是，由于黏性耗散的作用，在未施加气体速度振荡时，大波数下射流表面波是衰减的，而非中性稳定的。引入气体速度振荡后，参数共振作用会抵消黏性耗散的作用，但是参数共振区域不一定引起表面波的增长，也可能是减缓表面波的衰减速度。因此，对于黏性射流，定义参数不稳定区域为 $\beta_r^*>0$ 的区域，而非整个参数共振区域。

为了更直观地对图 6-8 进行解释，利用图 6-9 和图 6-10 来表示表面波随时间的变化。图 6-9 为 K-H 不稳定区域和参数不稳定区域的表面波增长形式，其中周

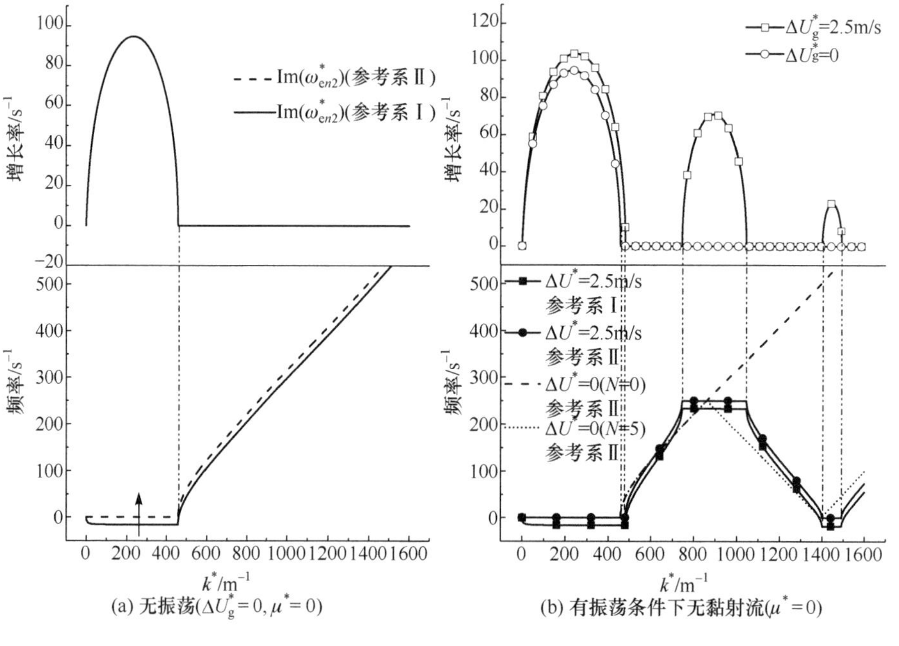

(a) 无振荡($\Delta U_g^*=0,\mu^*=0$)　　(b) 有振荡条件下无黏射流($\mu^*=0$)

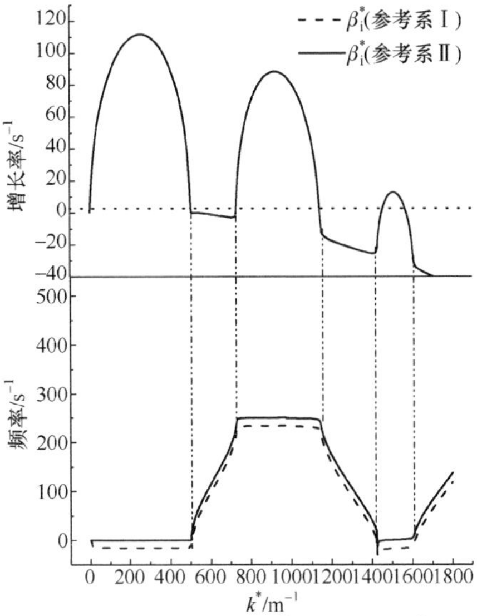

(c) 有振荡条件下黏性射流($\mu^*=0.01$Pa·s, $\Delta U_g^*=2.5$m/s)

图 6-8　无振荡和有振荡条件下无黏射流和黏性射流的增长率和频率

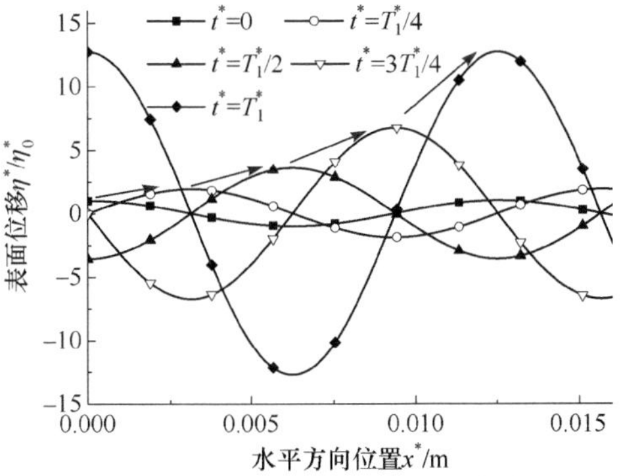

(a) K-H不稳定区域(参考系Ⅰ, k^*=502m^{-1}, $\beta_i^*=-16.3$s^{-1})

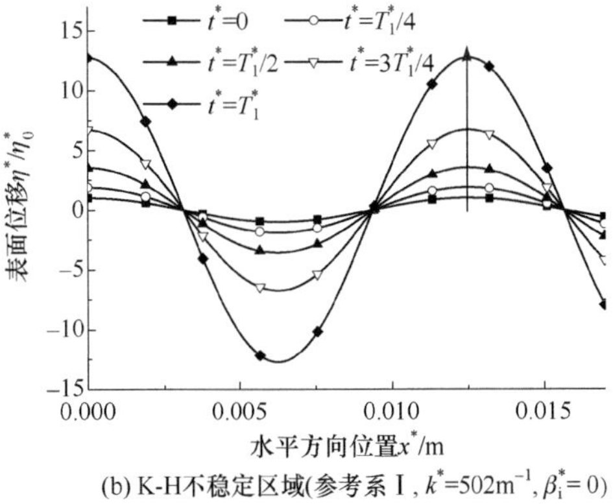

(b) K-H不稳定区域(参考系Ⅰ, k^*=502m^{-1}, $\beta_i^*=0$)

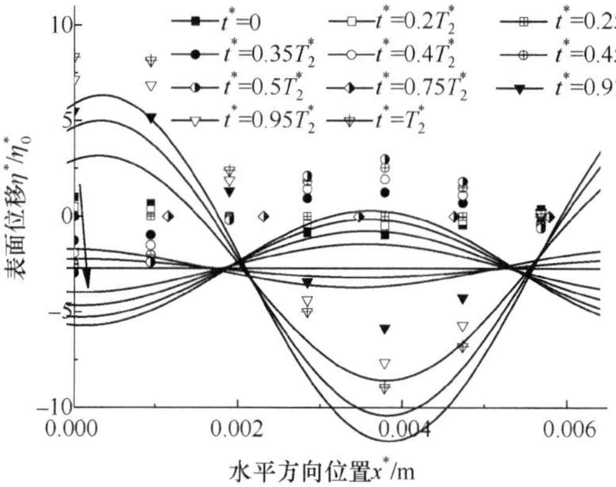

(c) 参数不稳定区域(参考系Ⅰ, k^*=900m^{-1}, β_i^*= 234s^{-1})

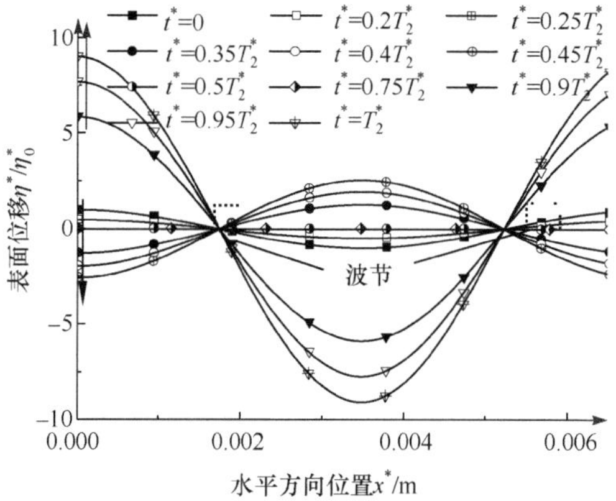

(d) 参数不稳定区域(参考系Ⅱ, k^*=900m^{-1}, β^*=250s^{-1})

图 6-9　K-H 不稳定区域和参数不稳定区域的表面波增长形式

期的定义为 $T_1^* = 2\pi / 16.3\text{s}$，$T_2^* = 2\pi / 250\text{s}$。选取与图 6-8(c)相同的参数进行讨论。在图 6-9(a)和(b)中，波数为 $k^* = 502\text{m}^{-1}$，位于 K-H 不稳定区域，表面波表现为行波的形式，在参考系Ⅰ中随时间增长，空间相位也随时间变化；而在参考系Ⅱ中，振幅仍随时间增长，空间相位不变，即相速度为 0。在参数不稳定区域，表面波表现为驻波而非行波的形式。此驻波在参考系Ⅰ中以一定的波速传播，而在参考系Ⅱ中传播速度为 0。这是参数不稳定和 K-H 不稳定的本质区别，也解释了参数不稳定能在更大波数时发生的原因。K-H 不稳定发生的条件是在该波数下，气体动力作用大于表面张力，然而，对于参数不稳定，气体动力作用可以小于表面张力。在外加气体振荡的过程中，气体动力作用也是振荡的，当此振荡作用与表面位移振荡相位匹配时，会引起参数共振。以亚谐波情形为例，在表面位移增大的过程中，气体动力做正功，利用气体振荡作用使得气体动力作用增强；而在表面位移减小过程中，气体动力做负功，利用气体速度振荡作用使得气动力作用减弱；两个过程中位移相等，表面张力不做功，而气体动力作用总体做正功，促进了失稳。在上述过程中，气体动力无须大于表面张力，只需克服黏性耗散。Kelly(1965)在对 K-H 不稳定区域的描述中也对此问题进行了详细的分析。

图 6-10 为参考系Ⅱ中不同区域表面扰动随时间变化，选取参数与图 6-8(c)相同。选取 $x^*=0$ 处的表面波增长。在 K-H 不稳定区域，表面波不断增长，如图 6-10(a)所示。图 6-10(b)展示了稳定区域衰减的扰动形式。图 6-10(c)和(d)分别展示了亚谐波和谐波区域扰动的失稳形式。

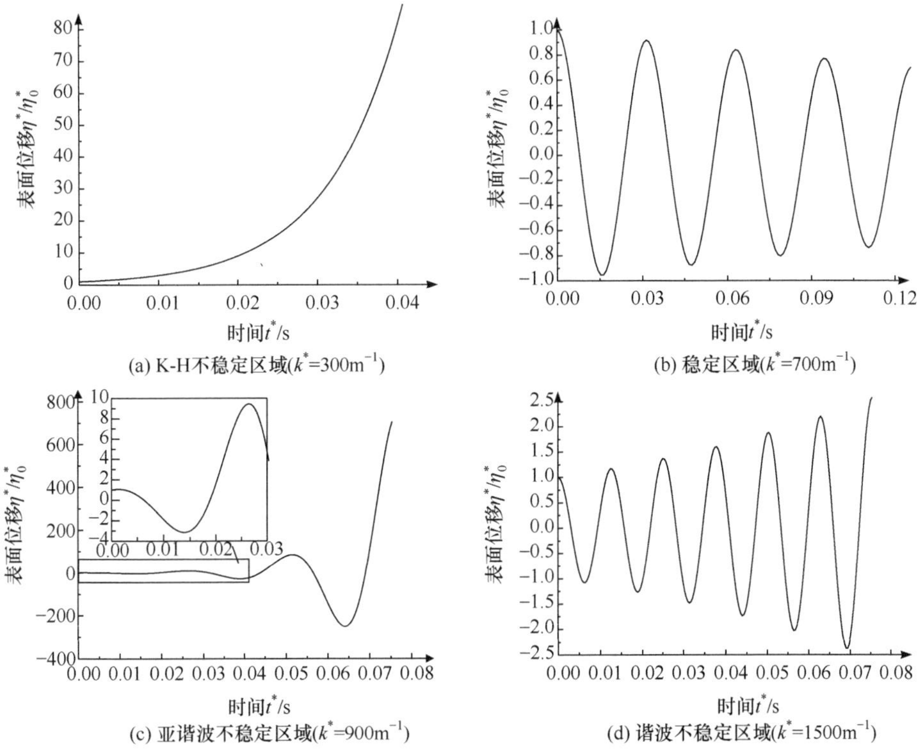

图 6-10　参考系Ⅱ中不同区域表面扰动随时间变化

前面讨论了参数不稳定的发生机理。然而，振荡的引入也增大了 K-H 不稳定区域的增长率，因此振荡对 K-H 不稳定区域的作用也需要进一步探讨。通过式(6-61)可知，除黏性及弹性作用外，D_n^*中主要有三项与 K-H 不稳定有关，即$\sigma^* k^{*3}$、$-\rho_g^* k^{*2} U_0^{*2}$和$-\rho_g^* k^{*2} \Delta U_g^{*2}/2$。第一项代表表面张力作用，抑制不稳定；第二项和第三项代表气体动力作用，即 K-H 不稳定的驱动力。因此，振荡对 K-H 不稳定的作用可以归因于$\Delta U_g^{*2}/2$，它会增大气体动力。气体动力的作用可以用

以下积分获得

$$\int_0^{2\pi/\omega^*}\left[U_0^* + \Delta U_g^{*2}\cos\left(\omega_s^* t^*\right)\right]^2 \mathrm{d}t^* \Big/ \left(2\pi/\omega_s^*\right) = U_0^{*2} + \Delta U_g^{*2}/2 \tag{6-72}$$

式(6-72)代表了一个振荡周期内的气体动力平均作用。因此，可以定性指出振荡增大了气体动力作用的有效值。这一观点可以从图 6-11 中得到验证。图 6-11 为不同振荡频率下 K-H 不稳定区域的增长率，其中相关参数为 $\rho_l^* = 1000\,\mathrm{kg/m^3}$，$\rho_g^* = 1.293\,\mathrm{kg/m^3}$，$\sigma^* = 0.07\,\mathrm{Pa\cdot m}$，$a^* = 0.4\,\mathrm{mm}$，$\mu_0^* = 0.001\,\mathrm{Pa\cdot s}$。除 N=0 作为对照外，其他曲线均令 N=5，重点讨论 K-H 不稳定区域。两条最不稳定的曲线为 $U_0^* = 5\,\mathrm{m/s}$，$\Delta U^* = 2.5\,\mathrm{m/s}$，$N = 0$ 和 $U_0^* = \sqrt{5^2 + 2.5^2/2}\,\mathrm{m/s}$，$\Delta U^* = 0$，并且这两条线几乎重合。这两种情况可以用来对 K-H 不稳定区域进行估算。当考虑振荡频率的影响时，K-H 不稳定区域相对上述两种极限情形增长率较小。然而，随着频率的增大，K-H 不稳定区域增长率逐渐增大，接近两种极限情形。这是由于对式(6-72)的计算暗含了一个条件，即外加振荡周期的时间尺度应远小于液膜失稳的时间尺度，否则，当外加振荡周期接近甚至大于液膜失稳的时间尺度时，此近似方法将存在大的误差。因此，上述近似方法适用于气体速度振荡频率较高的情况。

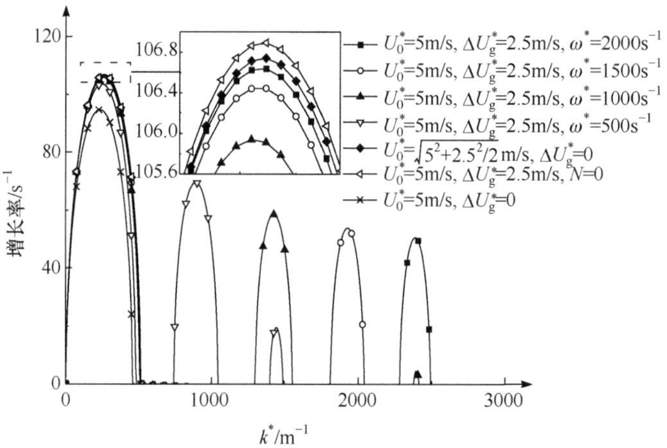

图 6-11　不同振荡频率下 K-H 不稳定区域的增长率

6.3　交流电场中射流的稳定性分析

6.3.1　交变电场的完整解答

本节考虑无限长的黏性射流以均匀速度 U_0^* 在半径为 b^* 的同轴环形电极中的静止气体中流动，交变电场作用下的黏性射流模型如图 6-12 所示。在射流表面上

施加一个随时间周期性变化的交变电场$V^*(t)$，即

$$V^*\left(t^*\right)=V_0^*\left\{1+\mathrm{AC}\left[\cos\left(\varOmega^* t^*\right)-1\right]\right\},\quad 0\leqslant \mathrm{AC}\leqslant 1 \tag{6-73}$$

其中，AC 代表交流电场比例，AC=0 表示静电场，AC=1 表示交流电场，0<AC<1 表示静电场与交流电场的叠加；V_0^*代表外加电场的幅度；$\varOmega^*$代表交流电场频率；同轴环形电极接地，因此周围气体中会产生径向电场$-V^*(t^*)/[\varepsilon_0^* r^*\times\ln(a^*/b^*)]$。特别的，射流表面上的径向电场强度为$-V^*(t^*)\big/\left[\varepsilon_0^* a^*\ln(a^*/b^*)\right]$，面电荷密度为$-V^*(t^*)/\varepsilon_0^* a^*\ln(a^*/b^*)$。射流其他参数及基本假设与 5.2 节基本相同。

选取$V_0^*/\varepsilon_0^* a^*\ln(a^*/b^*)$为电场强度的尺度；电学常数定义为$\chi=\varepsilon_0^* V_0^2/[\sigma^* a^*\ln^2(b^*/a^*)]$；环形电极的无量纲半径$b=b^*/a^*$；初始外加电场的无量纲形式如式 (6-74)所示。本节涉及的其他无量纲参数的定义和意义与 5.2 节基本相同。

$$V_t=1+\mathrm{AC}\left[\cos\left(\varOmega t\right)-1\right],\quad 0\leqslant \mathrm{AC}\leqslant 1 \tag{6-74}$$

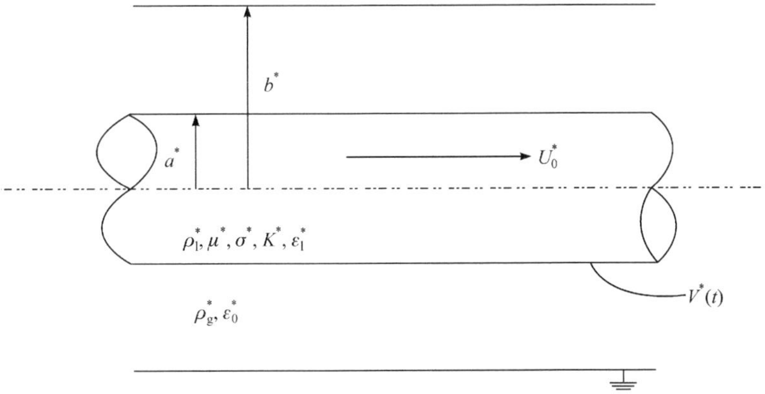

图 6-12　交变电场作用下的黏性射流模型

电场的控制方程和边界条件与静电场作用时(见第 5 章)类似，只是在同轴电极处增加了接地的条件，即

$$\psi_g\big|_{r=b}=0 \tag{6-75}$$

由于时间周期函数在电场控制方程和边界条件中的引入，标准的正则模形式不再适用。因此本节采用修正的正则模形式，即将电场的解设为

$$(\psi_1,\psi_g,q,h)=\left[0,V_t\mathrm{In}\left(\frac{b}{r}\right),-V_t,1\right]+\left[\hat{\psi}_{t\_1}(r),\hat{\psi}_{t\_g}(r),\hat{q}_t,\hat{\eta}_t\right]\exp(\mathrm{i}kz+\mathrm{i}m\theta) \tag{6-76}$$

其中，h 表示射流半径；下标“t”代表对应的物理量是关于时间的函数。

根据拉普拉斯电场控制方程，易得

$$\psi_{t\_1} = C_{1t}\,\mathrm{I}_m(kr) \tag{6-77}$$

$$\hat{\psi}_{t\_\mathrm{g}} = [C_{2t}\,\mathrm{I}_m(kr) + C_{3t}\mathrm{K}_m(kr)] \tag{6-78}$$

其中，C_{1t}、C_{2t}、C_{3t} 为待定系数。

将上述解代入电场边界条件，整理可得

$$C_{1t} = C_{1t\_\eta}V_t\hat{\eta}_t + C_{1t\_q}\hat{q}_t,\quad C_{2t} = C_{2t\_\eta}V_t\hat{\eta}_t + C_{2t\_q}\hat{q}_t,\quad C_{3t} = -\frac{\mathrm{I}_m(kb)}{\mathrm{K}_m(kb)}C_{2t} \tag{6-79}$$

其中，

$$C_{1t\_\eta} = \frac{k\varDelta_2 + \varDelta_3}{\varDelta_1},\quad C_{1t\_q} = \frac{\varDelta_3}{\varDelta_1},\quad C_{2t\_\eta} = \frac{\varepsilon k\mathrm{I}'_m(k) + \mathrm{I}_m(k)}{\varDelta_1},\quad C_{2t\_q} = \frac{\mathrm{I}_m(k)}{\varDelta_1},$$

$$\varDelta_1 = \varepsilon k\mathrm{I}'_m(k)\varDelta_3 - k\varDelta_2\mathrm{I}_m(k)',\quad \varDelta_2 = \left[\mathrm{I}'_m(k) - \frac{\mathrm{I}_m(kb)}{\mathrm{K}_m(kb)}\mathrm{K}'_m(k)\right],$$

$$\varDelta_3 = \left[\mathrm{I}_m(k) - \frac{\mathrm{I}_m(kb)}{\mathrm{K}_m(kb)}\mathrm{K}_m(k)\right]$$

简单整理可得，气相中线性电应力分量为

$$\begin{cases} T^{\mathrm{e}}_{t\_\mathrm{g}\_\boldsymbol{nn}} = T_{\mathrm{g}\_\boldsymbol{n}\_\eta}V_t^2\hat{\eta}_t\exp(\mathrm{i}kz + \mathrm{i}m\theta) + T_{\mathrm{g}\_\boldsymbol{n}\_q}V_t\hat{q}_t\exp(\mathrm{i}kz + \mathrm{i}m\theta) + \frac{1}{2}\chi V_t^2 \\ T^{\mathrm{e}}_{t\_\mathrm{g}\_\boldsymbol{nt}} = T_{\mathrm{g}\_\boldsymbol{t}\_\eta}V_t^2\hat{\eta}_t\exp(\mathrm{i}kz + \mathrm{i}m\theta) + T_{\mathrm{g}\_\boldsymbol{t}\_q}V_t\hat{q}_t\exp(\mathrm{i}kz + \mathrm{i}m\theta) \\ T^{\mathrm{e}}_{t\_\mathrm{g}\_\boldsymbol{nb}} = T_{\mathrm{g}\_\boldsymbol{b}\_\eta}V_t^2\hat{\eta}_t\exp(\mathrm{i}kz + \mathrm{i}m\theta) + T_{\mathrm{g}\_\boldsymbol{b}\_q}V_t\hat{q}_t\exp(\mathrm{i}kz + \mathrm{i}m\theta) \end{cases} \tag{6-80}$$

其中，

$$T_{\mathrm{g}\_\boldsymbol{n}\_\eta} = -\chi\left(k\varDelta_2C_{2t\_\eta} + 1\right),\quad T_{\mathrm{g}\_\boldsymbol{n}\_q} = -\chi k\varDelta_2C_{2t\_q}$$

$$T_{\mathrm{g}\_\boldsymbol{t}\_\eta} = -\mathrm{i}k\chi\left(1 - \varDelta_3C_{2t\_\eta}\right),\quad T_{\mathrm{g}\_\boldsymbol{t}\_q} = -\mathrm{i}k\chi\varDelta_3C_{2t\_q}$$

$$T_{\mathrm{g}\_\boldsymbol{b}\_\eta} = \mathrm{i}m\chi\left(1 - \varDelta_3C_{2t\_\eta}\right),\quad T_{\mathrm{g}\_\boldsymbol{b}\_q} = -\mathrm{i}m\chi\varDelta_3C_{2t\_q}$$

液相中对应的电应力分量均为非线性，这里不再给出。正应力中的附加项 $\frac{1}{2}\chi V_t^2$ 被界面上的气液压力差平衡，即

$$p_{0t\_1} - p_{0t\_\mathrm{g}} - 1 - \frac{1}{2}\chi V_t^2 = 0 \tag{6-81}$$

其中，p_{0t_1}、p_{0t_g} 表示未扰动状态下液相和气相的压力。

6.3.2 黏势流

根据黏势流理论，忽略 N-S 方程中的黏性项，认为黏性的作用主要体现在界面力平衡条件上；忽略了界面上切应力，因此切应力平衡条件也不再成立。此时存在速度势函数ϕ_1和ϕ_g，满足控制方程组。

控制方程为

$$\nabla^2\phi_1=0 \tag{6-82}$$

$$p=\frac{\partial\phi_1}{\partial t}+\frac{1}{2}(\nabla\phi_1)^2 \tag{6-83}$$

$$\nabla^2\phi_g=0 \tag{6-84}$$

$$p_g=\frac{\partial\phi_g}{\partial t}+\frac{1}{2}(\nabla\phi_g)^2 \tag{6-85}$$

边界条件为

$$\frac{\partial\eta}{\partial t}+\nabla\phi_1\cdot\nabla\eta=0 \tag{6-86}$$

$$\frac{\partial\eta}{\partial t}+\nabla\phi_g\cdot\nabla\eta=0 \tag{6-87}$$

$$\boldsymbol{n}\cdot\left(-p\boldsymbol{I}+\boldsymbol{T}+\boldsymbol{T}^{\mathrm{e}}\right)\cdot\boldsymbol{n}=\boldsymbol{n}\cdot\left(-p_g\boldsymbol{I}+\boldsymbol{T}_g^{\mathrm{e}}\right)\cdot\boldsymbol{n}+\nabla\cdot\boldsymbol{n} \tag{6-88}$$

由于上述方程中出现时间周期函数，传统的正则模形式不再适用。这里流场解用修正正则模形式，即

$$\phi_1=z\sqrt{We}+A_{1t}\mathrm{I}_m(kr)\exp(\mathrm{i}kz+\mathrm{i}m\theta) \tag{6-89}$$

$$\phi_g=A_{2t}\mathrm{K}_m(kr)\exp(\mathrm{i}kz+\mathrm{i}m\theta) \tag{6-90}$$

式中，A_{1t}、A_{2t}为待定系数。

将式(6-89)、式(6-90)及式(6-80)代入边界条件式(6-88)，整理可得

$$\frac{\mathrm{d}\hat{\eta}_t}{\mathrm{d}t}=k\mathrm{I}'_m(k)A_{1t}-\mathrm{i}k\sqrt{We}\hat{\eta}_t \tag{6-91}$$

$$\frac{\mathrm{d}H_t}{\mathrm{d}t}=k\mathrm{I}'_m(k)a_1\eta'_t+k\mathrm{I}'_m(k)a_2A_{1t}+k\mathrm{I}'_m(k)a_2\hat{q}_t+\left[-\mathrm{i}k\sqrt{We}+k\mathrm{I}'_m(k)a_4\right]H_t \tag{6-92}$$

$$\frac{\mathrm{d}A_{1t}}{\mathrm{d}t}=a_1\hat{\eta}_t+a_2A_{1t}+a_3\hat{q}_t+a_4H_t \tag{6-93}$$

其中，

$$H_t = \frac{\mathrm{d}\eta}{\mathrm{d}t},\quad a_1 = \frac{\left(1-m^2-k^2\right)+T_{\mathrm{g}\_\boldsymbol{n}\_\eta}V_t^2}{\mathrm{I}_m(k)-\rho\dfrac{\mathrm{K}_m(k)}{\mathrm{K}'_m(k)}\mathrm{I}'_m(k)},\quad a_2 = -\frac{\mathrm{i}k\sqrt{We}\mathrm{I}_m(k)+2Ohk^2\mathrm{I}''_m(k)}{\mathrm{I}_m(k)-\rho\dfrac{\mathrm{K}_m(k)}{\mathrm{K}'_m(k)}\mathrm{I}'_m(k)},$$

$$a_3 = \frac{T_{\mathrm{g}\_\boldsymbol{n}\_q}V_t}{\mathrm{I}_m(k)-\rho\dfrac{\mathrm{K}_m(k)}{\mathrm{K}'_m(k)}\mathrm{I}'_m(k)},\quad a_4 = -\rho\frac{1}{k}\frac{\mathrm{K}_m(k)}{\mathrm{K}'_m(k)}\frac{\mathrm{i}k\sqrt{We}}{\mathrm{I}_m(k)-\rho\dfrac{\mathrm{K}_m(k)}{\mathrm{K}'_m(k)}\mathrm{I}'_m(k)}$$

同时，界面电荷守恒条件最终表达为

$$\frac{\mathrm{d}\hat{q}_t}{\mathrm{d}t} = -\tau\varepsilon k\mathrm{I}'_m(k)C_{1t\_\eta}V_t\hat{\eta}_t + k^2\mathrm{I}''_m(k)A_{1t} - \left[\tau\varepsilon k\mathrm{I}'_m(k)C_{1t\_q} + \mathrm{i}k\sqrt{We}\right]\hat{q}_t \tag{6-94}$$

这样式(6-91)～式(6-94)构成了封闭的线性偏微分方程组，通过求解特征值即可得到时间增长率。

6.3.3 黏性力修正的黏势流

根据黏势流理论，此时界面上无旋黏性切应力并不为 0，即

$$\hat{T}_{t\_\boldsymbol{nt}} = 2Oh\left(\frac{\partial^2\hat{\phi}_1}{\partial z\partial r}\right)_{r=1} = 2\mathrm{i}k^2OhA_{1t}\mathrm{I}'_m(k)$$

$$\hat{T}_{t\_\boldsymbol{nb}} = Oh\left[\frac{\partial}{\partial r}\left(\frac{1}{r}\frac{\partial\hat{\phi}_1}{\partial\theta}\right) + \frac{\partial^2\hat{\phi}_1}{r\partial r\partial\theta} - \frac{1}{r^2}\frac{\partial\hat{\phi}_l}{\partial\theta}\right]_{r=1} = 2\mathrm{i}mOhA_{1t}\left[k\mathrm{I}'_m(k)-\mathrm{I}_m(k)\right]$$

(6-95)

其中，$Oh=\sqrt{We}/Re$。

为了补偿这些黏性切应力，在黏势流的基础上对界面压力进行黏性修正，此时界面法向应力平衡条件式(6-88)变为

$$\boldsymbol{n}\cdot\left[-\left(p+p_{\mathrm{v}}\right)\boldsymbol{I}+\boldsymbol{T}+\boldsymbol{T}^{\mathrm{e}}\right]\cdot\boldsymbol{n} = \boldsymbol{n}\cdot\left(\rho\frac{\partial\phi_{\mathrm{g}}}{\partial t}\boldsymbol{I}+\boldsymbol{T}_{\mathrm{g}}^{\mathrm{e}}\right)\cdot\boldsymbol{n}+\nabla\cdot\boldsymbol{n} \tag{6-96}$$

式中，p_{v} 为压强的黏性修正项，并且在线性分析中，满足拉普拉斯方程

$$\nabla^2 p_{\mathrm{v}} = 0 \tag{6-97}$$

类似地，其解可以设为

$$p_{\mathrm{v}} = D_{1t}\mathrm{I}_m(kr)\exp(\mathrm{i}kz+\mathrm{i}m\theta) \tag{6-98}$$

其中，D_{1t} 为待定系数。

射流的扰动动能可以分解成

$$
\begin{aligned}
&\frac{1}{\lambda_{\mathrm{d}}}\int_V(\nabla\phi_1)\cdot\left(\frac{\partial}{\partial t}+\sqrt{We}\frac{\partial}{\partial z}\right)(\nabla\phi_1)\mathrm{d}V\\
&=\frac{1}{\lambda_{\mathrm{d}}}\int_A\left(-p\frac{\partial\phi_1}{\partial r}+\frac{\partial\phi_1}{\partial r}T_{t\_\boldsymbol{nn}}+\frac{\partial\phi_1}{\partial\theta}T_{t\_\boldsymbol{nb}}+\frac{\partial\phi_1}{\partial z}T_{t\_\boldsymbol{nt}}\right)\mathrm{d}A\\
&\quad-\frac{1}{\lambda_{\mathrm{d}}}\int_V\Phi\mathrm{d}V
\end{aligned}\tag{6-99}
$$

压强的黏性修正项满足能量替换方程，即

$$
\frac{1}{\lambda_{\mathrm{d}}}\int_A\left(-p_{\mathrm{v}}\frac{\partial\phi_1}{\partial r}\right)\mathrm{d}A=\frac{1}{\lambda_{\mathrm{d}}}\int_A\left(\frac{\partial\phi_1}{\partial\theta}T_{t\_\boldsymbol{nb}}+\frac{\partial\phi_1}{\partial z}T_{t\_\boldsymbol{nt}}\right)\mathrm{d}A\tag{6-100}
$$

复数形式为

$$
-p_{\mathrm{v}}\frac{\partial\tilde{\phi}_1}{\partial r}=\frac{\partial\tilde{\phi}_1}{\partial\theta}\hat{T}_{t\_\boldsymbol{nb}}+\frac{\partial\tilde{\phi}_1}{\partial z}\hat{T}_{t\_\boldsymbol{nt}}\tag{6-101}
$$

其中，“~”表示该值的共轭。

将式(6-95)和式(6-98)代入式(6-101)，整理可得

$$
D_{1t}=-\frac{m^2Oh[2k\mathrm{I}'_m(k)-\mathrm{I}_m(k)]+2k^3Oh\mathrm{I}'_m(k)}{k\mathrm{I}'_m(k)}A_{1t}\tag{6-102}
$$

将式(6-102)代入界面法向应力平衡条件(6-96)，整理可得

$$
\frac{\mathrm{d}A_{1t}}{\mathrm{d}t}=a_1\hat{\eta}_t+\left(a_2+a_{2\_\mathrm{v}}\right)A_{1t}+a_3\hat{q}_t+a_4H_t\tag{6-103}
$$

其中，$a_{2\_\mathrm{v}}=-\dfrac{\left\{m^2Oh[2k\mathrm{I}'_m(k)-\mathrm{I}_m(k)]+2k^3Oh\mathrm{I}'_m(k)\right\}\mathrm{I}_m(k)}{k\mathrm{I}'_m(k)[\mathrm{I}_m(k)-\mathrm{I}'_m(k)]}$。

式(6-92)变为

$$
\frac{\mathrm{d}H_t}{\mathrm{d}t}=k\mathrm{I}'_m(k)a_1\hat{\eta}_t+k\mathrm{I}'_m(k)\left(a_2+a_{2\_\mathrm{v}}\right)A_{1t}+k\mathrm{I}'_m(k)a_3\hat{q}_t+\left[-\mathrm{i}k\sqrt{We}+k\mathrm{I}'_m(k)a_4\right]H_t\tag{6-104}
$$

最终，式(6-91)、式(6-94)、式(6-103)和式(6-104)构成了基于黏性力修正的黏势流理论得到的线性偏微分方程组。

6.3.4 电场力和黏性力共同修正的黏势流

与没有电场作用时不同的是，电场引入的切向电应力(6-80)与黏性应力(6-95)在界面上应该达成平衡

$$
T_{t\_\boldsymbol{nt}}=T^{\mathrm{e}}_{t\_\mathrm{g}\_\boldsymbol{nt}}\quad T_{t\_\boldsymbol{nb}}=T^{\mathrm{e}}_{t\_\mathrm{g}\_\boldsymbol{nb}}\tag{6-105}
$$

但是势流假设破坏了上述平衡关系。受到黏性力修正的黏势流理论的启发，本小节对切向电应力和黏性力的综合作用，即取两者的平均值进行压强修正(electric and viscous correction of VPF，EVCVPF)，用来补偿界面上不再连续的切应力对射流不稳定的贡献。

将两者的平均值代入压强补偿的能量替换条件(6-101)，即

$$-p_{\mathrm{ev}}\frac{\partial\tilde{\phi}_1}{\partial r}=\frac{1}{2}\frac{\partial\tilde{\phi}_1}{\partial\theta}\left(T_{t\_\boldsymbol{nb}}+T^{\mathrm{e}}_{t\_\mathrm{g}\_\boldsymbol{nb}}\right)+\frac{1}{2}\frac{\partial\tilde{\phi}_1}{\partial z}\left(T_{t\_\boldsymbol{nt}}+T^{\mathrm{e}}_{t\_\mathrm{g}\_\boldsymbol{nt}}\right)\tag{6-106}$$

经过简单的数学推导，可以得到电应力和黏性力共同修正的压强表达式为

$$\begin{aligned}\hat{p}_{\mathrm{ev}}=&-\frac{1}{2}2Oh\left\{\frac{m^2\left[k\mathrm{I}'_m(k)-\mathrm{I}_m(k)\right]+k^3\mathrm{I}'_m(k)}{k\mathrm{I}'_m(k)}A_{1t}\right\}\mathrm{I}_m(kr)\\&+\frac{1}{2}\left[\frac{\mathrm{i}mT_{\mathrm{g}\_\boldsymbol{b}\_\eta}+\mathrm{i}kT_{\mathrm{g}\_\boldsymbol{t}\_\eta}}{k\mathrm{I}'_m(k)}V_t^2\hat{\eta}_t+\frac{\mathrm{i}mT_{\mathrm{g}\_\boldsymbol{b}\_q}+\mathrm{i}kT_{\mathrm{g}\_\boldsymbol{t}\_q}}{k\mathrm{I}'_m(k)}V_t\hat{q}_t\right]\mathrm{I}_m(kr)\end{aligned}\tag{6-107}$$

将式(6-107)代入法向应力平衡条件，整理得

$$\frac{\mathrm{d}A_{1t}}{\mathrm{d}t}=\left(a_1+a_{1\_\mathrm{ev}}\right)\hat{\eta}_t+\left(a_2+a_{2\_\mathrm{ev}}\right)A_{1t}+\left(a_3+a_{3\_\mathrm{ev}}\right)\hat{q}_t+a_4H_t\tag{6-108}$$

其中，

$$a_{1\_\mathrm{ev}}=\frac{1}{2}\frac{\left(\mathrm{i}mT_{\mathrm{g}\_\boldsymbol{b}\_\eta}+\mathrm{i}kT_{\mathrm{g}\_\boldsymbol{t}\_\eta}\right)\mathrm{I}_m(k)V_t^2}{k\mathrm{I}'_m(k)\left[\mathrm{I}_m(k)-\rho\dfrac{\mathrm{K}_m(k)}{\mathrm{K}'_m(k)}\mathrm{I}'_m(k)\right]}$$

$$a_{2\_\mathrm{ev}}=-\frac{Oh\left\{m^2\left[k\mathrm{I}'_m(k)-\mathrm{I}_m(k)\right]+k^3\mathrm{I}'_m(k)\right\}\mathrm{I}_m(k)}{k\mathrm{I}'_m(k)\left[\mathrm{I}_m(k)-\rho\dfrac{\mathrm{K}_m(k)}{\mathrm{K}'_m(k)}\mathrm{I}'_m(k)\right]}$$

$$a_{3\_\mathrm{ev}}=\frac{1}{2}\frac{\left(\mathrm{i}mT_{\mathrm{g}\_\boldsymbol{b}\_q}+\mathrm{i}kT_{\mathrm{g}\_\boldsymbol{t}\_q}\right)\mathrm{I}_m(k)V_t}{k\mathrm{I}'_m(k)\left[\mathrm{I}_m(k)-\rho\dfrac{\mathrm{K}_m(k)}{\mathrm{K}'_m(k)}\mathrm{I}'_m(k)\right]}$$

式(6-92)变为

$$\begin{aligned}\frac{\mathrm{d}H_t}{\mathrm{d}t}=&k\mathrm{I}'_m(k)\left(a_1+a_{1\_\mathrm{ev}}\right)\hat{\eta}_t+k\mathrm{I}'_m(k)\left(a_2+a_{2\_\mathrm{ev}}\right)A_{1t}+k\mathrm{I}'_m(k)\left(a_3+a_{3\_\mathrm{ev}}\right)\hat{q}_t\\&+\left[-\mathrm{i}k\sqrt{We}+k\mathrm{I}'_m(k)a_4\right]H_t\end{aligned}\tag{6-109}$$

最终，式(6-91)、式(6-94)、式(6-108)和式(6-109)构成了基于电场力和黏性力共同修正的黏势流理论得到的线性偏微分方程组。

6.3.5　弗洛凯解及实现

交变电场的引入使得线性化的偏微分方程具有随时间变化的系数，在数学上求解更困难。此时，需要引入专门用来求解具有时间周期的微分方程组的弗洛凯理论。主要思想简单总结如下。

典型线性常微分齐次方程组为

$$\frac{\mathrm{d}\boldsymbol{x}}{\mathrm{d}t}=A(t)\boldsymbol{x} \tag{6-110}$$

其中，$\boldsymbol{x}$ 是 n 维向量；$A(t)$ 是具有最小周期 T 的 $n\times n$ 矩阵。尽管 $A(t)$ 的分量是周期性的，但是方程的解一般不是周期性的，因此尽管是线性方程，封闭的解也不容易求解。一般解格式为

$$\boldsymbol{x}(t)=\sum_{i}^{n}c_i\mathrm{e}^{\mu_i t}\boldsymbol{p}_i(t) \tag{6-111}$$

其中，c_i 取决于初始条件的常数；$\boldsymbol{p}_i(t)$ 是具有时间周期 T 的向量函数；μ_i 是弗洛凯指数。弗洛凯乘数 ρ_i 与弗洛凯指数的关系为 $\rho_i=\mathrm{e}^{\mu_i T}$。

由式(6-111)可知，方程组(6-110)的解是 n 个周期函数与指数增长或衰减乘积的和。整个线性系统的特性由弗洛凯指数决定。如果所有弗洛凯指数的实部都是负的或者弗洛凯乘数的实部在−1 到 1 之间，则系统是稳定的；如果任一弗洛凯指数的实部是正的或者任一弗洛凯乘数的模量大于 1，则系统是不稳定的，且当 t $t\to\infty,\|\boldsymbol{x}\|\to\infty$。因此弗洛凯指数/乘数可以理解为连续/离散时间内的常系数模型中的特征值，代表一个时间周期内不同扰动的增长率。实部最大的弗洛凯指数的实部为扰动的时间增长率，虚部为频率。

常系数矩阵的特征值可以通过解析方式求得，但是弗洛凯指数/乘数一般均需数值求解，即单位矩阵 $\boldsymbol{x}(0)=\boldsymbol{I}$ 作为初始条件，在一个时间周期内求解矩阵微分方程(6-110)(从 t=0 到 t=T)；弗洛凯指数 μ_i 是基本矩阵 $\boldsymbol{x}(T)$ 的特征值，同时弗洛凯乘数 ρ_i 可根据关系式 $\rho_i=\mathrm{e}^{\mu_i T}$ 求得。

6.3.6　交变电场的影响

在开始分析参数影响规律前，首先定义本节涉及的两种不稳定模态，参考工况下的特征曲线如图 6-13 所示。首先是传统意义上的 Rayleigh 不稳定，一般指第一个不稳定区间，振荡频率为 0，即射流表面扰动振幅以指数形式增长，其物理

机制主要是电场力和表面张力的竞争。剩余的不稳定区间为参数不稳定，振荡频率为 1(亚谐波)或 0(谐波)，即射流表面扰动振幅以指数函数叠加正弦形式的周期性振荡(第一个参数不稳定区间周期为 $T/2$，第二个参数不稳定区间周期为 T)的形式增长或衰减。在这些区间之外的波数对应的扰动均会以振荡的形式(周期介于 $T/2$ 和 T 之间)衰减。由于 Rayleigh 不稳定特性已经在第 5 章中详细讨论过，本节主要讨论物理参数对参数不稳定的影响机制。

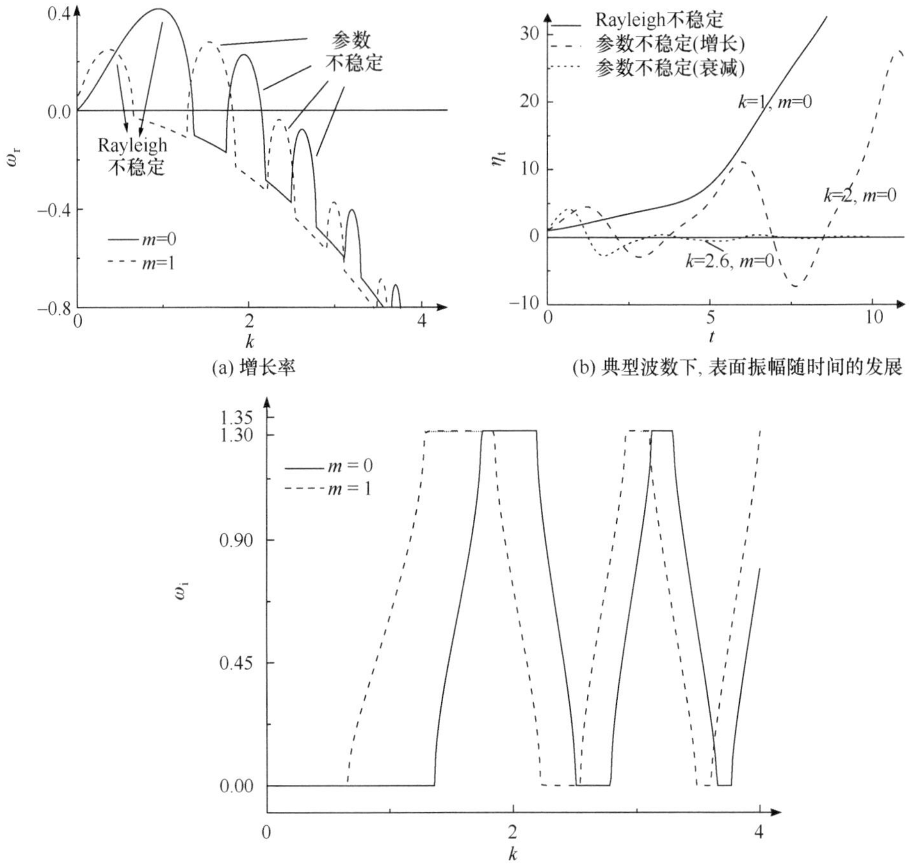

(a) 增长率　(b) 典型波数下, 表面振幅随时间的发展

(c) 频率

图 6-13　参考工况下的特征曲线

首先是交变电场的影响，包括交流电场比例 AC 、电场强度 χ、接地环形电极半径 b。

图 6-14 给出了交变电场比例 AC 的影响规律。对于 Rayeligh 不稳定模态，最大增长率 $\omega_{\mathrm{r,max}}$ 曲线和主导波数 k_{d} 曲线均为抛物型。这是因为电场力的表达式是关于 V_t 的二次函数，即

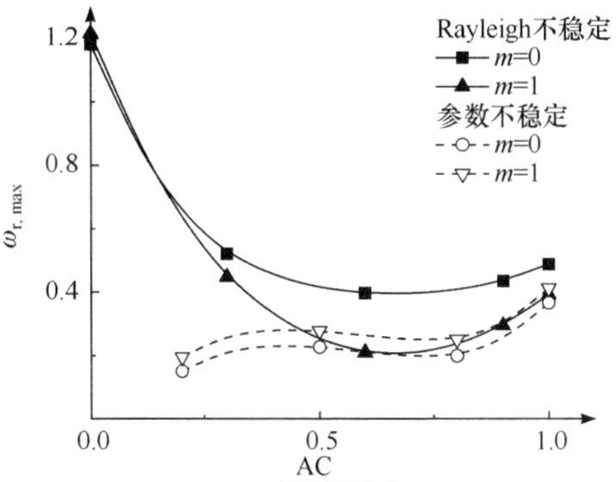

(a) 最大增长率

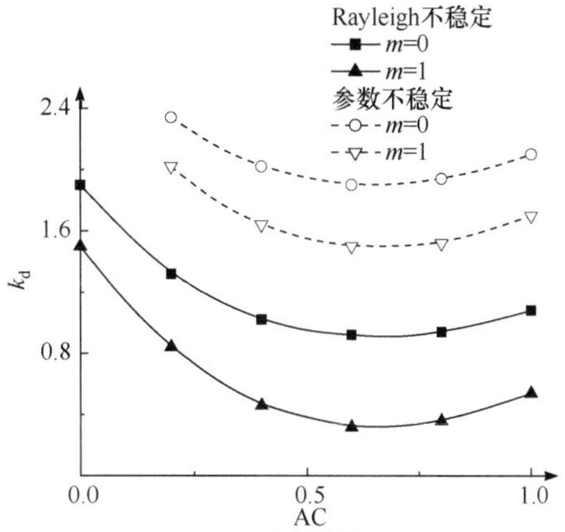

(b) 主导波数

图 6-14　交变电场比例 AC 的影响规律

$$V_t^2 = \{1 + \mathrm{AC}[\cos(\Omega t) - 1]\}^2 = (1 - \mathrm{AC})^2 + \frac{1}{2}\mathrm{AC}^2$$
$$+ \mathrm{AC}(1 - \mathrm{AC})[\exp(\mathrm{i}\Omega t) + \exp(\mathrm{i}\Omega t)] + \frac{1}{4}\mathrm{AC}^2[\exp(2\mathrm{i}\Omega t) + \exp(-2\mathrm{i}\Omega t)]$$

与 Rayliegh 不稳定相关的项为 $(1-\mathrm{AC})^2 + \frac{1}{2}\mathrm{AC}^2$，因此 AC 对 Rayleigh 不稳定模态的影响是抛物线型的。诱发参数不稳定的、时间周期性的电场力不仅是 V_t 的二次函数，同时与 Ω 和时间相关，因此其影响规律较复杂：随着 AC 的增加，$\omega_{\mathrm{r,max}}$ 先增加，后减小，然后再增加；k_{d} 曲线则呈抛物线型。对比 Rayleigh 不稳定模态和参数不稳定模态可以发现，尽管仅需要很小的 AC，参数不稳定模态就会被激发；但是综合来看 Rayleigh 不稳定模态在射流表面扰动波的发展过程中占据主导地位。同时对于非轴对称模态(m=1)，当 AC 大约位于 $(0.5, 0.8)$ 区间时，参数不稳定模态强于 Rayleigh 不稳定模态。由此可以推断，非轴对称不稳定模态更易被观察到。

电场强度对于共振和 Rayleigh 不稳定模态的影响是相似的，即抑制长波长轴对称扰动，促进短波长扰动，总是激发和促进非轴对称扰动的发展，电场强度的影响规律如图 6-15 所示。由于参数不稳定总是位于短波长范围，电场强度总是促进轴对称参数不稳定。同时，激发非轴对称不稳定模态所需的电场强度明显弱于激发轴对称模态的电场强度；参数不稳定总是主导非轴对称模态，同时当电场增强到一定程度后，参数不稳定才会开始主导轴对称模态。与静电场作用时相同的是，当电场足够强时，更多非轴对称扰动(m=2, 3, …)会被激发，同时与轴对称模态(m=0)和非轴对称模态(m=1)相当，射流进入电雾化模式，强电场作用下的多种不稳定模态如图 6-16 所示。不同的是，此时主导射流破裂的不再是 Rayleigh 不稳定模态，而是参数不稳定模态，因此射流进入共振电雾化模式。

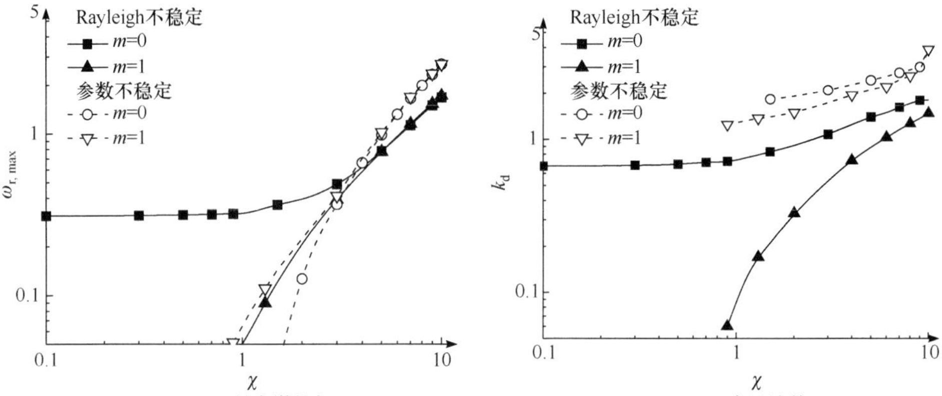

(a) 最大增长率　　(b) 主导波数

图 6-15　电场强度的影响规律

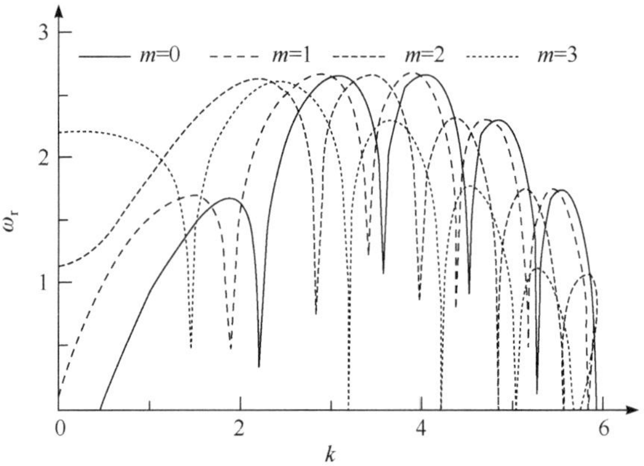

图 6-16　强电场作用(χ=10)下的多种不稳定模态

最后是环形电极半径 b 的影响，环形电极半径的影响规律如图 6-17 所示。b

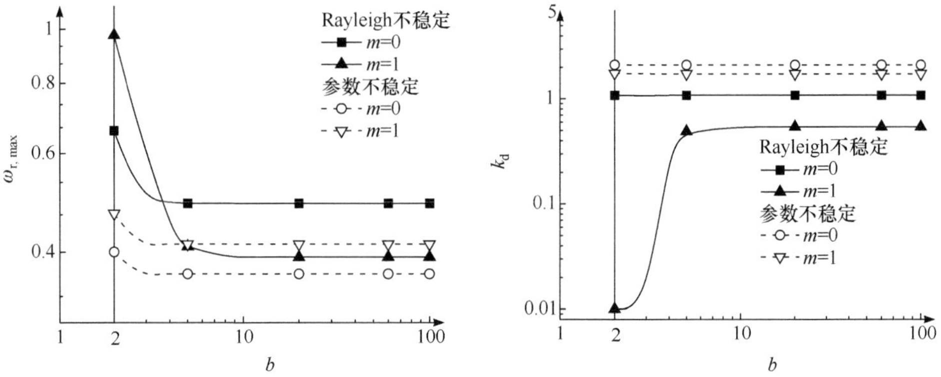

(a) 最大增长率　　(b) 主导波数

图 6-17　环形电极半径的影响规律

的增加，意味着电场强度的减弱，因此射流的不稳定性会得到抑制。当 $b>8$ 后，大增长率 $\omega_{r,max}$ 和主导波数 k_d 不再发生变化，即环形半径的增加不再影响射流稳定性。在实验中，接地环形电极半径往往不能太小，以防止被击穿。因此，在理论分析中可以将环形电极看成放置在无穷远处，从而得到一定的简化。

参考文献

李建勋, 王钧. 2001. 超声波高黏重油雾化喷嘴的性能和应用[J]. 轻金属, (9): 27-29.

孙晓霞. 2004. 超声波雾化喷嘴的研究进展[J]. 工业炉, 26(1): 19-32.

魏振军. 1985. 新型超声波火嘴[J]. 石油化工设备技术, (4): 51-52.

吴胜举, 王志刚, 任金莲, 等. 2001. 功率超声雾化制备钛金属粉末的实验研究[J]. 压电与声光, 23(6): 490-492.

张绍坤, 王景甫, 马重芳, 等. 2007. 流体动力式超声波喷嘴雾化特性的实验研究[J]. 石油机械, 35(6): 1-7.

Ashokkumar M, Caralieri F, Chemat F, et al. 2016. Handbook of Ultrasonics and Sonochemistry [M]. Berlin: Springer.

Baillot F, Blaisot J B, Boisdron G, et al. 2009. Behaviour of an air-assisted jet submitted to a transverse high-frequency acoustic field [J]. Journal of Fluid Mechanics, 640: 305-342.

Bandopadhyay A, Hardt S. 2017. Stability of horizontal viscous fluid layers in a vertical arbitrary time periodic electric field [J]. Physics of Fluids, 29(12): 124101.

Benjamin T B, Ursell F. 1954. The stability of the plane free surface of a liquid in vertical periodic motion [J]. Proceedings of the Royal Society of London Series A—Mathematical, Physical and Engineering Science, 225(1163): 505-515.

Borodin V A, Dityakin Y F, Klyachko L A, et al. 1967. Atomization of Liquids[M]. Moscow: Mashinostroenie.

Conroy D T, Matar O K, Craster R V, et al. 2011. Breakup of an electrified, perfectly conducting, viscous thread in an AC field [J]. Physical Review E, 83: 066314.

Faraday M. 1831. On a peculiar class of acoustical figures, and on certain forms assumed by groups of particles upon vibrating elastic surfaces [J]. Philosophical Transactions of the Royal Society of London, 121: 299-340.

Gañán-Calvo A M, Alfonso M, López-Herrera, et al. 2018. Review on the physics of electrospray: From electrokinetics to the operating conditions of single and coaxial Taylor cone-jets, and AC electrospray [J]. Journal of Aerosol Science, 125: 32-56.

Gershuni G Z, Zhukovitskii E M. 1963. On parametric excitation of convective instability [J]. Journal of Applied Mathematics and Mechnics, 27(5): 1197-1204.

González H, García F J, Castellanos A. 2003. Stability analysis of conducting jets under AC radial electric fields for arbitrary viscosity [J]. Physics of Fluids, 15(2): 395-407.

Kang D K, Lee M W, Kim H Y, et al. 2011. Electrohydrodynamic pulsed-inkjet characteristics of various inks containing aluminum particles. Journal of Aerosol Science, 42(10): 621-630.

Kelly R E. 1965. The stability of an unsteady Kelvin-Helmholtz flow [J]. Journal of Fluid Mechanics,

22(3): 547-560.

Kelvin L. 1871. Influence of wind and capillarity on waves in water supposed frictionless [J]. Mathematical and Physical Papers, 42(4): 76-85.

Kirtley D, Fife J M. 2002. A colloid engine accelerator concept[C]. The 38th AIAA/ASME/SAE/ASEE Joint Propulsion Conference & Exhibit: 3811.

Lierke E G, Griesshammer G. 1967. The formation of metal powders by ultrasonic atomization of molten metals [J]. Ultrasonics, 5(4):224-228.

Mulmule A S, Tirumkudulu M S, Ramamurthi K. 2010. Instability of a moving liquid sheet in the presence of acoustic forcing [J]. Physics of Fluids, 22(2): 022101.

Qin L, Yi R, Yang L. 2018. Theoretical breakup model in the planar liquid sheets exposed to high-speed gas and droplet size prediction[J]. International Journal of Multiphase Flow, (98): 158-167.

Roberts S A, Kumar S. 2009. AC electrohydrodynamic instabilities in thin liquid films [J]. Journal of Fluid Mechanics, 631: 255-279.

Taylor G. 1950. The instability of liquid surface when accelerated in a direction perpendicular to their planes[J]. Proceedings of the Royal Society of London Series A—Mathematical, Physical and Engineering Science, (201): 192-196.

Wang C, Yang L J, Xie L, et al. 2015. Weakly nonlinear instability of planar viscoelastic sheets [J]. Physics of Fluids, 27(1): 013103.

Yih C. 1968. Instability of unsteady flows or configurations Part 1. instability of a horizontal liquid layer on an oscillating plane [J]. Journal of Fluid Mechanics, 31(4): 737-751.

Yih C, Li C. 1972. Instability of unsteady flows or configurations. Part 2. convective instability [J]. Journal of Fluid Mechanics, 54(1): 143-152.

Yule A J, Al-Suleimani Y. 2000. On droplet formation from capillary waves on a vibrating surface [J]. Proceedings of the Royal Society of London Series A— Mathematical, Physical and Engineering Science, (456): 1069-1085.

第 7 章　特殊截面射流的稳定性

液体射流破碎问题在很多工程实践中非常重要，如液体火箭发动机、喷墨打印、喷涂等。国内外学者已经研究此类问题长达百年以上。然而，在前文中对圆柱射流进行稳定性分析时，始终假设射流截面为圆形。在生产实践中，出于某种特定需求或由于制造误差的存在，实际射流截面往往并非圆形，如圆环射流、复合圆柱射流、椭圆截面射流等。

在液体火箭发动机的燃烧室中，由双组元气液同轴喷嘴喷出的射流即为圆环状。液体由喷嘴的环缝中喷出，在外面呈圆环形，圆环的内外均为气体，该射流即为圆环射流，不同气液比下的圆环射流及其破裂形态如图 7-1 所示(Zhao et al.，2015)。

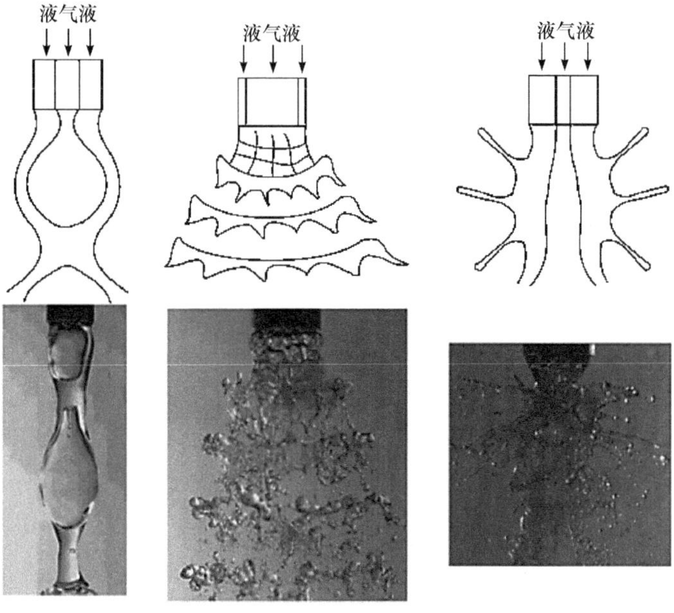

图 7-1　不同气液比下的圆环射流及其破裂形态

圆环射流的稳定性与传统的圆柱射流有所不同。在圆柱射流稳定性分析中，为了简化计算而忽略了周围气体的空气动力效应，而圆环射流是介于圆柱射流和平面射流之间的一种射流，其失稳机制同时包含了表面张力驱动失稳(Plateau-Rayleigh)机制及空气动力驱动失稳(Kelvin-Helmholtz)机制，因此不能忽略周围气体的空气动力效应。由此可见，射流的截面形状一旦发生变化，必然会导致其稳定性的改变。

另外，在一些生产应用中还会遇到复合圆柱射流，即射流由内外两层不同的流体组成。例如，在微胶囊生产中，一种常用方法就是利用复合圆柱射流的Plateau-Rayleigh不稳定来产生微胶囊液滴，利用复合圆柱射流生产微胶囊装置如图7-2所示(Whelehan and Marison，2011)。

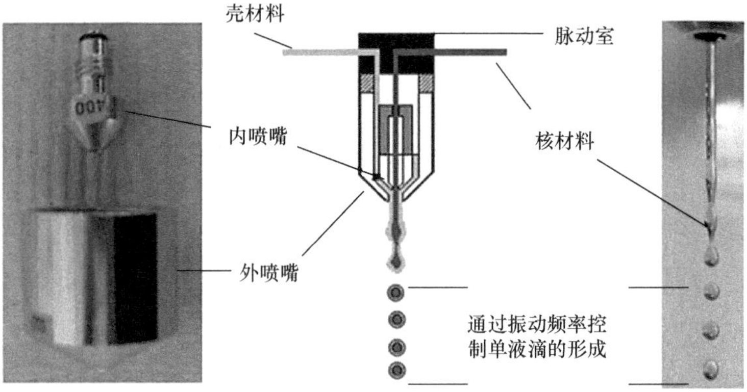

图 7-2　利用复合圆柱射流生产微胶囊装置

射流内层是胶囊内容物的溶液，外层是胶囊壳体材料的溶液。射流破碎之后形成复合液滴，液滴掉落到固化液中，从而使外层固化成为固体外壳，这样就形成了微胶囊产品。在上述过程中，为生成大小可控且均匀的微胶囊液滴，必须对复合射流的破碎过程进行精确的控制。因此，对复合射流进行合理的稳定性分析是必要的。

在空心纤维的制备中，也可以使用复合射流的方法。利用复合射流生产纳米空心碳纤维装置如图7-3所示(刘瑛岩等，2015)。壳溶液为聚酰胺酸，核溶液为矿物油。首先通过同轴电纺丝生产出复合纤维，然后通过后处理工艺去除矿物油，得到空心纤维，最后在高温下将壳材料碳化，即可得到空心碳纤维。在上述过程中，若射流发生破碎，那么最终将无法生成纤维。因此，在该应用中应保证射流处于稳定状态。由此可见，对复合圆柱射流稳定性进行深入理解将为许多工业产品的制造和优化提供理论依据和指导。

除此之外，在实际加工制造中，由于加工精度有限，喷嘴的出口形状可能变为椭圆形等。或者对于实际的复合圆柱射流，其内、外界面不一定是同轴的，此时便会出现偏心的情况，偏心复合圆柱射流如图 7-4(b)所示。研究椭圆截面射流或偏心复合射流的稳定性，对于指导加工精度要求的制定具有重要意义。

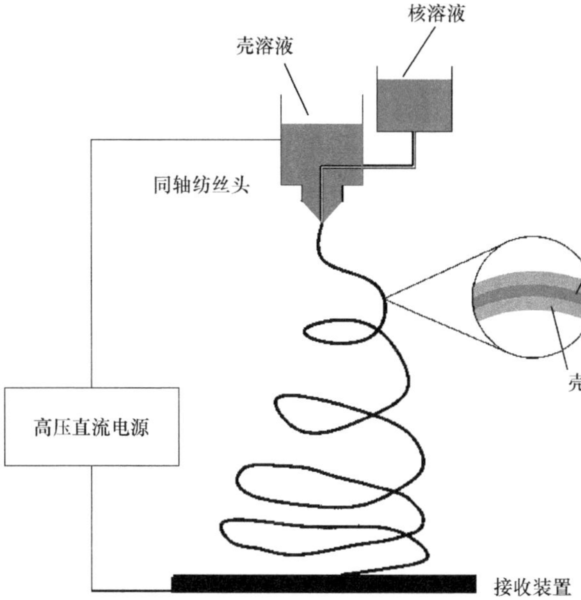

图 7-3 利用复合射流生产纳米空心碳纤维装置

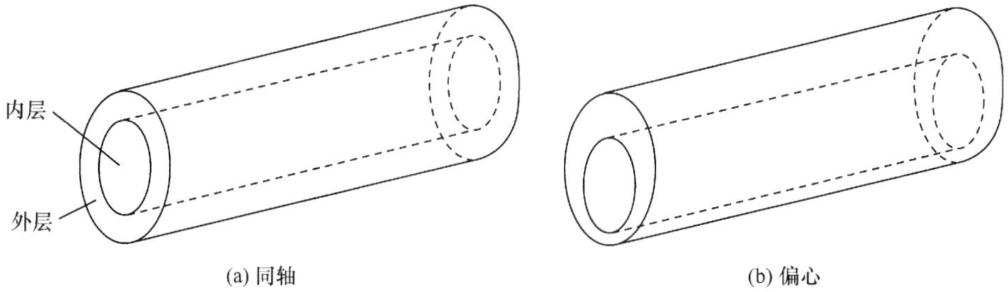

图 7-4 复合圆柱射流

7.1 圆环射流的线性稳定性

对于圆环射流线性不稳定的研究已有几十年历史，Crapper 等(1975)研究了进入静止气体介质的无黏环形射流的不稳定性，并得到了扰动波数和扰动振幅增长率之间的色散方程。在他们的研究中只提到了扰动增长率存在两个解，分别对应平面液膜的正弦模式和曲张模式，却没有详细分析环形液膜中两种模式与平面液膜的区别。Shen 和 Li(1996)基于环形液膜与平面液膜的区别，在研究环形液膜的不稳定性时，对应平面液膜的正弦模式和曲张模式，提出了“近似正弦模式”(para-sinuous mode)和“近似曲张模式”(para-varicose mode)，并求解了扰动波波数和扰动波增长率的色散方程，同时得到内外表面扰动初始振幅比。

本节将在前人的基础上展开对圆环射流的线性稳定性分析。2.1 节圆柱射流线性稳定性分析和 3.1 节平面射流线性稳定性分析已经对射流的线性稳定性分析过程进行充分的介绍，因此本节将在此基础上考虑更加复杂的模型，增加液体有黏的假设。

7.1.1　圆环射流的理论模型

圆环射流物理模型示意图如图 7-5 所示。设圆环内半径为 a_1^*，外半径为 a_2^*，密度为 ρ_1^*，动力黏度系数为 μ^*，表面张力系数为 σ^*，未受扰动时的基本流动为沿轴向 z^* 方向、速度为 U^* 的匀速定常流动。圆环内外气体密度均为 ρ_g^*，且在未被扰动时处于静止状态。假定射流表面上的扰动是轴对称扰动，z^* 和 r^* 方向的扰动速度分别为 $u^{*\prime}$ 和 $v^{*\prime}$，扰动压强为 $p^{*\prime}$。若用下标 1、2 分别代表圆环内、外气体的参数，则 r^* 方向的扰动速度为 $v_{g1}^{*\prime}$、$v_{g2}^{*\prime}$，z^* 方向的扰动速度为 $u_{g1}^{*\prime}$、$u_{g2}^{*\prime}$，扰动压强为 $p_{g1}^{*\prime}$，$p_{g2}^{*\prime}$。圆环内、外界面位移分别为 η_1^*、η_2^*。

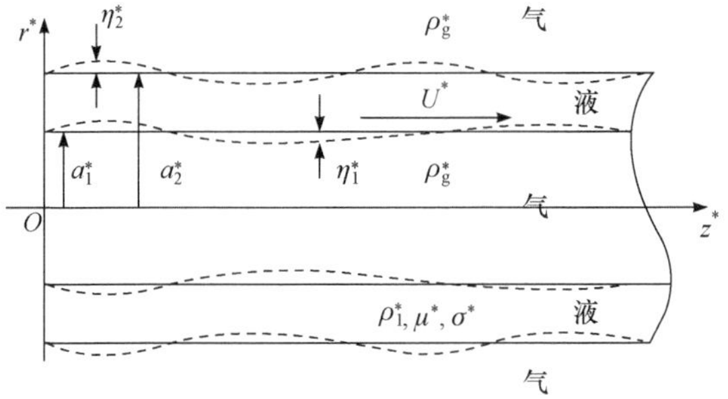

图 7-5　圆环射流物理模型示意图

在圆柱射流和平面液膜的线性稳定性分析中已经详细描述过控制方程组线性化的过程，这里不再赘述。直接写出线性化后的控制方程组和边界条件，其中液体区域的控制方程为

$$\frac{\partial\left(r^* v^{*\prime}\right)}{\partial r^*}+\frac{\partial\left(r^* u^{*\prime}\right)}{\partial z^*}=0 \tag{7-1}$$

$$\frac{\partial v^{*\prime}}{\partial t^*}+U^*\frac{\partial v^{*\prime}}{\partial z^*}=\frac{\mu^*}{\rho_1^*}\left(\nabla^2 v^{*\prime}-\frac{v^{*\prime}}{r^{*2}}\right)-\frac{1}{\rho_1^*}\frac{\partial p^{*\prime}}{\partial r^*} \tag{7-2}$$

$$\frac{\partial u^{*\prime}}{\partial t^*}+U^*\frac{\partial u^{*\prime}}{\partial z^*}=\frac{\mu^*}{\rho_1^*}\nabla^2 u^{*\prime}-\frac{1}{\rho_1^*}\frac{\partial p^{*\prime}}{\partial z^*} \tag{7-3}$$

线性化后的运动边界条件为

$$v^{*\prime}=\frac{\partial\eta_i^*}{\partial t^*}+U^*\frac{\partial\eta_i^*}{\partial z^*},\qquad r^*=a_i^*,\ i=1,2 \tag{7-4}$$

由于仅考虑液体黏性而假设气相无黏，射流边界处无切应力。因此，得到线性化后的切向动力边界条件为

$$\frac{\partial v^{*\prime}}{\partial z^*}+\frac{\partial u^{*\prime}}{\partial r^*}=0,\qquad r^*=a_i^*,\ i=1,2 \tag{7-5}$$

与液相类似，对气相同样有

$$\frac{\partial\left(r^*v_{gi}^{*\prime}\right)}{\partial r^*}+\frac{\partial\left(r^*u_{gi}^{*\prime}\right)}{\partial z^*}=0,\qquad i=1,2 \tag{7-6}$$

$$\frac{\partial v_{gi}^{*\prime}}{\partial t^*}=-\frac{1}{\rho_g^*}\frac{\partial p_{gi}^{*\prime}}{\partial r^*},\qquad i=1,2 \tag{7-7}$$

$$\frac{\partial u_{gi}^{*\prime}}{\partial t^*}=-\frac{1}{\rho_g^*}\frac{\partial p_{gi}^{*\prime}}{\partial z^*},\qquad i=1,2 \tag{7-8}$$

$$v_{gi}^{*\prime}=\frac{\partial\eta_i^*}{\partial t^*},\qquad r^*=a_i^*,\ i=1,2 \tag{7-9}$$

$$\frac{\partial v_{gi}^{*\prime}}{\partial z^*}+\frac{\partial u_{gi}^{*\prime}}{\partial r^*}=0,\qquad r^*=a_i^*,\ i=1,2 \tag{7-10}$$

对于圆环外的气体，在无穷远处各扰动项均趋近于 0，即

$$v_{g2}^{*\prime},u_{g2}^{*\prime},p_{g2}^{*\prime}\to 0,\qquad r^*\to\infty \tag{7-11}$$

在气液内、外边界，线性化的法向动力边界条件为

$$p_{g1}^{*\prime}+p_n^{*\prime}=-\sigma^*\left(\frac{\eta_1^*}{a_1^{*2}}+\frac{\partial^2\eta_1^*}{\partial z^{*2}}\right),\qquad r^*=a_1^* \tag{7-12}$$

$$p_{g2}^{*\prime}+p_n^{*\prime}=\sigma^*\left(\frac{\eta_2^*}{a_2^{*2}}+\frac{\partial^2\eta_2^*}{\partial z^{*2}}\right),\qquad r^*=a_2^* \tag{7-13}$$

$$p_n^{*\prime}=-p^{*\prime}+2\mu^*\frac{\partial v^{*\prime}}{\partial r^*} \tag{7-14}$$

其中，$p_n^{*\prime}$ 为液体的黏性正应力；式(7-12)和式(7-13)的等号右侧第一项表示表面张力在周向产生的影响，第二项表示表面张力在轴向产生的影响。

与圆柱射流、平面射流的稳定性分析类似，假定扰动量满足正则模形式，即

$$\left(v^{*\prime},u^{*\prime},p^{*\prime},v_{gi}^{*\prime},u_{gi}^{*\prime},p_{gi}^{*\prime}\right)=\left(\hat{v}_r^{*},\hat{u}^{*},\hat{p}^{*},\hat{v}_{gi}^{*},\hat{u}_{gi}^{*},\hat{p}_{gi}^{*}\right)\cdot\exp\left(\mathrm{i}k^{*}z^{*}+\omega^{*}t^{*}\right) \tag{7-15}$$

$$\eta_1^{*}=\hat{\eta}_1^{*}\exp\left(\mathrm{i}k^{*}z^{*}+\omega^{*}t^{*}\right) \tag{7-16}$$

$$\eta_2^{*}=\hat{\eta}_2^{*}\exp\left(\mathrm{i}k^{*}z^{*}+\omega^{*}t^{*}\right) \tag{7-17}$$

通过与圆柱射流稳定性分析类似的推导方法，可以得到波数 k^* 与频率 ω^* 的色散方程，这里不再详细阐述。然而，与圆柱射流不同的是，圆环射流的色散方程有两个解，即对应两种失稳模式，这一点与平面液膜类似。不过，圆环射流的色散方程并不能像平面液膜一样通过因式分解变为两个独立方程，因此两种模式的增长率必须由同一个方程解出。

最终圆环射流的色散方程为

$$\begin{aligned}&\left\{\left(l^2+k^2\right)^2\varDelta_1\varDelta_4+4k^3l\varDelta_3\varDelta_6-Re\left[\rho\omega^2B_1-\frac{k}{We}\left(\frac{1}{a_1^2}-k^2\right)-\frac{2}{a_1}k\left(l^2+k^2\right)\right]\right\}\\&\times\left\{\left(l^2+k^2\right)^2\varDelta_2\varDelta_4-4k^3l\varDelta_3\varDelta_5-Re\left[\rho\omega^2B_2-\frac{k}{We}\left(\frac{1}{a_2^2}-k^2\right)+\frac{2}{a_2}k\left(l^2+k^2\right)\right]\right\}\\&-\frac{1}{a_1a_2}\left[\frac{\left(l^2+k^2\right)^2}{k}\varDelta_4-4k^3\varDelta_3\right]^2=0\end{aligned} \tag{7-18}$$

内外表面的振幅比为

$$\frac{\hat{\eta}_1^{*}}{\hat{\eta}_2^{*}}=\frac{\dfrac{\left(l^2+k^2\right)^2}{k}\varDelta_4-4k^3\varDelta_3}{a_1\left\{\left(l^2+k^2\right)\varDelta_1\varDelta_4+4k^3l\varDelta_3\varDelta_6-Re^2\left[\rho\omega^2B_1-\dfrac{k}{We}\left(\dfrac{1}{a_1^2}-k^2\right)\right]-\dfrac{2k\left(l^2+k^2\right)}{a_1}\right\}} \tag{7-19}$$

其中，选取与 a_1^* 和 a_2^* 具有相同量级的值 a_0^* 为特征长度，从而有无量纲半径 $a_1=a_1^*/a_0^*$，$a_2=a_2^*/a_0^*$；韦伯数 $We=\rho_1^*U^{*2}a_0^*/\sigma^*$；雷诺数 $Re=\rho_1^*U^*a_0^*/\mu^*$；无量纲波数 $k=k^*a_0^*$；无量纲时间频率 $\omega=\omega^*a_0^*/U^*$；气液密度比 $\rho=\rho_g^*/\rho_1^*$；并定义参数 $l^2=k^2+Re(\omega+\mathrm{i}k)$。

除上述无量纲参数外，式(7-18)和式(7-19)中其他常量为

$$\Delta_1 = \mathrm{I}_0\left(k^* a_1^*\right)\mathrm{K}_1\left(k^* a_2^*\right) + \mathrm{K}_0\left(k^* a_1^*\right)\mathrm{I}_1\left(k^* a_2^*\right)$$

$$\Delta_2 = \mathrm{I}_0\left(k^* a_2^*\right)\mathrm{K}_1\left(k^* a_1^*\right) + \mathrm{K}_0\left(k^* a_2^*\right)\mathrm{I}_1\left(k^* a_1^*\right)$$

$$\Delta_3 = \left[\mathrm{I}_1\left(l^* a_1^*\right)\mathrm{K}_1\left(l^* a_2^*\right) - \mathrm{K}_0\left(l^* a_1^*\right)\mathrm{I}_1\left(l^* a_2^*\right)\right]^{-1}$$

$$\Delta_4 = \left[\mathrm{I}_1\left(k^* a_1^*\right)\mathrm{K}_1\left(k^* a_2^*\right) - \mathrm{K}_0\left(k^* a_1^*\right)\mathrm{I}_1\left(k^* a_2^*\right)\right]^{-1}$$

$$\Delta_5 = \mathrm{I}_0\left(l^* a_2^*\right)\mathrm{K}_1\left(l^* a_1^*\right) + \mathrm{K}_0\left(l^* a_2^*\right)\mathrm{I}_1\left(l^* a_1^*\right) + \left(l^* a_2^* \Delta_3\right)^{-1}$$

$$\Delta_6 = -\left[\mathrm{I}_0\left(l^* a_1^*\right)\mathrm{K}_1\left(l^* a_2^*\right) + \mathrm{K}_0\left(l^* a_1^*\right)\mathrm{I}_1\left(l^* a_2^*\right)\right] + \left(l^* a_1^* \Delta_3\right)^{-1}$$

$$B_1 = \mathrm{I}_0\left(k^* a_1^*\right)\Big/\mathrm{I}_1\left(k^* a_1^*\right);\quad B_2 = \mathrm{K}_0\left(k^* a_2^*\right)\Big/\mathrm{K}_1\left(k^* a_2^*\right)$$

其中，I_n 及 $\mathrm{K}_n(n=0,1)$ 分别为 n 阶第一、二类修正贝塞尔函数；$l^{*2} = k^{*2} + \rho_1^*\left(\omega^* + \mathrm{i}U^* k^*\right)$。

7.1.2　圆环射流稳定性的影响因素

圆环射流的两种失稳模式类似于平面液膜，但也有所区别。对于平面液膜来说，其正弦模式中，上下表面的扰动是同相位的，即相位差等于零；而其曲张模式中，上下表面的扰动是反相的，即相位差等于π。对于圆环射流而言，式(7-19)为内外表面扰动的复振幅比，其辐角就是内外表面扰动的相位差。计算结果表明，圆环射流第一种失稳模式中，内外表面扰动的相位差很接近零，但却又不精确等于零；第二种失稳模式中，内外表面扰动的相位差很接近π，但却又不精确等于π。因此，对于圆环射流，第一种失稳模式是"近似"的正弦模式，第二种失稳模式是"近似"的曲张模式，两种圆环射流表面波动模式示意图如图 7-6 所示。

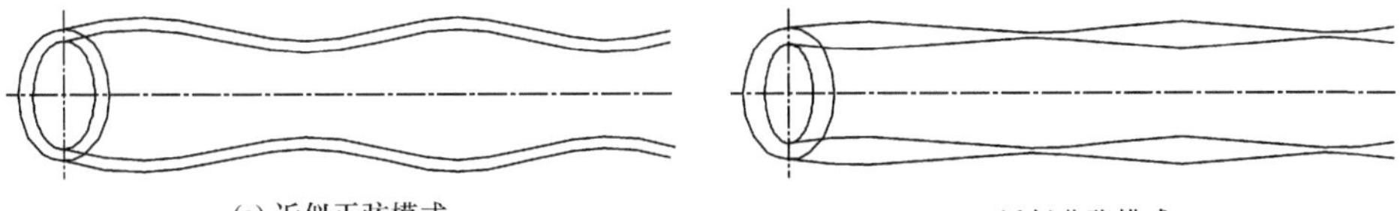

(a) 近似正弦模式　(b) 近似曲张模式

图 7-6　两种圆环射流表面波动模式示意图

近似正弦模式与近似曲张模式的增长率对比如图 7-7 所示。各参数取值为 $a_1 = 0.15$，$a_2 = 1$，$We = 1000$，$Re = 1000$，$\rho = 0.001$。可以看出，近似正弦模式的增长率远大于近似曲张模式，因此近似正弦模式要比近似曲张模式不稳定得多，此结论与平面液膜类似。因此，本节只讨论更加不稳定的正弦模式。

韦伯数对圆环射流不稳定性的影响如图 7-8 所示。各参数数值为 $Re = 1000$，

$\rho = 0.001$，$a_1 = 1$，$a_2 = 1.25$。从图 7-8 中可以看出，当波数 k 较小时，随着韦伯数增大，增长率会变小；然而当 k 较大时，随韦伯数增大，增长率会变大，而且不稳定的波数区域也明显增大。此结论与圆柱射流相似，即低速时失稳为 Rayleigh 模式，高速时为 Taylor 模式。对于雾化而言，为了得到更为细小的液滴，需尽量提高射流速度，以增大韦伯数。

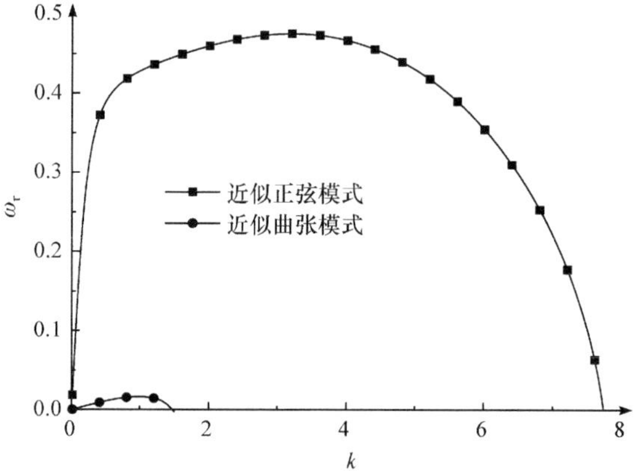

图 7-7　近似正弦模式与近似曲张模式的增长率对比

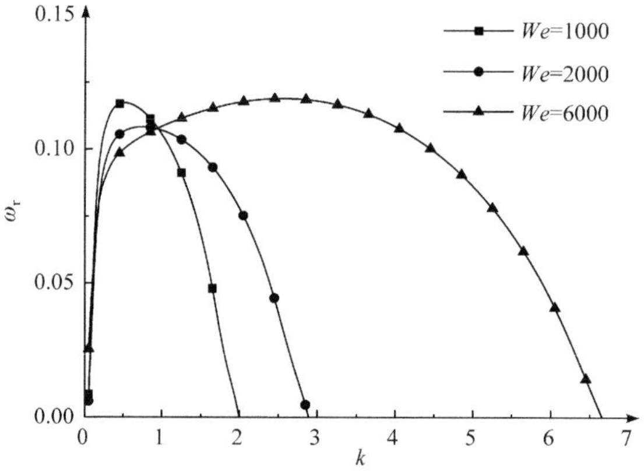

图 7-8　韦伯数对圆环射流不稳定性的影响

气液密度比对圆环射流不稳定性的影响如图 7-9 所示，各参数数值为 $Re = 1000$，$We = 1000$，$a_1 = 1$，$a_2 = 1.25$。可以看出，圆环射流的增长率随着气液密度比的增大而增大，说明增加气体的密度有利于圆环射流的雾化，这与平面液膜和圆柱射流都是相同的。其原因同样在于增加气体密度会增加气体的惯性力，从而增加不稳定性。由此可见，无论是平面液膜、圆柱射流还是圆环射流，增加气液密度比都会使射流的不稳定性增加，从而促进雾化。这与燃烧室压强(反压)

增加，液体雾化质量会变好的实验结果相一致。

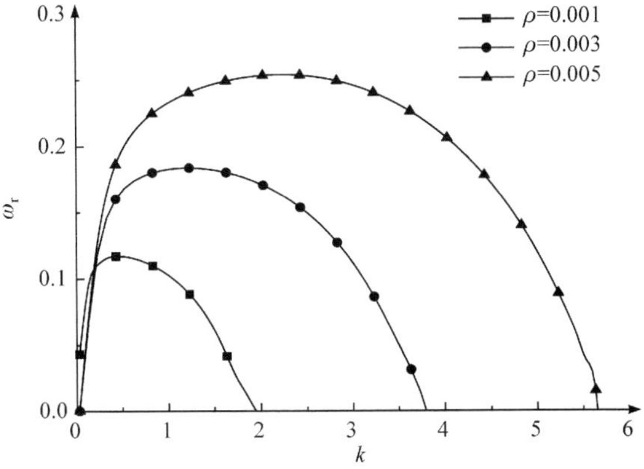

图 7-9 气液密度比对圆环射流不稳定性的影响

雷诺数对圆环射流不稳定性的影响如图 7-10 所示，各参数值为 $\rho=0.001$，$We=1000$，$a_1=1$，$a_2=1.25$。从图中可以看出，随雷诺数的增大，时间增长率增大。通过理论的线性分析得到的结论为圆环射流的黏性会减弱其不稳定性，此规律与圆柱射流、平面射流中黏性的影响规律是类似的。

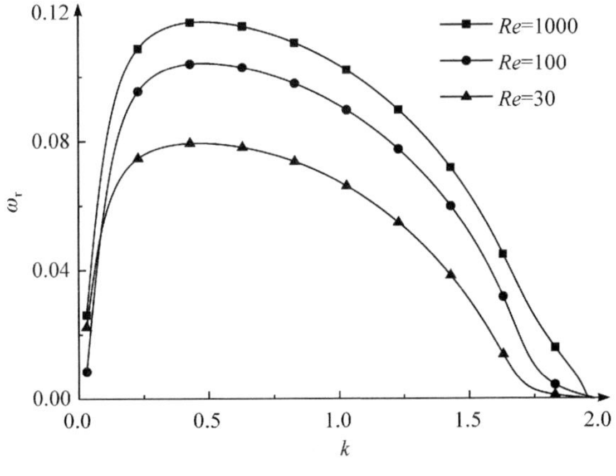

图 7-10 雷诺数对圆环射流不稳定性的影响

对圆环射流而言，将圆环内径趋近于 0 便是圆柱射流情况；若将内外径同时趋于无穷大，即为平面液膜情况。所以，其实圆环射流是比圆柱射流和平面射流更一般的情形。实际上，可以先推导出圆环射流的色散方程，然后分别令其内径趋于零或内外径都趋于无穷大且两者的差为常数，这样即可得到圆柱射流和平面射流的色散方程。

7.2　复合圆柱射流的稳定性

对复合射流的研究，最早是由 Hertz 和 Hermanrud(1983)开展的。他们制作了产生复合射流的装置,并观察了复合射流破碎的现象。后来,又有 Sanz 和 Meseguer (1985)、Radev 和 Tchavdarov(1988)、Shkadov 和 Sisoev(1996)、Chauhan 等(1996)对复合射流的稳定性进行了理论分析，得到了不同黏性及不同稳态速度剖面等情况下的扰动增长率。需要注意的是，在复合圆柱射流的应用中，一般都是利用低速复合圆柱射流的 Rayleigh 模式不稳定,所以往往忽略周围气体的空气动力效应。本节同样采用上述假设，对复合射流的线性稳定性进行理论分析，并进一步讨论各参数变化时，扰动增长率的变化趋势。

7.2.1　复合圆柱射流的理论模型

复合圆柱射流稳定性分析的物理模型如图 7-11 所示。假设射流以均匀的轴向速度 U^* 运动；如果两种液体的流速不相等，则会增加剪切层不稳定，而本节主要研究由表面张力驱动的不稳定，因此假设两种液体的速度为大小相等的常数。在实际应用中，射流喷出喷嘴之后，由于黏性的作用，射流的速度剖面很快趋于均匀，这个假设是合理的。另外，假设内层和外层的液体密度分别是 ρ_1^* 和 ρ_2^*，黏度系数分别是 μ_1^* 和 μ_2^*，内、外界面的半径分别为 a_1^* 和 a_2^*，表面张力系数分别为 σ_1^* 和 σ_2^*。假定射流上的扰动是轴对称的，内、外界面的位移分别是 η_1^* 和 η_2^*。

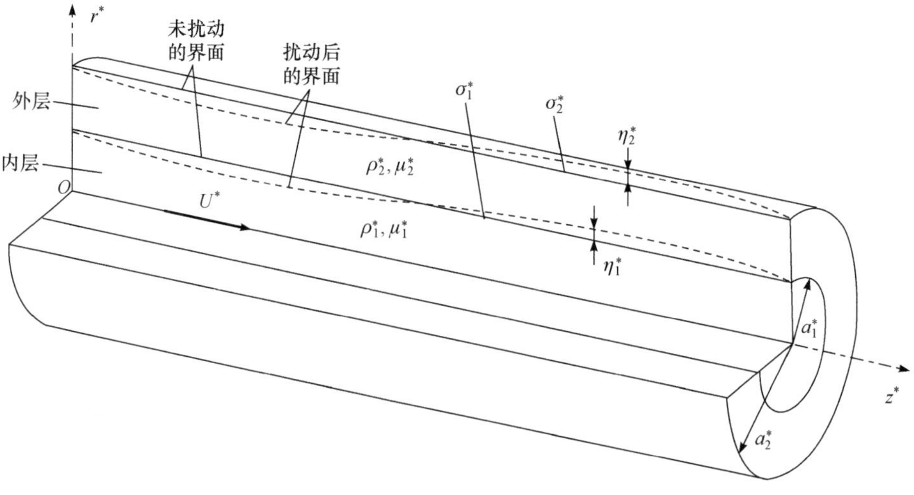

图 7-11　复合圆柱射流稳定性分析的物理模型

当忽略重力时，内层流体运动的控制方程如下所示。

连续方程为

$$\nabla \cdot \boldsymbol{v}_1^* = 0 \tag{7-20}$$

动量方程为

$$\rho_1^* \frac{\partial \boldsymbol{v}_1^*}{\partial t^*} + \rho_1^* \left(\boldsymbol{v}_1^* \cdot \nabla\right) \boldsymbol{v}_1^* = -\nabla p_1^* + \nabla \cdot \boldsymbol{T}_1^* \tag{7-21}$$

其中，$\boldsymbol{v}_1^* = u_1^* \boldsymbol{e}_z + v_1^* \boldsymbol{e}_r + w_1^* \boldsymbol{e}_\theta$ 为速度矢量(采用圆柱坐标系，$\boldsymbol{e}_z$ 、$\boldsymbol{e}_r$ 及 $\boldsymbol{e}_\theta$ 分别为轴向、径向及周向的单位矢量)； p_1^* 为压力； $\boldsymbol{T}_1^*$ 为偏应力张量。

相似地，外层流体的控制方程为

$$\nabla \cdot \boldsymbol{v}_2^* = 0 \tag{7-22}$$

$$\rho_2^* \frac{\partial \boldsymbol{v}_2^*}{\partial t^*} + \rho_2^* \left(\boldsymbol{v}_2^* \cdot \nabla\right) \boldsymbol{v}_2^* = -\nabla p_2^* + \nabla \cdot \boldsymbol{T}_2^* \tag{7-23}$$

其中，$\boldsymbol{v}_2^* = u_2^* \boldsymbol{e}_z + v_2^* \boldsymbol{e}_r + w_2^* \boldsymbol{e}_\theta$ 。

应力张量和速度场之间由本构方程关联起来，即牛顿流体的广义牛顿内摩擦定律：

$$\boldsymbol{T}_1^* = \mu_1^* \dot{\boldsymbol{\gamma}}_1^* \tag{7-24}$$

$$\boldsymbol{T}_2^* = \mu_2^* \dot{\boldsymbol{\gamma}}_2^* \tag{7-25}$$

其中，$\dot{\boldsymbol{\gamma}}_1^* = \nabla \boldsymbol{v}_1^* + \left(\nabla \boldsymbol{v}_1^*\right)^{\mathrm{T}}$ 和 $\dot{\boldsymbol{\gamma}}_2^* = \nabla \boldsymbol{v}_2^* + \left(\nabla \boldsymbol{v}_2^*\right)^{\mathrm{T}}$ 为变形速率张量。

首先可以给出运动边界条件。在内界面处，由于两侧的流体都是黏性的，界面处没有相对滑移。因此，有

$$u_1^* = u_2^*, v_1^* = \frac{\partial \eta_1^*}{\partial t^*} + u_1^* \frac{\partial \eta_1^*}{\partial z^*}, \quad v_2^* = \frac{\partial \eta_1^*}{\partial t^*} + u_2^* \frac{\partial \eta_1^*}{\partial z^*}, \qquad r^* = a_1^* + \eta_1^* \tag{7-26}$$

$$v_2^* = \frac{\partial \eta_2^*}{\partial t^*} + u_2^* \frac{\partial \eta_2^*}{\partial z^*}, \qquad r^* = a_2^* + \eta_2^* \tag{7-27}$$

其次可以给出动力边界条件。定义界面的单位法向量为

$$\boldsymbol{n}_1 = \frac{\nabla F_1^*}{\left|\nabla F_1^*\right|}, \quad \boldsymbol{n}_2 = \frac{\nabla F_2^*}{\left|\nabla F_2^*\right|} \tag{7-28}$$

其中，

$$F_1^* = \eta_1^* - r^*, \quad F_2^* = \eta_2^* - r^* \tag{7-29}$$

动力边界条件要求界面处的应力平衡，即

$$\boldsymbol{T}_1^* \cdot \boldsymbol{n}_1 - \boldsymbol{T}_2^* \cdot \boldsymbol{n}_1 - p_1^* \boldsymbol{n}_1 + p_2^* \boldsymbol{n}_1 = \sigma_1^* \boldsymbol{n}_1 (\nabla \cdot \boldsymbol{n}_1), \qquad r^* = a_1^* + \eta_1^* \tag{7-30}$$

$$\boldsymbol{T}_2^* \cdot \boldsymbol{n}_2 - p_2^* \boldsymbol{n}_2 = \sigma_2^* \boldsymbol{n}_2 (\nabla \cdot \boldsymbol{n}_2), \qquad r^* = a_2^* + \eta_2^* \tag{7-31}$$

将射流的速度场和压力场分解为稳态部分和扰动部分之和，即

$$\begin{aligned}\left(\eta_1^*, u_1^*, v_1^*, w_1^*, p_1^*, \eta_2^*, u_2^*, v_2^*, w_2^*, p_2^*\right) &= \left(\bar{\eta}_1^*, \bar{u}_1^*, \bar{v}_1^*, \bar{w}_1^*, \bar{p}_1^*, \bar{\eta}_2^*, \bar{u}_2^*, \bar{v}_2^*, \bar{w}_2^*, \bar{p}_2^*\right) \\ &\quad + \left(\eta_1^{*\prime}, u_1^{*\prime}, v_1^{*\prime}, w_1^{*\prime}, p_1^{*\prime}, \eta_2^{*\prime}, u_2^{*\prime}, v_2^{*\prime}, w_2^{*\prime}, p_2^{*\prime}\right)\end{aligned} \tag{7-32}$$

其中，$\bar{p}_1^*$ 和 $\bar{p}_2^*$ 是内层和外层的基本流压力，它们之间满足关系式 $\bar{p}_1^* - \bar{p}_2^* = \sigma_1^* / a_1^*$ 及 $\bar{p}_2^* = \sigma_2^* / a_2^*$ ； $\bar{\eta}_1^* = \bar{\eta}_2^* = 0$ ； $\bar{v}_1^* = \bar{w}_1^* = \bar{v}_2^* = \bar{w}_2^* = 0$ ； $\bar{u}_1^* = \bar{u}_2^* = U^*$ ； $w_1^{*\prime} = w_2^{*\prime} = 0$ 。

将式(7-32)代入控制方程式(7-20)～式(7-25)及边界条件式(7-26)、式(7-27)、式 (7-30)和式(7-31)，然后保留扰动量的一阶项，便得到线性化的控制方程组和边界条件，即

$$\nabla \cdot \boldsymbol{v}_1^{*\prime} = 0 \tag{7-33}$$

$$\rho_1^* \frac{\partial \boldsymbol{v}_1^{*\prime}}{\partial t^*} + \rho_1^* U^* \frac{\partial \boldsymbol{v}_1^{*\prime}}{\partial z^*} = -\nabla p_1^{*\prime} + \nabla \cdot \boldsymbol{T}_1^{*\prime} \tag{7-34}$$

$$\nabla \cdot \boldsymbol{v}_2^{*\prime} = 0 \tag{7-35}$$

$$\rho_2^* \frac{\partial \boldsymbol{v}_2^{*\prime}}{\partial t^*} + \rho_2^* U^* \frac{\partial \boldsymbol{v}_2^{*\prime}}{\partial z^*} = -\nabla p_2^{*\prime} + \nabla \cdot \boldsymbol{T}_2^{*\prime} \tag{7-36}$$

$$\boldsymbol{T}_1^{*\prime} = \mu_1^* \dot{\boldsymbol{\gamma}}_1^{*\prime} \tag{7-37}$$

$$\boldsymbol{T}_2^{*\prime} = \mu_2^* \dot{\boldsymbol{\gamma}}_2^{*\prime} \tag{7-38}$$

$$u_1^{*\prime} = u_2^{*\prime},\ v_1^{*\prime} = \frac{\partial \eta_1^{*\prime}}{\partial t^*} + U^* \frac{\partial \eta_1^{*\prime}}{\partial z^*}, \quad v_2^{*\prime} = \frac{\partial \eta_1^{*\prime}}{\partial t^*} + U^* \frac{\partial \eta_1^{*\prime}}{\partial z^*}, \qquad r^* = a_1^* \tag{7-39}$$

$$v_2^{*\prime} = \frac{\partial \eta_2^{*\prime}}{\partial t^*} + U^* \frac{\partial \eta_2^{*\prime}}{\partial z^*}, \qquad r^* = a_2^* \tag{7-40}$$

$$-\boldsymbol{T}_1^{*\prime} \cdot \boldsymbol{e}_r + \boldsymbol{T}_2^{*\prime} \cdot \boldsymbol{e}_r + p_1^{*\prime} \boldsymbol{e}_r - p_2^{*\prime} \boldsymbol{e}_r = -\sigma_1^* \left(\frac{\partial^2 \eta_1^{*\prime}}{\partial z^{*2}} + \frac{\eta_1^{*\prime}}{a_1^{*2}} \right) \boldsymbol{e}_r, \qquad r^* = a_1^* \tag{7-41}$$

$$-\boldsymbol{T}_2^{*\prime} \cdot \boldsymbol{e}_r + p_2^{*\prime} \boldsymbol{e}_r = -\sigma_2^* \left(\frac{\partial^2 \eta_2^{*\prime}}{\partial z^{*2}} + \frac{\eta_2^{*\prime}}{a_2^{*2}} \right) \boldsymbol{e}_r, \qquad r^* = a_2^* \tag{7-42}$$

其中，$\boldsymbol{v}_1^{*\prime}=u_1^{*\prime}\boldsymbol{e}_z+v_1^{*\prime}\boldsymbol{e}_r$；$\boldsymbol{v}_2^{*\prime}=u_2^{*\prime}\boldsymbol{e}_z+v_2^{*\prime}\boldsymbol{e}_r$；$\dot{\boldsymbol{\gamma}}_1^{*\prime}=\nabla\boldsymbol{v}_1^{*\prime}+\left(\nabla\boldsymbol{v}_1^{*\prime}\right)^{\mathrm{T}}$；$\dot{\boldsymbol{\gamma}}_2^{*\prime}=\nabla\boldsymbol{v}_2^{*\prime}+\left(\nabla\boldsymbol{v}_2^{*\prime}\right)^{\mathrm{T}}$。

假定扰动可以表示为正则模形式，即

$$\left(\eta_1^{*\prime},u_1^{*\prime},v_1^{*\prime},p_1^{*\prime},\eta_2^{*\prime},u_2^{*\prime},v_2^{*\prime},p_2^{*\prime}\right)=\left(\hat{\eta}_1^*,\hat{u}_1^*,\hat{v}_1^*,\hat{p}_1^*,\hat{\eta}_2^*,\hat{u}_2^*,\hat{v}_2^*,\hat{p}_2^*\right)\exp\left(\mathrm{i}k^*z^*+\omega^*t^*\right)+\mathrm{c.c.} \tag{7-43}$$

其中，$\hat{\eta}_1^*$ 和 $\hat{\eta}_2^*$ 是复振幅；$\hat{u}_1^*$、$\hat{v}_1^*$、$\hat{p}_1^*$、$\hat{u}_2^*$、$\hat{v}_2^*$ 及 $\hat{p}_2^*$ 是依赖于径向坐标 r^* 的复值函数；c.c.代表复共轭；k^* 是 z^* 方向的扰动波数；ω^* 是复频率，其实部为时间增长率，虚部为频率。

将式(7-43)代入线性化的控制方程和边界条件式(7-33)～式(7-42)，可以得到关于 $\hat{\eta}_1^*$、$\hat{\eta}_2^*$、$\hat{u}_1^*$、$\hat{v}_1^*$、$\hat{p}_1^*$、$\hat{u}_2^*$、$\hat{v}_2^*$ 及 $\hat{p}_2^*$ 的常微分方程组。通过求解此微分方程组，便可以得到色散关系式及非定常的压力场和速度场。推导过程和圆柱射流稳定性分析类似，不再赘述。色散方程以 8 阶行列式的形式给出，即

$$\left|\boldsymbol{D}(\omega,k)\right|=0 \tag{7-44}$$

矩阵 $\boldsymbol{D}$ 中可表示为

$$\boldsymbol{D}(\omega,k)=\begin{bmatrix} 0 & 0 & 0 & 0 & d_{15} & d_{16} & d_{17} & 0 \\ d_{21} & d_{22} & d_{23} & d_{24} & 0 & 0 & 0 & d_{28} \\ d_{31} & d_{32} & d_{33} & d_{34} & d_{35} & d_{36} & 0 & 0 \\ d_{41} & d_{42} & d_{43} & d_{44} & d_{45} & d_{46} & 0 & 0 \\ d_{51} & d_{52} & d_{53} & d_{54} & 0 & 0 & 0 & d_{58} \\ d_{61} & d_{62} & d_{63} & d_{64} & d_{65} & d_{66} & d_{67} & 0 \\ d_{71} & d_{72} & d_{73} & d_{74} & 0 & 0 & 0 & 0 \\ d_{81} & d_{82} & d_{83} & d_{84} & d_{85} & d_{86} & 0 & 0 \end{bmatrix} \tag{7-45}$$

其中，矩阵 $\boldsymbol{D}$ 中各非零元素可进一步展开为

$$d_{15}=k\mathrm{I}_1(k),d_{16}=k\mathrm{I}_1(l_1),d_{17}=-\psi\sqrt{We},$$

$$d_{21}=k\mathrm{I}_1(ak),d_{22}=k\mathrm{K}_1(ak),d_{23}=k\mathrm{I}_1(al_2),d_{24}=k\mathrm{K}_1(al_2),d_{28}=-\psi\sqrt{We},$$

$$d_{31}=\mathrm{I}_1(k),d_{32}=\mathrm{K}_1(k),d_{33}=\mathrm{I}_1(l_2),d_{34}=\mathrm{K}_1(l_2),d_{35}=-\mathrm{I}_1(k),d_{36}=-\mathrm{I}_1(l_1),$$

$$d_{41}=k\mathrm{I}_0(k),d_{42}=-k\mathrm{K}_0(k),d_{43}=l_2\mathrm{I}_0(l_2),$$

$$d_{44}=-l_2\mathrm{K}_0(l_2),d_{45}=-k\mathrm{I}_0(k),d_{46}=-l_1\mathrm{I}_0(l_1),$$

$$d_{51}=\rho Re\psi\mathrm{I}_0(ak)+2\mu k^2\mathrm{I}_{1,\zeta}(ak),d_{52}=-Re\rho\psi\mathrm{K}_0(ak)+2\mu k^2\mathrm{K}_{1,\zeta}(ak),$$

$$d_{53}=2k\mu l_2\mathrm{I}_{1,\zeta}(al_2),d_{54}=2k\mu l_2\mathrm{K}_{1,\zeta}(al_2),d_{58}=\sigma Re\left(k^2-1/a^2\right)\Big/\sqrt{We},$$

$$d_{61}=Re\rho\psi\mathrm{I}_0(k)+2\mu k^2\mathrm{I}_{1,\zeta}(k),d_{62}=-Re\rho\psi\mathrm{K}_0(k)+2\mu k^2\mathrm{K}_{1,\zeta}(k),$$

$$d_{63}=2\mu l_2k\mathrm{I}_{1,\zeta}(l_2),d_{64}=2\mu l_2k\mathrm{K}_{1,\zeta}(l_2),d_{65}=-Re\psi\mathrm{I}_0(k)-2k^2\mathrm{I}_{1,\zeta}(k),$$

$$d_{66}=-2l_1k\mathrm{I}_{1,\zeta}(l_1),d_{67}=Re\left(1-k^2\right)\Big/\sqrt{We},$$

$$d_{71}=2k^2\mathrm{I}_1(ak),d_{72}=2k^2\mathrm{K}_1(ak),d_{73}=\left(k^2+l_2^2\right)\mathrm{I}_1(al_2),d_{74}=\left(k^2+l_2^2\right)\mathrm{K}_1(al_2),$$

$$d_{81}=2\mu k^2\mathrm{I}_1(k),d_{82}=2\mu k^2\mathrm{K}_1(k),d_{83}=\mu\left(k^2+l_2^2\right)\mathrm{I}_1(l_2),$$

$$d_{84}=\mu\left(k^2+l_2^2\right)\mathrm{K}_1(l_2),d_{85}=-2k^2\mathrm{I}_1(k),d_{86}=-\left(k^2+l_1^2\right)\mathrm{I}_1(l_1)$$

其中，$\mathrm{I}_n(\zeta)$ 及 $\mathrm{K}_n(\zeta)$ $(n=0,1)$ 是 n 阶第一、二类修正贝塞尔函数；$\mathrm{I}_{n,\zeta}(\zeta)$ 和 $\mathrm{K}_{n,\zeta}(\zeta)$ 分别为 n 阶第一、二类修正贝塞尔函数的导数。

在非零元素 d_{ij} 的展开式中，涉及的参数及函数有

$$l_1^2=k^2+Re\psi\ ,\quad l_2^2=k^2+\rho Re\psi/\mu \tag{7-46}$$

$$\psi=\omega+\mathrm{i}k \tag{7-47}$$

值得注意的是，色散方程式(7-44)～式(7-47)已经进行了无量纲化，其中各无量纲参数分别为无量纲波数 $k=k^*a_1^*$，无量纲频率 $\omega=\omega^*a_1^*/U^*$，半径比 $a=a_2^*/a_1^*$，密度比 $\rho=\rho_2^*/\rho_1^*$，黏性比 $\mu=\mu_2^*/\mu_1^*$，表面张力比 $\sigma=\sigma_2^*/\sigma_1^*$，韦伯数 $We=\rho_1^*U^{*2}a_1^*/\sigma_1^*$，雷诺数 $Re=\rho_1^*U^*a_1^*/\mu_1^*$。

7.2.2　结果分析与讨论

求解式(7-44)，并代入参数 $a=2$，$\rho=1.14$，$\mu=0.8$，$\sigma=2$，$We=15$，$Re=4.5$。复合圆柱射流色散曲线如图 7-12 所示。从图中可以看出存在两种失稳模式。两种失稳模式所对应的界面位移比如图 7-13 所示。虽然 $\hat{\eta}_1^*$ 和 $\hat{\eta}_2^*$ 都是复数，但是 $\hat{\eta}_1^*/\hat{\eta}_2^*$ 却恰好是实数。此现象反映出，内外界面的扰动要么是相位相同的，要么是相位相反的。其中，$\hat{\eta}_1^*/\hat{\eta}_2^*>0$ 表示内外界面的位移是相位相同的，将这种模式定义为拉伸模式(stretching mode)；$\hat{\eta}_1^*/\hat{\eta}_2^*<0$ 表示内外界面的位移是相位相反的，将这种模式定义为挤压模式(squeezing mode)。由图 7-12 可以看出，在不稳定波数范围内，拉伸模式下的时间增长率始终远大于挤压模式。因此，在后续的稳定性分析过程中，主要以拉伸模式下的增长率为主。

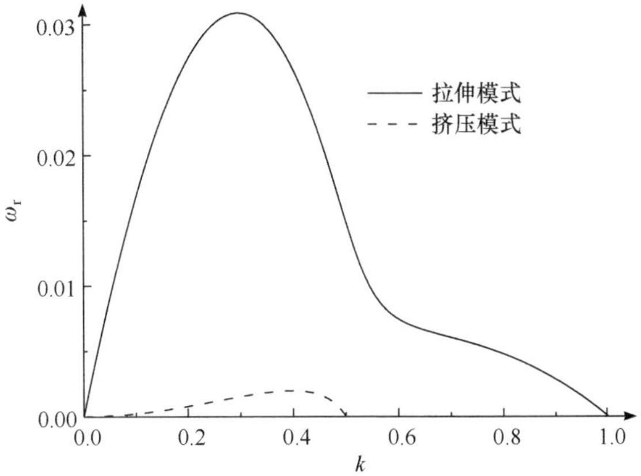

图 7-12　复合圆柱射流色散曲线

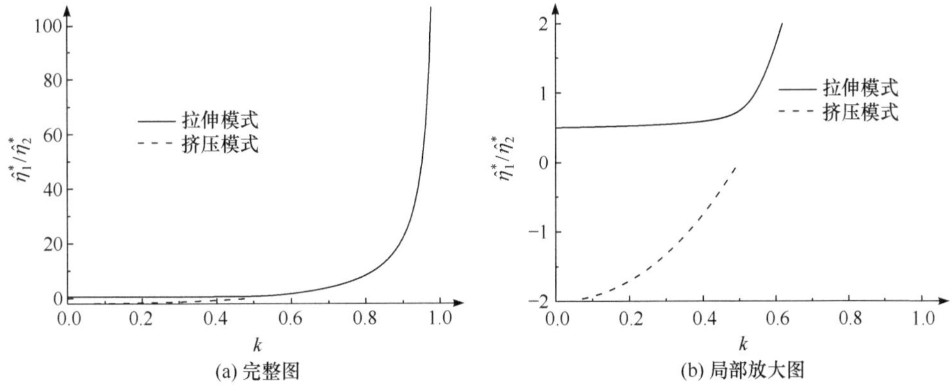

图 7-13　两种失稳模式所对应的界面位移比

需要注意的是，复合圆柱射流在几何形状上和圆环射流类似，仅把圆环射流内部的气体换成了液体。但在圆环射流的两种失稳模式中，内、外界面的相位都不是恰好相同或相反的。出现此现象的原因在于，在圆环射流的基本流中，液体有一定的流动速度，而圆环内部、外部的气体都是静止的，即液体和气体之间有一定的速度差，其失稳机制为 Kelvin-Helmholtz 不稳定(由于周向曲率的存在，也有 Plateau-Rayleigh 不稳定的成分)。由于内、外的气体区域大小、形状不同，气体的扰动速度场也不同，这导致内外界面的扰动波相位不同。而在目前的研究中，复合圆柱射流的外层液体和内层液体的基本流速度相同，即没有速度差，也没有考虑周围气体的效应，所以其失稳机制是 Plateau-Rayleigh 不稳定，并非 Kelvin-Helmholtz 不稳定，因此与圆环射流出现差异。

下面分析各参数对复合圆柱射流色散曲线的影响。内界面的表面张力系数对增长率的影响如图 7-14 所示。为了在改变内界面表面张力的同时保持外界面的表面张力不变，可以采用同时改变韦伯数及表面张力比并使两者的比值保持不变的方式。其他参数为$a=2$，$\rho=1.14$，$\mu=0.8$，$Re=4.5$。可以看出，增大内界面的表面张力总是使得时间增长率增大。这是由复合圆柱射流的失稳机制为Plateau-Rayleigh不稳定，即表面张力驱动的失稳所造成的。

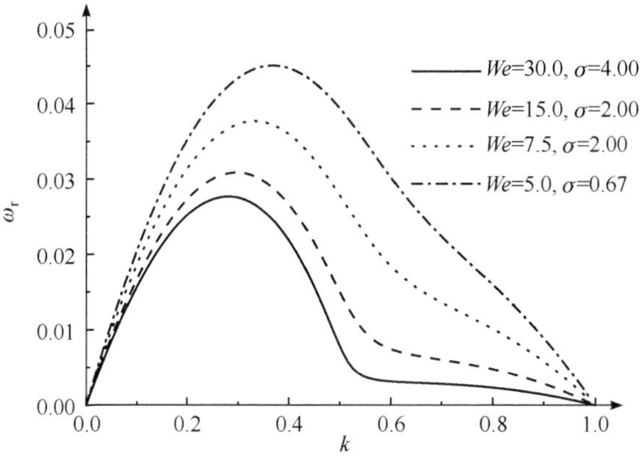

图 7-14　内界面的表面张力系数对增长率的影响

外界面的表面张力系数对增长率的影响如图 7-15 所示。各参数取值为$a=2$，$\rho=1.14$，$\mu=0.8$，$We=15$，$Re=4.5$。可以看出，外界面的表面张力对时间增长率的影响是比较复杂的。当波数$k<0.5$时，外界面的表面张力越大增长率越大；当波数$k>0.5$时，外界面的表面张力越大增长率反而越小。这是因为当波数$k<0.5$时，对于外界面来说周向曲率半径的作用超过了轴向曲率半径的作用，从而表面张力是驱动失稳的；但是当波数$k>0.5$时，对于外界面来说，轴向曲率半径的作用超过了周向曲率半径的作用，此时表面张力是抑制失稳的。

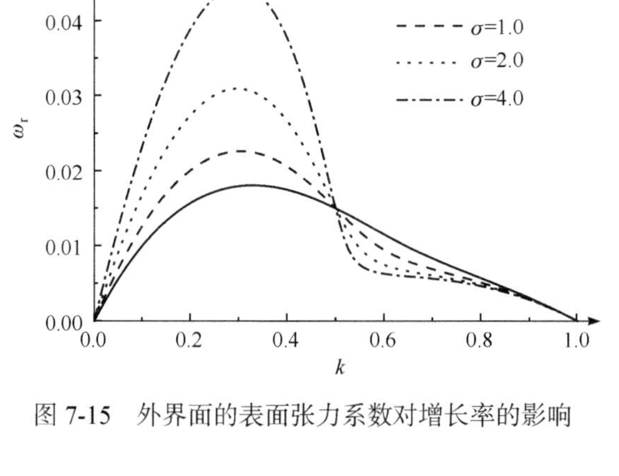

图 7-15　外界面的表面张力系数对增长率的影响

在圆柱射流的线性稳定性中提到，$k=1$ 是周向曲率与轴向曲率作用相对强弱的分界点，然而在复合射流中，此临界波数为 $k=0.5$。此差异出现的原因在于，对于该复合圆柱射流来说，无量纲波数 k 是按照内层半径的倒数 $1/a_1^*$ 来无量纲化的，而内层半径 a_1^* 恰好等于外层半径 a_2^* 的一半，因此 $k=0.5$。若以外层半径的倒数 $1/a_2^*$ 来无量纲化，此时的临界无量纲波数则等于 1，与圆柱射流一致。

从以上对内、外界面表面张力影响的分析可以看出，虽然复合射流的失稳与圆柱射流一样都是由表面张力驱动的，但是也有所不同。对于圆柱射流来说，在整个不稳定波数范围之内(无量纲波数在 0 和 1 之间)，表面张力都是驱动失稳的。但是，对于复合射流，内、外界面是有所不同的。对于内界面来说，表面张力在整个不稳定波数范围($0<k<1$)之内也是驱动失稳的。而对于外界面来说，表面张力仅在 $0<k<0.5$ 范围内驱动失稳，而在 $0.5<k<1$ 时是抑制失稳的。

内层液体的黏度系数对增长率的影响如图 7-16 所示。各参数取值为 $a=2$，$\rho=1.14$，$\sigma=2$，$We=15$。为了在保持外层液体的黏度系数不变的条件下改变内层液体的黏度系数，可以采用同时变化雷诺数和黏性比 μ 且保持其比值不变的方式。从图中可以看出，增加内层液体的黏度系数将导致复合射流扰动的时间增长率减小，使射流更加稳定。因此，在某些需要得到稳定射流的工艺过程中，如空心纤维的制备等，适当增加射流的黏度可以起到抑制射流破碎的效果。

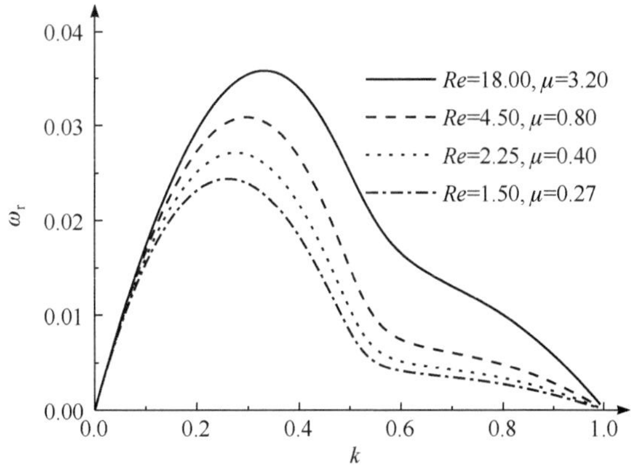

图 7-16　内层液体的黏度系数对增长率的影响

外层液体的黏度系数对增长率的影响如图 7-17 所示。各参数取值为 $a=2$，$\rho=1.14$，$\sigma=2$，$We=15$，$Re=4.5$。与图 7-16 有所不同，此时不需要改变内层液体的黏度系数，因此雷诺数为常数，仅改变黏性比即可。可以看出，当黏性比 μ 逐渐增大时，扰动的时间增长率逐渐减小，主导波数也略有减小，其变化趋势与图 7-16 相同。因此，对于复合圆柱射流而言，无论是内层液体还是外层液体，其黏度系数增大都能起到抑制射流失稳的效果。液体黏性对复合射流的作用效果与圆柱射流相同。

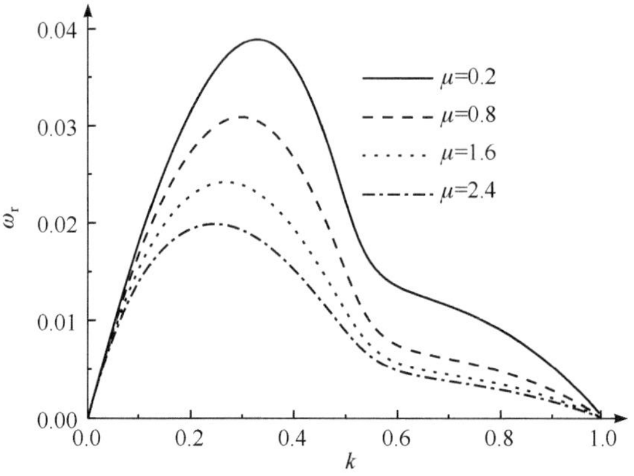

图 7-17　外层液体的黏度系数对增长率的影响

半径比 a 对时间增长率的影响如图 7-18 所示。各参数取值为 $\rho=1.14$，$\mu=0.8$，$\sigma=2$，$We=15$，$Re=4.5$。可以看出，当 k 较小时，随半径比 a 的增大，射流的时间增长率逐渐减小。然而当 k 较大时，如 $k=1$ 附近，随半径比 a 的增大，射流的时间增长率也随之增大。虽然射流半径比的变化同样会造成表面张力的改变，且在不同的波数范围内对时间增长率的影响也是截然相反的。但与图 7-15 相比不同的是，半径比对时间增长率的两种不同影响并不存在 $k=0.5$ 的临界点，而是当 a 越小时色散曲线的拐点所对应的波数 k 越大。当取极限情况 $a=0$ 时，外层液体厚度为 0，此复合射流即为圆柱射流，色散曲线拐点恰好为 1，此时复合射流的色散曲线与圆柱射流相同。

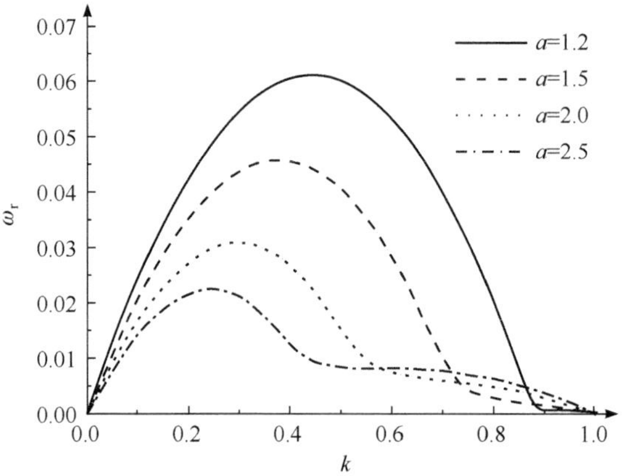

图 7-18　半径比 a 对时间增长率的影响

液体密度比对时间增长率的影响如图 7-19 所示。各参数取值为 $a=2$，$\mu=$

0.8，$\sigma=2$，$We=15$，$Re=4.5$。可以看出，当$0<k<0.5$时，随着密度比ρ的增加，时间增长率明显减小。因此，当假定内层液体密度不变时，外层密度越大，射流越不易破裂。当$k>0.5$时，增大密度比ρ对时间增长率几乎无影响。

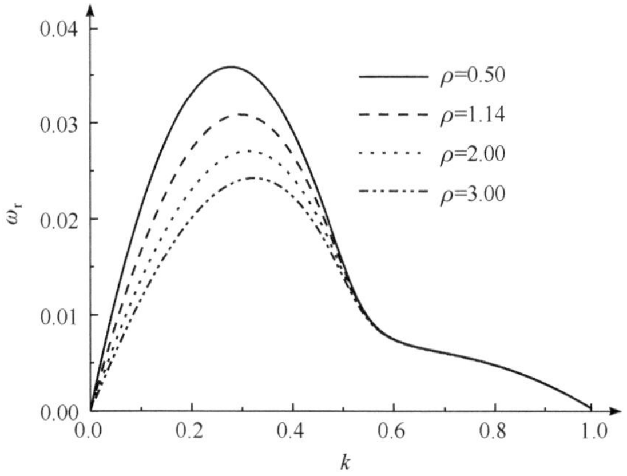

图 7-19　液体密度比对时间增长率的影响

7.3　偏心复合射流的稳定性

对于复合射流稳定性的研究有很多，相对而言，对偏心复合射流的稳定性研究则很少，对其机理的认识也并不透彻。在实际生产过程中，当复合射流的喷嘴加工出现误差时，就会产生偏心复合射流。Merzari 等(2008)研究了偏心通道中层流泊肃叶流动的不稳定性。他们发现，与同心泊肃叶流动相比，偏心几何结构引入了额外的不稳定机制，对其不稳定性产生较大影响。然而，与泊肃叶流动相比，“偏心”对复合圆柱射流的影响尚未可知。因此，本节主要在复合圆柱射流稳定性分析的基础上，对偏心复合射流进行线性稳定性分析(Ye et al.，2017)。

7.3.1　偏心复合射流的理论模型

假设一个无限长的偏心复合液体圆柱，z^*轴平行于轴向方向。偏心复合射流的物理模型如图 7-20 所示。由于只考虑表面张力驱动的不稳定性，忽略重力及周围气体的效应。与以前的圆柱射流稳定性分析不同的是，本节假设未扰动时射流处于静止状态，即基本流速度为零。然而两种不同的假设，其本质是一样的。由于在偏心复合射流中没有考虑周围气体的效应，只要将参考系选择为随射流一起运动，那么在此动参考系中即可以将射流视为“静止”状态。

假定内、外流体的密度分别为ρ_1^*和ρ_2^*，黏度系数分别为μ_1^*和μ_2^*。内、外界

面半径分别为 a_1^* 和 a_2^*，表面张力系数为 σ_1^* 和 σ_2^*。两个圆柱面的轴线之间的距离为 L^*，代表了偏心的程度。当复合液体圆柱受到扰动时，内、外界面的位移分别为 η_1^* 和 η_2^*。

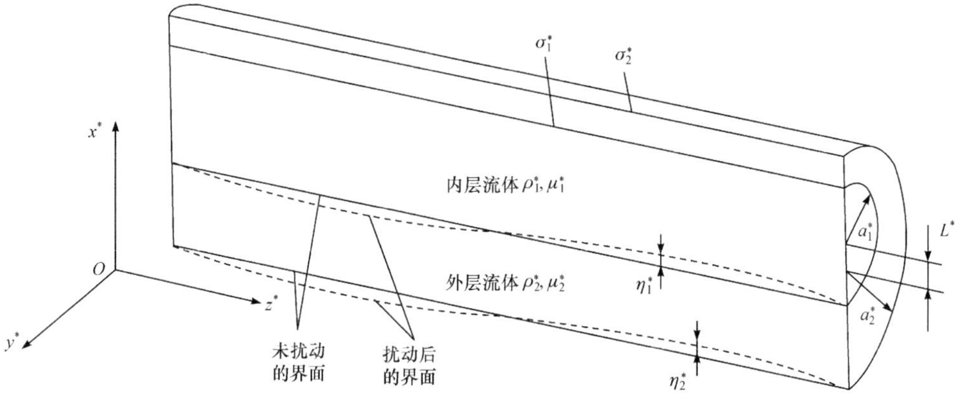

图 7-20　偏心复合射流物理模型

控制方程可直接由 Navier-Stokes 方程组线性化得到，线性化的过程与复合圆柱射流类似，这里不再赘述。线性化后的控制方程为

$$\nabla \cdot \boldsymbol{v}_1^{*\prime} = 0 \tag{7-48}$$

$$\rho_1^* \frac{\partial \boldsymbol{v}_1^{*\prime}}{\partial t^*} = -\nabla p_1^{*\prime} + \mu_1^* \Delta \boldsymbol{v}_1^{*\prime} \tag{7-49}$$

$$\nabla \cdot \boldsymbol{v}_2^{*\prime} = 0 \tag{7-50}$$

$$\rho_2^* \frac{\partial \boldsymbol{v}_2^{*\prime}}{\partial t^*} = -\nabla p_2^{*\prime} + \mu_2^* \Delta \boldsymbol{v}_2^{*\prime} \tag{7-51}$$

其中，$\boldsymbol{v}_1^{*\prime}$ 和 $\boldsymbol{v}_2^{*\prime}$ 分别是内流体和外流体中的扰动速度矢量；$p_1^{*\prime}$ 和 $p_2^{*\prime}$ 分别为内、外流体对应的扰动压力；由于基本流是静止的，在对 Navier-Stokes 方程组线性化的过程中消去了对流项。

线性化的运动边界条件为

$$\boldsymbol{v}_1^{*\prime} \cdot \boldsymbol{n}_1 = \frac{\partial \eta_1^*}{\partial t^*}, \quad \text{在内界面处} \tag{7-52}$$

$$\boldsymbol{v}_1^{*\prime} = \boldsymbol{v}_2^{*\prime}, \quad \text{在内界面处} \tag{7-53}$$

$$\boldsymbol{v}_2^{*\prime} \cdot \boldsymbol{n}_2 = \frac{\partial \eta_2^*}{\partial t^*}, \quad \text{在外界面处} \tag{7-54}$$

动力边界条件为

$$-\boldsymbol{T}_1^{*\prime}\cdot\boldsymbol{n}_1+\boldsymbol{T}_2^{*\prime}\cdot\boldsymbol{n}_1+\left(p_1^{*\prime}-p_2^{*\prime}\right)\boldsymbol{n}_1=-\sigma_1^*\left(\frac{\eta_1^*}{a_1^{*2}}+\frac{\partial^2\eta_1^*}{\partial z^{*2}}+\frac{1}{a_1^{*2}}\frac{\partial^2\eta_1^*}{\partial\theta_1^{*2}}\right)\boldsymbol{n}_1,\quad \text{在内界面处} \tag{7-55}$$

$$-\boldsymbol{T}_2^{*\prime}\cdot\boldsymbol{n}_2+p_2^{*\prime}\boldsymbol{n}_2=-\sigma_2^*\left(\frac{\eta_2^*}{a_2^{*2}}+\frac{\partial^2\eta_2^*}{\partial z^{*2}}+\frac{1}{a_2^{*2}}\frac{\partial^2\eta_2^*}{\partial\theta_2^{*2}}\right)\boldsymbol{n}_2,\quad \text{在外界面处} \tag{7-56}$$

其中，$\boldsymbol{n}_1$ 和 $\boldsymbol{n}_2$ 分别是内、外界面的单位法向量；θ_1^* 和 θ_2^* 分别是内、外界面上的角位置，如图 7-21 所示；$\boldsymbol{T}_1^{*\prime}$ 和 $\boldsymbol{T}_2^{*\prime}$ 为扰动应力张量，其数值由式(7-57)和式(7-58)得出，即

$$\boldsymbol{T}_1^{*\prime}=\mu_1^*\left[\nabla\boldsymbol{v}_1^{*\prime}+\left(\nabla\boldsymbol{v}_1^{*\prime}\right)^{\mathrm{T}}\right] \tag{7-57}$$

$$\boldsymbol{T}_2^{*\prime}=\mu_2^*\left[\nabla\boldsymbol{v}_2^{*\prime}+\left(\nabla\boldsymbol{v}_2^{*\prime}\right)^{\mathrm{T}}\right] \tag{7-58}$$

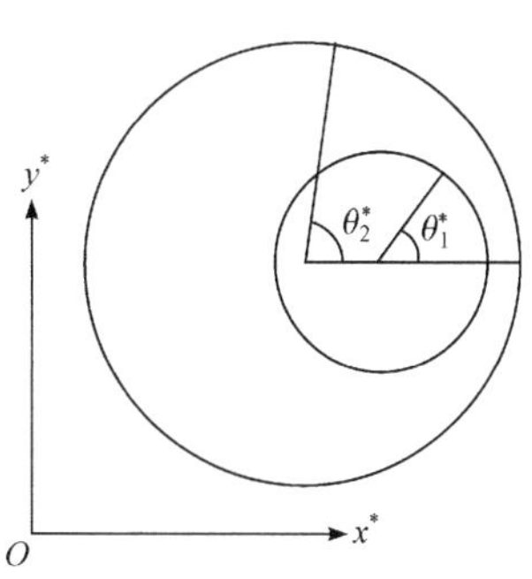

图 7-21　内、外界面上的角位置

假设扰动可以表达为正则模的形式，即

$$\left(\boldsymbol{v}_1^{*\prime},p_1^{*\prime},\boldsymbol{v}_2^{*\prime},p_2^{*\prime},\eta_1^{*\prime},\eta_2^{*\prime}\right)=\left(\hat{\boldsymbol{v}}_1^*,\hat{p}_1^*,\hat{\boldsymbol{v}}_2^*,\hat{p}_2^*,\hat{\eta}_1^*,\hat{\eta}_2^*\right)\exp\left(\mathrm{i}k^*z^*+\omega^*t^*\right)+\mathrm{c.c.} \tag{7-59}$$

其中，$\hat{\boldsymbol{v}}_1^*$、$\hat{p}_1^*$、$\hat{\boldsymbol{v}}_2^*$ 和 $\hat{p}_2^*$ 为以 x^* 和 y^* 为自变量的复数值函数；$\hat{\eta}_1^*$ 和 $\hat{\eta}_2^*$ 分别为以 θ_1^* 和 θ_2^* 为自变量的复数值函数；c.c.为复共轭；k^* 为扰动波数；ω^* 为扰动的时间增长率。注意，在圆柱射流和复合圆柱射流的稳定性分析中，ω^* 是复数，其实部为扰动随时间的增长率，虚部为扰动随时间的振荡频率；而这里由于基本流是静止的，所以扰动随时间的振荡频率等于零，即此处的 ω^* 是实数。

通过代入正则模形式，原三维偏微分方程组可以简化为二维偏微分方程的特征值问题，其中 ω^* 是特征值。然而，求解此二维的特征值问题仍然很复杂，原因在于定义域的形状难以确定。内层流体所对应的是圆形的区域，相对简单；但外层流体对应的是偏心圆环区域，推导解析解十分困难。因此，下面使用数值方法来求解此特征值问题。使用双极坐标系(Merzari et al.，2008)将物理平面上的偏心圆环区域映射到计算平面上的矩形区域，并使用切比雪夫-傅里叶谱配点法(Chebyshev-Fourier spectral collocation method)进行空间维度上的离散(Huang and Boyd，2015)。最后，将其转化为一个广义矩阵特征值问题，即

$$\boldsymbol{Aq}=\omega^*\boldsymbol{Bq} \tag{7-60}$$

其中，$\boldsymbol{A}$ 和 $\boldsymbol{B}$ 均为方阵；$\boldsymbol{q}$ 为列向量，包含了 $\hat{v}_1^*$、$\hat{p}_1^*$、$\hat{v}_2^*$、$\hat{p}_2^*$、$\hat{\eta}_1^*$ 和 $\hat{\eta}_2^*$ 在配置点处的值。

特征值方程式(7-60)可以使用QZ算法求解(QR算法应用于广义矩阵特征值问题时的推广)。在计算过程中，对于每一种工况，都需进行网格无关性验证以保证网格的分辨率足够。

在下面的结果讨论中，已经完成了对物理量的无量纲化处理。其中，无量纲波数 $k = k^* a_1^*$，无量纲时间增长率 $\omega_r = \omega_r^* \sqrt{\rho_1^* a_1^{*3} / \sigma_1^*}$，半径比 $a = a_2^* / a_1^*$，密度比 $\rho = \rho_2^* / \rho_1^*$，黏性比 $\mu = \mu_2^* / \mu_1^*$，表面张力比 $\sigma = \sigma_2^* / \sigma_1^*$，偏心比 $d = L^* / a_1^*$，d 和 a 必须满足关系 $d < a - 1$，否则内外界面就会相交。另外，采用拉普拉斯数 $La = \rho_1^* a_1^* \sigma_1^* / \mu_1^{*2}$ 来表示表面张力和黏性耗散的比值。

7.3.2　偏心程度对稳定性的影响

以复合射流在微胶囊生产中的应用为例，选定合理的参数取值：$a_1^* = 1.25 \times 10^{-4}\,\mathrm{m}$，$a_2^* = 2.5 \times 10^{-4}\,\mathrm{m}$，$\mu_1^* = 0.04\,\mathrm{Pa \cdot s}$，$\mu_2^* = 0.03\,\mathrm{Pa \cdot s}$，$\sigma_1^* = 0.03\,\mathrm{N/m}$，$\sigma_2^* = 0.06\,\mathrm{N/m}$，$\rho_1^* = 900\,\mathrm{kg/m^3}$ 及 $\rho_2^* = 1020\,\mathrm{kg/m^3}$。对应的无量纲参数是 $a = 2$，$\rho = 1.133$，$\mu = 0.75$，$\sigma = 2$ 及 $La = 2.109$。此工况下不同偏心比时的色散曲线如图 7-22(a)和(b)所示。图中考虑了从 $d = 0$ 到 $d = 0.9$ 六种不同偏心比，复合液柱的截面形状如图 7-22(c)所示。其中，$d = 0$ 时对应同轴的情形，故可同时使用谱方法和复合圆柱射流中的解析解算出(注意，双极坐标系在 $d = 0$ 时是奇异的，因此需要使用圆柱坐标系)。

和同轴复合射流一样，偏心复合射流失稳也有两种失稳模式，即拉伸模式和挤压模式。从图 7-22(a)和(b)可以看出，拉伸模式的增长率远大于挤压模式的增长

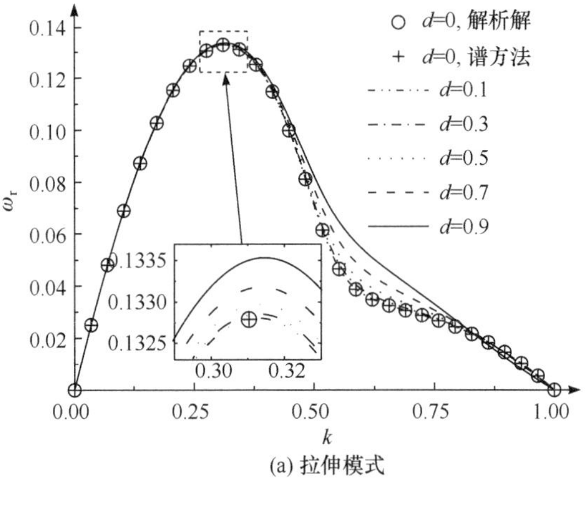

(a) 拉伸模式

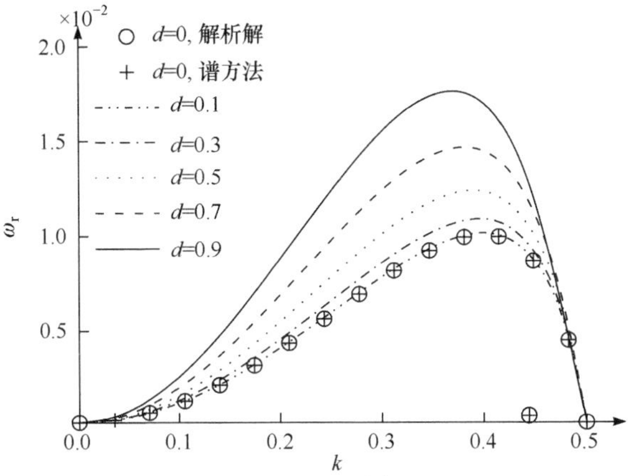

(b) 挤压模式

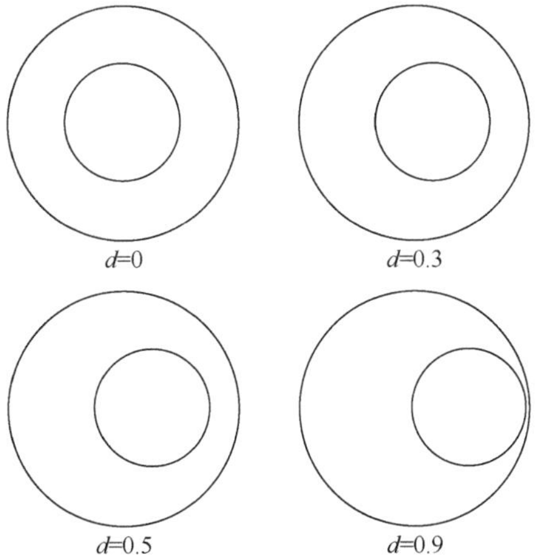

(c) 复合液柱的截面形状

图 7-22　不同偏心比时的色散曲线及截面形状

率，与同轴复合射流的结果类似。从图 7-22(a)可以看出，对于拉伸模式，偏心比的影响是很小的。尽管偏心比的影响在 $0.45 < k < 0.8$ 时不能忽略，但是在最大增长率附近($0.24 < k < 0.39$)偏心比的影响显然是可以忽略的。换句话说，偏心比的改变几乎不影响最大增长率 $\omega_{r,\max}$ 及其对应的主导波数 k_d。在实际应用中，一般都只关注主导波数附近的色散曲线，实际装置的工作点也在这个区域之内。另外，对于实际的装置来说，制造误差不太可能导致高达 $d = 0.3$ 的偏心比，甚至 $d = 0.1$ 已经是显著的制造误差了。

从图 7-22(a)还可以看出，在整个波数范围内，$d = 0.1$ 的色散曲线与同轴复合射流 ($d = 0$) 的色散曲线几乎是重合的。这意味着，如果仅从液滴尺寸的角度考虑，在微胶囊生产的应用中喷嘴内外孔的同轴度不必要求很严。这个结论可能有些令人惊奇，因为从图 7-22(c)可以看出，偏心射流的截面形状与同轴射流还是相差较大的；此外，在偏心通道内的层流泊肃叶流动的稳定性研究(Merzari et al.，2008)中已经发现，与同轴通道相比，偏心的形状引入了一个额外的失稳机制，可以显著地改变流动的稳定性。不过，复合液体射流的失稳是由表面张力驱动的，即界面的表面能转化为扰动动能；而泊肃叶流动的失稳机制则是雷诺应力，即平均流的动能转化为扰动动能。因此，复合液体射流的失稳机制与泊肃叶流动是截然不同的，这也为两者的差异提供了解释。

在更大参数范围下比较同轴射流和偏心射流，结论仍然是类似的，即同轴射流和偏心射流的时间增长率、主导波数都差别不大。这一点可以通过能量分析来揭示其机理，这里限于篇幅不再赘述。

7.4　椭圆截面射流稳定性分析

双股椭圆截面射流撞击具有更快铺展、更易融合、更易设计和控制等特点，在喷涂、液体火箭发动机等工业中已经应用。然而，目前对于椭圆形截面射流的研究相对较少。相较于圆孔射流，射流从非圆孔喷出通常会更早破碎，而且椭圆截面射流的不稳定性理论分析更加复杂。

与圆截面射流的流动状态不同的是，当自由射流从椭圆喷孔流出时，其流动是振荡的。沿着射流流动方向，射流的截面形状会由椭圆逐渐收缩成正圆，然后由正圆扩展为椭圆，并伴随着长轴短轴方向的转换，椭圆射流轴转换现象如图 7-23 所示(Amini and Dolatabadi，2012)。其中，上面为长轴视角，下面为短轴视角。

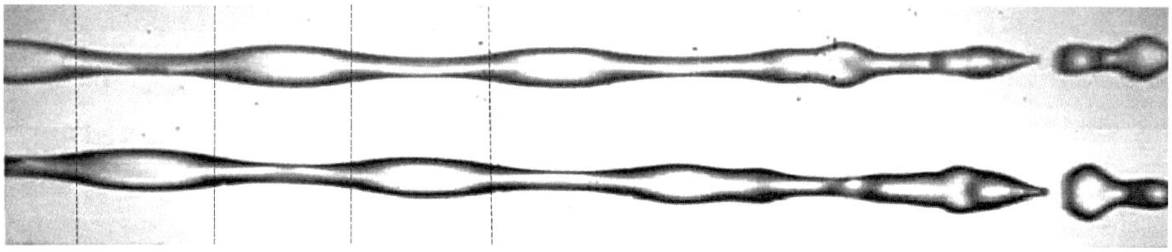

图 7-23　椭圆射流轴转换现象

这种截面的轴转换的振荡会一直延续，直到自由射流破碎。而轴转换现象本质上是射流表面张力和惯性力竞争的结果，轴转换现象原理图如图 7-24 所示。初始位置，长轴处曲率大，短轴处曲率小，导致长轴处表面张力大于短轴处。在这种作用下，自由射流的截面形状由初始的椭圆向圆形转变；一段时间之后，表面张力将自由射流截面收缩为正圆，但是由于惯性力的原因，此时，原长轴仍旧向内收缩，同时，原短轴仍旧向外扩张，直到形成新的椭圆截面，但是长轴和短轴完成了转换，这是一次循环。随着自由射流的流动这种转换会周而复始，形成

图 7-23 的实验图像。

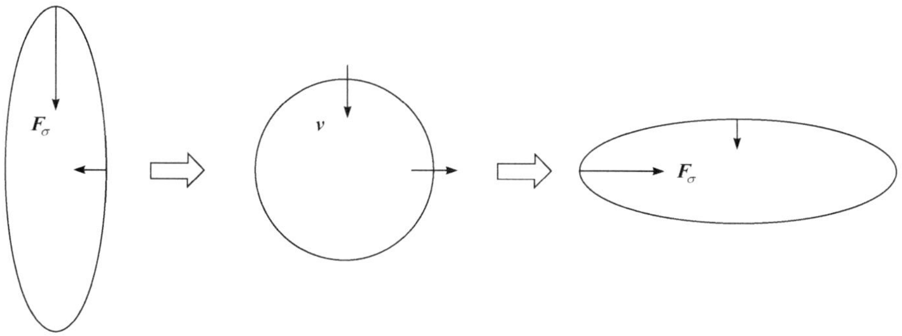

图 7-24　轴转换现象原理图

但是，相对于国内外学者对于圆柱射流大量且深入的研究而言，椭圆射流的稳定性机理认识还不够深入。尤其在射流椭圆截面的离心率和液体物理性质如黏性，对椭圆射流轴转换现象及破碎长度的影响规律方面认识还不够详尽。目前对于椭圆射流的稳定性研究主要采用线性稳定性分析方法，对于低速 Rayleigh 模式的椭圆射流进行时间和空间稳定性的研究。对于椭圆射流控制方程的描述模型比较丰富，本节将介绍最典型的两种，即 Cosserat 方程组和 Bechtel 一维封闭模型。

7.4.1　时间和空间线性稳定性分析

椭圆射流模型图如图 7-25 所示。在椭圆射流未受到扰动时，射流长轴短轴分别为 $\delta_1^*(z,t)$、$\delta_2^*(z,t)$，其轴长随着射流流动距离和时间变化。假设射流的截面速度为 $\boldsymbol{v}\left(x^*,y^*,z^*,t^*\right)=x^*u^*\left(z^*,t^*\right)\boldsymbol{e}_1+y^*v^*\left(z^*,t^*\right)\boldsymbol{e}_2+w^*\left(z^*,t^*\right)\boldsymbol{e}_3$。其中，$\boldsymbol{e}_1$、$\boldsymbol{e}_2$、$\boldsymbol{e}_3$ 分别为 x^*、y^*、z^* 方向上的单位向量；$x^*u^*\left(z^*,t^*\right)$、$y^*v^*\left(z^*,t^*\right)$、$w^*\left(z^*,t^*\right)$ 分别为 x^*、y^*、z^* 方向上的速度分量。

非轴对称自由射流的稳定性问题，在数学上是极其复杂的，直接应用三维 Navier-Stokes 方程组很难得到精确的解析解，因此，合理地简化问题是必须的。很多学者在这个方面做了研究，Lee(1974)忽略了所有的径向力和黏性力的作用得到了一维无黏不可压缩的圆柱射流的控制方程组。在此基础上，研究者推导得到 Cosserat 模型。此模型可以用来描述有两个方向变形的自由射流截面，并且自由射流稳定性问题中重要的惯性力、表面张力、黏性力等都得到了合理的保留和简化。Bogy(1978)运用 Cosserat 模型描述了椭圆射流的稳定性问题。Bechtel 等(1988)验证了 Cosserat 模型在低阶模式的正确性。因此，本节采用 Cosserat 方程为椭圆自由射流的基本控制方程组，利用线性稳定性分析的方法，对椭圆射流的稳定性机理进行探索。

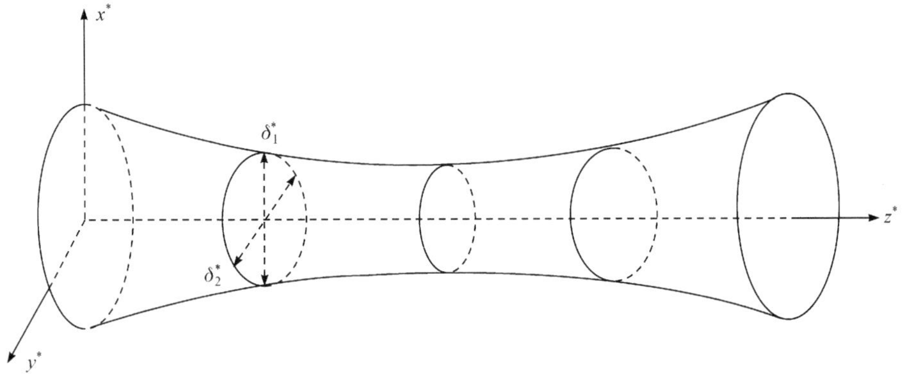

图 7-25　椭圆射流模型图

椭圆射流的连续方程为

$$u^*+v^*+\frac{\partial w^*}{\partial z^*}=0 \tag{7-61}$$

其中，u^* 和 v^* 满足自由椭圆射流的运动学边界条件，即

$$\frac{\partial \delta_1^*}{\partial t^*}+w^*\frac{\partial \delta_1^*}{\partial z^*}=\delta_1^* u^*,\quad \frac{\partial \delta_2^*}{\partial t^*}+w^*\frac{\partial \delta_2^*}{\partial z^*}=\delta_2^* v^* \tag{7-62}$$

Cosserat 方程在 x^*、y^*、z^* 方向的动量方程为

$$\frac{1}{4}\pi\rho^*\delta_1^{*3}\delta_2^*\left(\frac{\partial u^*}{\partial t^*}+v^*\frac{\partial u^*}{\partial z^*}+u^{*2}\right)=p^*+\delta_1^*\delta_2^*T-2\pi\mu^*\delta_1^*\delta_2^*u^*+\frac{1}{4}\pi\mu^*\frac{\partial}{\partial z^*}\left(\delta_1^{*3}\delta_2^*\frac{\partial u^*}{\partial z^*}\right) \tag{7-63}$$

$$\frac{1}{4}\pi\rho^*\delta_2^{*3}\delta_1^*\left(\frac{\partial v^*}{\partial t^*}+w^*\frac{\partial v^*}{\partial z^*}+v^{*2}\right)=p^*+\delta_1^*\delta_2^*T-2\pi\mu^*\delta_1^*\delta_2^*v^*+\frac{1}{4}\pi\mu^*\frac{\partial}{\partial z^*}\left(\delta_2^{*3}\delta_1^*\frac{\partial v^*}{\partial z^*}\right) \tag{7-64}$$

$$\pi\rho^*\delta_1^*\delta_2^*\left(\frac{\partial w^*}{\partial t^*}+w^*\frac{\partial w^*}{\partial z^*}\right)=-\frac{\partial p^*}{\partial z^*}-\delta_2^*\frac{\partial \delta_1^*}{\partial z^*}T-\delta_1^*\frac{\partial \delta_2^*}{\partial z^*}T+2\pi\mu^*\frac{\partial}{\partial z^*}\left(\delta_1^*\delta_2^*\frac{\partial w^*}{\partial z^*}\right) \tag{7-65}$$

其中，ρ^* 为液体射流密度；μ^* 为流体黏度；T 为 δ_1^* 和 δ_2^* 的函数，代表表面张力项，在非轴对称射流稳定性问题中，T 是导致椭圆射流轴转换的关键参数。

根据几何学知识，射流的椭圆截面可以通过方位角来描述，并结合长短轴参数，射流的直角坐标可以表示为

$$x^*=\delta_1^*\cos\theta,\ y^*=\delta_2^*\sin\theta \tag{7-66}$$

于是，表面张力项可表示为

$$T\left(\delta_1^*,\delta_2^*\right)=\int_0^{2\pi}\sigma^*\kappa\left(\delta_1^*,\delta_2^*\right)\cos^2\theta\,\mathrm{d}\theta \tag{7-67}$$

其中，σ^* 是射流表面张力系数；κ 是椭圆截面空间平均曲率，根据微分几何的知识得

$$\begin{aligned}\kappa\left(\delta_1^*,\delta_2^*\right)=&\left[\left(\delta_1^*\frac{\partial\delta_2^*}{\partial z^*}\sin^2\theta+\delta_2^*\frac{\partial\delta_1^*}{\partial z^*}\cos^2\theta\right)^2+\delta_1^{*2}\sin^2\theta+\delta_2^{*2}\cos^2\theta\right]^{-1.5}\\&\times\left\{\left(\delta_1^{*2}\sin^2\theta+\delta_2^{*2}\cos^2\theta\right)\left(\delta_2^*\frac{\partial^2\delta_1^*}{\partial z^{*2}}\cos^2\theta+\delta_1^*\frac{\partial^2\delta_1^*}{\partial z^{*2}}\sin^2\theta\right)\right.\\&-\delta_1^*\delta_2^*\left[\left(\frac{\partial\delta_1^*}{\partial z^*}\right)^2\cos^2\theta+1+\left(\frac{\partial\delta_2^*}{\partial z^*}\right)^2\sin^2\theta\right]\\&\left.+2\left(\delta_1^*\frac{\partial\delta_2^*}{\partial z^*}-\delta_2^*\frac{\partial\delta_1^*}{\partial z^*}\right)\left(\delta_1^*\frac{\partial\delta_1^*}{\partial z^*}-\delta_2^*\frac{\partial\delta_2^*}{\partial z^*}\right)\sin^2\theta\cos^2\theta\right\}\end{aligned} \tag{7-68}$$

在此基础上进行线性稳定性分析，令

$$\delta_1^*=\bar{\delta}_1^*+\delta_1^{*\prime},\quad \delta_2^*=\bar{\delta}_2^*+\delta_2^{*\prime},\quad w^*=\bar{w}^*+w^{*\prime} \tag{7-69}$$

其中，$\delta_1^*=a^*$ 和 $\delta_2^*=b^*$ 分别表示初始的射流椭圆截面的长半轴长和短半轴长；$\bar{w}^*$ 是射流截面的轴向的平均速度。

定义椭圆截面的离心率为 $e=b^*/a^*$。特殊地，圆柱射流的离心率 $e=1$。将式(7-69)代入控制方程式(7-63)～式(7-65)，得

$$\frac{\partial u^*}{\partial t^*}+w^*\frac{\partial u^*}{\partial z^*}+u^{*2}=\frac{a^*\left(\partial^2\delta_1^{*\prime}/\partial t^{*2}+2\bar{w}^*\partial^2\delta_1^{*\prime}/\partial z^*\partial t^*+\bar{w}^{*2}\partial^2\delta_1^{*\prime}/\partial z^{*2}\right)}{\delta_1^{*\prime 2}} \tag{7-70}$$

$$\frac{\partial v^*}{\partial t^*}+w^*\frac{\partial v^*}{\partial z^*}+v^{*2}=\frac{b^*\left(\partial^2\delta_2^{*\prime}/\partial t^{*2}+2\bar{w}^*\partial^2\delta_2^{*\prime}/\partial z^*\partial t^*+\bar{w}^{*2}\partial^2\delta_2^{*\prime}/\partial z^{*2}\right)}{\delta_2^{*\prime 2}} \tag{7-71}$$

$$2\pi\mu^*\delta_1^*\delta_2^*u^*=2\pi\mu^*b^*\left(\frac{\partial\delta_1^{*\prime}}{\partial t^*}+\bar{w}^*\frac{\partial\delta_1^{*\prime}}{\partial z^*}\right) \tag{7-72}$$

$$2\pi\mu^*\delta_1^*\delta_2^*v^*=2\pi\mu^*a^*\left(\frac{\partial\delta_2^{*\prime}}{\partial t^*}+\bar{w}^*\frac{\partial\delta_2^{*\prime}}{\partial z^*}\right) \tag{7-73}$$

$$\frac{1}{4}\pi\mu^*\frac{\partial}{\partial z^*}\left(\delta_1^{*3}\delta_2^*\frac{\partial u^*}{\partial z^*}\right)=\frac{1}{4}\pi\mu^*a^{*2}b^*\left(\frac{\partial^3\delta_1^{*\prime}}{\partial t^*\partial z^{*2}}+\overline{w}^*\frac{\partial^3\delta_1^{*\prime}}{\partial z^{*3}}\right) \tag{7-74}$$

$$\frac{1}{4}\pi\mu^*\frac{\partial}{\partial z^*}\left(\delta_2^{*3}\delta_1^*\frac{\partial w^*}{\partial z^*}\right)=\frac{1}{4}\pi\mu^*a^*b^{*2}\left(\frac{\partial^3\delta_2^{*\prime}}{\partial t^*\partial z^{*2}}+\overline{w}^*\frac{\partial^3\delta_2^{*\prime}}{\partial z^{*3}}\right) \tag{7-75}$$

$$\frac{\partial w^*}{\partial t^*}+w^*\frac{\partial w^*}{\partial z^*}=\frac{\partial w^{*\prime}}{\partial t^*}+\overline{w}^*\frac{\partial w^{*\prime}}{\partial z^*} \tag{7-76}$$

表面张力项为

$$\begin{aligned}T\left(\delta_1^*,\delta_2^*\right)=&\int_0^{2\pi}\cos^2\theta\sigma^*\Big[\left(a^{*2}\sin^2\theta+b^{*2}\cos^2\theta\right)\left(b^*\cos^2\theta\partial^2\delta_1^{*\prime}/\partial z^{*2}\right.\\&\left.+a^*\sin^2\theta\partial^2\delta_2^{*\prime}/\partial z^{*2}\right)-\left(a^*b^*+a^*\delta_2^{*\prime}+b^*\delta_1^{*\prime}\right)\Big]\Big/\\&\left[\left(a^{*2}+2a^*\delta_1^{*\prime}\right)\sin^2\theta\left(b^{*2}+2b^*\delta_2^{*\prime}\right)\cos^2\theta\right]^{1.5}\mathrm{d}\theta\end{aligned} \tag{7-77}$$

$$\begin{aligned}T\left(\delta_2^*,\delta_1^*\right)=&\int_0^{2\pi}\cos^2\theta\sigma^*\Big[\left(a^{*2}\cos^2\theta+b^{*2}\sin^2\theta\right)\left(a^*\cos^2\theta\partial^2\delta_2^{*\prime}/\partial z^{*2}\right.\\&\left.+b^*\sin^2\theta\partial^2\delta_1^{*\prime}/\partial z^{*2}\right)-\left(a^*b^*+a^*\delta_2^{*\prime}+b^*\delta_1^{*\prime}\right)\Big]\Big/\Big[\left(a^{*2}+2a^*\delta_1^{*\prime}\right)\cos^2\theta\\&+\left(b^{*2}+2b^*\delta_2^{*\prime}\right)\sin^2\theta\Big]^{1.5}\mathrm{d}\theta\end{aligned} \tag{7-78}$$

利用 Taylor 展开，即

$$T\left(\delta_1^*,\delta_2^*\right)=c_1+c_2\delta_1^{*\prime}+c_3\delta_2^{*\prime}+c_4\frac{\partial^2\delta_1^{*\prime}}{\partial z^{*2}}+c_5\frac{\partial^2\delta_2^{*\prime}}{\partial z^{*2}} \tag{7-79}$$

$$T\left(\delta_2^*,\delta_1^*\right)=l_1+l_2\delta_1^{*\prime}+l_3\delta_2^{*\prime}+l_4\frac{\partial^2\delta_1^{*\prime}}{\partial z^{*2}}+l_5\frac{\partial^2\delta_2^{*\prime}}{\partial z^{*2}} \tag{7-80}$$

最终，线性化的连续方程和动量方程为

$$\frac{\partial\delta_1^{*\prime}}{a^*\partial t^*}+\overline{w}^*\frac{\partial\delta_1^{*\prime}}{a^*\partial z^*}+\frac{\partial\delta_2^{*\prime}}{b^*\partial t^*}+\overline{w}^*\frac{\partial\delta_2^{*\prime}}{b^*\partial z^*}+\frac{\partial w^{*\prime}}{\partial z^*}=0 \tag{7-81}$$

$$\begin{aligned}&-\frac{1}{4}\pi\rho^*a^{*2}b^*\left(\frac{\partial^2\delta_1^{*\prime}}{\partial t^{*2}}+2\overline{w}_z^*\frac{\partial^2\delta_1^{*\prime}}{\partial z^*\partial t^*}+\overline{w}^{*2}\frac{\partial^2\delta_1^{*\prime}}{\partial z^{*2}}\right)+\overline{p}^*+n_1+n_2\delta_1^{*\prime}+n_3\delta_2^{*\prime}\\&+n_4\frac{\partial^2\delta_1^{*\prime}}{\partial z^{*2}}+n_5\frac{\partial^2\delta_2^{*\prime}}{\partial z^{*2}}-2\pi\mu^*b^*\left(\frac{\partial\delta_1^{*\prime}}{\partial t^*}+\overline{w}^*\frac{\partial\delta_1^{*\prime}}{\partial z^*}\right)+\frac{1}{4}\pi\mu^*a^{*2}b^*\left(\frac{\partial^3\delta_1^{*\prime}}{\partial t^*\partial z^{*2}}+\overline{w}^*\frac{\partial^3\delta_1^{*\prime}}{\partial z^{*3}}\right)=0\end{aligned} \tag{7-82}$$

$$-\frac{1}{4}\pi\rho^* a^* b^{*2}\left(\frac{\partial^2\delta_2^{*\prime}}{\partial t^{*2}}+2\overline{w}^*\frac{\partial^2\delta_2^{*\prime}}{\partial z^*\partial t^*}+\overline{w}^{*2}\frac{\partial^2\delta_2^{*\prime}}{\partial z^{*2}}\right)+\overline{p}^*+m_1+m_2\delta_1^{*\prime}+m_3\delta_2^{*\prime}+m_4\frac{\partial^2\delta_1^{*\prime}}{\partial z^{*2}}$$
$$+m_5\frac{\partial^2\delta_2^{*\prime}}{\partial z^{*2}}-2\pi\mu^* a^*\left(\frac{\partial\delta_2^{*\prime}}{\partial t^*}+\overline{w}^*\frac{\partial\delta_2^{*\prime}}{\partial z^*}\right)+\frac{1}{4}\pi\mu^* a^* b^{*2}\left(\frac{\partial^3\delta_2^{*\prime}}{\partial t^*\partial z^{*2}}+\overline{w}^*\frac{\partial^3\delta_2^{*\prime}}{\partial z^{*3}}\right)=0$$
(7-83)

$$-\pi\rho^* a^* b^*\left(\frac{\partial w^{*\prime}}{\partial t^*}+\overline{w}^*\frac{\partial w^{*\prime}}{\partial z^*}\right)-\frac{\partial\overline{p}^*}{\partial z^*}-b^* c_1\frac{\partial\delta_1^{*\prime}}{\partial z^*}-a^* l_1\frac{\partial\delta_2^{*\prime}}{\partial z^*}+2\pi\mu^* a^* b^*\frac{\partial^2 w^{*\prime}}{\partial z^{*2}}=0$$
(7-84)

其中，

$$n_1=-\sigma^* a^* e^2 E_1,\ m_1=-\sigma^* a^* e^2 E_1'$$
$$n_2=\sigma^* e^2\left(-2E_1+3E_2\right),\ m_2=\sigma^* e^2\left(-2E_1'+3E_2'\right)$$
$$n_3=\sigma^* e\left(-2E_1+3e^2E_3\right),\ m_3=\sigma^* e\left(-2E_1'+3e^2E_3'\right)$$
$$n_4=\sigma^* a^{*2}e^2E_4,\ m_4=\sigma^* a^{*2}e^2E_5'$$
$$n_5=\sigma^* a^{*2}eE_5,\ m_5=\sigma^* a^{*2}eE_4'$$
$$E_1=\int_0^{2\pi}\frac{\cos^2\theta}{\left(\sin^2\theta+e^2\cos^2\theta\right)^{1.5}}\mathrm{d}\theta,\ E_1'=\int_0^{2\pi}\frac{\cos^2\theta}{\left(e^2\sin^2\theta+\cos^2\theta\right)^{1.5}}\mathrm{d}\theta$$
$$E_2=\int_0^{2\pi}\frac{\sin^2\theta\cos^2\theta}{\left(\sin^2\theta+e^2\cos^2\theta\right)^{2.5}}\mathrm{d}\theta,\ E_2'=\int_0^{2\pi}\frac{\sin^2\theta\cos^2\theta}{\left(e^2\sin^2\theta+\cos^2\theta\right)^{2.5}}\mathrm{d}\theta$$
$$E_3=\int_0^{2\pi}\frac{\cos^4\theta}{\left(\sin^2\theta+e^2\cos^2\theta\right)^{2.5}}\mathrm{d}\theta,\ E_3'=\int_0^{2\pi}\frac{\cos^4\theta}{\left(e^2\sin^2\theta+\cos^2\theta\right)^{2.5}}\mathrm{d}\theta$$
$$E_4=\int_0^{2\pi}\frac{\cos^4\theta}{\left(\sin^2\theta+e^2\cos^2\theta\right)^{0.5}}\mathrm{d}\theta,\ E_4'=\int_0^{2\pi}\frac{\cos^4\theta}{\left(e^2\sin^2\theta+\cos^2\theta\right)^{0.5}}\mathrm{d}\theta$$
$$E_5=\int_0^{2\pi}\frac{\sin^2\theta\cos^2\theta}{\left(\sin^2\theta+e^2\cos^2\theta\right)^{0.5}}\mathrm{d}\theta,\ E_5'=\int_0^{2\pi}\frac{\sin^2\theta\cos^2\theta}{\left(e^2\sin^2\theta+e^2\cos^2\theta\right)^{0.5}}\mathrm{d}\theta$$

在线性稳定性分析中，采用正则模形式，即

$$\delta_1^{*\prime}=\hat{\delta}_1^*\exp\left[\mathrm{i}\left(\omega^* t^*-k^* z^*\right)\right],\quad \delta_2^{*\prime}=\hat{\delta}_2^*\exp\left[\mathrm{i}\left(\omega^* t^*-k^* z^*\right)\right] \tag{7-85}$$

其中，k^* 和 ω^* 分别表示扰动波的波数和扰动的角频率。

对于空间模式，扰动随着空间坐标 z^* 变化。将式(7-84)代入式(7-82)、式 (7-83)，得

$$-\frac{\pi}{4}\rho^* a^{*2} b^* \left(\frac{\partial^2 \delta_1^{*\prime}}{\partial t^{*2}} + 2\bar{w}^* \frac{\partial^2 \delta_1^{*\prime}}{\partial z^* \partial t^*} + \bar{w}^{*2} \frac{\partial^2 \delta_1^{*\prime}}{\partial z^{*2}}\right) + \left(n_2 + \pi\rho^* b^* \zeta^* - b^* c_1\right)\delta_1^{*\prime}$$
$$+\left(n_3 + \pi\rho^* a^* \zeta^* - a^* l_1\right)\delta_2^{*\prime} + n_4 \frac{\partial^2 \delta_1^{*\prime}}{\partial z^{*2}} + n_5 \frac{\partial^2 \delta_2^{*\prime}}{\partial z^{*2}} - 4\pi\mu^* b^* \left(\frac{\partial \delta_1^{*\prime}}{\partial t^*} + \bar{w}^* \frac{\partial \delta_1^{*\prime}}{\partial z^*}\right)$$
$$-2\pi\mu^* a^* \left(\frac{\partial \delta_2^{*\prime}}{\partial t^*} + \bar{w}^* \frac{\partial \delta_2^{*\prime}}{\partial z^*}\right) + \frac{\pi}{4}\mu^* a^{*2} b^* \left(\frac{\partial^3 \delta_1^{*\prime}}{\partial t^* \partial z^{*2}} + \bar{w}^* \frac{\partial^3 \delta_1^{*\prime}}{\partial z^{*3}}\right) + n_1 = 0 \tag{7-86}$$

$$-\frac{\pi}{4}\rho^* a^* b^{*2} \left(\frac{\partial^2 \delta_2^{*\prime}}{\partial t^{*2}} + 2\bar{w}^* \frac{\partial^2 \delta_2^{*\prime}}{\partial z^* \partial t^*} + \bar{w}^{*2} \frac{\partial^2 \delta_2^{*\prime}}{\partial z^{*2}}\right) + \left(m_2 + \pi\rho^* b^* \zeta^* - b^* c_1\right)\delta_1^{*\prime}$$
$$+\left(m_3 + \pi\rho^* a^* \zeta^* - a^* l_1\right)\delta_2^{*\prime} + m_4 \frac{\partial^2 \delta_1^{*\prime}}{\partial z^{*2}} + m_5 \frac{\partial^2 \delta_2^{*\prime}}{\partial z^{*2}} - 4\pi\mu^* a^* \left(\frac{\partial \delta_2^{*\prime}}{\partial t^*} + \bar{w}^* \frac{\partial \delta_2^{*\prime}}{\partial z^*}\right)$$
$$-2\pi\mu^* b^* \left(\frac{\partial \delta_1^{*\prime}}{\partial t^*} + \bar{w}^* \frac{\partial \delta_1^{*\prime}}{\partial z^*}\right) + \frac{\pi}{4}\mu^* a^* b^{*2} \left(\frac{\partial^3 \delta_2^{*\prime}}{\partial t^* \partial z^{*2}} + \bar{w}^* \frac{\partial^3 \delta_2^{*\prime}}{\partial z^{*3}}\right) + m_1 = 0 \tag{7-87}$$

其中，$\zeta^* = \left(\bar{w}^* - \omega^*/k^*\right)^2$。

式(7-87)的解包含特解 $\delta_{\mathrm{p}}^{*\prime}$ 和通解 $\delta_{\mathrm{c}}^{*\prime}$ 两部分，很容易看出特解为

$$\delta_{1\mathrm{p}}^{*}{}' = -a^*, \quad \delta_{2\mathrm{p}}^{*}{}' = -b^* \tag{7-88}$$

与此同时，方程的通解应该满足式(7-86)、式(7-87)，即

$$A_1\delta_{1\mathrm{c}}^{*}{}' + A_2\delta_{2\mathrm{c}}^{*}{}' = 0, \quad A_3\delta_{1\mathrm{c}}^{*}{}' + A_4\delta_{2\mathrm{c}}^{*}{}' = 0 \tag{7-89}$$

其中，$A_i\left(i = 1,2,3,4\right)$ 可具体表示为

$$A_1 = k^{*-2}\left(a_{15}k^{*5} + a_{14}k^{*4} + a_{13}k^{*3} + a_{12}k^{*2} + a_{11}k^* + a_{10}\right)$$
$$A_2 = k^{*-2}\left(a_{24}k^{*4} + a_{23}k^{*3} + a_{22}k^{*2} + a_{21}k^* + a_{20}\right)$$
$$A_3 = k^{*-2}\left(a_{34}k^{*4} + a_{33}k^{*3} + a_{32}k^{*2} + a_{31}k^* + a_{30}\right)$$
$$A_4 = k^{*-2}\left(a_{45}k^{*5} + a_{44}k^{*4} + a_{43}k^{*3} + a_{42}k^{*2} + a_{41}k^* + a_{40}\right)$$

其中，a_{ij} 可表示为

$$a_{10}=\pi\rho^*b^*\omega^{*2},\ a_{11}=-2\pi\rho^*b^*\overline{w}^*\omega^*,\ a_{12}=\frac{\pi}{4}\rho^*a^{*2}b^*\omega^{*2}-b^*c_1+n_2+\pi\rho^*b^*\overline{w}^{*2}$$
$$-\mathrm{i}4\pi\mu^*b^*\omega^*,\ a_{13}=-\frac{\pi}{2}\rho^*a^{*2}b^*\overline{w}^*\omega^*+\mathrm{i}4\pi\mu^*b^*\overline{w}^*,\ a_{14}=\frac{\pi}{4}\rho^*a^{*2}b^*\overline{w}^{*2}-n_4$$
$$-\mathrm{i}\frac{\pi}{4}\mu^*a^{*2}b^*\omega^*,\ a_{15}=\mathrm{i}\frac{\pi}{4}\mu^*a^{*2}b^*\overline{w}^*$$
$$a_{20}=\pi\rho^*a^*\omega^{*2},\ a_{21}=-2\pi\rho^*a^*\overline{w}^*\omega^*,\ a_{22}=-a^*l_1+n_3+\pi\rho^*a^*\overline{w}^{*2}-\mathrm{i}2\pi\mu^*a^*\omega^*,$$
$$a_{23}=\mathrm{i}2\pi\mu^*a^*\overline{w}^*,\ a_{24}=-n_5,$$
$$a_{30}=\pi\rho^*b^*\omega^{*2},\ a_{31}=-2\pi\rho^*b^*\overline{w}^*\omega^*,\ a_{32}=-b^*c_1+m_2+\pi\rho^*b^*\overline{w}^{*2}-\mathrm{i}2\pi\mu^*b^*\omega^*,$$
$$a_{33}=\mathrm{i}2\pi\mu^*b^*\overline{w}^*,\ a_{34}=-m_4$$
$$a_{40}=\pi\rho^*a^*\omega^{*2},\ a_{41}=-2\pi\rho^*a^*\overline{w}^*\omega^*,\ a_{42}=\frac{\pi}{4}\rho^*a^*b^{*2}\omega^{*2}-a^*l_1+m_3+\pi\rho^*a^*\overline{w}^{*2}$$
$$-\mathrm{i}4\pi\mu^*a^*\omega^*,\ a_{43}=-\frac{\pi}{4}\rho^*a^*b^{*2}\overline{w}^*\omega^*+\mathrm{i}4\pi\mu^*a^*\overline{w}^*,a_{44}=\frac{\pi}{4}\rho^*a^*b^{*2}\overline{w}^{*2}-m_5$$
$$-\mathrm{i}\frac{\pi}{4}\mu^*a^*b^{*3}\omega^*,\ a_{45}=\mathrm{i}\frac{\pi}{4}\mu^*a^*b^{*2}\overline{w}^*$$

关于波数和增长率的色散关系可以通过式(7-89)求解：

$$\sum_{i=0}^{10}\alpha_i k^{*i}=0 \tag{7-90}$$

其中，扰动波的相速度和群速度是正值，故波数 k^* 的实部应大于零；α_i 可表示为

$$\alpha_0=a_{10}a_{40}-a_{20}a_{30}$$
$$\alpha_1=a_{11}a_{40}+a_{10}a_{41}-a_{21}a_{30}-a_{20}a_{31}$$
$$\alpha_2=a_{12}a_{40}+a_{11}a_{41}+a_{10}a_{42}-a_{22}a_{30}-a_{21}a_{31}-a_{20}a_{32}$$
$$\alpha_3=a_{13}a_{40}+a_{12}a_{41}+a_{11}a_{42}+a_{10}a_{44}-a_{23}a_{30}-a_{22}a_{31}-a_{21}a_{32}-a_{20}a_{33}$$
$$\alpha_4=a_{14}a_{40}+a_{13}a_{41}+a_{12}a_{42}+a_{11}a_{43}+a_{10}a_{44}-a_{24}a_{30}-a_{23}a_{31}-a_{22}a_{32}-a_{21}a_{33}-a_{20}a_{34}$$
$$\alpha_5=a_{15}a_{40}+a_{14}a_{41}+a_{13}a_{42}+a_{12}a_{43}+a_{11}a_{44}+a_{10}a_{45}-a_{24}a_{31}-a_{23}a_{32}-a_{22}a_{33}-a_{21}a_{34}$$
$$\alpha_6=a_{15}a_{41}+a_{14}a_{42}+a_{13}a_{43}+a_{12}a_{44}+a_{11}a_{45}-a_{24}a_{32}-a_{23}a_{33}-a_{22}a_{34}$$
$$\alpha_7=a_{15}a_{42}+a_{14}a_{43}+a_{13}a_{44}+a_{12}a_{45}-a_{24}a_{33}-a_{23}a_{34}$$
$$\alpha_8=a_{15}a_{43}+a_{14}a_{44}+a_{13}a_{45}-a_{24}a_{34}$$
$$\alpha_9=a_{15}a_{44}+a_{14}a_{45}$$
$$\alpha_{10}=a_{15}a_{45}$$

令 $\overline{w}^*=0$，可以得到时间模式的色散方程式(7-91)，可据此求解椭圆射流时间模式不稳定问题。

$$\sum_{j=0}^{4}\beta_j\omega^{*j}=0 \tag{7-91}$$

其中，β_j 可表示为

$$\beta_0=b_{10}b_{40}-b_{30}b_{20}$$

$$\beta_1=b_{11}b_{40}+b_{10}b_{41}-b_{31}b_{20}-b_{30}b_{21}$$

$$\beta_2=b_{12}b_{40}+b_{11}b_{41}+b_{10}b_{42}-b_{32}b_{20}-b_{31}b_{21}-b_{30}b_{22}$$

$$\beta_3=b_{12}b_{41}+b_{11}b_{42}-b_{32}b_{21}-b_{31}b_{22}$$

$$\beta_4=b_{12}b_{42}-b_{32}b_{22}$$

其中，b_{ij} 可表示为

$$b_{10}=n_2-b^*c_1-n_4k^{*2},\ b_{11}=\mathrm{i}\left(-4\pi\mu^*b^*-\frac{\pi}{4}\mu^*a^{*2}b^*k^{*2}\right),\ b_{12}=\frac{\pi}{4}\rho^*a^{*2}b^*+\frac{\pi\rho^*b^*}{k^{*2}}$$

$$b_{20}=n_3-a^*l_1-n_5k^{*2},\ b_{21}=\mathrm{i}\left(-2\pi\mu^*a^*\right),\ b_{22}=\frac{\pi}{k^{*2}}\rho^*a^*$$

$$b_{30}=m_2-b^*c_1-m_4k^{*2},\ b_{31}=\mathrm{i}\left(-2\pi\mu^*b^*\right),\ b_{32}=\frac{\pi}{k^{*2}}\rho^*b^*$$

$$b_{40}=m_3-a^*l_1-m_5k^{*2},\ b_{41}=\mathrm{i}\left(-4\pi\mu^*a^*-\frac{\pi}{4}\mu^*a^*b^{*2}k^{*2}\right),\ b_{42}=\frac{\pi}{4}\rho^*a^*b^{*2}+\frac{\pi\rho^*a^*}{k^{*2}}$$

本节着重研究椭圆射流空间不稳定问题，现定义特征长度 $R^*=\sqrt{a^*b^*}$，则各无量纲参数为 $z=z^*/R^*$，$t=\overline{w}^*t^*/R^*$，$\delta_1'=\delta_1^{*\prime}/a^*$，$\delta_2'=\delta_2^{*\prime}/b^*$，$w'=w^{*\prime}/\overline{w}^*$，$\delta_{1\mathrm{p}}'=\delta_{1\mathrm{p}}^{*}{}'/a^*$，$\delta_{2\mathrm{p}}'=\delta_{2\mathrm{p}}^{*}{}'/b^*$，$\omega=\omega^*R^*/\overline{w}^*$。将无量纲参数代入控制方程组，可以得到

$$\delta_1'=\sum_{\omega=0}^{\omega_c}\left\{C_1\exp\left[\mathrm{i}\left(\omega t-k_1z\right)\right]\right\}+C_2\exp\left[\mathrm{i}\left(\omega t-k_2z\right)\right]+\left[C_3\exp\left(-\mathrm{i}k_3z\right)+\delta_{1\mathrm{p}}'\right] \tag{7-92}$$

$$\delta_2'=\sum_{\omega=0}^{\omega_c}\left\{D_1\exp\left[\mathrm{i}\left(\omega t-k_1z\right)\right]\right\}+D_2\exp\left[\mathrm{i}\left(\omega t-k_2z\right)\right]+\left[D_3\exp\left(-\mathrm{i}k_3z\right)+\delta_{2\mathrm{p}}'\right] \tag{7-93}$$

其中，C_j、$D_j\left(j=1,2,3\right)$是由边界条件确定的常系数；ω_{c}是截止频率；在外加扰动频率为 0 时，k_3是唯一的正实波数。事实上，椭圆射流的轴转换波长正是由k_3决定。

观察可得

$$\frac{D_1}{C_1}=\frac{D_2}{C_2}=\frac{1}{e}\,,\quad \frac{D_3}{C_3}=-1 \tag{7-94}$$

本书所研究的液体射流模型是自由的，出口处的射流椭圆截面的形状是固定的，因此有如下扰动边界条件：

$$\delta_1'\left(0,t\right)=0\,,\quad \delta_2'\left(0,t\right)=0\,,\quad u_z\left(0,t\right)=u_{\mathrm{f}}\cos\left(\omega_{\mathrm{f}}t\right) \tag{7-95}$$

联立式(7-90)～式(7-95)，求得最终结果为

$$\begin{aligned}\delta_1'=&\frac{u_{\mathrm{f}}k_1k_2}{\left(1+1/e\right)\omega_{\mathrm{f}}\left(k_2-k_1\right)}\left\{\exp\left[\mathrm{i}\left(\omega_{\mathrm{f}}t-k_1z\right)\right]-\exp\left[\mathrm{i}\left(\omega_{\mathrm{f}}t-k_2z\right)\right]\right\}\\&+\frac{1-e}{1+e}\exp(-\mathrm{i}k_3z-1)\end{aligned} \tag{7-96}$$

$$\begin{aligned}\delta_2'=&\frac{u_{\mathrm{f}}k_1k_2}{e\left(1+1/e\right)\omega_{\mathrm{f}}\left(k_2-k_1\right)}\left\{\exp\left[\mathrm{i}\left(\omega_{\mathrm{f}}t-k_1z\right)\right]-\exp\left[\mathrm{i}\left(\omega_{\mathrm{f}}t-k_2z\right)\right]\right\}\\&+\frac{e-1}{1+e}\exp(-\mathrm{i}k_3z-1)\end{aligned} \tag{7-97}$$

通过以上关系式对椭圆射流的稳定性有两方面的理解：①通过等号右侧第一项可以明确椭圆射流不稳定性与外界的扰动有关；②通过第二项来确定轴转换波长。前者表明了外部扰动的发展，后者则与外部扰动无关，它表示一个既不会加强也不会减弱的振荡波，从物理的角度分析，这是椭圆射流轴转换带来的自然的不稳定性。从其前面的系数$\left(e-1\right)/\left(1+e\right)$可以看出，当自由射流截面为圆形时，这种振荡会消失，也就是说，轴转换现象是椭圆截面所特有的，而且，离心率e越大，这种振荡就会越剧烈，即轴转换越频繁。当然，由于液体射流黏性的耗散，轴转换现象在初始时会比较明显，随着流动距离的增加，如果射流保持完整，椭圆射流会逐渐趋向圆柱射流。总之，椭圆射流的不稳定性可以分为外部扰动和轴转换两个部分，且轴转换现象主要受椭圆截面的离心率控制而不受外部扰动的影响。

根据式(7-90)所表示的色散关系，可以进行参数研究，得到各种物理因素对于椭圆射流稳定性的影响规律。椭圆截面离心率对于空间增长率的影响如图 7-26 所示。参数取值为：$We=50$，$Oh=0$。可以看出，椭圆截面离心率越小，射流的不稳定增长率越大，且最大不稳定增长率对应的扰动频率几乎是不变的。同时，

当椭圆截面的形状发生变化时，截止频率几乎不变。事实上，如果忽略外界空气的影响，其截止频率几乎只取决于椭圆截面的离心率。虽然椭圆射流相比于圆柱射流的增长率有所下降，但是射流椭圆截面具有几何结构优势，即在相同面积的情况下，其短轴要比圆截面的半径小，因此椭圆射流的破碎长度可能比圆截面射流的更短。

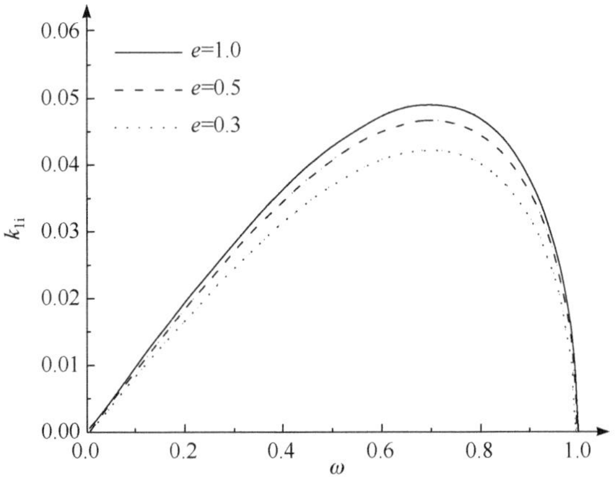

图 7-26 椭圆截面离心率对于空间增长率的影响

韦伯数表明了惯性力和表面张力的相对大小关系，表面张力对于增长率的影响如图 7-27 所示。参数取值为：$e = 0.5$，$Oh = 0$。可以得到，一方面，韦伯数或表面张力系数的改变同样不影响射流的截止频率；另一方面，随着液体射流韦伯数的增加或表面张力的减小，椭圆射流的空间增长率减小，即射流稳定性增强。此结论与实验结果相一致，当射流速度增加时，其破碎长度也随之增大。

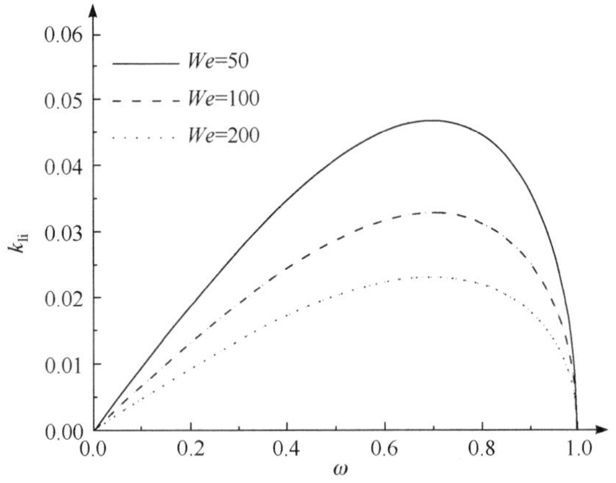

图 7-27 表面张力对于增长率的影响

7.4.2　实验分析

国内外学者对椭圆射流的稳定性问题展开了实验研究，Gu 等(2017)研究了轴转换波长与液体射流韦伯数的关系，并与理论进行了对比，得出椭圆射流轴转换波长正比于韦伯数的平方根的结论。椭圆射流稳定性实验系统如图 7-28 所示。首先，由于高压气瓶中的气体挤压作用，去离子水流经管路并通过椭圆形喷孔喷出。气体压力由减压阀控制，液体流量由液体流量计测量。其次，由函数发生器控制压电陶瓷片在喷孔处向液体射流施加正弦扰动波，然后由高速摄影机拍摄椭圆射流从喷孔流出后的流动过程，并最终导入计算机进行记录。最后，通过图像分析，可以得到射流的波长和扰动的振幅。

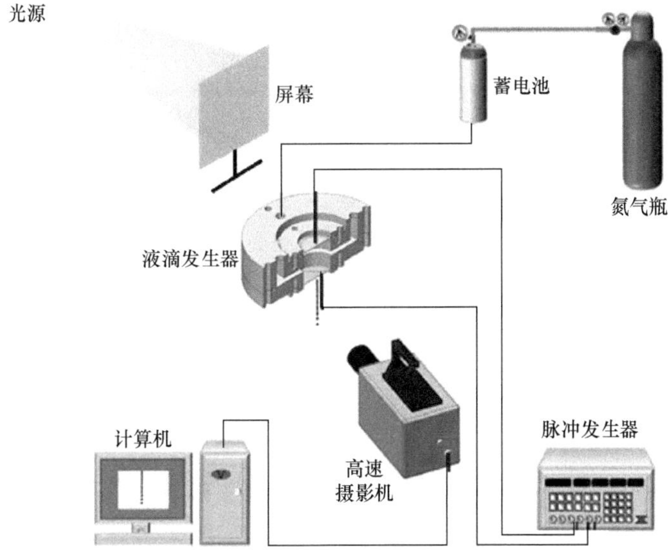

图 7-28　椭圆射流稳定性实验系统图

不同压力下椭圆射流的轴转换现象如图 7-29 所示。长轴的周期性振荡决定了轴转换的波长，而理论上的波长 λ 可以由公式 $\lambda=2\pi/k_3$ 计算得出。需要指出的是，

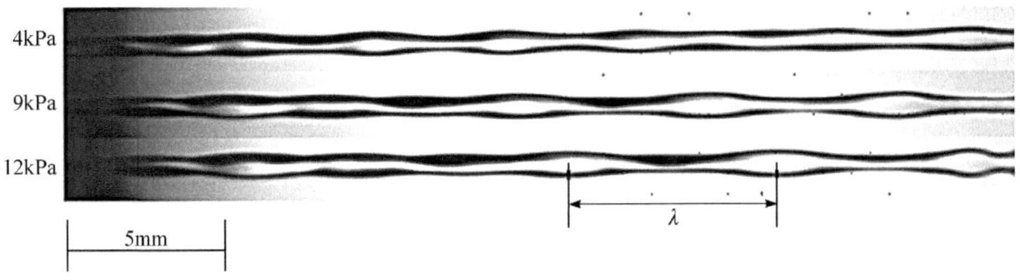

图 7-29　不同压力下椭圆射流的轴转换现象

在此实验中，射流速度由流量计算而得；在射流出口附近，由于喷嘴自身结构的影响，实验结果较为模糊，可以通过测量下游某处的波长来减小误差。

由式(7-90)可知，α_i是射流速度、外界扰动频率和液体的物性参数的函数。对于自然的轴转换现象，设定外界扰动的频率为 0，因此轴转换波长实际取决于椭圆射流的韦伯数。当射流韦伯数变化时，轴转换波长理论和实验的对比图如图 7-30 所示。一方面可以看出，椭圆射流轴转换波长和$\sqrt{We}$呈现出明显正相关的线性关系，因此得出了轴转换波长正比于韦伯数的平方根的结论。另一方面，图中还与实验结果和其他文献中的预测结果进行了对比，可以发现，本节中讨论的理论预测明显优于 Kasyap 等(2009)与 Amini 和 Dolatabadi(2012)的预测结果，且与实验结果更加吻合。

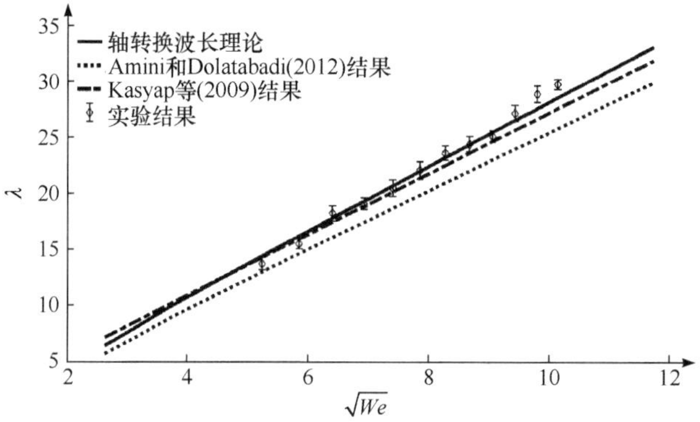

图 7-30　轴转换波长理论和实验的对比图

参考文献

刘瑛岩, 王登政, 杨颖. 2015. 同轴电纺法制备纳米空心碳纤维[J]. 高电压技术, 41(2): 403-409.

Amini G, Dolatabadi A. 2012. Axis-switching and breakup of low-speed elliptic liquid jets[J]. International Journal of Multiphase Flow, 42:96-103.

Bechtel S E, Forest M G, Holm D D, et al. 1988. One-dimensional closure models for three-dimensional incompressible viscoelastic free jets: von Kármán flow geometry and elliptical cross-section[J]. Journal of Fluid Mechanics, 196: 241-262.

Bogy D B. 1978. Use of one-dimensional Cosserat theory to study instability in a viscous liquid jet[J]. The Physics of Fluids, 21(2): 190-197.

Chauhan A, Maldarelli C, Rumschitzki D S, et al. 1996. Temporal and spatial instability of an inviscid compound jet[J]. Rheologica Acta, 35: 567.

Crapper G D, Dombrowski N, Pyott G A D. 1975. Kelvin-Helmholtz wave growth on cylindrical sheets[J]. Journal of Fluid Mechanics, 68(3): 497-502.

Gu S, Wang L, Hung D L S. 2017. Instability evolution of the viscous elliptic liquid jet in the Rayleigh regime[J]. Physical Review E, 95(6-1): 063112.

Hertz C H, Hermanrud B. 1983. A liquid compound jet[J]. Journal of Fluid Mechanics, 131: 271-287.

Huang Z, Boyd J P. 2015. Chebyshev-Fourier spectral methods in bipolar coordinates[J]. Journal of Computational Physics, 295: 46-64.

Kasyap T V, Sivakumar D, Raghunandan B N. 2009. Flow and breakup characteristics of elliptical liquid jets[J]. International Journal of Multiphase Flow, 35: 8-19.

Lee H C. 1974. Drop formation in a liquid jet[J]. IBM Journal of Research and Development, 18: 364-369.

Merzari E, Wang S, Ninokata H, et al. 2008. Biglobal linear stability analysis for the flow in eccentric annular channels and a related geometry[J]. The Physics of Fluids, 20: 114104.

Radev S, Tchavdarov B. 1988. Linear capillary instability of compound jets[J]. International Journal of Multiphase Flow, 14: 67.

Sanz A, Meseguer J. 1985. One-dimensional linear analysis of the compound jet[J]. Journal of Fluid Mechanics, 159: 55.

Shen J, Li X. 1996. Instability of an annular viscous liquid jet[J]. Acta Mechanica, 114: 167-183.

Shkadov V Y, Sisoev G M. 1996. Instability of a two layer capillary jet[J]. International Journal of Multiphase Flow, 22: 363.

Whelehan M, Marison W. 2011. Microencapsulation using vibrating technology[J]. Journal of Microencapsulation, 28(8): 669-688.

Ye H, Peng J, Yang L. 2017. Instability of eccentric compound threads[J]. The Physics of Fluids, 29: 082110.

Zhao H, Xu J L, Wu J H, et al. 2015. Breakup morphology of annular liquid sheet with an inner round air stream[J]. Chemical Engineering Science, 137: 412-422.

第 8 章　其他特殊条件下的射流稳定性分析

8.1　表面活性剂对射流稳定性的影响

在某些实际应用中会使用到含有一定量的表面活性剂的射流，例如，在喷墨打印、化工或生物工程的液滴生成过程中，作为工质的液体中往往含有一些表面活性物质(其本身就存在或因工艺需要而加入)。表面活性剂分子具有固定的亲水亲油基团，因此能够在气液界面上定向排列，表面活性剂在界面上的吸附如图 8-1 所示。表面活性剂分子头部及尾部分别对于气液两相的亲和作用，可以改变气液界面的表面张力。生活中最常见的表面活性剂为各种洗涤剂，如肥皂、洗衣粉、洗洁精等。

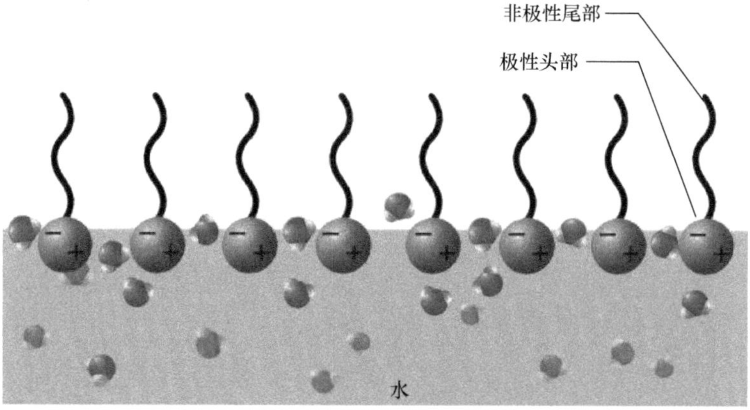

图 8-1　表面活性剂在界面上的吸附

圆柱射流的失稳是由表面张力驱动的，而表面活性剂又对表面张力具有显著的影响，因此表面活性剂的加入对于圆柱射流稳定性具有较大的影响，主要表现在两个方面：①表面活性剂改变了未扰动时气液界面的表面张力，这相当于在 2.1 节的圆柱射流稳定性分析中增大了液体韦伯数；②表面活性剂具有独有的马兰戈尼效应，如图 8-2 所示。假设液体射流未受扰动时，气液界面上的表面活性剂是均匀分布的。射流受到扰动后，表面活性剂的马兰戈尼效应作用后的射流如图 8-2(b)所示。射流各处的轴向扰动速度 u' 对表面活性剂的输运作用，使得表面活性剂分布不均匀。具体而言，在波峰处，表面活性剂浓度变大，表面张力系数减小；在波谷处，表面活性剂浓度减小，表面张力系数增大。这样，就会在气液界面处产生额外的切应力。例如，在图 8-2(b)中，用粗实线标出了某一段气液界面，对于这一段气液界面来说，左侧和右侧对其产生的拉力 F_1 和 F_2 是不相等的。左边表面张力系数较小而右边表面张力系数较大，导致 $F_1 < F_2$。因此，这种额外的界面切应力起到了抑制射流失稳的作用。

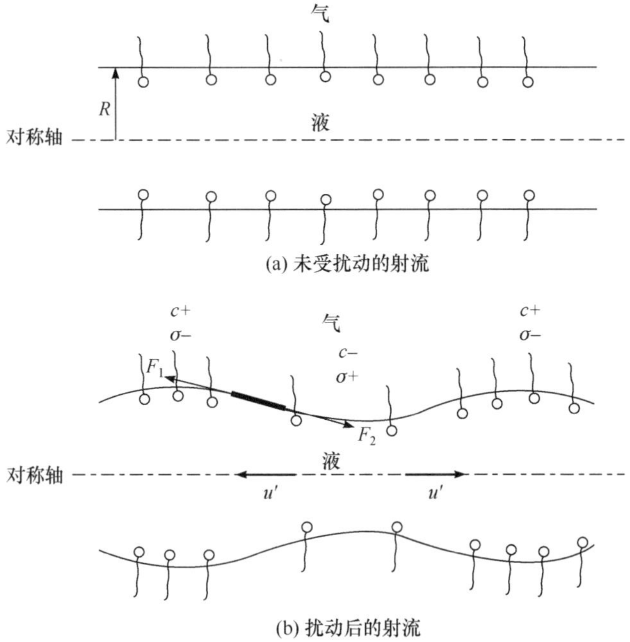

(a) 未受扰动的射流

(b) 扰动后的射流

图 8-2　表面活性剂的马兰戈尼效应

c 表示表面活性剂浓度；σ 表示表面张力系数；“+”号表示增大；“−”号表示减小

下面对含有表面活性剂的圆柱射流进行线性稳定性分析。在圆柱坐标系$(r，z)$中，考虑一个无限长的液体圆柱(本问题中只关注表面张力驱动的失稳，因此认为基本流是静止的)，其半径为 R，黏度系数为μ，密度为ρ；忽略重力及周围流体的效应。假定有不溶解的表面活性剂附着于圆柱的表面，气液界面的方程由 $r = a(z,t)$ 给出，t 为时间。那么，对于该圆柱射流，径向和轴向的动量方程和连续方程分别为

$$\rho\left(\frac{\partial u}{\partial t}+u\frac{\partial u}{\partial r}+w\frac{\partial u}{\partial z}\right)=-\frac{\partial p}{\partial r}+\mu\left(\frac{\partial^2 u}{\partial r^2}+\frac{\partial^2 u}{\partial z^2}+\frac{1}{r}\frac{\partial u}{\partial r}-\frac{u}{r^2}\right) \tag{8-1}$$

$$\rho\left(\frac{\partial w}{\partial t}+u\frac{\partial w}{\partial r}+w\frac{\partial w}{\partial z}\right)=-\frac{\partial p}{\partial z}+\mu\left(\frac{\partial^2 w}{\partial r^2}+\frac{\partial^2 w}{\partial z^2}+\frac{1}{r}\frac{\partial w}{\partial r}\right) \tag{8-2}$$

$$\frac{\partial u}{\partial r}+\frac{\partial w}{\partial z}+\frac{u}{r}=0 \tag{8-3}$$

其中，u 是径向速度；w 是轴向速度；p 是流体的压力。

液体射流表面的运动边界条件为

$$\frac{\partial a}{\partial t}+w\frac{\partial a}{\partial z}=u,\quad r=R \tag{8-4}$$

射流表面的正应力边界条件为

$$p-\frac{2\mu}{\left[1+\left(\frac{\partial a}{\partial z}\right)^2\right]}\left[\frac{\partial u}{\partial r}+\left(\frac{\partial a}{\partial z}\right)^2\frac{\partial w}{\partial z}-\frac{\partial a}{\partial z}\left(\frac{\partial w}{\partial r}+\frac{\partial u}{\partial z}\right)\right]=\sigma\kappa,\quad r=R \tag{8-5}$$

其中，σ 是表面张力系数，界面曲率的表达式为

$$\kappa=\frac{1}{a\left[1+\left(\frac{\partial a}{\partial z}\right)^2\right]^{\frac{1}{2}}}-\frac{\frac{\partial^2 a}{\partial z^2}}{\left[1+\left(\frac{\partial a}{\partial z}\right)^2\right]^{\frac{3}{2}}} \tag{8-6}$$

相应地，切应力边界条件为

$$\frac{\mu}{1+\left(\frac{\partial a}{\partial z}\right)^2}\left\{\left(\frac{\partial w}{\partial r}+\frac{\partial u}{\partial z}\right)\left[1-\left(\frac{\partial a}{\partial z}\right)^2\right]+2\left(\frac{\partial a}{\partial z}\right)\left(\frac{\partial u}{\partial r}-\frac{\partial w}{\partial z}\right)\right\}=\frac{\partial\sigma}{\partial z},\quad r=R \tag{8-7}$$

式(8-7)描述了射流表面黏性应力之间的平衡，包括表面活性剂输运而产生的表面张力梯度效应。

除了求解式(8-1)～式(8-7)，还需要求解关于表面活性剂浓度 $\varGamma$ 的输运方程，以及表征表面活性剂浓度和表面张力的关系式 $\sigma(\varGamma)$。

表面活性剂浓度 $\varGamma$ 的输运方程为

$$\frac{\partial\varGamma}{\partial t}=-\nabla_{\mathrm{s}}\cdot(\varGamma\boldsymbol{u}_{\mathrm{s}})-\varGamma(\nabla_{\mathrm{s}}\cdot\boldsymbol{n})(\boldsymbol{u}\cdot\boldsymbol{n}) \tag{8-8}$$

其中，$\varGamma(z,t)$ 为单位面积上表面活性剂的质量；$\nabla_{\mathrm{s}}=(\boldsymbol{I}-\boldsymbol{nn})\cdot\nabla$ 为表面梯度算子；$u_{\mathrm{s}}=(\boldsymbol{I}-\boldsymbol{nn})\cdot u$ 为速度沿表面切向的分量；$\boldsymbol{n}$ 为气液界面上的单位法向量，即有 $\nabla_{\mathrm{s}}\cdot\boldsymbol{n}=\kappa$ 关系式成立。

需要注意的是，在上述分析中忽略了表面活性剂的扩散效应，这是由于化学扩散系数通常比较小。例如，如果取表面活性剂扩散系数的经典值为 10^{-10}～$10^{-9}\mathrm{mm^2/s}$，速度值为 1mm/s，长度的尺度量级为 1mm。那么贝克莱数(Péclet number)至少大于 1000。因此，在实际分析中，表面活性剂沿射流表面的扩散效应是可以忽略的。

接下来，分析表征表面活性剂浓度和表面张力的关系式 $\sigma(\varGamma)$。考虑到在初

始状态下，表面活性剂的浓度为 Γ_0，对应的表面张力系数为 σ_0。在扰动发生后，可以认为扰动后的表面活性剂的浓度是在初始浓度 Γ_0 的基础上产生了一个小的扰动。对于线性稳定性分析来说，可以认为表面活性剂的浓度扰动和表面张力系数的扰动之间呈线性关系，即有

$$\sigma=\sigma_0-E\left(\frac{\Gamma}{\Gamma_0}-1\right) \tag{8-9}$$

其中，

$$E=-\Gamma_0\frac{\mathrm{d}\sigma_0}{\mathrm{d}\Gamma}\bigg|_{\Gamma_0} \tag{8-10}$$

为 Gibbs 弹性，它反映了表面张力随表面活性剂浓度增大而减小的特性。

与 2.1 节圆柱射流线性稳定性分析一样，假定扰动量与基本流相比是很小的，且扰动量具有正则模的形式，即

$$\left(u',w',p',a',\sigma',\Gamma'\right)=(\hat{u},\hat{w},\hat{p},\hat{a},\hat{\sigma},\hat{\Gamma})\exp\left(\mathrm{i}kz+\omega t\right) \tag{8-11}$$

其中，k 为波数；ω 为扰动的增长率。

与 2.1 节一样，使用“ ′ ”表示扰动量。需要注意的是，对于扰动速度 u' 、w'，扰动量和实际的速度分量 u、w 大小是相等的，这是由基本流是静止导致的。

将控制方程式(8-1)～式(8-9)线性化，代入正则模表达式(8-11)，经过一定的数学推导便可以得到波数 k 与增长率 ω 之间的色散关系，色散方程可以表达为

$$\begin{aligned}&La\Omega^2F(K)+2K^2\Omega[2F(K)-1]+\frac{4K^4}{La}[F(K)-F(\tilde{K})]-K^2(1-K^2)\\&+\frac{K^4\beta}{La\Omega}\left(2-\frac{1-K^2}{\Omega}\right)[F(\tilde{K})-F(K)]+\beta K^2\left\{1+F(K)[F(\tilde{K})-2]\right\}=0\end{aligned} \tag{8-12}$$

其中，

$$\tilde{K}^2=K^2+La\Omega \tag{8-13}$$

式(8-12)、式(8-13)中的 La 为拉普拉斯数，其具体表达式为 $\rho\sigma_0R/\mu^2$ 。这一无量纲数表征了表面张力和黏性的相对大小。此外，方程中无量纲波数和无量纲增长率的表达式分别为：$K=kR,\ \Omega=\omega\mu R/\sigma_0$。

色散方程(8-12)中函数 F 和 β 的表达式分别为

$$F(x)=-\frac{x\mathrm{I}_0(x)}{\mathrm{I}_1(x)} \tag{8-14}$$

$$\beta=-\frac{\Gamma_0}{\sigma_0}\frac{\mathrm{d}\sigma}{\mathrm{d}\Gamma}\bigg|_{\Gamma_0}=\frac{E}{\sigma_0} \tag{8-15}$$

其中，β表示无量纲的表面活性剂强度，其取值范围是$0 \leqslant \beta \leqslant \infty$。这是由于表面活性剂的加入总会导致表面张力的减小。β表示了表面张力系数相对变化与表面活性剂浓度相对变化的关系。需要注意的是，前文提到表面活性剂的影响主要体现在两个方面，一是减小了未扰动时气液界面的表面张力，二是马兰戈尼效应。这里的无量纲参数β主要反映的是第二个效应。由于拉普拉斯数 La 的表达式中涉及未扰动时的表面张力系数，因此反映第一个效果。

含有表面活性剂的圆柱射流的色散曲线如图 8-3 所示，是在两种不同的拉普拉斯数下计算所得到的色散曲线。可以发现，β的增大会导致扰动增长率减小，色散曲线的变化趋势说明马兰戈尼效应是抑制失稳的，这与前文表面活性剂的马兰戈尼效应图 8-2 的定性分析是一致的。另外，对比图 8-3(a)和(b)可以发现，在拉普拉斯数较小时，马兰戈尼效应对射流稳定性的影响要大于较大拉普拉斯数的

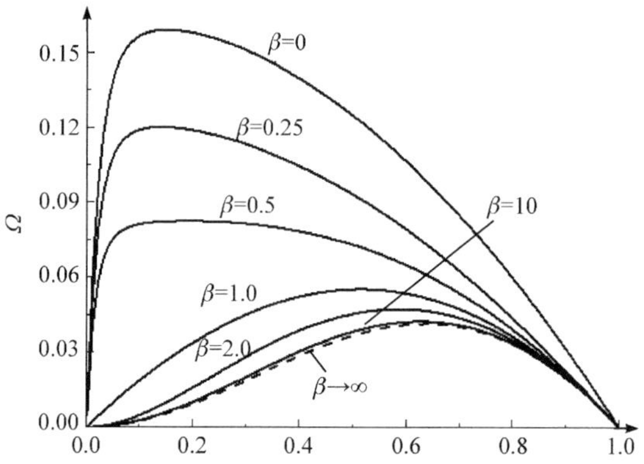

(a) La=0.01

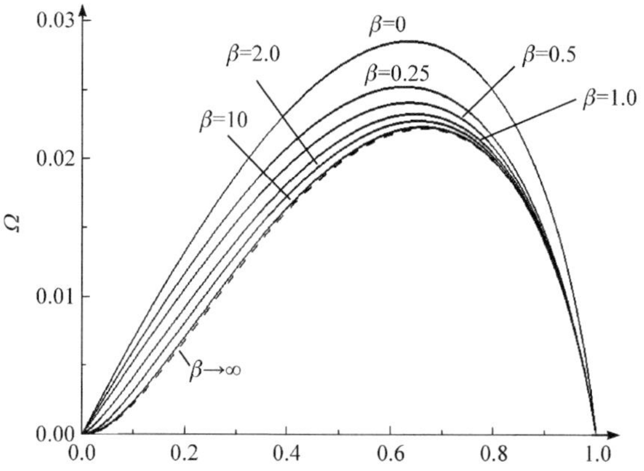

(b) La=100

图 8-3　含有表面活性剂的圆柱射流的色散曲线

情况。此外，从图 8-3 还可以看出，当 $\beta \to \infty$ 时，扰动的增长率并不是减小到零，而是趋于某一非零的定值。这说明马兰戈尼效应只是抑制了射流的失稳，而不能使得射流的稳定性发生根本的改变。

8.2　多相流射流的稳定性

8.2.1　含微米气泡圆柱射流稳定性分析

多相射流在工业上有着广泛应用，如冶金化工、高速射流切割、水下导弹发射，同时，在超燃冲压发动机和液体火箭发动机中推进剂的雾化也具有重要的应用前景。具体而言，推进剂雾化过程是通过分布在其推力室头部上的众多喷注器组织进行的。在这一物理过程中，液体推进剂从喷嘴喷出后形成一股自由流动的射流或液膜，并在外界作用下最终破碎成细小的液滴，进而为后续的充分混合燃烧过程提供了初始条件。在传统的雾化组织形式的基础上，Lefebvre 等(1988)首次提出了气泡雾化喷嘴的方案，典型气泡雾化喷嘴结构如图 8-4 所示，利用喷嘴内外的压差作用，使气泡在流出喷孔前后经历加速、变形、膨胀和爆破过程，进而对液体射流产生扰动，最终加速液体射流的破碎与雾化。随着后续研究的不断深入，气泡雾化喷嘴得以充分应用，尤其是 Konstantinov(2012)认为，相对于传统的雾化喷嘴，气泡雾化喷嘴能够在低压、低耗气率下实现较好的雾化效果，雾化

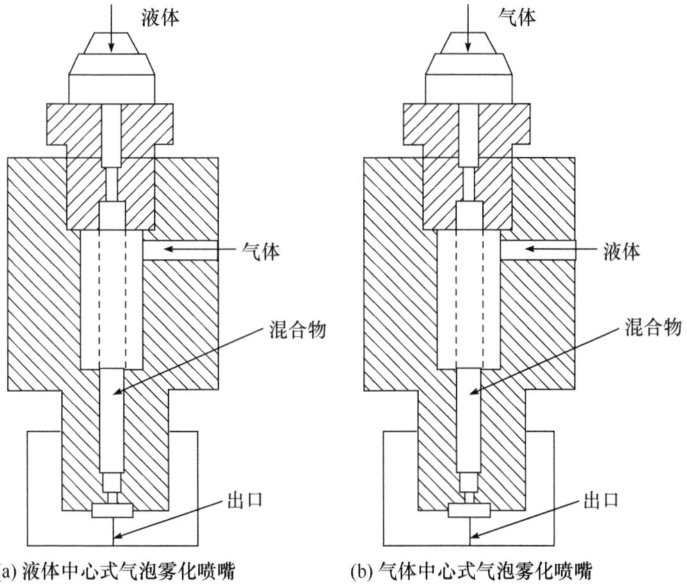

(a) 液体中心式气泡雾化喷嘴　(b) 气体中心式气泡雾化喷嘴

图 8-4　典型气泡雾化喷嘴结构

效果对液体黏性不敏感且受喷孔直径影响相对较小，这些特点使得气泡雾化喷嘴能够很好地解决高黏度流体难以雾化的问题。

众所周知，液体射流的雾化分为初次雾化和二次雾化，目前针对气泡雾化喷嘴的研究主要采用的是实验方法，辅以数值模拟，理论解析方法相对比较少，同时现有研究重点针对二次雾化过程，即气泡雾化喷嘴射流雾化效果(喷雾粒径、射流锥角等)与各物理因素(喷嘴结构、气液质量比、工况条件等)之间的关系，目前已取得了许多重要的研究成果，得到了很多具有实际工程意义的经验公式(Whitlow et al.，1993；Qian et al.，2010)。然而，有关气泡喷嘴初次雾化的理论研究相对较少，对这一过程中各因素是具体如何影响射流雾化效果的研究还需进一步深入。由本书前述可知，初次雾化是决定最终雾化质量的关键过程，初次雾化是理解雾化机理的基础，而初次雾化问题的本质是射流稳定性问题，对应于气泡雾化喷嘴，其物理本质是含气泡圆柱射流的稳定性问题，因此本节采用解析的方法针对含气泡无黏/黏性圆柱射流的稳定性展开介绍。

1. 含气泡无黏圆柱射流的稳定性分析

含气泡圆柱射流示意图如图 8-5 所示，建立了无限长，含有大小均一、分布均匀气泡的牛顿圆柱射流，周围是不可压缩无黏空气，同样的，这里忽略重力场和磁场等物理因素。坐标系的方向定义为：r 轴为射流径向，z 轴为射流流动方向，φ为方位角。

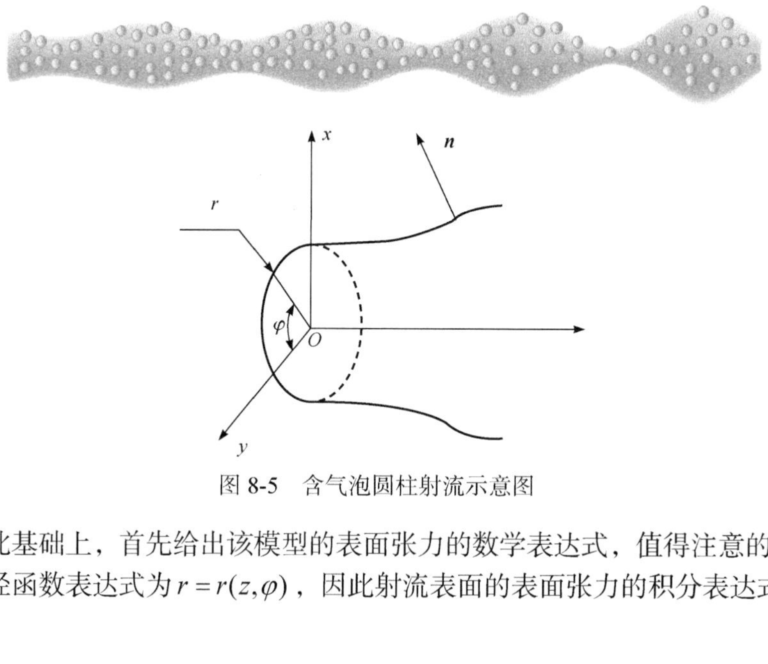

图 8-5　含气泡圆柱射流示意图

在此基础上，首先给出该模型的表面张力的数学表达式，值得注意的是，射流的半径函数表达式为$r = r(z,\varphi)$，因此射流表面的表面张力的积分表达式为

$$f=\int_0^l \mathrm{d}z\int_0^{2\pi}\left[1+\left(\frac{\partial r}{\partial z}\right)^2+\left(\frac{1}{r}\frac{\partial r}{\partial \varphi}\right)^2\right]^{1/2} r\mathrm{d}\varphi \tag{8-16}$$

此时，平衡时的射流半径 $r=R$，其中 R 代表圆柱射流半径。但是当射流受到小扰动之后，射流半径函数变为 $r=R+\varsigma(z,\varphi)$，其中 $\varsigma(z,\varphi)$ 代表小扰动振幅。

将小扰动函数进行二阶级数展开，代入式(8-16)中，进行线性化，获得

$$f=\int_0^1\int_0^{2\pi}\left[(R+\varsigma)+\frac{R}{2}\left(\frac{\partial \varsigma}{\partial z}\right)+\frac{1}{2R}\left(\frac{\partial \varsigma}{\partial \varphi}\right)^2\right]\mathrm{d}z\mathrm{d}\varphi \tag{8-17}$$

由小扰动导致的射流表面积的变化可以表示为

$$\delta f=\iint\left(\delta\varsigma+R\frac{\partial \varsigma}{\partial z}\frac{\partial}{\partial z}\delta\varsigma+\frac{1}{R}\frac{\partial \varsigma}{\partial \varphi}\frac{\partial}{\partial \varphi}\delta\varsigma\right)\mathrm{d}z\mathrm{d}\varphi \tag{8-18}$$

假设射流初始位置(z=0)和终止位置(z=1)的小扰动振幅均为 0，并且振幅的偏分正比于方位角 φ，式(8-18)可以化简为

$$\delta f=\int_0^l\int_0^{2\pi}\left(1-R\frac{\partial^2 \varsigma}{\partial z^2}-\frac{1}{R}\frac{\partial^2 \varsigma}{\partial \varphi^2}\right)\mathrm{d}z\mathrm{d}\varphi \tag{8-19}$$

结合式(8-18)和式(8-19)，可以计算得到射流主曲率半径为

$$\delta f=\int_0^l\int_0^{2\pi}\left(\frac{1}{R_1}+\frac{1}{R_2}\right)\delta\varsigma r\mathrm{d}z\mathrm{d}\varphi \tag{8-20}$$

显然，在射流未受到扰动时，射流是等圆柱体(ς=0，$R_2=\infty$)，此时 $R_1=R$。在此基础上，根据拉普拉斯公式，计算得到由表面张力引起的压力为

$$p'=p_0+\sigma\left(\frac{1}{R_1}+\frac{1}{R_2}\right)=p_0+\sigma\left(\frac{1}{R}-\frac{\varsigma}{R^2}-\frac{\partial^2 \varsigma}{\partial z^2}-\frac{1}{R^2}\frac{\partial^2 \varsigma}{\partial \varphi^2}\right) \tag{8-21}$$

上述公式表明主曲率半径变化时因表面张力改变而引起的压差，其中 σ 代表表面张力系数。如此，计算下面偏微分方程就变得比较方便，即

$$\frac{\partial p'}{\partial t}+\sigma\left(\frac{u}{R^2}+\frac{\partial^2 u}{\partial z^2}+\frac{1}{R^2}\frac{\partial^2 u}{\partial \varphi^2}\right)=0,\ \ u=\frac{\partial \varsigma}{\partial t} \tag{8-22}$$

因为考虑的是无黏情况，本节引入势函数表示速度，即

$$u=\frac{\partial \Phi}{\partial r},\quad p'=-\rho_{\mathrm{L}}\frac{\partial \Phi}{\partial t} \tag{8-23}$$

其中，ρ_{L} 是液体密度。

据此，可以得到

$$\rho_{\mathrm{L}}\frac{\partial^2\Phi}{\partial t^2}-\frac{\sigma}{R^2}\frac{\partial\Phi}{\partial r}\left(\Phi+\frac{\partial^2\Phi}{\partial\varphi^2}+R^2\frac{\partial^2\Phi}{\partial z^2}\right)=0 \tag{8-24}$$

式(8-24)对于未受扰动的射流同样适用，因此，也可以称此公式为动力边界条件；对于射流，必须满足速度势函数的拉普拉斯公式，即

$$\Delta\Phi=\frac{\partial^2\Phi}{\partial z^2}+\frac{1}{r^2}\frac{\partial^2\Phi}{\partial\varphi}+\frac{1}{r}\frac{\partial}{\partial r}\left(r\frac{\partial\Phi}{\partial r}\right)=0 \tag{8-25}$$

当扰动的传播速度小于声音在液体中的传播速度时，式(8-25)对于任何不可压缩流都是有效的。

那么，由于外部的因素，当射流中出现小气泡时，射流的压缩性成为影响射流流动稳定性的不可忽略因素，因此，在理论模型中必须引入射流的压缩性。众所周知，气液混合物的压缩性一定是高于纯液体的，声音在气液混合物中的传播速度为

$$c_{\mathrm{eff}}=c_{\mathrm{A}}\sqrt{\frac{\rho_{\mathrm{A}}}{\rho_{\mathrm{L}}\phi}} \tag{8-26}$$

其中，ϕ代表气泡的体积占比(通常情况下是比较低的)；ρ_{A}、ρ_{L}分别代表含气泡射流中气体和液体的密度，当气泡含量为 1/1000 时，声音在含气泡射流的传播速度和纯液体中大致相当，而当气泡含量为 50%时，声速下降到 23.8m/s。但是对于这种含气量高的气液混合射流，上述声速公式不再适用，需要寻求新的声速模型。那么，在考虑含气泡圆柱射流的压缩性之后，必须利用扰动方程替换原有的拉普拉斯方程为

$$\Delta\Phi-\frac{1}{c_{\mathrm{eff}}^2}\left(\frac{\partial}{\partial t}+U\frac{\partial}{\partial z}\right)^2\Phi=0 \tag{8-27}$$

式(8-27)是以地面为参考系得到的，其中 U 是基本流速。

为了求解上述偏微分方程组，本节采用正则模假设，即

$$\Phi=\sum_{m=0}^{\infty}D_m(\omega,k;r)\exp(\mathrm{i}kz+\omega t+\mathrm{i}m\varphi) \tag{8-28}$$

其中，整数 m 代表周向模态，当 m=0 时，代表射流的轴对称模态；含气泡圆柱射流的所有截面的半径都取决于时间 t 和轴向距离 z，高阶模态(m=1, 2, 3, …)则表示射流半径同时还取决于方位角的大小。将式(8-28)代入式(8-27)，得到

$$\begin{cases}\dfrac{\mathrm{d}^2D_m}{\mathrm{d}r^2}+\dfrac{1}{r}\dfrac{\mathrm{d}D_m}{\mathrm{d}r}-\left(k^2+\dfrac{m}{r^2}-\dfrac{\omega^2}{c_{\mathrm{eff}}^2}\right)D_m=0\\(1-m^2-k^2R^2)\left.\dfrac{\mathrm{d}D_m}{\mathrm{d}r}\right|_{r=R}+\dfrac{\rho_{\mathrm{L}}R^2}{\sigma}\omega^2D_m(R)=0\end{cases} \tag{8-29}$$

可以利用修正的贝塞尔函数求解符合边界条件的上述公式的解，即

$$D_m(r)=C_m\mathrm{I}_m\left(r\sqrt{k^2-\frac{\omega^2}{c_{\mathrm{eff}}^2}}\right) \tag{8-30}$$

其中，C_m代表任意常数。

将式(8-30)代入动力边界条件当中，可以得到色散方程为

$$(1-m^2-k^2R^2)\sqrt{k^2-\frac{\omega^2}{c_{\mathrm{eff}}^2}}\mathrm{I}_m'\left(R\sqrt{k^2-\frac{\omega^2}{c_{\mathrm{eff}}^2}}\right)$$

$$+\frac{\rho_{\mathrm{L}}R^2}{\sigma}\omega^2\mathrm{I}_m\left(R\sqrt{k^2-\frac{\omega^2}{c_{\mathrm{eff}}^2}}\right)=0 \tag{8-31}$$

式(8-31)是相对比较复杂的，是关于扰动频率和波数的隐性函数，根据前述，表面扰动波的频率由实部和虚部组成，即

$$\omega(k)=\omega_{\mathrm{r}}(k)+\mathrm{i}\omega_{\mathrm{i}}(k) \tag{8-32}$$

其中，实部代表扰动时间增长率，将式(8-32)的实部代入式(8-28)，可以获得

$$\varPhi=\sum_{m=0}^{\infty}D_m\exp\big(\omega_{\mathrm{r}}(m,k)t\big)\exp(\mathrm{i}kz+\mathrm{i}m\varphi) \tag{8-33}$$

因此，如果表面扰动波频率的实部是大于零的，则代表含气泡圆柱射流是不稳定的。

为了进一步理解射流失稳的物理机制，本节首先在零阶模态和不可压缩假设下进行讨论，在这种情况下，有

$$kR(1-k^2R^2)\mathrm{I}_1(kR)+\frac{\rho_{\mathrm{L}}R^3}{\sigma}\omega^2\mathrm{I}_0(kR)=0 \tag{8-34}$$

无量纲的时间增长率为

$$\varOmega_{\mathrm{r}}=\omega_{\mathrm{r}}\sqrt{\frac{2\rho_{\mathrm{L}}R^3}{\sigma}}=\left[kR(1-k^2R^2)\frac{2\mathrm{I}_1(kR)}{\mathrm{I}_0(kR)}\right]^{1/2} \tag{8-35}$$

最后，对所得到色散方程的一般形式进行分析研究，首先对其进行简单的坐标变换，即

$$\begin{cases}-\varOmega^2(X)=X(1-X^2)\dfrac{2\mathrm{I}_1(X)}{\mathrm{I}_0(X)}\left[1-\alpha X\dfrac{2\mathrm{I}_1(X)}{\mathrm{I}_0(X)}\right]^{-1}\\ kR=\sqrt{X^2+\alpha\varOmega^2}\end{cases} \tag{8-36}$$

其中，$\varOmega^2=(2\rho_{\mathrm{L}}R^3/\sigma)\omega^2$代表无量纲增长率；$\alpha=\sigma/(2R\rho_{\mathrm{L}}c_{\mathrm{eff}}^2)$是一个常数。

根据 Rayleigh 的稳定性理论，射流仅在$0<kR<1$，$2\pi R<\lambda<\infty$的情况下是不稳定的，因此，引起射流不稳定的扰动波长必须是大于射流截面周长的。图 8-6 表示了含气泡圆柱射流的稳定性，曲线 1 表示忽略压缩性的时间增长率，曲线 2 表示 Rayleigh 无黏圆柱射流的理论结果，曲线 3 表示考虑气泡引入带来的压缩性对于射流稳定性的影响。通过三条曲线的对比发现，在不考虑压缩性的情况下，气泡使得圆柱射流更加稳定，但是，考虑气泡带来的压缩性效应之后，发现圆柱射流变得更加不稳定，但是三种情况下射流不稳定的区域不发生改变。

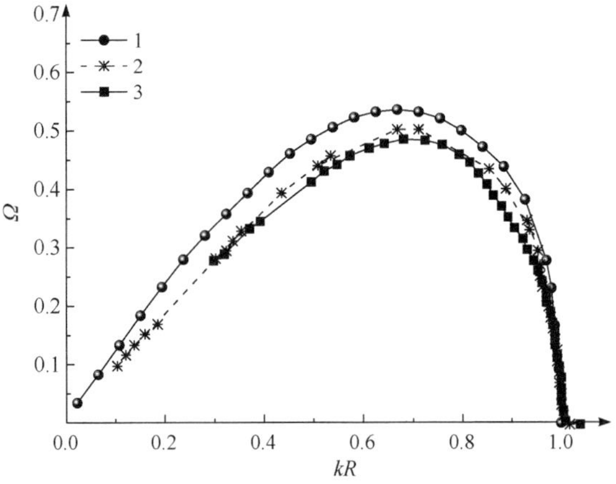

图 8-6　不同模式下的圆柱射流的稳定性

另外，在数学上进行一定的变换，可以发现在含气泡射流受到某些频率外界扰动会出现波动共振现象，例如，描述考虑外场气动力作用下的含气泡圆柱射流稳定性的色散方程可以变换为

$$\begin{cases}\omega^2=-\dfrac{\mathrm{I}_1(kR)}{\mathrm{I}_0(kR)}\left[\dfrac{\sigma}{\rho_{\mathrm{L}}R^3}kR\left(1-k^2R^2\right)+\dfrac{\rho_{\mathrm{A}}U^2}{\rho_{\mathrm{L}}R^2\beta}k^2R^2\dfrac{\mathrm{H}_0^{(1)}(\beta kR)}{\mathrm{H}_1^{(1)}(\beta kR)}\right]\\ \beta=\sqrt{\dfrac{U^2}{c_{\mathrm{A}}^2}-1}\end{cases}\tag{8-37}$$

其中，ρ_{A}、c_{A}分别为空气密度和当地声速；U 为射流的流动速度；$\mathrm{H}_0^{(1)}$为汉克尔函数。可以明显看出，随着射流速度接近声速，β趋近 0，导致射流的不稳定增长率会急剧增长，因此，在工业应用中需要尽可能避免这种工况。

2. 含气泡黏性圆柱射流的稳定性分析

含微米气泡黏性圆柱射流的物理性质有两个方面需要重点讨论：①液体黏性的引入，导致气泡射流中的气泡含量发生变化，原有的声速模型不再适用，因此本节重新对声速模型进行了选取；②对于一般的牛顿流体，在其中加入气泡之后，会存在明显的压缩性，应力方程变得较为复杂，尤其是应力项还有速度的散度项，难以获得理论解析解，因此接下来采用谱方法求解相关微分方程组。接下来主要针对这两方面进行展开，并结合流体力学方程组对含气泡黏性圆柱射流的线性稳定性进行分析。

国内外学者对于含气泡流体的声速模型的研究将近百年，基本上有了较为清晰的认识，这里采用 Kieffer (1977)提出的理论模型，即

$$c_{\mathrm{A}}=\sqrt{\frac{\mathrm{d}P_{\mathrm{L}}}{\mathrm{d}\rho}}=\frac{\dfrac{\eta G_{\mathrm{air}}}{P_{\mathrm{L}}+2\sigma/r}+\dfrac{1}{\rho_{\mathrm{LA}}}\exp\left(\dfrac{P_{\mathrm{A}}-P_{\mathrm{L}}}{K}\right)}{\sqrt{(1+\eta)\left[\dfrac{\eta G_{\mathrm{air}}}{(P_{\mathrm{L}}+2\sigma/R_{\mathrm{B}})^{2}}+\dfrac{1}{K\rho_{\mathrm{LA}}}\exp\left(\dfrac{P_{\mathrm{A}}-P_{\mathrm{L}}}{K}\right)\right]}} \tag{8-38}$$

其中，ρ是两相混合物密度；R_{B}是气泡的半径；ρ_{LA} 是参考状态下液体密度(1g/cm，在一个大气压)；P_{L} 是液体压力；P_{A} 是参考压力(一个大气压)；K 是液体的体积模量 (2.18×10^{9})；$G_{\mathrm{air}}=T_0R_0/\left(M\rho_0^{\gamma-1}\right)$，$T_0$ 是参考温度(100℃，在一个大气压下)，R_0 是气体体积常数(8.32×10^{7} ergs℃$^{-1}$mol^{-1}，1erg=1g · cm^2/s^2)，M 是分子质量，ρ_0 是气体参考状态下密度(0.96g/cm^3)，γ 是绝热系数；σ 是气液界面的表面张力系数；η 是气体的质量分数。

为了直观地理解气泡对当地声速的影响规律，本节分析了气泡含量对当地声速的影响规律，如图 8-7 的理论曲线，可以清楚地发现，当流体加入少量气泡之后，当地声速会发生剧烈的下降，大约气泡含量为 50%的时候当地声速达到最低值，从 1500m/s 下降到 25m/s 以下，而随着气泡含量继续增加，当地声速反而会增加，这是由于空气密度小、黏度小，而液体密度大、黏度大共同决定的，本节讨论气泡体积占比低于 30%的情况，因此当地声速随着气体含量增加会急剧下降，当射流具有相当的速度时，压缩性对射流稳定性会产生相对显著的影响，后文会详细讨论。

如前所述，本节对描述稳定性问题的流体力学控制方程组进行联立求解。由于含气泡液体可压缩，液相连续方程和动量方程中出现和压缩性相关的数学项，即

$$\frac{\partial\rho}{\partial t}+\nabla\cdot(\rho\boldsymbol{v})=0 \tag{8-39}$$

$$\frac{\mathrm{D}\boldsymbol{v}}{\mathrm{D}t}=\left(\frac{\partial}{\partial t}+\boldsymbol{v}\cdot\nabla\right)\boldsymbol{v}=-\frac{1}{\rho_{\mathrm{l}}}\nabla P+\nabla\boldsymbol{T} \tag{8-40}$$

其中，$\boldsymbol{T}$ 的分量 $T_{ij}=\dfrac{\partial v_i}{\partial x_j}+\dfrac{\partial v_j}{\partial x_i}-\dfrac{2}{3}\delta_{ij}\mu(\nabla\cdot\boldsymbol{v})$，公式后面速度的散度由于可压缩性不可忽略。

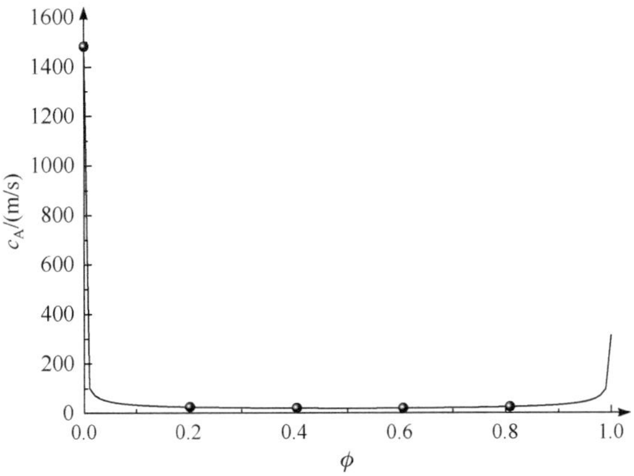

图 8-7　气泡含量对当地声速的影响规律

气相的控制方程为

$$\nabla^2\phi_{\mathrm{g}}=0 \tag{8-41}$$

$$p_{\mathrm{g}}=-\rho_{\mathrm{g}}\left[\frac{\partial\phi_{\mathrm{g}}}{\partial t}+\frac{1}{2}(\nabla\phi_{\mathrm{g}})^2\right] \tag{8-42}$$

其中，ϕ_{g} 是速度势函数；p_{g} 是气体压力。

接着，考虑液相和气相控制方程，运动边界条件为

$$\frac{\partial F}{\partial t}+\boldsymbol{v}\cdot\nabla F=0 \tag{8-43}$$

$$\frac{\partial F}{\partial t}+\nabla\phi_{\mathrm{g}}\cdot\nabla F=0 \tag{8-44}$$

其中，$F=r-\eta(r,z,t)$ 代表射流和外界空气的边界方程，$\eta(r,z,t)$ 代表扰动振幅。

类似地，动力边界条件为

$$\tau_{zz}=0 \tag{8-45}$$

$$p_{\mathrm{g}}-p+\tau_{rr}+\frac{1}{We}(\nabla\cdot\boldsymbol{n})=0 \tag{8-46}$$

其中，$\boldsymbol{n}=\nabla F/|\nabla F|$ 表示界面单位方向矢量。

得到上述基本的控制方程和边界条件，本节采用正则模的形式对含气泡圆柱

射流的线性稳定性进行分析，那么假设各物理量的扰动形式为

$$\left(\eta, v_r, v_z, p, \tau_{ij}, \phi_{\mathrm{g}}, p_{\mathrm{g}}, \gamma_{ij}\right)=\left(0,0,1, p_0, \mathbf{0}, 0, p_{\mathrm{g}0}, \mathbf{0}\right)$$
$$+\left(\hat{\eta}_0, \hat{v}_r, \hat{v}_z, \hat{p}, \hat{\tau}_{ij}, \hat{\phi}_{\mathrm{g}}, \hat{p}_{\mathrm{g}} \hat{\gamma}_{ij}\right) \mathrm{e}^{\mathrm{i} kz-\mathrm{i} \omega t} \tag{8-47}$$

各个物理量的含义前面已经介绍过，这里不再赘述。压缩性的引入使得该模型难以得到解析解，这里采用本书介绍的谱方法数值计算方法，以获得理论上扰动时间增长率与波数之间的色散关系。

这部分不再赘述第 2 章和第 5 章提及的黏度、弹性、表面张力、密度等参数对于圆柱射流稳定性的影响规律，着重考虑气泡体积占比对稳定性的作用规律。

气泡含量(体积占比)对于圆柱射流稳定性的作用规律从图 8-8 可以得到，随着流体中气泡含量的增加，圆柱射流会变得更加不稳定，而且不稳定区域基本保持不变。这些规律显而易见，但是背后的机理比较复杂，是各个物理因素相互竞争的结果，需要逐一分析。随着气泡含量ϕ的增加，可得射流的黏度在增加，也就是黏性耗散增加，此时射流应该变得更加稳定；同时，含气泡射流密度 ρ 会变小，也就是说射流与外界空气的密度差变小，此时气动作用力增加，因此射流会变得更加不稳定；最后根据声速公式可以看出，体积占比增加导致声速减小，气泡射流压缩性增加，进而导致其不稳定性增强，气泡半径对于当地声速的作用规律如图 8-9 所示。气泡含量增加，会改变各个物理因素，综合各个物理因素对于射流稳定性的作用规律，最终结果是导致其不稳定性增强。具体各个物理因素的作用机理，本节后续会利用能量法给出。

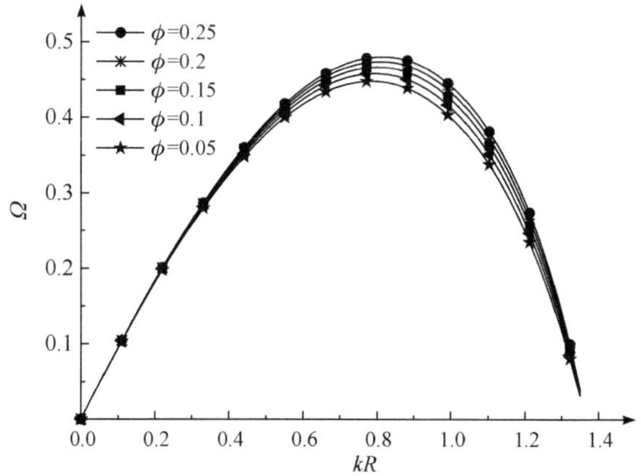

图 8-8　气泡含量(体积占比)对于圆柱射流稳定性的作用规律

由 Lin(2003)、Sureshkumar(2001)、Armstrong 和 Brown(2003)发展的能量分析法是流动稳定性分析中经常采用的方法。基本流失稳的过程，其本质是扰动动能

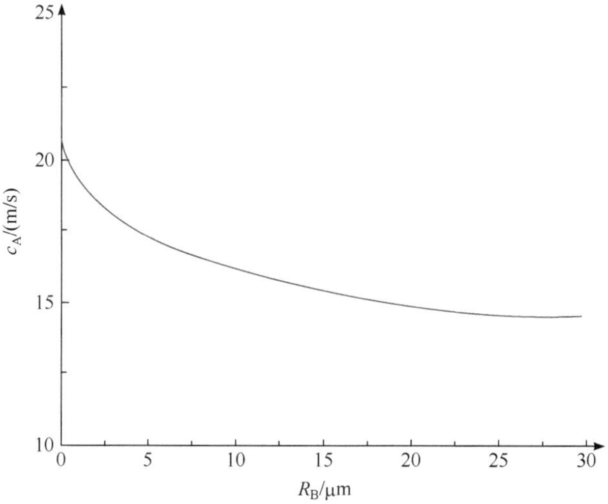

图 8-9　气泡半径对于当地声速的作用规律

不断增加的过程。需要注意的是，这里研究的是扰动动能而不是基本流的动能。例如，平面射流失稳的时候，伴随着横向运动速度 v 的动能是扰动动能，而伴随着主流速度 U 的动能是基本流动能。平面射流失稳过程中的主流速度和横向运动速度如图 8-10 所示。

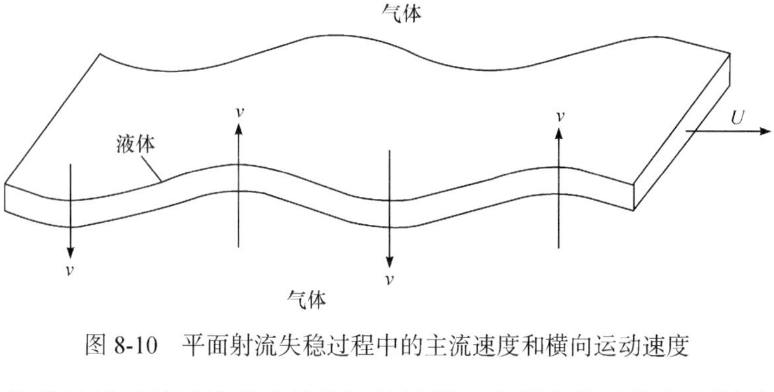

图 8-10　平面射流失稳过程中的主流速度和横向运动速度

由于失稳的过程就是扰动动能增加的过程，分析失稳的物理机制时，可以研究扰动动能是如何增加的。根据能量守恒与转化定律，扰动动能的增加必定是另外一些能量转化为扰动动能的结果。只要分析出扰动动能是由哪几种能量转化而来，便可以比较深刻地理解失稳的机制。更进一步地，通过分析每一种能量的份额，便可以定量分析每一个物理因素的效应。

为了深入探究各个物理参数对于气泡射流稳定性的影响规律，本节采用能量法分析气泡射流的失稳机理，推导过程如下。

首先，从动量方程出发，可以简化为

$$\frac{\partial \boldsymbol{v}'}{\partial t}+\frac{\partial \boldsymbol{v}'}{\partial z}=f(\varPhi)(-\nabla\cdot p'+\nabla\cdot\boldsymbol{T}') \tag{8-48}$$

在动量方程两边同时乘以 $\boldsymbol{v}$，得到

$$\boldsymbol{v}'\left(\frac{\partial \boldsymbol{v}'}{\partial t}+\frac{\partial \boldsymbol{v}'}{\partial z}\right)=f(\varPhi)(-\boldsymbol{v}'\cdot(\nabla\cdot p')+\boldsymbol{v}'\cdot(\nabla\cdot\boldsymbol{T}')) \tag{8-49}$$

利用通量公式进行简单的变形，得到

$$\begin{aligned}&\boldsymbol{v}'\cdot(\nabla\cdot\boldsymbol{\tau}')=\nabla\cdot(\boldsymbol{v}'\cdot\boldsymbol{T}')-\varPhi_1\\&\varPhi_1=\varPhi_{\text{vis}}+\varPhi_{\text{El}}\\&\varPhi_{\text{vis}}=\frac{1}{2}\mu_0\dot{\boldsymbol{\gamma}}':\dot{\boldsymbol{\gamma}}'\end{aligned} \tag{8-50}$$

结合本节前述的边界条件及连续方程可得

$$\begin{aligned}&\iiint\limits_{\substack{0\leqslant z\leqslant \varLambda\\0\leqslant r\leqslant R_1}}\boldsymbol{v}_1'\cdot(-\nabla p')+\nabla\cdot(\boldsymbol{T}'\cdot\boldsymbol{v}_1')\mathrm{d}V\\
&=\iiint\limits_{\substack{0\leqslant z\leqslant \varLambda\\0\leqslant r\leqslant R_1}}\nabla\cdot(-p'\boldsymbol{v}_1')+\nabla\cdot(\boldsymbol{T}'\cdot\boldsymbol{v}_1')+p\left(\frac{1}{M_a^2}\frac{\partial p}{\partial t}-\varPhi\frac{We}{2}\frac{\partial p}{\partial t}\right)\mathrm{d}V\\
&=\iint\limits_{\substack{r=R_1\\0\leqslant z\leqslant \varLambda}}(-p_n')\boldsymbol{e}_r\cdot\boldsymbol{v}_1'\mathrm{d}s+\iint\limits_{\substack{r=R_1\\0\leqslant z\leqslant \varLambda}}(\boldsymbol{\tau}'\cdot\boldsymbol{n})\cdot\boldsymbol{v}_1'\mathrm{d}s+\iiint\limits_{\substack{0\leqslant z\leqslant \varLambda\\0\leqslant r\leqslant R_1}}p\left(\frac{1}{M_a^2}\frac{\partial p}{\partial t}-\varPhi\frac{We}{2}\frac{\partial p}{\partial t}\right)\mathrm{d}V\\
&\times\left(p_n\Big|_{r=R_1}=-\frac{1}{We}\left(\eta+\frac{\partial^2\eta}{\partial z^2}\right)+\text{rho}\cdot p_{\text{g}}\Big|_{r=R_1}+\boldsymbol{T}_{rr}\Big|_{r=R_1}\right)\\
&=\iint\limits_{\substack{r=R_1\\0\leqslant z\leqslant \varLambda}}\frac{1}{We}\left(\eta+\frac{\partial^2\eta}{\partial z^2}\right)\cdot v_r\mathrm{d}s+\iint\limits_{\substack{r=R_1\\0\leqslant z\leqslant \varLambda}}-\text{rho}\cdot p_{\text{g}}\Big|_{r=R_1}\cdot\boldsymbol{v}_r\mathrm{d}s\\
&\quad+\iiint\limits_{\substack{0\leqslant z\leqslant \varLambda\\0\leqslant r\leqslant R_1}}p\left(\frac{1}{M_a^2}\frac{\partial p}{\partial t}-\varPhi\frac{We}{2}\frac{\partial p}{\partial t}\right)\mathrm{d}V\end{aligned} \tag{8-51}$$

其中，$\varLambda=2\pi/k$ 表示波长；R_1 表示未扰动圆柱射流半径；rho 表示气体射流密度。

最终得到能量平衡关系为

$$\dot{e}_{\text{k}}=\dot{e}_{\text{vis}}+\dot{e}_{\sigma}+\dot{e}_{\text{g}}+\dot{e}_{\text{c1}}+\dot{e}_{\text{c2}} \tag{8-52}$$

其中，$\dot{e}_{\text{k}}$ 为动能变化；$\dot{e}_{\text{vis}}$ 为黏性耗散；$\dot{e}_{\sigma}$ 为表面张力做功；$\dot{e}_{\text{g}}$ 为周围气体做功功率；$\dot{e}_{\text{c1}}$、$\dot{e}_{\text{c2}}$ 为压缩力做功。其最终的表达式为

$$\begin{aligned}\dot{e}_{\mathrm{k}} &= \frac{1}{\Lambda}\iiint\limits_{\substack{0\leqslant 0,z\leqslant\Lambda\\0\leqslant r\leqslant\Lambda}} \boldsymbol{v}'\cdot\left(\frac{\partial \boldsymbol{v}'}{\partial t}+\frac{\partial \boldsymbol{v}'}{\partial z}\right)\mathrm{d}V \\ &= \frac{1}{\Lambda}\int_0^1\int_0^{2\pi}\int_0^{\Lambda} f(\varPhi)\frac{1}{2}\left(\frac{\partial}{\partial t}+\frac{\partial}{\partial z}\right)(\boldsymbol{v}_r^2+\boldsymbol{v}_z^2)r\mathrm{d}r\mathrm{d}\theta\mathrm{d}z\end{aligned} \tag{8-53}$$

$$\begin{aligned}\dot{e}_{\mathrm{vis}} &= -\frac{1}{\Lambda}\iiint\limits_{\substack{0\leqslant 0,z\leqslant\Lambda\\0\leqslant r\leqslant\Lambda}} \frac{1}{2}\mu_0\dot{\boldsymbol{\gamma}}':\dot{\boldsymbol{\gamma}}'\mathrm{d}V \\ &= \frac{f(\varPhi)}{\Lambda\mathrm{Re}}\int_0^1\int_0^{2\pi}\int_0^{\Lambda}\left[2\left(\frac{\partial \boldsymbol{v}_r}{\partial r}-\frac{1}{3}\nabla\cdot\boldsymbol{v}\right)^2+\left(\frac{\partial \boldsymbol{v}_z}{\partial r}+\frac{\partial \boldsymbol{v}_r}{\partial z}\right)^2+2\left(\frac{\partial \boldsymbol{v}_z}{\partial z}-\frac{1}{3}\nabla\cdot\boldsymbol{v}\right)^2\right]r\mathrm{d}r\mathrm{d}\theta\mathrm{d}z\end{aligned} \tag{8-54}$$

$$\dot{e}_{\sigma} = \frac{1}{\Lambda}\iint\limits_{\substack{r=R_1\\0\leqslant z\leqslant\Lambda}} \frac{1}{We}\left(\eta+\frac{\partial^2\eta}{\partial z^2}\right)\cdot\boldsymbol{v}_r\Big|_{r=R_1}\mathrm{d}s = \frac{1}{\Lambda}\int_0^{2\pi}\int_0^{\Lambda}\frac{1}{We}\left(\eta+\frac{\partial^2\eta}{\partial z^2}\right)\cdot\boldsymbol{v}_r\Big|_{r=R_1}\mathrm{d}r\mathrm{d}z \tag{8-55}$$

$$\dot{e}_{\mathrm{g}} = \frac{1}{\Lambda}\iint\limits_{\substack{r=R_1\\0\leqslant z\leqslant\Lambda}} -\mathrm{rho}\cdot p_{\mathrm{g}}\Big|_{r=R_1}\cdot\boldsymbol{v}_r\Big|_{r=R_1}\mathrm{d}s = \frac{1}{\Lambda}\int_0^{2\pi}\int_0^{\Lambda}-\mathrm{rho}\cdot p_{g}\Big|_{r=R_1}\cdot\boldsymbol{v}_r\Big|_{r=R_1}\mathrm{d}r\mathrm{d}z \tag{8-56}$$

$$\begin{aligned}\dot{e}_{\mathrm{c}1} &= \frac{1}{\Lambda}\iiint\limits_{\substack{0\leqslant z\leqslant\Lambda\\0\leqslant r\leqslant R_1}} p\left(\frac{1}{M_a^2}\frac{\partial p}{\partial t}\right)\mathrm{d}V \\ \dot{e}_{\mathrm{c}2} &= \frac{1}{\Lambda}\iiint\limits_{\substack{0\leqslant z\leqslant\Lambda\\0\leqslant r\leqslant R_1}} -p\left(\varPhi\frac{We}{2}\frac{\partial p}{\partial t}\right)\mathrm{d}V\end{aligned} \tag{8-57}$$

将线性稳定性的结果输入式(8-53)～式(8-57)进行积分计算，可以得到各个能量的曲线变化。

气泡射流失稳过程中能量变化规律如图 8-11 所示，可以清楚地得到各个物理因素对于气泡射流失稳过程的作用规律，根据能量法的基本思想，做正功的力使得射流更不稳定，反之则使得射流稳定性增强，而且数值越大，这种作用效果越明显。那么从上述曲线可以看出来，表面张力、气动力、压缩力做正功，而黏性力做负功，而且表面张力是主导因素，总而言之，气泡的引入使得牛顿流体具有压缩性，射流变得更加不稳定，这部分结果更加印证了前述气泡半径和气泡含量对于射流稳定性的影响规律。

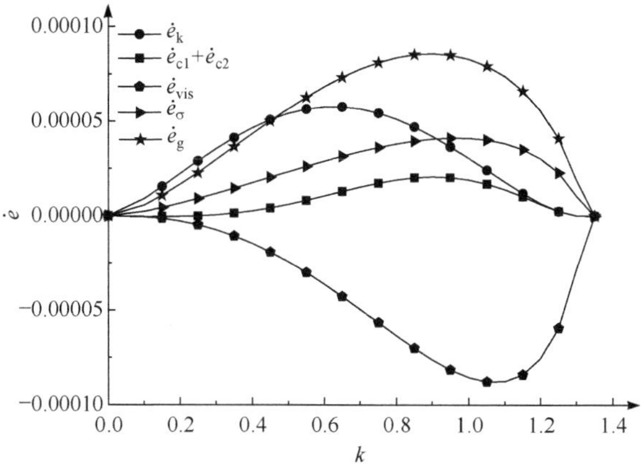

图 8-11　气泡射流失稳过程中能量变化规律

8.2.2　含固体颗粒圆柱射流稳定性分析

对含固体颗粒圆柱射流的稳定性进行分析具有重要的工程价值，广泛应用于航空发动机和火箭发动机中。相较于单相圆柱射流，可以通过调整射流内部颗粒的分布来高效控制射流的稳定性甚至是雾化特性(Chan et al.，2005)，进而影响发动机的性能，因此含固体颗粒射流稳定性在工程应用中发挥着关键作用。

事实上，含固体颗粒圆柱射流的不稳定性也极具科学意义，相关研究学者已经开展了初步探索。Yang 等(1990)研究了含气泡平面射流的空间不稳定性，他们发现颗粒有稳定射流的作用。Sykes 和 Lyell(1994)探索了含颗粒无黏圆柱射流的稳定特性，同样得到了颗粒使得射流稳定性增强的结论。Parthasarathy(1995)同时考虑了含固体颗粒圆环射流的时间和空间不稳定特性，其中考虑速度型的时间稳定性分析表明颗粒的存在可以减小扰动波的振幅，但是会提高波速，提高颗粒的质量占比会同时减小扰动波振幅和波速；而空间稳定性分析表明颗粒的存在会减弱所有频率下扰动波的振幅。本节着重讨论了周向模态下含固体颗粒圆柱射流的稳定性，并且分析了各个物理因素对射流稳定性的影响规律。

1. 数学模型和理论推导

固体颗粒的体积占比(颗粒体积/总体积)比较低，因此本节忽略颗粒在射流中的相速；考虑颗粒的直径为 1～100μm，远小于射流的直径；颗粒和射流的密度比相对较大，且根据颗粒雷诺数判断，该流动属于斯托克斯流，因此需要考虑线性的黏性力，据此，得到以下的控制方程：

$$\frac{\partial \boldsymbol{u}}{\partial t}+\boldsymbol{u}\cdot\nabla\boldsymbol{u}=-\frac{1}{\rho_{\mathrm{f}}}\nabla p+\frac{\mu}{\rho_{\mathrm{f}}}\cdot\nabla^2\boldsymbol{u}-\frac{3\pi\mu Nd}{\rho_{\mathrm{f}}}(\boldsymbol{u}-\boldsymbol{v}) \tag{8-58}$$

$$\nabla\cdot\boldsymbol{u}=0 \tag{8-59}$$

$$\frac{\partial \boldsymbol{v}}{\partial t}+\boldsymbol{v}\cdot\nabla\boldsymbol{v}=\frac{18\mu}{\rho_{\mathrm{p}}d^{2}}(\boldsymbol{u}-\boldsymbol{v}) \tag{8-60}$$

$$\frac{\partial \alpha}{\partial t}+\nabla\cdot(\alpha\boldsymbol{v})=0 \tag{8-61}$$

其中，$\boldsymbol{u}=(u_r,u_h,u_z)$是射流速度；$\boldsymbol{v}=(v_r,v_h,v_z)$是颗粒速度；$\rho_{\mathrm{f}}$是射流密度；$\rho_{\mathrm{p}}$是颗粒密度；颗粒对射流的冲量作用项为$3\pi\mu Nd(\boldsymbol{u}-\boldsymbol{v})$，其中$N$是颗粒数密度，$d$是颗粒直径，$\mu$是流体动力黏度系数。固体颗粒当地体积分数$\alpha$与颗粒数密度$N$的关系为$\alpha=N\pi d^3/6$。

上述控制方程可以利用以下三个参数进行无量纲处理：射流中心线处速度U_0，射流半径r_0和平均颗粒体积分数α_0。线性稳定性分析是通过将变量分解为平均量加扰动量实现的，即

$$\boldsymbol{u}=\boldsymbol{U}+\boldsymbol{u}',\quad \boldsymbol{v}=\boldsymbol{V}+\boldsymbol{v}',\quad p=P+p',\quad \alpha=A+\alpha' \tag{8-62}$$

对足够微小的颗粒而言，其沉积的速度与射流的特征速度相比很小，故可以忽略不计；由于惯性力比黏性力小，可认为颗粒沿着流线移动。在射流中，喷射速度可以视为沿轴向流动，因此$\boldsymbol{U}=\boldsymbol{V}=(0,0,U)$。对式(8-58)到式(8-61)进行无量纲化和线性化处理，可以得到

$$\frac{\partial \boldsymbol{u}'}{\partial t}+(\boldsymbol{u}'\cdot\nabla)\boldsymbol{U}+(\boldsymbol{U}\cdot\nabla)\boldsymbol{u}'=-\nabla p'+\frac{1}{Re_{\mathrm{j}}}\cdot\nabla^2\boldsymbol{u}'-\frac{Z}{St}(\boldsymbol{u}'-\boldsymbol{v}') \tag{8-63}$$

$$\nabla\cdot\boldsymbol{u}'=0 \tag{8-64}$$

$$\frac{\partial \boldsymbol{v}'}{\partial t}+(\boldsymbol{v}\cdot\nabla)\boldsymbol{U}+(\boldsymbol{U}\cdot\nabla)\boldsymbol{v}=\frac{1}{St}(\boldsymbol{u}'-\boldsymbol{v}') \tag{8-65}$$

$$\frac{\partial \alpha'}{\partial t}+\nabla\cdot(\boldsymbol{v}'+\alpha'\boldsymbol{U})=0 \tag{8-66}$$

其中，射流雷诺数Re_{j}定义为r_0U_0/ν，ν是流体运动黏度系数；Z是颗粒质量百分比($Z=\alpha_0\rho_{\mathrm{p}}/\rho_{\mathrm{f}}$)；颗粒斯托克斯数$St$是颗粒响应时间($\tau_{\mathrm{p}}=\rho_{\mathrm{p}}d^2/(18\nu\rho_{\mathrm{f}})$)和气流特征时间($\tau_{\mathrm{f}}=r_0/U_0$)之比。

这些扰动量的正则模形式可以表示为

$$\begin{aligned}\frac{u_r'}{\mathrm{i}u_r(r)}=\frac{u_\theta'}{\mathrm{i}u_\theta(r)}=\frac{u_z'}{\mathrm{i}u_z(r)}=\frac{v_r'}{\mathrm{i}v_r(r)}\\=\frac{v_\theta'}{\mathrm{i}v_\theta(r)}=\frac{v_z'}{\mathrm{i}v_z(r)}=\frac{p'}{p(r)}=\exp\left[\mathrm{i}n\theta+\mathrm{i}\beta(x-ct)\right]\end{aligned} \tag{8-67}$$

其中，$u(r)$、$v(r)$和$p(r)$是对应扰动量的振幅；n是扰动量的周向模态；β是

扰动量的轴向波数；c 是复波速。

本节研究中将考虑含固体颗粒射流的时间不稳定性，因此，β 为实数，c 一般为复数，表示为 $c=c_{\mathrm{r}}+\mathrm{i}c_{\mathrm{i}}$，其中 c_{r} 为波速，c_{i} 为扰动波放大因子，将正则模形式(8-67)代入控制方程式(8-63)～式(8-66)中，可以得到

$$\begin{aligned}&\beta^3(U-c)u_\theta+\frac{n}{r}\beta(U-c)\left(D_*u_r+\frac{n}{r}u_\theta\right)-\frac{n}{r}\beta u_r DU\\&=\mathrm{i}\frac{Z}{St}\left[\frac{n}{r}D_*u_r+\left(\beta^2+\frac{n^2}{r^2}\right)u_\theta-\beta^2v_\theta+\frac{n}{r}\beta v_z\right]\\&\quad-\frac{\mathrm{i}}{Re_{\mathrm{j}}}\left[\beta^2\left(DD_*-\beta^2-\frac{n^2}{r^2}\right)u_\theta-\frac{2n}{r^2}\beta^2u_r\right]\\&\quad+\frac{n}{r}\left(D_*D-\beta^2-\frac{n^2}{r^2}\right)\left(D_*u_r+\frac{n}{r}u_\theta\right)\end{aligned}\tag{8-68}$$

$$\begin{aligned}&\beta D\left[(U-c)\left(D_*u_r+\frac{n}{r}u_\theta\right)\right]-\beta D(u_rDU)-\beta^3(U-c)u_r\\&=\mathrm{i}\frac{Z}{St}\left[\left(DD_*-\beta^2\right)u_r+D\left(\frac{n}{r}u_\theta\right)+\beta^2v_r+\beta Dv_z\right]\\&\quad-\frac{\mathrm{i}}{Re_{\mathrm{j}}}\left(\begin{aligned}&D\left(D_*D-\beta^2-\frac{n^2}{r^2}\right)\left(D_*u_r+\frac{n}{r}u_\theta\right)-\\&\left(D_*D-\beta^2-\frac{n^2}{r^2}\right)\beta^2u_r+\frac{2n}{r^2}\beta^2u_\theta\end{aligned}\right)\end{aligned}\tag{8-69}$$

$$\begin{cases}\mathrm{i}\beta(U-c)v_r=\dfrac{1}{St}(u_r-v_r)\\ \mathrm{i}\beta(U-c)v_\theta=\dfrac{1}{St}(u_\theta-v_\theta)\\ \mathrm{i}\beta(U-c)v_z+\mathrm{i}v_rDU=\dfrac{1}{St}(u_z-v_z)\\ \mathrm{i}\beta(U-c)\alpha+\left(D_*v_r+\dfrac{n}{r}v_\theta+\beta v_z\right)=0\end{cases}\tag{8-70}$$

其中，微分算子 D 和 D_* 的定义为

$$D(\ )=\frac{\mathrm{d}}{\mathrm{d}r}(\ ),\quad D_*(\ )=\frac{\mathrm{d}}{\mathrm{d}r}(\ )+\frac{1}{r}(\ )\tag{8-71}$$

针对不同的周向模式设定不同的边界条件，本节研究中所用的边界条件为

$$\begin{cases} n=0 \\ u_r(0)=u_\theta(0)=Du_z(0)=Dp(0)=0 \\ u_r(\infty)=u_\theta(\infty)=Du_z(\infty)=Dp(\infty)=0 \\ n=1 \\ u_r(0)=u_\theta(0)=Du_z(0)=p(0)=0 \\ u_r(\infty)=u_\theta(\infty)=Du_z(\infty)=Dp(\infty)=0 \end{cases} \tag{8-72}$$

为了更符合实际，进一步考虑射流的速度型，事实上，该研究已经很成熟，具体形式为

$$U=\frac{1}{2}\left\{1-\tanh\left[\frac{B}{4}\left(r-\frac{1}{r}\right)\right]\right\} \tag{8-73}$$

其中，B 是射流参数，定义为 $B=R_{\mathrm{s}}/\theta$，R_{s} 是射流剪切层厚度的一半，θ 是射流剪切层的动量边界厚度，定义为 $\theta=\int_0^\infty\left(\frac{u-u_\infty}{u_{\mathrm{j}}-u_\infty}\right)\left(1-\frac{u-u_\infty}{u_{\mathrm{j}}-u_\infty}\right)\mathrm{d}r$，其中 u_{j} 是射流核心速度，u_∞ 是外场流速。B 可以用来表征不同轴向位置的射流速度剖面，B 值越小，轴向距离越长，不同 B 值时射流速度剖面如图 8-12 所示。

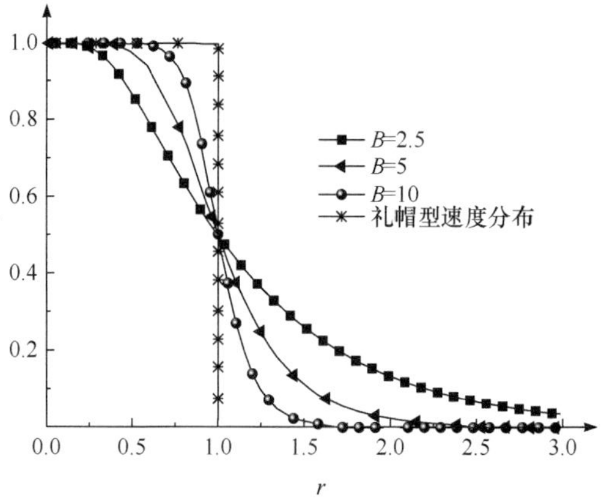

图 8-12　射流速度随参数 B 的变化规律

尽管射流的外边界在无穷远处($r=\infty$)，本节理论计算中需要在一个范围内讨论，这个有限域的范围用 $\mathscr{R}$ 表示，在 $\mathscr{R}$ 取值为 2～10 时，扰动波放大因子随波数的变化规律如图 8-13 所示，表明 $\mathscr{R}$ 取 6 时射流波的放大情况与 $\mathscr{R}$ 取 10 时具有几乎相同的变化趋势，同时也可以得出结论，$\mathscr{R}=6$ 作为轴对称射流的外边界已经足够远了。因此，在本研究中将外部边界定义为 $\mathscr{R}=6$。

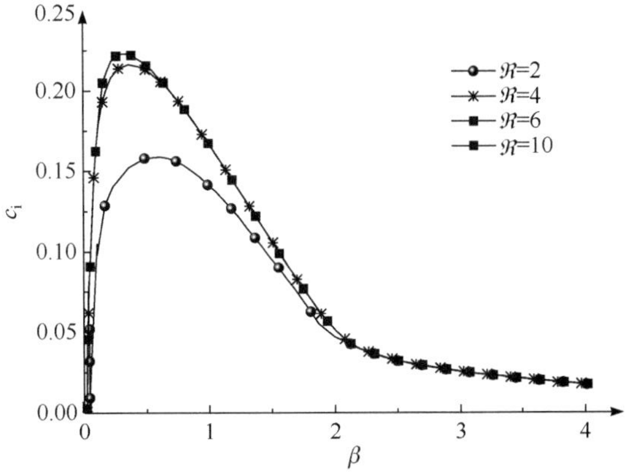

图 8-13　扰动波放大因子随波数的变化规律

2. 结果与讨论

首先讨论射流速度型参数 B 对不稳定性的影响。在 B 和周向模态 n 变化的情况下，扰动波放大因子 c_i 随波数 β 的变化如图 8-14 所示，可以轻易地看出，对于 $n=0$ 和 $n=1$ 的模态，B 值越大，射流越不稳定。这是因为 B 值越大，射流从中心到半径边缘处的速度梯度越大，在射流内部就会产生更大的剪切应力，导致射流更不稳定。

从图 8-14 可以看出，非轴对称周向扰动 $(n=1)$ 比轴对称方位角的扰动 $(n=0)$ 更不稳定，这在 Morris(1976)考虑速度型的圆柱射流稳定性也有所体现。随着波数的增加，扰动波放大因子呈现先增加后减小的规律，因此存在一个最大值(如 $\beta=0.7$，$B=5$ 时，对应的 c_i 值约为 0.12)，此时含颗粒射流最不稳定。总而言之，扰动波放大因子随着射流速度型参数 B 的增加而增加，这对于 $n=1$ 和 $n=0$ 两种

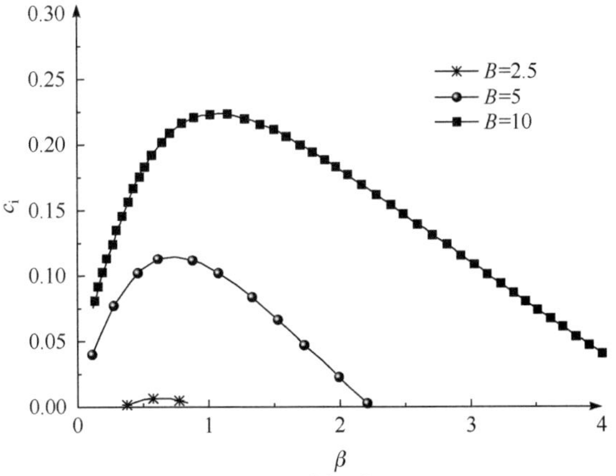

(a) n=0

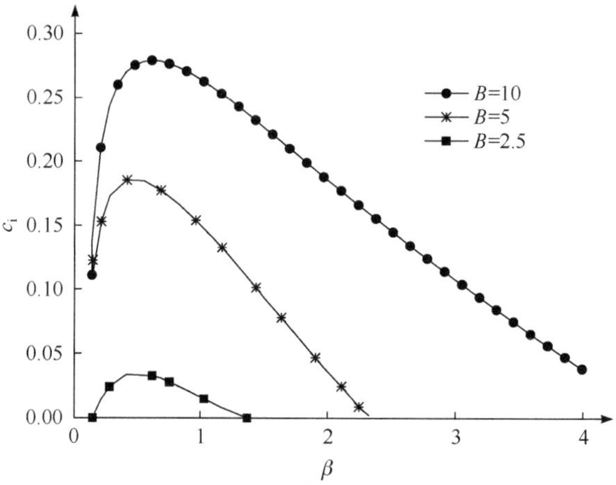

(b) n=1

图 8-14　扰动波放大因子随波数的变化规律 ($Re_j = 1000, Z = 0.001, St = 1$)

模态都是成立的，但是，相同工况下，非轴对称模式占据主导地位，扰动波放大因子要高于轴对称模态。图 8-15 展示了不同周向模态下扰动波放大因子和波速随着 B 的变化规律，其中 $Re_j = 1000, Z = 0.01, St = 1, \beta = 1$ 。波速随着波数增加而减小，然后对于两种模态具有不同的稳定趋势，而扰动波放大因子随着波数增大一直增大。

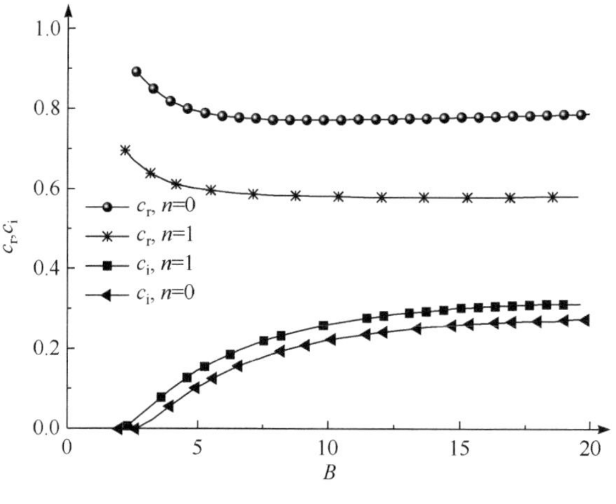

图 8-15　不同周向模态下波速和扰动波放大因子随 B 的变化规律

接着，考虑颗粒质量百分比对射流稳定的作用规律，颗粒质量百分比对扰动波放大因子的影响规律如图 8-16 所示。可以发现，对 $n = 0$ 和 $n = 1$ 两种不同的破碎模态，颗粒质量百分比越大，射流将变得更加稳定，这说明颗粒的存在抑制了射流的失稳过程，间接说明含固体颗粒的射流相较于单相射流更加稳定。另外，由图 8-16(c)可见，在不同的破碎模态下，颗粒质量百分比对扰动波放大因子影响

有所不同。具体而言，当颗粒质量百分比相对较小时，非轴对称模态占优；而当

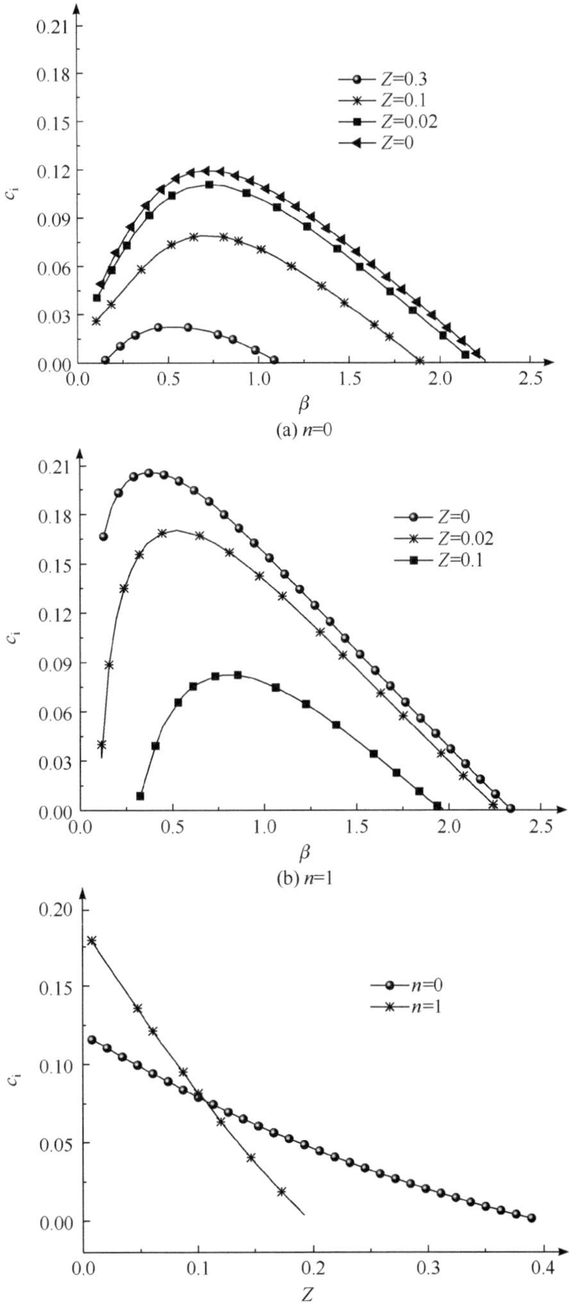

(a) n=0

(b) n=1

(c) β=0.7

图 8-16　颗粒质量百分比对扰动波放大因子的影响规律(Re_j=1000，St=1，B=5)

颗粒质量百分比相对较大时，轴对称模态占优。总体而言，扰动波放大因子都是随着颗粒质量百分比的增加而减小的，但是两种模态的减小速度有所差异。

射流在不同雷诺数 Re_{j} 的条件下，不同黏度下斯托克斯数 St 对射流稳定性的影响规律如图 8-17 所示。当 $Re_{\mathrm{j}}=2000$ 和 $Re_{\mathrm{j}}=5000$，St 从 0.01 增加到 100 时，对应的扰动波放大因子会先减小后增大，中间会出现一个平台段，在这个阶段，扰动波放大因子几乎不会随着 St 发生变化。

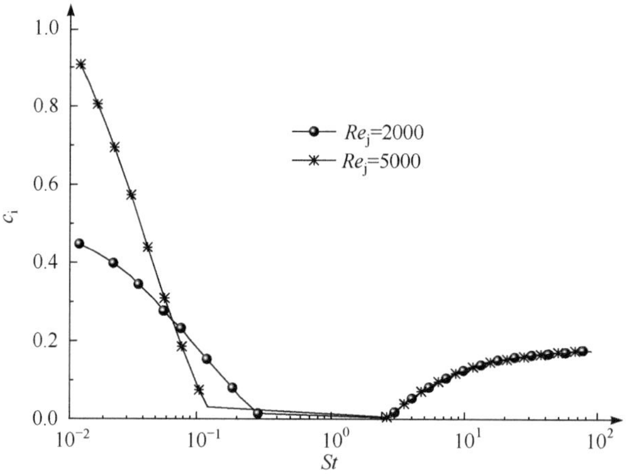

图 8-17　不同黏度下 St 对射流稳定性的影响规律(B=5，n=1，Z=0.5，β=0.8)

不同颗粒质量百分比下 St 对射流稳定性的影响规律如图 8-18 所示。对于所研究的 Z，随着 St 从 0.01 增大到 100，扰动波放大因子先减小后增大。对于不同的 Z，对应的最小扰动波放大因子的 δ_i 不同。当 $Z=0.5$ 时，对应的最小扰动波放大因子的 St 约为 1；而当 $Z=0.1$ 时，对应的最小扰动波放大因子的 St 约为 0.1。

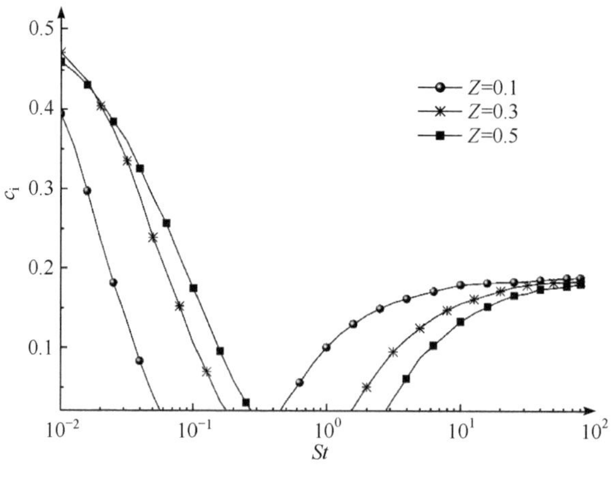

图 8-18　不同颗粒质量百分比下 St 对射流稳定性的影响规律(Re_{j}=5000，B=5，n=1，β=0.8)

参考文献

Armstrong R C, Brown R A. 2003. Linear stability analysis of flow of an Oldroyd-B fluid through a linear array of cylinders[J]. Journal of Non-Newtonian Fluid Mechanics, 109(1): 13-20.

Chan T L, Zhou K, Lin J Z, et al. 2005. Large eddy simulation of fluid flow and gas-to-nanoparticle conversion and distribution of a moving vehicle in urban road microenvironments [C]. The Second International Conference for Mesoscopic Methods in Engineering and Science, Hong Kong.

Chen S K, Lefebvre A H, Rollbuhler J R. 1993. Influence of ambient air pressure on effervescent atomization[J]. Journal of Propulsion and Power, 9(1):10-15.

Kieffer S W. 1977. Sound speed in liquid-gas mixtures: Water-air and water-steam[J]. Journal of Geophysical Research, 82(20): 2895-2904.

Konstantinov D. 2012. Parametric study of the influence of operating conditions, atomiser geometry and fluid viscosity on effervescent atomization [D]. Cardiff: Cardiff University.

Lefebvre A H, Wang X F, Martin C A. 1988. Spray characteristics of aerated-liquid pressure atomizers [J]. Journal of Propulsion and Power, 4(4): 293-298.

Lin S P. 2003. Breakup of Liquid Sheets and Jets[M]. Cambridge: Cambridge University Press.

Morris P J. 1976. The spatial viscous instability of axisymmetric jets [J]. Journal of Fluid Mechanics, 77(3): 511-529.

Parthasarathy R N. 1995. Stability of particle-laden round jets to small disturbances [J]. Journal of Manufacturing Science and Engineering, 228: 427-434.

Qian L, Lin J, Xiong H. 2010. A fitting formula for predicting droplet mean diameter for various liquid in effervescent atomization spray[J]. Journal of Thermal Spray Technology, 19(3): 586-601.

Sureshkumar R. 2001. Local stability characteristics of viscoelastic periodic channel flow[J]. Journal of Non-Newtonian Fluid Mechanics, 97(2-3): 125-130.

Sykes D, Lyell M J. 1994. The effect of particle loading on the spatial stability of a circular jet [J]. Physics of Fluids, 6(5): 1937-1939.

Timmermans M E, Lister J R. 2002. The effect of surfactant on the stability of a liquid thread [J]. Journal of Fluid Mechanics, 459: 289-306.

Whitlow J D, Lefebvre A H, Rollbuhler R J. 1993. Experimental studies on effervescent atomizers with wide spray angles[C]. Fuels and Combustion Technology for Advanced Aircraft Engines.

Yang Y Q, Chung J N, Troutt T R, et al. 1990. The influence of particles on the spatial stability of two-phase mixing layers [J]. Physics of Fluids, 2(10): 1839-1845.

附录　流动稳定性分析通用程序

在流体力学中的流动稳定性领域，进行线性稳定性分析的时候一般采用两种求解方法：一种是解析法，另一种是数值方法。在数值方法中，最常用的是谱方法，因为它精度高，又能求出所有的特征值(即同时求出所有不稳定模式)。一般来说，如果所研究问题的基本流的物理量(如速度、温度等)是均一的，那么就有可能求出解析解，因为这种情况下进行正则模假设后得到的常微分方程组是常系数的(如果物理模型比较复杂，解析解的表达式过于复杂，也会选用谱方法求解)。反之，如果所研究问题的基本流的物理量不是均一的，那么进行正则模假设后得到的常微分方程组是变系数的，只能用谱方法求解。

但是用谱方法求解线性稳定性方程存在一个问题，那就是每求解一个新的问题都需要重新构造系数矩阵，编程不方便。对于复合平面射流稳定性问题，物理模型中包含了四个流体区域和三个界面，构造系数矩阵的时候需要同时考虑每个流体区域的控制方程和每个界面的边界条件，实现起来尤其不方便，因此本附录提供了一个通用的 MATLAB 线性稳定性分析程序。

附录 A　流动线性稳定性分析的案例

直接描述程序所用的数学模型显得过于抽象，因此下面借用两个具体例子来引出程序所用的数学模型。

A.1　Rayleigh-Taylor 不稳定

以流动稳定性领域著名的二维 Rayleigh-Taylor 不稳定为例，Rayleigh-Taylor 不稳定的物理模型如图 A-1 所示，假定流体 1、流体 2 都是无黏不可压缩流体，未受扰动时流体 1、流体 2 都是静止的，界面位于 $y=0$。重力加速度的大小为 g，方向向下；界面张力系数为 σ。

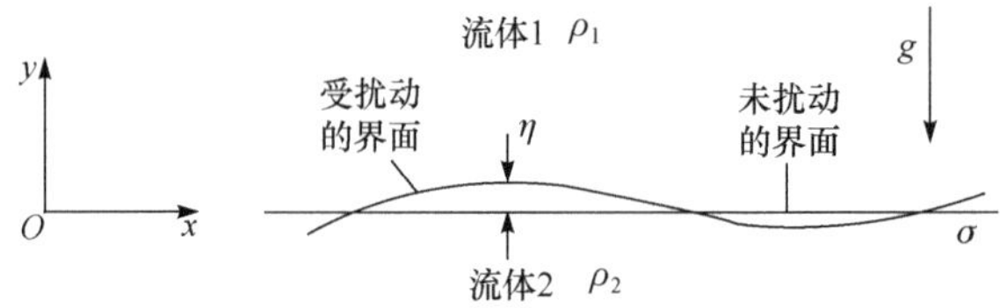

图 A-1　Rayleigh-Taylor 不稳定的物理模型

根据开尔文定理，由于上、下流体都是无黏且初始无旋的，而且也满足质量力有势及正压的条件，它们在后续运动中也是无旋的。因此，上、下流体中的扰动速度场(由于未受扰动的时候流体静止，所以扰动速度场就是速度场)可以用扰动势函数ϕ_1和ϕ_2来表示。界面扰动位移用η来表示。在流动失稳的初始阶段，由于扰动幅度很小，从而可以在扰动量所满足的方程中忽略扰动量的二次项及高次项，从而把方程变成线性的，这就是线性稳定性分析的思想，所用的线性化控制方程和边界条件如下。

线性化控制方程为

$$\frac{\partial^2\phi_1}{\partial x^2}+\frac{\partial^2\phi_1}{\partial y^2}=0,\quad y>0 \tag{A-1}$$

$$\frac{\partial^2\phi_2}{\partial x^2}+\frac{\partial^2\phi_2}{\partial y^2}=0,\quad y<0 \tag{A-2}$$

运动边界条件为

$$\frac{\partial\phi_1}{\partial y}=\frac{\partial\phi_2}{\partial y}=\frac{\partial\eta}{\partial t},\quad y=0 \tag{A-3}$$

动力边界条件为

$$\rho_1\left(\frac{\partial\phi_1}{\partial t}+g\eta\right)=\rho_2\left(\frac{\partial\phi_2}{\partial t}+g\eta\right)-\sigma\frac{\partial^2\eta}{\partial x^2},\quad y=0 \tag{A-4}$$

此外还有无穷远处扰动衰减为零的条件，即$y\to+\infty$和$y\to-\infty$时ϕ_1和ϕ_2分别衰减到零。

线性稳定性分析，就是要研究微弱扰动在线性化控制方程支配下的演变，扰动幅度随时间的推移是逐渐放大还是逐渐减小，扰动放大或减小的速率等。一般来说，实际的微弱扰动(如由环境噪声导致的微弱扰动)都是宽频的，即其中包含了各种不同波长的分量。由于线性化的控制方程是满足叠加原理的，即两个微弱扰动共同作用的效果等于两个扰动分别作用的效果之和，可以对实际的微弱扰动进行傅里叶分解，把它分解为若干个单一波长扰动的和。这样，只需分析单一波长的微弱扰动的演化。基于这个思路，假设扰动具有如下正则模的形式：

$$(\eta,\phi_1,\phi_2)=\left(\hat{\eta},\hat{\phi}_1(y),\hat{\phi}_2(y)\right)\exp(\mathrm{i}kx-\mathrm{i}\omega t)+\mathrm{c.c.} \tag{A-5}$$

其中，$\hat{\phi}_1(y)$和$\hat{\phi}_2(y)$是复扰动势函数，同时包含了幅度和相位的信息；$\hat{\eta}$是复扰动位移，同时包含了幅度和相位的信息；k是x方向的波数；ω是频率，对于时间模式来说，k 是实数，代表空间上的振荡，ω 是复数 $\omega = \omega_{\mathrm{r}} + \mathrm{i}\omega_{\mathrm{i}}$，$\omega_{\mathrm{r}}$ 代表时间上的振荡，ω_{i} 代表时间上的增长率；c.c. 代表复共轭，因为实际的扰动量是实数，所以这里加上复共轭，使算出的扰动量就具有实际意义。

将正则模式(A-5)代入线性化控制方程和边界条件式(A-1)～式(A-4)，可以得到

$$-k^2\hat{\phi}_1 + \frac{\mathrm{d}^2\hat{\phi}_1}{\mathrm{d}y^2} = 0, \quad y > 0 \tag{A-6}$$

$$-k^2\hat{\phi}_2 + \frac{\mathrm{d}^2\hat{\phi}_2}{\mathrm{d}y^2} = 0, \quad y < 0 \tag{A-7}$$

$$\frac{\mathrm{d}\hat{\phi}_1}{\mathrm{d}y} = \frac{\mathrm{d}\hat{\phi}_2}{\mathrm{d}y} = -\mathrm{i}\omega\hat{\eta}, \quad y = 0 \tag{A-8}$$

$$\rho_1\left(-\mathrm{i}\omega\hat{\phi}_1 + g\hat{\eta}\right) = \rho_2\left(-\mathrm{i}\omega\hat{\phi}_2 + g\hat{\eta}\right) + \sigma k^2\hat{\eta}, \quad y = 0 \tag{A-9}$$

可以看出，通过正则模形式，把偏微分方程组式(A-1)～式(A-4)转化为了常微分方程式(A-6)～式(A-9)。可以看出这是一个特征值问题，对于时间模式来说，其特征值就是 ω，剩下的工作就是在已知波数 k 的条件下求出相应的特征值 ω(对于空间模式，则是已知 ω 求特征值 k)。应当指出，Rayleigh-Taylor 不稳定这个简单问题是可以求出解析解的，即可以得到描述 ω 和 k 之间关系的解析表达式，但仍然以这个经典的例子来引出稳定性分析通用程序。

A.2　平面泊肃叶流的稳定性

平面泊肃叶流的稳定性也是流动稳定性的经典问题。1971 年，Orszag 等首先使用谱方法求解流动稳定性问题的线性解答时，所使用的例子就是平面泊肃叶流的稳定性。平面泊肃叶流的物理模型如图 A-2 所示，未扰动的流动是牛顿流体在两平行平板之间的层流流动，基本流的速度分布 $U(y)$ 为抛物线函数。x 方向的总速度为基本流速度与扰动量之和 $U+u$，y 方向的速度只有扰动量 v。

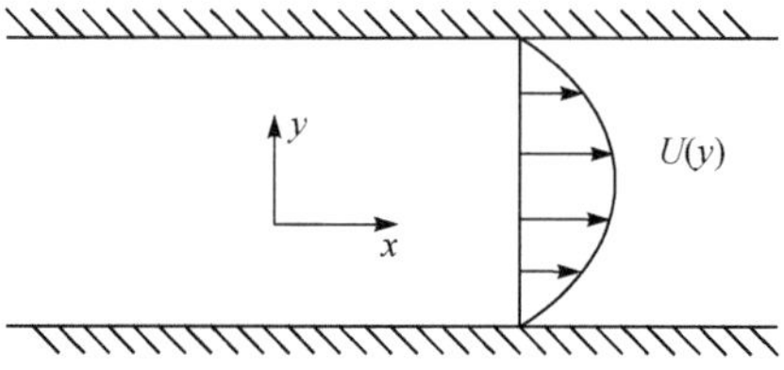

图 A-2　平面泊肃叶流的物理模型

对于平面泊肃叶流，线性化的控制方程为

$$\frac{\partial u}{\partial t}+U\frac{\partial u}{\partial x}+v\frac{\mathrm{d}U}{\mathrm{d}y}=-\frac{\partial p}{\partial x}+\frac{1}{Re}\left(\frac{\partial^2 u}{\partial x^2}+\frac{\partial^2 u}{\partial y^2}\right),\quad -1<y<1 \tag{A-10}$$

$$\frac{\partial v}{\partial t}+U\frac{\partial v}{\partial x}=-\frac{\partial p}{\partial y}+\frac{1}{Re}\left(\frac{\partial^2 v}{\partial x^2}+\frac{\partial^2 v}{\partial y^2}\right),\quad -1<y<1 \tag{A-11}$$

$$\frac{\partial u}{\partial x}+\frac{\partial v}{\partial y}=0,\quad -1<y<1 \tag{A-12}$$

边界条件为

$$u=v=0,\quad y=\pm 1 \tag{A-13}$$

其中，u是水平方向扰动速度；v是竖直方向扰动速度；p是扰动压力；Re是基本流的流动雷诺数。

同样，可以假设扰动具有如下正则模形式：

$$(u,v,p)=\left(\hat{u}(y),\hat{v}(y),\hat{p}(y)\right)\exp(\mathrm{i}kx-\mathrm{i}\omega t)+\mathrm{c.c.} \tag{A-14}$$

其中，k为x方向的波数；ω为频率。

将正则模式(A-14)代入线性化的控制方程和边界条件式(A-10)～式(A-13)，得到的常微分方程组的特征值问题为

$$-\mathrm{i}\omega\hat{u}+\mathrm{i}kU\hat{u}+\hat{v}\frac{\mathrm{d}U}{\mathrm{d}y}=-\mathrm{i}k\hat{p}+\frac{1}{Re}\left(-k^2\hat{u}+\frac{\mathrm{d}^2\hat{u}}{\mathrm{d}y^2}\right),\quad -1<y<1 \tag{A-15}$$

$$-\mathrm{i}\omega\hat{v}+\mathrm{i}kU\hat{v}=-\frac{\mathrm{d}\hat{p}}{\mathrm{d}y}+\frac{1}{Re}\left(-k^2\hat{v}+\frac{\mathrm{d}^2\hat{v}}{\mathrm{d}y^2}\right),\quad -1<y<1 \tag{A-16}$$

$$\mathrm{i}k\hat{u}+\frac{\mathrm{d}\hat{v}}{\mathrm{d}y}=0,\quad -1<y<1 \tag{A-17}$$

$$\hat{u}=\hat{v}=0,\quad y=\pm 1 \tag{A-18}$$

对于时间模式来说，其特征值就是ω。

A.3　通用数学模型

根据 A.1 节和 A.2 节例子及其他的流动稳定性问题，可以将流动稳定性问题的线性分析归结为下述通用数学模型，并将其分为五步。

第一步，设有若干的流体区域$R_1,R_2,\cdots,R_n$。其中，n是区域数量，每个流体区域都在竖直方向的坐标y占据一定的范围。例如 Rayleigh-Taylor 不稳定研究的

两个区域($n=2$)，第一个区域 R_1 占据了 $0<y<+\infty$ ，第二个区域 R_2 占据了 $-\infty<y<0$ 。

第二步，在每个区域有若干个描述流动的变量(均为扰动量，不包含稳态值)，即区域 R_1 中有 $f_{11}, f_{12}, f_{13}, \cdots$；区域 R_2 中有 $f_{21}, f_{22}, f_{23}, \cdots$；……

在 A.1 节的例子中，由于使用了势函数来描述，每个流体区域只有一个变量(第一个区域 R_1 中的变量是 $f_{11}=\phi_1$，第二个区域 R_2 中的变量是 $f_{21}=\phi_2$)；如果考虑流体的黏性，则必须采用原始变量(压力、速度)描述，那样的话每个流体区域就会有多个变量。此外，如果考虑能量方程，还要额外增加温度作为变量。

第三步，由于线性稳定性分析所涉及的方程都是线性的，各流体区域的控制方程都是这些变量的线性方程，每一个方程都可以写成这样的通用形式，即

$$\begin{aligned}&\left(a_{i1}f_{i1}+a_{i1t}\frac{\partial f_{i1}}{\partial t}+a_{i1x}\frac{\partial f_{i1}}{\partial x}+a_{i1y}\frac{\partial f_{i1}}{\partial y}+a_{i1xx}\frac{\partial^2 f_{i1}}{\partial x^2}+a_{i1yy}\frac{\partial^2 f_{i1}}{\partial y^2}\right)\\&+\left(a_{i2}f_{i2}+a_{i2t}\frac{\partial f_{i2}}{\partial t}+a_{i2x}\frac{\partial f_{i2}}{\partial x}+a_{i2y}\frac{\partial f_{i2}}{\partial y}+a_{i2xx}\frac{\partial^2 f_{i2}}{\partial x^2}+a_{i2yy}\frac{\partial^2 f_{i2}}{\partial y^2}\right)\\&+\ \cdots\\&+\left(a_{im}f_{im}+a_{imt}\frac{\partial f_{im}}{\partial t}+a_{imx}\frac{\partial f_{im}}{\partial x}+a_{imy}\frac{\partial f_{im}}{\partial y}+a_{imxx}\frac{\partial^2 f_{im}}{\partial x^2}+a_{imyy}\frac{\partial^2 f_{im}}{\partial y^2}\right)=0\end{aligned}\tag{A-19}$$

其中，i 是流体区域号；m 是该流体区域中的变量数量；$a_{i1}, a_{i1t}, a_{i1x}, \cdots$ 是系数，这些系数可以是常数，也可以是随着 y 的变化而变化的函数(如果基本流的物理量不是均一的，那么就会出现随着 y 的变化而变化的系数)。

例如，对于 A.1 节的问题 R_1 区域的控制方程式(A-1)，如果用通用方程式(A-19)来描述，其实就是系数 $a_{11xx}=1$ 和 $a_{11yy}=1$，而其他系数都等于零。

为了保证用谱方法离散之后未知数的数量和方程的数量一致，每个流体区域内的方程数量和变量数量应当是一样的。例如，对于 A.1 节的问题，每个流体区域都有一个变量，所以每个流体区域有一个方程，即区域 R_1 有方程式(A-1)，区域 R_2 有方程式(A-2)。

第四步，上面提到这些变量 $f_{i1}, f_{i2}, f_{i3}, \cdots$ 都是 x、y 和 t 的函数。此外相邻两个区域的界面上还有可能存在一些额外的扰动变量 $s_1, s_2, \cdots, s_l$，这些变量只是 x 和 t 的函数。其中，l 是这类变量的数量。例如，对于 A.1 节的问题，界面位移就是这样的一个变量，即 $s_1=\eta$ 。

第五步，界面处的边界条件可以写成这样的通用形式，即

$$
\begin{aligned}
&\left(b_1 s_1+b_2 s_2+\cdots+b_l s_l\right)\\
&+\left(b_{1t}\frac{\partial s_1}{\partial t}+b_{2t}\frac{\partial s_2}{\partial t}+\cdots+b_{lt}\frac{\partial s_l}{\partial t}\right)\\
&+\left(b_{1x}\frac{\partial s_1}{\partial x}+b_{2x}\frac{\partial s_2}{\partial x}+\cdots+b_{lx}\frac{\partial s_l}{\partial x}\right)\\
&+\left(b_{1xx}\frac{\partial^2 s_1}{\partial x^2}+b_{2xx}\frac{\partial^2 s_2}{\partial x^2}+\cdots+b_{lxx}\frac{\partial^2 s_l}{\partial x^2}\right)\\
&+\left(c_{i1}f_{i1}+c_{i1t}\frac{\partial f_{i1}}{\partial t}+c_{i1x}\frac{\partial f_{i1}}{\partial x}+c_{i1y}\frac{\partial f_{i1}}{\partial y}+c_{i1xx}\frac{\partial^2 f_{i1}}{\partial x^2}+c_{i1yy}\frac{\partial^2 f_{i1}}{\partial y^2}\right)\\
&+\left(c_{i2}f_{i2}+c_{i2t}\frac{\partial f_{i2}}{\partial t}+c_{i2x}\frac{\partial f_{i2}}{\partial x}+c_{i2y}\frac{\partial f_{i2}}{\partial y}+c_{i2xx}\frac{\partial^2 f_{i2}}{\partial x^2}+c_{i2yy}\frac{\partial^2 f_{i2}}{\partial y^2}\right)\\
&+\ \cdots\\
&+\left(c_{im}f_{im}+c_{imt}\frac{\partial f_{im}}{\partial t}+c_{imx}\frac{\partial f_{im}}{\partial x}+c_{imy}\frac{\partial f_{im}}{\partial y}+c_{imxx}\frac{\partial^2 f_{im}}{\partial x^2}+c_{imyy}\frac{\partial^2 f_{im}}{\partial y^2}\right)\\
&+\left(c_{j1}f_{j1}+c_{j1t}\frac{\partial f_{j1}}{\partial t}+c_{j1x}\frac{\partial f_{j1}}{\partial x}+c_{j1y}\frac{\partial f_{j1}}{\partial y}+c_{j1xx}\frac{\partial^2 f_{j1}}{\partial x^2}+c_{j1yy}\frac{\partial^2 f_{j1}}{\partial y^2}\right)\\
&+\left(c_{j2}f_{j2}+c_{j2t}\frac{\partial f_{j2}}{\partial t}+c_{j2x}\frac{\partial f_{j2}}{\partial x}+c_{j2y}\frac{\partial f_{j2}}{\partial y}+c_{j2xx}\frac{\partial^2 f_{j2}}{\partial x^2}+c_{j2yy}\frac{\partial^2 f_{j2}}{\partial y^2}\right)\\
&+\ \cdots\\
&+\left(c_{jq}f_{jq}+c_{jqt}\frac{\partial f_{jq}}{\partial t}+c_{jqx}\frac{\partial f_{jq}}{\partial x}+c_{jqy}\frac{\partial f_{jq}}{\partial y}+c_{jqxx}\frac{\partial^2 f_{jq}}{\partial x^2}+c_{jqyy}\frac{\partial^2 f_{jq}}{\partial y^2}\right)\\
&=0,\quad y=y_i
\end{aligned}
\tag{A-20}
$$

注意这个方程仅在某个界面 $y=y_i$ 处成立，而不像式(A-19)那样在整个流体区域内成立。式中 i 和 j 是界面两侧两个流体区域的序号，因此 $j=i+1$，m 是流体区域 R_i 中的变量数量，q 是流体区域 R_j 中的变量数量。$b_1,c_{i1},d_{j1},\cdots$ 是系数。例如，对于 A.1 节的问题在 $y=0$ 处的边界条件式(A-9)，如果用边界条件的通用方程式(A-20)来描述，其系数为 $b_1=\rho_1 g-\rho_2 g-\sigma k^2$，$c_{11}=-\mathrm{i}\rho_1\omega$，$c_{21}=\mathrm{i}\rho_2\omega$，而边界的位置为 $y=0$。

式(A-19)和式(A-20)就是线性稳定性分析的通用数学模型，其中式(A-19)是控制方程，式(A-20)是边界条件。在傅里叶分解和线性控制方程叠加原理的基础上，可以通过正则模的形式将这些偏微分方程简化为常微分方程。假定扰动量可写成正则模形式，即

$$\left(f_{11}, f_{12}, \cdots\right)=\left(\hat{f}_{11}(y), \hat{f}_{12}(y), \cdots\right) \exp(\mathrm{i}kx-\mathrm{i}\omega t) \tag{A-21}$$

$$\left(s_1, s_2, \cdots\right)=\left(\hat{s}_1, \hat{s}_2, \cdots\right) \exp(\mathrm{i}kx-\mathrm{i}\omega t) \tag{A-22}$$

其中，$\hat{f}_{11}(y), \hat{f}_{12}(y), \cdots$ 和 $\hat{s}_1, \hat{s}_2, \cdots$ 是复扰动量，同时包含了幅度和相位的信息。

将正则模式(A-21)代入式(A-19)中，得

$$\begin{aligned}
& a_{i1}\hat{f}_{i1}-\mathrm{i}\omega a_{i1t}\hat{f}_{i1}+\mathrm{i}ka_{i1x}\hat{f}_{i1}+a_{i1y}\frac{\mathrm{d}\hat{f}_{i1}}{\mathrm{d}y}-k^2a_{i1xx}\hat{f}_{i1}+a_{i1yy}\frac{\mathrm{d}^2\hat{f}_{i1}}{\mathrm{d}y^2} \\
& +a_{i2}\hat{f}_{i2}-\mathrm{i}\omega a_{i2t}\hat{f}_{i2}+\mathrm{i}ka_{i2x}\hat{f}_{i2}+a_{i2y}\frac{\mathrm{d}\hat{f}_{i2}}{\mathrm{d}y}-k^2a_{i2xx}\hat{f}_{i2}+a_{i2yy}\frac{\mathrm{d}^2\hat{f}_{i2}}{\mathrm{d}y^2} \\
& +\cdots \\
& +a_{im}\hat{f}_{im}-\mathrm{i}\omega a_{imt}\hat{f}_{im}+\mathrm{i}ka_{imx}\hat{f}_{im}+a_{imy}\frac{\mathrm{d}\hat{f}_{im}}{\mathrm{d}y}-k^2a_{imxx}\hat{f}_{im}+a_{imyy}\frac{\mathrm{d}^2\hat{f}_{im}}{\mathrm{d}y^2}=0
\end{aligned} \tag{A-23}$$

将正则模式(A-21)和式(A-22)代入式(A-20)中，得

$$\begin{aligned}
& \left(b_1\hat{s}_1+b_2\hat{s}_2+\cdots+b_l\hat{s}_l\right) \\
& +\left(-\mathrm{i}\omega b_{1t}\hat{s}_1-\mathrm{i}\omega b_{2t}\hat{s}_2-\cdots-\mathrm{i}\omega b_{lt}\hat{s}_l\right) \\
& +\left(\mathrm{i}kb_{1x}\hat{s}_1+\mathrm{i}kb_{2x}\hat{s}_2+\cdots+\mathrm{i}kb_{lx}\hat{s}_l\right) \\
& +\left(-k^2b_{1xx}\hat{s}_1-k^2b_{2xx}\hat{s}_2-\cdots-k^2b_{lxx}\hat{s}_l\right) \\
& +\left(c_{i1}\hat{f}_{i1}-\mathrm{i}\omega c_{i1t}\hat{f}_{i1}+\mathrm{i}kc_{i1x}\hat{f}_{i1}+c_{i1y}\frac{\mathrm{d}\hat{f}_{i1}}{\mathrm{d}y}-k^2c_{i1xx}\hat{f}_{i1}+c_{i1yy}\frac{\mathrm{d}^2\hat{f}_{i1}}{\mathrm{d}y^2}\right) \\
& +\left(c_{i2}\hat{f}_{i2}-\mathrm{i}\omega c_{i2t}\hat{f}_{i2}+\mathrm{i}kc_{i2x}\hat{f}_{i2}+c_{i2y}\frac{\mathrm{d}\hat{f}_{i2}}{\mathrm{d}y}-k^2c_{i2xx}\hat{f}_{i2}+c_{i2yy}\frac{\mathrm{d}^2\hat{f}_{i2}}{\mathrm{d}y^2}\right) \\
& +\cdots \\
& +\left(c_{im}\hat{f}_{im}-\mathrm{i}\omega c_{imt}\hat{f}_{im}+\mathrm{i}kc_{imx}\hat{f}_{im}+c_{imy}\frac{\mathrm{d}\hat{f}_{im}}{\mathrm{d}y}-k^2c_{imxx}\hat{f}_{im}+c_{imyy}\frac{\mathrm{d}^2\hat{f}_{im}}{\mathrm{d}y^2}\right) \\
& +\left(c_{j1}\hat{f}_{j1}-\mathrm{i}\omega c_{j1t}\hat{f}_{j1}+\mathrm{i}kc_{j1x}\hat{f}_{j1}+c_{j1y}\frac{\mathrm{d}\hat{f}_{j1}}{\mathrm{d}y}-k^2c_{j1xx}\hat{f}_{j1}+c_{j1yy}\frac{\mathrm{d}^2\hat{f}_{j1}}{\mathrm{d}y^2}\right) \\
& +\left(c_{j2}\hat{f}_{j2}-\mathrm{i}\omega c_{j2t}\hat{f}_{j2}+\mathrm{i}kc_{j2x}\hat{f}_{j2}+c_{j2y}\frac{\mathrm{d}\hat{f}_{j2}}{\mathrm{d}y}-k^2c_{j2xx}\hat{f}_{j2}+c_{j2yy}\frac{\mathrm{d}^2\hat{f}_{j2}}{\mathrm{d}y^2}\right) \\
& +\cdots
\end{aligned}$$

$$+\left(c_{jq}\hat{f}_{jq}-\mathrm{i}\omega c_{jqt}\hat{f}_{jq}+\mathrm{i}kc_{jqx}\hat{f}_{jq}+c_{jqy}\frac{\mathrm{d}\hat{f}_{jq}}{\mathrm{d}y}-k^2c_{jqxx}\hat{f}_{jq}+c_{jqyy}\frac{\mathrm{d}^2\hat{f}_{jq}}{\mathrm{d}y^2}\right)$$

$$=0,\quad y=y_i \tag{A-24}$$

可以看出在式(A-23)和式(A-24)中只含有对 y 的导数，即化为了常微分方程。

附录 B　谱方法的介绍

线性稳定性分析的通用数学模型式(A-23)和式(A-24)是常微分方程组的特征值问题，其中含有很多对 y 的导数，这些导数在实际计算的时候通过数值方法来计算，即对 $R_1,R_2,\cdots,R_n$ 中的每一个区域，都划分出若干的离散点，通过离散点处的函数值来对导函数进行数值逼近。通过离散点处的函数值来逼近导函数的具体方法有很多，如计算流体力学中常用的有限差分法。不过，在流动稳定性领域，一般采取的是精度更高的谱方法。根据谱方法的相应理论分析，谱方法的精度高于任何阶的有限差分法。与有限差分法相比，谱方法的缺点是不能处理复杂的几何形状，但是这并不会对本书的流动稳定性分析产生影响，因为式(A-23)和式(A-24)只是一维微分方程。

谱方法具体的实施方式有几种，包括 Galerkin 谱方法、Tau 谱方法及谱配置法等，这里限于篇幅不再详述。本书采用谱配置法。谱配置法的思想是，在所研究的区域之内按照特定的法则定出若干离散点(即配置点)，然后让某个特定形式的插值函数通过区域内的全部离散点，最后把插值函数的导数作为所研究函数导数的逼近值。由于使用了所研究区域的全部离散点，能获得很高的精度。相比之下，有限差分法只用到相邻的几个离散点，因此精度会低很多。

用谱配置法对式(A-23)和式(A-24)进行离散的步骤主要包括配置点的计算、求导矩阵的计算、广义特征值问题的构造及特征值的求解等步骤。配置点的计算要解决的问题是对 $R_1,R_2,\cdots,R_n$ 中的每一个区域如何划分离散点；求导矩阵计算要解决的问题是如何从离散点处的函数值来逼近导函数的值；广义特征值问题的构造就是把常微分方程组式(A-23)和式(A-24)转化为矩阵的广义特征值问题；特征值的求解就是求解上一步得到的矩阵的广义特征值问题。对于时间模式，特征值是频率 ω，其特征值问题是在已知波数 k 的条件下求出频率 ω；对于空间模式，特征值是波数 k，其特征值问题是在已知频率 ω 的条件下求出波数 k。

B.1　配置点的计算

谱配置法的第一步就是计算配置点，即对 $R_1,R_2,\cdots,R_n$ 中的每一个区域如何划分离散点。根据区域类型的不同，相应地有三种划分离散点的法则。

第一种，对于有限区域 $R_i = \{x \mid a \leqslant x \leqslant b\}$，采用 Gauss-Lobatto 配置点，相应的谱配置法称为 Chebyshev 谱配置法。

第二种，对于半无限区域 $R_i = \{x \mid -\infty < x \leqslant a\}$ 或 $R_i = \{x \mid b \leqslant x < +\infty\}$，采用 Laguerre-Gauss-Radau 配置点，相应的谱配置法称为 Laguerre 谱配置法。

第三种，对于无限区域 $R_i = \{x \mid -\infty < x < +\infty\}$，采用 Hermite-Gauss 配置点，相应的谱配置法称为 Hermite 谱配置法。

下面举一个具体的例子。平面液膜稳定性问题中的区域划分及配置点类型如图 B-1 所示。在 y 方向上可以分成三个区域，上方和下方的气体是半无限区域，可以用 Laguerre 谱配置法，中间的液体是有限区域，可以用 Chebyshev 谱配置法。

配置点的具体计算方法仅以有限区间上的 Gauss-Lobatto 配置点举一个例子，对于区间 $[-1,1]$，若配置点的数量是 $N+1$，则配置点为

$$y_j = \cos\left(\frac{j\pi}{N}\right), \quad j = 0,1,\cdots,N \tag{B-1}$$

如果区间不是 $[-1,1]$，则只需要再把由式(B-1)算出的离散点通过线性映射变换到所用的区间。在具体计算时，可以调用由 Weideman 编写的 MATLAB Differentiation Matrix Suite，它包含了一些 MATLAB 语言编写的子程序，可以从 https://ww2.mathworks.cn/matlabcentral/fileexchange/29-dmsuite 下载。需要说明的是，对于半无限区域和无限区域，显然最外面的配置点不可能到无穷远，而必须在有限位置给出，否则在计算时无穷大参与运算将导致出错。所以，对于半无限区域和无限区域，在实际计算时还应额外给定一个参数，用来表示最外面的配置点与最里面的配置点之间的距离 e。例如，在图 B-1 中标出了下方气体区域的 e 值。

还应指出，每一个区域内的配置点分布都不是均匀的。对于有限区间上的 Chebyshev 谱配置法，可以很容易理解配置点不均匀分布的目的，Chebyshev 谱配置法的插值函数其实就是多项式函数，如果采用均匀分布的配置点，就会产生龙格现象，而 Chebyshev 谱配置法通过在区间端点附近加密配置点的分布有效地抑制了龙格现象。

B.2　求导矩阵的计算

求导矩阵的计算要解决的问题是如何从离散点处的函数值来逼近导函数的值。例如，对于区域 R_1 划分了配置点 $y_0, y_2, \cdots, y_N$，某个复扰动变量 f 在这些离散点上的值为 $f_0, f_1, \cdots, f_N$，则 f 在这些离散点上的导函数的值 $g_0, g_1, \cdots, g_N$ 可以通过求导矩阵算出来，即将函数值向量和导函数值向量之间用一个求导矩阵联系起来为

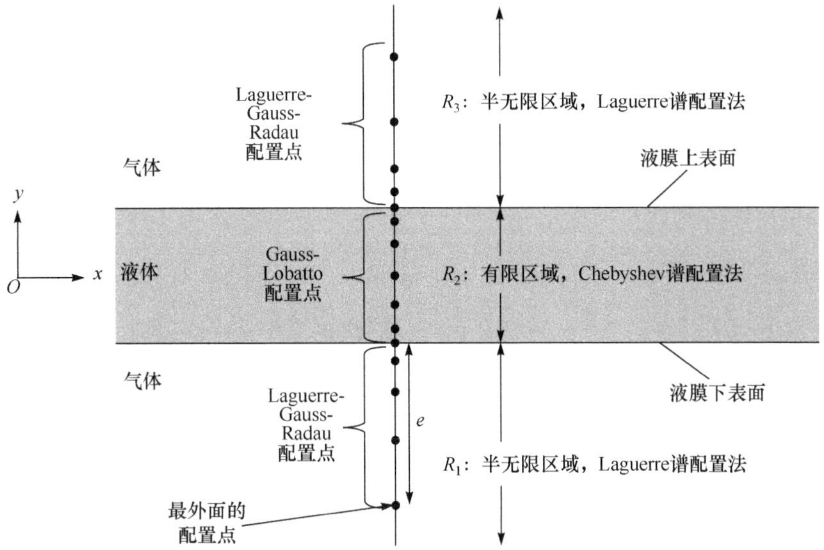

图 B-1　平面液膜稳定性问题中的区域划分以及配置点类型

$$\boldsymbol{g}=\boldsymbol{D}\boldsymbol{f} \tag{B-2}$$

其中，$\boldsymbol{f}=\left(f_0,f_1,\cdots,f_N\right)^{\mathrm{T}}$；$\boldsymbol{g}=\left(g_0,g_1,\cdots,g_N\right)^{\mathrm{T}}$；$\boldsymbol{D}$是$N+1$阶的方阵，即求导矩阵。从式(B-2)中可以看出，计算每个离散点处的导数值时，都用到了区域内的全部离散点的函数值，因此具有很高的精度。

从式(B-2)中可以看出，函数值向量$\boldsymbol{f}$和导函数值向量$\boldsymbol{g}$之间是线性的，线性关系意味着满足叠加原理(即$\boldsymbol{f}_1+\boldsymbol{f}_2$的导函数等于$\boldsymbol{f}_1$的导函数与$\boldsymbol{f}_2$的导函数之和)，这和导数的性质是相同的，即两个函数之和的导函数等于各自的导函数之和。

对于 Chebyshev 谱配置法，求导矩阵中的各元素为

$$\begin{cases} D_{00}=-D_{NN}=\dfrac{2N^2+1}{6} \\ D_{jj}=\dfrac{-y_j}{2\left(1-y_j^2\right)}, \quad j=1,\cdots,N-1 \\ D_{ij}=\dfrac{c_i}{c_j}\dfrac{\left(-1\right)^{i+j}}{y_i-y_j}, \quad i\neq j, \quad i,j=0,\cdots,N \end{cases} \tag{B-3}$$

其中，$c_0=c_N=2$；$c_j=1\,(1\leqslant j\leqslant N-1)$。

式(B-2)描述的是一阶导数，对于二阶导数和更高阶的导数，同样也有相应的求导矩阵。例如，对于二阶导数为

$$\boldsymbol{h}=\boldsymbol{D}^2\boldsymbol{f} \tag{B-4}$$

其中，$\boldsymbol{h}=\left(h_0,h_1,\cdots,h_N\right)^{\mathrm{T}}$ 是 $\boldsymbol{f}$ 在配置点上的二阶导数的值。

B.3　广义特征值问题的构造

广义特征值问题的构造就是把常微分方程组式(A-23)和式(A-24)转化为矩阵的广义特征值问题。以时间模式为例，广义特征值问题为

$$\boldsymbol{A}\boldsymbol{x}=\omega\boldsymbol{B}\boldsymbol{x} \tag{B-5}$$

其中，$\boldsymbol{A}$ 和 $\boldsymbol{B}$ 是 $nm(N+1)+l$ 阶方阵；ω 是特征值(复频率)；$\boldsymbol{x}$ 是 $nm(N+1)+l$ 维的列向量，包含了所有离散的扰动变量，m 为每个区域内的变量数，n 为区域数，l 为各界面处的变量数。$\boldsymbol{x}$ 其实就是所有区域内的复扰动量在所有配置点处的值和所有界面处的复扰动量组合成的一个列向量，为

$$\boldsymbol{x}=\left(\hat{f}_{11}(y_0),\cdots,\hat{f}_{11}(y_N),\cdots\hat{f}_{1m}(y_0),\cdots,\hat{f}_{1m}(y_N),\cdots,\hat{f}_{nm}(y_0),\cdots,\hat{f}_{nm}(y_N),\hat{s}_1,\cdots,\hat{s}_l\right)^{\mathrm{T}} \tag{B-6}$$

将各阶求导矩阵代入式(A-23)和式(A-24)，然后提取出列向量 $\boldsymbol{x}$，就能将离散的方程组转化为形如式(B-5)的广义矩阵特征值问题。

广义矩阵特征值问题的求解以时间模式为例就是解出式(B-5)的特征值 ω，求解这种广义矩阵特征值问题一般采用 QZ 方法，它是 QR 方法的一个变种。本书采用的是 MATLAB 的 eig 函数来求解的，eig 函数求解广义矩阵特征值问题时采用的就是 QZ 方法，这种方法可以算出全部的特征值。从中选取出增长率大于零的特征值，这些特征值就代表了不稳定的扰动。

附录 C　程序的实现

附录 A 和附录 B 介绍了物理和数学层面的内容，接下来介绍计算机程序方面的内容。流动线性稳定性分析问题一般都可以写成式(A-23)和式(A-24)那样的通用形式，对于计算机程序，只需要事先提取出通用方程里涉及的系数，就可以用固定的一套程序按照附录 B 介绍的步骤把特征值求解出来，这样便可对不同的线性稳定性问题都能较为便捷地构造出系数矩阵，并求解广义特征值问题。

但在问题较为复杂时，从原始的控制方程和边界条件中提取出通用方程中涉及的系数并不方便。因为式(A-23)和式(A-24)中的参数很多，而在实际问题中，一般只有很小的一部分参数是非零的，对照着通用数学模型找出这些非零系数的过程较为烦琐。为此，继续对程序的输入格式进行优化，即改为直接输入原始的数学公式，而提取通用模型的系数的过程也靠程序来完成，这种简化与计算流体力学

软件 OpenFOAM 是类似的。本书开发的这个通用 MATLAB 程序命名为 hydrostab，读者可以从 https://ww2.mathworks.cn/matlabcentral/fileexchange/59455-hydrostab-a-universal-code-for-solving-hydrodynamic-stability-problems 下载。

图 C-1 所示为 Rayleigh-Taylor 不稳定问题的程序代码，代码中调用的函数由链接中的稳定性分析通用程序 hydrostab 给出。图 C-1 中标出了控制方程和边界条件与程序语句的对应关系，以便理解程序代码。

```
clear
sigma=0.037;
rho1=1000;
rho2=800;
g=9.8;
hs=hydrostab(2);
hs=set_interval(hs,1,0,inf,50);
hs=set_interval(hs,2,-inf,0,50);
hs=setscale(hs,1,10);
hs=setscale(hs,2,10);
n=50;
arrk=linspace(0,280,n);
for i=1:n
   hs=setk(hs,arrk(i));
   hs=addvar(hs,1, 'phi1');
   hs=addvar(hs,2, 'phi2');
   hs=addvarxt(hs, 'eta');
   hs=addeq(hs,dx2(phi1)+dy2(phi1)==0, 'ignorefirstpoint');
   hs=addeq(hs,dx2(phi2)+dy2(phi2)==0, 'ignorelastpoint');
   hs=addeq(hs,dyat(phi1,0)==dt(eta));
   hs=addeq(hs,dyat(phi2,0)==dt(eta));
   hs=addeq(hs,rho1*(dtat(phi1,0)+g*eta)== ...
      rho2*(dtat(phi2,0)+g*eta)-sigma*dx2(eta));
   hs=compute(hs);
   eige=eigenvalue(hs,1e8);
   plot(arrk(i)*ones(length(eige),1),imag(eige), 'k+');
   hold on
end
axis([0 280 0 10]);
```

$$\frac{\partial^2 \phi_1}{\partial x^2}+\frac{\partial^2 \phi_1}{\partial y^2}=0, \quad y>0$$

$$\frac{\partial^2 \phi_2}{\partial x^2}+\frac{\partial^2 \phi_2}{\partial y^2}=0, \quad y<0$$

$$\frac{\partial \phi_1}{\partial y}=\frac{\partial \eta}{\partial t}, \quad 在y=0处$$

$$\frac{\partial \phi_2}{\partial y}=\frac{\partial \eta}{\partial t}, \quad 在y=0处$$

$$\rho_1\left(\frac{\partial \phi_1}{\partial t}+g\eta\right)=\rho_2\left(\frac{\partial \phi_2}{\partial t}+g\eta\right)-\sigma\frac{\partial^2 \eta}{\partial x^2}, \quad 在y=0处$$

图 C-1　Rayleigh-Taylor 不稳定问题的程序代码

C.1　程序实现的思路

接下来简要介绍程序实现的思路。要实现用户只需直接输入原始的数学公式，最关键的是如何把用户输入的公式转换为通用数学模型式(A-23)和式(A-24)的形式。例如，图 C-1 中第 18 行代码中的公式“dx2(phi1)+dy2(phi1)==0”，它代表的是区域 1 内的控制方程式(A-1)。要想把“dx2(phi1)+dy2(phi1)==0”转化为通用数学模型，用到了两个函数 dx2 和 dy2，因为 phi1 并不是只存储一个具体的数值，而是一个变量，所以在通用程序 hydrostab 中，定义的 dx2 和 dy2 这两个函数的参数和返回值都是一个结构体，这个结构体中存储了式(B-5)中矩阵 $\boldsymbol{A}$ 和 $\boldsymbol{B}$ 的一部分。“dx2(phi1)+dy2(phi1)”里的运算符“+”表示的并不是两个数相加，而是两个结构体中的矩阵对应地相加。图 C-2 所示为“dx2(phi1)+dy2(phi1)”的执行过程。其中，dx2(phi1)代表了势函数对 x 的二阶导数，转化成矩阵表示其实就是单位矩

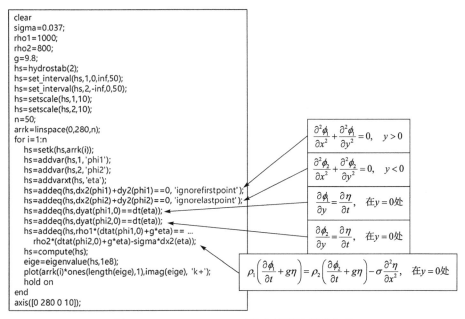

阵 $\boldsymbol{I}$ 乘 $-k^2$；dy2(phi1)代表了势函数对 y 的二阶导数，转化为矩阵表示就是二阶求导矩阵 $\boldsymbol{D}^2$。

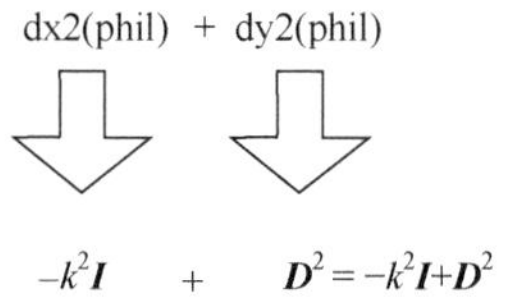

图 C-2　“dx2(phi1)+dy2(phi1)”的执行过程

由于运算符“+”作用的对象不是两个数而是两个结构体，利用运算符重载为两个结构体之间自定义加法运算，便可以实现“dx2(phi1)+dy2(phi1)”的处理。可以看出运算符重载在简化程序的书写形式上起了很大的作用。

C.2　程序的结构

线性稳定性通用程序 hydrostab 采用面向对象的结构，由 hydrostab、equ 及 func 三个类组成，其对应的程序源代码分别存放在@hydrostab、@equ 及@func 三个文件夹中。一个 hydrostab 类的对象对应于一种流动稳定性分析的问题。一个 equ 类的对象对应于通用数学模型式(A-23)和式(A-24)中的某一项。此外，equ 类中定义了运算符重载，因此可以通过加法、减法将两项或者几项组合起来，equ 类的对象其实就是之前提到的结构体。func 类则用于函数的处理，例如，在两平行平板之间的泊肃叶流的稳定性分析中，基本流的速度型不是均匀的，而是抛物线型的，那么 func 类就可以用于处理这个抛物线函数。

hydrostab 类的成员函数如表 C-1 所示，这里以时间模式为例对其中的函数进行说明，空间模式也是类似的。

表 C-1　hydrostab 类的成员函数

函数原型	说明
obj = addeq(obj, varargin)	在求解的问题中添加一个方程。obj 是所求解的流动稳定性分析问题，varargin 是要添加的方程和其他可选的选项
obj = addvar(obj, number, varargin)	在求解的问题中添加一个扰动变量。obj 是所求解的流动稳定性分析问题，number 是流体区域的序号，varargin 是一个或者若干个变量
obj = addvarxt(obj, varargin)	在求解的问题中添加一个界面上的扰动变量。这些变量只是 x 和 t 的函数。obj 是所求解的流动稳定性分析问题，varargin 是一个或者若干个变量
obj = compute(obj)	求解广义特征值问题。obj 是所求解的流动稳定性分析问题
omega = eigenvalue(obj, varargin)	获取已经求解出的特征值。obj 是所求解的流动稳定性分析问题。varargin 是可选的选项，用于筛选绝对值小于某个阈值的特征值

续表

函数原型	说明
obj = hydrostab(n_interval, varargin)	构造函数。n_interval 是流体区域的数量，varargin 是可选的选项，用于表明该问题的求解过程中，用户通过 func 类给定的函数是否可以执行向量化
[arg1, arg2] = retrieve(obj, variable, eigenval)	获取复扰动量，即式(A-23)和式(A-24)中带有“ ^ ”修饰的变量。obj 是所求解的流动稳定性分析问题，variable 是所需的变量，eigenval 是特征值(不同的特征值对应一组不同的复扰动量，若含有几种不稳定模式，那么每一种模式对应一个特征值和一组复扰动量)
obj = set_interval(obj, number, start, terminate, n_collocation)	设置流体区域。obj 是所求解的流动稳定性分析问题，number 是流体区域的序号，start 是起始处的 y 值，terminate 是结束处的 y 值，n_collocation 是配置点的数量
obj = setk(obj, k)	设置波数。obj 是所求解的流动稳定性分析问题，k 是波数
obj = setscale(obj, number, scale)	设置 scale 值，即图 B-1 中的距离 e，这个函数仅用于半无限区域和无限区域。obj 是所求解的流动稳定性分析问题，number 是流体区域的序号，scale 是 e 的值

equ 类的成员函数如表 C-2 所示。注意，由于求导函数的数目太多，这里只列出了其中几个典型的函数，即 dx、dx2 及 dy。其余的函数读者可以下载源代码查看。

表 C-2 equ 类的成员函数

函数原型	说明
obj3 = eq(obj1, obj2)	相等运算符“==”的重载。使用时写成“obj1==obj2”即可。其中第一个参数 obj1 必须是 equ 类的对象，第二个参数 obj2 可以是 obj 类的对象，也可以是 0
obj3 = minus(obj1, obj2)	减法运算符“−”的重载。使用时写成“obj1−obj2”即可。obj1 和 obj2 都必须是 equ 类的对象
obj3 = plus(obj1, obj2)	加法运算符“+”的重载。使用时写成“obj1+obj2”即可。obj1 和 obj2 都必须是 equ 类的对象
obj = uminus(obj)	取相反数运算符“−”的重载。使用时写成“−obj”即可。obj 必须是 equ 类的对象
obj = equ(number, colrange, diffmatrix, isvar, matrixa, matrixb, k, collopoint, funcvectorized)	构造函数。用户不需要使用它，因为 equ 类对象的构造是由 hydrostab 类的 addvar 及 addvarxt 函数来完成的
obj = mtimes(obj1, obj2)	乘法运算符“ × ”的重载。使用时写成“obj1*obj2”即可。注意，obj1 和 obj2 不能都是 equ 类的对象。这是因为，如果 obj1 和 obj2 都是 equ 类的对象，那么方程就不是线性的了，这违背了线性稳定性分析的原则

续表

函数原型	说明
obj = mrdivide(obj, a)	除法运算符“/”的重载。使用时写成“obj/a”即可。注意，a 不能是 equ 类的对象，而只能是普通的实数或者 func 类的对象。这是因为，如果分母 a 是 equ 类的对象，那么方程就不再是线性的
obj = dx(obj)	对 x 的求导运算，即 $\partial/\partial x$ 。实际上就是令单位矩阵乘以 ik
obj = dx2(obj)	对 x 的二阶求导运算，即 $\partial^2/\partial x^2$ 。实际上就是令单位矩阵乘以 $-k^2$
obj = dy(obj)	对 y 的求导运算，即 $\partial/\partial y$ 。实际上就是返回一阶求导矩阵

func 类的成员函数如表 C-3 所示。

表 C-3　func 类的成员函数

函数原型	说明
obj = func(function_, varargin)	构造函数。function_可以是函数句柄，也可以是字符串。当 function_是函数句柄的时候，可以通过 varargin 给函数附加一些参数
fval = compute(obj, collopoint, vectorized)	计算目标函数在指定的配置点上的函数值。obj 是 func 类的对象，collopoint 是配置点，vectorized 用于表示是否用向量化的语句来对该函数求值
obj = mtimes(obj1, obj2)	乘法运算符“×”的重载。使用时写成“obj1*obj2”即可。与 equ 类中的 mtimes 是类似的，只不过分工不同。equ 类中的 mtimes 用于处理第一个对象是 equ 类对象或者不含 func 类对象的情形；这里的 mtimes 用于处理第一个对象是 func 类对象或者不含 equ 类对象的情形
obj = mrdivide(obj1, obj2)	除法运算符“/”的重载。使用时写成“obj1/obj2”即可。与 equ 类中的 mrdivide 是类似的，只不过分工不同。equ 类中的 mrdivide 用于处理第一个对象是 equ 类对象或者不含 func 类对象的情形；这里的 mrdivide 用于处理第一个对象是 func 类对象或者不含 equ 类对象的情形

C.3　复合平面射流线性稳定性分析的程序源码

本节给出一个用于求解复合平面射流线性稳定性问题的代码示例，它需要配合线性稳定性通用程序 hydrostab 使用。

```
function doublelayerginput
%无量纲
Re=1000;  %雷诺数
We=100;  %韦伯数
rho=0.001226;  %气液密度比
mu=1.649e-02;  %气液黏度比
```

```
sigmaratio=0.5;  %表面张力比
mul=0.8;  %黏性比(上层液体除以下层液体)
rhol=1.2;  %密度比(上层液体除以下层液体)
h=1.5;  %厚度比(上层液体除以下层液体)
xpos=500;
scale_factor=1;  %scale 对波长的倍数

U=1;
a=1;
rhol1=1;
%-----------------------------------------------------
rhol2= rhol1*rhol;
sigma1= rhol1* U^2* a/We;
sigma3= sigma1*sigmaratio;
sigma2=abs( sigma1- sigma3);
mul1= rhol1* U* a/Re;
mul2= mul1*mul;
rhog= rhol1*rho;
b= a*h;
mug=mul1*mu;

mydataset.rhol1=rhol1;
mydataset.rhol2=rhol2;
mydataset.sigma1=sigma1;
mydataset.sigma2=sigma2;
mydataset.sigma3=sigma3;
mydataset.mul1=mul1;
mydataset.mul2=mul2;
mydataset.mug=mug;
mydataset.x=xpos;
mydataset.U=U;
mydataset.a=a;
mydataset.rhog=rhog;
mydataset.b=b;
```

```
UgA=func(@profileUgA,mydataset);
UgB=func(@profileUgB,mydataset);
dUgAdy=func(@dprofileUgA,mydataset);
dUgBdy=func(@dprofileUgB,mydataset);

nomega=100;
arromega=linspace(0.01,0.4,nomega);

for i=1:nomega
    i
    wavelength_approx=2*pi/arromega(i);
    scale_value=scale_factor*wavelength_approx;
    hs=hydrostab(4,'vectorizedfunc');
    hs=set_interval(hs,1,-inf,-a,40);
    hs=set_interval(hs,2,-a,0,14);
    hs=set_interval(hs,3,0,b,14);
    hs=set_interval(hs,4,b,inf,40);
    hs=setscale(hs,1,scale_value);  %200
    hs=setscale(hs,4,scale_value);

    hs=setomega(hs,arromega(i));  %frequency
    hs=addvar(hs,2,'u1','v1','p1');
    hs=addvar(hs,3,'u2','v2','p2');
    hs=addvar(hs,1,'ug1','vg1','pg1');
    hs=addvar(hs,4,'ug2','vg2','pg2');

    hs=addvarxt(hs,'eta1','eta2','eta3');
    %液相1控制方程

hs=addeq(hs,rhol1*(dt(u1)+U*dx(u1))==-dx(p1)+mul1*(dx2(u1)
+dy2(u1)),'ignorepossible');

hs=addeq(hs,rhol1*(dt(v1)+U*dx(v1))==-dy(p1)+mul1*(dx2(v1)
+dy2(v1)),'ignorepossible');
    hs=addeq(hs,dx(u1)+dy(v1)==0);
```

```
        %液相 2 控制方程

hs=addeq(hs,rhol2*(dt(u2)+U*dx(u2))==-dx(p2)+mul2*(dx2(u2)
+dy2(u2)),'ignorepossible');

hs=addeq(hs,rhol2*(dt(v2)+U*dx(v2))==-dy(p2)+mul2*(dx2(v2)
+dy2(v2)),'ignorepossible');
        hs=addeq(hs,dx(u2)+dy(v2)==0);

        %气相 1 控制方程

hs=addeq(hs,rhog*(dt(ug1)+UgA*dx(ug1)+vg1*dUgAdy)==-dx(pg1)
+mug*(dx2(ug1)+dy2(ug1)),'ignorepossible');

hs=addeq(hs,rhog*(dt(vg1)+UgA*dx(vg1))==-dy(pg1)+mug*(dx2(
vg1)+dy2(vg1)),'ignorepossible');
        hs=addeq(hs,dx(ug1)+dy(vg1)==0);

        %气相 2 控制方程

hs=addeq(hs,rhog*(dt(ug2)+UgB*dx(ug2)+vg2*dUgBdy)==-dx(pg2)
+mug*(dx2(ug2)+dy2(ug2)),'ignorepossible');

hs=addeq(hs,rhog*(dt(vg2)+UgB*dx(vg2))==-dy(pg2)+mug*(dx2(
vg2)+dy2(vg2)),'ignorepossible');
        hs=addeq(hs,dx(ug2)+dy(vg2)==0);

        %边界条件
        hs=addeq(hs,at(v1,-a)==dt(eta1)+U*dx(eta1));
        hs=addeq(hs,at(vg1,-a)==dt(eta1)+U*dx(eta1));

hs=addeq(hs,at(u1,-a)==at(ug1,-a)+eta1*dprofileUgA(-a,myda
taset));
        hs=addeq(hs,at(v1,0)==dt(eta2)+U*dx(eta2));
        hs=addeq(hs,at(v2,0)==dt(eta2)+U*dx(eta2));
```

```
        hs=addeq(hs,at(u1,0)==at(u2,0));
        hs=addeq(hs,at(v2,b)==dt(eta3)+U*dx(eta3));
        hs=addeq(hs,at(vg2,b)==dt(eta3)+U*dx(eta3));

hs=addeq(hs,at(u2,b)==at(ug2,b)+eta3*dprofileUgB(b,mydatas
et));

hs=addeq(hs,mul1*(dyat(u1,-a)+dxat(v1,-a))==mug*(dyat(ug1,
-a)+dxat(vg1,-a)));

hs=addeq(hs,at(p1,-a)-2*mul1*dyat(v1,-a)-at(pg1,-a)+2*mug*
dyat(vg1,-a)-sigma1*dx2(eta1)==0);

hs=addeq(hs,mul1*(dyat(u1,0)+dxat(v1,0))==mul2*(dyat(u2,0)
+dxat(v2,0)));

hs=addeq(hs,at(p2,0)-2*mul2*dyat(v2,0)-at(p1,0)+2*mul1*dya
t(v1,0)-sigma2*dx2(eta2)==0);

hs=addeq(hs,mug*(dyat(ug2,b)+dxat(vg2,b))==mul2*(dyat(u2,b)
+dxat(v2,b)));

hs=addeq(hs,at(pg2,b)-2*mug*dyat(vg2,b)-at(p2,b)+2*mul2*dy
at(v2,b)-sigma3*dx2(eta3)==0);

        hs=compute(hs);
        eige=eigenvalue(hs,1e8);
        plot(real(eige),-imag(eige),'r+');
        hold on
    end
    axis([0  0.4 0 0.004])
    %%-----------------------------下面是气相的速度剖面。
    function Ug=profileUgA(y,mydataset)
    %lower gas
    tstar=mydataset.x/abs(mydataset.U);
```

```
    etastar=(-mydataset.a-y)/sqrt(mydataset.mug/mydataset.
rhog*tstar);
    Ug=mydataset.U+(-mydataset.U)*erf(etastar/2);
    %%---------------------------------------------------
    function Ug=dprofileUgA(y,mydataset)
    %lower gas
    tstar=mydataset.x/abs(mydataset.U);
    beta0=1/sqrt(mydataset.mug/mydataset.rhog*tstar);
    Ug=(mydataset.U)*exp(-(0.5*beta0*(-mydataset.a-y)).^2)
/pi^(1/2)*beta0;
    %%---------------------------------------------------
    function Ug=profileUgB(y,mydataset)
    %upper gas
    tstar=mydataset.x/abs(mydataset.U);
    etastar=(y-mydataset.b)/sqrt(mydataset.mug/mydataset.r
hog*tstar);
    Ug=mydataset.U+(-mydataset.U)*erf(etastar/2);
    %%---------------------------------------------------
    function Ug=dprofileUgB(y,mydataset)
    %upper gas
    tstar=mydataset.x/abs(mydataset.U);
    beta0=1/sqrt(mydataset.mug/mydataset.rhog*tstar);
    Ug=-(mydataset.U)*exp(-(0.5*beta0*(y-mydataset.b)).^2)
/pi^(1/2)*beta0;
```